空间生命科学与技术丛书

名誉主编 赵玉芬 主编 邓玉林

太空藻类生物学

Space Algal Biology

郭双生 著

北京理工大学出版社
BEIJING INSTITUTE OF TECHNOLOGY PRESS

内 容 简 介

开展月球和火星等地外星球表面的长期驻留与开发是未来国际乃至我国航天技术发展的必然方向，极具战略意义。然而，实现该目标所遇到的重大瓶颈之一是如何就地解决航天员的食物等基本生存物资的生产问题。目前认为藻类在解决这一问题中有望发挥重要作用。

本书共包含16章，首先就太空藻类生物学的基本概念、作用意义、主要研究历史、重要研究装置和研究方法等进行了详细讲解；其次详细介绍了在藻体的生长发育、细胞与生理生化、光合作用效率及营养物质代谢、抗氧化剂等高附加值营养物质生产、藻体收集、废水利用、生物燃料电池生产等方面所取得的重要研究进展；接着重点介绍了在空间微重力环境条件下进行光生物反应器搭载和关键技术在轨验证的情况及取得的重要研究成果，并简要分析了该学科未来所面临的主要问题及发展方向。

本书将基本的理论知识与丰富的实验内容相结合，使之尽量融会贯通、通俗易懂。本书可供科研院所和大专院校作为科研和教学参考用书，也可供对太空生命科学和太空农场等感兴趣的广大航天科普爱好者阅读。

版权专有　侵权必究

图书在版编目(CIP)数据

太空藻类生物学／郭双生著．－－北京：北京理工大学出版社，2023.11
ISBN 978－7－5763－3193－6

Ⅰ．①太⋯ Ⅱ．①郭⋯ Ⅲ．①藻类－航天生物学－研究 Ⅳ．①Q949.2②V419

中国国家版本馆 CIP 数据核字(2023)第 237140 号

责任编辑：李颖颖	**文案编辑**：李颖颖
责任校对：周瑞红	**责任印制**：李志强

出版发行	／ 北京理工大学出版社有限责任公司
社　　址	／ 北京市丰台区四合庄路6号
邮　　编	／ 100070
电　　话	／ (010) 68944439（学术售后服务热线）
网　　址	／ http：//www.bitpress.com.cn
版印次	／ 2023年11月第1版第1次印刷
印　　刷	／ 三河市华骏印务包装有限公司
开　　本	／ 710 mm×1000 mm　1/16
印　　张	／ 38.5
彩　　插	／ 16
字　　数	／ 584千字
定　　价	／ 158.00元

图书出现印装质量问题，请拨打售后服务热线，负责调换

《空间生命科学与技术丛书》
编写委员会

名誉主编：赵玉芬

主　　编：邓玉林

编　　委：(按姓氏笔画排序)

马红磊　马　宏　王　睿
吕雪飞　刘炳坤　李玉娟
李晓琼　张永谦　张　莹
周光明　郭双生　谭　信
戴荣继

前　言

开展长期载人太空飞行和月球甚至火星等地外星球的驻留与开发是我国乃至世界人民的千年梦想，这不仅具有重大的现实意义，而且极具深远的战略意义。近年来，国际上，尤其是我国，在空间站建设、月球和火星探测甚至太阳系探测等航天技术领域取得了突飞猛进的发展，如证明月球和火星上存在水及可供植物生长的矿质营养元素，而且近期我国宣布将与俄罗斯等国家合作建立国际月球科考站的计划，这为下一步迎来一个新的航天时代必将奠定坚实的技术基础。

要想实现上述目标，必须能够利用地外星球上的当地可利用资源建立可再生式的生命保障系统，即受控生态生命保障系统（controlled ecological life support system，CELSS）或生物再生式生命保障系统（bioregenerative life support system，BLSS）。该系统通过粮食和蔬菜作物以及藻类等植物的光合作用生产食物、氧气和水等航天员生存所必需的生命保障物资。其中藻类，尤其是小球藻和螺旋藻等微藻，具有蛋白质和生物活性物质等含量高、生长繁殖快、可以高密度培养、蛋白质产量高、藻体培养条件相对简单等诸多优点，因此微藻在 CELSS 中的应用前景一直被科学家所看好。事实上，从 20 世纪 50 年代至今，太空藻类生态学从地面模拟到空间搭载研究已经历了近 70 年的漫长发展历史。

作者从事太空藻类生态学研究已有近 30 年的历史，而且对这一学科一直很感兴趣。近年来，很想提笔撰写点这方面的东西，主要总结该学科的研究历史、发展现状、基本研究方法、取得的重要研究成果、获取的重要实践经验和教训、当前存在的主要问题以及下一步的发展趋势和研究方向等。现在很高兴这本书终于可以和读者见面啦，衷心希望能够给各位同行和专家学者在学术方面助一臂之力。

在撰写本书的过程中，得到了很多同事的支持和帮助，尤其是毛瑞鑫助理研究员在参考资料收集、全文内容编排和文稿校对等方面做了大量认真细致的工作。另外，合肥高新区太空科技研究中心的科技人员王鹏和熊姜玲在书中的插图绘制等方面提供了大力支持。在此，对他们的辛勤付出表示衷心感谢。

本书得到了人因工程科技重点实验室和国家出版基金的资助；在整个出版过程中，得到了中国航天员科研训练中心各级领导和相关人员的热情鼓励、帮助与支持；得到了家人的默默关心与支持！在此，一并表示衷心谢意！

由于作者水平有限，不准确甚至错误之处在所难免，敬请广大学者和同仁不吝批评指正！

目　　录

第 1 章　绪论 ………………………………………………………………… 1
　1.1　太空藻类生物学的基本概念及研究范畴 ……………………………… 1
　1.2　开展太空藻类生物学研究的目的与意义 ……………………………… 3
　　1.2.1　用于构建包含藻类的受控生态生命保障系统 ………………… 3
　　1.2.2　掌握藻类在太空极端环境条件下的生物学规律 ……………… 7
　　1.2.3　使微藻成为改造月球/火星土壤的"先驱"植物 ……………… 8
　　1.2.4　为地面应用选育优良品种 ……………………………………… 8
　1.3　太空藻类生物学的主要任务 …………………………………………… 9
　1.4　太空藻类生物学的基本发展历史与现状分析 ………………………… 9
　　1.4.1　地基实验研究 …………………………………………………… 9
　　1.4.2　天基实验研究 …………………………………………………… 16
　参考文献 ……………………………………………………………………… 17
第 2 章　微藻优种选育研究 ………………………………………………… 26
　2.1　前言 ……………………………………………………………………… 26
　2.2　基本筛选标准和原则 …………………………………………………… 26
　2.3　优良藻种筛选 …………………………………………………………… 29
　　2.3.1　小球藻 …………………………………………………………… 29
　　2.3.2　螺旋藻 …………………………………………………………… 32
　　2.3.3　念珠藻 …………………………………………………………… 34
　　2.3.4　拟甲色球藻 ……………………………………………………… 42

  2.3.5 鱼腥藻 ……… 49
  2.3.6 雪藻和盐藻 ……… 57
  2.3.7 其他藻种 ……… 60
  2.3.8 地衣 ……… 60
 2.4 藻种工程化改良技术 ……… 61
  2.4.1 诱变育种和遗传工程育种 ……… 61
  2.4.2 基于合成生物学的育种 ……… 64
 结束语 ……… 65
 参考文献 ……… 65

第3章 光生物反应器结构设计 ……… 85
 3.1 前言 ……… 85
 3.2 光生物反应器设计原则 ……… 86
 3.3 光生物反应器总体结构构成及工作原理 ……… 86
 3.4 光生物反应器各个单元部件构成 ……… 87
  3.4.1 主体结构单元 ……… 87
  3.4.2 光照控制单元 ……… 94
  3.4.3 温度/压力控制单元 ……… 99
  3.4.4 供气/脱气单元 ……… 99
  3.4.5 藻液搅拌/循环单元 ……… 105
  3.4.6 水/气分离单元 ……… 108
  3.4.7 观察窗口、接口及密封单元 ……… 108
  3.4.8 数据监测与控制及图像监视单元 ……… 109
  3.4.9 供配电单元 ……… 110
 3.5 光生物反应器与空间站ECLSS的接口关系设计 ……… 110
 3.6 国际上主要光生物反应器性能比较 ……… 111
 结束语 ……… 114
 参考文献 ……… 114

第4章 微藻培养养分供应基本方法 ……… 119
 4.1 前言 ……… 119
 4.2 藻类培养基的基本组成、种类及作用 ……… 119

4.3 钝顶螺旋藻低成本培养基配方筛选研究 ………………………………… 121
4.4 极大螺旋藻低成本培养基配方筛选研究 ………………………………… 129
4.5 稀释培养基对螺旋藻生长的影响 ………………………………………… 132
4.6 稀释培养基对小球藻生长的影响 ………………………………………… 134
4.7 磷和钾的作用 ……………………………………………………………… 135
4.8 螯合铁的作用 ……………………………………………………………… 137
4.9 氯化钠的作用 ……………………………………………………………… 139
4.10 微量元素的作用 …………………………………………………………… 140
4.11 主要化合物的协同作用 …………………………………………………… 140
结束语 …………………………………………………………………………… 141
参考文献 ………………………………………………………………………… 142

第 5 章 微藻培养碳源和氮源供应优化措施 ……………………………… 146
5.1 前言 ………………………………………………………………………… 146
5.2 碳源 ………………………………………………………………………… 146
   5.2.1 二氧化碳 …………………………………………………………… 147
   5.2.2 其他碳源 …………………………………………………………… 157
5.3 氮源 ………………………………………………………………………… 158
   5.3.1 无机氮源 …………………………………………………………… 159
   5.3.2 有机氮源 …………………………………………………………… 162
5.4 碳和氮的相互作用 ………………………………………………………… 166
结束语 …………………………………………………………………………… 168
参考文献 ………………………………………………………………………… 169

第 6 章 微藻培养光照条件优化方法 ……………………………………… 175
6.1 前言 ………………………………………………………………………… 175
6.2 光合有效辐射及微藻色素吸收光谱的情况 ……………………………… 176
6.3 光照强度条件优化 ………………………………………………………… 178
   6.3.1 光强与微藻光合作用效率和细胞生长速率之间的一般关系 …… 178
   6.3.2 低光强条件 ………………………………………………………… 179
   6.3.3 高光强条件 ………………………………………………………… 179
   6.3.4 部分微藻的最适光强范围 ………………………………………… 181

6.4 光质条件优化 ………………………………………………………… 183
  6.4.1 光质对藻类细胞生长的基本影响程度比较 ……………… 184
  6.4.2 单色光质的作用 ……………………………………………… 184
  6.4.3 双色光质的作用 ……………………………………………… 190
  6.4.4 三色光质的作用 ……………………………………………… 192
  6.4.5 四色光质的作用 ……………………………………………… 193
6.5 光周期条件优化 ……………………………………………………… 194
  6.5.1 光周期与光源的耦合作用 …………………………………… 194
  6.5.2 光周期与光强的耦合作用 …………………………………… 194
6.6 光强与光质的耦合作用 ……………………………………………… 197
6.7 光强＋光质＋光周期＋脉冲光的耦合作用 ……………………… 199
6.8 光强与温度的耦合作用 ……………………………………………… 199
6.9 光质与温度的耦合作用 ……………………………………………… 200
6.10 光质＋氯化钠＋葡萄糖的耦合作用 ……………………………… 202
6.11 闪光效应及不同光源照射顺序的影响 …………………………… 202
  6.11.1 闪光效应 ……………………………………………………… 202
  6.11.2 不同光源照射顺序的影响 …………………………………… 203
6.12 提高光利用效率的策略 …………………………………………… 205
结束语 ………………………………………………………………………… 206
参考文献 ……………………………………………………………………… 207

第7章 微藻培养温度、酸碱度和密度条件优化方法 ………………… 214
7.1 前言 …………………………………………………………………… 214
7.2 藻液温度条件优化 …………………………………………………… 214
  7.2.1 小球藻生长的最适温度 ……………………………………… 215
  7.2.2 螺旋藻生长的最适温度 ……………………………………… 217
  7.2.3 温度调控措施 ………………………………………………… 218
7.3 藻液酸碱度条件优化 ………………………………………………… 218
  7.3.1 螺旋藻的最适酸碱度范围 …………………………………… 218
  7.3.2 小球藻等其他微藻的最适酸碱度范围 ……………………… 220
  7.3.3 pH值调控措施 ………………………………………………… 222

  7.3.4 螺旋藻在高 pH 值下的耐氨性···226
 7.4 藻液细胞密度条件优化···228
  7.4.1 螺旋藻的适宜细胞密度···228
  7.4.2 小球藻的适宜细胞密度···230
  7.4.3 微藻细胞密度调控措施···231
 结束语···232
 参考文献···233

第8章 微藻生物活性物质高效生产技术···239

 8.1 前言···239
 8.2 不同藻种可产生的生物活性物质及其作用···································239
 8.3 多不饱和脂肪酸合成调节··243
  8.3.1 养分调节法···244
  8.3.2 细胞内活性氧及代谢途径调节法·····································246
  8.3.3 高温＋低温两级调节法···247
  8.3.4 低温＋低光强诱导法···247
 8.4 光合色素合成调节···248
  8.4.1 光照强度的调节作用···249
  8.4.2 温度＋光照强度的诱导作用···250
  8.4.3 光质的诱导作用···251
  8.4.4 两步光质的诱导作用···252
  8.4.5 养分的诱导作用···253
  8.4.6 光质＋养分的诱导作用···257
 8.5 蔗糖和多糖生产调节···257
  8.5.1 基于基因表达的蔗糖生产调节···257
  8.5.2 基于光强的多糖生产调节···258
  8.5.3 基于基因表达的多糖生产调节···259
 8.6 类黄酮、苯酚和生物碱的生产调节···259
  8.6.1 类黄酮的盐胁迫诱导···259
  8.6.2 苯酚的盐胁迫诱导···261
  8.6.3 生物碱的盐胁迫诱导···262

8.7 植物激素的生产调节 ………………………………………………… 263

结束语 …………………………………………………………………… 265

参考文献 ………………………………………………………………… 265

第 9 章 微藻生物燃料生产技术 …………………………………………… 274

9.1 前言 …………………………………………………………………… 274

9.2 生物燃料的基本概念及范畴 ………………………………………… 274

9.3 生物柴油生产 ………………………………………………………… 276

    9.3.1 基本生产步骤 ………………………………………………… 277

    9.3.2 油脂提取方法及预处理 ……………………………………… 277

    9.3.3 酯交换反应化学方程式及所需醇和催化剂类型 …………… 278

    9.3.4 酯交换反应所用的反应器类型 ……………………………… 278

9.4 生物乙醇生产 ………………………………………………………… 279

    9.4.1 预处理工艺 …………………………………………………… 279

    9.4.2 发酵处理工艺 ………………………………………………… 279

    9.4.3 浓度测定 ……………………………………………………… 280

    9.4.4 产量提高措施 ………………………………………………… 280

9.5 生物甲烷生产 ………………………………………………………… 280

9.6 生物氢生产 …………………………………………………………… 282

9.7 生物电生产 …………………………………………………………… 284

    9.7.1 微藻-微生物燃料电池 ………………………………………… 284

    9.7.2 目前研究进展 ………………………………………………… 285

9.8 藻体油脂含量提高方法 ……………………………………………… 286

    9.8.1 优良藻种选择 ………………………………………………… 286

    9.8.2 藻种遗传工程改良 …………………………………………… 287

    9.8.3 生长条件的影响因素 ………………………………………… 290

    9.8.4 纳米材料的促进作用 ………………………………………… 296

结束语 …………………………………………………………………… 297

参考文献 ………………………………………………………………… 297

第 10 章 微藻收获与蛋白质提取技术 ……………………………………… 308

10.1 前言 ………………………………………………………………… 308

10.2 藻体收获技术 ……………………………………………………………… 309
　　10.2.1 重力沉降法 ………………………………………………………… 310
　　10.2.2 浮选法 ……………………………………………………………… 311
　　10.2.3 电收集法 …………………………………………………………… 312
　　10.2.4 离心法 ……………………………………………………………… 313
　　10.2.5 膜过滤法 …………………………………………………………… 313
　　10.2.6 絮凝法 ……………………………………………………………… 317
　　10.2.7 收获方法比较 ……………………………………………………… 329
10.3 藻蛋白提取技术 …………………………………………………………… 332
　　10.3.1 传统方法 …………………………………………………………… 336
　　10.3.2 酶水解 ……………………………………………………………… 336
　　10.3.3 当前方法 …………………………………………………………… 337
结束语 ………………………………………………………………………………… 342
参考文献 ……………………………………………………………………………… 342

第11章　微藻废水处理技术 ……………………………………………………… 351

11.1 前言 ………………………………………………………………………… 351
11.2 微藻废水处理技术的基本发展历史、工作原理及在太空站上
　　 拟发挥的作用 ……………………………………………………………… 352
　　11.2.1 基本发展历史 ……………………………………………………… 352
　　11.2.2 基本工作原理 ……………………………………………………… 353
　　11.2.3 在太空站上拟发挥的作用 ………………………………………… 356
11.3 废水处理优良藻种筛选 …………………………………………………… 356
11.4 微藻废水处理体系及营养模式 …………………………………………… 359
　　11.4.1 藻类处理体系 ……………………………………………………… 359
　　11.4.2 藻菌共生处理体系 ………………………………………………… 360
　　11.4.3 微藻混合营养模式 ………………………………………………… 361
11.5 光照条件优化措施及与 C/N 比的协同关系 …………………………… 361
　　11.5.1 光质条件优化及其与进料 C/N 比的协同影响 ………………… 361
　　11.5.2 光强的影响 ………………………………………………………… 367
　　11.5.3 光强、光质与进料 C/N 比对微藻废水处理效率的耦合作用 … 369

11.6 二氧化碳浓度的影响 ………………………………………………… 370
11.7 尿液稀释度的影响 ……………………………………………………… 372
11.8 微藻废水处理中不利影响因素 ………………………………………… 373
11.9 面向太空站的藻类废水处理装置研制与试验 ………………………… 374
  11.9.1 德国斯图加特大学的微藻废水处理装置 ……………………… 375
  11.9.2 美国 NASA 肯尼迪航天中心的藻-菌废水处理装置 ………… 376
结束语 ………………………………………………………………………… 379
参考文献 ……………………………………………………………………… 380

第 12 章 藻类系统集成技术研究 …………………………………………… 390

12.1 前言 ……………………………………………………………………… 390
12.2 美国藻类-白鼠集成技术实验研究 …………………………………… 390
  12.2.1 基本概况 ………………………………………………………… 390
  12.2.2 重要示例剖析 …………………………………………………… 391
  12.2.3 基本实验方法 …………………………………………………… 392
  12.2.4 气体平衡情况 …………………………………………………… 394
  12.2.5 系统最小化措施 ………………………………………………… 396
  12.2.6 氮平衡情况 ……………………………………………………… 397
  12.2.7 结论与启示 ……………………………………………………… 398
12.3 苏联藻类-人集成技术实验研究 ……………………………………… 400
  12.3.1 基本设备条件 …………………………………………………… 400
  12.3.2 基本实验结果 …………………………………………………… 401
  12.3.3 基本结论与启示 ………………………………………………… 404
12.4 我国微藻-白鼠二元系统气体交换实验 ……………………………… 405
  12.4.1 基本实验方法 …………………………………………………… 405
  12.4.2 基本实验结果与结论 …………………………………………… 406
12.5 ESA 微藻-动物集成技术实验研究 …………………………………… 407
  12.5.1 MELISSA 项目概况 …………………………………………… 407
  12.5.2 微藻-动物二元气体交换实验 ………………………………… 407
  12.5.3 微藻-动物二元气体交换实验（培养基＋未经硝化
      处理的尿素）……………………………………………………… 409

12.5.4 微藻–动物三元气体交换实验 ... 412
12.6 美国鱼–蔬菜–微藻共生系统中微藻的污水净化作用 ... 414
结束语 ... 416
参考文献 ... 417

第 13 章 模拟火星大气环境条件下微藻培养研究 ... 422

13.1 前言 ... 422
13.2 火星大气组分的基本特点及启示 ... 423
13.3 培养装置基本结构构成 ... 425
　13.3.1 Atmos 低压光生物反应器 ... 425
　13.3.2 低压微藻培养舱 ... 428
13.4 模拟火星大气条件对微藻的有利影响 ... 429
　13.4.1 常压不同 CO_2 分压及不同压力纯 CO_2 对 3 种蓝藻生长的影响 ... 429
　13.4.2 10 kPa 总压（96% N_2 +4% CO_2 气体混合物）对鱼腥藻生长的影响 ... 434
13.5 模拟火星大气条件对微藻的不利影响 ... 435
　13.5.1 模拟火星大气条件对雪藻、杜氏盐藻和小球藻生长的影响 ... 435
　13.5.2 临近空间环境条件对小球藻生长的影响 ... 438
13.6 模拟火星大气条件对微藻不造成影响 ... 440
结束语 ... 441
参考文献 ... 442

第 14 章 月球/火星模拟土壤条件下微藻培养方法 ... 448

14.1 前言 ... 448
14.2 月球/火星模拟土壤研制概况 ... 451
　14.2.1 模拟月壤发展概况 ... 451
　14.2.2 模拟火壤发展概况 ... 453
14.3 月球/火星模拟土壤典型配方及其制备方法 ... 455
　14.3.1 典型模拟月壤配方的化学组成及制备方法 ... 455
　14.3.2 典型模拟火壤配方的化学组成及制备方法 ... 458
14.4 基于模拟月壤的微藻培养实验研究 ... 462

14.4.1 基于玄武岩、流纹岩和斜长岩3种模拟月壤的蓝藻培养 ……… 462
14.4.2 基于 CAS-1 模拟月壤的4种蓝藻培养 …………………… 468
14.5 基于模拟火壤的微藻培养实验研究 ……………………………… 469
14.5.1 基于 MRS 模拟火壤的念珠藻培养 …………………………… 469
14.5.2 模拟火壤浓度对蓝藻生长的影响 …………………………… 473
14.6 高氯酸盐浓度对蓝藻生长的影响 ………………………………… 473
14.6.1 培养基+高氯酸钙对鱼腥藻生长速率的影响程度 ……… 474
14.6.2 模拟火壤+高氯酸钙对鱼腥藻生长速率的影响程度 …… 475
14.7 模拟月壤和模拟火壤对蓝藻生长影响的比较研究 ……………… 476
14.7.1 基本培养方法 …………………………………………… 477
14.7.2 主要研究结果与机理分析 ……………………………… 477
14.8 限制性养分及其浓度变化对生长速率的影响 …………………… 478
14.9 悬浮 MGS-1 模拟火壤的遮荫问题及解决措施 ………………… 480
14.10 模拟月壤/火壤与藻体细胞非直接接触式培养方法 …………… 482
结束语 ……………………………………………………………………… 484
参考文献 …………………………………………………………………… 485

第15章 微藻在轨培养实验研究 ……………………………………… 496

15.1 前言 …………………………………………………………………… 496
15.2 总体发展概况 ……………………………………………………… 496
15.3 太空微重力条件下微藻 PBR 技术验证研究 …………………… 511
15.3.1 Arthrospira-B 装置在轨搭载实验 ……………………… 511
15.3.2 PBR@LSR 装置在轨搭载实验 ………………………… 517
15.4 藻类光生物反应器故障模式及应对措施 ………………………… 520
15.4.1 故障影响因素 …………………………………………… 520
15.4.2 由培养引起的故障原因 ………………………………… 521
15.4.3 由航天环境、机舱/栖息地条件、支持设备和系统的可扩展性
       造成的故障原因 ………………………………………… 523
15.5 太空飞行对微藻生物学特性的影响 ……………………………… 525
15.5.1 太空环境对微藻生长和生理特性的影响 ……………… 525
15.5.2 太空环境对微藻光合特性的影响 ……………………… 526

15.5.3　太空环境对微藻光合系统结构与功能的影响 ………………… 527
　15.6　微藻-动物水生共培养研究 ……………………………………………… 527
　　15.6.1　Aquacell ……………………………………………………………… 527
　　15.6.3　OmegaHab …………………………………………………………… 528
　　15.6.4　我国的藻类-动物水生生态系统 …………………………………… 530
　15.7　空间站舱外搭载实验 …………………………………………………… 533
　　15.7.1　念珠藻 HK-01 的舱外暴露实验 ………………………………… 533
　　15.7.2　拟色球藻的舱外暴露实验 ………………………………………… 536
　15.8　微藻太空搭载取得的潜在应用成果 …………………………………… 539
　结束语 …………………………………………………………………………… 540
　参考文献 ………………………………………………………………………… 541

第16章　问题及展望 …………………………………………………………… 552
　16.1　前言 ……………………………………………………………………… 552
　16.2　目前存在的主要问题与拟解决措施 …………………………………… 553
　　16.2.1　外太空环境条件 …………………………………………………… 553
　　16.2.2　技术挑战 …………………………………………………………… 554
　　16.2.3　生物学挑战 ………………………………………………………… 558
　16.3　未来前景分析 …………………………………………………………… 562
　　16.3.1　在空间站上的生保应用潜力 ……………………………………… 562
　　16.3.2　在月球/火星基地上的生保应用潜力 …………………………… 564
　　16.3.3　在月球/火星基地上的生物燃料、肥料及塑料等生产潜力 …… 565
　　16.3.4　在月球/火星基地上的火箭推进剂原料生产潜力 ……………… 565
　　16.3.5　在地面的推广应用潜力 …………………………………………… 566
　结束语 …………………………………………………………………………… 567
　参考文献 ………………………………………………………………………… 567

索引 ……………………………………………………………………………… 576

第1章 绪 论

1.1 太空藻类生物学的基本概念及研究范畴

藻类学（phycology）是研究藻类的学科。藻类是以水生植物为主的一个大类群，其个体大小从微型到小树状。藻类植物是地球上最古老的低等植物，并且种类繁多，目前已知的约有 3 万种，平常人们吃的海带和紫菜就属于藻类。19 世纪，植物学家按外观颜色简单地把藻类分为绿藻纲、褐藻纲、红藻纲和以蓝藻为主的粘藻纲 4 个纲。直到 1951 年，由美国斯坦福大学植物学家史密斯（Gilbert M. Smith）等编写了第一本世界上较权威的《藻类学手册》（Manual of Phycology），将藻类划分为绿藻门、蓝藻门、裸藻门、甲藻门、金藻门、褐藻门和红藻门 7 个门（Smith，1951）。

藻类学属于植物学学科中的一个门，是研究藻类植物的分类、形态、构造、生态、生理、生化、遗传及其他生物学及其应用的植物学分支。多数藻类是生存在潮湿环境中的真核生物，是能够进行光合作用的自养有机体。藻类与高等植物的区别在于其缺乏真正的根、茎、叶的分化。许多藻类以单细胞的形态生存，需借助显微镜才能观察到；另外，也有许多藻类是多细胞生物或以群体形式聚集生活，如海带（*Laminaria japonica*）和紫菜（*Porphyra tenera* Kjellm），这样的藻类可形成较大的体积。在水生生态系统中，藻类是重要的初级生产者。藻类学还包括对原核生物藻类的研究，主要以蓝藻（blue – green algae），也即蓝细菌（cyanobacteria）为主（Billi 等，2013）。

在藻类学的研究中，以藻类分类学、形态学和生态学比较成熟。藻类分类学研究藻类植物的门、纲、目、科、属、种等的系统地位，以了解它们的资源区系和进化系统。藻类形态学研究藻类植物的形态构造。藻类生态学研究藻类植物之间及其与周围环境之间的相互关系。藻类学还包括实验藻类生态学（藻类生态生理学）、藻类生理生化和藻类遗传学（李 R. E., 2010）。藻类在地球生态系统的起源与演化进程中发挥了重要作用。

藻类的适应能力和繁殖能力比较强，尤其是陆生藻类，其被誉为生命禁区的"先驱植物"。藻类自身可以进行光合作用，将大自然的二氧化碳和水合成有机物；在合成有机物的过程中，大多数植物需要氮肥，而一些藻类则不需要，而是自身可以固氮（nitrogen fixation），因此在生物学中称之为"全自养"生物（completely autotrophic organism）。

太空藻类学（space phycology），顾名思义就是基于在太空环境条件下开展的藻类生物学（algal biology），其研究的范畴与在地面上应该是一样的，即同样会涉及上述许多方面。不过，由于目前在太空可利用的资源有限（包括重量、空间、能源和机会），因此所研究的藻类都被局限在几种微藻（microalgae），如小球藻（*Chlorella vulgaris*）、螺旋藻（*Spirulina platensis*）和纤细裸藻（*Euglena gracilis*），而尚未涉及大藻（macroalgae），如人们熟知的海带、紫菜和石莼（*Ulva lactuca* L.）。鉴于此，本书重点介绍有关小球藻和螺旋藻（图 1.1）等微藻的太空生物学知识。当然，随着太空发射技术的不断发展和可利用资源的不断增多，相信也会逐渐在太空环境条件下开展大藻的研究与应用。

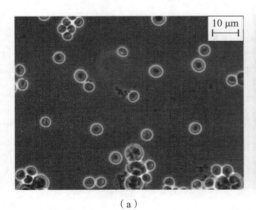 

(a) (b)

图 1.1　小球藻和螺旋藻的外观图

(a) 小球藻（Belz 等, 2015）；(b) 螺旋藻（Furmaniak 等, 2017）

1.2 开展太空藻类生物学研究的目的与意义

可以说,开展太空藻类生物学研究的意义重大,这是由上述藻类本身所具备的基本特性和优势所决定的。下面主要从4个方面予以阐述。

1.2.1 用于构建包含藻类的受控生态生命保障系统

我们知道,建立大型载人的空间平台、月球基地和火星基地并进行月球和火星的探测与开发是未来世界载人航天技术发展的必然趋势(Hufenbach 等,2014;Anderson 等,2019),而我国在这方面也不例外。目前,我国已经完成空间站建设,并正式宣布启动载人登月计划。在2030年前登陆月球并随后建立月球科考站是该计划的重要目标。此外,我国也在考虑载人登陆火星的可行性。

然而,在未来长期载人太空飞行中遇到的重大瓶颈之一,就是如何保障航天员所需的氧气(约 $0.83\ kg\cdot 人^{-1}\cdot d^{-1}$)、水(约 $23.4\ kg\cdot 人^{-1}\cdot d^{-1}$)和食物(约 $0.62\ kg\cdot 人^{-1}\cdot d^{-1}$)等最基本生保物质的持续供应(Barta 和 Henninger,1994)。目前,空间站上的载人航天环境控制与生命保障系统(environment control and life support system, ECLSS),已经能够解决氧气和水的再生循环问题,但并不能够解决食物的再生供应问题。事实上,20世纪50年代在人类尚未开启载人航天的时代之前,科学家就认识到建立受控生态生命保障系统(controlled ecological life support system, CELSS)或生物再生生命保障系统(bioregenerative life support system, BLSS)是解决这一难题的根本出路(Myers,1954;Gitelson,1976;MacElroy 和 Bredt,1984;王普秀,2003;林贵平和王普秀,2007;Matula 和 Nabity,2016;郭双生,2022a,2022b)。

由于小球藻和螺旋藻等微藻均可以在通过光合作用吸收二氧化碳(CO_2)的同时而放出氧气(O_2),并生成可供食用且含量很高的藻蛋白(algal protein),而且具有体积小、生长速度快、繁殖简单而迅速、可高密度集约化培养等优势。另外,有些微藻具有抗高温或低温、抗真空、抗辐射以及能够生产高附加值的营养物质甚至抗癌成分等优势。因此,人们普遍将小球藻和螺旋藻等微藻看作是长期载人航天 CELSS 中的一类重要生物功能部件。微藻在 CELSS 发挥的作用如图1.2所示。

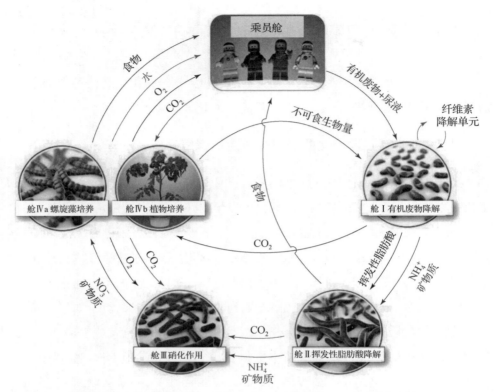

图 1.2 微藻在 CELSS 中发挥的作用（Sachdeva 等，2021）（附彩插）

在受控生态生命保障系统中，小球藻和螺旋藻等微藻能够发挥的作用具体介绍如下（Belay 等，1993；Helisch 等，2020；Kusmayadi 等，2021；Sachdeva 等，2021；Ghaffar 等，2023）：

①生产乘员呼吸等代谢所需要的氧气，并净化其呼吸等代谢所排出的二氧化碳；

②生产高蛋白及其他脂肪和碳水化合物等营养丰富的食物（表 1.1）及动物饲料；

③生产高附加值营养保健产品，包括色素、维生素（A、B_1、B_2、B_6、B_{12}）、抗氧化剂（如二十二碳六烯酸（DHA），属于 Omega-3 不饱和脂肪酸家族中的重要成员）、抗癌或防辐射等生物活性物质（bioactive substance）（表 1.1）；

表1.1 小球藻和螺旋藻的营养组成（García, de Vicente 和 Galán, 2017）

营养组成	种类/(g·100 g^{-1}干细胞)	
	小球藻	螺旋藻
碳水化合物总量	12~17	8~14
组成/%		
葡萄糖	60.9	54.4
鼠李糖	14.5	22.3
阿拉伯糖	10.6	—
甘露糖	—	9.3
木糖	—	7.0
麦芽糖	5.7	—
乳糖	5.5	—
果糖	2.8	—
半乳糖	—	2.6
其他糖	—	4.4
总蛋白	51~58	46~63
组成/%		
精氨酸	6.4	7.0
组氨酸	2.0	2.1
异亮氨酸	3.8	6.4
亮氨酸	8.8	9.3
赖氨酸	8.4	4.6
甲硫氨酸	2.2	2.4
苯丙氨酸	5.0	5.0
苏氨酸	4.8	5.9
色氨酸	2.1	0.3
缬氨酸	5.5	6.8
半胱氨酸	1.4	0.9

续表

营养组成	种类/(g·100 g^{-1}干细胞)	
	小球藻	螺旋藻
组成/%		
脯氨酸	4.8	4.0
丙氨酸	7.9	9.0
天门冬氨酸	9.0	11.2
谷氨酸	11.6	9.8
甘氨酸	5.8	5.4
丝氨酸	4.1	4.9
酪氨酸	3.4	5.0
总脂肪/油脂	14~22	4~9
组成/%		
饱和脂肪酸	51.6~55.7	25.4
单不饱和脂肪酸	5.9~11.2	28.0
多不饱和脂肪酸	30.0~41.6	38.3
其他	0.04~3.0	8.3
维生素/(mg·100 g^{-1}干细胞)		
A（β-胡萝卜素）	30.77	0.34~84
C（抗坏血酸）	10.4	8.0~10.1
B_1（硫胺素）	1.7	2.4~4.4
B_2（核黄素）	4.3	3.7
B_3（烟酸）	23.8	12.8
B_5（泛酸）	1.1	1.3
B_6（吡哆醇）	1.4	0.3~0.4
B_9（叶酸）	0.094	0.04~0.094
B_{12}（钴胺素）	0.000 1	0.7[a]

续表

营养组成	种类/(g·100 g⁻¹ 干细胞)	
	小球藻	螺旋藻
组成/%		
E	1.5	5~12
K	—	0.025 5

注：a 其中很大一部分可能是非营养性类似物。

④生产生物肥料和肥料等原料，以供培养高等植物、动物、藻类和细菌等生物；

⑤生产生物燃料（biofuel）（如生物柴油（biodiesel）、生物乙醇、生物氢、生物甲烷、生物电），以保障 CELSS 运行的能源供应需求；

⑥净化座舱中的氨等废气及处理乘员排出的尿液等废水。

1.2.2 掌握藻类在太空极端环境条件下的生物学规律

在低地球轨道（LEO）上，是一个微重力（约 $10^{-4} \sim 10^{-3} g$）、高真空（稀薄空气）、高辐射（地球表面的 150 倍）、高温差（约 +100 ℃（白天阳光直射时）~ -100 ℃（非阳光照射时））等极端环境，即便是在舱内可以调节大气压力和温湿度等，但一般也改变不了微重力环境，而且一般还会存在一定的辐射剂量。在月球表面上，存在由微重力（约 $1/6g$）、高真空（不存在空气）、高辐射（地球表面的 200 倍）、高温差（+127 ℃（白天阳光直射时）~ -183 ℃（夜晚黑暗时））等极端环境。与月球表面相比，火星表面上存在有较大重力（约 $1/3g$）、稀薄大气（一般不到地球大气压力的 1%）、较低辐射（地球表面的 13 倍）和较低温差（+20 ℃（夏季赤道）~ -145 ℃（冬季两极极夜））（Mapstone 等，2022），但与在地球表面上的一般环境甚至最恶劣的环境相比，其仍然是一种极端环境。

因此，需要了解和掌握藻类，尤其是微藻这种特殊的低等植物生命形式，在上述外太空各种特殊的极端环境条件下（包括微重力/低重力、超真空、高辐射、高温差及超干燥）的生长发育、形态建成、生理生化、遗传变异、光合及呼吸作用效率等生物学行为的发生和发展的现象和规律。另外，在地球上往往受到光照等其他环境因素的综合影响而无法很好地研究重力对藻类的影响，因此可以在微重力环境条件下研究重力（可利用离心机创造不同水平的人工重力）和光照等重要环境因素对藻类这种无根、茎、叶低等植物的影响程度和规律，及其生命所出现的各种适应等情况。

1.2.3 使微藻成为改造月球/火星土壤的"先驱"植物

目前已知，有些蓝藻，如生长在沙漠中的陆生蓝藻（有时被俗称为沙漠藻）在沙地固定与土壤形成、表土水分捕获与保持、营养元素生物地化循环以及植物群落发育演替等方面扮演着重要角色，其在荒漠退化土地修复的潜在价值备受关注。在气候变化影响愈发显著的背景下，深入认识陆生蓝藻的多样性及其维持生态系统功能的潜在机制，或将为开展生态环境保护和退化生境修复等实践工作提供科学依据（王高鸿等，2005，2008；Verseux 等，2016）。

火星表面环境与地球沙漠上的环境有一定的相似性，因此人们认为生活在岩石或沙粒上的耐干旱及耐高低温的沙漠藻极有可能成为来自地球的对月球或火星风化层（regolith）（也分别称为月球土壤（简称月壤）或火星土壤（简称火壤））进行地球绿洲化改造（terraforming）的先驱生物（pioneer organism）。月球/火星地球化改造是设想中人为改变天体表面环境，使其气候和生态等类似地球环境的一种行星工程（Verseux 等，2016；Mapstone 等，2022）。

1.2.4 为地面应用选育优良品种

如上所述，在太空这些特殊的极端环境因子的综合作用下，极有可能会诱导产生更加耐干旱、耐高低温或耐辐射等的藻种，甚至会诱变产生性状更为优良的藻种，如生长更快、生物量（biomass）（也称为生物质）产量更高、抗氧化剂、废水或废气处理能力更强等高附加值产品。事实上，国内外为地面应用已经筛选出了若干个优良藻种。例如，我国的中国科学院水生生物研究所与丹姿集团合作，通过太空培育获得了一种被命名为"太空藻"的藻类新品种（https://baijiahao.baidu.com/s?id=1762774950050097928&wfr=spider&for=pc）。

1.3 太空藻类生物学的主要任务

根据上述太空藻类生物学的定义及其目的，本书作者认为太空藻类生物学的主要研究任务应包括以下几个方面：

①优良藻种或其品系的选择与培育（包括遗传工程和诱变育种工程进行改造）；

②用于高密度集约化藻细胞培养的光生物反应器的研制与培养条件优化调控；

③高附加值营养产品和生物燃料的高效生产技术；

④构建基于微藻的废水和废气高效处理技术；

⑤开展面向月球和火星环境的微藻原位资源利用技术；

⑥开发基于微藻的受控生态生命保障系统及其系统物质流－能量流－信息流整合技术（主要实现物质流的动态平衡调控）；

⑦进行太空藻类培养技术研究与应用的飞行验证实验研究；

⑧开展太空藻类生物学研究成果在地面上的推广与应用（如优良藻种的应用推广）。

1.4 太空藻类生物学的基本发展历史与现状分析

关于太空藻类生物学的研究历史与现状，主要包括地基实验和天基实验两个方面，下面分别予以简要介绍。

1.4.1 地基实验研究

1. 国外情况

1）总体概况

从20世纪50年代初开始，即在人类尚未开启载人航天之前，美国和苏联的科学家就开始了受控生态生命保障系统的研究规划，主要目的在于满足航空和航天中的供氧及二氧化碳净化。

首先，从20世纪50年代末起，苏联开始构建了包含各种微藻光生物反应器（photobioreactor）在内的各种实验系统。例如，苏联科学院生物物理研究所研制成Bios-1到Bios-3系列，并进行了小球藻和螺旋藻等微藻的培养以及微藻与动物和人的气体交换实验、食用藻蛋白实验等（Gitelson等，1989；Salisbury等，1997）。进入20世纪90年代后，该研究所又组织研制成新的光生物反应器（图1.3）（Bolsunovsky和Zhavoronkov，1995），并利用上述光生物反应器开展了螺旋藻的培养实验，证明每生产1 g的干藻蛋白所用电量不到0.3 kW·h。另外，该研究所还试验了容积为100 L的光生物反应器，证明将光生物反应器的容积放大是可行的。之后，针对与人的系统集成还研制成相应的装置。另外，考虑到航天器的资源限制问题，他们还研制成相应的微型光生物反应器（图1.4），被命名为Algalcultivator。

图1.3　俄罗斯莫斯科国立化学工程研究院为生物物理研究所研制的小型光生物反应器
（Bolsunovsky和Zhavoronkov，1995）

图1.4　俄罗斯莫斯科国立化学工程研究院为生物物理研究所研制的微型光生物反应器
（Bolsunovsky和Zhavoronkov，1995）

其次，从20世纪50年代初开始，美国空军航空航天医学院（USAF School of Aerospace Medicine）就主持建成了藻类培养装置（图1.5），并开展以小球藻、螺旋藻和斜生栅藻（*Scenedesmus obliquus*）等为代表的藻类培养及其放氧能力评价等实验研究（Sorokin 和 Myers，1953；Myers，1954；Acker 和 Stern，1960；Arnon，1961；Ward 等，1963；Miller 和 Ward，1966；Kirensky 等，1968）。

图1.5　美国空军航空航天医学院研制的一种藻类光合气体交换装置（Ward 等，1963）

之后，美国NASA艾姆斯研究中心与马丁·玛丽埃塔公司（Martin Marietta Laboratories）合作，研制成几种面向空间应用的光生物反应器（图1.6），并利用这些反应器开展了螺旋藻、小球藻和栅藻（*Scenedesmus sp.*）等的光合效率和生产速率评价等的实验研究。

再次，20世纪70年代后期，针对未来在月球和火星上的潜在应用需求，美国俄勒冈州立大学设计了满足5人螺旋藻供应的光生物反应器及其太阳能发电装置（图1.7）（Krauss，1979）。

另外，进入20世纪80年代后期，欧洲航天局（ESA）启动了MELISSA计划（Micro‐Ecological Life Support System Alternative Project），将小球藻和螺旋藻等微藻作为重要功能单元，并开展了大量的地面培养实验研究（Lasseur 和 Binot，1991；Gòdia 等，2004；Poughon 等，2021）。再者，20世纪90年代后期，日本建成密闭生态循环水产养殖系统（closed ecological recirculating aquaculture system，CERAS），并开展了小球藻等的培养实验研究（Endo 等，1999；Omori 等，2001；Takeuchi 和 Endo，2004）。

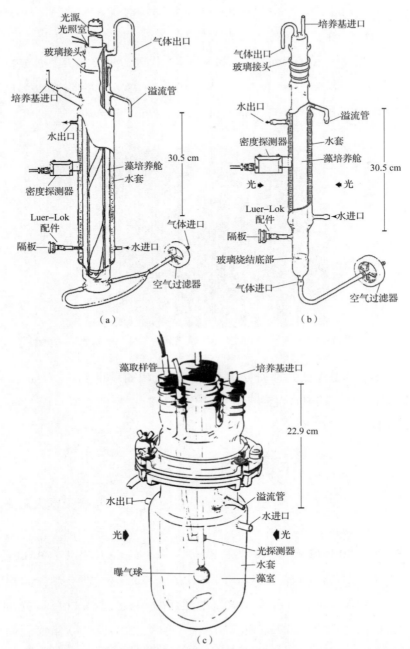

图1.6 美国NASA艾姆斯研究中心主持研制的3种连续培养式微藻光生物反应器
（Radmer 等，1984）

(a) 大型气升式；(b) 小型气升式；(c) 球状曝气式

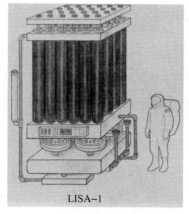 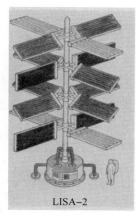

图1.7 一种面向月球/火星基地应用的光生物反应器及其太阳能发电装置（Krauss，1979）

2）基于光生物反应器的微藻培养优化技术

这一期间，研究人员开展了面向空间微重力环境的各种类型的微藻光生物反应器设计，并进行了实现高效培养的各种影响参数的协同调控技术优化，重点集中于养分（主要是碳源、氮源及其他大量和微量元素）、光照（包括光源、光照强度、光质、光周期及照射方式）、温度、高细胞密度、酸碱度、通气方式和通气率、混合搅拌速率、二氧化碳供应和氧气脱除（即水气分离）、藻体收集与提取等方面（Javanmardian 和 Palsson，1992；Pandey，Pathak 和 Tiwari，2010；Jung 等，2019；Helisch 等，2020）。

3）高附加值营养品和生物燃料生产等技术

小球藻和螺旋藻等微藻，既能够通过光合作用生产食物，又能够生产具有高附加值的营养品，包括多种氨基酸、多种维生素、多种生物活性物质（如螺旋藻多糖（spirulina polysaccharide。由 D-甘露糖、D-葡萄糖、D-半乳糖和葡萄糖醛酸组成））、藻蓝蛋白（phycocyanin）等活性蛋白、不饱和脂肪酸（unsaturated fatty acid）、β-胡萝卜素（β-carotene）、萜类化合物（terpenoids）等人体需要的营养成分，其中有的具有广泛而高效的抗辐射甚至抗癌症（如藻蓝蛋白）的药用价值而备受关注（郑静，2009；Lee 等，2016；Anam 等，2021）。因此，目前国内外在这方面开展了大量研究，包括光照、养分、温度、二氧化碳浓度、酸碱度等物理或化学因素对微藻生物合成高附加值营养产品能力的影响评价等

(Converti 等，2009；Villarruel‐López，Ascencio 和 Nuño，2017；Dvoretsky 等，2020）。

另外，为了解决 CELSS 系统中能源供应的问题甚至未来星球基地火箭发射所需燃料供应等的问题，现在国内外在这方面也开展了许多研究，目的在于利用微藻进行生物氢、生物甲烷、生物乙醇、生物柴油甚至生物电等生物燃料的高效生产与利用（图1.8）（Chisti，2007；Gimpel 等，2013；Bižić 等，2020）。

图1.8　微藻所含有的各种营养物质和高附加值产品及可被加工成的各种重要产品（Hoang 等，2022）（附彩插）

4）废水和废气处理技术

藻类可以对水体进行净化。藻类进行光合作用，即利用光将 CO_2 和水转化为 O_2 和有机物。当藻类生长状况得当，光合作用不仅可以使水体富氧，而且可以通过生物的同化作用消耗水体中的营养物。藻类污水处理便利用了这一自然过程。可利用藻类进行污水处理的同时而生产生物燃料。另外，由于小球藻和螺旋藻都适合在高碱性环境条件下生存，因此利用藻类特别适合于进行碱性污水处理。再者，构建微藻和细菌共生体，将更有利于提高微藻对废水的处理效果。另外，微藻可被用于处理氨气等有害气体，包括工业尾气（吴祖成等，2014；Boelee 等，2014；Sánchez – Saavedra 等，2020；Ghaffar 等，2023）。

5）月球/火星表面原位资源利用技术

原位资源利用（in – situ resource utilization，ISRU），是指在月球或火星等外太空星球表面上，就地利用当地的土壤、水、大气甚至阳光，来解决藻类培养所需的物料和能源供应或补给问题。目前，研究最多的是利用月球和火星的各类模拟土壤进行微藻（主要是蓝藻）的培养，其中有一项重要内容就是筛选耐高氯酸盐（perchlorate）（普遍存在于火星土壤中的一类有毒化合物）。另外，就是在模拟火星大气环境条件下（尤其是在高二氧化碳浓度及低压低氧甚至无氧条件下）进行微藻培养（秦利锋等，2014，2020；Verseux 等，2016，2021；Ramalho 等，2022；Averesch 等，2023）。

2. 国内情况

从 20 世纪 60 年代起，针对我国的首次"曙光"号载人航天计划，中国科学院上海植物生理研究所就开始了微藻培养实验研究。之后，20 世纪 70 年代初由于"曙光"号载人航天任务终止，这项工作也就基本被迫中断。后来，20 世纪 90 年代初随着"921"载人航天工程项目正式启动，我国的藻类培养等受控生态生命保障技术也迎来了新的发展机遇。

进入 21 世纪初，中国航天员科研训练中心的艾为党等人研制成功空间微藻光生物反应器装置，重点开展了藻种的抗辐射筛选、反应器藻液中供气与脱气技术以及藻类与动物的气体交换平衡调控技术等实验（Ai 等，2008；艾为党等，2008；艾为党，郭双生和董文平，2013；艾为党等，2014）。之后，北京航空航天大学的胡大伟及李艳超等人针对光生物反应器的控制策略开展了研究（胡大伟等，2009a，2009b；李艳超等，2011）。另外，沈阳大学孙振天的硕士毕业论文也开展了这方面的研究（孙振天，2015）。接着，北京航空航天大学的杨玉楠教授就国内外受控生态生保系统中的微藻应用研究进展进行了系统综述（杨玉楠和王玉珂，2015）。

针对火星原位资源利用和火星地球化改造计划，中国科学院水生生物研究所的刘永定研究员带领的团队在这方面做了大量开拓性的工作。例如，他们从沙漠中分离出耐干旱、耐高低温和耐紫外线的荒漠藻种（王高鸿等，2005，2008）。

1.4.2 天基实验研究

藻类飞向太空的最早记录可以追溯到1960年。在苏联1960年8月19日发射的卫星飞船-2（Korabl Sputnik 2）的25 h实验中，将蛋白核小球藻（*Chlorella pyrenoidosa*）培养物进行了短期和长期（22 d）飞行（Alexandrov，2016；Niederwieser等，2018）。藻类在黑暗的琼脂上生长，并在定期人工照明的液体培养基中生长。由于一些细胞在飞行中存活下来，能够生长和繁殖，因此得出结论，藻类可以在轨道上完成其基本的生理和光合功能（Semenenko和Vladimirova，1961）。这样，在天基实验培养物和地面对照培养物之间未观察到显著差异后，将这种小球藻于1968年由Zond绕月飞船送往月球轨道。后来在"礼炮"号空间站内进行了不同的实验，结果表明微重力不会干扰藻类生长（Alexandrov，2016）。在20世纪60年代、70年代和80年代，常见的生物有蛋白核小球藻、普通小球藻和莱茵衣藻（Niederwieser等，2018）。

后来，在"和平"号空间站、国际空间站、我国的"实践"号返回式卫星、神舟宇宙飞船、"天宫"号空间实验室和"天宫"号空间站等航天器上使用了不同的光合生物进行了更为精细的实验（图1.9）。

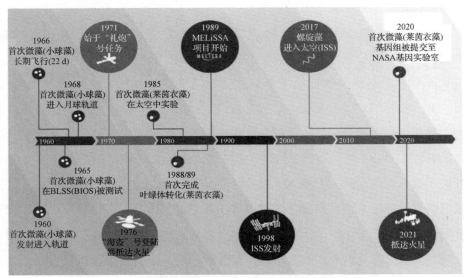

图1.9 藻类空间研究以及在空间和火星探测方面取得主要科学成就的时间表（Mapstone等，2022）（附彩插）

1987年3月2日,让蓝细菌念珠藻(*Nostoc sp.*) PCC 7524和真核藻类细眼藻的质体突变体登上了一枚我国的长征火箭升空。在本实验中,质体突变藻类是O_2的消耗者和CO_2的产生者,而蓝藻分别产生O_2和消耗CO_2。可以证明,这两种生物在太空中存活了4.5 d,并且一些蓝藻在光照下生长(Dubertret等,1987)。该实验通常被称为MELiSSA的鼻祖(Lasseur和Mergey,2021)。在后来的几年里,也有一些处理蓝藻的方法,如球形发藻(Wang等,2004)、暹罗鱼腥藻(*Anabaena siamensis*)(Wang等,2006)和印度蓝藻(Ilgrande等,2019)。后者被用于2017年发射到国际空间站的Arthrospira - B实验,这是第一种被允许在线测量太空中O_2产生率和藻细胞生长速率的方法。此外,培养物在超过1个月的整个持续时间内保持无菌(Poughon等,2020)。到目前为止,这项实验是在空间站上运行仪器化光生物反应器最复杂但又成功的方法。

我国在神舟八号宇宙飞船上进行了几种藻类的空间飞行搭载,后来又利用返回式卫星和空间实验室开展了藻类与动物的二元共生培养实验研究,这在后面的相关章节中将会予以详细介绍(Wang等,2004,2006,2008; Häder,2020)。

参 考 文 献

艾为党,郭双生,董文平,等. $^{60}Co - \gamma$射线对螺旋藻生长影响研究初探[J]. 航天医学与医学工程,2008,21(3):268-272.

艾为党,郭双生,董文平. 受控生态生保系统螺旋藻藻种筛选研究[J]. 载人航天,2013,19(6):58-63.

艾为党,郭双生,董文平,等. "微藻-小白鼠"二元生态系统气体交换规律研究[J]. 载人航天,2014,20(6):510-516.

郭双生. 空间受控生态生命保障技术[M]. 北京:科学出版社,2022a.

郭双生. 太空基地受控生态生命保障系统理论设计[M]. 北京:北京理工大学出版社,2022b.

胡大伟,侯大棚,胡恩柱,等. BLSS中光生物反应器控制器数值仿真和虚拟现实研究[C]. 中国空间科学学会第七次学术年会. 大连,2009a.

胡大伟,刘红,胡恩柱,等. BLSS中光藻反应器的模型与仿真实验研究[J].

航天医学与医学工程，2009b，22（1）：9-17.

李冰，张学成，高美华，等. 钝顶螺旋藻藻蓝蛋白和多糖的抗肿瘤免疫活性研究［J］. 中国海洋大学学报，2004，34（3）：396-402.

R. E. 李. 藻类学（Phycology）［M］. 段德麟，胡自民，胡征宇，译. 北京：科学出版社. 2010.

李根保，王高鸿，宋立荣，等. 模拟微重力下微藻细胞的脂质过氧化［J］. 航天医学与医学工程，2002，15（4）：270-272.

李艳超，胡大伟，李明，等. 闭合生态系统中光生物反应器的模糊控制器研究［C］. 2011年中国智能自动化会议. 北京，2011：97-102.

林贵平，王普秀. 载人航天生命保障技术［M］. 北京：北京航空航天大学出版社，2007.

秦利锋，艾为党，唐永康，等. 模拟月壤对蓝细菌生长特性的影响［J］. 载人航天，2014，20（6）：555-560.

秦利锋，林启美，薛彩荣，等. 月球土壤的生物改良试验：固氮蓝藻对模拟月壤肥力的影响［J］. 航天医学与医学工程卷，2020，33（6）：497-503.

孙振天. 受控生态生保系统光藻反应器的建模与优化仿真研究［D］. 沈阳：沈阳大学，2015.

王超，毛瑞鑫，唐永康，等. 空间微藻光生物反应器研究进展［J］. 载人航天，2022，28（5）：704-709.

王高鸿，陈兰洲，陈坤，等. 荒漠念珠藻抗氧化系统对紫外的反应及外源化合物的保护作用研究［C/OL］//中国空间科学学会第16届空间生命学术研讨会论文摘要集. 2005. http://ir.ihb.ac.cn/handle/342005/14852.

王高鸿，胡春香，肖媛，等. 一株从荒漠分离的念珠藻对UV-B辐射的响应［C/OL］//中国海洋湖沼学会藻类学分会第七届会员大会暨第十四次学术讨论会论文摘要集. 2008. http://ir.ihb.ac.cn/handle/342005/14658.

王普秀. 航天环境控制与生命保障工程基础上册（国防科研试验工程技术系列教材）［M］. 北京：国防工业出版社，2003.

吴祖成，冯道伦，常园园，等. 微藻反应器用于水气净化与产氧的功能验证［J］. 载人航天，2014，20（3）：196-201.

杨玉楠，王玉珂. 生物再生式生命保障系统中微藻应用研究进展 [J]. 航天医学与医学工程，2015，28（5）：384-395.

郑静. 螺旋藻化学成分及其生物活性研究 [J]. 科技信息，2009（7）：416-417，419.

ACKER J E, STERN J A. System analysis of four methods of achieving closed circuit respiratory support [M]. In: Closed circuit respiratory systems symposium [C]. USAF WADD Technical Report 60-574, W-P AFB. Ohio, 1960.

AI W, GUO S, QIN L, et al. Development of a ground-based space micro-algae photo-bioreactor [J/OL]. Advances in Space Research, 2008, 41, 742-747. DOI: 10.1016/j.asr.2007.06.060.

ALEXANDROV S. Algal research in space: History, current status, and future prospects [J]. Innovare Journal of Life Science, 2016, 4: 1-4.

ANAM K, RAHMAN D Y, HIDHAYATI N, et al. Lipid accumulation on optimized condition through biomass production in green algae [J/OL]. IOP Conf. Series: Earth and Environmental Science, 2021, 762: 012075. DOI: 10.1088/1755-1315/762/1/012075.

ANDERSON M S, MACATANGAY A V, MCKINLEY M K, et al. NASA environmental control and life support technology development and maturation for exploration: 2018 to 2019 overview [C]. 49th International Conference on Environmental Systems (Massachusetts), 2019.

ARNON D I. Energy conversion in photosynthesis [M]. In: Campbell PA. Medical and biological aspects of the energies of space. New York: Columbia University Press, 1961.

AVERESCH N J H, BERLINER A J, NANGLE S N, et al. Microbial biomanufacturing for space exploration—what to take and when to make [J]. Nature Communications, 2023, 14: 2311.

BARTA D J, HENNINGER D L. Regenerative life support systems—Why do we need them? [J]. Advances in Space Research, 1994, 14 (11): 403-410.

BELAY A, OTA Y, MIYAKAWA K, et al. Current knowledge on potential health benefits of *Spirulina* [J]. J. Applied Phycology, 1993, 5: 235-241.

BELZ S, BRETSCHNEIDER J, HELISCH H, et al. Preparatory activities for a photobioreactor spaceflight experiment enabling microalgae cultivation for supporting humans in space [C]. 66th International Astronautical Congress, Jerusalem, Israel, IAC-14-A1.7.7, 2015.

BILLI D, BAQUÉ MICKAEL, SMITH H D, et al. Cyanobacteria from extreme deserts to space [J/OL]. Advances in Microbiology, 2013, 3: 80-86. http://dx.doi.org/10.4236/aim.2013.36A010.

BIŽIĆ M, KLINTZSCH T, IONESCU D. Aquatic and terrestrial cyanobacteria produce methane [J]. Science Advances, 2020, 6: eaax5343.

BOELEE N C, TEMMINK H, JANSSEN M, et al. Balancing the organic load and light supply in symbiotic microalgal-bacterial biofilm reactors treating synthetic municipal wastewater [J]. Ecological Engineering, 2014, 64: 213-221.

CHISTI Y. Biodiesel from microalgae [J]. Biotechnology Advances, 2007, 25: 294-306.

CONVERTI A, CASAZZA A, ORTIZ E, et al. Effect of temperature and nitrogen concentration on the growth and lipid content of *Nannochloropsis oculata* and *Chlorella vulgaris* for biodiesel production [J/OL]. Chemical Engineering Process, 2009, 48(6): 1146-1151. DOI: 10.1016/j.cep.2009.03.006.

DETRELL G, HELISCH H, KEPPLER J, et al. Microalgae for combined air revitalization and biomass production for space applications [M/OL]. In: From Biofiltration To Promising Options In Gaseous Fluxes Biotreatment, edited by Gabriela Soreanu and Éric Dumont, 2020. DOI: https://doi.org/10.1016/B978-0-12-819064-7.00020-0. Elsevier Inc.

DVORETSKY D, DVORETSKY S, TEMNOV M, et al. Research into the influence of cultivation conditions on the fatty acid composition of lipids of *Chlorella vulgaris* microalgae [J]. Chemical Engineering Transactions, 2020, 79: 31-36.

DUBERTRET G, LEFORT-TRAN M, CHIPAUX C. Ecological algal system in microgravity conditions. Preliminary results [J]. European Symposium on Life

Science Research in Space, 1987, 3: 113 – 115.

ENDO M, TAKEUCHI T, YOSHIZAKI G, et al. Studies on the development of closed ecological recirculating aquaculture system (CERAS) IV. A long term feeding experiment with *Oreochromis niloticus* in the fish rearing closed tank [J/OL]. CELSS Journal, 1999. https://doi.org/10.11450/SEITAIKOGAKU1989.11.2_17.

FURMANIAK M A, MISZTAK A E, FRANCZUK M D, et al. Edible cyanobacterial genus Arthrospira: actual state of the art in cultivation methods, genetics, and application in medicine [J]. Frontier in Microbiology, 2017, 8: 2541. DOI: 10.3389/fmicb.2017.02541.

GHAFFAR I, DEEPANRAJ B, SUNDAR LS, et al. A review on the sustainable procurement of microalgal biomass from wastewaters for the production of biofuels [J/OL]. Chemosphere, 2023, 311: 137094. https://doi.org/10.1016/j.chemosphere.2022.137094.

GIMPEL J A, SPECHT E A, GEORGIANNA D R, et al. Advances in microalgae engineering and synthetic biology applications for biofuel production [J]. Current Opinion in Chemical Biology, 2013, 17: 1 – 7.

GITELSON I I, TERSKOV A, KOVROV B G, et al. Life support system with autonomous control employing plant photosynthesis [J/OL]. Acta Astronautica, 1976, 3: 633 – 650. DOI: 10.1016/0094 – 5765(76)90103 – x.

GITELSON I I, TERSKOV I A, KOVROV B G, et al. Long – term experiments on man's stay in biological life – support system [J/OL]. Advances in Space Research, 1989, 9: 65 – 71. https://doi.org/10.1016/0273 – 1177(89)90030 – 6.

GÒDIA F, ALBIOL J, PÉREZ J, et al. The MELISSA pilot plant facility as an integration test – bed for advanced life support systems [J]. Advances in Space Research, 2004, 34: 1483 – 1493.

HÄDER D P. On the Way to Mars — Flagellated algae in bioregenerative life support systems under microgravity conditions [J/OL]. Frontier in Plant Science, 2020, 10: 1621. DOI: 10.3389/fpls.2019.01621.

HELISCH H, KEPPLER J, DETRELL G, et al. High density long – term cultivation of

Chlorella vulgaris SAG 211 − 12 in a novel microgravity − capable membrane raceway photobioreactor for future bioregenerative life support in SPACE [J/OL]. Life Sciences in Space Research, 2020, 24: 91 − 107. https://doi.org/10.1016/j.lssr.2019.08.001.

HOANG A T, SIROHI R, PANDEY A, et al. Biofuel production from microalgae: Challenges and chances [J/OL]. Phytochemistry Reviews, 2022. https://doi.org/10.1007/s11101 − 022 − 09819 − y.

HUFENBACH B, REITER T, SOURGENS E. ESA strategic planning for space exploration [J/OL]. Space Policy, 2014, 30: 174 − 177. DOI: 10.1016/j.spacepol.2014.07.009.

ILGRANDE C, DEFOIRDT T, VLAEMINCK SE, et al. Media optimization, strain compatibility, and low − shear modeled microgravity exposure of synthetic microbial communities for urine nitrification in regenerative life − support systems [J/OL]. Astrobiology, 2019, 19: 1353 − 1362. DOI: 10.1089/ast.2018.1981.

KIRENSKY L V, TERSKOV I A, GITELSON I I, et al. Experimental biological life support system. II. gas exchange between man and microalgae culture in a 30 − day experiment [J]. Life Science in Space Research, 1968, 6: 37 − 40.

KRAUSS R W. Closed ecology in space from a bioengineering perspective [C]. In: Proceedings of the Open Meeting of the Working Group on Space Biology of the Twenty − First Plenary Meeting of COSPAR, Innsbruck, Austria, 29 May − 10 June 1978, 1979: 13 − 26.

LASSEUR C H, BINOT R A. Control system for artificial ecosystems application to MELISSA [C]. SAE Technical Paper Series, 1991: 911468.

LASSEUR C, MERGEAY M. Current and future ways to closed life support systems: Virtual MELiSSA conference [J/OL]. Ecological Engineering and Environment Protection, 2021, 1: 25 − 35. DOI: 10.1007/978 − 3 − 030 − 52859 − 1_ 3.

LEE S − H, LEE J E, KIM Y, et al. The production of high purity phycocyanin by *Spirulina platensis* using light − emitting diodes based two − stage cultivation [J/OL]. Applied Biochemistry and Biotechnology, 2016, 178: 382 − 395. DOI:

10. 1007/s12010-015-1879-5.

MACELROY R D, BREDT J. Current concepts and future directions of CELSS [J/OL]. Advances in Space Research, 1984, 4: 221-229. DOI: 10.1016/0273-1177（84）90566-0.

MAPSTONE L J, LEITE M N, PURTON S, et al. Cyanobacteria and microalgae in supporting human habitation on Mars [J/OL]. Biotechnology Advances, 2022, 59: 107946. https://doi.org/10.1016/j.biotechadv.2022.107946.

MATULA E E, NABITY J A. Feasibility of photobioreactor systems for use in multifunctional environmental control and life support system for spacecraft and habitat environments [J]. 46th International Conference on Environmental Systems, 10-14 July 2016, Vienna, Austria. ICES-2016-147, 2016.

MILLER R L, WARD C H. Algal bioregenerative systems [M]. In: Kammermeyer K (ed.). Atmosphere in Space Cabins and Closed Environments. Meredith Publishing Company, 1966.

MYERS. Basic remarks on the use of plants as biological gas exchangers in a closed system [J]. Journal of Aviation Medicine, 1954, 25: 407-411.

NIEDERWIESER T, KOCIOLEK P, KLAUS D. Spacecraft cabin environment effects on the growth and behavior of *Chlorella vulgaris* for life support applications [J]. Life Science in Space Research, 2018, 16: 8-17.

OMORI K, WATANABE S, ENDO M, et al. Development of an airtight recirculating zooplankton culture device for closed ecological recirculating aquaculture system (CERAS) [J/OL]. J. Sp. Technol. Sci., 2001, 17: 11-17. https://doi.org/10.11230/jsts.17.1_11.

POUGHON L, LAROCHE C, CREULY C, et al. *Limnospira indica* PCC 8005 growth in photobioreactor: Model and simulation of the ISS and ground experiments [J/OL]. Life Science in Space Research, 2020, 25: 53-65. DOI: 10.1016/j.lssr.2020.03.002.

POUGHON L, CREULY C, GÒDIA F, et al. Photobioreactor Limnospira indica Growth Model: Application From the MELiSSA Plant Pilot Scale to ISS Flight Experiment

[J/OL]. Frontiers in Astronomy and Space Sciences, 2021, 8: 700277. DOI: 10.3389/fspas.2021.700277.

RADMER R, BEHRENS P, FERNANDEZ E, et al. Algal culture Studies related to a closed ecological life support system (CELSS) [R]. NASA Contractor Report 177322. NASA Ames Research Center, California, USA, 1984.

RAMALHO T P, CHOPIN G, PéREZ - CARRASCAL O M, et al. Selection of *Anabaena sp.* PCC 7938 as a cyanobacterium model for biological ISRU on Mars [J/OL]. Applied and Environmental Microbiology, 2022, 88 (15): e0059422 - 22. DOI: 10.1128/aem.00594 - 22.

SALISBURY F B, GITELSON J I, LISOVSKY G M. Bios - 3: Siberian experiments in bioregenerative life support: Attempts to purify air and grow food for space exploration in a sealed environment began in 1972 [J]. Bioscience, 1997, 47: 575 - 585.

SÁNCHEZ - SAAVEDRA M, SAUCEDA - CARVAJAL D, CASTRO - OCHOA FY. et al. The use of light spectra to improve the growth and lipid content of *Chlorella vulgaris* for biofuels production [J/OL]. Bioenergy Research, 2020, 13: 487 - 498. https://doi.org/10.1007/s12155 - 019 - 10070 - 1.

SEMENENKO V, VLADIMIROVA M. Effect of cosmic flight conditions in the *Sputnikship* on the viability of *Chlorella* [J]. Physiol. Plants, 1961, 8: 743 - 749.

SMITH G M. Manual of Phycology [M]. New York: Chronica Botanica Company, 1951.

SOROKIN C, MYERS J. A high - temperature strain of Chlorella [J]. Science, 1953, 117: 330 - 331.

TAKEUCHI T, ENDO M. Recent advances in closed recirculating aquaculture systems [J/OL]. Eco - Engineering, 2004, 16: 15 - 20. https://doi.org/10.11450/seitaikogaku.16.15.

VERSEUX C M, BAQUé K, LEHTO J - P, et al. Sustainable life support on Mars - The potential roles of cyanobacteria [J]. International Journal of Astrobiology, 2016, 15 (1): 65 - 92.

VERSEUX C, HEINICKE C, RAMALHO T P, et al. A low - pressure, N_2/CO_2

atmosphere is suitable for cyanobacterium – based life – support systems on Mars [J/OL]. Frontier in Microbiology, 2021, 12: 67. DOI: 10.3389/FMICB.2021.611798.

VILLARRUEL – LÓPEZ A, ASCENCIO F, NUÑO K. Microalgae, a potential natural functional food source – a review [J/OL]. Polish Journal of Food and Nutrition Sciences, 2017, 67 (4): 251 – 263. DOI: 10.1515/pjfns – 2017 – 0017.

WANG G H, LI G B, LI D H, et al. Real – time studies on microalgae under microgravity [J/OL]. Acta Astronautica, 2004, 55: 131 – 137. DOI: 10.1016/j.actaastro.2004.02.005.

WANG G, CHEN H, LI G, et al. Population growth and physiological characteristics of microalgae in a miniaturized bioreactor during space flight [J/OL]. Acta Astronautica, 2006, 58: 264 – 269. DOI: 10.1016/j.actaastro.2005.11.001.

WANG G, LIU Y, LI G, et al. A simple closed aquatic ecosystem (CAES) for space [J/OL]. Advances in Space Research, 2008, 41: 684 – 690. DOI: 10.1016/j.asr.2007.09.020.

WARD C H, WILKS S S, CRAFT H L, et al. Use of algae and other plants in the development of life support systems [J]. The American Biology Teacher, 1963, 25 (7): 512 – 521.

第 2 章
微藻优种选育研究

2.1 前言

在空间站以及月球或火星表面上，要想成功建立基于微藻的受控生态生命保障系统或某种光生物反应器功能单元，首先应该具备优良特性的藻种这一生物功能部件。目前，国际上针对藻种选择进行了许多尝试。藻种选择，主要包括两种途径：第一种是从自然界现存的藻种中进行选择；第二种是通过辐射诱变或遗传工程改造等获得优良藻种及其品系。

目前，所选择的对象主要包括真核藻类和原核蓝藻（cyanobacteria）。真核藻类主要包括小球藻、莱茵衣藻等微藻；原核蓝藻主要包括螺旋藻、鱼腥藻、念珠藻、拟甲色球藻、集胞藻、聚球藻等。另外，也会涉及其他少数藻种或其品系。这些藻种有的来自实验室，有的来自生产基地，人们对其非常熟知，而有的则可能来自地球南北极、沙漠、雪山、冰川、湖泊或其他气候条件恶劣的地方（以面对月球或火星环境条件），人们对其十分陌生。

2.2 基本筛选标准和原则

针对未来太空低地球轨道、地外月球和星球基地的应用与开发，所进行的微藻选择应遵守基本的筛选标准和原则。所选藻种或其品系最好能够具备以下所有特性，或具备部分特性，但一般不应低于其中的一半特性。另外，它们之间在功能上应具有一定的互补性。具体筛选标准和原则如下：

（1）人们较为熟知。在地面上具有较长的研究和应用历史，人们较为熟知，并对其生长特性和遗传背景等认识得较为深入。

（2）生产效率和能量利用效率高。藻种能够吸收二氧化碳、产氧并产生人可食用的生物量，或产生供细菌或其他生物可食用的生物量，即成为其他生物的饵料。藻种应具备较高的光合作用效率、生长速率和较短的繁殖周期。藻种适合在光生物反应器等设备中进行高密度培养，且对这样的生存环境条件具有良好的适应性。对藻种进行高密度集约化培养时，在单位时间和体积内可实现较高的生产速率，而且能够达到较高的能量利用效率。

（3）易于收获与加工。当被用作人的食物以及其他动物或细菌的饲料时，藻液中生物量的收获方法及其加工操作工艺应尽量简单，而不宜复杂。对所选藻种容易破壁，并易于对藻蛋白等有用物质进行提取。

（4）耐干燥。为了适应月球或火星表面极度干燥的大气环境条件，所选藻种应具备能够长期耐周围干燥大气的能力。

（5）耐低压。为了适应月球的真空环境和火星的低压大气环境条件，在低压下进行藻类的培养应是必然趋势。另外，在以上外太空环境下有可能发生泄压等紧急故障。因此，所选藻种应具有耐较高真空度的能力。

（6）耐高低温度。月球和火星表面的温度范围分别为 $-183 \sim +127$ ℃ 和 $-145 \sim +20$ ℃，因此在这样的环境下生存必须具有一定的耐高温和耐低温的能力。

（7）抗辐射。在月球或火星表面上，具有较强的电离辐射和紫外线辐射，因此所选藻种应具有抗上述各种辐射的能力。

（8）具备利用岩石矿物的能力。未来，很有可能需要利用蓝藻来对月球和火星风化层进行地球土壤化改造。因此，需要筛选若干个能够利用火山岩等岩石或灰尘进行生长的藻种。

（9）耐高盐度和耐有毒化合物的能力。未来的藻种，可能需要主要利用月球土壤或火星土壤等无机矿物营养物质，而这些成分往往不适合直接被利用，加之其中还含有一些有毒物质，如月球土壤中含有铬、铍、镍、钴等化学元素，而火星土壤中含有高氯酸盐。因此，需要筛选耐高盐度和耐有毒化合物的藻种及其品系。

（10）能够适应微重力、低重力或超重力环境。未来，太空藻类面对的一定是地球低轨道空间站上的微重力环境（$10^{-5} \sim 10^{-3} g$），或约 $0.16g$（$1/6g$）的月球表面重力环境，或约 $0.38g$（$1/3g$）的火星表面重力环境。因此，需要筛选能够适应微重力或低重力环境条件的藻种及其品系。另外，藻种材料从地球到达外太空都要经历火箭发射，在这一阶段要经受超重环境（一般为 $4 \sim 5g$），返回时也会经受 $4 \sim 5g$ 的过载量。因此，所选藻种应具备承受一定超重的能力。

（11）耐高二氧化碳浓度的能力。火星表面上的大气压力一般不到地球的 1%，但其中二氧化碳浓度占到 95.5%，相当于是目前地球大气中二氧化碳浓度的 26 倍。因此，需要筛选最好能够适应在火星大气环境条件下生长的藻种。

（12）富含脂肪。筛选富含脂肪的藻种及其品系，以便能够获得高效生产生物燃料（包括生物柴油、生物甲烷、生物乙醇、生物氢和生物电）的微藻藻种。

（13）富含生物活性物质。生物活性物质，对于提高航天员的免疫能力、抗紫外线等强辐射能力甚至抗癌变能力都具有显著效果，而有些藻种就含有这样的生物活性物质。因此，需要筛选富含具有上述功效的生物活性物质的藻种。

（14）抗氨气等微量有害气体的能力。餐厨沼液，是指对食物废物进行厌氧消化后所产生的废物。该废物很难被处理，但也具有很高的增值潜力，而利用微藻吸收可能是一条很有前途的处理和增值途径。然而，厌氧消化食物废物非常浑浊，并且含有高浓度的有毒氨-氮（NH_3-N，含量高达 $5\,000\ mg \cdot L^{-1}$）。因此，需要筛选具有抗氨气能力较强的藻种。另外，座舱大气中有时也会含有一定浓度的氨气（NH_3）或其他微量有害气体。因此，还需要筛选能够耐受一定氨气等微量有害气体浓度的藻种。

（15）遗传稳定性好。通过在相对恶劣的环境中进行迭代培养，使得微藻的遗传物质 DNA（脱氧核糖核酸）具备分子遗传稳定性良好的特点，即不会发生显著的不利基因变异。

（16）与其他生物具有良好的相容性。在 CELSS 中，一种微藻最好能够与周围的其他藻种、微生物、动物甚至植物等形成协调的共生关系，从而有利于自身及整个受控生态生命保障系统的发展。

(17) 无特殊条件要求。在培养实施过程中，藻种对反应器结构构型、培养基、光照、养分、供气和脱气、pH 值、收获、加工工艺等条件均无特殊性要求。

2.3 优良藻种筛选

通过对相关文献进行统计，发现受到较好评价的藻种，主要包括真核藻种（如小球藻）和原核藻种（如螺旋藻、念珠藻、鱼腥藻、拟甲色球藻等）。

2.3.1 小球藻

1. 基本特性

小球藻（*Chlorella vulgaris*）是绿藻门小球藻属的一种球形单细胞淡水藻类，直径 3~8 μm。小球藻是在地球上出现最早的生命形式之一（推测在 27 亿年前），是一种高效的低等光合植物，以光合自养生长繁殖，分布极广。小球藻也是大家最为熟悉的真核微藻之一，是人们公认的最有可能在太空得到应用的藻种之一（图 2.1）。有关小球藻的筛选研究工作已有很多。

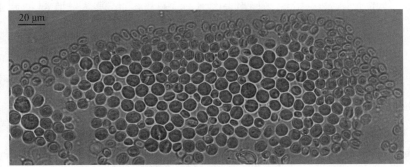

图 2.1 被固定在玻璃片上的小球藻细胞外部形态
（Detrell 等，2020）（附彩插）

2. 适应太空环境的能力

在太空，利用小球藻开展的飞行搭载实验次数最多，据统计已有十几次（Mapstone 等，2022）。我国科学家针对小球藻已开展过太空飞行搭载实验，并已初步证明小球藻能够在返回式卫星和载人飞船内存活（Wang 等，2006，

2008；Wells 等，2017；Fahrion 等，2021）。

3. 耐低压特性

美国内华达大学与 NASA 约翰逊航天中心和上奥地利应用科学大学合作，进行了小球藻 UTEX 2714 的低压培养实验研究。研究结果表明，小球藻在 16 kPa 和 8 kPa 低压下的细胞浓度分别可达到 $(13.0 \pm 1.5) \times 10^5$ 个细胞·mL^{-1} 和 $(57.1 \pm 4.5) \times 10^4$ 个细胞·mL^{-1}。小球藻的滞后期随着压力的降低而降低，而其负载能力（carrying capacity）随着压力的减小而增加，这表明其培养物可以适应降压条件（Cycil 等，2021）。

4. 耐高氨特性

澳大利亚莫道克大学的 Chuka-ogwude 等人（2020），观察了小球藻 Mur 269 在不同光照条件下对餐厨沼液（anaerobically digested food waste）的毒性和浊度的生理反应和驯化模式，并与在 BBM 培养基（Bold's Basal Medium）中的培养结果进行了比较。将通过脉冲幅度调制（pulse amplitude modulation，PAM）荧光测定法所获得的指标，如电子传输速率（electron transport rate，ETR）、光合系统Ⅱ（PSⅡ）的最大光化学效率（Fv/Fm），以及作为光合作用指标的产氧能力，用于研究生物光合系统的状态。在研究中，将色素（叶绿素和类胡萝卜素）的比例作为光合单元调整的指标，而利用生长速率和生产速率来监测细胞的生长状态。

结果表明，在餐厨沼液中，小球藻 Mur 269 的最大比生长速率（maximum specific growth rate，每 48 h 对其进行一次测量）和生物量生产速率，分别比在 BBM 中的要高出 63% 和 47%。即使在 1 500 $\mu mol \cdot m^{-2} \cdot s^{-1}$ 的高光照强度条件下，小球藻 Mur 269 的最大比生长速率和生物量生产速率分别在 (0.681 ± 0.03) d^{-1} 和 (165 ± 8) $mg \cdot L^{-1} \cdot d^{-1}$ 时仍接近其最佳值，这表明该藻种适宜在户外的高光照强度下进行培养。另外，研究结果还表明，与 BBM 相比，小球藻 Mur 269 的光系统Ⅱ在最佳光照强度条件下（如 Fv/Fm 值所示）的效率在餐厨沼液中降低了 16%。通过 PAM 荧光测定法，对该藻种光合作用的关键研究表明，这种微藻对毒性的适应性方式包括调整光合单元以最大限度地吸收光，以及补偿 PSⅡ 活性降低的后果，包括切换到混合营养生长模式（Chuka-ogwude，Ogbonna 和 Moheimani，2020）。

5. 高生长速率特性

采用高密度集约化培养，可以提高小球藻的生长速率。另外，通过诱变还能够进一步提高其生长速率。例如，印度尼西亚芝比农科学中心（Cibinong Science Center）的 Rahman 等人（2020），对从东加里曼丹分离的小球藻 042 的野生型及其突变体进行了紫外线诱变研究。

其基本方法是，将处于指数生长期的 5 mL 小球藻 042 培养物置于开放培养皿中，并在 25 cm 的距离处暴露于紫外线辐射（杀菌灯 30 W，飞利浦）30 min。之后，将诱变的突变体在暗室中保存 24 h，以避免由于光诱导而导致细胞恢复。在 AF6 琼脂培养基中并在恒定光照下，将突变体细胞培育 2~3 周，直至形成单个群落。

分析结果表明，小球藻突变体 M22 的生长速率最高，为 $0.257 \cdot d^{-1}$，其次是 M7，为 $0.223 \cdot d^{-1}$，而野生型 WT 为 $0.196 \cdot d^{-1}$（图 2.2）。他们认为，突变体品系生长速率的增加可能是由于突变增强了代谢途径，从而促进了细胞生长。

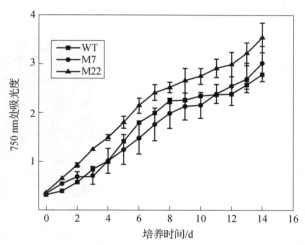

图 2.2　小球藻 042 野生型及其突变体的生长速率比较（Rahman 等，2020）

WT—野生型；M7 和 M22—两种突变体

6. 富含脂肪特性

Rahman 等人（2020）除了对上述小球藻 042 野生型（WT）的生长速率进行紫外线诱变研究外，还对其进行了以提高其脂质生产速率的紫外线诱变探索。结果表明，经紫外线诱变处理后，小球藻突变体 M7 和 M22 的脂质含量分别达到 35.15% 和 43.85%，均高于野生型（30.82%）（表2.1）。另外，M22 的碳水化合物和蛋白质含量均略高于野生型 WT 和 M7。总的来说，紫外线诱变小球藻 042 可以提高其总脂质产量和其他生物量含量，该突变体可被连续用作藻类油脂生产的基本脂质原料。

表 2.1　小球藻 042 野生型及其突变体的脂质含量、生物量生产速率和脂质生产速率比较

菌株	脂质含量/%	生物量生产速率 /(mg·L^{-1}·d^{-1})	脂质生产速率 /(mg·L^{-1}·d^{-1})
WT	30.82 ± 1.44	29.95 ± 1.77	9.34 ± 0.97
M7	35.15 ± 3.75	30.80 ± 3.96	11.27 ± 2.02
M22	43.85 ± 3.39	25.62 ± 1.98	11.20 ± 0.01

2.3.2　螺旋藻

螺旋藻（*Spirulina sp.*）属于颤藻科螺旋藻属的一类原核生物。藻丝体通常呈蓝绿色，为单列细胞构成无分支及无异性胞的丝状体，具有规则的螺旋状卷曲结构，整体可呈圆柱形、纺锤形或哑铃型；藻丝两端略细，末端细胞钝圆或具帽状结构；通常无鞘，偶具薄而透明的鞘；细胞呈圆柱状，细胞间有明显横隔，横隔处无或不具有明显缩缢。螺旋藻的藻丝体长为 200~500 μm，宽为 5~10 μm（图 2.3）。

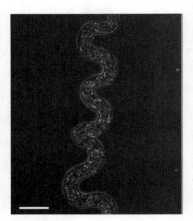

图 2.3　被荧光染色后螺旋藻丝体的外部形态（Mapstone 等，2022）（附彩插）

螺旋藻分布于光照充足、温度适宜的盐碱湖中，最早发现于非洲乍得湖，中国鄂尔多斯盐碱湖也有分布。螺旋藻喜高温（28~35 ℃）并耐盐碱（pH 值为 8.3~10.3，但为 11 时，生长仍然良好）；主要依靠简单的细

胞分裂进行增殖，没有有性生殖，经驯化后可适应海水养殖。螺旋藻的蛋白质含量高，含有一种特殊色素蛋白——藻蓝蛋白，以及β-胡萝卜素和维生素，含有人体必需的大量元素和微量元素。人类食用螺旋藻具有悠久的历史，尤其是在我国、日本和韩国等东亚地区。商业化养殖主要用于制作保健品、生产高档水产饲料以及提取藻蓝蛋白等。通常应用较广的是钝顶螺旋藻（*S. platensis*）、极大螺旋藻（*S. maxima*）和盐泽螺旋藻（*S. subsalsa*）。

与小球藻类似，螺旋藻可以通过光合作用吸收二氧化碳而产生氧气，并能够生产无须加工的高品质生物量（小球藻需要进行破壁处理），而且能够被高密度集约化培养，因此是面向太空 CELSS 的理想生物部件之一。针对未来的 CELSS 应用，螺旋藻是被研究最早的藻种之一，在地面上对其开展了大量研究，并且在国际空间站（ISS）上也对其进行过搭载实验（Poughon 等，2020；Mapstone 等，2022）。

另外，中国航天员科研训练中心的艾为党等人（2008）开展了电离辐射对钝顶螺旋藻生长影响的研究，目的在于为受控生态生命保障系统筛选优良藻种及其品种。研究结果表明，钝顶螺旋藻受 ^{60}Co-γ 射线辐照后，其生长速率、光合放氧效率、藻丝体长度以及其他营养生理指标均在一定程度上受到影响，但其半致死辐射剂量为 2.0 kGy。因此，他们认为，螺旋藻具有一定的抗辐射能力和自修复能力。

之后，艾为党等人（2013）为受控生态生命保障系统进一步开展过范围较广且更为深入的钝顶螺旋藻品种筛选研究。共试验了 7 个钝顶螺旋藻品种，评判指标包括形态特征、生长速率、碳源利用率、营养组分、光合放氧特性以及耐电离辐射能力等方面。电离辐射的处理方法如下：采用 ^{60}Co-γ 射线源作为螺旋藻的辐照放射源，处理剂量为 1.5 kGy，照射时的剂量率为 6.0 Gy·min^{-1}，照射持续时间为 250 min。筛选结果表明，其中有一个螺旋藻品系（在其试验中编号为第 6 号），在生长速率、蛋白质等含量、光合放氧活性以及抗辐射的能力表现等方面较为突出（该品种在处理后的当天和培养 6 d 后均未出现明显的藻丝体断裂），因此他们认为该品系比较适合被用作受控生态生命保障系统的候选生物部件。

2.3.3 念珠藻

1. 基本特性

念珠藻（*Nostoc commune* Vauch.）为蓝藻纲念珠藻属的一类蓝藻，可供药用。其藻丝单列，细胞为球形、椭圆形、圆柱形或腰鼓形等。念珠藻含有叶绿素 a 和 β - 胡萝卜素等色素。有一些种类是引起水体水华的主要类型，因此具有重要的生态意义。与大多数蓝藻一样，念珠藻属含有蓝色的藻蓝素（也称藻蓝蛋白）与红色的藻红素（藻红蛋白），并有固氮能力。常见的拟球状念珠藻（*Nostoc sphaeroides*），又被称为葛仙米（图 2.4），属蓝藻纲念珠藻科，是一种含有高蛋白的高营养物，且味道鲜美，深受大众喜爱。

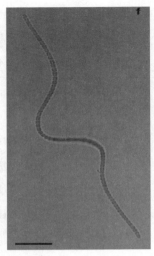

图 2.4　念珠藻的显微放大外部形态（Kimura 等，2017）

（附彩插）

2. 耐干燥性

研究证明，念珠藻 HK - 01 能够耐受 8 个月的干燥环境状态（Yoshimura 等，2006，2012；Arai 等，2008；Arai，2009）。另外，有报道称某种念珠藻的厚壁孢子经干燥后贮藏 70 年之久，之后被湿润后仍能进行萌发。

3. 耐真空性

研究证明，念珠藻 HK - 01 能够在两周内耐受 5 ~ 10 Pa 的真空度（Yoshimura 等，2006，2012；Arai 等，2008；Arai，2009）。后来证明，念珠藻 HK - 01 能够耐受小于 1 Pa 的真空度（Tomita - Yokotani 等，2020）。

4. 耐高盐性

在未来的 CELSS 中盐度可能会很高，因此人们探讨了微藻的耐盐特性。研究证明，念珠藻 HK - 01 能够耐受 200 mmol·L^{-1} NaCl 的胁迫（Yoshimura 等，2006，2012；Arai 等，2008；Arai，2009）。

5. 耐高低温特性

1）耐高温特性

在近地轨道上，由于太阳辐射（1 366 W·m^{-2}）和没有对流，因此太空中物体的温度可能会变得极高。国际空间站的温度可容忍限度已被确定为 120 ℃（Nicholson 等，2000；Baglioni 等，2007；Horneck 等，2010）。这样，耐热性是引入火星的候选物种的一个重要考虑因素。念珠藻 HK‑01 在其生命周期中具有几种不同类型的细胞，而其中处于休眠状态的厚壁孢子（akinete，该词来自希腊语，表示不动的意思（Kaplan‑Levy 等，2010））是念珠藻 HK‑01 中耐干热的细胞类型。念珠藻 HK‑01 将有望能够在地外环境中生存，并可能在休眠状态下被轻松运输到火星。日本筑波大学 Kimura 等人（2015；2016；2017）重点研究了念珠藻 HK‑01 对太空环境的耐受能力，以证明其在太空农业中的可用性，从而使之成为一种可被引入火星等地外环境的候选生物。

念珠藻 HK‑01 有几种不同类型的细胞，即具有光合能力的营养细胞（vegetative cell）、具有固氮能力的异形细胞（heterocysts）、可运动的段殖体（hormogonia）和处于休眠状态的厚壁孢子（akinetes）（Adams 和 Duggan 1999；Katoh 等，2003；Kaplan‑Levy 等，2010）（图 2.5）。一般来说，厚壁孢子对干燥环境具有很高的耐受性，但它们对高温的耐受性尚未得到研究（Adams 和 Duggan，1999；Garcia‑Pichel，2010；Kaplan‑Levy 等，2010）。Hori 等人（2003）报道称，处于休眠状态的厚壁孢子细胞能够在 60 ℃下承受 50 h 的耐热性。

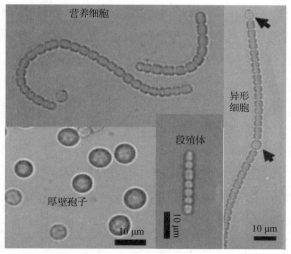

图 2.5　4 种不同类型的念珠藻细胞外形图

（Tomita‑Yokotani 等，2020）

Kimura 等人（2015）通过利用 100 ℃（液态水的沸点）的温度，检测了陆地蓝藻——念珠藻 HK-01 干燥细胞的耐热性（在此条件下，尽管是在常压下也会导致藻体处于完全失水的状态）。研究证明，念珠藻 HK-01 的细胞可以在这些条件下存活 10 h，而且所有的活细胞都是厚壁孢子。该休眠细胞对高温具有很高的耐受性。

此外，结果还表明即使经受热处理后，HK-01 细胞的光合能力也表现正常。在经受 10 h 的热处理期间，藻体中的含水量降低了 5%。他们认为，在此高温条件下藻细胞存活率下降的原因与干燥藻细胞中的剩余水分和单个细胞中的 DNA 损伤有关。此外，在干藻细胞中存在高耐受性细胞的可能性，因为存在经受热处理后存活时间超过 24 h 的细胞。另外，研究证明，胞外多糖（extracellular polysaccharides，EPs）、蔗糖和海藻糖（trehalose）等对念珠藻的耐热性并未发挥什么作用（Kimura 等，2017）。

另外，通过 FDA（荧光素二乙酸酯）染色法测试了每种细胞类型的干热耐受性（Arai 等，2008；Kimura 等，2015；Jones 和 Senft，1985；Mori, Erata 和 Watanabe，2002）。经过 100 ℃ 处理后，利用 BG-11 液体培养基（表 2.2）将念珠藻 HK-01 培养 2 d，并用 FDA 染色。从显微照片中计数有活力的毛状体（trichome）细胞（a）、所有的毛状体细胞（b）、有活力的厚壁孢子（c）和所有的厚壁孢子（d）的数量（图 2.6）。在图 2.6 中，A 代表湿细胞群落；B 代表干细胞群落；C 代表加热细胞群落（100 ℃，2 h）；a 为光学观察；b 为对相同视场进行荧光观察；1、2 和 3 分别表示不同的视场；箭头显示毛状体细胞，而毛状体细胞包括营养细胞、异源细胞和激素分泌细胞；箭显示厚壁孢子；标尺代表 10 μm。毛状体细胞的存活率（%）计算公式为 (a)/(b)×100%；厚壁孢子的存活率（%）按 (c)/(d)×100% 进行计算。

表 2.2 标准矿质元素培养基 BG-11 的组成（Rippka 等，1979）

化合物	培养基中用量 /(g·L^{-1})	化合物	培养基中用量 /(g·L^{-1})
成分	BG-11 大量元素	成分	微量金属混合物 A5+Co
NaNO$_3$	1.5	H$_3$BO$_3$	2.86

续表

化合物	培养基中用量 /(g·L^{-1})	化合物	培养基中用量 /(g·L^{-1})
成分	BG-11 大量元素	成分	微量金属混合物 A5+Co
$K_2HPO_4 \cdot 3H_2O$	0.04	$MnCl_2 \cdot 4H_2O$	1.81
$MgSO_4 \cdot 7H_2O$	0.075	$ZnSO_4 \cdot 7H_2O$	0.222
$CaCl_2 \cdot 2H_2O$	0.036	$Na_2MoO_2 \cdot H_2O$	0.39
柠檬酸	0.006	$CuSO_4 \cdot 5H_2O$	0.079
铁铵柠檬酸盐	0.006	$Co(NO_3)_2 \cdot 6H_2O$	0.049
EDTA（乙二胺四乙酸镁钠盐）	0.001	—	—
Na_2CO_3	0.02	—	—
微量金属混合物 A5+Co	1 mL·L^{-1}	—	—
去离子水	1 000 mL		

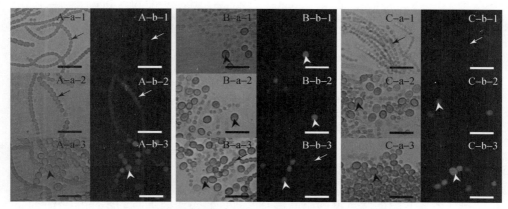

图 2.6 利用 FDA 染色法对念珠藻 HK-01 细胞进行的显微镜观察图（Kimura 等，2016）（附彩插）

然后，计算在潮湿、干燥和加热（100 ℃，2 h）环境中处理后的细胞群落的存活率（图 2.7）。结果表明，毛状体细胞在干燥处理过程中其存活率显著下降。在 100 ℃下处理 2 h 后的加热细胞群落中，未检测到有活力的毛状体细胞。

另外，厚壁孢子在潮湿、干燥和加热条件下的存活率没有显著差异。这些结果表明，在念珠藻 HK – 01 的细胞周期中，厚壁孢子是对干燥和干热具有耐受性的细胞类型。念珠藻 HK – 01 的厚壁孢子在 100 ℃ 下暴露 10 h 后能够存活。一些有助于念珠藻 HK – 01 耐干热性的功能性物质可能存在于厚壁孢子中，如相容性溶液（Crowe，Carpenter 和 Crowe，1999；Potts，1999；Potts，2001；Higo 等，2006）。

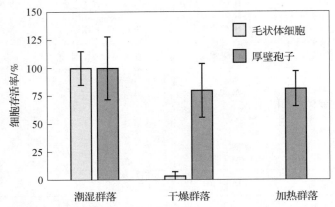

图 2.7　念珠藻 HK – 01 在潮湿、干燥和加热（100 ℃，2 h）细胞群落中的存活率（Kimura 等，2015）

竖条表示平均值 ± 标准误（$n = 3$）。

厚壁孢子的代谢活性非常低或无法被检测到（Adams 和 Duggan，1999；Kaplan – Levy 等，2010）。同时，厚壁孢子即使在被长期储存后也可以通过复水而得以复活。可以说，念珠藻 HK – 01 在厚壁孢子状态下很容易被运送到火星（图 2.8）。

2）耐高低温交替循环特性

除了上面介绍的念珠藻的耐高温特性外，日本筑波大学的 Tomita – Yokotani 等人（2020）将念珠藻 HK – 01 的干燥细胞在 + 80 ℃ 和 – 80 ℃ 的温度周期下进行处理，每次加热和制冷的时间为 20 min，共处理 90 min（图 2.9）。分别进行了一周、两周和三周的温度循环试验。温度循环试验结束后，利用 FDA 染色法对细胞的活性进行评价。

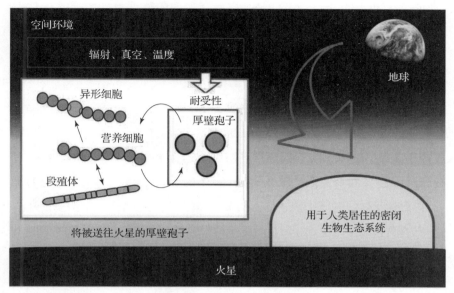

图 2.8　念珠藻 HK–01 的生命周期及其运输到火星的可能性（Kimura 等，2016）（附彩插）

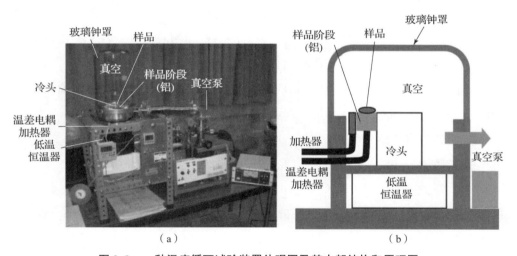

图 2.9　一种温度循环试验装置外观图及其内部结构和原理图
（Tomita–Yokotani 等，2020）

(a) 外观图；(b) 内部结构和原理图

分析结果表明，与对照组相比，暴露一周后的细胞存活率约为 40%。然而，暴露一周的细胞和暴露更长时间（即两周和三周）细胞的存活率之间并未观察到显著差异。在进行温度循环试验之前，将藻培养物中的受试细胞暴露于室内

20%~40%的湿度。分析认为，处理一周后存活率的降低可能与暴露于玻璃钟罩（glass bell jar）真空前测试藻细胞群的湿度有关（Tomita‒Yokotani 等，2020）。

6. 耐紫外线特性

在真空条件下，即在大气压力小于 1 Pa 的条件下，在样品台上将念珠藻 HK‒01 的细胞置于波长为 172 nm 及辐照强度为 5×10^{-4} J·cm^{-2}·s^{-1} 的 VUV 光下。单色光是从正面型灯（型号为 UER20H‒172，由日本 Ushio 公司生产）发出的。在强度为 172.8 J·cm^{-2}·s^{-1} 的辐照下对细胞进行了为期 4 d 的处理。

在紫外线暴露试验中，将念珠藻 HK‒01 的干燥细胞（2 mg，约为 1.2×10^7 个）暴露于杀菌灯（型号为 GL15，由日本东芝公司生产）发出的峰值波长为 254 nm 及辐照强度为 1.7×10^2 μJ·cm^{-2}·s^{-1} 的紫外线下。处理时间分别为 0.3 h、0.75 h、1.0 h、6.0 h 和 12.0 h。

一般来说，由于合成了抗氧化剂和吸收紫外线的化合物，如克霉素样的氨基酸（mycosporin‒like amino acids，MAAs），因此蓝藻对紫外线辐射具有耐受性（Böhm 等，1995）。尽管在实验中所用的细胞是干燥的，但 MAAs 仍有可能有助于细胞保护，或者它们可能含有 MAAs 以外的一些细胞内物质。VUV 对细胞的影响，在对照和 VUV 之间未能观察到具有显著差异。D_{10} 值为 11.5 kJ·m^{-2}·s^{-1}。另外证明，当细胞暴露于 UVC 辐射时，基于存活率，则认为所有细胞均未受到影响。D_{10} 的计算值为 1.2 kJ·m^{-2}·s^{-1}（Tomita‒Yokotani 等，2020）。

7. 耐高能电离辐射特性

1）耐氦离子束

日本筑波大学和三重大学等与日本航空航天勘探局（Japan Aerospace Exploration Agency，JAXA）合作，利用位于千叶的日本国家放射科学研究所内的重离子医疗加速器（heavy ion medical accelerator in Chiba，HIMAC），开展了氦离子束（helium‒ion beam）对念珠藻 HK‒01 的辐射效应研究。利用氦离子束（150 MeV·u^{-1}，2.2 keV·μm^{-1}）对念珠藻 HK‒01 细胞进行照射：将聚苯乙烯培养管（φ12×75 mm）中的念珠藻 HK‒01 的干燥细胞（2 mg，约为 1.2×10^7 个）分别暴露于氦金属离子中，时间分别为 5 min、20 min、40 min、80 min。细胞所吸收的氦离子束辐射的计算剂量分别为 33.6 Gy、134 Gy、269 Gy 和 538 Gy（Tomita‒Yokotani 等，2020）。另外，假设总射线、宇宙射线、地面 γ 射线、体内放射性核素以及氡及其衰变产物是地面上的氦离子,则地球表面氦离子束的能量约为每年 2.4 mSv(UNSCEAR 报告,1993)。国际空间站内的宇宙射线能量每天为 0.4~1 mSv。

分析结果表明,所有暴露于氦离子束的细胞存活率均超过了 70%(图 2.10)。最大能级为 538 Gy(He)。在他们的研究中,D_{10} 的计算值为 2.9 kGy。这些结果清楚地表明,念珠藻 HK-01 对重离子辐射具有较高的耐受性。然而,以最高能量照射细胞的存活率低于以低能量照射细胞的存活率,这表明以高能量辐照的细胞受到了轻微损伤。然而,令人感到困惑的是,以最低能量(33.6 Gy)照射细胞的存活率高于对照细胞的存活率(Tomita-Yokotani 等,2020)。

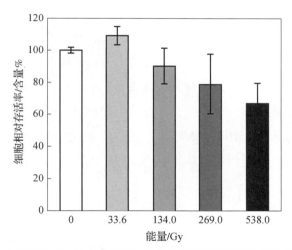

图 2.10　念珠藻 HK-01 被暴露于不同剂量氦离子束后的细胞存活率比较

(Tomita-Yokotani 等,2020)

说明:这里将对照的细胞相对存活率设为 100%。每个值表示平均值 + 标准误差值($n=3$)

2)耐 γ 射线

除上述情况外,Tomita-Yokotani 等人将试管中的念珠藻 HK-01 干燥细胞群落(2 mg,约为 $1.2×10^7$ 个)暴露于 γ 辐射下,其中细胞吸收辐射的计算剂量为 5 kGy,利用位于东海的日本辐射服务株式会社(Japan Irradiation Service Co., LTD, JISCO)的 γ 辐射源,对念珠藻 HK-01 干燥细胞群落进行了 γ 辐射的处理。

研究结果表明,包括 γ 射线和重金属离子射线在内的宇宙射线会对细胞造成物理损伤。据报道，不同的宇宙射线对细胞产生不同的生物效应。γ射线对细胞的影响比重金属离子射线要更广泛。其他研究结果表明，细胞在被暴露于对人类致命的γ射线后能够存活下来（Whicker 和 Schultz，1982）。D_{10}的计算值为19.9 kGy（Tomita-Yokotani 等，2020）。

另外，中国科学院水生生物研究所的王高鸿等人（2005）利用^{60}Co的γ射线照射及地面对照黑暗培养微藻拟球状念珠藻（*Nostoc sphaeroides* Kütz，俗名葛仙米）。结果表明，γ射线处理后的微藻存活率和光合活性出现了显著降低、捕光色素明显降解且光合片层结构出现异常。因此，他们认为γ辐射对微藻的光合系统会造成损伤，但该拟球状念珠藻可以通过结构上的改变而对其进行适应。

8. 具有良好的固氮和共生能力

念珠藻具有固氮能力，而且能够与部分苔类植物、藓类植物、蕨类植物、裸子植物和被子植物等建立具有固氮功能的共生体，即从根际、菌根到根瘤，微生物和植物根之间的互惠共生关系越来越密切、形态结构越来越复杂、生理功能越来越完备以及遗传调节越来越严密，这也是生物相互作用的高级形式。在共生体中，植物根是主导方面。共生体的建立促进了植物的生长，从生态学的角度可以看成是生物克服恶劣环境以抵抗环境胁迫而达到生物与环境相互协调统一的一种手段。

9. 耐高氯酸盐特性

近年来，德国不来梅大学等单位开展了关于念珠藻 PCC 7524 的耐高氯酸盐能力的测试研究。研究结果表明，念珠藻 PCC 7524 在 12 mmol·L^{-1}的高氯酸盐浓度中表现出较高的抗性，达到对照最终生物量的（62±9）%。该藻株在高氯酸盐浓度的测试范围内表现出最低的生长速率变化（Ramalho 等，2022）。

10. 耐超低温特性

研究表明，念珠藻的所有藻株在被液氮冷冻至 -196 ℃后都能够得以复活，说明该藻种具有极强的耐低温性（Mori，Erata 和 Watanabe，2002）。

2.3.4 拟甲色球藻

1. 基本特性

属于蓝藻类的拟甲色球藻（*Chroococcidiopsis* sp.）（也称为拟色球藻），在全球分布较为广泛，而且在沙漠等极端环境中多有发现（图 2.11）。然而，目前在我国发现的并不多，但是近年来中国科学院水生生物研究所在太湖水体中发现了这样的一个藻种（刘洋等，2013）。

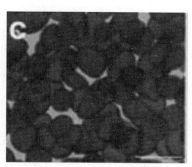

图 2.11　拟甲色球藻 CCMEE 057 的外部形态（Baqué 等，2014）（附彩插）

生活在干旱环境中的蓝藻，具有一种新的和特别有效但未经被探索来源的分子，这些分子是高辐射、长期干燥和极端温度下蓝藻生存的基础。在极度干旱的沙漠中，如南极洲的干燥山谷和智利的阿塔卡马沙漠，拟甲色球藻属的成员通常是唯一的光合原核生物。此外，它们可以应对迄今为止在自然界中尚未遇到的应激源，如高剂量的紫外线和电离辐射。对沙漠中的拟甲色球藻可进行遗传工程改造，包括基因转移和基因失活。在这些蓝藻中保存的质粒已经被开发出来，这使得监测基因表达和蛋白质的体内定位成为可能。通过使这些遗传工具的使用与基因组序列的可预见性相结合，将有助于揭示拟甲色球藻耐受干燥和辐射的分子基础，从而可对其进行生物技术开发。

蓝藻类拟甲色球藻的原始特征表明，它代表了该类群中一个非常古老的类型。它的形态很简单，但变化范围很广，类似于某些新生代微体化石。拟甲色球藻可能是最耐干燥的蓝藻，也是在极端干旱的栖息地内唯一的光合生物。它也存在于其他各种极端环境中，包括从南极岩石到温泉以及到高盐栖息地。遗传学证据表明，其所有形态都属于一个物种。该藻对环境外源的显著耐受性使其成为火星地球化改造的先驱光合微生物的主要候选者。岩生的微生物生长形式（生活在沙漠路面的石头下）可以作为开发火星大规模农业技术的一种模式（Friedmann 和 Ocampo - Friedmann，1995）。

另外，与念珠藻类似，拟甲色球藻也具有固氮能力，并能够与其他低等和高等生物形成相互协调统一和共同促进的共生体。

2. 耐干燥及紫外线辐射特性

1)干燥状态下

拟甲色球藻属中的种类,分布在世界各地的岩石下面及其内部,如南极洲的干燥山谷或阿塔卡马沙漠,在那里它们长期处于干燥的非代谢状态(Billi,2012)。研究证明,它们的干燥耐受性与其保护和修复机制之间的相互作用有关,这些机制可以避免或限制基因组损伤、保护质膜和光合色素、防止活性氧(reactive oxygen species,ROS)积累,并修复长期干燥过程中可能积累的损伤(Billi,2009b)。

胞外聚合物(extracellular polymeric substance,EPS)可以通过提供水储存库及通过稳定与干燥相关的酶和分子来促进蓝藻的干燥耐受性(Helm 和 Potts,2012;Pereira 等,2009)。另外,研究表明在实验室干燥培养物中(Grilli - Caiola 等,1996)和在智利的内蒸发岩(endoevaporite)等天然样品中(Stivaletta 等,2012;Wierzchos 等,2006),拟甲色球藻的细胞均被厚包膜(thick envelope)所包裹。事实上,胞外聚合物的性质、结构和功能使得细菌生物膜(bacterial biofilm)成为地球上最成功的生命形式(Flemming 和 Wingender,2010)。

意大利罗马第二大学的研究表明,生长在沙漠中的拟甲色球藻能够承受长达 4 年的干燥(Billi,2009a,2009b)和达到 15 kGy 的高剂量电离辐射(Billi 等,2000)。人们普遍认为,辐射耐受性与干燥耐受性密切相关,对地球上不常见的辐射剂量的耐受性是干燥耐受性的副产物(Slade 和 Radman,2011)。事实上,拟甲色球藻种对干燥、电离辐射和紫外线辐射等具有明显的抗性(Cox 和 Battista,2005)。据报道,与水合细胞相比,干燥的耐辐射奇球菌(*Deinococcus radiodurans*)表现出对 UVC 和 γ 辐射的抵抗力增强,这可能是干燥后诱导形成了有效的氧化应激保护系统和 DNA 修复机制的结果(Bauermeister 等,2011)。

拟甲色球藻 CCMEE 029 的单层干燥细胞,在被暴露于 30 kJ·m^{-2} 的火星紫外线通量(>200 nm)下能够存活下来,因此证明其抗性是枯草芽孢杆菌(*Bacillus subtilis*)孢子的 10 倍(Cockell 等,2005)。另外,在拟甲色球藻 CCMEE 123 上覆盖 3 mm 厚的磨碎砂岩,则可承受 1 kJ·m^{-2} 的单色(254 nm)

和 1.5×10^5 kJ·m^{-2} 的多色（200~400 nm）紫外线辐射，后者的剂量相当于在近地轨道暴露 1.5 年（Billi 等，2001）。然而，之前尚未见到关于拟甲色球藻的水合细胞的 UVC 抗性的研究报道。

鉴于此，Baqué 等人（2013）将拟甲色球藻 CCMEE 029 这一沙漠藻种在灭菌灯下进行处理，UVC 的辐射强度为 5.13 W·m^{-2}，同时也含有其他辐射，其强度分别为可见光 2.18 W·m^{-2}、UVA 0.14 W·m^{-2} 和 UVB 0.17 W·m^{-2}。在亚细胞水平上研究了紫外线辐射的影响：一是利用不渗透细胞的分子探针检测细胞膜的通透性；二是通过随机扩增多态性 DNA（RAPD）和实时定量聚合酶链反应（qPCR）来检测基因组的完整性；三是通过共聚焦成像荧光光谱法检测色素的自发荧光。此外，通过测量叶绿素 a 的荧光来评估光合活性，并通过评估藻细胞群的形成能力来评估存活率（Billi，2009b）。

研究结果表明，拟甲色球藻 CCMEE 029 这一沙漠蓝藻对干燥和紫外线辐射具有极强的抵抗力。当将该岩生藻种暴露于 UVC 辐射时，发生了细胞裂解、基因组损伤、光合色素漂白和光化学性能降低等情况。在 UVC 暴露后，拟甲色球藻 CCMEE 029 的细胞表现出 F$_{10}$ 值约为 300 J·m^{-2} 的存活曲线（导致 90% 失活的通量）。然而，个别的在高达 13 kJ·m^{-2} 的 UVC 剂量下也能够存活，因此认为它们的耐力应来自被厚包膜包裹的多细胞聚集体，因此减弱了 UVC 辐射到达内部细胞。此外，类胡萝卜素的积累通过提供抗氧化应激保护而有助于抵抗紫外线。最后，在拟甲色球藻 CCMEE 029 的细胞存活者中，修复系统负责恢复对基因组和光合器官的诱导损伤。

2）复水状态下

意大利罗马第二大学的 Mosca 等人（2019）牵头，与意大利、美国和德国的其他学者合作，将在空气中干燥储存 7 年后的生物膜重新进行润湿，并将其暴露于强度达到 1.5×10^3 kJ·m^{-2} 的类火星表面上的紫外线下，从而挑战了拟甲色球藻这种沙漠蓝藻的生存极限。

（1）藻种来源和培养条件

拟甲色球藻 CCMEE 029 来自以色列内盖夫沙漠的砂岩中，目前将被分离后的藻种保存在意大利罗马第二大学，作为其极端环境微生物培养物保藏中心（Culture Collection of Microorganisms from Extreme Environments，CCMEE）的一部分。据报道，拟甲色球藻 CCMEE 029 并非是无菌的（Billi 等，1998），尽管在常规的藻种转移过程中会将细菌污染减少到约 0.000 1%（Billi 等，2019b）。将培养物在 25 ℃下于 BG – 11 培养基（Rippka 等，1979）中进行常规培养，光源为冷白荧光灯，光子通量密度为 40 $\mu mol \cdot m^{-2} \cdot s^{-1}$。

（2）干燥、类火星紫外线照射和复水等基本实验方法

在被用 Parafilm 封口膜密封的培养皿中，盛装 BG – 11 琼脂培养基，并在其表面上培养拟甲色球藻细胞，以获得生物膜。培养 2 个月后，打开培养皿，并使生物膜风干约 15 d。最后，从生物膜中切下直径为 12 mm 的圆盘，并将其运送到航空航天医学研究所/微重力用户支持中心辐射生物学部的行星和太空模拟基地（Planetary and Space Simulation facilities）（隶属于位于科隆的德国航空航天中心（DLR））。将 3 份样品集成在 DLR 16 阱铝样品载体中，并使之暴露于太阳能模拟器 SOL2000，光波长范围为 200～400 nm，光通量为 1 370 $W \cdot m^{-2}$（Rabbow 等，2016），处理时间为 18 min，所获得的累积剂量为 1.5×10^3 $kJ \cdot m^{-2}$。然后在室温下使之保持黑暗，直到将其送回意大利罗马第二大学进行分析。之前，将其中一部分样品在 BOSS（Biofilm Organisms Surfing Space，即生物膜生物体冲浪太空）实验的背景下进行过分析（Baqué 等，2013），而将其余样品封装在塑料袋，并在黑暗及室温下储存在实验室中。

在空气干燥状态下储存 7 年后，进行了以下分析：一是以液体培养物为对照，通过共聚焦激光扫描显微镜（CLSM）评估干燥的生物膜和干燥的紫外线照射的生物膜的细胞形态学；二是通过评估干燥的生物膜和干燥的紫外线照射的生物膜进入细胞分裂的能力以及通过在复水后用氧化还原染料染色来测试它们的生存能力；三是通过使用干燥的生物膜（0 min 回收）作为对照，在分别复水 30 min 和 60 min 后，在干燥的复水生物膜中评估基因表达；四是在分别复水 30 min 和 60 min 后，通过在相同的复水时间使用干燥的复水生物膜作为对照，在干燥的紫外线照射生物膜中评估基因表达；五是通过进行 PCR 终止测定，来定量干燥的生物膜和紫外线照射的干燥生物膜中的 DNA 损伤程度，并使用液体培养物作为对照。干燥、类火星紫外线照射和复水等整个实验方案流程图如图 2.12 所示。

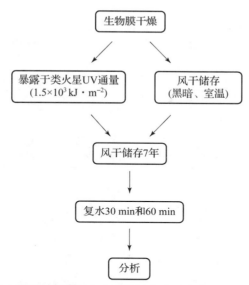

图 2.12　干燥、类火星紫外线照射和复水等整个实验方案流程图（Mosca 等，2019）

（3）基本实验结果与机理分析

Mosca 等人（2019）所开展的 PCR 终止分析显示，在干燥的生物膜中存在 DNA 损伤，而在干燥-紫外线-照射-复水生物膜（dried-UV-irradiated-rewetted biofilms）中 DNA 损伤程度出现累积增加。在复水 30 min 和 60 min 后，不同类型和数量的 DNA 损伤通过干燥的复水生物膜和干燥的紫外线照射的复水生物膜中 uvrA、uvrB、uvrC、phrA 和 uvsE 基因的不同表达而突显。编码紫外线损伤核酸内切酶的 uvsE 基因在干燥的复水生物膜中的上调表明，紫外线损伤 DNA 修复有助于修复干燥诱导的损伤。然而，编码光解酶（photolyase）的 phrA 基因仅在干燥的紫外线照射的复水生物膜中出现上调。

另外，核苷酸切除修复基因，在干燥的复水生物膜和干燥的紫外线照射复水生物膜中均出现过度表达，其中 uvrC 基因在干燥紫外线照射复水生物膜中的表达量最高（图 2.13）。干燥的生物膜保存了完整的信使核糖核酸（mRNA）（至少在所研究的基因中是这样）和 16S 核糖体 RNA，核糖体结构和 mRNA 的持久性可能在早期恢复中发挥了关键作用。该研究结果有助于定义与天体生物学相关的目标（如火星或围绕其他恒星运行的行星）的宜居性，从而对寻找地外生命产生影响。

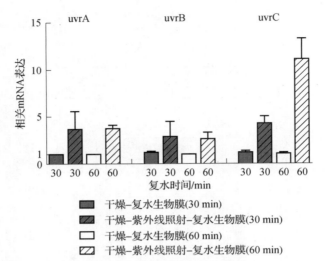

图 2.13　在复水 30 min 和 60 min 后，DNA 修复基因 uvrA、uvrB 和 uvrC 在干燥 – 紫外线照射 – 复水生物膜中的表达情况（Mosca 等，2019）

在复水 30 min 和 60 min 后干燥 – 复水生物膜的值被认为是对照值，并被设置为 1；
对随后的样品在倍数调节方面与对照值进行比较

3. 耐高氯酸盐藻种选择

在火星土壤中，高氯酸盐的存在可能会限制保障人类建立前哨基地的原位资源利用（ISRU）技术。为了在基于 ISRU 的生物生命保障系统中利用耐辐射的干燥蓝藻拟甲色球藻，意大利罗马第二大学的 Billi 等人（2020）研究了拟甲色球藻 CCMEE 029 及其衍生物 CCMEE 029 P – MRS 对高氯酸盐的耐受性。该藻株是从与火星模拟土壤相混合的干细胞中获得的，并在 BIOMEX 太空实验期间被暴露在类似火星的条件下。

在用高达 200 mmol·L^{-1} 高氯酸盐离子处理 55 d 后，鉴定出以上两个拟甲色球藻藻株耐受高氯酸离子的阈值均为 100 mmol·L^{-1}。培养 40 d 后，以 60% 高氯酸镁和 40% 高氯酸钙的混合物形式提供的 2.4 mmol·L^{-1} 高氯酸离子（与火星相关的高氯酸盐浓度），对两个藻株的生长速率均未产生不利影响。在 ISRU 技术中，利用拟甲色球藻的裂解物来饲喂异养细菌，即能够代谢蔗糖的大肠杆菌菌株，而进行了概念验证实验。通过空气干燥，拟甲色球藻细胞中的蔗糖含量增加了 5 倍，而且所产生的裂解物成功保障了细菌生长。这表明，可以将拟甲色球藻作为 ISRU 技术的合适候选者，可以在与火星相关的高氯酸盐环境中保障 CELSS 内的异养部件。这样，将对许多其他蓝藻构成挑战，从而使得它们在火星上能够"脱离陆地生活"。

4. 耐外太空环境特性

已开展的研究表明，将拟甲色球藻的培养物暴露在处于低地球轨道上的国际空间站的外太空环境中，548 d 后该藻种仍然能够存活下来（Cockell 等，2011）。另外，如果将该藻种埋在模拟火壤表面下 1 mm 处，则其也可以承受火星的低气压和高紫外线辐射（Cockell 等，2005；Baqué 等，2013a，2003b）。

5. 可作为其他生物饲料的适用性

研究表明，在地面拟甲色球藻 CCMEE 029 的滤液可被作为大肠杆菌 W 的饲料（Billi 等，2020），而通常大肠杆菌 W 被用作一种模型，这既是因为它是一种广泛的模式生物，也是因为它在生物技术中的多功能性所决定的。

2.3.5 鱼腥藻

1. 基本特性

鱼腥藻属（*Anabaena sp.*）是蓝藻门念珠藻科的一个属，又称为项圈藻属。其大约有 100 种，我国已报道有 31 种和 8 个变种。鱼腥藻的藻丝单一，或集成群体；自由漂浮，或黏附在基质上。整条藻丝粗细一致，或在其两端略微变细；藻丝直走、弯曲或作不规则绕曲，藻丝外面有透明而无色的水样胶鞘（图 2.14）。

图 2.14　鱼腥藻藻体外部形态

引自：https://www.1818hm.com/huamu/show-3872.html.

鱼腥藻属的绝大多数种是淡水产，生长在水中或湿地上。该属多数是浮游藻，另外有极少数的种生活于组织间隙而形成共生体。例如，在满江红（又称红萍）的叶腔中共生有满江红鱼腥藻，而在苏铁的珊瑚状根中共生有苏铁鱼腥藻。已报道该属中有 34 个种具有固氮作用（不包括变种），而我国已发现 10 余个固氮种（不包括变种），如苏铁鱼腥藻、满江红鱼腥藻、固氮鱼腥藻及水华鱼腥藻（*Anabaena flosaguas*）等。鱼腥藻喜温。在春末、夏初、初秋时，许多种类常在湖沼和池塘等处大量繁殖，如水华鱼腥藻，螺旋鱼腥藻（*Anabaena spiroides*）及卷曲鱼腥藻（*Anabaena circinalis*）等，会造成"水华"，并引起水质变臭。多数喜欢有机物较多的水体，它们的大量出现是水体富营养化的一种标志。

在地球上，该蓝藻并不总是与其他生命相兼容。它几乎存在于地球上的所有栖息地，有时会产生强大的毒素而杀死鱼类等其他生物。科学家们认为，24 亿年前蓝藻的大量繁殖在很大程度上是造成我们可呼吸大气的原因。当它们大量繁殖时，会向大气中注入氧气，从而极大地改变了整个地球。所有的蓝藻都会产生氧气而作为光合作用的副产品，即使在今天，它们仍然是无价的氧气来源。近年来，科学家们一直在考虑是否以及如何利用蓝藻的制氧能力，以便在太空中以及火星上生活。如果这样，将会带来更多好处。这是由于火星大气主要由二氧化碳（95.5%）和氮气（2.8%）组成，这两种物质都可被蓝藻固定，从而将其分别转化为有机化合物和营养物质。

2. 耐高氯酸盐特性

德国不来梅大学与美国加利福尼亚大学、加拿大蒙特利尔大学以及法国南特大学合作，进行了鱼腥藻 PCC 7938 耐火星土壤中高氯酸盐能力的评价研究（Ramalho 等，2022）。如前所述，火星土壤不仅仅是营养物质的来源，它还含有有毒化合物，其中高氯酸盐可能最为关键。对在火星上的几个地点，已经检测到并量化了这些氯氧化物（Hecht 等，2009；Kounaves 等，2014；Sutter 等，2017）。它们可能在地表无处不在，但其浓度如何随深度变化尚不清楚（Carrier，2017）。如果不进行修复，使用火星土壤作为营养源则意味着将蓝藻暴露在高氯酸盐中，因此预计对这些化合物的抗性将会影响基于 ISRU 的蓝藻培养效率。

为了比较 5 个鱼腥藻预选藻株的高氯酸盐抗性，将它们在 BG-11$_0$ 基质中进行培养，并加入不同质量的高氯酸钙［Rocknest（石巢，火星上被吹起来的沙土块）的一种可能的母体盐。Millan 等，2020］，分别产生浓度为 3 mmol·L^{-1}、6 mmol·L^{-1} 和 12 mmol·L^{-1} 的高氯酸盐离子。这些浓度对应于分别使用密度为 50 kg·m^{-3}、100 kg·m^{-3} 和 200 kg·m^{-3} 的火星土壤产生的浓度，该土壤含有 0.6%（质量比）的高氯酸盐离子（这似乎是火星上的典型浓度）。之后，利用高氯酸盐引起的生长放慢程度作为比较的指标。

通过对在高氯酸盐离子（3 mmol·L^{-1}、6 mmol·L^{-1} 或 12 mmol·L^{-1}）存在下培养 28 d 后的鱼腥藻细胞的生物量浓度与在没有高氯酸盐的情况下获得的对照值进行比较，来评估鱼腥藻细胞对高氯酸盐的抗性（图 2.15）。图 2.15（a）

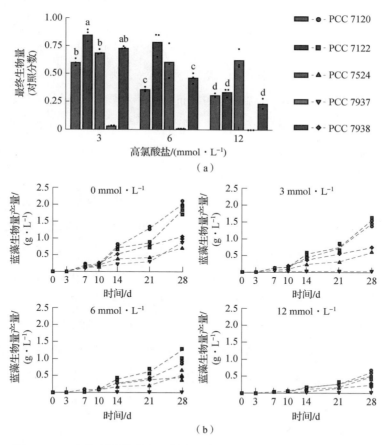

图 2.15 5 个鱼腥藻藻株在不同浓度高氯酸盐存在下的生长比较情况
（Ramalho 等，2022）（附彩插）

（a）不同浓度高氯酸盐离子条件下的生物量；（b）不同浓度高氯酸盐离子和不同时间条件下的生物量产量

为在分别加入 3 mmol·L^{-1}、6 mmol·L^{-1} 或 12 mmol·L^{-1} 高氯酸盐离子（母体盐：高氯酸钙）的 BG-110 培养基中培养 28 d 后获得的生物量，作为在无高氯酸盐的 BG-110 基质中获得的生物量的一部分；柱形图表示 3 个生物学重复的平均值（点）；在给定的高氯酸盐浓度范围内获得的平均值和不共用一个字母的平均值具有显著差异（T-检验，调整后的 $P<0.05$）。图 2.15（b）为在分别加入 0 mmol·L^{-1}、3 mmol·L^{-1}、6 mmol·L^{-1} 或 12 mmol·L^{-1} 高氯酸盐离子的 BG-110 中培养开始时和分别培养 3 d、7 d、10 d、14 d、21 d 和 28 d 后的生物量产量；符号代表生物学重复。藻株的适应性会随着浓度的变化而变化。PCC 7122 在 3 mmol·L^{-1} 和 6 mmol·L^{-1} 高氯酸盐离子中达到了与无高氯酸盐对照成比例的最高浓度（分别为 85%±6% 和 78%±11%），尽管在 3 mmol·L^{-1} 中与 PCC 7938 的差异并不显著。PCC 7120 和 PCC 7938 具有中等（和类似）抗性水平，而 PCC 7937 表现出最低的高氯酸盐抗性，即在任何测试浓度下都几乎无法检测到它的生长。

总体来说，不同藻株对高氯酸盐的抵抗力各不相同，且没有一个藻株在很大程度上优于其他藻株。在所有条件下，4 个藻株中的 3 个藻株的生物量浓度达到了无高氯酸盐对照的 20% 以上，唯一的例外是 PCC 7937。

3. 培养物的同质性

Ramalho 等人（2022）对以上 4 个鱼腥藻藻株缺乏形成表面生物膜或聚集体的趋势进行了定性评估，因为这可能会干扰预期的生物过程。研究发现，在标准条件下，鱼腥藻 PCC 7122 的培养物倾向于形成附着在培养容器壁上的自由漂浮的细胞聚集体或生物膜，而所有其他藻株都产生了几乎均匀的培养物，或者形成了松散的聚集体，且这些聚集体可通过轻轻的摇动而得到分离。在火星模拟土壤情况下，所有培养物中都出现了细胞和模拟土壤簇。特别是对于 PCC 7937，聚集程度使得细胞和模拟土壤在管被倒置后会立即沉淀，而留下澄清的上清液（与其他样品中持续存在的混浊悬浮液形成明显对照）。相反，其他藻株对火星模拟土壤的黏附力较弱。

4. 作为其他生物营养源的适宜性

利用火星上可用材料进行蓝藻培养的一种主要用途是将其用作其他生物的营养源。这些次级生产者可以发挥许多功能，主要包括：一是生产药物、燃料、生物材料和各种工业上有用的化学品；二是金属浸出；三是用于改善味道的食品加工（Hendrickx 和 Mergeay，2007；Nangle 等，2020）。因此，Ramalho 等人（2022）比较了来自 4 种预选鱼腥藻藻株的裂解和过滤生物量作为两种远距离生物（异养细菌和高等植物）原料的适用性。

在很大程度上，由于异养生物对有机物的依赖而很可能使其无法直接获得火星的自然资源，而有机物在火星上的可用性尚不清楚，但预计会非常低。然而，一些蓝藻的生物量可被用作营养源。例如，异养细菌（如大肠杆菌 W、大肠杆菌 K-12、枯草芽孢杆菌 168 和枯草芽孢杆菌 SCK6）先前被培养在地面鱼腥藻 PCC 7120（Verseux，2018）的滤液中，而大肠杆菌 W 被培养在地面鱼腥藻 PCC 7938 中（Verseux 等，2021）。研究发现，过夜培养后，大肠杆菌 W 在所有蓝藻裂解物中的浓度与在 LB 培养基中的浓度相当，藻株之间的差异很小。通过在蓝藻生物量的过滤裂解物（过滤前为 25 g（干重）·L^{-1}）中培养异养细菌（大肠杆菌 W）和水生高等植物（如浮萍（*Lemna sp.*）），来评估蓝藻藻株作为其他生物营养源的适宜性。

虽然植物是自养生物，可以依赖大气碳（而不是有机碳），但由于矿物营养物质的生物利用率低、固定氮含量低、保水潜力差以及含有过量的盐和毒素，因此通常预计它们无法在未经处理的火星土壤中生长（Eichler 等，2021；Maggi 和 Pallud，2010；Oze 等，2021）。因此，有人建议可将蓝藻用作营养源，无论是作为火星加工土壤的补充还是无土栽培的溶液（Verseux 等，2016）。尽管有人认为高等植物可以利用蓝藻提取的化合物作为除水和大气之外的唯一营养源进行培养，但这一点仍有待证明。

鉴于此，Ramalho 等人（2022）利用浮萍这样一种小型漂浮的植物来作为一种模式高等植物。这主要是因为它易于在微生物实验室中培养。然而，浮萍由于其具有高营养密度、无不可食用部分和高生产力而被认为是太空中的食物来源（Escobar 等，2020；Gale 等，1989；Romano 和 Aronne，2021）。结果表明，浮萍在蓝藻裂解物中的生长在不同蓝藻藻株中差异很大。PCC 7938 导致最高的生物量和叶片数量（约为第二高产藻株的两倍），紧随其后的是 PCC 7122、PCC 7524 和 PCC 7937，而 PCC 7120 不支持浮萍的生长，甚至不支持其存活。目前还无法确定该藻株的原因。

来自所有藻株的过滤裂解物支持大肠杆菌的生长（图 2.16）。在图 2.16 中，柱状图表示 3 个生物学重复的平均值（点）；不共用一个字母的平均值有显著差异（T – 检验，调整后的 $P < 0.05$）。待过夜培养后，大肠杆菌的细胞浓度达到相当于（PCC 7120、PCC 7122 和 PCC 7937）或显著高于（PCC 7938）在 LB 培养基中的水平，其中过滤后的大肠杆菌细胞浓度达到（$9.2 \times 10^9 \pm 3.2 \times 10^8$）$CFU \cdot mL^{-1}$。在过滤的裂解物中，它们的浓度范围仍然很窄：从（$8.1 \times 10^8 \pm 3.2 \times 10^7$）$CFU \cdot mL^{-1}$（PCC 7120）至（$2.6 \times 10^9 \pm 4.2 \times 10^8$）$CFU \cdot mL^{-1}$（PCC 7524）。

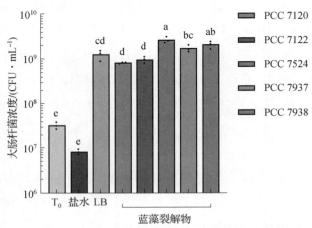

图 2.16 培养开始时（T_0）和在盐水溶液（盐水）、LB 培养基（LB）或 PCC 7120、PCC 7122、PCC 7524、PCC 7937 和 PCC 7938 的过滤裂解物中培养过夜后的大肠杆菌 W 的细胞浓度（Ramalho 等，2022）

浮萍在培养两周内产生的生物量在过滤的裂解物中变化显著（图 2.17）。图 2.17（a）为培养 14 d 后浮萍的生物量产量；柱状图表示 3 个生物学重复的平均值（点）；不共用一个字母的均值有显著差异（T – 检验，调整后 $P < 0.05$）；BD 代表低于检测值。图 2.17（b）为培养开始时以及培养 2 d、5 d、7 d、9 d、12 d 和 14 d 后的活叶数量；符号代表生物学重复。在加有 PCC 7938 的培养基中获得了最高值 [（1.14 ± 0.15）mg]，其次是 PCC 7122 [（0.66 ± 0.19）mg]、PCC 7524 [0.44 ± 0.15）mg] 和 PCC 7937 [（0.37 ± 0.02）mg]。被放置在来自 PCC 7120 的过滤裂解物中的植株没有繁殖，而是变得萎黄。在所有情况下，产生的生物量均显著低于 Hoagland 溶液中的生物量 [1.70 ± 0.22）mg]。最终，他们通过该实验选择鱼腥藻 PCC 7938 藻株作为火星生物进行原位资源利用的模式蓝藻藻株。

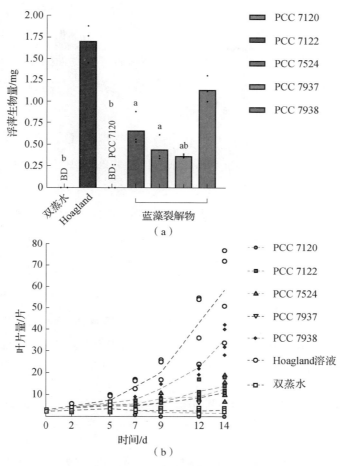

图 2.17　浮萍在 5 种鱼腥藻藻株的过滤裂解物、蒸馏水和双蒸水或 Hoagland 溶液中的生长情况

(a) 培养 14 d 后浮萍的生物量产量；(b) 培养开始时以及培养 2 d、5 d、7 d、9 d、12 d 和 14 d 后的活叶数量

需要指出的是，这里获得的定量结果仅用于比较藻株，而不应根据它们来评估基于蓝藻的 ISRU 过程的生产力。例如，风化层的栽培条件没有得到优化，也没有采取措施来提高蓝藻对高氯酸盐的抗性。另外，蓝藻生物量在加入大肠杆菌或浮萍之前被简单地研磨和过滤，去掉了过滤器保留的大部分生物量，并且并未将不可代谢的化合物转化为可用的形式。

蓝藻藻株形成聚集体和表面结合生物膜的趋势在本次选择中得到了解释，尽管只是一种定性评估。在某些应用中可能需要生物膜，例如可以控制封闭区域内的模拟火壤（Liu 等，2008），或者利用生物膜培养箱，但对于某些应用来说，生物膜培养箱可能比浮萍光生物反应器更具资源效率。然而，在这里，他们认为聚集是一个缺点：在基于浮萍生物量生产的生物过程中，生物膜会影响流体动力学，从而导致培养参数的局部变化、阻碍下游过程，并污染或损坏设备（Dzianach 等，2019）。此外，它可能使生物量与模拟土壤的分离（收集前者或更新后者）极具挑战性。这一标准导致 PCC 7122 和 PCC 7937 的适用性有所下降，PCC 7122 即使在常规条件下也会形成大的自由漂浮聚集体，并在培养设备上形成生物膜，PCC 7937 在模拟土壤上生长时会产生大的细胞块和颗粒。

在考虑了整个结果（表 2.3）后，他们选择使用 PCC 7938 作为蓝藻模型，以用于未来与火星上的生物原位资源利用有关的研究。首先，因为除了所有预选藻株的共同特征，如固氮生物型（diazotrophy）外，当在火星或月球土壤模拟物上生长时，它的生物量生产力最高，并且似乎最适合作为其他生物的基质；其次，因为它没有暴露任何与其他标准有关的重大缺陷，如对高氯酸盐的高灵敏度或强烈的聚集倾向。

表 2.3　导致选择鱼腥藻 PCC 7938 作为模式藻株的试验结果比较（Dzianach 等，2019）

比较参数	藻株类型 PCC				
	7120	7122	7524	7937	7938
基于火星土壤的生长	+	+	−	+/−	++
耐高氯酸盐	+/−	+	+	−	+/−
作为异养生物饲料的适宜性	+	+	+	+	+
作为水生高等植物饲料的适宜性	−	+	+	+/−	++
培养物均质性（无生物膜/凝聚物）	+/−	−	+	−	+

PCC 7938 可能不是最终用于实际应用的蓝藻，因为通过试验和比较来自不同属的大量候选藻株可能会鉴定出更合适的分离株，并且可以使用生物工程进行改良。然而，它是迄今为止鉴定出的最合适藻株，为评估和提高火星上蓝藻利用原位资源的效率提供了良好基础。

2.3.6 雪藻和盐藻

1. 基本特性

雪藻（snow algae）是指生长在雪域寒冷地带的藻类，而盐藻是指耐盐的藻类。美国内华达大学的 Cycil 等人（2021）认为，极端藻类，如雪藻和嗜盐藻类也可能特别适合受控生态生命保障系统，因为它们能够在极端条件下生长。然而，正如之前对藻类生长进行的 50 多项太空研究所表明的那样，人们对藻类在接近火星的大气压力下的生长情况知之甚少。鉴于此，他们探索了雪藻和盐藻等在与火星相关的低压条件下生产氧气和食物的潜力。

2. 藻种及其培养方法

属于雪藻类的 *Chloromonas brevispina* 和奥地利金藻（*Kremastochrysopsis austriaca*）的两种有菌培养物，均来自美国得克萨斯大学藻类培养物保藏中心（UTEX B SNO96）。Hoham 等人（1979）首次从 Lac Laflamme 盆地分离出 *C. brevispina* 培养物，Remias 等人（2020）首次从奥地利蒂罗尔州分离出奥地利金藻培养物。在这些实验中，将 *C. brevispina* 和奥地利金藻培养物保持在 Hoham 等人（1979）所研制的 M1 培养基上。

为了制备 M1 培养基，在加入 0.1% v/v 的维生素溶液（1 mg·mL^{-1} B$_{12}$、5 mg·mL^{-1} 生物素和 1 mg·mL^{-1} B$_1$）之前，对 1% v/v 的痕量金属溶液进行高压灭菌，并将其加入 M1 培养基中，采用孔径为 0.2 μm 的过滤器分别对其进行过滤灭菌，然后将其加入高压灭菌的 M1 培养基（Harrold 等，2018；Phillips-Lander 等，2020）。

另外，盐藻（*Dunaliella salina*）（UTEX LB200）的有菌培养物及其推荐的培养基，来自得克萨斯大学奥斯汀分校 UTEX 藻类培养物保藏中心（表2.4）。

3. 基本实验方法

在启动低压培养实验之前，首先使用平板划线法将每个培养物接种在2%固体琼脂培养基表面上，然后从琼脂培养基表面上挑选每个藻种的单个群落，并在最佳条件下在其各自的液体培养基中对其进行培养。在下面的实验中均采用液体培养法进行培养。

表 2.4 所选藻种及其培养条件（Cycil 等，2021）

参数	*Chloromonas brevispina*	奥地利金藻	盐藻
类型	嗜冷型	嗜冷型	嗜盐型
培养基	M1[b]	M1[b]	2X Erd Medium[c]
压力 /kPa[f]	（OD_{750}，细胞计数）[g] 67±2，33±2，16±2，8±0.25	（OD_{750}，细胞计数）[g] 67±2，33±2，16±2，8±0.25	（OD_{750}，细胞计数）[g] 67±2，33±2，16±2，8±0.25
温度 /℃	4.0±0.1	4.0±0.1	20.8±2.6；10.0±0.1（压力为（8±0.25）kPa 时）
光照强度 /(μmol·m^{-2}·s^{-1})	62~70[a]	62~70[a]	62~70[a]
处理持续时间/d	33~54	33~54	33~62

注：a. 采用手持式数字照度计（URCERI）测量时，精度为±3%，其中光强为 62~70 μmol 光子·m^{-2}·s^{-1} 的范围是根据 Harrold 等人（2018）之前的工作选择的。

b. M1 培养基（Hoham 等，1979）。

c. 2X Erd Medium（Erdschreiber 培养基的改良型。Foyn，1934）。

d. 不确定值基于压力表的精度。

e. *C. brevispina* 和盐藻的细胞计数和 OD_{750} 读数都是测量的，而奥地利金藻由于生长最慢，因此仅测量了 OD_{750} 读数。

通过采用 GENESYS 10S UV-VIS 型分光光度计（由美国 Thermo Scientific 公司生产），在 750 nm（OD_{750}）下测量每种培养物的 1 mL 样品的光密度（Optical Density，OD），从而将在最佳条件下的每种培养物的生长期追踪到中对数期（mid-logarithmic phase）。750 nm 波长超出了藻类色素的吸收范围，因此是进行

OD 测量的首选（Griffiths 等，2011）。然后，利用对数生长培养物在 67 kPa 的第一组低压条件下实施藻类培养实验。

对于每个实验，在 200 mL 锥形玻璃烧瓶中使用 100 mL 针对每个藻类培养物的高压灭菌培养基。首先对烧瓶进行酸洗（10% 硝酸），然后用 18 MΩ·cm H_2O 冲洗 3 次。用于实验设置和取样的所有设备在使用前都经过高压灭菌。在每种情况下，用 10% 的接种物接种培养物。接种后，立即进行第一次取样，以确定接种培养物的初始光密度（Optical Density，OD）和细胞计数。一旦接种了培养物并对其取样，就将其置于低压舱内，然后如上所述对低压舱进行 3 次抽空和吹扫。对于雪藻，将温度保持在（4.0 ± 0.1）℃，而对于盐藻，则保持在（20.8 ± 2.6）℃。然而，在最低压力（8 kPa）下，将盐藻保持在（10.0 ± 0.1）℃下（雪藻除外），以降低它们在这些低压条件下的蒸汽压。

对于藻类生长，是在 67 kPa、33 kPa、16 kPa 和 8 kPa 4 种不同的压力下进行测量的。为了使培养物能够潜在地适应低压，在达到稳定状态之后，制备用于 33 kPa、16 kPa 和 8 kPa 等压力条件下的接种物，使得一半体积的接种物来自在正常大气条件下在低压培养舱外对数生长期的培养物，另一半是分别在 67 kPa、33 kPa 和 16 kPa 下培养的相等体积的培养物。

4. 实验结果与机理分析

研究结果表明，盐藻和雪藻类 *C. brevispina* 是低压受控生态生命保障系统的最佳候选者。在低压条件下，每个物种的最高负载能力是，盐藻在 16 kPa 下获得（$(30.0 ± 4.6) × 10^5$ 个细胞·mL^{-1}），其次 *C. brevispinas* 在 33 kPa 下获得（$(19.8 ± 0.9) × 10^5$ 个细胞·mL^{-1}）。在 8 kPa 的最低测试压力下，*C. brevispina* 和盐藻的生长速率也较为明显，它们的浓度分别达到 $(43.4 ± 2.5) × 10^4 × 10^5$ 个细胞·mL^{-1} 和 $(15.8 ± 1.3) × 10^4 × 10^5$ 个细胞·mL^{-1}。

通过本研究证明两个候选种雪藻 *C. brevispina* 和盐藻的潜在能力，而其结果有助于 CELSS 的开发。两个候选藻种在 8 kPa 和 16 kPa 的低压下都显示出指数增长，这表明采用充气温室在火星表面利用生产氧气是可能的。如果这些培养物每单位干生物量产生的 O_2 产量与之前记录的大致相似（Kirensky 等，1968；Gitelson，1992），那么用作食物的藻类生物量也可以产生足够的 O_2 供宇航员利用。

此外，盐藻和小球藻的滞后期随着压力的降低而降低。综合分析表明，这些物种可以利用 20~30 kPa 的低压温室充气结构，从而为火星上潜在的 BLSS 做出贡献（Cycil 等，2021）。

2.3.7 其他藻种

其他藻种，还包括绿藻门的莱茵衣藻（*Chlamydomonas reinhardtii*）、蓝藻门的集胞藻（*Synechocystis sp.*）和聚球藻（*Syncechococcus leopoliensis* 625），以及裸藻门的纤细裸藻（*Euglena gracils*）等，它们都各具特色，有的已经经历过太空搭载实验。这里，由于篇幅有限，因此不再对它们予以专门介绍，但在后面的章节中会逐渐有所涉及。

2.3.8 地衣

地衣（lichen）是一种真菌和一两种光自养真核绿藻或原核蓝藻的共生体（symbiose）。其通常能够耐受极端环境条件，这就使得它们成为天体生物学研究中具有价值的模式系统，从而便于深入了解真原核共生体。

Meeßen 等人（2013）重点研究了作为光和紫外线防护物质的一组不同的次生地衣化合物（secondary lichen compound，SLC）。他们对目前天体生物学研究中所应用的以下 5 种地衣进行了比较：*Buellia frigida*、*Circinaria gyrosa*、黄绿地图衣（*Rhizocarpon geographicum*）、丽石黄衣（*Xanthoria elegans*）和多孢金黄衣（*Pleopsidium chlorophanum*）。研究结果表明，所选定的极端耐受性的地衣对极端地外的非生物因素具有很高的抵抗力，包括太空暴露、超高速撞击模拟以及太空和火星参数模拟。采用紫外－可见分光光度法和两种高效液相色谱法，对地衣菌体以及无菌培养的共生菌（mycobiont）和共生光合生物（photobiont）的光合色素等次生物量进行了详细研究。

此外，它们还进行了一系列化学测试，以确认地衣和真菌样品中黑色素化合物的形成。所研究过的地衣都显示出含有各种各样的次生地衣化合物，但 *Circinaria gyrosa* 除外，因为在其中只鉴定出黑色素。这些研究将有助于评估次生地衣化合物对地衣极端紫外线耐受性的作用，了解地衣对各自栖息地普遍的非生物应激源的适应，并为解释最近和未来的天体生物学实验奠定基础。由于大多数已得到鉴定的次生地衣化合物表现出高吸收紫外线的能力，因此它们也可被用于解释地衣对地外紫外线具有高抵抗力的原因。

2.4 藻种工程化改良技术

一般情况下，应使所选蓝藻等藻种能够适应在火星等外太空环境条件下生长，但也可以开展工作来改造藻种以使之能够适应火星等外太空的环境。因此，除上述筛选手段外，还可以通过育种的方式获得优良藻种。为了获得更加优良的藻种，针对微藻育种的相关技术也在快速发展。随着细胞生物学和分子生物学的不断发展，基因工程和诱变育种等新的育种技术不断应用于微藻的育种工作中，为培育稳定遗传的良种微藻提供了快速高效的途径（汪志平和钱凯先，2000；范勇等，2017；付峰等，2018；徐晓莹等，2021）。

2.4.1 诱变育种和遗传工程育种

1. 诱变育种

诱变育种具有操作简单、成本低、效率高等特点，因此使用较为广泛。通过物理和化学诱变的方法对藻种进行处理，从而造成藻种遗传信息发生改变，而在大样本量的群体中，通过快速的筛选手段可以得到需要的优良性状。

1）物理诱变

常用的物理诱变主要包括紫外线（UV）、γ-射线、重离子束（heavy ion beam）、常压室温等离子体（atmospheric and room temperature plasma，ARTP）和太空诱变（周玉娇等，2010）。

对于利用紫外线对不同微藻进行诱变并获得了大量性状优良的突变藻株，国内外已有大量研究报道。如小球藻（*Chlorella vulgaris*）、裂壶菌藻（*Scizochytrium limacinum*）、三角褐指藻（*Phaeodactylum tricornutm*）以及若夫小球藻（*Chlorella zofingensis*）等，均已利用紫外诱变育种技术成功获得了具有高油脂、高 DHA 和高 EPA 的优良突变株（周玉娇等，2010；许永等，2012；刘红全等，2017；李青等，2018）。

由于 γ-射线相对于其他射线具有更强的穿透力，尤其是 $^{60}Co-\gamma$ 在寇氏隐甲藻（*Crypthecodinium cohnii*）、栅藻（*Scenedesmus sp.*）、小球藻、雨生红球藻（*Haematococcus pluvialis*）等富含活性物质的微藻诱变育种研究中成效显著，已培育出许多高油脂和高虾青素含量及高耐受 CO_2 等性状优良的株系（佘隽等，2013；马超，2014；Cheng 等，2016；李珂，2018）。

相较于传统的诱变源，采用重离子束进行诱变育种，更具有生物学优势（Tjahjono 等，1994）。近年来，在微藻育种研究中也逐渐开展了重离子辐射诱变技术，并已成功应用于微拟球藻（*Nannochloropsis oceanica*）、栅藻、极大螺旋藻、盐生杜氏藻（*Dunaliella salina*）、三角褐指藻（*Phaeodactylum tricornutum Bohlin*）等的育种研究中，获得的突变株的油脂产量、生物量、岩藻黄质含量等均显著提高（王丽娟，2018；Hu 等，2013；王芝瑶，2013；Ma 等，2013；王丽娟等，2020；席一梅等，2020）。

常压室温等离子体诱变是一种安全高效且环境友好的新型诱变育种手段。目前，ARTP 诱变技术已成功应用于微藻的突变，在湛江等鞭金藻（*Isochrysis zhangjiangensis*）、小球藻、雨生红球藻、螺旋藻、寇氏隐甲藻等的育种研究中均取得了显著成效，获得了具有高油脂产量、高生物量及高多糖、高氨基酸、高虾青素含量等多种优良性状的突变藻种，应用前景十分广阔（艾江宁等，2015；吴晓英，柳泽深和姜悦，2016；刘秀花等，2016；闫春宇，胡冰涛和王素英；2017；Liu 等，2015）。

微藻太空诱变育种是指通过返回式航天器（如卫星、飞船等）将藻种运送到宇宙空间，利用强辐射、微重力等空间条件实现微藻的有益突变。刘波等人（刘波，郑雅友和曾志南，2013）通过太空搭载小球藻，获得了油脂和脂肪酸含量分别比出发株增加 6.5% 和 6.76% 的优良突变株。谭丽等人（2018）经过太空搭载钝顶螺旋藻成功选育出优良突变株 H11。与原始株相比，H11 的生物量和总多糖产率分别提高了 15.39% 和 176.50%。

2）化学诱变

目前广泛应用于微藻育种的化学诱变剂主要是一些烷化剂，如甲基磺酸乙酯（ethyl methyl sulfonate，EMS）、亚硝基胍（N-methyl-N′-nitro-N-nitrosoguanidine，NTG）、硫酸二乙酯（diethyl sulfate，DES）等。与物理诱变相比，化学诱变多为基因的点突变，对微藻的基因组损伤较小，且具有特异性，因此在诱变育种中被广泛使用。近年来，对三角褐指藻、栅藻、小球藻、微拟球藻、波氏真眼点藻（*Eustigmatos polyphem*）、螺旋藻、纤细裸藻及小新月菱形藻（*Nitzschia closterium fminutissima*）等，均已利用化学诱变技术成功获得了耐高温低温及高产虾青素、油脂、EPA、类胡萝卜素、蛋白质等的优良突变株（周玉娇等；2010；Zhang 等，2016；Ong 等，2010；刘红全，林小园和潘艺华，2014；袁莎，2017；Perin 等，2015；王松，2015；杨茂纯，赵耕毛和王长海，2015；刘红全等，2014；关剑，2017；刘奇，臧晓南和张学成，2015；Shirnalli 等，2017；陆嘉欣，2017）。

2. 分子育种

分子育种是将分子生物学技术应用于育种，即在分子水平上进行育种。分子育种通常包括分子标记辅助育种和遗传修饰育种（即转基因育种）。转基因育种就是将基因工程应用于育种工作中，通过基因导入，从而培育出具有一定性状的新品种的育种方法。

王娜等人（2013）从雨生红球藻中克隆出 IPP 异构酶基因（ipiHp1），并利用根癌农杆菌侵染法和基因枪转化法，将目的基因导入雨生红球藻中。结果发现，大部分转化子的生物量与野生型相似，农杆菌侵染法转化的转化子 A3 虾青素含量比野生型显著提高，但基因枪转化法转化的转化子虾青素含量与野生型并无显著性差异。侯善茹等人（侯善茹等，2016）以植物表达载体构建了农杆菌介导的雨生红球藻转化方法，成功并稳定地表达了报告基因 GFP 和 YFP，拓宽了 pBI121 载体的应用范围，从而为雨生红球藻的转化开辟了新的遗传转化途径。

然而，蓝藻的基因组修饰完全基于同源重组，通过自然转化或将质粒或线性 DNA 片段偶联到细胞中。CRISPR – Cas 系统在基因组编辑中的应用得到了广泛认可，并已成功用于蓝藻基因组修饰（Behler 等，2018）。这种机制可以在蓝藻染色体上引起双链 DNA 切割，随后会发生同源重组事件来修复 DNA 损伤，从而促进基因组操作。最重要的是 CRISPR – Cas 系统的高效率可以显著提高基因组编辑的频率，并加速分离过程，如 CRISPR – Cas9 和 CRISPR – Cas12a（Li 等，2016；Wendt 等，2016）。

最近，CRISPR – Cas9 和 – Cas12a 系统已被成功应用于几种蓝藻模型，如集胞藻 6803（Zheng，Su 和 Qi，2018；Kaczmarzyk 等，2018；Shabestary 等，

2018)、聚球藻 7942（Choi 和 Woo，2020）、鱼腥藻 7120（Higo 和 Ehira，2019；Higo 等，2018）和聚球藻 2973（Knoot，Biswas 和 Pakrasi，2019）。在这些应用中，CRISPRi 被成功地用于各种合成途径中靶基因的动态上下调控，以提高生物燃料（如脂肪酸和脂肪醇）和其他重要生命代谢物（如氨基酸、琥珀酸盐、乳酸盐和吡啶 – 葡萄酸盐）的生产速率。

3. 细胞融合与杂交育种

细胞融合是将酶解去壁的两种不同细胞的原生质体融合在一起，经生长分化，诱导形成新品种。细胞融合可以打破物种界限，实现远源基因重组，缩短育种周期，并提高育种水平。Tjahiono 等人（1994）将雨生红球藻的一系列抗抑制物突变体进行原生质融合后得到杂交株，结果其虾青素的含量是野生型的 3 倍。虽然关于雨生红球藻细胞融合的研究较少，但细胞融合可以突破有性杂交过程中的隔离机制，从而拓宽育种领域，并为远源物种间遗传物质交换提供了有效途径，应用前景广阔。

2.4.2 基于合成生物学的育种

目前，人们提出的合成生物学（synthetic biology）是一个跨学科的专业，它集合了传统生物学、工程学及数学的知识体系和研究方法，所涉及的领域很广，包括生物技术、进化生物学、基因工程、分子生物学、生物信息学、系统生物学、生物物理学及计算机科学等，将有可能具有有用特征的微生物实施工程化改造，以用于太空资源生产（Cumbers 和 Rothschild，2010；Langhoff 等，2011；Menezes 等，2015；Verseux 等，2016a，2016b）。

鉴于此，意大利罗马第二大学和美国 NASA 艾姆斯研究中心合作研究了合成生物学的应用手段与方法，以优化所选蓝藻的能力：一是能够承受空间探索任务期间所面临的环境应激因素；二是能够在当地受限条件下进行生长并发挥人们想要的生物功能（图 2.18）。（Verseux 等，2016a，2016b；Averesch 等，2023）。不过，目前该项技术还处于探索阶段。

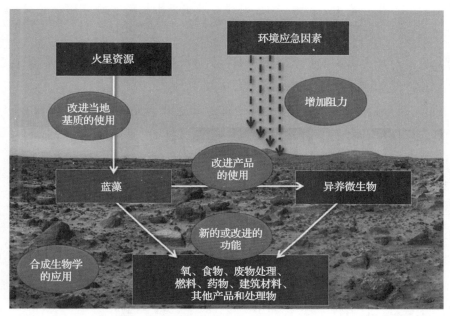

图 2.18 合成生物学在开发基于蓝藻的火星特异性 CELSS 中的部分潜在作用简述
(Verseux 等,2016a)(附彩插)

结 束 语

获得优良藻种,是成功开展太空藻类生物学和构建基于藻类的受控生态生命保障系统的基石和命脉,因此具有重要的作用和意义。本章重点阐述了优良藻种及其品系的筛选标准与原则要求,之后以此为根据介绍了采用多种途径筛选获得了若干种优良藻种。此外,介绍了利用生物技术手段,对候选藻种进行遗传工程化改造的思路、方法与结果,并获得了部分优良藻种,从而为未来开发基于微藻的受控生态生命保障系统奠定了重要基础。

参 考 文 献

艾江宁,姚长洪,孟迎迎,等. 生长速度快且油脂产率高的湛江等鞭金藻诱变株的筛选 [J]. 微生物学通报,2015,42(1):142-147.

艾为党，郭双生，董文平，等. ^{60}Co 射线对螺旋藻生长影响研究初探［J］. 航天医学与医学工程，2008，21（3）：268－272.

艾为党，郭双生，董文平. 受控生态生保系统螺旋藻藻种筛选研究［J］. 载人航天，2013，19（6）：58－63.

陆嘉欣. 裸菜高产生物活性物质突变株的筛选及光暗条件下转录组初步分析［D］. 深圳：深圳大学，2017.

范勇，胡光荣，王丽娟，等. 微藻育种研究进展［J］. 生物学杂志，2017，34（2）：3－8，35.

付峰，隋正红，孙利芹，等. 藻类诱变育种技术研究进展［J］. 生物技术通报，2018，34（1）：58－63.

关剑. 耐低温节旋藻新品系的培育［D］. 苏州：苏州大学，2017.

侯善茹，冯兴标，李光伟，等. 雨生红球藻农杆菌转化体系的建立［J］. 合肥工业大学学报（自然科学版），2016，39（9）：1271－1277.

李珂. 核诱变及高碳诱导提高雨生红球藻生长固碳速率和虾青素含量［D］. 杭州：浙江大学，2018.

李青，吴洪，蔡忠贞，等. 利用流式细胞仪筛选紫外诱变高含油小球藻［J］. 中国油脂，2018，43（5）：110－112.

刘波，郑雅友，曾志南. 太空搭载小球藻子代群体新品系的筛选、培养及其营养组成分析［J］. 福建水产，2013，35（6）：415－422.

刘红全，林小园，李洁琼，等. 三角褐指藻的诱变育种及产 EPA 的条件研究［J］. 生物技术通报，2014（9）：114－119.

刘红全，林小园，潘艺华. 小球藻的甲基磺酸乙酯诱变及产 EPA 的条件研究［J］. 广西植物，2016，36（3）：355－360.

刘红全，潘艺华，林小园，等. 三角褐指藻紫外线诱变及高产 EPA 藻株选育［J］. 海洋科学，2017，41（9）：87－93.

刘奇，臧晓南，张学成. 钝顶节旋藻高产菜株的诱变选育［J］. 中国海洋大学学报（自然科学版），2015，45（4）：59－65.

刘秀花，梁梁，陈仲达，等. 小球藻等离子束诱变高产菌筛选［J］. 河南科技，2016（7）：122－124.

刘洋, 朱梦灵, 徐瑶, 等. 中国蓝藻植物的新记录属—拟甲色球藻 [J]. 水生生物学报, 2013, 37 (3): 413-417.

马超. 应用^{60}Co-γ射线诱变技术筛选富油微藻藻株 [D]. 哈尔滨: 哈尔滨工业大学, 2014.

佘隽, 田华, 陈涛, 等. 高产 DHA 寇氏隐甲藻突变株的筛选 [J]. 食品科学, 2013, 34 (17): 230-235.

谭丽, 李涛, 吴华莲, 等. 太空搭载海水钝顶螺旋藻诱变株 H11 的室外产多糖特性研究 [J]. 海洋通报, 2018, 37 (3): 328-334.

王高鸿, 陈兰洲, 胡春香, 等. 空间飞行和辐射对微藻光合系统影响的观察 [J]. 航天医学与医学工程, 2005, 18 (6): 437-441.

王丽娟. 三角褐指藻高含岩藻黄质突变株的高通量筛选及评价 [D]. 青岛: 青岛大学, 2018.

王丽娟, 郑天翔, 杨宋琪, 等. ^{12}C^{6+}离子束诱变选育温度耐受螺旋藻高产藻株及其培养条件的优化 [J]. 辐射研究与辐射工艺学报, 2020, 38 (2): 27-34.

王娜, 林祥志, 马瑞娟, 等. IPP 异构酶基因遗传转化对雨生红球藻 (*Haematococcus pluvialis*) 虾青素含量的影响 [J]. 海洋与湖沼, 2013, 44 (4): 1033-1041.

王松. 微拟球藻化学诱变及富油藻株的高通量筛选研究 [D]. 青岛: 中国海洋大学, 2015.

王芝瑶. 重离子诱变创制高光效高产油微拟球藻新品种 [D]. 广州: 暨南大学, 2013.

汪志平, 钱凯先. 螺旋藻遗传育种研究进展 [J]. 微生物学通报, 2000, 27 (4): 288-291.

吴晓英, 柳泽深, 姜悦. 雨生红球藻等离子诱变及高产藻株的筛选 [J]. 食品安全质量检测学报, 2016, 7 (9): 3781-3787.

席一梅, 殷亮, 迟占有, 等. 重离子辐照对盐生杜氏藻的诱变效应及光合响应机理 [J]. 辐射研究与辐射工艺学报, 2020, 38 (5): 38-45.

徐晓莹, 黄华, 陈坤, 等. 雨生红球藻藻种改良趋势及育种研究进展 [J]. 水产学杂志, 2021, 34 (5): 100-103.

许永, 臧晓南, 徐涤, 等. 裂殖壶菌诱变筛选的研究 [J]. 中国海洋大学学报 (自然科学版), 2012, 42 (12): 54 – 58.

闫春宇, 胡冰涛, 王素英. 常压室温等离子体诱变对螺旋藻中氨基酸成分的影响 [J]. 食品与发酵工业, 2017, 43 (1): 60 – 65.

杨茂纯, 赵耕毛, 王长海. 甲基磺酸乙酯对小新月菱形藻的生物学效应 [J]. 海洋科学, 2015, 39 (1): 8 – 12.

袁莎. 两种富油微藻的选育 [D]. 南宁: 广西民族大学, 2017.

周玉娇, 李亚军, 费小雯, 等. 小球藻紫外线诱变及高含油藻株筛选 [J]. 热带作物学报, 2010, 31 (12): 53 – 58.

ADAMS G D, DUGGAN S P. Tansley Review No. 107. Heterocyst and akinete differentiation in cyanobacteria [J]. New Phytologist, 1999, 144: 3 – 33.

ARAI M. Cyanobacteria for space agriculture on Mars [J]. Biological Science in Space, 2009, 23: 203 – 210.

ARAI M, TOMITA – YOKOTANI K, SATO S, et al. Growth of terrestrial cyanobacterium, Nostoc *Sp.*, on Martian regolith simulant and its vacuum tolerance [J/OL]. Biological Sciences in Space, 2008, 22: 8 – 17. https://doi.org/ 10.2187/bss.22.8.

BAGLIONI P, SABBATINI M, HORNECK G. Astrobiology experiments in low earth orbit: Facilities, instrumentation and results [M]. In Horneck J and Rettberg P (eds). Complete Course in Astrobiology. Chapter 11, 273 – 319. Weinheim: Wiley, 2007.

BAQUÉ M, DE VERA J – P, RETTBERG P, et al. The BOSS and BIOMEX space experiments on the EXPOSE – R2 mission: Endurance of the desert cyanobacterium *Chroococcidiopsis* under simulated space vacuum, Martian atmosphere, UVC radiation and temperature extremes [J]. Acta Astronautica, 2003a, 91: 180 – 186.

BAQUÉ M, VIAGGIU E, SCALZI G, et al. Endurance of the endolithic desert cyanobacterium *Chroococcidiopsis* under UVC radiation [J/OL]. Extremophiles, 2013b, 17: 161 – 169. https://doi.org/10.1007/s00792 – 012 – 0505 – 5.

BAQUÉ M, SCALZI G, RABBOW E, et al. Biofilm and planktonic lifestyles differently support the resistance of the desert cyanobacterium *Chroococcidiopsis* under space and

Martian simulations [J/OL]. Orig Life Evol Biosph, 2014, 44: 63. DOI: 10.1007/s11084-013-9341-6.

BAUERMEISTER A, MOELLER R, REITZ G, et al. Effect of relative humidity on *Deinococcus radioduran*' resistance to prolonged desiccation, heat, ionizing, germicidal, and environmentally relevant UV radiation [J]. Microbial Ecology, 2011, 61: 715-722.

BEHLER J, VIJAY D, HESS W R, et al. CRISPR-based technologies for metabolic engineering in cyanobacteria [J]. Trends in Biotechnology, 2018, 36 (10): 996-1010.

BERLINER A J, HILZINGER J M, ABEL A J, et al. Towards a biomanufactory on Mars [J/OL]. Frontiers in Astronomy and Space Sciences, 2021, 8: 711550. DOI: 10.3389/fspas.2021.711550.

BERRY B J, JENKINS D G, SCHUERGER A C. Effects of simulated Mars conditions on the survival and growth of *Escherichia coli* and *Serratia liquefaciens* [J]. Applied and Environmental Microbiology, 2010, 76: 2377-2386.

BILLI D, GRILLI-CAIOLA M, PAOLOZZI L, et al. A method for DNA extraction from the desert cyanobacterium *Chroococcidiopsis* and its application to identification of ftsZ [J]. Applied and Environmental Microbiology, 1998, 64: 4053-4056.

BILLI D, FRIEDMANN E I, HOFER K G, et al. Ionizing-radiation resistance in the desiccation-tolerant cyanobacterium *Chroococcidiopsis* [J]. Applied and Environmental Microbiology, 2000, 66: 1489-1492.

BILLI D, FRIEDMANN E I, HELM R F, et al. Gene transfer to the desiccation-tolerant cyanobacterium *Chroococcidiopsis* [J]. Journal of Bacteriology, 2001, 183: 2298-2305.

BILLI D. Subcellular integrities in *Chroococcidiopsis sp.* CCMEE 029 survivors after prolonged desiccation revealed by molecular probes and genome stability assays [J/OL]. Extremophiles, 2009a, 13 (1): 49-57. DOI: 10.1007/s00792-008-0196-0.

BILLI D. Loss of topological relationships in a Pleurocapsalean cyanobacterium

(*Chroococcidiopsis Sp.*) with partially inactivated ftsZ [J]. Annals of Microbiology, 2009b, 59: 1 – 4.

BILLI D. Plasmid stability in dried cells of the desert cyanobacterium *Chroococcidiopsis* and its potential for GFP imaging of survivors on Earth and in space [J]. Origins of Life Evolution of Biospheres, 2012, 42: 235 – 245.

BILLI D. An hydrobiotic rock – inhabiting cyanobacteria: Potential for astrobiology and biotechnology [M]. In: Stan – Lotter H, Fendrihan F (eds). Adaptation of Microbial Life to Environmental Extremes: Novel Research Results and Application. Wien – New York: Springer, 2017: 119 – 132.

BILLI D, STAIBANO C, VERSEUX C, et al. Dried biofilms of desert strains of *Chroococcidiopsis* survived prolonged exposure to space and Mars – like conditions in low earth orbit [J/OL]. Astrobiology, 2019a, 19: 1008 – 1017. DOI: 10. 1089/ast. 2018. 1900.

BILLI D, VERSEUX C, FAGLIARONE C, et al. A desert cyanobacterium under simulated Mars – like conditions in low Earth orbit: Implications for the habitability of Mars [J]. Astrobiology, 2019b, 19: 158 – 169.

BILLI D, GALLEGO FERNANDEZ B, FAGLIARONE C, et al. Exploiting a perchlorate – tolerant desert cyanobacterium to support bacterial growth for in situ resource utilization on Mars [J/OL]. International Journal of Astrobiology, 2020, 20 (1): 1 – 7. https://doi.org/10.1017/S1473550 420000300.

BOLD H C. The morphology of *Chlamydomonas chlamydogama*, Sp. Nov [J/OL]. Bulletin of the Torrey Botanical Club, 1949, 76: 101. DOI: 10. 2307/2482218.

BÖHM G A, PFLEIDERER W, BÖGER P, et al. Structure of a novel oligosaccharide – mycosporine – amino acid ultraviolet A/B sunscreen pigment from the terrestrial cyanobacterium *Nostoc* commune [J]. Journal of Biological Chemistry, 1995, 14: 8536 – 8539.

BROWN I, SARKISOVA S, GARRISON D, et al. Bio – weathering of lunar and Martian rocks by cyanobacteria: a resource for Moon and Mars exploration [Z]. Lunar and Planetary Sciences. Poster, 2008.

BUCHFINK B, XIE C, HUSON D H. Fast and sensitive protein alignment using DIAMOND [J/OL]. Nature Methods, 2015, 12: 59 – 60. https://doi.org/10.1038/nmeth.3176.

CANNON K M, BRITT D T, SMITH T M, et al. Mars global simulant MGS – 1: A Rocknest – based open standard for basaltic Martian regolith simulants [J/OL]. Icarus, 2019, 317: 470 – 478. https://doi.org/10.1016/j.icarus.2018.08.019.

CARRIER B L. Next steps forward in understanding Martian surface and subsurface chemistry [J/OL]. Journal of Geophysical Research: Planets, 2017, 122: 1951 – 1953. https://doi.org/10.1002/2017JE005409.

CHENG J, LU H, HUANG Y, et al. Enhancing growth rate and lipid yield of *Chlorella* with nuclear irradiation under high salt and CO_2 stress [J]. Bioresource Technology, 2016, 203: 220 – 227.

CHOI S Y, WOO H M. CRISPRi – dCas12a: A dCas12a – mediated CRISPR interference for repression of multiple genes and metabolic engineering in cyanobacteria [J]. ACS Synth Biol., 2020, 9 (9): 2351 – 2361.

CHUKA – OGWUDE D, OGBONNA J C, MOHEIMANI N R. Adjustments of the photosynthetic unit and compensation mechanisms of tolerance to high ammonia concentration in *Chlorella sp.* grown in food waste digestate [J]. Algal Research, 2020, 52: 102106.

COCKELL C S. Geomicrobiology beyond Earth: microbe – mineral interactions in space exploration and settlement [J]. Trends in Microbiology, 2010, 18: 308 – 314.

COCKELL C S, SCHUERGER A C, BILLI D, et al. Effects of a simulated martian UV flux on the cyanobacterium, *Chroococcidiopsis sp.* 029 [J]. Astrobiology, 2005, 5: 127 – 140.

COCKELL C S, RETTBERG P, RABBOW E, et al. Exposure of phototrophs to 548 days in low Earth orbit: Microbial selection pressures in outer space and on early earth [J]. ISME J., 2011, 5: 1671 – 1682.

COX M M, BATTISTA J R. *Deinococcus radiodurans*—the consummate survivor [J]. Nature Reviews Microbiology, 2005, 3: 882 – 892.

CROWE J H, CARPENTER J F, CROWE L M. The role of vitrification in anhydrobiosis [J]. Annual Review of Physiology, 1999, 60: 73 – 103.

CUMBERS J, ROTHSCHILD L J. BISRU: Synthetic microbes for moon, Mars and beyond [C]. In Astrobiology Science Conference, 2010, LPI Contribution No. 1538, League City, TX, id. 5672, 2010.

CYCIL L M, HAUSRATH E M, MING D W, et al. Investigating the growth of algae under low atmospheric pressures for potential food and oxygen production on Mars [J/OL]. Frontier in Microbiology, 2021, 12: 733244. https://doi.org/ 10.3389/fmicb.2021.733244.

DETRELL G, HELISCH H, KEPPLER J, et al. Chapter 10. Microalgae for combined air revitalization and biomass production for space applications [M/OL]. In: From Biofiltration To Promising Options In Gaseous Fluxes Biotreatment edited by Soreanu G and Dumont É. Elsevier, 2020. DOI: https://doi.org/10.1016/B978 – 0 – 12 – 819064 – 7.00020 – 0.

DE VERA J – P. Lichens as survivors in space and on Mars [J]. Fungal Ecology, 2012, 5: 472 –479.

DITTMANN E, FEWER DP, NEILAN B A. Cyanobacterial toxins: Biosynthetic routes and evolutionary roots [J/OL]. FEMS Microbiological Reviews, 2013, 37: 23 – 43. https://doi.org/10.1111/j.1574 – 6976.2012.12000.x.

DRAKE B G. Human exploration of Mars: Design reference architecture 5.0 [C]. NASA/SP – 2009 – 566. NASA Headquarters, Washington, DC., USA, 2009.

DZIANACH P A, DYKES G A, STRACHAN N J C, et al. Challenges of biofilm control and utilization: Lessons from mathematical modelling [J/OL]. Journal of The Royal Society Interface, 2019, 16: 20190042. https://doi.org/10.1098/rsif.2019.0042.

EICHLER A, HADLAND N, PICKETT D, et al. Challenging the agricultural viability of Martian regolith simulants [J/OL]. Icarus, 2021, 354: 114022. https://doi.org/10.1016/j.icarus.2020.114022.

ESCOBAR C M, ESCOBAR A C, POWER G J, et al. μG – LilyPond^{TM}: Preliminary design of a floating plant pond for microgravity [C]. Proceedings of the 50th

International Conference on Environmental Systems. ICES – 2020 – 246, Emmaus, PA, USA, 2020.

FAHRION J, MASTROLEO F, DUSSAP C – G, et al. Use of photobioreactors in regenerative life support systems for human space exploration [J/OL]. Frontier in Microbiology, 2021, 12: 699525. DOI: 10.3389/fmicb.2021.699525.

FLEMMING H C, WINGENDER J. The biofilm matrix [J]. Nature Reviews Microbiology, 2010, 8: 623 – 633.

FRIEDMANN E I, OCAMPO – FRIEDMANN R. A primitive cyanobacterium as pioneer microorganism for terraforming Mars [J/OL]. Advances in Space Research, 1995, 15 (3): 243 – 246. DOI: 10.1016/S0273 – 1177 (99) 80091 – X.

FOYN B. Lebenzyklus, cytologie und sexualitat der *Chlorophyceae Cladophora suhriana* Kutzing [J]. Arch. Protistenk., 1934, 83: 1 – 56.

FRÖSLER J, PANITZ C, WINGENDER J, et al. Survival of *Deinococcus geothermalis* in biofilms under desiccation and simulated space and Martian conditions [J]. Astrobiology, 2017, 17: 431 – 447.

GITELSON J I. Biological life – support systems for Mars mission [J/OL]. Advances in Space Research, 1992, 12: 167 – 192. DOI: 10.1016/0273 – 1177 (92) 90023 – Q.

GRIFFITHS M J, GARCIN C, VAN HILLE R P, et al. Interference by pigment in the estimation of microalgal biomass concentration by optical density [J/OL]. Journal of Microbiological Methods, 2011, 85: 119 – 123. DOI: 10.1016/j.mimet.2011.02.005.

GRILLI – CAIOLA M, BILLI D, FRIEDMANN E I. Effect of desiccation on envelopes of the cyanobacterium *Chroococcidiopsis sp.* (*Chroococcales*) [J]. European Journal of Phycology, 1996, 31: 97 – 105.

GALE J, SMERNOFF D T, MACLER B A, et al. Carbon balance and productivity of *Lemna gibba*, a candidate plant for CELSS [J/OL]. Advances in Space Research, 1989, 9: 43 – 52. https://doi.org/10.1016/0273 – 1177(89)90027 – 6.

GÒDIA F, ALBIOL J, MONTESINOS J L, et al. MELISSA: A loop of interconnected bioreactors to develop life support in space [J/OL]. Journal of Biotechnology,

2002, 99: 319 – 330. https://doi. org/10. 1016/S0168 – 1656(02)00222 – 5.

GRILLI – CAIOLA M, BILLI D. *Chroococcidiopsis* from desert to Mars [M]. In Algae and Cyanobacteria in Extreme Environments, edited by J Seckbachs. Dordrecht. Netherlands: Springer, 2007: 553 – 568.

HALSTEAD T W, DUTCHER F R. Experiments on plants grown in space: Status and prospects. Annals of Botany, 1984, 54 (Suppl 3): 3 – 18.

HARROLD Z R, HAUSRATH E M, GARCIA A H, et al. Bioavailability of mineral – bound iron to a snow algal – bacterial coculture and implications for albedo – altering snow algal blooms [J/OL]. Applied Environmental Microbiology, 2018, 84: e02322 – 17. DOI: 10. 1128/AEM. 02 322 – 17.

HENRY C S, DEJONGH M, BEST A A, et al. High – throughput generation, optimization and analysis of genome – scale metabolic models [J/OL]. Natural Biotechnology, 2010, 28: 977 – 982. https://doi. org/10. 1038/nbt. 1672.

HECHT M H, KOUNAVES S P, QUINN RC, et al. Detection of perchlorate and the soluble chemistry of Martian soil at the phoenix lander site [J/OL]. Science, 2009, 325: 64 – 67. https://doi. org/10. 1126/science. 1172466.

HENDRICKX L, MERGEAY M. From the deep sea to the stars: Human life support through minimal communities [J/OL]. Current Opinion in Microbiology, 2007, 10: 231 – 237. https://doi. org/10. 1016/j. mib. 2007. 05. 007.

HELM R H, POTTS M. Extracellular matrix (ECM) [M]. In: Whitton BA (ed). Ecology of Cyanobacteria II. Berlin: Springer, 2012: 461 – 480.

HIGO A, KATOH H, OHMORI K, et al. The role of a gene cluster for trehalose metabolism in dehydration tolerance of the filamentous cyanobacterium *Anabaena sp.* PCC 7120 [J]. Microbiology, 2006, 152: 979 – 987.

HIGO A, ISU A, FUKAYA Y, et al. Application of CRISPR interference for metabolic engineering of the heterocyst – forming multicellular cyanobacterium *Anabaena sp.* PCC 7120 [J]. Plant and Cell Physiology, 2018, 59 (1): 119 – 127.

HIGO A, EHIRA S. Spatiotemporal gene repression system in the heterocyst – forming multicellular cyanobacterium *Anabaena sp.* PCC 7120 [J]. ACS Synthetic Biology,

2019, 8 (4): 641-646.

HOHAM R W, ROEMER S C, MULLET J E. The life history and ecology of the snow alga *Chloromonas brevispina* comb. nov. (*Chlorophyta*, *Volvocales*) [J/OL]. Phycologia, 1979, 18: 55-70. DOI: 10.2216/i0031-8884-18-1-55.1.

HORI K, OKAMOTO J, TANJI Y, et al. Formation, sedimentation and germination properties of *Anabaena akinetes* [J]. Biochemical Engineering Journal, 2003, 14: 67-73.

HORNECK G, KLAUS D M, MANCINELLI R L. Space microbiology [J]. Microbiology and Molecular Biology Reviews, 2010, 74: 121-156.

HORNECK G, KLAUS D M, MANCINELLI R L. Space microbiology [J]. Microbiology and Molecular Biology Reviews, 2010, 74: 121-156.

HU G, FAN Y, ZHANG L, et al. Enhanced lipid productivity and photosynthesis efficiency in a *Desmodesmus sp.* mutant induced by heavy carbon ions [J]. PLOS One, 2013, 8: 60700.

INOUE K, KIMURA S, AJIOKA R, et al. Tolerance of heavy ions in a terrestrial cyanobacterium, *Nostoc sp.* HK-01 [C]. Japan Geoscience Union Meeting 2015, BAO01-P04, 2015.

ISACHENKOV M, CHUGUNOV S, LANDSMAN Z, et al. Characterization of novel lunar highland and mare simulants for ISRU research applications [J/OL]. Icarus, 2022, 376: 114873. https://doi.org/10.1016/j.icarus.2021.114873.

ISECG. The global exploration roadmap, 3rd edition [C]. NP-2018-01-2502-HQ. NASA Headquarters, Washington, DC. USA, 2018.

JOKELA J, HERFINDAL L, WAHLSTEN M, et al. A novel cyanobacterial nostocyclopeptide is a potent antitoxin against microcystins [J/OL]. ChemBioChem, 2010, 11: 1594-1599. https://doi.org/10.1002/cbic.201000179.

JONES K H, SENFT J A. An improved method to determine cell viability by simultaneous staining with fluorescein diacetate-propidium iodide [J]. Journal of Histochemistry and Cytochemistry, 1985, 33: 77-79.

KACZMARZYK D, CENGIC I, YAO L, et al. Diversion of the long-chain acyl-ACP pool in *Synechocystis* to fatty alcohols through CRISPRi repression of the essential phosphate acyltransferase PlsX [J]. Metabolic Engineering, 2018, 45: 59 – 66.

KAPLAN – LEVY R N, HADAS O, SUMMERS M L, et al. Dormant cells of cyanobacteria [M]. In Topic in Current Genetics 21: Dormancy and Resistance in Harsh Environments, eds. by Lubzens E, Cerdá J, Clark MS. Heidelberg, Dordrecht, London, New York: Springer, 2010: 5 – 27.

KATOH H, SHIGA Y, NAKAHIRA Y, et al. Isolation and characterization of a drought – tolerant cyanobacterium, *Nostoc sp.* HK – 01 [J]. Microbes and Environments, 2003, 18: 82 – 88.

KAWAGUCHI Y, YANG Y, YAMAGISHI A. et al. The possible interplanetary transfer of microbes: Assessing the viability of *Deinococcus spp.* under the ISS environmental conditions for performing exposure experiments of microbes in the Tanpopo mission [J]. Origins of Life and Evolution of Biospheres, 2013, 43: 411 – 428.

KIMURA S, ARAI M, KATOH H, et al. Utilization of a terrestrial cyanobacterium, *Nostoc sp.* HK – 01, under the space environment [C]. 44th International Conference on Environmental Systems, 13 – 17 July 2014, Tucson, Arizona, USA. ICES – 2014 – 127, 2014.

KIMURA S, TOMITA – YOKOTANI K, IGARASHI Y, et al. The heat tolerance of dry colonies of a terrestrial cyanobacterium, *Nostoc sp.* HK – 01 [J]. Biological Sciences in Space, 2015, 29: 12 – 18.

KIMURA S, TOMITA – YOKOTANI K, INOUE K, et al. Space environmental tolerance of a terrestrial cyanobacterium, *Nostoc sp.* HK – 01 [C]. 46th International Conference on Environmental Systems, 10 – 14 July 2016, Vienna, Austria. ICES – 2016 – 353, 2016.

KIMURA S, TOMITA – YOKOTANI K, KATOH H, et al. Complete life cycle and heat tolerance of dry colonies of a terrestrial cyanobacterium, *Nostoc sp.* HK – 01 [J]. Biological Sciences in Space, 2017, 31: 1 – 8.

KIRENSKY L V, TERSKOV I A, GITELSON I I, et al. Experimental biological life support system. II. Gas exchange between man and microalgae culture in a 30 – day experiment [J]. Life Sciences in Space Research, 1968, 6: 37-40.

KNOOT C J, BISWAS S, PAKRASI H B. Tunable repression of key photosynthetic processes using Cas12a CRISPR interference in the fast-growing cyanobacterium Synechococcus Sp. UTEX 2973 [J]. ACS Synth Biol., 2019, 9 (1): 132-143.

KOUNAVES S P, CHANIOTAKIS N A, CHEVRIER V F, et al. Identification of the perchlorate parent salts at the Phoenix Mars landing site and possible implications [J/OL]. Icarus, 2014, 232: 226-231. https://doi.org/10.1016/j.icarus.2014.01.016.

KRUYER N S, REALFF M J, SUN W, et al. Designing the bioproduction of Martian rocket propellant via a biotechnology enabled in situ resource utilization strategy [J/OL]. Nature Communications, 2021, 12: 6166. https://doi.org/10.1038/s41467-021-26393-7.

LANGHOFF S, CUMBERS J, ROTHSCHILD L J, et al. What are the potential roles for synthetic biology in NASA's Mission? [C]. NASA/CP-2011-216430. NASA Ames Research Center, Moffett Field, CA, USA, 2011.

LEWIN R A. Introduction to the algae [J/OL]. Phycologia, 1979, 18: 171-172. DOI: 10.2216/i0031-8884-18-2-171.1.

LI H, SHEN C R, HUANG C-H, et al. CRISPR-Cas9 for the genome engineering of cyanobacteria and succinate production [J]. Metabolic Engineering, 2016, 38: 293-302.

LIU B, SUN Z, MA X, et al. Mutation breeding of extracellular polysaccharide producing microalga *Crypthecodinium cohnii* by a novel mutagenesis with atmospheric and room temperature plasma [J]. International Journal of Molecular Sciences, 2015, 16 (4): 8201-8212.

LIU Y, COCKELL C S, WANG G, et al. Control of lunar and Martian dust—experimental insights from artificial and natural cyanobacterial and algal crusts in the desert of inner Mongolia, China [J/OL]. Astrobiology, 2008, 8: 75-86. https://doi.org/10.1089/ast.2007.0122.

MA Y, WANG Z, MING Z, et al. Increased lipid productivity and TAG content in

Nannochloropsis by heavy ion irradiation mutagenesis [J]. Bioresource Technology, 2013, 136: 360 – 367.

MAGGI F, PALLUD C. Space agriculture in micro – and hypo – gravity: A comparative study of soil hydraulics and biogeochemistry in a cropping unit on Earth, Mars, the moon and the space station [J/OL]. Planetary and Space Science, 2010, 58: 1996 – 2007. https://doi.org/10.1016/j.pss.2010.09.025.

MAPSTONE L J, LEITE M N, PURTON S, et al. Cyanobacteria and microalgae in supporting human habitation on Mars [J/OL]. Biotechnology Advances, 2022, 59: 107946. https://doi.org/10.1016/j.biotechadv.2022.107946.

MARTÍNEZ G M, NEWMAN C N, DE VICENTE – RETORTILLO A, et al. The modern near – surface Martian climate: A review of in – situ meteorological data from Viking to Curiosity [J]. Space Science Reviews, 2017, 212: 295 – 338.

MCNULTY M J, XIONG Y, YATES K, et al. Molecular pharming to support human life on the moon, Mars, and beyond [J/OL]. Critical Reviews in Biotechnology, 2021, 41: 849 – 864. https://doi.org/10.1080/07388551.2021.1888070.

MEEßEN J, SÁNCHEZ F J, SADOWSKY A, et al. Extremotolerance and resistance of lichens: Comparative studies on five species used in astrobiological research II. Secondary lichen compounds [J/OL]. Origins of Life and Evolution of Biospheres, 2013, 43: 283 – 303. https://doi.org/10.1007/s11084 – 013 – 9337 – 2.

MENEZES A A, CUMBERS J, HOGAN J A, et al. Towards synthetic biological approaches to resource utilization on space missions [J]. Journal of The Royal Society Interface, 2015, 12: 20140715.

MILLAN M, SZOPA C, BUCH A, et al. Influence of calcium perchlorate on organics under SAM – like pyrolysis conditions: Constraints on the nature of Martian organics [J]. Journal of Geophysical Research – planets, 2020, 125: e2019JE006359.

MORI F, ERATA M, WATANABE M M. Cryopreservation of cyanobacteria and green algae in the NIES – collection [J]. Microbiol Cult Coll, 2002, 17: 45 – 55.

MOSCA C, ROTHSCHILD L J, NAPOLI A, et al. Over – expression of UV – damage DNA repair genes and ribonucleic acid persistence contribute to the resilience of dried biofilms of the desert cyanobacetrium Chroococcidiopsis exposed to Mars – like UV flux and long – term desiccation [J/OL]. Frontier in Microbiology, 2019, 10: 2312. DOI: 10.3389/fmicb.2019.02312.

NANGLE S N, WOLFSON M Y, HARTSOUGH L, et al. The case for biotech on Mars [J/OL]. Nature Biotechnology, 2020, 38: 401 – 407. https://doi.org/10.1038/s41587 – 020 – 0485 – 4.

NICHOLSON W L, MUNAKATA N, HORNECK G, et al. Resistance of *Bacillus endospores* to extreme terrestrial and extraterrestrial environments [J]. Microbiology and Molecular Biology Reviews, 2000, 64: 548 – 572.

OLSSON – FRANCIS K, COCKELL C S. Use of cyanobacteria for in – situ resource use in space applications [J/OL]. Planetary and Space Science, 2010, 58: 1279 – 1285. https://doi.org/10.1016/j.pss.2010.05.005.

OLSSON – FRANCIS K, DE LA TORRE R, COCKELL C S. Isolation of novel extreme – tolerant cyanobacteria from a rock dwelling microbial community by using exposure to low Earth orbit [J]. Applied and Environmental Microbiology, 2010, 76 (3): 2115 – 2121.

OLSSON – FRANCIS K, SIMPSON A E, WOLFF – BOENISCH D, et al. The effect of rock composition on cyanobacterial weathering of crystalline basalt and rhyolite [J/OL]. Geobiology, 2012, 10: 434 – 444. https://doi.org/10.1111/j.1472 – 4669.2012.00333.x.

ONG S C, KAO C Y, CHIU S Y, et al. Characterization of the therma – tolerant mutants of *Chlorella sp.* with high growth rate and application in outdoor photobioreactor cultivation [J]. BioresourceTechnology, 2010, 101 (8): 2880 – 2883.

OZE C, BEISEL J, DABSYS E, et al. Perchlorate and agriculture on Mars [J/OL]. Soil Systems, 2021, 5: 37. https://doi.org/10.3390/soilsystems5030037.

PEREIRA S, ZILLE A, MICHELETTI E, et al. Complexity of cyanobacterial exopolysac charides: Composition, structures, inducing factors and putative genes involved in their biosynthesis and assembly [J]. FEMS Microbiological Review, 2009, 33: 917 – 941.

PERIN G, BELLAN A, SEGALLA A, et al. Generation of random mutants to improve light-use efficiency of *Namochloropsis* gaditanacultures for biofuel production [J]. Biotechnology for Biofuels, 2015, 8 (161): 1-13.

PHILLIPS-LANDER C M, HARROLD Z, HAUSRATH E M, et al. Snow algae preferentially grow on Fe-containing minerals and contribute to the formation of Fe Phases [J/OL]. Geomicrobiology Journal, 2020, 37: 572-581. DOI: 10.1080/01490451.2020.1739176.

POTTS M. Mechanisms of desiccation tolerance in cyanobacteria [J]. European Journal of Phycology, 1999, 34: 319-328.

POTTS M. Desiccation tolerance: A simple process? [J]. Trends in microbiology, 2001, 9: 553-559.

POUGHON L, LAROCHE C, CREULY C, et al. Limnospira indica PCC 8005 growth in photobioreactor: Model and simulation of the ISS and ground experiments [J/OL]. Life Science in Space Research, 2020, 25: 53-65. https://doi.org/10.1016/j.lssr.2020.03.002.

QIN L, YU Q, AI W, et al. Response of cyanobacteria to low atmospheric pressure [J/OL]. Life Sciences in Space Research, 2014, 3: 55-62. http://dx.doi.org/10.1016/j.lssr.2014.09.001.

RABBOW E, PARPART A, REITZ G. The planetary and space simulation facilities at DLR Cologne [J/OL]. Microgravity Science and Technology, 2016, 28: 215-229. DOI: 10.1007/s12217-015-9448-7.

RACHMAYATI R, AGUSTRIANA E, RAHMAN D Y. UV Mutagenesis as a strategy to enhance growth and lipid productivity of *Chlorella sp.* 042 [J/OL]. Journal of Tropical Biodiversity and Biotechnology, 2020, 5 (3): 218-227. DOI: 10.22146/jtbb.56862.

RAHMAN D Y, RACHMAYATI R, WIDYANINGRUM D N, et al. Enhancement of lipid production of *Chlorella sp.* 042 by mutagenesis [C/OL]. IOP Conference Series: Earth and Environmental Science, 2020, 439: 012021. DOI: 10.1088/1755-1315/439/1/012021.

RAMALHO T P, CHOPIN G, PÉREZ - CARRASCAL O M, et al. Selection of *Anabaena sp.* PCC 7938 as a cyanobacterium model for biological ISRU on Mars [J/OL]. Applied and Environmental Microbiology, 2022, 88 (15): e0059422 - 22. DOI: 10.1128/aem.00594 - 22.

READ P L, LEWIS S R, Mulholland DP. The physics of Martian weather and climate: A review [J]. Reports on Progress in Physics, 2015, 78: 125901.

REMIAS D, PROCHÁZKOVÁ L, NEDBALOVÁ L, et al. Two New *Kremastochrysopsis* species, *K. austriaca sp.* nov. and *K. americana sp.* nov. (*Chrysophyceae*) [J/OL]. Journal of Phycology, 2020, 56: 135 - 145. DOI: 10.1111/jpy.12937.

RIPPKA R, DERUELLES J, WATERBURY J B, et al. Generic assignments, strain histories and properties of pure cultures of cyanobacteria [J/OL]. Journal of General Microbiology, 1979, 111: 1 - 61. DOI: 10.1099/00221287 - 111 - 1 - 1.

ROMANO L E, ARONNE G. The world smallest plants (*Wolffia sp.*) as potential species for bioregenerative life support systems in space [J/OL]. Plants, 2021, 10: 1896. https://doi.org/10.3390/plants10091896.

ROTHSCHILD L J. Synthetic biology meets bioprinting: enabling technologies for humans on Mars (and Earth) [J]. Biochemical Society Transactions, 2016, 44: 1158 - 1164.

RZYMSKI P, PONIEDZIAŁEK B, HIPPMANN N, et al. Screening the survival of cyanobacteria under perchlorate stress. Potential implications for Mars in situ resource utilization [J/OL]. Astrobiology, 2022, 22: 672 - 684. https://doi.org/10.1089/ast.2021.0100.

SELVA E, BERETTA G, MONTANINI N, et al. Antibiotic GE2270 a: A novel inhibitor of bacterial protein synthesis. I. Isolation and characterization [J/OL]. Journal of Antibiotics, 1991, 44: 693 - 701. https://doi.org/10.7164/antibiotics.44.693.

SHABESTARY K, ANFELT J, LJUNGQVIST E, et al. Targeted repression of essential genes to arrest growth and increase carbon partitioning and biofuel titers in cyanobacteria [J]. ACS Synthetic Biology, 2018, 7 (7): 1669 - 1675.

SHIRNALLI G G, KAUSHIK M S, KUMAR A, et al. Isolation and characterization of high protein and phycocyanin producing mutants of *Arthrospira platensis* [J]. Journal of Basic Microbiology, 2017, 58 (2): 162 – 171.

SLADE D, RADMAN M. Oxidative stress resistance in *Deinococcus radiodurans* [J]. Microbiological and Molecular Biological Reviews, 2011, 75: 133 – 191.

STIVALETTA N, BARBIERI R, BILLI D. Microbial colonization of the salt deposits in the driest place of the Atacama Desert (Chile) [J]. Origins of Life and Evolution of Biospheres, 2012, 42: 143 – 152.

SUTTER B, MCADAM A C, MAHAFFY P R, et al. Evolved gas analyses of sedimentary rocks and eolian sediment in Gale Crater, Mars: Results of the Curiosity rover's sample analysis at Mars instrument from Yellowknife Bay to the Namib Dune [J/OL]. Journal of Geophysical Research – planets, 2017, 122: 2574 – 2609. https://doi.org/10.1002/2016JE005225.

TJAHJONO A E, KAKIZONO T, HAYAMA Y, et al. Isolation of resistant mutants against carotenoid biosynthesis inhibitors for a green – alga *Haematococcus pluvialis*, and their hybrid formation by protoplast fusion for breeding of higher astaxanthin producers [J]. Journal of Fermentation and Bioengineering, 1994, 77 (4): 352 – 357.

TOMITA – YOKOTANI K, KIMURA S, ONG M, et al. Tolerance of dried cells of a terrestrial cyanobacterium, *Nostoc sp.* K – 01 to temperature cycles, Helium – ion beams, ultraviolet radiation (172 and 254 nm), and Gamma rays: Primitive analysis for space experiments [J]. Eco – Engineering, 2020, 32 (3): 47 – 53.

UNSCEAR. Effects of ionizing radiation : United Nations Scientific Committee on the effects of atomic radiation : UNSCEAR 2006 report to the General Assembly, with scientific annexes [J/OL]. Radiation Protection Dosimetry, 2009: 1 – 3. DOI: 10.1093/rpd/ncp262.

VERSEUX C, BAQUÉ M, LEHTO K, et al. Sustainable life support on Mars – the potential roles of cyanobacteria [J/OL]. International Journal of Astrobiology, 2016a, 15: 65 – 92. https://doi.org/10.1017/S147355041500021X.

VERSEUX C, PAULINO – LIMA IG, BAQUÉ M, et al. Synthetic biology for space exploration: Promises and societal implications [M]. In Ambivalences of Creating Life. Societal and Philosophical dimensions of Synthetic Biology, ed. by Hagen K, Engelhard M, Toepfer G. Berlin and Heidelberg: Springer – Verlag, 2016b.

VERSEUX C. Resistance of cyanobacteria to space and Mars environments, in the frame of the EXPOSE – R2 space mission and beyond [D]. Rome: University of Rome "Tor Vergata", 2018.

VERSEUX C, HEINICKE C, RAMALHO T P, et al. A low – pressure, N_2/CO_2 atmosphere is suitable for cyanobacterium – based life – support systems on Mars [J/OL]. Frontier in Microbiology, 2021, 8: 733944. https://doi. org/10. 1042/ BST20160067.

WADA H. Agriculture on Earth and Mars [J]. Biological Sciences in Space, 2007, 21: 135 – 141.

WANG G, CHEN H, LI G, et al. Population growth and physiological characteristics of microalgae in a miniaturized bioreactor during space flight [J/OL]. Acta Astronautica, 2006, 58: 264 – 269. DOI: 10. 1016/j. actaastro. 2005. 11. 001.

WANG G, LIU Y, LI G, et al. A simple closed aquatic ecosystem (CAES) for space [J/OL]. Advances in Space Research, 2008, 41: 684 – 690. https://doi. org/ 10. 1016/j. asr. 2007. 09. 020.

WELLS M L, POTIN P, CRAIGIE J S, et al. Algae as nutritional and functional food sources: Revisiting our understanding [J/OL]. Journal of Applied Phycology, 2017, 29: 949 – 982. https://doi. org/10. 1007/s10811 – 016 – 0974 – 5.

WENDT K E, UNGERER J, COBB R E, et al. CRISPR/Cas9 mediated targeted mutagenesis of the fast growing cyanobacterium *Synechococcus elongatus* UTEX 2973 [J]. Microbial Cell Factories, 2016, 15 (115): 1 – 8.

WHICKER P V, SCHULTZ V. Radioecology [M]. In: Nuclear Energy and the Environment. Boca Raton, Florida: CRC Press, 1982.

WIERZCHOS J, ASCASO C, MCKAY C P. Endolithic cyanobacteria in halite rocks from the hyperarid core of the Atacama Desert [J]. Astrobiology, 2006, 6: 415 – 422.

YAO L, CENGIC I, ANFELT J, et al. Multiple gene repression in cyanobacteria using CRISPRi [J]. ACS Synthetic Biology, 2016, 5 (3): 207 – 212.

YOSHIMURA H, IKEUCHI M, OHMORI M. Up regulated gene expression during dehydration in a terrestrial cyanobacterium, *Nostoc sp.* Strain HK – 01 [J]. Microbes and Environments, 2006, 21: 129 – 133.

YOSHIMURA H, KOTAKE T, AOHARA T, et al. The role of extracellular polysaccharides produced by the terrestrial cyanobacterium *Nostoc sp.* strain HK – 01 in NaCl tolerance [J]. Journal of Applied Phycology, 2012, 24: 237 – 243.

ZHANG Y, HE M, ZOU S, et al. Breeding of high biomass and lipid producing *Desmodesmus sp.* by ethyl methane sulfonate – induced mutation [J]. Bioresource Technology, 2016, 207: 268 – 275.

ZHENG Y, SU T, QI Q. Microbial CRISPRi and CRISPRa systems for metabolic engineering [J]. Biotechnol Bioprocess Eng., 2019, 24: 579 – 591.

第 3 章
光生物反应器结构设计

3.1 前言

如前所述，在人类尚未进入太空之前，苏联和美国的科学家就着手开始在地面上进行了小球藻和螺旋藻的光生物反应器（photobioreactor）的研制与试验研究。研究表明，利用光生物反应器进行培养具有以下好处：一是条件可控；二是可以进行高密度集约化微藻培养，从而可以大大提高产量和效率，并显著降低占用空间（Mori 等，1989；Oguchi 等，1989；Eckart，1997；Posten，2009；Deprá 等，2019）。然而，在早期的研究中，在进行光生物反应器的结构设计时基本没有考虑微重力或低重力的影响因素。

我国是从 20 世纪 60 年代随着"曙光"号载人计划的上马而启动了微藻的培养研究，后来随着该计划的下马而被中断。之后，中国航天员科研训练中心从 20 世纪 90 年代末开始进行空间微藻光生物反应器的研制与试验（艾为党等，2007；Ai 等；2008）。此外，中国科学院水生生物研究所针对空间搭载，研制成一系列面向水生动植物共生生物的微型空间搭载实验装置。另外，北京航空航天大学开展了光生物反应器的研制与试验研究（胡大伟，2009a 和 b；李艳超等，2011）；贵州大学也研制成模拟微重力效应反应器，并开展了螺旋藻培养研究（迟海洋，2008）；河北工程大学与中国航天员科研训练中心合作，对国内外光生物反应器的发展现状和趋势等进行了详细总结（王超等，2022）。

3.2 光生物反应器设计原则

天地环境之间的一个重要区别就是重力的差异。针对太空应用场景的特点，在进行面向太空环境应用的光生物反应器设计时，一般应遵循以下基本设计原则：

(1) 能够适应地球轨道空间站上的微重力或月球和火星表面上的低重力环境；

(2) 必须能够实现无气泡（bubble-free）或少气泡供气；

(3) 体积要尽量紧凑，质量要保持轻量化，能量利用要高效；

(4) 结构要尽量简单，以便于操作、维护、修理和清理（包括清洗）；

(5) 应使反应器中的培养条件尽量保持均匀（这对藻细胞及时均匀地获得营养、二氧化碳和光能并传递热量及排除氧气等十分重要）；

(6) 适合于进行高密度集约化微藻培养；

(7) 不得泄漏液体，不得释放有毒气体或液体；

(8) 与空间站座舱或月球和火星基地环境具有良好的相容性；

(9) 能够利用当地资源或乘员所产生的废物；

(10) 系统应具有较高的安全性和可靠性。

3.3 光生物反应器总体结构构成及工作原理

对于一套较为完整的天基光生物反应器系统，一般应包括以下结构单元：①反应器主体；②光照控制；③温度/压力控制；④二氧化碳供应；⑤氧气等气体脱除；⑥藻液搅拌/循环；⑦水/气分离；⑧进出气口、进出液口及气/液采样口；⑨供配电；⑩数据监测与控制及图像监视。一种较为理想的光生物天基反应器系统的基本结构构成如图3.1所示。

另外，在每次针对任务需求和特点实际进行设计时，应根据实际应用要求和当地资源条件的限制程度等，对系统规模、结构形式和单元组件数量等进行适当调整或简化，尤其在早期的卫星、空间实验室、航天飞机和空间站等航天器上开展实验研究工作时则更应如此。

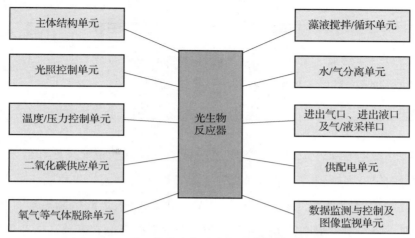

图 3.1　一种天基光生物反应器系统的基本结构构成
（Javanmardian 和 Paisson，1992）

3.4　光生物反应器各个单元部件构成

3.4.1　主体结构单元

1. 材质

在太空环境条件下，对航天器的安全性有很高要求。因此，用于制成光生物反应器主体的材质一般不采用玻璃，而是采用透明有机玻璃，如聚氯乙烯（PVC）或聚碳酸酯（polycarbonate 或 Lexan）等坚硬塑料。厚度在保证强度的前提下应尽量薄，以便使外面的光线能够尽量多地射入。主体材料应高度透明、无毒、高强度、化学上稳定而且易于清洗。光生物反应器基本材质种类及性能指标如表 3.1 所示。

表 3.1　光生物反应器基本材质种类及性能指标（Johnson 等，2018）

材料	透光率	折射率
聚氯乙烯（PVC）	75%	1.5
聚乙烯（PE）	92%，3.175 mm	1.51

续表

材料	透光率	折射率
聚碳酸酯（PC）	83%，6~8 mm	1.6
丙烯酸树脂玻璃（PMMA）	95%	1.49
玻璃纤维（FG）	90%	—

其中，聚乙烯（PE）具有最高的透光系数、良好的抗剪强度和低密度，表明其质量较轻及强度较高。聚乙烯套管通常被用于管道式光生物反应器。另外，如果主要考虑耐化学性，则首选聚氯乙烯（PVC）。丙烯酸树脂玻璃（PMMA，也称为亚克力）具有最高的透光系数，但吸收系数较低。它还具有长寿命和高熔点等优点，但其初始成本较高。玻璃纤维（FG）的优点是具有良好的透光性和较低的能量含量（Johnson 等，2018）。

2. 结构形式

在地面上，光生物反应器的结构形式有很多种，主要包括直管式（pipe 或 tube）、平板式（flat panel）或盘管式（coil）等形式，具体如图 3.2 所示（Olivieri，Salatinoa 和 Marzocchella，2014）。

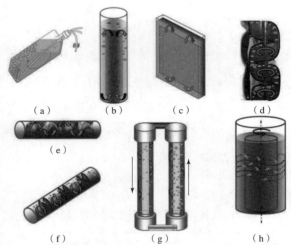

图 3.2 光生物反应器的不同结构设计形式（Olivieri，Salatinoa 和 Marzocchella，2014）

（a）倾斜平板气泡柱式；（b）内循环气升式；（c）平板气升式；（d）Subitec 平板气升式；
（e）带有 Kunii 静态混合器的管道式；（f）带挡板作为静态混合器的管道式；
（g）旋拧流（swirling flow）气升式；（h）库爱特–泰勒旋流式（Couette Taylor vortex flow）

针对太空的微重力或低重力环境，关于光生物反应器的主体结构也报道过几种设计形式，包括平板式、管道式、圆筒式、跑道式等形状，其中平板式的结构较为简单。

1) 平板式结构

平板式反应器主体结构的外部结构示意图如图3.3（a）~（c）所示，其内部结构示意图如图3.3（b）所示。例如，德国斯图加特大学太空系统研究所针对国际空间站的ECLSS研制成一种平板式光生物反应器，其实物外观图如图3.3（c）所示。该反应器的宽度为2.6 cm，可培养的藻类悬浮液的体积为2.4 L；光照面积为0.1 m²；以连续模式运行。

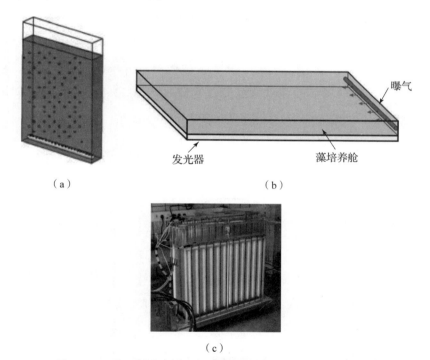

图3.3　一种平板式光生物反应器的结构示意图和实物外观图

(a) 外部结构示意图（Posten，2009）；(b) 内部结构示意图（Ganzer和Messerschmid，2009）；
(c) 实物外观图（Gabrielyan等，2022）

该反应器以连续模式运行，也就是使藻细胞的密度保持在固定水平。将藻细胞培养基进行混合以利用"闪光效应"（flashing light effect）。这种效应通过优化藻类细胞对光的吸收来提高高密度培养物的生产力。在密集的培养基中，光只能穿透培养基几毫米，因此只有一小部分藻类被充分照射。通过混合，所有细胞都被输送到光照区域，并被照射足够长的时间，以启动光合反应。对光生物反应器进行这样的设计能够利用富含二氧化碳的加压空气在藻类培养基中产生湍流，并能够向细胞提供二氧化碳。

当然，对于太空应用来说，进行一些修改是必要的。为了产生湍流，可能需要用到流体动力学，然而这就需要利用相分离器来过滤微重力条件下藻类流体中的富氧空气。

2）圆筒式结构

圆筒式反应器也称为环状反应器（annular reactor），在其内部进行鼓泡或通过特殊结构进行供气和脱气，有的可辅助进行藻液搅拌。在圆柱形结构中，又包括以下4种类型：①气升式光生物反应器；②膜式光生物反应器；③气泡柱式（bubble column）光生物反应器（这种反应器的垂直高度是直径的两倍以上）；④混合式光生物反应器。圆筒式光生物反应器的3种主体结构示意图如图3.4所示。

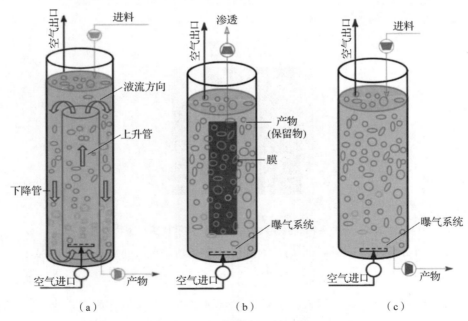

图3.4　圆筒式光生物反应器的3种主体结构示意图（Johnson 等，2018）

(a) 气升式主体结构示意图；(b) 膜式主体结构示意图；(c) 气泡柱式主体结构示意图

3）螺旋管式结构

英国伦敦大学与加拿大拉瓦尔大学合作，研制成螺旋管式光生物反应器系统。该光生物反应器为圆筒状，高度为 1.8 m，螺旋光照部分的高度为 0.9 m，线圈总数为 37；螺旋光照部分的底面积为 0.25 m²；外部宽度为 56.5 cm，内部宽度为 54 cm；螺旋管的材质为透明 PVC，总长度为 60 m，内径为 1.6 cm，容积为 12.1 L，内表面积为 1.32 m²（图 3.5）（Watanabe，de la Noüe 和 Hall，1995）。

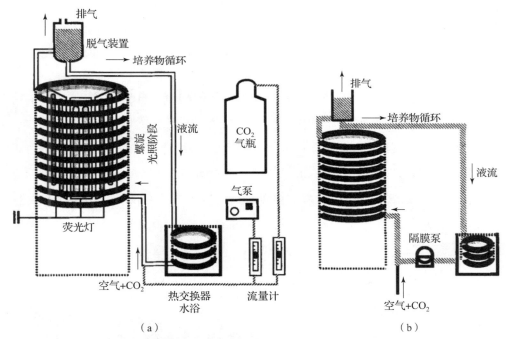

图 3.5　螺旋管式光生物反应器系统及两种操作系统的示意图
（Watanabe，de la Noüe 和 Hall，1995）

(a) 在螺旋光照部分内气流在气升系统中移动从而导致培养液进行循环；
(b) 泵送循环系统，其中隔膜泵使培养物进行循环，而气流在螺旋光照部分内移动

4）管道式结构

管道式（tubular）光生物反应器，也称为跑道式（raceway）光生物反应器，藻液在管道中可进行循环流动。图 3.6 为一种管道式（跑道式）光生物反应器的立体结构示意图。

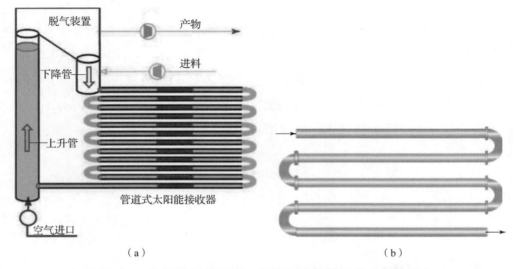

图 3.6　一种管道式（跑道式）光生物反应器的主体结构示意图

（a）总体结构形式（Johnson 等，2018）；（b）藻液流动方向（Posten，2009）

近年来，德国斯图加特大学的 Keppler 等人（2017）研制成与太空微重力相容的管道式带膜光生物反应器，其主体结构示意图如图 3.7 所示。该光生物反应器（被称为 μgPBR）的组件由两个双面跑道反应器主体组成，其中包含藻类悬浮液。选择跑道流动通道（raceway flow channel）设计（材质为透明 Lexan® 聚碳酸酯；通道的深度为 3 mm，宽度为 10 mm），以增加表面积与体积比，从而提高了光子的射入量和气体交换的表面积。

图 3.7　一种管道式带膜光生物反应器的主体结构示意图及其实物图

（Keppler 等，2017；Helisch 等，2020）

（a）主体结构示意图；（b）实物图

5）混合式结构

混合式光生物反应器结合了先前讨论的光生物反应器设计中的两个或多个特征的混合设计思路。例如，图3.8是将气泡柱式光生物反应器和圆柱式带膜光生物反应器进行了整合，从而使之兼有两者的功能。

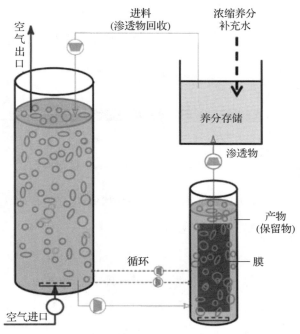

图3.8　一种混合式光生物反应器的主体结构示意图（Johnson等，2018）

开展混合式光生物反应器的设计，主要在于在上述传统设计之外寻找新的设计，以增加光照表面积、减少死区、改善混合并提供均匀的光照，从而最终改进操作并提高藻液的产量。

最早的混合式设计之一是气升驱动的管道反应器。该系统的生长/生产空间是一个管道，但并不是使用桨轮或泵，而是使用带有提升管和降液管的气升管来在提升管和下降管之间产生液位差。气升系统的顶部在管道中的液体上方延伸，以允许液位（压头）的差异导致液体在管道中流动。该系统降低了泵送能耗。

另一种混合系统由多孔膜式光生物反应器组成，被称为生物膜反应器（biofilm reactor）（Ozkan等，2012）。与多孔膜式光生物反应器不同，该光生物反应器将培养基滴到培养有微藻的生物膜上（图3.9）。光生物反应器由一个略微倾斜的垫子组成,该垫子支撑生物膜,其允许培养基沿着光生物反应器的长度、光源和培养基循环系统的方向流动。光生物反应器与同一表面上的光和空气中的二氧化碳一起为微藻提供养分,从而提高其产量。Gross 等人于 2013 年首次提出了旋转式藻类生物膜反应器(rotating algal biofilm reactor,RABR)。在该光生物反应器中,将一张连续的生物膜缠绕在几个辊上,而这些辊引导生物膜进出培养基。当生物膜从培养基种出来时,则可以接收到光(Gross 等,2013)。

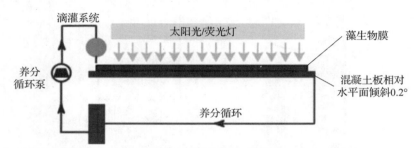

图 3.9　一种生物膜光生物反应器的主体结构示意图(Ozkan 等,2012)

3.4.2　光照控制单元

光生物反应器的光源一般具有两种途径,即自然光源和人工光源。自然光源一般包括太阳光直接照射或太阳光间接照射两种形式;人工光源一般包括反应器外照射和反应器内照射两种形式。

1. 自然光源

1)太阳光直接照射

如上所述,采用自然光直接照射较为普遍,目前在地面上的大规模湖泊或池塘藻类养殖一般均采用这种方式。另外,在大型管道式等集约化微藻培养中也大多采用这样的方式。有人认为,在月球或火星表面上也可以采用这样的方式。

2)太阳光间接照射

太阳光间接照射是指利用光导纤维实现太阳光的曲线照射。由于光导纤维所传导的光强一般都比较弱而且没有热量,因此通常是将光导纤维置入反应器内,这被称为内置式光照系统。例如,早先日本庆应义塾大学的 Mori 等人(1988)研制成基于太阳光光导纤维光照的微藻光生物反应器,而且通过实验证明该系统的可行性,并认为该技术有望被用在太空的 CELSS 中(图 3.10)。另外,

Javanmardian 和 Paisson（1992）在所设计的光生物反应器中也采用了基于光导纤维的间接光照技术（图 3.11）。

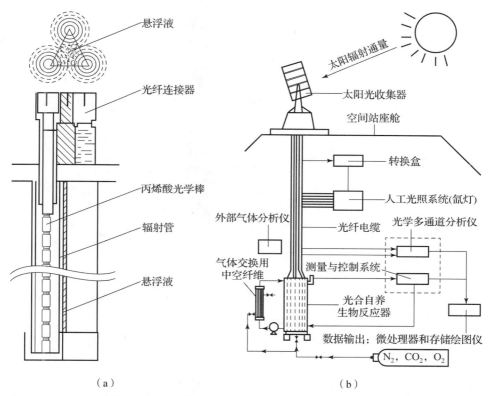

图 3.10　一种微藻光生物反应器系统直接利用太阳能进行内置光照的基本原理图
（Morri，Ohya 和 Matsumto，1988）

（a）光生物反应器内光导纤维纵向分布图；（b）光生物反应器内光导纤维控制原理图

事实上，对于光生物反应器的光照，人们比较看好太阳光。例如，美国橡树岭国家实验室（ORNL）开发的太阳光收集器能够将可见光与太阳光谱的其余部分进行分离（Lapsa 等，2006）。首先，整个光谱由主反射镜和次椭圆反射镜进行集中，然后将可见光进行隔离。对收集器是在 ORNL 混合光照系统的范围内进行设计的，以用于建筑物内部的日光照明。

这样类似的系统在空间应用是有利的，因为只有可见光在光纤束中传输，而光纤束与光生物反应器中的光发射器被连接在了一起。来自红外和紫外光谱的能量可以被转换成电能或直接由辐射器排除。可以将太阳能收集器安装在空间站或

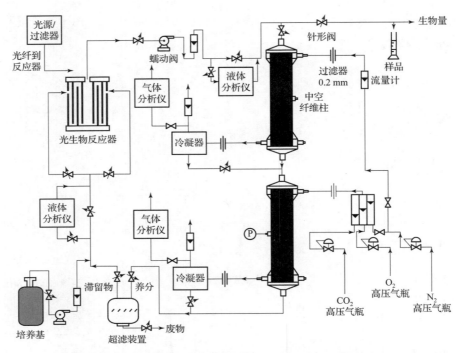

图 3.11　另一种微藻光生物反应器系统直接利用太阳能进行内置光照的基本原理图
（Javanmardian 和 Paisson，1992）

月球/火星基地外，并给其配有太阳跟踪器。光纤束穿透舱体并将光传输到光生物反应器中的发射器（Ganzer 和 Messerschmid，2009）。

2. 人工光源

1) 人工光源种类

人工光源，一般都是被应用于不适合进行自然光照的小型光生物反应器系统，或者是被用于专门开展光照试验研究或特殊相关实验研究的小型光生物反应装置。早先，人工光源一般包括氙灯、金属卤素灯、高压钠灯和荧光灯等，而近年来，人们一般都采用发光二极管（LED）灯作为封闭光生物反应器的光照单元。这是因为相比其他人工光源，LED 灯具有发光效率高、散热量少、寿命长、光质可控等诸多优点。

2) 外置光源

人工光源也被分为外置和内置两种安装形式。光生物反应器的大多数人工光源为外置，少数为内置。当采用外置式布局时，反应器的主体应高度透明，一般都采用有机玻璃（在太空基本不适合采用石英玻璃）。当采用人工光源时，需要注意光源的类型、功率、LED 灯阵列结构形式、安装距离和形式，以及是否可移动和是否方便更换等。

3）内置光源

目前，内置式光源一般为 LED 灯。一般都采用灯带形式进行垂直分布布局。内置光源的功率一般不能太大，否则会引起反应器散热的问题。另外，也有一种内置形式，即将氙灯等人工光源安装在反应器外，而通过光导纤维将外面的光线引入反应器主体内。例如，在日本 EBARA 公司研制的光生物反应器中，通过光导纤维将反应器主体外氙灯发出的光线引入反应器内，并使之从耐热丙烯酸树脂光学棒的表面进行扩散。该树脂光学棒的总表面积为 0.12 m^2（反应器的总体积为 2.5 L，有效体积为 2.0 L），具体如图 3.12 所示（Miya，Adachi 和 Umeda，1993；Adachi 和 Miya，1994）。

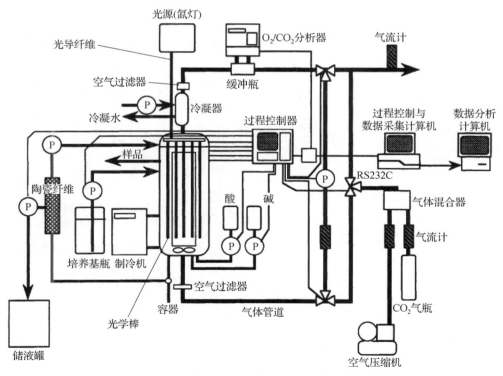

图 3.12　利用光导纤维将人工光源的光线引入反应器内的情况

(Miya，Adachi 和 Umeda，1993；Adachi 和 Miya，1994)

当然，采用人工光源会涉及能耗的问题。在空间站，光源的功率一般都不会很高。将光生物反应器设置为待机模式（stand – by – mode），并在阴影时段将其切换到物理 – 化学设备会更有效。在黑暗中，藻类从光合作用转变为呼吸作用模式，但转化率要低得多（Ganzer 和 Messerschmid，2009）。

3. 各种光源总结

到目前为止，在微藻光生物反应器中已经用到过很多种光源，具体总结见表 3.2。

表 3.2　在微藻光生物反应器中应用过的各种光源总结（Johnson 等，2018）

光源	发射光中 PAR 所占比例/%	光子强度/ ($\mu mol \cdot m^{-2} \cdot s^{-1}$)	优点	缺点
太阳	42.30	1 005 ~ 5 049	随处可利用	量不可预测；在每天和每年都有变化（除四季变化外，在月球上基本恒定，在火星上有时具有沙尘暴而导致光强不恒定）
荧光灯	45.65	26.3	初始成本低	全方向发射，因此不够充分；一年后光强会出现衰减
Grow – Lux 型灯	56.87	16.5	在 600 ~ 700 nm 波长范围的总光强较荧光灯强	全方向发射，因此效率较低；一年后光强会出现衰减
白炽灯	4.28	23.4	—	只有 2.8% 的发射光子可被利用
卤素灯	3.60	3.603	—	产生的光子量较少；产热量大，因此效率较低
AllnGap Ⅱ型 LED 灯	98.38	254.6	具有成本效率、长寿命、光强可被灵活改变	初始成本略高

续表

光源	发射光中PAR所占比例/%	光子强度/(μmol·m^{-2}·s^{-1})	优点	缺点
GaAlAS LED 灯	87.59	65.3	具有成本效率、长寿命、光强可被灵活改变	初始成本略高

3.4.3 温度/压力控制单元

1. 温度控制

在光生物反应器中，除了光照外，温度对微藻的生长也至关重要。温度控制一般包括两个方面，即反应器主体温度控制和反应器排出的水汽温度控制。

由于要求光照，所以一般对反应器都需要进行散热。对反应器通常采用风冷的方法进行散热。另外，需要注意所使用光源的类型、功率、安装位置和距离等，这都会影响散热效果。部分散热可利用周围环境协助完成。为了回收反应器排出气体中的水汽，一般需要采用冷凝热交换器，以冷凝水的方式进行水汽回收。

对于小型光生物反应器，也可以采用液冷的方式进行散热。例如，在 μgPBR 中，温度是通过与冷却水回路相连的冷板（cold plate）进行控制的（Helisch 等，2020）。

2. 压力控制

在光生物反应器中，一般不对压力进行控制。然而，有时为了增加二氧化碳在微藻培养液中的溶解率而得以提高二氧化碳的补充效果时，则可以使反应器略保持在正压状态。例如，可以将光生物反应器内的压力保持在 0.1~0.2 kPa 略呈正压的范围内。压力控制可通过分别调整反应器内的氮分压、氧分压和二氧化碳分压来实现。

3.4.4 供气/脱气单元

在太空微重力条件下，由于水与气难以自然分离，所以必须采用人工分离的方法。鉴于此，为了减轻水气分离的负荷，一般采用微孔膜组件而不是机械移动式的水气分离组件来实现二氧化碳供气和氧气及藻类产生的其他气体的脱气。可通过高压气瓶供应纯二氧化碳，或可供应富含二氧化碳的混合空气。

1. 一体式结构

1）硅橡胶中空纤维膜管组件

在早期，日本庆应义塾大学的 Mori 等人（1988）采用硅橡胶中空纤维组件进行二氧化碳的供应和氧气的脱除（图 3.13）（Morri，Ohya 和 Matsumto，1988）。

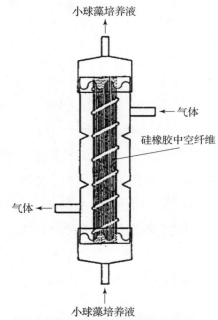

图 3.13　一种光生物反应器硅橡胶中空纤维膜管气体交换组件结构示意图
（Morri，Ohya 和 Matsumto，1988）

该组件的硅橡胶中空膜管的内径为 0.60 mm，外径为 0.90 mm，壁厚为 0.15 mm，有效膜面积为 0.082 m²。在用于气体交换的该测试膜中采用了硅橡胶中空纤维模块，因为该模块没有显示负载，并且随着操作时间的推移也未出现明显变化。另外，硅橡胶的 K_L 值 [8.4×10^{-6} (m·s^{-1})] 较聚丙烯要高。该膜单元的外壳由玻璃制成，可对其进行高压灭菌。

2）聚四氟乙烯（PTFE）多孔膜分离组件

膜的透气性受其形状和材料组成的影响。致密膜具有较高的气体渗透性，但如果减小膜的厚度以实现更高的渗透性，则会导致其缺乏机械强度。因此，必须在这两个特征之间寻求折中。通常，藻类产生的氧气以气体本身气泡的形式被保留在培养液中。因此，只让气体通过的多孔膜似乎比致密膜更可取。因此，法国柏莱斯·帕斯卡尔大学的 Cogne 等人（2005），采用厚度为 0.2 μm 的聚四氟乙烯（PTFE）多孔膜（法国 Sartorius 公司生产）作为气体分离器来回收氧气。其厚度为 (57±1) μm，交换表面积为 19.6 cm²。

然而，他们认为，多孔结构的一个主要缺点是其对水蒸气的高渗透性（表3.3），这可能导致液相的体积发生变化和液体侧出现气泡，从而可能会干扰微重力条件下的测量和混合质量。然而，应当注意的是，渗透率的测量值远小于氧气的测量值（Cogne，Cornet 和 Gros，2005）。

表 3.3　气液分离候选膜的特性（Cogne，Cornet 和 Gros，2005）

聚合物	结构	厚度/μm	气体渗透率/($mol \cdot s^{-1} m^{-2} \cdot Pa^{-1}$)			
			O_2	CO_2	N_2	H_2O
聚乙烯	稠密型	145±3	8.5×10^{-12}	3.2×10^{-11}	2.8×10^{-12}	1.5×10^{-14}
		149±4	7.5×10^{-12}	3.0×10^{-11}	2.4×10^{-12}	1.4×10^{-14}
低密度聚乙烯	稠密型	26±3	4.7×10^{-11}	1.3×10^{-10}	1.9×10^{-11}	8.5×10^{-14}
		28±2	61×10^{-11}	1.5×10^{-10}	2.2×10^{-11}	8.5×10^{-14}
BioFOLIE[a]	稠密型	22±1	9.5×10^{-10}	1.1×10^{-9}	4.5×10^{-11}	3.3×10^{-14}
		21±1	9.7×10^{-10}	1.3×10^{-9}	4.4×10^{-11}	3.5×10^{-14}
聚丙烯	多孔型	25±2	NM[b]	NM	NM	1.1×10^{-11}
		26±3	NM	NM	NM	1.4×10^{-11}
PTFE	多孔型	54±1	NM	NM	NM	7.6×10^{-12}
		57±1	NM	NM	NM	10.6×10^{-12}

a. 复合材料（法国萨托里乌斯公司生产）。
b. NM 表示不可测量（非常高）。

3）氟乙烯丙烯（FEP）膜组件

上述两个 μgPBR 反应器的主体，均被通过可透气的氟化乙烯丙烯共聚物

（fluorinated ethylene propylene，FEP）膜（DuPont™ Teflon® FEP 氟塑料薄膜 100 C；厚度为 25 μm）进行密封，因此可以使 CO_2 和 O_2 在组件外的气相和反应器内的液相之间进行充分的气体传输。膜表面是光学透明的，允许在光合有效辐射（PAR）光谱内的透射率大于 96%（图 3.14）。图 3.14 中的培养液深度为 3 mm，通过横流风扇在 LED 面板和 FEP 膜之间进行气体循环。

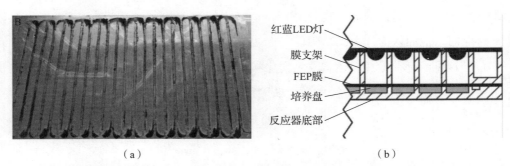

图 3.14　μgPBR 微藻光生物反应器组件的 FEP 膜及安装位置示意图（Keppler 等，2017）

(a) FEP 膜；(b) FEP 膜安装位置示意图

另外，德国针对用于培养纤细裸藻和小动物的 Aquarack 二元水生生态系统，也采用了一体化的气体膜交换系统（图 3.15）。在地面上共进行了 600 多天的长期培养考核实验，充分证明了系统的有效性和可靠性。

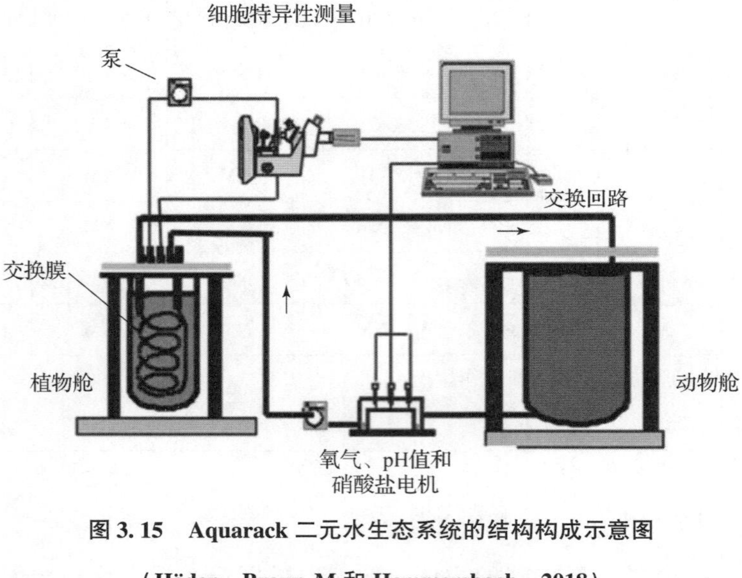

图 3.15　Aquarack 二元水生态系统的结构构成示意图

（Häder，Braun M 和 Hemmersbach，2018）

2. 分体式结构

1）两个不同的外置中空纤维气体交换组件

美国密西根大学化学工程系曾经研制成基于 LED 光源的微藻光生物反应器，并带有两个不同的外置型中空纤维气体交换组件。研究结果表明，其中藻细胞的生长动力学与内部鼓泡型（气体交换效率最高）光生物反应器的相当，而且产氧效率也基本一致，从而说明这种设计是很有效的（图 3.16）（Lee 和 Palsson，1995）。

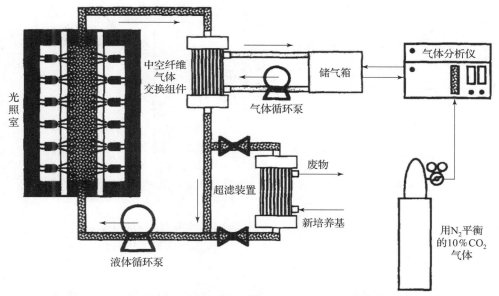

图 3.16 一种带有中空纤维气体交换组件并基于 LED 灯的光生物反应器
（Lee 和 Palsson，1995）

2）PE 型二氧化碳供应和 PTFE 型氧气脱除组件

中国航天员科研训练中心的艾为党等人研制成分体式二氧化碳供应和氧气脱除中空纤维膜组件，其整个系统的基本运行原理图和供气/脱气膜组件的详细结构及工作原理分别如图 3.17 和图 3.18 所示（Ai 等，2008）。

其中，二氧化碳供应膜组件的材质为微孔聚乙烯（PE）膜，内径为 0.4 mm，外径为 0.8 mm，壁厚为 0.2 mm，长度为 25 cm，纤维数量为 200 根。另外，氧气脱除膜组件的材质为微孔聚四氟乙烯（PTFE）膜，内径为 1.0 mm，外径为 1.4 mm，壁厚为 0.2 mm，长度为 30 cm，纤维数量同样为 200 根。

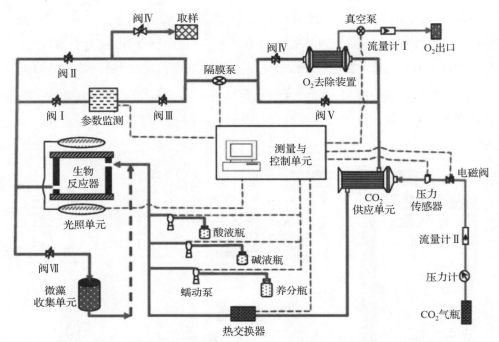

图 3.17 一种微藻光生物反应器中供气/脱气膜组件基本运行原理图（Ai 等，2008）

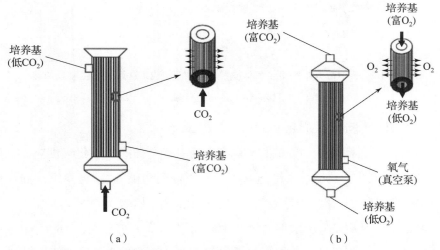

图 3.18 供气/脱气膜组件的详细结构及工作原理（Ai 等，2008）
（a）二氧化碳供气组件；（b）氧气脱除组件

3. 二氧化碳供应方式

采用高压气瓶进行二氧化碳供应时，为了避免压力对供气效果产生不利影响，往往在高压气瓶和供气膜组件之间加一个缓冲室，以使供气压力保持均匀。例如，在 μgPBR 中，膜组件的上方为藻液悬浮回路（algae suspension loop, ASL），下方有一个实验舱（experiment compartment, EC）。首先，使来自高压气瓶的二氧化碳气体进入一个脉冲室（pulse chamber），然后使之通过脉冲方式进入实验舱，并在其中通过空气循环扇使二氧化碳实现均匀分布。这样，也就在 FEP 膜和光照单元之间提供了切向气流（Helisch 等，2020）。

3.4.5 藻液搅拌/循环单元

1. 藻液搅拌/循环的必要性

在太空微重力条件下，由于缺少对流而导致藻细胞处于相对静止的状态，这样所有的藻细胞有可能不会获得生长所需的较为均匀的光照、营养、氧气等，也不能够及时摆脱掉周围的热量、废物和废气等，势必影响藻细胞的正常生长。鉴于此，为了解决上述问题则必须对藻细胞培养液进行适当速率和范围等的搅拌。

2. 搅拌方式

搅拌的方式有很多种，如曝气（即鼓泡）、机械桨叶片搅拌、机械螺旋片搅拌以及电磁搅拌机搅拌等。曝气法，又称为鼓泡法或气升式法，靠的是通过鼓气供应二氧化碳的同时实现搅拌的功能。然而，在太空不常采用这种方式，因为这样会极大增加水/气分离的负荷。机械桨叶片搅拌法较为常见，有时会沿着转动轴加装若干层桨叶片，并交错排列。这些桨叶片必须要钝秃，不得锋利，以免其转动速度较快时割伤藻细胞（图 3.19）（Cogne，Cornet 和 Gros，2005）。

另外一种搅拌方式为机械螺旋片搅拌方法。例如，中国航天员科研训练中心的艾为党采用了这样的搅拌方法，如图 3.20 所示（Ai 等，2008）。这种搅拌方法的优点是搅拌较为均匀，而且剪切力较小不易伤害细胞。此外，对于小型光生物反应器系统，也可以采用磁力搅拌器进行混匀搅拌。

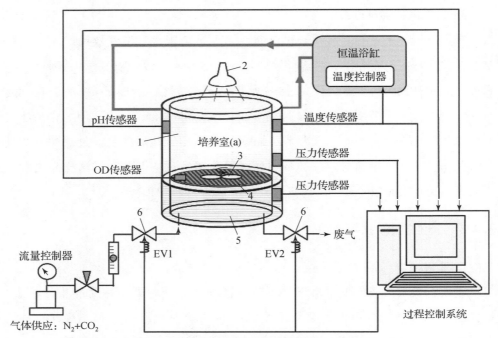

图 3.19　一种光生物反应器的搅拌器基本结构及工作原理图

（Cogne，Cornet 和 Gros，2005）

1—生物反应器主体；2—光源；3—搅拌器；
4—膜；5—气腔；6—电磁阀

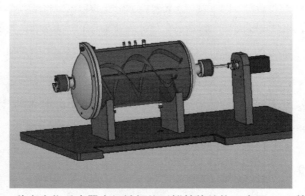

图 3.20　一种光生物反应器中机械螺旋形搅拌片结构示意图（Ai 等，2008）

3. 循环方式

在光生物反应器中，除了需要搅拌外，一般还需要对藻液进行循环，以进一步促进液相分布均匀。对于管道式光生物反应器，一般均应采用循环方式。

1)气动泵循环

例如,在 ESA 早期研制的"SYMBIOSE"型管道式光生物反应器中,通过气动泵使培养液在生物反应器中在低剪切应力下实现连续循环,典型的流速约为 $2.0 L·min^{-1}$。该气动泵在培养液的入口和出口之间形成压差。该泵对平行安装的两个分离离心机的空气体积进行交替加压,使得第一个分离离心机通过挤出去气泡的培养液而排空,而第二个分离离心机填充培养液/气泡混合物,并进一步挤出从气泡中提取的空气(图3.21)(Bréchignac 和 Schiller,1992;Bréchignac 和 Wolf,1994)。在图3.21中,气泡通过两个平行安装的分离离心机与培养液分离。培养液的循环是通过气动泵实现的,该气动泵在对应于两个不同气体路径的两个连续阶段中操作。在第一阶段,它对离心机 A 加压,从而迫使被去除气泡的培养液排出,并使离心机 B 充满含气泡的培养液,同时排出从气泡中排出的空气,如图3.21(a)所示。在第二阶段,为了在光生物反应器中实现连续循环,则将整个循环路径进行反转,如图3.21(b)所示。

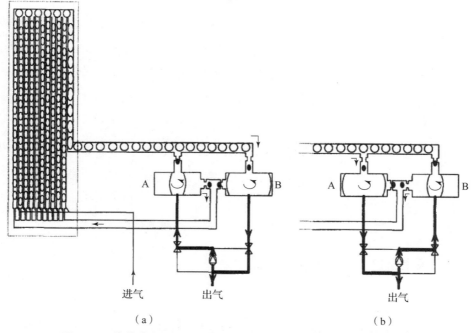

图 3.21 管道式光生物反应器的微重力兼容曝气与培养液循环原理

(a) 第一阶段;(b) 第二阶段

2) 蠕动泵循环

除了利用气动泵进行藻液循环外，也采用蠕动泵进行藻液循环。例如，在中国航天员科研训练中心研制的微藻光生物反应器系统中，通过蠕动泵向外置的供气和脱气膜组件进行培养液的供应与回收（Ai 等，2008）。另外，德国斯图加特大学所研制的管道式 μgPBR 光生物反应器中也采用蠕动泵进行培养液循环（Helisch 等，2020）。

与搅拌一样，进行培养液循环时，也必须注意所选泵的类型（最好不要是金属类）及其循环速率等，以确保使之处于低剪切力，避免对藻细胞造成伤害。

3.4.6 水/气分离单元

为了减少水气分离的负荷，目前在太空微藻光生物反应器中一般都采用膜组件进行供气与脱气处理。然而，这样做并不能够完全避免需要进行水/气分离的问题。因此，在光生物反应器上一般还需要加装水/气分离装置。

针对太空微重力环境条件，一般可采取 3 种方式进行水/气分离，即文丘里接触器（venturi contactor。Bauer，Fredrickson 和 Tsuchiya，1963）、离心式水/气分离器（Wallman 和 Dodson，1962）和膜水/气分离器（Gafford 和 Richardson，1960；Newland 和 Price，1963）。目前，膜水/气分离器得到了广泛应用。例如，前面介绍的中空纤维氧气脱气组件其实就是一种膜水/气分离器。然而，关于文丘里接触器的应用事例报道得很少。下面简单介绍一下离心式水/气分离器的应用情况。

当水/气分离不够彻底时，则需要改用或补充使用离心式水/气分离器。例如，欧洲航天局 ESTEC 研制成与微重力相容的管道式光生物反应器，其中具有离心式水/气分离器样机，其整机外观图及其转子结构外观图如图 3.22 所示。试验表明，其具有良好的水/气分离性能（Brechignac 和 Wolf，1994）。

3.4.7 观察窗口、接口及密封单元

1. 观察窗口

当有内置光源或有特殊要求时，反应器主体可被设计为非透明式。这时一般需要沿着反应器的长轴留出一个或两个（正面和背面各一个）透明窗口，以便于肉眼观察。

图 3.22　一种水/气分离器样机的整机及其转子结构外观图（Brechignac 和 Wolf，1994）

(a) 整机外观图；(b) 转子结构外观图

2. 气/液/泵接口

光生物反应器的接口单元，主要指进气和出气口、进液和出液口、各种传感器或测量仪器的接口、搅拌器或液体循环泵等接口，以及气体和液体采样口等。另外，当需要制冷时，还需要有与冷凝热交换器相连接的冷板接口等。

3. 罐体密封材料

密封材料一般包括密封圈或密封条，大多为硅橡胶。密封材料需要具有良好的收缩性、无毒性和耐酸碱腐蚀性，且不易老化。

3.4.8　数据监测与控制及图像监视单元

在线数据监测单元所监测的参数包括光照强度、温度、湿度、压力、pH 值、溶解 O_2（DO）、溶解 CO_2（DCO_2）、电导率（EC）、光密度（optical density，OD）、气体流量、液体流量、O_2 分压、CO_2 分压、N_2 分压、CO_2 吸收率、叶绿素荧光（chlorophyll fluorescence）等（Červený 等，2009）。

然而，具体到每一个实验，应根据实验的目的和条件限制因素等可能会对监测参数的种类及其位点数量等进行适当增减。例如，德国斯图加特大学研制的 μgPBR 光生物反应器中测试了 7 种参数，包括压力、温度、相对湿度、光密度、pH 值、二氧化碳分压和氧分压，而且对温度、二氧化碳分压和氧分压等进行了多点测试：温度 2 个、氧分压 3 个、二氧化碳分压 2 个（图 3.23）（Helisch 等，2020）。

另外，根据实际情况，最好为系统配备数据处理和控制系统，以便对所有参数进行实时在线监测、跟踪或控制，并实时存储和处理历史数据。

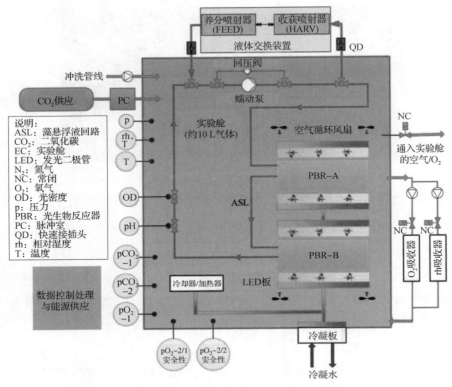

图 3.23　μgPBR 光生物反应器的结构平面布局（Helisch 等，2020）

图示 7 种测试参数及其 10 个测试位点

有时，会为设备配备图像监视系统，以对系统中反应器内的藻液颜色和液位的变化情况、关键部件的运行状态以及是否发生故障等进行图像监视，以便为系统管理和维护维修等提供辅助作用。

3.4.9　供配电单元

针对空间站等不同实验或应用场所，应选择与之相适应的供电电源模式。另外，应根据所提供的功率限制，将各个用电器的功耗及用电程序等进行错峰分配优化管理，以避免电流出现过载等情况。

3.5　光生物反应器与空间站 ECLSS 的接口关系设计

地面和太空几十年的研究经验表明，光生物反应器有望被用在空间站的

ECLSS,以便辅助净化座舱内乘员呼出的二氧化碳及其他微量有害气体,并同时为乘员产生呼吸所需要的氧气。二氧化碳气体主要来自空间站上基于物理-化学再生技术的二氧化碳去除子系统,其处于高度浓缩的状态。微藻光生物反应器与空间站 ECLSS 的具体集成关系如图 3.24 所示(Ganzer 和 Messerschmid,2009)。

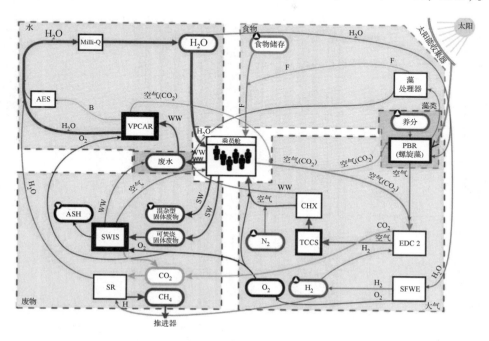

图 3.24 微藻光生物反应器与空间站 ECLSS 的具体集成关系
(Ganzer 和 Messerschmid,2009)

B—盐水;WW—废水;SW—固体废物;F—食物;▼—丢弃;▲—再供应;▢—罐;
Milli-Q—超纯水机;AES—空气蒸发系统;VPCAR—蒸汽相催化(氨去除系统);ASH—灰烬;
SWIS—固体废物焚烧系统;SR—萨马蒂尔反应器;CHX—冷凝热交换器;
TCCS—微量污染物控制系统;EDC 2—电化学去极化 CO_2 浓缩器;SFWE—水电解

■ 3.6 国际上主要光生物反应器性能比较

目前,针对太空微重力环境条件,国际上已经研制成多种光生物反应器。下面对当前应用较为广泛的几种光生物反应器进行详细比较,具体如表 3.4 所示。

表 3.4 目前面向空间应用的先进 PBR 系统比较（Helisch，2020）

系统/项目	PBR种类	反应室	藻类	操作模式	状态	气体交换	PFD /(μmol·m⁻²·s⁻¹)	$X_{最大}$/(g·L⁻¹)	$P_{平均}$/(g·L⁻¹·d⁻¹)	PSII/(g·cm⁻²·d⁻¹)	粘合事件	PQ/CO_2/O_2	$V_{总}$/L	地面测试时间/d	太空验证时间/d
太空微藻光生物反应器	封闭	圆柱状，机械搅拌	钝顶螺旋藻	批次	无菌	PE/PTFE中空纤维膜组件	300，连续	4.06	0.56	未提到	未提到	未提到	31.8	7	未提到
MELiSSA-Art-EMISS	封闭	扁平圆柱状，磁力搅拌	钝顶螺旋藻 PCC-8005	批次	无菌	PTFE 膜	55~66，连续	约1.3	0.000 13††	未提到	是	未提到	约0.13	16.7	ISS飞行，30 d
ModuLES	封闭	管道，泵循环	莱茵衣藻 CC-1690	批次/连续	无菌	PMP 膜	20~200，连续	约3.8（每批）	0.04~0.06††	约0.5	是	未提到	约2	未提到	2次抛物线飞行实验，0.21 d

续表

系统/项目	PBR种类	反应室	藻类	操作模式	状态	气体交换	PFD /(μmol·m^{-2}·s^{-1})	$X_{最大}$ /(g·L^{-1})	$P_{平均}$ /(g·L^{-1}·d^{-1})	PSⅡ/ (g·cm^{-2}·d^{-1})	粘合事件	PQ/ CO$_2$/O$_2$	$V_{总}$/L	地面测试时间/d	太空验证时间/d
μgPBR微型装置	封闭	管道、泵循环	小球藻 SAG 211-12	连续 批次	有菌	FEP膜	200~300, 连续	12.3	0.42	0.52† (±0.01)	是	0.31	约0.65	188	2019年抵达ISS, 最长达到180 d
Subitec© FPA	开放	扁平、气升	小球藻 SAG 211-12	批次	有菌	多孔硅胶软管	200~250, 连续	12.7	1.62	0.65 (±0.01)	几乎无	0.52	约6	>2 000	不适合在微重力下应用

注：Subitec© FPA PBR 被列为地面应用的标准高通量培养系统；PTFE 为聚四氟乙烯；FEP 为氟乙烯丙烯；PE 为聚乙烯；PMP 为聚甲基戊烯；
† 表示实验结束时用提取的细胞测得的光系统Ⅱ的光合产量(PSⅡ)；†† 表示根据 Cogne(2005) 等人或 Podhajsky 等人(2014) 发表的数据估算。

结 束 语

面向太空微藻培养的光生物反应器已经有近70年的发展历史，在这期间取得了长足发展。本章重点介绍了光生物反应器的总体结构构成、各个结构单元的关键技术、主要技术优劣势比较、主要接口关系及注意事项等。

在光生物反应器中，反应器主体结构的材质和设计形式非常重要。在材质中，介绍了目前国际上经常用到的几种有机玻璃，包括最常用到的聚乙烯（PE）有机玻璃，另外也阐述了它们各自的特点和优缺点。在反应器的结构形式设计中，有圆柱式、平板式、管道式及混合式等形式，目前在空间站得到较多应用的是平板式和管道式。这些结构有利于藻液与外界进行气体交换。另外，微藻的生长离不开光照，因此光照单元也十分重要。光照的重要性体现在光源类型、功率、布局、内置还是外置。目前基本选用LED灯，大部分为外置，少量为内置。内置可以提高光照的效率，但会涉及散热和光源外罩容易被污染等缺点。另外，也可采用太阳光直射或通过光导纤维进行间接光照。

供气和脱气是太空微重力条件下最有特色的技术。目前，为了减少水/气分离的负荷，一般均采用中空纤维膜组件进行供气和脱气，主要类型有一体式和分体式两种。一体式，即使用一种膜组件，其既允许高浓度的二氧化碳进入藻液，又允许高浓度的氧气从藻液排出。分体式，即采用两种膜组件，分别进行二氧化碳供应和氧气脱除，使供气组件略保持正压，而使脱气组件略保持负压。另外，需要使藻液保持混合均匀，方法是采用搅拌器或循环泵，但一定要使其剪切力保持在最小状态。

目前，尽管光生物反应器的研制与操作技术已得到飞速发展，但还需要进一步对其结构进行优化设计，以便提高其高密度集约化的培养效率和能效比，解决供/脱气膜组件易于被污染和水/气得不到有效分离等问题，并提高其安全可靠性。

参 考 文 献

艾为党，郭双生，秦利锋，等．空间微藻光生物反应器地面试验样机研制［J］．航天医学与医学工程，2007，20（3）：165－169．

迟海洋. 模拟微重力效应反应器的研制及对螺旋藻培养的研究［C］. 贵阳：贵州大学，2008.

胡大伟，侯大棚，胡恩柱，等. BLSS 中光生物反应器控制器数值仿真和虚拟现实研究［C］//中国空间科学学会第七次学术年会会议手册及文集，2009.

胡大伟，刘红，胡恩柱，等. BLSS 中光藻反应器的模型与仿真实验研究［J］. 航天医学与医学工程，2009，22（1）：1-8，17.

李艳超，胡大伟，李明，等. 闭合生态系统中光生物反应器的模糊控制器研究［C］//中国自动化学会 2011 年中国智能自动化会议论文集，2011.

王超，毛瑞鑫，唐永康，等. 空间微藻光生物反应器研究进展［J］. 载人航天，2022，28（5）：704-710.

ADACHI T, MIYA A. Microalgae culturing reactor for carbon dioxide elimination and oxygen recovery – CO_2 fixation activity under various irradiation cycle［C］. SAE Technical Paper Series，1994：941412.

AI W, GUO S, QIN L, et al. Development of a ground – based space microalgae photo – bioreactor［J］. Advances in Space Research，2008，41：742-747.

BAUER W J, FREDRICKSON A G, TSUCHIYA H M. Mass transfer characteristics of a venturi liquid – gas contactor［J］. Ind. Eng. Chem. Process Design Dev.，1963，2：178-187.

BRÉCHIGNAC F, SCHILLER P. Pilot CELSS based on a maltose – excreting Chlorella：Concept and overview on the technological developments［J］. Advances in Space Research，1992，12（5）：33-36.

BRÉCHIGNAC F, WOLF L. "SYMBIOSE" SYstem for Microgravity BIOregenerative Support of Experiments［J/OL］. Advances in Space Research，1994，14（11）：79-88. DOI：1016/0273-1177（94）90283-6.

CAÑEDO J C G, LIZáRRAGA G L L. Considerations for photobioreactor design and operation for mass cultivation of microalgae［M］. In：Thajuddin N, Dhanasekaran D（eds.）. Algae – Organisms for Imminent Biotechnology. Rijeka，Croatia：InTech，2016.

ČERVENÝ J, ŠETLÍK I, TRTÍLEK M, et al. Photobioreactor for cultivation and real-time, in-situ measurement of O_2 and CO_2 exchange rates, growth dynamics, and of chlorophyll fluorescence emission of photoautotrophic microorganisms [J]. Engineering in Life Science, 2009, 9 (3): 247-253.

COGNE G, CORNET J-F, GROS J-B. Design, operation, and modeling of a membrane photobioreactor to study the growth of the cyanobacterium *Arthrospira platensis* in space conditions [J]. Biotechnology Progress, 2005, 21: 741-750.

DEPRÁ M C, MÉRIDA L G R, DE MENEZES C R, et al. A new hybrid photobioreactor design for microalgae culture [J]. Chemical Engineering Research and Design, 2019, 144: 1-10.

ECKART P. Spaceflight Life Support and Biospherics [M]. Space Technology Library, Vol. 5, Microcosm, 1997.

GABRIELYAN D A, SINETOVA M A, GABEL B V, et al. Cultivation of Chlorella sorokiniana IPPAS C-1 in flat-panel photobioreactors: From a laboratory to a pilot scale [J/OL]. Life, 2022, 12: 1309. https://doi.org/10.3390/life12091309.

GAFFORD R D, RICHARDSON D E. Mass algal culture in space operation [J]. J. Biochem. Microbial. Technol. Eng., 1960, 2: 299-311.

GANZER B. Messerschmid E. Integration of an algal photobioreactor into an environmental control and life support system of a space station [J]. Acta Astronautica, 2009, 65: 248-261.

GROSS M, HENRY W, MICHAEL C, et al. Development of a rotating algal biofilm growth system for attached microalgae growth with in situ biomass harvest [J]. Bioresource Technology, 2013, 150: 195-201.

HÄDER D-P, BRAUN M, HEMMERSBACH R. Chapter 8: Bioregenerative life support systems in space research [M/OL]. In Gravitational Biology I, Gravity Sensing and Graviorientation in Microorganisms and Plants, edited by Braun M, Böhmer M, Häder D-P, et al. Heidelberg: Springer, 2018. https://doi.org/10.1007/978-3-319-93894-3_8.

HELISCH H, KEPPLER J, DETRELL G, et al. High density long-term cultivation of

Chlorella vulgaris SAG 211 – 12 in a novel microgravity – capable membrane raceway photobioreactor for future bioregenerative life support in SPACE [J]. Life Sciences in Space Research, 2020, 24: 91 – 107.

JAVANMARDIAN M, PALSSON BØ. Design and operation of an algal photobioreactor system [J]. Advances in Space Research, 1992, 12 (5): 231 – 235.

JOHNSON T J, KATUWAL S, ANDERSON G A, et al. Photobioreactor cultivation strategies for microalgae and cyanobacteria [J/OL]. Biotechnology Progress, 2018, 34 (4): 811 – 827. DOI: 10.1002/btpr.2628.

KEPPLER J, HELISCH H, BELZ S, et al. From breadboard to protoflight model – the ongoing development of the algae – based ISS experiment pbr@lsr [C]. In: Proceedings of the Forty – Seventh International Conference on Environmental Systems. Charleston, USA. ICES – 2017 – 180, 2017.

LAPSA M V, MAXEY L C, EARL D D, et al. Innovative hybrid solar lighting reduces waste heat and improves lighting quality [C]. Oak Ridge National Laboratory, 2006.

LEE C – G, PALSSON BØ. Light emitting diode – based algal photobioreactor with external gas exchange [J]. Journal of Fermentation and Bioengineering, 1995, 79 (3): 257 – 263.

MIYA A, ADACHI T, UMEDA I. Preliminary Study on Microalgae Culturing Reactor for Carbon Dioxide Elimination and Oxygen Recovery System [C]. SAE Technical Paper Series, 1993: 932127.

MORI K, OHYA H, MATSUMOTO K, et al. Design for a bioreactor with sunlight supply and operations systems for use in the space environment [J]. Advances in Space Research, 1989, 9 (8): 161 – 168.

MORI K, OHYA H, MATSUMOTO K, et al. Sunlight supply and gas exchange systems in microalgal bioreactor [C]. N88 – 12258, NASA, USA, 1988.

NEWLAND R G, PRICE R W. Design study of gravity independent photosynthetic gas – exchanger [R]. USAF Report AMRL TDR – 63 – 59, USAF, 1963.

OGUCHI M, OTSUBO K, NITTA K, et al. Closed and continuous algae cultivation system for food production and gas exchange in CELSS [J]. Advances in Space Research, 1989, 9 (8): 8169 –8177.

OLIVIERI G, SALATINOA P, MARZOCCHELLA A. Advances in photobioreactors for intensive microalgal production: Configurations, operating strategies and applications [J]. Journal of Chemical Technology and Biotechnology, 2014, 89: 178 –195.

OZKAN A, KINNEY K, KATZ L, et al. Reduction of water and energy requirement of algae cultivation using an algae bio – film photobioreactor [J]. Bioresource Technology, 2012, 114: 542 –548.

PODHAJSKY S, SLENZKA K, HARTING B, et al. Physiological and functional verification of the modules – PBR [C]. In: Proceedings of the Sixty – Fifth International Astronautical Congress. Toronto, Canada. IAC – 14 – A1.6.5, 2014.

POSTEN C. Design principles of photo – bioreactors for cultivation of microalgae [J]. Engineering in Life Sciences, 2009, 9 (3): 165 –177.

WALLMAN I L, DODSON J L. Research and development of a liquid – gas contactor for photosynthetic gas exchangers [R]. USAF Report AMRL – TDR – 62 – 101, USAF, 1962.

WATANABE Y, DE LA NOUE J, HALL D. Photosynthetic performance of a helical tubular photobioreactor incorporating the cyanobacterium *Spirulina platensis* [J]. Biotechnology and Bioengineering, 1995, 47: 261 –269.

第 4 章
微藻培养养分供应基本方法

4.1 前言

事实上，藻类的生物量生产是一个复杂的过程，会涉及大量变量，环境需要调节以满足生物体的许多基本要求。在微藻生长与繁殖的几个限制因素中，物理、生理和经济限制是非常重要的。众所周知，微藻与其他植物一样，其生长离不开养分（nutrient）。养分会影响高等植物和藻类等光合自养生物（photoautotrophic）的生长（Faintuch 等，1991）。本章重点关注小球藻和螺旋藻的经典培养基种类及其构成，以及利用这些培养基所进行的小球藻和螺旋藻的培养效果。

另外，人们为了降低配制培养基所需化学试剂的成本，对原始培养基进行了不同比例的稀释处理，并详细探索了利用其所进行的微藻培养效果。再者，本章探索了磷和钾等矿质营养元素对螺旋藻和小球藻生长和物质合成的影响等。最后，介绍了螯合铁以及微量元素各自所发挥的作用。

4.2 藻类培养基的基本组成、种类及作用

培养基（medium）对生物质和其他令人感兴趣的化合物的生产速率有很大影响。根据目前所掌握的资料来看，藻类培养基有很多种配方，针对不同藻种或不同培养时期也可能有不同的配方。藻类培养基一般会包括氮（N）、磷（P）、

钾（K）、钙（Ca）、镁（Mg）、钠（Na）、铁（Fe）、硫（S）、氯（Cl）等大量元素，以及硼（B）、铜（Cu）、锌（Zn）、锰（Mn）、钼（Mo）等几种微量元素。在大量元素中，铁应是二价铁。为了防止其在被藻类吸收前被氧化，一般需要用乙二胺四乙酸（EDTA）等螯合剂与亚铁离子（Fe^{2+}）进行螯合，以防止亚铁离子（Fe^{2+}）被氧化为铁离子（Fe^{3+}）。另外，有时为了提高其培养效果，还会添加蛋白胨等一些有机高营养物质。培养基一般都用双蒸水（ddH_2O）或去离子水进行配制。

螺旋藻需要 pH 值为 9~9.5 才能实现最佳生长，这可以通过添加碳酸氢盐缓冲物进行调节。此外，还需要硝酸盐、磷酸盐以及硫酸盐。例如，培养基中的氮浓度（最佳为 $2.5\ g \cdot L^{-1}$）（Çelekli 和 Yavuzatmaca，2009）和氮源（尿素比铵或硝酸盐更好）（Soletto 等，2005）对螺旋藻的生产力有很大影响。

根据是否呈液态或固态，藻类培养基又被分为液体培养基（liquid medium）、半固体培养基（semi-solid medium）和固体培养基（solid medium）。半固体培养基和固体培养基一般用占一定比例的琼脂或琼脂糖进行凝固。在反应器中培养时均采用液体培养基，而在培养皿等其他培养中（如供特殊研究）可能会采用固体或半固体培养基。

根据目前所掌握的资料来看，在微藻培养中最经典的培养基有两种。一种是 1966 年法国学者 Zarrouk 在其博士论文中所介绍的 Zarrouk 培养基，目前有很多微藻培养研究仍然采用这种培养基或利用它的改良型（Zarrouk，1966）；另一种是 1979 年法国巴斯德研究所的 Rippka 等人报道的 BG-11 培养基，主要被用来培养蓝绿藻（说明：BG 是 "blue green" 的缩写）（Rippka 等，1979）。上述两种经典微藻培养基的配方如表 4.1 所示。

表 4.1 两种经典的微藻培养基的配方（Zarrouk，1966；Rippka 等，1979）

培养基	大量元素组分/($g \cdot L^{-1}$)								
	$NaHCO_3$	$NaNO_3$	K_2HPO_4	K_2SO_4	NaCl	$CaCl_2$	$MgSO_4 \cdot 7H_2O$	$FeSO_4 \cdot 7H_2O$	Na_2EDTA
Zarrouk	16.8	2.5	0.5	1.0	1.0	0.04	0.2	0.01	0.080

续表

培养基	大量元素组分/(g·L^{-1})								
BG-11	Na$_2$CO$_3$	NaNO$_3$	K$_2$HPO$_4$·3H$_2$O	柠檬酸	柠檬酸铁铵	CaCl$_2$·2H$_2$O	MgSO$_4$·7H$_2$O	EDTA二钠镁盐	—
	0.02	1.5	0.04	0.006	0.006	0.036	0.075	0.001	

培养基	微量元素组分/(mg·L^{-1})								
Zarrouk	H$_3$BO$_3$	MnCl·4H$_2$O	CuSO$_4$·5H$_2$O	ZnSO$_4$·7H$_2$O	(NH$_4$)$_2$MoO$_4$	—	—	—	—
	2.86	1.80	0.08	0.22	0.02	—	—	—	—
BG-11	H$_3$BO$_3$	MnCl·4H$_2$O	CuSO$_4$·5H$_2$O	ZnSO$_4$·7H$_2$O	Na$_2$MoO$_4$·2H$_2$O	Co(NO$_3$)$_2$·6H$_2$O	—	—	—
	2.86	1.81	0.079	0.222	0.39	0.0494	—	—	—

另外，人们出于各种目的，在上述两种经典培养基的基础上又设计了多种其他培养基。例如，目前科学家已采用过 Zarrouk、Spirul、Conway、BG-11、Hiri、Jourdan 以及含有不同添加剂的 F/2 培养基或海水，来进行螺旋藻的培养（Gami, Naik 和 Patel, 2011; Dineshkumar, Narendran 和 Sampathkumar, 2016; Rajasekaran 等, 2016; Delrue 等, 2017）。然而，目前在大多数情况下都在使用 Zarrouk 培养基或稍做改性或稀释的 Zarrouk 培养基（Delrue 等, 2017）。

4.3 钝顶螺旋藻低成本培养基配方筛选研究

如上所述，利用 Zarrouk 培养基培养螺旋藻的效果的确不错，但其化学试剂的成本较高。因此，为了降低成本，有些科学家开展了各种相关探索试验研究。

1. 范例一

印度农业研究所的 Raoof 等人（2006）通过加入标准 Zarrouk 培养基中选定的营养物质和其他具有成本效益的替代化学品，从而为螺旋藻的大规模生产筛选出新的培养基,即改良型或改性培养基。在经典配方 Zarrouk 培养基的基础上,他们共配制了 6 种改性培养基,具体配方组分如表 4.2 所示。

表 4.2 Zarrouk 培养基(标准培养基,SM)和改性培养基($RM_1 \sim RM_6$)的配方组分
(Raoof, Kaushik 和 Prasanna, 2006)

化合物	组分/($g \cdot L^{-1}$)						
	SM	RM_1	RM_2	RM_3	RM_4	RM_5	RM_6
K_2HPO_4	0.5	—	—	—	—	—	—
$NaNO_3$	2.5	2.5	2.5	2.5	2.5	2.5	2.5
K_2SO_4	1.0	1.0	—	—	—	—	—
NaCl	1.0	1.0	1.0	1.0	1.0	0.5	0.5
$MgSO_4 \cdot 7H_2O$	0.2	0.2	0.2	0.2	0.2	0.2	0.15
$CaCl_2 \cdot 2H_2O$	0.04	0.04	0.04	0.04	0.04	0.04	0.04
$FeSO_4 \cdot 7H_2O$	0.01	0.01	—	—	—	—	—
EDTA	0.08	—	—	—	—	—	—
A_5 微量营养元素溶液	1 mL	—	—	—	—	—	—
单过磷酸钙	—	1.25	1.25	1.25	1.25	1.25	1.25
KCl	—	0.898	0.898	0.898	0.898	0.898	0.898
$NaHCO_3$	16.8	16.8	16.8	—	—	—	—
商用 $NaHCO_3$	—	—	—	16.8	8.0	8.0	8.0

注:A_5 微量营养元素溶液由以下成分组成:H_3BO_3(2.86 $g \cdot L^{-1}$);$MnCl_2 \cdot 4H_2O$(1.81 $g \cdot L^{-1}$);$ZnSO_4 \cdot 4H_2O$(0.222 $g \cdot L^{-1}$);Na_2MoO_4(0.0177 $g \cdot L^{-1}$);$CuSO_4 \cdot 5H_2O$(0.079 $g \cdot L^{-1}$)。

实验基本条件:在这 6 种新配制的培养基配方中,RM_6 含有单一的超级磷酸盐(1.25 $g \cdot L^{-1}$)、硝酸钠(2.50 $g \cdot L^{-1}$)、氯化钾(0.98 $g \cdot L^{-1}$)、氯化钠(0.5 $g \cdot L^{-1}$)、硫酸镁(0.15 $g \cdot L^{-1}$)、氯化钙(0.04 $g \cdot L^{-1}$)和碳酸氢钠(8 $g \cdot L^{-1}$,商用)。培养光源为白光,光子照度为 50 $\mu mol \cdot m^{-2} \cdot s^{-1}$,温度为(30 ± 1)℃。

实验结果表明,在标准 Zarrouk 培养基中,培养的螺旋藻 ARM 730 的干生物

质、叶绿素和蛋白质等的最高生产速率出现在培养后的第 6 d 到第 9 d 之间，这 3 种物质的生产速率分别达到 0.114 mg·mL^{-1}·d^{-1}、0.003 mg·mL^{-1}·d^{-1} 和 0.068 mg·mL^{-1}·d^{-1}，而在 RM$_6$ 中分别达到 0.112 mg·mL^{-1}·d^{-1}、0.003 mg·mL^{-1}·d^{-1} 和 0.069 mg·mL^{-1}·d^{-1}，它们各自均基本相当（表 4.3）。另外，这两种培养基中培养的螺旋藻的蛋白质谱未观察到显著差异。因此，从放大培养规模的角度来看，得到改性后的培养基被认为是高度经济的，因为它比 Zarrouk 培养基的成本下降了约 83.3%（Raoof，Kaushik 和 Prasanna，2006）。

表 4.3 钝顶螺旋藻 ARM 730 在标准 Zarrouk 培养基和改性培养基（RM$_6$）中的生产速率比较

培养时间/d	干生物量 /(mg·mL^{-1})			叶绿素 /(×10^{-3} mg·mL^{-1})			蛋白质 /(mg·mL^{-1})			生物量中蛋白质占比/%	
	SM	RM$_6$	均值	SM	RM$_6$	均值	SM	RM$_6$	均值	SM	RM$_6$
0	0.025	0.025	0.025	0.450	0.450	0.450	0.015	0.015	0.015	60.0	60.0
3	0.060	0.040	0.050	1.734	1.722	1.726	0.031	0.038	0.031	63.3	77.7
6	0.127	0.109	0.118	2.048	2.020	2.034	0.015	0.060	0.060	58.25	55.04
9	0.470	0.444	0.457	10.333	10.316	10.325	0.278	0.267	0.267	59.75	60.13
12	0.517	0.491	0.504	15.777	15.750	15.764	0.310	0.297	0.297	59.96	60.48
15	0.546	0.525	0.535	20.148	20.124	20.136	0.328	0.322	0.322	60.06	61.33
18	0.582	0.565	0.574	23.220	23.185	23.203	0.348	0.339	0.339	59.79	60.0
均值	0.332	0.314	—	10.530	10.513	—	0.199	0.182	—	—	—
	SEM	CD (5%)	—	SEM	CD (5%)	—	SEM	CD (5%)	—	—	—
培养基 (M)	0.007 1	0.020 5	—	0.007 6	0.022 0	—	0.006 5	0.018 8	—	—	—
天数 (D)	0.009 4	0.027 2	—	0.007 1	0.020 5	—	0.012 2	0.035 3	—	—	—
(M)×(D)	0.018 8	0.054 4	—	0.020 2	0.058 4	—	0.017 2	0.049 7	—	—	—

注：RM$_6$ 的配方组分：SSP（1.25 g·L^{-1}）、NaNO$_3$（2.5 g·L^{-1}）、MOP（0.898 g·L^{-1}）、NaCl（0.5 g·L^{-1}）、MgSO$_4$·7H$_2$O（0.15 g·L^{-1}）、CaCl$_2$·7H$_2$O（8.0 g·L^{-1}）、NaHCO$_3$（0.02 g·L^{-1}）。

2. 范例二

埃及国家研究中心的 Marrez 等人（2013）为了选择最适合钝顶螺旋藻生物量生产的培养基，对 Zarrouk、BG-11、改性 BG-11 和 SHU 培养基进行了研究。前面，关于 Zarrouk 和 BG-11 培养基的配方已经介绍过，下面对改性 BG-11 和 SHU（synthetic human urine，合成人体尿液）培养基的配方进行介绍。

改性 BG-11 配方在组分上与 BG-11 培养基基本相同，唯一不同处是用 $0.53\ g·L^{-1}$ 的尿素（含氮量为 46.5%）代替 $1.5\ g·L^{-1}$ 的 $NaNO_3$。SHU 培养基的配方组分如表 4.4 所示，其 pH 值为 6.8。

表 4.4 SHU 培养基的配方组分

组分	质量或体积
$CaCl_2·2H_2O$	0.50 g
K_2HPO_4	4.12 g
$MgCl_2·H_2O$	0.47 g
KCl	0.29 g
NaCl	4.83 g
NH_4Cl	1.55 g
Na_2SO_4	2.37 g
尿素	1.34 g
肌酐	1.00 g
柠檬酸钠	0.65 g
蒸馏水	1 000 mL

研究结果表明，钝顶螺旋藻在改性 Zarrouk 培养基（简称为 ZM）中比在 SHU 和改性 BG-11 培养基中产生了较多的干物质（Marrez 等，2013）。当采用 Zarrouk 培养基时，钝顶螺旋藻达到了最大干质量产量（$4.87\ g·L^{-1}$）和最大藻丝数量（$8.8×10^7$ 细丝·mL^{-1}）（图 4.1 和图 4.2）。这些结果与上面 Delrue 等人（2017）得到的实验结果相一致。

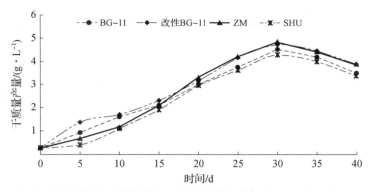

图 4.1　钝顶螺旋藻在 4 种培养基中的干质量产量曲线（Marrez 等，2013）

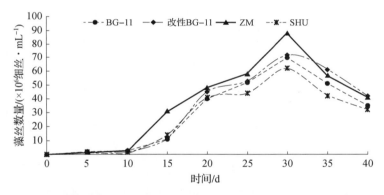

图 4.2　钝顶螺旋藻在 4 种培养基中的藻丝密度变化曲线（Marrez 等，2013）

3. 范例三

法国原子能和替代能源委员会（CEA）的 Delrue 等人（2017）采用 3 种改性培养基进行螺旋藻培养研究，它们的配方组分如表 4.5 所示。这 3 种改性培养基分别基于 ZM（Zarrouk，1966）、HM（Doumandji 等，2012）和 JM（Jourdan，2016）培养基配制而成。这 3 种培养基采用相同的微量元素溶液，即无铁 Hutner 溶液（Hutner 等，1950）（表 4.5）。其组分为：EDTA（50 mg·L^{-1}）、H$_3$BO$_3$（11.4 mg·L^{-1}）、ZnSO$_4$·7H$_2$O（22 mg·L^{-1}）、MnCl$_2$·4H$_2$O（5.06 mg·L^{-1}）、CoCl$_2$·6H$_2$O（1.61 mg·L^{-1}）、CuSO$_4$·5H$_2$O（1.57 mg·L^{-1}）、(NH$_4$)$_6$Mo$_7$O$_{24}$4H$_2$O（1.1 mg·L^{-1}）。利用超纯水对这些矿物进行稀释。

表 4.5　改性 ZM、HM 和 JM 培养基的组成（Delrue 等，2017）

组分	改性 ZM 培养基 /(g·L^{-1})	改性 HM 培养基 /(g·L^{-1})	改性 JM 培养基 /(g·L^{-1})
$NaHCO_3$	16.8	16	6
$NaCl$	1	0	1
$(NH_4)_3PO_4$	0	0	0.2
$MgSO_4 \cdot 6H_2O$	0.2	0.1	0.2
$FeSO_4 \cdot 6H_2O$	0.01	0.01	0.001
K_2SO_4	1	0.5	1
$CaCl_2 \cdot 2H_2O$	0.04	0.1	0.1
CH_4N_2O	0	0.1	0.009
KNO_3	0	0	1
$NaNO_3$	2.5	0	0
K_2HPO_4	0.5	0	0
无铁 Hutner 溶液	1 mL	1 mL	1 mL
主要元素浓度	改性 ZM 培养基 /(mg·L^{-1})	改性 HM 培养基 /(mg·L^{-1})	改性 JM 培养基 /(mg·L^{-1})
CO_3^{2-}	12 000	11 430	5 710
N	412	47	143
P	89	23	46
S	238	120	237

之后，在 3 种培养基中进行螺旋藻的预培养以进行驯化，其光密度值（OD_{880}）比较如图 4.3 所示。研究结果表明，在 10 d 的时间内，在改性的 ZM 和 HM 中螺旋藻显示出相似的生长曲线，具有比改性的 JM 更高的光密度值。这种差异可能是由于与改性的 JM 相比，这两种培养基中的碳酸氢钠浓度更高的缘故（与 ZM 和 HM 相比，JM 中的碳酸氢钠减少了 66.7%）。10 d 后，螺旋藻在改性的 ZM 中继续生长，但在改性的 HM 中没再生长。这可以从改性 ZM 中较高的 N、P 和 S 含量来解释这种更持续的生长。在改性 ZM 中螺旋藻的生物质生产速率从

第 0 d 到第 13 d 为 [（91.5±4.0）mg·L^{-1}·d^{-1}]，也高于在改性 HM [（80.5±1.6 mg·L^{-1}·d^{-1}）] 和改性 JM [（77.9±3.4）mg·L^{-1}·d^{-1}] 中的生物质生产速率。

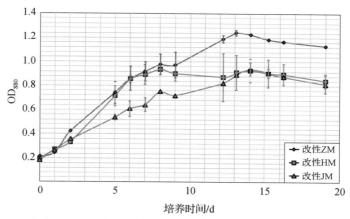

图 4.3　3 种不同的改性培养基中螺旋藻的光密度值（OD_{880}）比较（Delrue 等，2017）

误差棒表示生物学重复实验的标准差

4. 范例四

同样是为了降低化学试剂成本，印度韦洛尔理工大学的 Rajasekaran 等人（2016）评价了改性 Zarrouk 培养基（表 4.6）对 6 个不同螺旋藻藻株生长反应的影响，其间分析了比生长速率、倍增时间、平均日分裂率、生物量和叶绿素 a 含量，并连续监测了这些藻株在 40 d 内的生长状态。6 种螺旋藻藻株分别为印度螺旋藻（*S. indica*）、印度螺旋藻 PCC 8005、钝顶螺旋藻 SP-6、钝顶螺旋藻 CCMB、钝顶螺旋藻 PCC 9438 和极大螺旋藻（*S. maxima*）。

表 4.6　标准 Zarrouk 培养基与改性培养基的配方组分比较

主要组分	原始 Zarrouk 培养基 /(g·L^{-1})	改性培养基 /(g·L^{-1})
NaCl	1.0	1.0
$CaCl_2·2H_2O$	0.04	0.04
KNO_3	—	2.5
$NaNO_3$	2.5	—
$FeSO_4·7H_2O$	0.01	0.01

续表

主要组分	原始 Zarrouk 培养基 /(g·L^{-1})	改性培养基 /(g·L^{-1})
EDTA（Na）	0.08	0.08
K_2SO_4	1.0	1.0
$MgSO_4 \cdot 7H_2O$	0.2	0.2
$NaHCO_3$	16.8	16.8
K_2HPO_4	0.5	0.5
A_5 微量营养素（HBO_3、$MnCl_2 \cdot 4H_2O$、$ZnSO_4 \cdot H_2O$、Na_2MoO_4、$CuSO_4 \cdot 5H_2O$）	1 mL	—

研究结果表明，不同藻株的生长参数存在显著差异。与本研究中使用的其他藻株相比，钝顶螺旋藻（SP-6）和钝顶螺旋藻（CCMB）分别表现出最大的比生长速率（分别为 $\mu = 6.1$ 和 $\mu = 5.8$）（图4.4）、加倍次数（分别为 $Td = 6.93$ 和 $Td = 6.87$）、平均分裂率（分别为 $k = 0.27$ 和 $k = 0.23$）、生物量产量（分别为 5.1 g·L^{-1} 和 5.0 g·L^{-1}）（图4.5）和叶绿素 a 含量（分别为 78 μg·mL^{-1} 和 65 μg·mL^{-1}）。因此，他们提出可以用改性 Zarrouk 培养基对钝顶螺旋藻（SP-6）和钝顶螺旋藻（CCMB）藻株进行大规模商业化培养，从而为培养钝顶螺旋藻这样一种很有前途的微藻提供低成本培养基奠定了基础。

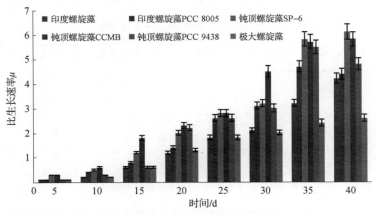

图 4.4 在改性 Zarrouk 培养基上培养的螺旋藻的比生长速率比较（附彩插）

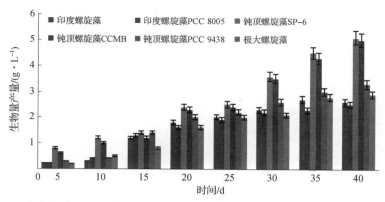

图 4.5 在改性 Zarrouk 培养基上培养的钝顶螺旋藻的生物量产量比较（附彩插）

4.4 极大螺旋藻低成本培养基配方筛选研究

同样，为了降低所用化学试剂的成本，印度学者 Pandey 等人（2010）针对生活在热带地区盐湖中的极大螺旋藻（*Spirulina maxima*），开展了 6 种培养基的筛选研究。这 6 种培养基分别是：Zarrouk（Zarrouk，1966）、Rao（Singh，2006）、CFTRI（Venkataraman，Bhagyalakshmi 和 Ravishankar，1995）、OFERR（Singh，2006）、RM_6（Raoof，Kaushik 和 Prasanna，2006）和 Bangladesh Medium No. (3)（Khatum 等，1994）（下面将这种培养基简称为 BM_3）。Zarrouk 培养基的配方前面已经介绍过，这里重点介绍其他 5 种培养基的配方，具体如表 4.7 所示。

表 4.7 受试极大螺旋藻培养基的种类及其组分

（Pandey，Tiwari 和 Mishra，2010） 单位：$g \cdot L^{-1}$

组分	培养基种类				
	Rao	CFTRI	OFERR	RM_6	BM_3
$NaHCO_3$	15.0	4.5	8.0	8.0	2.0
K_2HPO_4	0.50	0.5	—	—	—
$NaNO_3$	2.50	1.5	—	2.5	—
K_2SO_4	0.60	1.0	0.5	—	—
NaCl	0.20	1.0	5.0	0.50	1.0

续表

组分	培养基种类				
	Rao	CFTRI	OFERR	RM_6	BM_3
$MgSO_4$	0.04	1.28	0.16	0.15	—
$CaCl_2$	0.008	0.04	0.05	0.04	—
$FeSO_4$	—	0.01	—	—	—
Fe_2-EDTA	0.20	—	—	—	—
CH_4H_2O	—	—	0.2	—	0.05
H_3PO_4	—	—	0.052 mL	—	—
$Ca(H_2PO_4)_2$	—	—	—	1.25	—
KCl	—	—	—	0.89	—
$COSO_4 \cdot 2H_2O$	—	—	—	—	1.5
A_5 溶液	1 mL	1 mL	1 mL	1 mL	1 mL

研究结果表明，极大螺旋藻在 Zarrouk 培养基上的比干质量为 0.78 g·500 mL^{-1}，而在 Rao、CFTRI、OFERR、BM_3 和 RM_6 培养基上的比干质量分别为 0.42 g·500 mL^{-1}、0.38 g·500 mL^{-1}、0.60 g·500 mL^{-1}、0.056 g·500 mL^{-1} 和 0.65 g·500 mL^{-1}。因此，在 Zarrouk 培养基中极大螺旋藻的比生长速率较高。另外，极大螺旋藻的叶绿素 a 含量在 Zarrouk 培养基中为 13.0 mg·L^{-1}，而在上述其他 5 种培养基中分别为 10.1 mg·L^{-1}、10.5 mg·L^{-1}、12.90 mg·L^{-1}、6.0 mg·L^{-1} 和 12.0 mg·L^{-1}；在 Zarrouk 培养基中，最大螺旋藻的蛋白质含量为 62.0%，而在上述其他 5 种培养基中分别为 55.2%、61.0%、58.4%、40.2% 和 60.4%（表 4.8 和图 4.6）。

表 4.8 不同培养基中极大螺旋藻的生物量产量评价结果比较

(Pandey，Tiwari 和 Mishra，2010)

序号	培养基种类	干质量产量/(g·500 mL^{-1})	叶绿素 a 含量/(mg·L^{-1})（均值±标准差）	蛋白质在干质量中的含量/%（均值±标准差）
1	Zarrouk	0.78±0.041	13.0±0.023	62.0±0.042
2	Rao	0.42±0.020	10.1±0.020	55.2±0.045

续表

序号	培养基种类	干质量产量 /(g·500 mL^{-1})	叶绿素 a 含量/(mg·L^{-1}) （均值±标准差）	蛋白质在干质量中的含量/% （均值±标准差）
3	CFTRI	0.38±0.032	10.5±0.025	61.0±0.020
4	OFERR	0.60±0.011	12.90±0.020	58.4±0.015
5	BM$_3$	0.056±0.020	6.0±0.022	40.2±0.017
6	RM$_6$	0.65±0.021	12.0±0.042	60.4±0.087

注：生长条件：一是光照强度为 5 klx；二是接种量为 1 g·500 mL^{-1}；三是相对湿度为 75%。

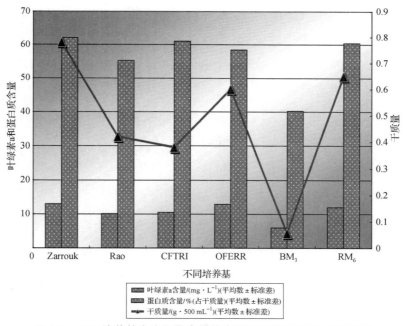

图 4.6　不同培养基中生物量产量的直观评价结果比较（附彩插）

（Pandey，Tiwari 和 Mishra，2010）

综上所述，极大螺旋藻在 Zarrouk 培养基中的培养效果要好于在其他 5 种培养基（Rao、CFTRI、OFERR、RM$_6$ 和 BM$_3$）中的培养效果，因为在其中获得了较高的螺旋藻生物量生产速率（Pandey，Tiwari 和 Mishra，2010）。然而，在其他部分培养基中（如 CFTRI、OFERR 和 RM$_6$）也获得了较好效果。但是，下一步还需要进一步深入研究，从而能够确认较好的其他替代培养基配方。

4.5 稀释培养基对螺旋藻生长的影响

在上述研究的基础上,Delrue 等人(2017)将 Zarrouk 培养基稀释了 5 倍。研究发现,这样处理并不会导致生物量产量出现显著下降(至少只要营养物质充足)(Delrue 等,2017)。然而,到了培养后期(第 15 d 之后),与完全培养基相比,生长速率出现了下降。不同培养基的组分相当类似,这是由于螺旋藻藻株的要求所导致的。成本降低的培养基在最终生物量浓度、叶绿素和蛋白质含量方面可以与 Zarrouk 培养基一样有效(Madkour 等,2012)。

螺旋藻在上述改性 ZM 培养基,较在上述改性 BG-11 和 SHU 等其他两种培养基上生长较好,但这种改性 ZM 培养基含有较多的各类化学物质,导致了成本明显上升。改性 ZM 中的氮含量理论上会使螺旋藻的生物量最大达到 $4.6\ g \cdot L^{-1}$(假如氮是唯一的限制因素)。

因此,对改性 ZM 培养基进行了稀释,以便降低培养成本。利用 100%、50% 和 20% 改性 ZM 培养基进行了培养实验(利用超纯水进行稀释),并设 3 个重复实验。在每种培养基中进行预培养以进行驯化。研究发现,螺旋藻在 20% 的改性 ZM 培养基中生长最好(根据 OD_{880} 读数推导),与在 50% 的改性 ZM 培养基中十分相似(图 4.7),而且其干质量曲线情况也类似(图 4.8)(除了实验后

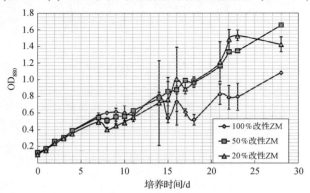

图 4.7　在 100%、50% 和 20% 改性培养基中培养的
螺旋藻藻丝的 OD_{880} 值比较(Delrue 等,2017)

误差棒表示生物学重复的标准差

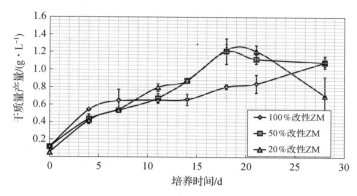

图 4.8 在 100%、50% 和 20% 改性培养基中培养的螺旋藻藻丝的干质量产量比较（Delrue 等，2017）

误差棒表示生物学重复的标准差

期在 20% 的改性 ZM 培养基中出现了下降外）。干质量下降的时间较早（干质量产量约在第 20 d 开始出现下降，而 OD 在第 23 d 开始出现下降），而且下降幅度较大（表 4.9）。细胞碎片在 OD 测量中仍可能被计算进去，因为它们仍具有吸光能力，但该碎片会通过孔径为 0.7 μm 的玻璃纤维预过滤器，因此在干质量产量中未能被计算进去。

表 4.9 在 100%、50% 和 20% 改性 ZM 培养基中极大螺旋藻的养分吸收平均值比较

ZM 比例	平均吸收率			平均生产速率/(mg·L^{-1}·d^{-1})	
	硝酸盐/(mg$_N$·L^{-1}·d^{-1})	磷酸盐/(mg$_P$·L^{-1}·d^{-1})	硫酸盐/(mg$_S$·L^{-1}·d^{-1})	从第 0 d 到第 21 d	从第 0 d 到第 24 d
100%	7.25 ± 0.10	2.38 ± 0.06	1.39 ± 0.11	36.9 ± 3.2	34.4 ± 1.5
50%	8.13 ± 0.10	0.26 ± 0.24	1.06 ± 0.24	47.8 ± 2.5	34.6 ± 2.4
20%	6.42 ± 0.91	0.38 ± 0.12	0.60 ± 0.71	53.5 ± 5.4	23.5 ± 7.5

以上实验结果表明，选用合适的培养基可以显著提高螺旋藻的生物量。事实上，发现改性 ZM 比其他两种所试验的培养基（改性 HM 和改性 JM）具有更高的生物量产量。为了降低螺旋藻的生产成本，对改性 ZM 的稀释液进行了实验研究，结果表明在接种后 21 d 内，改性 ZM 可被稀释多达 5 倍而不影响生物量产

量。这些结果还表明,进一步改进仍然是可能的,并且优化螺旋藻培养基的实验设计方法对提高产量和降低生产成本都非常有利。

4.6 稀释培养基对小球藻生长的影响

美国密西西比州立大学的 Blair 等人(2014)研究了培养基组分对小球藻生长的影响情况,以便优化培养基配方,从而最大限度地提高小球藻的生物量产量和品质。实验研究分两个阶段进行,以便进行以下两方面的评估:一是受试培养基在建议组成成分的 25%、50% 和 100% 时的效果(表 4.10);二是养分浓度(氮和磷)的影响。这些因素的影响是通过特定的藻类生长速率和整个生长期的体积生物量产量来评估的。关于培养基和养分效应的实验结果表明,与 100% 的培养基组分相比,在 50% 的建议培养基组分下,小球藻的生长更快,这从而使得大规模藻类生产的化学试剂成本可能会降低约 50%(图 4.9)(Blair, Kokabian 和 Gude, 2014)。

表 4.10 藻类培养基的不同组成成分(Blair, Kokabian 和 Gude, 2014)

化合物	浓度/(mg·L^{-1})			化合物	浓度/(mg·L^{-1})		
	100%	50%	25%		100%	50%	25%
藻类培养基组分(100% = 生产厂家推荐值)							
$CaCl_2$	25	12.5	6.25	$MgSO_4$	75	37.5	18.75
$NaCl$	25	12.5	6.25	KH_2PO_4	105	52.5	26.25
$NaNO_2$	250	125	62.25	K_2HPO_4	75	37.5	18.75
微量营养元素组分							
$FeCl_3$	194			$CoCl_2$	160		
$MnCl_2$	82			Na_2MoO_4	8		
$ZnCl_2$	5						

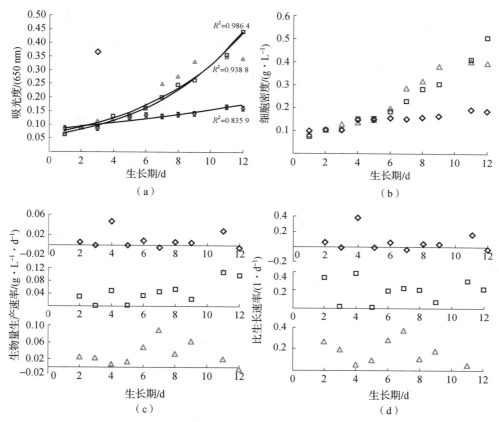

图 4.9 培养基对小球藻的吸光度、细胞密度、生物量生产速率和

比生长速率的影响（Blair 等，2014）

(a) 吸光度；(b) 细胞密度；(c) 生物量生产速率；(d) 生长速率

◇—100% 建议含量；□—50% 养分；△—25% 养分

4.7 磷和钾的作用

在微藻培养中，有关磷和钾的作用研究得较少。不过，希腊雅典农业大学的 Markou 等人（2012）针对钝顶螺旋藻开展过这方面的研究。他们设置了 4 个 K_2HPO_4 浓度（10 mg·L^{-1}、50 mg·L^{-1}、250 mg·L^{-1} 和 500 mg·L^{-1}）和 3 个光子照度（24 μmol·m^{-2}·s^{-1}、42 μmol·m^{-2}·s^{-1} 和 60 μmol·m^{-2}·s^{-1}），目的在于研究上述两种因素对钝顶螺旋藻生物量及其组分的耦合影响关系。

研究结果表明,在培养32 d后,在60 μmol·m^{-2}·s^{-1}光子照度下,在250 mg·L^{-1} K$_2$HPO$_4$中观察到钝顶螺旋藻的最大生物量产量达到(3 592±392) mg·L^{-1}(图4.10 (a))。另外,在60 μmol·m^{-2}·s^{-1}下,在500 mg·L^{-1} K$_2$HPO$_4$中螺旋藻的最大比生长速率($\mu_{最大}$)达到0.55 d^{-1} (图4.10 (b))。同时,最重要的发现是磷限制(10 mg·L^{-1} K$_2$HPO$_4$)会导致碳水化合物含量急剧增加(59.64%),而且磷限制对碳水化合物含量的影响与光照强度无关(表4.11)。此外,还观察到螺旋藻对磷的吸收率与生物量密度、磷浓度和光照强度之间存在一定的函数对应关系(Markou, Chatzipavlidis和Georgakakis, 2012)。图4.10中设定了3个光子照度:圆形24 μmol·m^{-2}·s^{-1}、正方形42 μmol·m^{-2}·s^{-1}和三角形60 μmol·m^{-2}·s^{-1}。

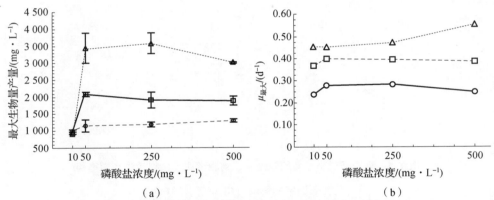

图4.10 在不同光照强度和磷酸盐(K$_2$HPO$_4$)浓度下培养的钝顶螺旋藻最大生物量产量和比生长速率比较(Markou等, 2012)

(a)最大生物量产量;(b)最大比生长速率

表4.11 不同磷酸盐(K$_2$HPO$_4$)浓度和光照强度($n=6$, ±SD)条件下培养的钝顶螺旋藻生物量组分

实验处理种类	蛋白质/%	脂质/%	糖类/%
R(24/10)	54.83±2.29	8.34±0.57	33.97±0.86
R(24/50)	56.60±2.03	13.33±0.72	19.25±0.07
R(24/250)	57.51±3.33	7.34±0.01	16.62±0.39
R(24/对照)	56.08±1.23	7.33±0.25	17.72±0.49

续表

实验处理种类	蛋白质/%	脂质/%	糖类/%
R(42/10)	36.04 ± 0.55	*	59.10 ± 1.44
R(42/150)	60.57 ± 0.37	8.07 ± 0.56	18.96 ± 1.68
R(42/250)	55.10 ± 1.26	8.11 ± 0.51	18.05 ± 1.60
R(42/对照)	51.44 ± 0.71	7.46 ± 0.10	22.82 ± 0.48
R(60/10)	33.59 ± 3.30	*	59.64 ± 1.55
R(60/50)	48.34 ± 1.40	6.98 ± 0.84	21.73 ± 0.10
R(60/250)	41.12 ± 2.13	5.34 ± 0.77	16.96 ± 1.02
R(60/对照)	40.29 ± 1.27	7.39 ± 0.51	16.18 ± 0.83

* 由于样品缺失而未测定脂质含量。

4.8 螯合铁的作用

螺旋藻中的可获得铁源是牛肉的 6.5 倍以上（Puyfoulhoux 等，2002），因此增加螺旋藻中的铁含量会显著提高其营养价值。

Markou 等人（2012）在上述改性 ZM 培养基中，按 2 mg·L^{-1} 的浓度添加 $FeSO_4·6H_2O$，并用浓度为 50 mg·L^{-1} 的 EDTA 进行稳定。Delrue 等人（2017）在螺旋藻培养实验中设置了两种铁浓度（3 mg·L^{-1} 和 10 mg·L^{-1}），并设置了重复。在这两种实验条件下记录螺旋藻藻丝生长的 OD_{880} 曲线。结果表明，Fe – EDTA 的 3 mg·L^{-1} 铁浓度对螺旋藻的生长没有显著影响，但铁浓度为 10 mg·L^{-1} 时，螺旋藻的生长会受到轻微影响，尤其是在第 10 d 以后。然而，当 Fe – EDTA 中的铁浓度从 3 mg·L^{-1} 被提高到 10 mg·L^{-1} 时，螺旋藻体内的铁含量得到了显著提高（表 4.12）。

表 4.12　在 3 $mg_{(Fe)} \cdot L^{-1}$ 和 10 $mg_{(Fe)} \cdot L^{-1}$ 条件下进行螺旋藻培养实验的铁质量平衡情况比较

铁质量平衡	上清液中的铁残留物 /($mg \cdot L^{-1}$)	被吸附的铁 /($mg \cdot L^{-1}$)	被内化的铁 /($mg \cdot L^{-1}$)	铁总和 /($mg \cdot L^{-1}$)	被吸附的铁（重复）/($mg \cdot L^{-1}$)	被内化的铁（重复）/($mg \cdot L^{-1}$)
初始铁浓度 3 $mg \cdot L^{-1}$						
Fe - EDTA Plantin 1	0.124	2.324	0.503	2.95	2.501	0.32
Fe - EDTA Plantin 2	0.081	2.353	0.532	2.966	2.721	0.541
Fe - EDTA Akzo Nobel 1	0.062	2.359	0.424	2.845	2.507	0.451
Fe - EDTA Akzo Nobel 2	0.074	2.349	0.53	2.954	2.925	0.67
对照 1 (2 $mg_{(Fe)} \cdot L^{-1}$)	0.096	0.628	0.12	0.844	0.492	0.094
对照 2 (2 $mg_{(Fe)} \cdot L^{-1}$)	0.045	0.342	0.207	0.594	0.453	0.273
初始铁浓度 10 $mg \cdot L^{-1}$						
Fe - EDTA Plantin 1	8.482	N.C.	0.690	N.C.	N.C.	2.015
Fe - EDTA Plantin 2	5.357	1.029	0.743	7.130	3.049	2.204
Fe - EDTA Akzo Nobel 1	1.557	6.011	0.461	8.030	11.702	0.898
Fe - EDTA Akzo Nobel 2	7.544	0.443	0.296	8.282	0.889	0.593
对照 1 (2 $mg_{(Fe)} \cdot L^{-1}$)	0.002	0.403	0.238	0.644	0.626	0.369
对照 2 (2 $mg_{(Fe)} \cdot L^{-1}$)	N.C.	N.C.	0.233	N.C.	N.C.	0.357

注：1. N.C. 表示不一致，超出范围的值不能反映真实的值。
2. 与对照和改良 ZM 相比，采用 Plantin 和 Akzo Nobel 两家厂商提供的 Fe - EDTA 配方。

螺旋藻培养基通常具有较低的铁浓度。例如，ZM 和 HM 培养基中的铁均为 $2\ mg \cdot L^{-1}$，JM 培养基中的铁是前两种的 10%，仅为 $0.2\ mg \cdot L^{-1}$。利用 $1\ mg \cdot L^{-1}$ 的典型铁含量值，JM、ZM 和 HM 的最大理论生物量浓度分别仅为 $0.2\ g \cdot L^{-1}$、$2\ g \cdot L^{-1}$ 和 $2\ g \cdot L^{-1}$（假设铁始终可被螺旋藻利用）。铁是人类营养代谢中非常重要的元素，而全世界约有 20 亿人由于经常遭遇食物短缺而出现贫血病。尽管培养基中的铁浓度较低，但螺旋藻体内却含有大量的铁（$0.58 \sim 1.8\ g \cdot kg^{-1}$ 干生物量）。为了增加提高微藻体内的含铁量，可以在培养基中使用更高浓度的铁和使用两种不同来源的 Fe-EDTA，以便增加螺旋藻体内的铁含量。

4.9 氯化钠的作用

最近的研究已经评估了增加 NaCl 对螺旋藻产量的影响（Mutawie，2015；Rafiqul 等，2003；Bezerra 等，2020；Çelekli，Yavuzatmaca 和 Bozkurt，2009）。研究结果表明，使用高达 $13\ g \cdot L^{-1}$ 的 NaCl 浓度（相当于约 $0.22\ mol \cdot L^{-1}$），螺旋藻的生长保持稳定，而更高的盐度会导致生长速率降低。在文献报道中，将高盐度条件下的生长减少主要归因于以下两种影响：

第一种影响是维护成本的增加。浮游植物的最佳盐度水平等于其细胞质的盐度；较高或较低的值由渗透机制控制。在高盐度的情况下，第一种策略是利用能量排出钠离子；除此之外，大量相容的渗透压物质在细胞内积聚，以平衡渗透压浓度（Warr 等，1985）。此外，螺旋藻会产生大量的细胞外聚合物，从而增强耐盐性（Vonshak，1988；Tayebati 等，2021）。细胞以这种方式，连同用于渗透调节的能量一起，来保护亚细胞结构免受损伤。

第二种影响是光合活性降低、光抑制和呼吸增加。这在最近的研究中有过报道（Zeng 和 Vonshak，1998；Vonshak, Guy 和 Guy，1988；Lu 和 Vonshak，1999；Sudhir 等，2005）：盐胁迫会导致被称为 D1 的类囊体膜蛋白损失 40%，会阻止电子传递，并抑制光系统 II（PS II）中的电子传递（Sudhir 等，2005）。

另外，沙特阿拉伯乌姆埃尔古拉大学的 Mutawie（2015）报道称，$0.2\ mol \cdot L^{-1}$ 及以上浓度的 NaCl 会导致钝顶螺旋藻的生长严重受阻，但同时观察到其总抗氧化剂含量比相应的对照组增加了约 4 倍（图 4.11 和图 4.12）。

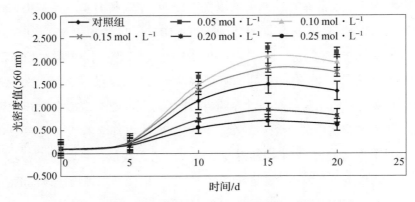

图 4.11　不同盐度对培养 20 d 的钝顶螺旋藻生长速率
（通过光密度值表示）的影响（Mutawie，2015）（附彩插）

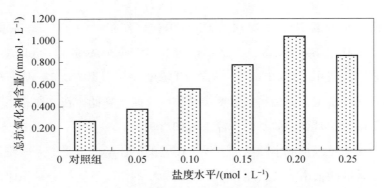

图 4.12　不同盐度对培养 20 d 的钝顶螺旋藻
总抗氧化剂含量的影响（Mutawie，2015）

4.10　微量元素的作用

一般而言，微量元素对微藻的生长有一定的促进作用。目前，专门针对微量元素对微藻生长影响的报道较少。

4.11　主要化合物的协同作用

烟台大学的李叙凤等人（1999）在 Zarrouk 培养基的基础上，开展了不同

$NaHCO_3$、$NaNO_3$ 和 K_2HPO_4 对螺旋藻生长影响的三因素三水平正交实验研究（表 4.13）。

表 4.13 螺旋藻三因素三水平正交影响实验设计

水平	因素		
	A	B	C
	$NaHCO_3$	K_2HPO_4	$NaNO_3$
1	28	0.8	2.5
2	18	0.5	2.0
3	10	0.3	1.5

结果表明，$NaHCO_3$ 的影响最大，$NaNO_3$ 的影响次之，K_2HPO_4 的影响相对较小。同时，当 $NaHCO_3 = 10 \text{ g} \cdot \text{L}^{-1}$、$K_2HPO_4 = 0.8 \text{ g} \cdot \text{L}^{-1}$ 及 $NaNO_3 = 2.0 \text{ g} \cdot \text{L}^{-1}$ 时，螺旋藻的平均生长速率达到最大，因此取该浓度值为优化配方的重要组分。

结 束 语

本章介绍了微藻养分供应的基本方法。综合分析表明，Zarrouk 和 BG-11 培养基是两种用于微藻培养的较为经典的培养基，尤其是 BG-11 主要用于进行蓝藻的培养。后来，为了进一步提高培养效果或用于满足各种实验目的，研究人员又基于经典培养基而先后设计了其他很多种培养基配方（即改性培养基），并通过实验筛选出来一些性能优异的培养基配方。

为了降低试剂成本，研究人员对原有配方进行了不同倍数的稀释实验。结果发现，有些稀释培养基的培养效果与原始培养基的基本相当，有的甚至还好于原始培养基的效果。当然，这一般都是短期效果，而长期培养的效果还有待观察。另外，也介绍了盐分尤其是氯化钠对微藻生长的影响，证明螺旋藻等微藻可以耐受一定的盐度，而盐度较高（初步证明在 $0.2 \text{ mol} \cdot \text{L}^{-1}$）则会严重抑制螺旋藻等的生长，但会促进其抗氧剂等物质的合成。

参 考 文 献

李叙凤, 王长海, 温少红. 螺旋藻培养条件研究 [J]. 食品与发酵工业, 1999, 25 (4): 13-17.

BEZERRA P Q M, MORAES L, CARDOSO L G, et al. *Spirulina sp.* LEB 18 cultivation in seawater and reduced nutrients: Bioprocess strategy for increasing carbohydrates in biomass [J]. Bioresource Technology: Biomass, Bioenergy, Biowastes, Conversion Technologies, Biotransformations, Production Technologies, 2020, 316: 123883.

BLAIR M F, KOKABIAN B, GUDE V G. Light and growth medium effect on *Chlorella vulgaris* biomass production [J]. Journal of Environmental Chemical Engineering, 2014, 2: 665-674.

ÇELEKLI A, YAVUZATMACA M, BOZKURT H. Modeling of biomass production by *Spirulina platensis* as function of phosphate concentrations and pH regimes [J]. Bioresource Technology, 2009a, 100: 3625-3629.

Çelekli A, YAVUZATMACA M. Predictive modeling of biomass production by *Spirulina platensis* as function of nitrate and NaCl concentrations [J]. Bioresource Technology, 2009b, 100: 1847-1851.

DELRUE F, ALAUX E, MOUDJAOUI L, et al. Optimization of *Arthrospira platensis* (*Spirulina*) growth: From laboratory scale to pilot scale [J/OL]. Fermentation, 2017, 3: 59. DOI: 10.3390/fermentation3040059.

DINESHKUMAR R, NARENDRAN R, SAMPATHKUMAR P. Cultivation of *Spirulina platensis* in different selective media [J]. Indian Journal of Geo Marine Sciences, 2016, 45: 1749-1754.

DOUMANDJI A, BOUTEKRABT L, SAIDI N A, et al. Etude de l'impact de l'incorporation de la spirulinae sur les propriétés nutritionnelles, technologiques et organoleptiques du couscous artisanal [J]. Nat. Technol., 2012, 6: 40-50.

FAINTUCH B L, SATO S, AQUARONE E. Influence of the nutritional sources on the growth rate of cyanobacteria [J]. Brazilian Archives of Biology And Technology,

1991, 34: 13 – 30.

GAMI B, NAIK A, PATEL B. Cultivation of *Spirulina* species in different liquid media [J]. Journal of Algal Biomass Utilization, 2011, 2: 15 – 26.

HUTNER S H, PROVASOLI L, SCHATZ A, et al. Some approaches to the study of the role of metals in the metabolism of microorganisms [J]. Proceedings of the American Philosophical Society, 1950, 94: 152 – 170.

JOURDAN J P. Manuel de Culture Artisanale Pour la Production de Spiruline [M]. Genève, Switzerland: Anteanna Technologies, 2016.

KHATUM R, HOSSAIN M M, BEGUM S M S, et al. *Spirulina* culture in Bangladesh V. Development of simple, inexpensive culture media suitable for rural or domestic level cultivation of Spirulina in Bangladesh [J]. Journal of Scientific & Industrial Research, 1994, 29: 163 – 166.

KRAUSS R W. Closed ecology in space from a bioengineering perspective [C]. In: Proceedings of the Open Meeting of the Working Group on Space Biology of the Twenty – First Plenary Meeting of COSPAR, Innsbruck, Austria, 29 May – 10 June 1978. , 1979: 13 – 26.

LU C, VONSHAK A. Characterization of PS II photochemistry in salt – adapted cells of cyanobacterium *Spirulina platensis* [J]. New Phytologist, 1999, 141: 231 – 239.

MADKOUR F F, EL – WAHAB KAMIL A, NASR H S. Production and nutritive value of *Spirulina platensis* in reduced cost media [J]. Egypt J. Aquat Res. , 2012, 38: 51 – 57.

MARREZ D A, NAGUIB M M, SULTAN Y Y, et al. Impact of culturing media on biomass production and pigments content of *Spirulina platensis* [J]. International Journal of Advanced Research, 2013, 1: 951 – 961.

MARKOU G, CHATZIPAVLIDIS I, GEORGAKAKIS D. Effects of phosphorus concentration and light intensity on the biomass composition of *Arthrospira* (*Spirulina*) platensis [J]. World Journal of Microbiology Biotechnology, 2012, 28: 2661 – 2670.

MUTAWIE H. Growth and metabolic response of the filamentous cyanobacterium

Spirulina platensis to salinity stress of sodium chloride [J]. Life Science Journal, 2015, 12: 71-78.

NOSRATIMOVAFAGH A, FEREIDOUNI A E, KRUJATZ F. Modeling and optimizing the effect of light color, sodium chloride and glucose concentration on biomass production and the quality of Arthrospira platensis using response surface methodology (RSM) [J/OL]. Life, 2022, 12: 371. https://doi.org/ 10.3390/life12030371.

PANDEY J P, TIWARI A, MISHRA R M. Evaluation of biomass production of *Spirulina maxima* on different reported media [J]. Journal of Algal Biomass Utilization, 2010, 1: 70-81.

PUYFOULHOUX G, ROUANET J M, BESANÇON P, et al. Iron availability from iron-fortified *Spirulina* by an in-vitro digestion/Caco-2 cell culture model [J]. Journal of Agricultural and Food Chemistry, 2002, 49: 1625-1629.

RAFIQUL I M, HASSAN A, SULEBELE G, et al. Salt stress culture of blue-green algae *Spirulina fusiformis* [J]. Pakistan Journal of Biological Science, 2003, 6: 648-650.

RAJASEKARAN C, AJEESH C P M, BALAJI S, et al. Effect of modified Zarrouk's medium on growth of different *Spirulina* strains [J]. Agriculture Technology and Biological Sciences, 2016, 13 (1): 67-75.

RAOOF B, KAUSHIK B D, PRASANNA R. Formulation of a low-cost medium for mass production of *Spirulina* [J]. Biomass and Bioenergy, 2006, 30: 537-542.

RIPPKA R, DERUELLES J, WATERBURY B, et al. Generic assignments, strain histories and properties of pure cultures of cyanobacteria [J]. Journal of General and Applied Microbiology, 1979, 111: 1-61.

SANCHO M M, CASTILLO J M J, EL YOUSFI F. Photoautotrophic consumption of phosphorus by Scenedesmus obliquus in a continuous culture. Influence of light intensity [J]. Process Biochemistry, 1999, 34: 811-818.

SINGH S. *Spirulina*: A green gold mine [C]. Paper presented at: Spirutech 2006. *Spirulina* Cultivation: Potentials and Prospects. Jabalpur, Madhya Pradesh, 2006.

SOLETTO D, BINAGHI L, LODI A, et al. Batch and fed-batch cultivations of

Spirulina platensis using ammonium sulphate and urea as nitrogen sources [J]. Aquaculture, 2005, 243: 217-224.

SUDHIR P R, POGORYELOV D, KOVÁCS L, et al. The Effects of Salt Stress on Photosynthetic Electron Transport and Thylakoid Membrane Proteins in the Cyanobacterium Spirulina platensis [J]. J. Biochem. Mol. Biol. 2005, 38: 481-485.

TAYEBATI H, PAJOUM SHARIATI F, SOLTANI N, et al. Effect of various light spectra on amino acids and pigment production of arthrospira platensis using flat-plate photobioreactor [J]. Prep. Biochem. Biotechnol. 2021: 1-12.

VENKATARAMAN L V, BHAGYALAKSHMI N, RAVISHANKAR G A. Commercial production of micro and macro algae problems and potentials [J]. Indian Journal of Microbiology, 1995, 35: 1-19.

VONSHAK A, GUY R, GUY M. The Response of the filamentous cyanobacterium *Spirulina platensis* to salt stress [J]. Archives of Microbiology, 1988, 150: 417-420.

VONSHAK, A. Spirulina platensis arthrospira: Physiology, cell-biology and biotechnology [M]. CRC Press: Boca Raton, FL, USA, 1997.

WARR S R C, REED R H, CHUDEK J A, et al. Osmotic adjustment in *Spirulina platensis* [J]. Planta, 1985, 163: 424-429.

ZARROUK C. Contribution à l'étude d'une cyanophycée: Influence de divers facteurs physiques et chimiques sur la croissance et la photosynthèse de *Spirulina maxima* (Setch et Gardner) Geitler [C]. Ph. D. Thesis, Faculté des Sciences de l'Université de Paris, Paris, France, 1966.

ZENG M T, VONSHAK A. Adaptation of *Spirulina platensis* to salinity-stress [J]. Comparative Biochemistry and Physiology Part A, 1998, 120: 113-118.

第 5 章
微藻培养碳源和氮源供应优化措施

■ 5.1 前言

影响微藻生长的因素包括两类，即营养因素（化学）和环境因素（物理）。营养因素包括培养基中化学物质的组成和数量，其中最重要的是碳、氮、磷、硅等非金属，其次是铁、铜、锌等金属，再次是维生素等。碳源和氮源在营养组分中占比最大，而且作用也最为重要，因此科学家在这一领域已经开展了许多研究（周光正，1994；Huppe 和 Turpin，1994；Thomas 等，2005；Daliry 等，2017；Sachdeva 等，2021）。另外，还有一个以前很少被考虑但却非常重要的参数，即碳氮源浓度比（C/N），它对微藻代谢具有重要影响。环境因素包括培养环境中的光照强度、温度、酸碱度和对系统的曝气强度等（在空间站一般不采用曝气方式供气，但在未来的火星基地可能会用到这种供气方式）。

在第 4 章中，介绍了微藻培养中养分供应的基本方法，而本章则是在上一章的基础上重点介绍微藻光生物反应器培养中碳源和氮源的种类、数量、供应方式及其作用效果等，以及对碳、氮源浓度进行比例优化的作用和意义等。

■ 5.2 碳源

碳是微藻生长中所需要的最重要的营养物质，是微藻的主要结构成分，也是微藻的能量来源。如果培养系统是自养的，则可以使用 CO_2 或碳酸氢盐化合物

（如碳酸氢钠）作为唯一的碳源；在异养培养中，有机物质（如葡萄糖、蔗糖、淀粉、乙酸盐、甘油等）均能够发挥碳源的作用；在混合营养培养中，可以将以上无机和有机碳源进行结合使用。

5.2.1 二氧化碳

1. CO_2 固定原理

微藻细胞内的光合作用（图5.1）被分为两个阶段。第一阶段涉及光依赖性或光反应，这些反应仅在细胞被照射时发生。这一步骤利用光能形成储存能量的分子三磷酸腺苷（ATP）和烟酰胺腺嘌呤二核苷酸磷酸（NADPH）。形成光合作用第二阶段的碳固定或暗反应在有光和无光的情况下都会发生。光反应过程中产生的储能产品在这一步骤中被用于捕获和还原 CO_2（Calvin，1989）。

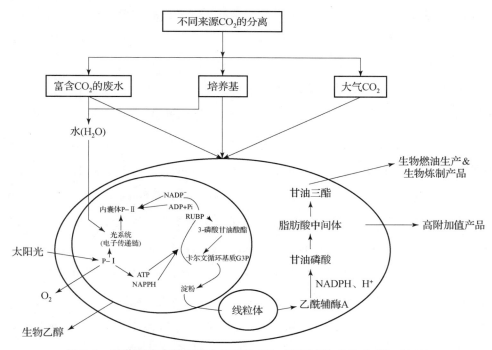

图 5.1 微藻细胞内基于光合作用的 CO_2 固定过程（Bhola 等，2014）

光系统 Ⅰ（PS Ⅰ）和光系统 Ⅱ（PS Ⅱ）是主要的光活性复合物，负责通过激发的叶绿素二聚体将阳光转移到电子传输链中（Calvin，1989；Iverson，2006；Ho 等，2011）。光合作用开始于 PS Ⅱ 复合体。一旦 PS Ⅱ 复合体核心的叶绿素分子获得足够的激发能，则电子就会转移到初级电子受体分子上。这个过程通常被称为光诱导电荷分离。然后，电子通过电子传输链而穿过膜。PSⅠ接受从PSⅡ转移的电子，并通过叶绿素的P700二聚体运输它们，后者从光激发的天线叶绿素氧化为强烈还原的铁氧还蛋白和NADPH（Cerveny等，2009；Ho等，2011）。通过光反应获得的能量可以通过在光磷酸化过程中形成ATP来储存（Yang等，2000）。已有研究表明，通过光合电子传输链移动的每对电子形成1.3个ATP分子（Yang等，2000）。NADPH是叶绿体中的主要还原剂，负责为其他反应提供电子。

碳固定反应（暗反应）涉及卡尔文循环（Calvin，1989；Iverson，2006；Yang等，2000）。在卡尔文循环期间，CO_2在ATP的帮助下通过RuBisCO酶（1,5-二磷酸核糖羧化酶/加氧酶）的羧化酶活性转化为糖。对CO_2具有低亲和力的RuBisCO酶也具有加氧酶活性，并产生作为最终产物的2-磷酸乙醇酸酯。这种最终产物对细胞没有用处，而且其合成消耗了大量的细胞能量。它还负责通过RuBisCO的羧化酶活性释放先前固定的CO_2。RuBisCO的加氧酶活性可阻碍约50%的生物量形成（Giordano等，2005；Kumar等，2011）。

2. 耐极高CO_2浓度的微藻藻种筛选

目前，大气中的CO_2浓度（约0.04%体积比）被认为是进行光合作用的一种限制因素（Larkum 2010）。事实上，光合器（PSA），特别是RuBisCO——催化CO_2进入Calvin – Benson – Bassham（CBB）循环的基质酶——似乎适应了现代光自养菌祖先遇到的高很多的CO_2浓度（Kupriyanova和Pronina，2011）。由于光合固定和地球化学过程，大气中的CO_2水平则逐渐下降，因此光自养生物逐渐进化出复杂的CO_2浓缩机制（CO_2 – concentrating mechanisms，CCM）。这些机制促进了CO_2的吸收，并使RuBisCO附近的CO_2浓度相对于大气水平增加了1~3个数量级，以保持足够的光合作用（Raven，2010）。因此，低至2%~5%的CO_2浓度使绝大多数当代光自养植物饱和，而较高的CO_2浓度往往会对光自养植物的生长和光合作用产生有害影响。

不仅不同的物种对CO_2的耐受性程度差异很大，而且在单个物种内差异也很大，这取决于生长条件。一般来说，受到浓度小于2%~5%的CO_2抑制的物种被认为是对CO_2敏感（不耐受）的，而那些能够应对浓度高达20%的CO_2的物种

被称为 CO_2 耐受性物种，而承受更高 CO_2 浓度的物种则被称为极耐 CO_2 物种。因此，2%~5%、5%~20% 和 20%~100% 的 CO_2 浓度通常分别被称为高、非常高和极高浓度（Miyachi 等，2003）。

直到最近，在微藻生理学和生物技术领域的大多数研究都致力于研究相对较低（<5%）CO_2 浓度水平和 CCM 功能的影响，在这一点上现在已经得到了较为深入的认识（Raven 等，2008）。目前，发现这种现象已经 50 多年了（Seckbach，Baker 和 Shugarman，1970），并且已经开展了对不同微藻（包括对生物技术重要的物种）的高 CO_2 驯化的研究（表 5.1）。然而，当前对高 CO_2 浓度耐受机制的研究却很少。

表 5.1 几种耐极高 CO_2 浓度的微藻藻种（Solovchenko 和 Khozin–Goldberg，2013）

藻种	藻种学名	可耐受的最大 CO_2 浓度/(%, v/v)
青绿球藻	*Cyanidium caldarium*	100
栅藻	*Scenedesmus sp.*	80
海洋绿球藻	*Chlorococcum littorale*	60
细长聚球藻	*Synechococcus elongatus*	60
纤细裸藻	*Euglena gracilis*	45
小球藻	*Chlorella sp.*	40
空球藻	*Eudorina sp.*	20

3. 高 CO_2 浓度条件下的微藻生长实验

为了将 CO_2 供给系统，通常采用占一定百分比的富 CO_2 气流（例如，在地面可利用烟道气流，在空间站或太空基地可来自环境控制与生命保障系统的 CO_2 净化单元）。许多研究发现，供应浓度为 4%~16% 的 CO_2–空气混合气体对细胞生长没有显著影响（Wen 和 Chen，2001；Xu 等，2001；Spolaore 等，2006；Pyle 等，2008；Hsieh 和 Wu，2009；Ho 等，2011）。然而，以下实验证明不同浓度的 CO_2 气体均会显著影响细胞的生长和物质合成等。

1）椭圆小球藻（5%~6% CO_2 浓度条件下）

早期，日本 EBARA 公司的 Miya 等人（1993）利用 Bristol 培养基，在 5%~

6% CO_2 浓度条件下，培养了椭圆小球藻（*Chlorella ellipsoidea* C – 27）。在连续光照条件下（光强为 600 W·m^{-2}）的实验结果表明，该椭圆小球藻培养物的最高比生长速率达到 8.54 h^{-1}，最高细胞密度达到 1.3×10^8 个细胞·mL^{-1}，最大总光合速率（CO_2 吸收速率）达到 171.84 mg（CO_2 吸收量）·L^{-1}（培养基）·d^{-1}（Miya，Adachi 和 Umeda，1993）。

2）小球藻或拟微球藻（4%~8% CO_2 浓度条件下）

波兰学者 Adamczyk（2016）利用管状光生物反应器（15 L 和 1.5 L），在绿藻小球藻或拟微球藻（*Nannochloropsis gaditana*）存在下研究了 CO_2 的生物固定能力。培养在以下条件下进行：温度为 25 ℃，二氧化碳含量为 4% 和 8% 体积比，利用人工光源进行光照。研究发现，对于这两种微藻培养物，在 8% CO_2 浓度条件下比在 4% CO_2 浓度条件下具有更高的生物固定能力。

另外，将拟微球藻作为去除 CO_2 的推荐物种，因为该藻种的生物固定速率高于 1.7 g·L^{-1}·d^{-1}，并且在以上两种浓度条件下，拟微球藻进行 CO_2 吸收的平均值也明显高于小球藻（图 5.2）。培养第 10 d，细胞浓度超过 1.7×10^7 个细胞·mL^{-1}，而这时小球藻的最大生物固定速率和细胞浓度分别不超过 1.4 g·L^{-1}·d^{-1} 和 1.3×10^7 个细胞·mL^{-1}。

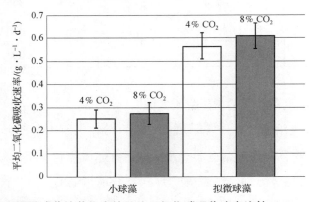

图 5.2　小球藻和拟微球藻培养物中的平均二氧化碳吸收速率比较（Adamczyk 等，2016）

3）小球藻（0~16% CO_2 浓度条件下）

意大利热亚那大学的 Montoya 等人（2014）将小球藻 CCAP 211 在管状光生物反应器中进行连续培养，利用单独的空气或富含 CO_2 的空气作为唯一碳源，而利用硝酸钠作为唯一氮源。研究结果表明，氮限制条件会显著抑制生物量的生产，但它们同时几乎会使其脂质含量翻倍。在使用富含 0%、2%、4%、8% 和 16%（v/v）CO_2 的空气条件下，以干质量计算，最大生物量浓度分别达到 1.4 g·L^{-1}、5.8 g·L^{-1}、6.6 g·L^{-1}、6.8 g·L^{-1} 和 6.4 g·L^{-1}，CO_2 消耗率分别达到 62 mg·L^{-1}·d^{-1}、380 mg·L^{-1}·d^{-1}、391 mg·L^{-1}·d^{-1}、433 mg·L^{-1}·d^{-1} 和 430 mg·L^{-1}·d^{-1}，脂质生产速率分别达到 3.7 mg·L^{-1}·d^{-1}、23.7 mg·L^{-1}·d^{-1}、24.8 mg·L^{-1}·d^{-1}、29.5 mg·L^{-1}·d^{-1} 和 24.4 mg·L^{-1}·d^{-1}。可以看出，在含有 8% CO_2 浓度的空气中获得了最大的生物量浓度和脂质生产速率（它们分别达到 6.8 g·L^{-1} 和 29.5 mg·L^{-1}·d^{-1}）。小球藻能够在富含 CO_2 的空气中有效生长，但其叶绿素 a（3.0~3.5 g·100 g^{-1}）、叶绿素 b（2.6~3.0 g·100 g^{-1}）和脂质含量（10.7~12.0 g·100 g^{-1}）不受空气中 CO_2 存在的显著影响。以上情况说明，CO_2 浓度在一定程度上影响了细胞的生长，但对总脂质的含量没有影响（表 5.2）。在表 5.2 中，每个原始值上标有不同的大写字母表示在 $P < 0.05$ 时在统计上存在显著差异；数值为 3 个重复的平均值 ± SD。

表 5.2 富含不同 CO_2 浓度的空气对小球藻生长及脂质含量的影响比较（Montoya 等，2014）

测量参数	空气中不同 CO_2 浓度/%			
	2	4	8	16
$X_{最大}$/(g_{DB}·L^{-1})^a	5.8 ± 0.1^A	6.6 ± 0.2^B	6.8 ± 0.2^B	6.4 ± 0.1^B
μ/(d^{-1})^b	0.15 ± 0.02^A	0.14 ± 0.01^A	0.16 ± 0.03^A	0.15 ± 0.04^A
$\mu_{最大}$/(d^{-1})^c	0.99 ± 0.09^A	1.44 ± 0.13^B	1.71 ± 0.11^C	0.70 ± 0.04^D
Px/(mg_{DB}·L^{-1}·d^{-1})^d	212 ± 4^A	216 ± 6^A	247 ± 6^B	232 ± 5^C
ω/(mg·L^{-1}·d^{-1})^e	380 ± 15^A	391 ± 18^A	433 ± 19^B	430 ± 17^B
Y/(g·100g_{DB}^{-1})^f	11.2 ± 0.7^A	11.5 ± 1.2^A	12.0 ± 0.4^A	10.7 ± 0.5^A
v/(mg·L^{-1}·d^{-1})^g	23.7 ± 1.4^A	24.8 ± 1.2^A	29.5 ± 1.1^B	24.4 ± 1.4^A

注：a 最大生物量浓度；b 平均比增长率；c 最大比增长率；d 生物量生产速率；e 二氧化碳消耗率；f 利用 Folch 法结合超声的脂质产率；g 脂质效率。

4）小针藻（4%~16% CO_2 浓度条件下）

近年来，昆明科技大学的 Dong 等人（2019）利用核桃壳提取物（WSE）培养了小针藻（*Monophilidium sp.* QLZ-3）。实验共设置了 4 个 CO_2 处理浓度，分别为 4%、8%、12%、16%；以硝酸钠（1.16 g·L^{-1}）作为主要氮源（WSE 中本身含有 56.7 mg·L^{-1} 的氮源）。研究结果表明，在 12% CO_2 浓度条件下，生物量产量从对照组的 0.40 g·L^{-1} 被提高到 1.18 g·L^{-1}，其中脂质含量达到 49.54%。另外，在该实验中，碳水化合物含量出现了增加，但蛋白质含量出现了下降（图 5.3）。图 5.3 中竖线表示平均值±标准差（$n=3$）。

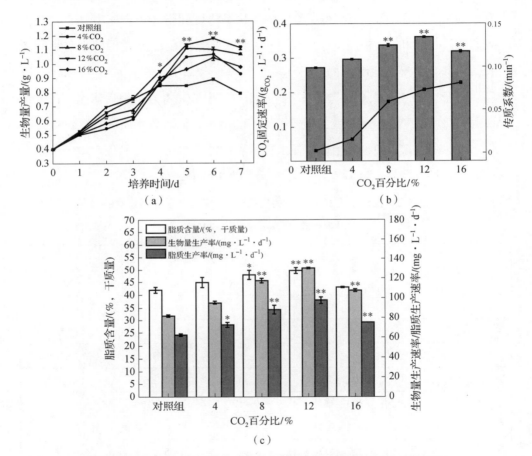

图 5.3　在补充不同 CO_2 浓度的 WSE 培养基中生物量产量、脂质含量、生物量生产速率或脂质生产速率以及 CO_2 固定速率比较（Dong 等，2019）

(a) 补充不同 CO_2 浓度的 WSE 中生物量产量曲线；(b) 具有不同预混气体的光生物反应器中 WSE 的传质系数（柱状）和 CO_2 固定速率（线条）；(c) 脂质含量和生物量生产速率或脂质生产速率柱状图

*—表示具有统计学意义（$P<0.05$）；**—表示两种处理之间具有统计学意义（$P<0.01$）

此外，施加高浓度的 CO_2 能够促进藻类对这种 WSE 培养基中养分和多酚的吸收，并上调了脂质生物合成基因的表达水平。这些结果表明，将 WSE 和非常高浓度的 CO_2 进行耦合可能是提高微藻生物燃料生产的有效途径。

5）青绿球藻（100% CO_2 浓度条件下）

在美国 NASA 和空军科研部门的支持下，20 世纪 60 年代美国加利福尼亚大学与南加利福尼亚大学合作，开展了青绿球藻（*Cyanidium caldarium*，真核生物，属于红藻类）在 100% CO_2 浓度条件下的培养实验。研究结果表明，青绿球藻能够在纯 CO_2 条件下存活，而且细胞的生长速率较在正常大气中要明显加快（图 5.4），说明纯 CO_2 气体能够促进这种真核藻类的生长。另外，他们证明原核生物不能够在纯 CO_2 气体环境中生存（Seckbach，Baker 和 Shugarman，1970）。在图 5.4 中，实心立柱和实心圆分别代表纯 CO_2 处理下藻体的细胞密度和光合效率，而空心立柱和空心圆分别代表空气对照组下藻体的细胞密度和光合效率。

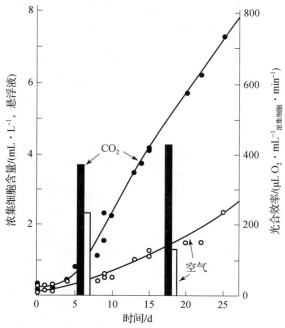

图 5.4 青绿球藻在纯 CO_2 气体和普通空气中的生长速率
（通过浓集细胞含量表示）和光合效率比较
(Seckbach，Baker 和 Shugarman，1970)

6）聚球藻等 4 种蓝藻（100% CO_2 浓度条件下）

美国里昂学院的 Thomas 等人（2005）在纯 CO_2 浓度条件下开展了淡水蓝藻的培养实验。他们研究了几种蓝藻对非常高压（20 kPa）浓度 CO_2 大气的耐受性。将聚球藻 PCC 7942、集胞藻 PCC 6803、鲍氏织线藻（*Plectonema boryanum*）和鱼腥藻的培养物，均培养在喷射有富含 CO_2 空气的液体培养物中。研究结果表明，当从环境 CO_2 转移到 20 kPa 的 CO_2 分压（pCO_2）时，所有 4 个藻种均能够生长，但它们都不能耐受被直接转移到 40 kPa 的 pCO_2。当使压力每天逐渐增加 15 kPa 时，聚球藻和鱼腥藻在 101 kPa（100%）pCO_2 下能够存活，并且鲍氏织线藻在这些条件下呈活跃生长的态势（图 5.5）。在图 5.5 中，对所有培养物从在 10 kPa pCO_2 下（其余为空气）开始进行培养；pCO_2 每 24 h 增加 15 kPa，在 144 h 内达到 101 kPa（100%）pCO_2（$n=4$，竖条 = SD）；在 101 kPa pCO_2 下，所有培养物的培养基 pH 值均为 5.9~6.1。另外，所有 4 个藻种都能够在 5 kPa pCO_2 并缺氧的 N_2 环境中生长（图 5.6）。在图 5.6 中，为了区分缺氧的影响和二氧化碳的影响，将培养物在 5 kPa pCO_2 的 N_2 中进行培养；所有的培养物都能够生长（尽管集胞藻生长得很慢），这表明缺氧本身可能不是高 CO_2 条件下生长的主要限制因素（$n=4$，竖条 = SD）；所有培养物的培养基 pH 值均约为 7.0。研究还证明，对高 CO_2 浓度敏感的藻种也对低初始 pH 值（5~6）较为敏感。然而，低 pH 值本身不足以阻止生长。

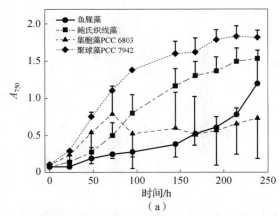

图 5.5 蓝藻在空气中的生长与在 CO_2 中的生长比较（Thomas 等，2005）

（a）空气

第5章 微藻培养碳源和氮源供应优化措施 155

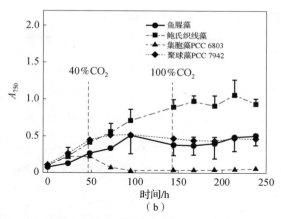

图 5.5 蓝藻在空气中的生长与在 CO_2 中的生长比较（Thomas 等，2005）（续）

(b) CO_2

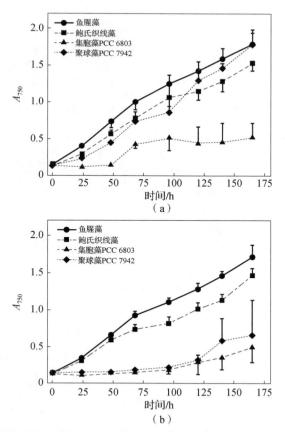

图 5.6 蓝藻在空气中生长与在 $5\%CO_2/95\%N_2$ 中生长的比较（Thomas 等，2005）

(a) 空气；(b) $5\%CO_2 + 95\%N_2$

4. 微藻可耐受的高 CO_2 浓度范围总结

高 CO_2 浓度驯化是一个复杂的过程，涉及微藻细胞的许多功能调节（Muradyan 等，2004；Sergeenko 等，2000）。彻底了解其潜在机制，是利用富集 CO_2 来提高大规模培养微藻的生产速率以及微藻有效固定 CO_2 用于碳捕获应用的先决条件（Kumar 等，2011；Wang 等，2008）。尤其是微藻的中性脂质作为生物燃料原料前体的可能用途最近促使许多人开始进行实验，以探索用具有不同 CO_2 浓度（从略高于环境至100%）的气体混合物喷射对微藻培养物的中性脂质（三酰甘油）生产潜力的影响（Toledo Cervantes 等，2013；Yoo 等，2013）。

与此同时，由于对高浓度 CO_2 的生理作用和适应能力了解不足，因此在开发有效的 CO_2 生物降解（biomitigation）方法方面遇到了相当大的困难。敏感型微藻的生长和光合作用在很大程度上受到浓度高于2%~5%的二氧化碳的抑制。在耐受藻种中，在相当高的 CO_2 浓度水平下藻种的生长和 CO_2 固定能力均发生下降，而恢复通常发生在滞后期之后，这取决于藻种和实际的 CO_2 浓度（Satoh 等，2002）。可以说，这种滞后是衣藻（Chlamydomonas）的特征，但小球藻通常缺乏这种滞后（Miyachi 等，2003；Baba 等，2011）。然而，在不同研究人员的报道中，相同物种的 CO_2 耐受性可能有很大差异（表5.3）。

表5.3 几种耐高 CO_2 浓度的微藻生长及其 CO_2 固定能力比较

(Solovchenko 和 Khozin – Goldberg，2013)

种或品系	CO_2/%	T/℃	生产速率 /($g·L^{-1}·d^{-1}$)	CO_2 固定速率 /($g·L^{-1}·d^{-1}$)
海洋绿球藻	40	30	—	1.0
凯氏小球藻 (*Chlorella kessleri*)	18	30	0.087	0.163
小球藻 UK001	15	35	—	>1
普通小球藻[b]	15			0.624
小球藻	40	42	—	1.0
杜氏盐藻[c]	3	27	0.17	0.313
雨生红球藻[d]	16~34	20	0.076	0.143

续表

种或品系	CO_2/%	T/℃	生产速率 /(g·L^{-1}·d^{-1})	CO_2固定速率 /(g·L^{-1}·d^{-1})
斜生栅藻	18	30	0.14	0.26
螺旋藻	12	30	0.22	0.413

注：a. 未记录；b. 在人工废水中；c. 在高盐度下的累积 β-胡萝卜素；d. 在具有生产规模的光生物反应器。

5.2.2 其他碳源

1. 碳酸氢盐

在很多藻类的培养基中，都包含碳酸氢钠（$NaHCO_3$），浓度一般在每升 0 到几十克范围之间（梁英等，2013）。作为传统培养基的主要碳源，第 4 章已对其进行过介绍，这里就不再赘述。

2. 葡萄糖等其他碳源

意大利罗马大学的 Scarsella 等人（2010）通过研究，掌握了在混合营养代谢条件下，在气泡柱式光生物反应器中小球藻的最佳生长条件，并证明葡萄糖的最佳浓度为 6 g·L^{-1}。另外，Kong 等人（2011）研究了不同碳源（包括 CO_2、碳酸氢钠、乙酸钠、葡萄糖、蔗糖和甘油）对小球藻生长的影响。该实验的结果如图 5.7 所示。

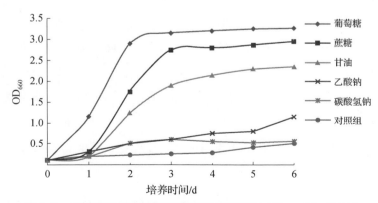

图 5.7 不同碳源对小球藻生物量产量的影响（Kong 等，2011）

在图 5.7 中，对照组为大气 CO_2 浓度。根据在混合营养条件下获得的生长曲线，他们证明小球藻的最佳碳源是葡萄糖，因为其 OD_{660} 曲线明显高于其他碳源。在含葡萄糖浓度为 $1 g·L^{-1}$ 的土壤提取培养基（soil extract medium，SEM）环境中培养 6 d 后，得到了最大的生物量浓度为 $1.23 g·L^{-1}$，最大比生长速率为 $1.22 d^{-1}$，以及最大生物量生产速率为 $0.2 g·L^{-1}·d^{-1}$。

对于脂质生产速率，在葡萄糖添加量为 $17.3 mg·L^{-1}·d^{-1}$ 的条件下产量也最高。在另一项实验中，Kong 等人（2011）将葡萄糖浓度从 $1 g·L^{-1}$ 提高到 $20 g·L^{-1}$，发现增加葡萄糖浓度（小于 $5 g·L^{-1}$）可能会略微增加细胞生长的滞后期，但在短暂中断后，它则迅速进入对数期。总体而言，增加葡萄糖浓度，会增加生物量浓度和脂质细胞数量。因此，在 $20 g·L^{-1}$ 的葡萄糖浓度下，获得了 $2.24 g·L^{-1}$ 的生物量和 $66.25 mg·L^{-1}·d^{-1}$ 的脂质生产速率。

总之，对于空间站或太空基地 CELSS 来说，最好的碳源应该就是 CO_2。这不仅来源便捷（直接由航天员呼吸产生），而且能够对座舱起到良好的 CO_2 净化作用，可谓是一举两得。相反，对 CELSS 来说，要获取其他碳源会面临较大困难（但在太空基地的发展后期这则是可能的）。

5.3 氮源

对于小球藻来说，可以有很多种无机和有机氮源。其中，无机氮源主要包括硝酸钾（KNO_3）、硝酸钠（$NaNO_3$）、亚硝酸钠（$NaNO_2$）、硝酸铵（NH_4NO_3）、硫酸铵 [$(NH_4)_2SO_4$]、氯化铵（NH_4Cl）、磷酸氢二铵（$(NH_4)_2HPO_4$）和氨（NH_3）等；有机氮源主要包括尿素 [$CO(NH_2)_2$]、胺、氨基酸、蛋白胨和肉提取物等。近年来，在提高小球藻等脂质细胞的数量方面进行了大量的研究工作，其中大多数是通过调整培养基的营养条件来进行的。氮的限制或缺乏是其中的一个方面（Rodolfi 等，2009；Griffiths 和 Harrison，2009；Humphrey，2006）。然而，由于氮在调节细胞生长和脂质代谢中的重要作用，因此目前对氮浓度的研究最多。

5.3.1 无机氮源

1. 硝酸钾

浙江大学的 Lv 等人（2010）利用硝酸钾作为氮源，发现少量的氮（0.2~3 mmol·L^{-1}）限制了细胞的生长，而增加氮（至 5 mmol·L^{-1}）可以促进细胞生长，具体如图 5.8 所示。

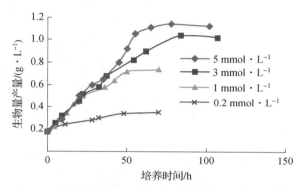

图 5.8　不同浓度硝酸钾对小球藻生物量产量的影响（Lv 等，2010）

在 1 mmol·L^{-1} 硝酸钾浓度下获得最高的脂质生产速率为 40 mg·L^{-1}·d^{-1}，而在 5 mmol·L^{-1} 硝酸钾存在下的脂质生产速率降为 35 mg·L^{-1}·d^{-1}。Scarsella 等人（2010）研究了在混合营养代谢条件下，在气泡柱式光生物反应器中小球藻的最佳生长条件。他们研究了氮在两种模式中的作用，即无氮和低浓度氮。结果表明，在低浓度氮模式下，观察到最高的细胞增殖、生物量产量和脂质含量。

2. 硝酸钠

巴西北里奥格兰德联邦大学的 Colla 等人（2007）评估了培养基中的温度和氮浓度对螺旋藻产生生物量的影响，以及生物量中的蛋白质、脂质和酚类化合物的组成。他们发现，在 35 ℃条件下，对生物量的产生有负面影响，但对蛋白质、脂质和酚类物质的产生有积极影响。这些化合物的最高水平是在含有 1.875 g·L^{-1}（相当于 22.1 mmol·L^{-1}）或 2.500 g·L^{-1}（相当于 29.4 mmol·L^{-1}）硝酸钠的 Zarrouk 培养基中获得的。与在 35 ℃条件下相比，在 30 ℃条件下的最大比生长速率和生产速率较高，但氮浓度对蛋白质、脂质或酚类物质的含量似乎没有影响（表 5.4）。以上结果表明，在 30 ℃时，在不损失生产速率的情况下可以降低

Zarrouk 培养基中的硝酸钠浓度（即从 2.50 g · L^{-1} 降低到 1.875 g · L^{-1}），从而可以在大规模培养中节省大量成本。

表 5.4　不同温度下不同培养基中的硝酸钠浓度对
螺旋藻生长和物质合成的影响（Colla 等，2007）

处理	NaNO$_3$/(g · L^{-1})	$\mu_{最大}$/d^{-1}	Δt/h	P_{450}/(mg · L^{-1} · d^{-1})	蛋白质/%	液体/%	酚/(mg · g^{-1})
\multicolumn{8}{c}{T = 30 ℃}
1	0.625	0.073 ± 0.002	24 ~ 468	34.0 ± 0.1	59.76 ± 2.07	6.73 ± 0.40	3.09 ± 0.26
2	1.250	0.073 ± 0.001	24 ~ 468	30.0 ± 1.0	57.36 ± 1.13	6.69 ± 0.27	3.66 ± 0.27
3	1.875	0.073 ± 0.001	48 ~ 612	34.0 ± 3.7	60.82 ± 1.88	7.61 ± 0.43	3.27 ± 0.39
4	2.500	0.074 ± 0.005	24 ~ 468	30.2 ± 0.7	57.61 ± 1.16	8.16 ± 0.23	3.78 ± 0.30
\multicolumn{8}{c}{T = 35 ℃}
5	0.625	0.048 ± 0.001	96 ~ 588	23.9 ± 3.9	58.92 ± 0.96	7.49 ± 1.10	2.46 ± 0.22
6	1.250	0.050 ± 0.006	72 ~ 588	24.8 ± 4.0	56.73 ± 0.79	7.95 ± 1.42	2.42 ± 0.21
7	1.875	0.054 ± 0.002	24 ~ 564	26.4 ± 3.9	70.15 ± 0.82	10.37 ± 0.63	4.99 ± 0.37
8	2.500	0.054 ± 0.003	24 ~ 468	24.8 ± 40	65.47 ± 2.19	10.03 ± 0.63	4.92 ± 0.29

注：除 Δt 外，其余值均为平均值 ± 标准差。

$\mu_{最大}$ 为最大比生长速率；Δt 为指数成长阶段的开始 − 结束；P_{450} 为在 450 h 时的生产速率。

另外，Li 等人（2008）实验了 3 ~ 20 mmol · L^{-1} 范围内的硝酸钠浓度。最终证明，在 5 mmol · L^{-1} 浓度下达到了最高的脂质生产速率。

近年来，埃及国家研究中心的 El Baky 等人（2020）研究了不同氮含量对螺旋藻生长和活性物质合成等的影响。采用 Zarrouk 培养基，硝酸钠作为氮源，设置了 3 种浓度的处理，即氮适宜型（2.5 g · L^{-1}，相当于 29.4 mmol · L^{-1}）、氮丰富型（5.0 g · L^{-1}，相当于 58.8 mmol · L^{-1}）及氮限制型（0.1 g · L^{-1}，相当于 1.1 mmol · L^{-1}）。

研究结果表明，螺旋藻在不同程度上均能正常增长。与其他培养基相比，在富氮培养基中获得了最高的细胞生长速率和生物量产量（图 5.9）。然而，在氮限制条件下，螺旋藻的总类胡萝卜素产量和总脂质含量分别达到 45.54 mg · g^{-1}

（干质量）和（29.51±1.92）g·100 g⁻¹（干质量）。同时，该实验结果表明，螺旋藻能够通过改变诱导脂质生物合成的代谢途径来应对氮胁迫（El Baky，El Baroty 和 Mostafa，2020）。

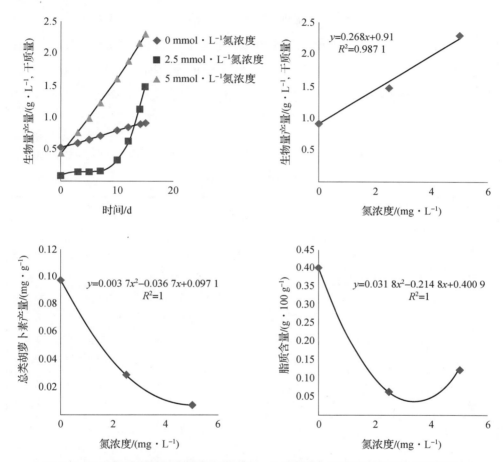

图5.9 不同氮浓度对螺旋藻生物量产量、总类胡萝卜素产量和脂质含量的影响

（El Baky，El Baroty 和 Mostafa，2020）

3. 亚硝酸钠

美国密西西比大学的 Blair 等人（2014）开展了培养基营养成分对小球藻生长影响的研究。利用亚硝酸钠作为氮源，共设置了4个浓度值，即62.5 mg·L⁻¹（25%）、125 mg·L⁻¹（50%）、250 mg·L⁻¹（100%）和 500 mg·L⁻¹（200%）。研究结果表明，低氮浓度也能够促进小球藻的生长。

5.3.2 有机氮源

1. 尿素

中国科学院兰州化学物理研究所的 Kong 等人（2011）专门研究了 $0\sim1\ g\cdot L^{-1}$ 不同浓度范围内尿素对小球藻生长的作用。研究结果表明，当尿素浓度大于 $0.5\ g\cdot L^{-1}$ 时，虽然延长了小球藻生长的滞后期，但使其对数期变宽，从而促进了藻类细胞的生长。总之，限制氮的浓度会促进脂质合成，但会相对抑制生物量的产生（表5.5）。

表 5.5 尿素含量对混合营养条件下小球藻生物量生产、脂质积累和叶绿素生物合成的影响（Kong 等，2011）

尿素含量 /($g\cdot L^{-1}$)	0	0.05	0.25	0.50	0.75	1.00
生物量产量 /($g\cdot L^{-1}$)	0.46 ± 0.05[a]	1.35 ± 0.20[b]	2.13 ± 0.12[c]	3.18 ± 0.55[d]	3.28 ± 0.30[d]	1.86 ± 0.05[bc]
特定增长率 /(μd^{-1})	0.30 ± 0.05[a]	0.59 ± 0.04[b]	0.63 ± 0.04[b]	0.67 ± 0.04[b]	0.64 ± 0.03[bc]	0.53 ± 0.03[bd]
生物量生产速率 /($g\cdot L^{-1}\cdot d^{-1}$)	0.08 ± 0.00[a]	0.22 ± 0.033[b]	0.35 ± 0.02[c]	0.53 ± 0.092[d]	0.55 ± 0.049[d]	0.31 ± 0.009bc
脂质含量 /(%，干质量)	13.66 ± 0.60[d]	9.75 ± 0.40[c]	7.98 ± 0.43[b]	6.10 ± 0.76[a]	5.48 ± 0.35[a]	5.05 ± 0.18[a]
脂质生产速率 /($mg\cdot L^{-1}\cdot d^{-1}$)	10.48 ± 1.58[a]	21.92 ± 4.06[b]	28.30 ± 2.64[b]	32.28 ± 9.08[b]	29.95 ± 4.56[b]	15.67 ± 0.97[a]
叶绿素含量 /($mg\cdot g^{-1}$)	5.86 ± 0.49[a]	12.03 ± 0.54[b]	16.02 ± 1.08[c]	22.74 ± 0.84[d]	25.98 ± 0.16[e]	24.05 ± 0.84[de]
叶绿素生产速率 /($mg\cdot L^{-1}\cdot d^{-1}$)	0.45 ± 0.09[a]	2.70 ± 0.51[ab]	5.68 ± 0.46[b]	12.04 ± 2.54[c]	14.20 ± 1.22[c]	7.46 ± 0.40[b]

注：数值为平均值 ± 标准差，$n=3$；上标不同字母的同一行平均值存在显著差异（$P<0.05$）。

2. 氨基酸

近年来，在太空实验研究中，纤细裸藻（*Euglena gracilis*）Z 被用作封闭环境生命保障系统（CELSS）的主要生产者。然而，这种光合单细胞鞭毛虫（flagellate）不能利用硝酸盐、亚硝酸盐和尿素作为氮源。因此，铵在实验室中作为氮源（以磷酸氢二铵[$(NH_4)_2HPO_4$]的形式存在）被提供给纤细裸藻培养物。虽然硝酸盐对生物体具有低毒性，但铵对许多水生生物有害，尤其是在高pH值下，这会导致NH_4^+离子（低毒）部分转化为剧毒氨（NH_3）。在早期的报道中，以各种氨基酸作为唯一氮源进行纤细裸藻的培养。

德国埃尔朗根-纽伦堡大学的Richter等人（2021）研究了碳酸氢二铵作为氮源的替代品，即氨基酸。该替代品对在CELSS中与纤细裸藻共同培养的生物体具有较低的毒性。在不同氨基酸（甘氨酸、谷氨酰胺、谷氨酸、亮氨酸和苏氨酸）存在条件下，测定了纤细裸藻培养物的生长动力学。此外，还测量了细胞对这些氨基酸的摄取量。在甘氨酸和谷氨酰胺存在下的细胞生长与含有碳酸氢二铵的培养物中的生长相当，同时在亮氨酸和苏氨酸存在下观察到生长延迟的现象。

与上述氨基酸不同的是，谷氨酸的消耗量非常低。细胞密度和谷氨酸浓度在整个实验过程中几乎没有变化，培养物在8 d内达到稳定期。将这些数据与早期研究进行了比较，将早期研究中对纤细裸藻中氨基酸的利用进行了研究。结果发现，所有被测试的氨基酸（有限制的谷氨酸）都有可能成为纤细裸藻的替代氮源。因此，这些氨基酸可被用作磷酸氢二铵的无毒替代物（表5.6）（Richter等，2021）。在表5.6中，本研究的初始细胞浓度：×10^5个细胞·mL^{-1}，而Oda等人（1982a）和Buetow（1966）的初始细胞浓度：$8×10^4$~$1.2×10^5$个细胞·mL^{-1}；本研究的氨基酸初始浓度：3 mmol·mL^{-1}（相当于54 mg NH_4^+），Oda等人（1982a）的氨基酸初始浓度：30 mmol·mL^{-1}，Buetow（1966）的氨基酸初始浓度：1 mmol·mL^{-1}；GZ（7）/GZ（8）：分别在细胞培养前7 d或8 d内的生成时间。

表5.6　与早期研究结果相比，纤细裸藻在不同氨基酸作为氮源时的生长比较（Richter等，2021）

氮源	本研究（8 d和22 d后各自的细胞数量×10^6个·mL^{-1}）	Oda等人（1982a）（7 d后细胞数量×10^6个·mL^{-1}）	Buetow（1966）（7 d后细胞数量×10^6个·mL^{-1}）
无氮供应	0.08/0.13 GZ(8) = 64 h	0.32	0.02 GZ(7) = 168 h
$(NH_4)_2HPO_4$	0.4/1.13 GZ(8) = 36 h	0.45	0.36 GZ(7) = 32.5 h

续表

氮源	本研究（8 d 和 22 d 后各自的细胞数量 $\times 10^6$ 个·mL^{-1}）	Oda 等人（1982a）（7 d 后细胞数量 $\times 10^6$ 个·mL^{-1}）	Buetow（1966）（7 d 后细胞数量 $\times 10^6$·mL^{-1}）
甘氨酸	0.29/1.33 GZ(8) = 39.5 h	2.12	0.66 GZ(7) = 27.8 h
亮氨酸	0.12/1.25 GZ(8) = 53.5 h	1.32	0.42 GZ(7) = 31.2 h
苏氨酸	0.12/0.74 GZ(8) = 53.5 h	0.67	0.37 GZ(7) = 32.2 h
谷氨酰胺	0.52/1.38 GZ(8) = 33.7 h	2.68	0.63 GZ(7) = 28.1 h
谷氨酸	0.68/0.62 GZ(8) = 31.5 h	5.35	0.08 GZ(7) = 56 h

3. 有机胺

在太空站或太空基地，仪器设备和材料等也会释放有机胺。因此，将有机胺作为底物进行微藻培养是很有意义的。当前，在以气态 CO_2 为碳源的微藻培养过程中，普遍存在传质和固碳速率较低等问题。研究发现，有机胺类物质，如 MEA（乙醇胺）、DEA（二乙醇胺）、MDEA（N-甲基-二乙醇胺）、TEA（三乙醇胺）等能够显著提高 CO_2 的气液传质速率。不过，针对有机胺类物质影响微藻培养及固碳效率的公开报道并不多。

鉴于此，华东理工大学光生物反应器工程国家重点实验室的王兆印等人（2017）利用钝顶螺旋藻（FACHB-901）作为生物材料，并利用低含量 CO_2 气体作为唯一碳源，系统研究了有机胺类物质的种类（MDEA、MEA、DEA、TEA）及其添加策略对螺旋藻生物量和固碳速率的影响关系。研究结果表明，在改性 Zarrouk 培养基中添加了 1 mmol·L^{-1} MDEA 可以使培养基中溶解性无机碳含量达到 297.4 mg·L^{-1}。另外，添加 1 mmol·L^{-1} TEA 可以得到最佳的螺旋藻生物量产量（0.894 g·L^{-1}）和固碳速率（139.3 mg·L^{-1}·d^{-1}）（表 5.7）。同时，研究获得螺旋藻培养过程中 TEA 的最优添加策略：延滞期添加 5 mmol·L^{-1}、对数前期补加 1 mmol·L^{-1}、对数后期补加 2 mmol·L^{-1}。最终，通过采用 TEA 的添加优化策略获得了螺旋藻的生物量产量（1.248 g·L^{-1}）和固碳速率（191.4 mg·L^{-1}·d^{-1}），这比对照组分别提高了 25.6% 和 41.2%。

表 5.7 胺类 CO_2 吸收剂对钝顶螺旋藻生长及固碳速率的影响（王兆印等，2017）

吸收剂种类	$DCW_{最大}/(g \cdot L^{-1})$	$\mu_{最大}/(d^{-1})$	$P_x/(mg \cdot L^{-1} \cdot d^{-1})$	$R_C/(mg \cdot L^{-1} \cdot d^{-1})$
无	0.823 ± 0.038	0.271 ± 0.005	69 ± 0.765	121.5 ± 0.459
MEA	0.778 ± 0.052	0.231 ± 0.008	64 ± 0.867	112.2 ± 0.976
DEA	0.806 ± 0.045	0.238 ± 0.011	67 ± 0.098	117.4 ± 0.881
MDEA	0.747 ± 0.036	0.219 ± 0.015	59 ± 0.106	103.8 ± 0.786
TEA	0.894 ± 0.57	0.328 ± 0.009	788 ± 0.115	139.3 ± 1.95

注：DCW 为细胞干质量；μ 为比生长速率；P_x 为生长速率；R_C 为固碳速率。

4. 蛋白胨和肉提取物

Kong 等人（2011）研究了小球藻的不同氮源，包括硝酸钾、尿素、硫酸铵、硝酸铵、蛋白胨及肉提取物，结果证明其中硝酸钾和尿素的效果最好。另外，在硝酸钾和尿素中，硝酸钾表现出最高的比生长速率（0.87 d^{-1}）、生物量产量（3.43 $g \cdot L^{-1}$）、生物量生产速率（0.57 $g \cdot L^{-1} \cdot d^{-1}$）和脂质生产速率（47.1 $g \cdot L^{-1} \cdot d^{-1}$）。但是，由于尿素的价格较低，因此它在地面上被认为是最好的氮源。

5. 无机 + 有机氮源

针对欧洲航天局的 MELISSA 计划，研究人员考虑采用一定的微生物过程，如对富含尿素 - 铵的人体排泄物进行硝化，然后将硝酸盐用于蓝藻培养和空气活化。然而，这种多重过程的级联反应往往会增加生命保障系统的复杂性。不过，使用非硝化尿液培养 Limnospira 的可能性可以部分解决这些问题。

比利时蒙斯大学 Sachdeva 等人（2021）之前的研究结果表明，用尿素和铵培养 Limnospira 是可能的，尿素和铵是非硝化尿液中主要的氮形式。在该研究中，他们研究了用非硝化尿液中存在的不同氮形式培养 Limnospira 的可能性，并评估了它们对 Limnospila 产氧能力的影响。在这项为期 35 d 的研究中，他们研究了欧洲航天局 MELiSSA 的简本。在这项地面示范研究中，他们监测了尿素和铵（相对于硝酸盐）对 Limnospira 产氧能力的影响。在随机光传输模型的基础上开发和验证了一种确定性控制律，该控制律调节（增加/减少）光生物反应器（利

用 *Limnospira*）内的入射光，以控制闭合回路中的氧气浓度。来自小鼠隔室的 CO_2 被回收作为 *Limnospira* 的碳源。研究观察到，虽然该系统在硝酸盐和尿素模式下可以满足 20.3% 的期望氧气浓度，但在铵模式下只能达到 19.5% 的最大氧气浓度。

5.4 碳和氮的相互作用

研究表明，不仅碳源和氮源会影响藻类细胞的生长和物质的合成，而且 C/N 比也同样会起到这样的作用。在混合营养条件下，优化微藻培养系统的一个基本问题是详细分析有机碳和氮的浓度效应。许多微生物学研究表明，光合微生物中的碳和氮代谢之间存在着明显的相互作用关系（Huppe 和 Turpin，1994；Foyer 等，2001；Hillig 等，2014）。根据所施用氮的浓度，添加有机碳可能会抑制或促进微藻的生长。

导致微藻生长放慢最少的有机碳浓度的量略微取决于氮源含量，而主要取决于氮的浓度。在生产生物燃料的工业应用中，控制 C/N 比至关重要。首先在这些应用中考虑高硝酸盐浓度以实现所需的生长速率，然后将其保持在低水平以便在有利的细胞浓度下提高脂质生产速率（Hu 和 Gao，2003；Shen 等，2008；Sayadi 等，2016）。

Pagnanelli 等人（2013）指出，混合营养生长遵循有机碳和氮之间的相互作用比例。这个比例可以对微藻生长动力学建模和培养系统操作产生深远影响。控制 C/N 比对于优化反应器的性能尤其重要。他们就有机碳和氮的相互作用对比生长速率的影响进行了精确分析。在该研究中，基于一组实验和实验数据计算了平均比生长速率 $<\mu_{最大}>$。该研究观察到，在恒定的氮浓度下，有机碳浓度的增加会导致向不希望的生长区转移（降低比生长速率）。需要注意的是，在每个给定的氮浓度中，都有一个有机碳的最大浓度，超过该浓度将导致样品的 $\mu_{最大}$ 低于 $<\mu_{最大}>$。该量也表示进入不希望的生长区，并且通过增加氮浓度导致其量增加。因此，可以得出结论，藻细胞的生长状态应该利用 C/N 比来确定，而不仅仅是使用碳或氮浓度。分析表明，避免 C/N 比出现大幅度提高是有依据的（表 5.8 和图 5.10）。已知 C/N 比高于 17 时，$\mu_{最大}$ 值将小于 $<\mu_{最大}>$。

表5.8 批次培养中小球藻的混合营养生长状态（Pagnanelli 等，2013）

藻种	葡萄糖/(g·L^{-1})	氮源	氮源控制/(g·L^{-1})	C/N 比	$\mu_{最}$/(h^{-1})	$\mu_{最大}$ $-<\mu_{最大}>$/(h^{-1})	生产速率/(g·L^{-1}·d^{-1})	$C_{最大}$/(g·L^{-1})
原小球藻 (Chlorella protothecoides)	5	酵母提取物	4	—	0.14	0.066 9	—	3.5
	15		4		0.04	-0.033 1		6
	5		1	—	—	—		6
	15		5	—	—	—		4
佐芬小球藻 (Chlorella zofingiensis)	0	NaNO$_3$	0.55	0	0.003	-0.070 1	—	1.15
	5		0.55	22.07	0.043	-0.030 1		3.38
	30		0		0.004	-0.691		1.17
	30		0.14	519.48	0.022	-0.051 1		4.6
普通小球藻 #259	10	NaNO$_3$	0.25	97.08	0.028 9	-0.044 2	0.253	1.7
	20		0.25	194.17	0.026 8	-0.046 3	0.247	1.6
	50		0.25	485.43	0.021 3	-0.051 8	0.155	1
	100		0.25	970.87	0.011 6	-0.061 5	0.066 7	0.45
小球藻	0	NH$_4$Cl	0.8	0	—	—	0.22	1.5
	>5		0.8	9.54	—	—	0.41	2.84
	5		0.8	>9.54	—	抑制作用	—	—
蛋白核小球藻	0.1	NaNO$_3$	0.14	1.73	0.110 7	0.037 6	—	—
	0.5		0.14	8.65	0.107 0	0.033 9	—	—
	1		0.14	17.31	0.109 4	0.036 3	—	—
蛋白核小球藻	15	KNO$_3$	1.25	34.66	—	—	1.6	7.3
普通小球藻	11.3	KNO$_3$	3	10.88	0.041	-0.032 1	—	4.7
	11.9		3	11.45	0.034	-0.039 1	—	5.5
索罗氏小球藻	0	NaNO$_3$	15	0	0.06	-0.013 1	0.027 1	0.35
	10		15	1.62	0.44	0.366 9	0.110 4	1.33

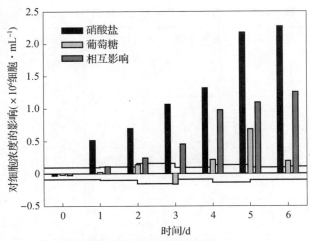

图 5.10 硝酸盐和葡萄糖初始浓度的影响及其通过
ANOVA 计算的相互作用 (Pagnanelli 等, 2013)

图中的上下线定义了显著性区间

我国台湾成功大学的 Chen 等人 (2013) 利用钝顶螺旋藻生产营养产品 C – 藻蓝蛋白 (C – PC), 同时减少其生长过程中的 CO_2 排放。该研究使用设计的平板型光生物反应器, 显著提高了螺旋藻的生物量产量, 并导致 CO_2 去除率和生物量浓度分别达到 0.23 $g·L^{-1}$ 和 2.25 $g·L^{-1}$。同时, 研究了在不同光照条件下培养的螺旋藻的细胞生长速率、CO_2 固定速率和 C – PC 产量。当光照强度从 100 $\mu mol·m^{-2}·s^{-1}$ 增加到 700 $\mu mol·m^{-2}·s^{-1}$ 时, 总生物量生产速率、CO_2 消耗率和最大 C – PC 生产速率分别被显著提高到 0.74 $g·L^{-1}·d^{-1}$、1.53 $g·L^{-1}·d^{-1}$ 和 0.11 $g·L^{-1}·d^{-1}$。在确定合适的光照强度后, 还调整了氮浓度, 以进一步提高 CO_2 固定和 C – PC 生产的性能。结果表明, 在最佳氮浓度为 45 $mmol·L^{-1}$ 时, CO_2 的消耗速率和最大 C – PC 生产速率分别被进一步提高到 1.58 $g·L^{-1}·d^{-1}$ 和 0.13 $g·L^{-1}·d^{-1}$。

结 束 语

本章总结了微藻培养中碳源和氮源这两种最重要养分各自的供应种类、数量和方式等。研究认为, 针对受控生态生命保障系统, 最佳碳源是高浓度的 CO_2 气体，其次是碳酸氢钠，再次是葡萄糖。最佳氮源是乘员所产生的尿素和铵。在空间站或太空基地，尿素和铵可随时来源于乘员，可与受控生态生保系统的物质流很好地进行兼容，因此对于未来的空间站或太空基地应用也应该是最好的氮源。其次是氨，再次是硝酸钠或硝酸钾。CO_2 气体的浓度可以很高，但一般在 8%~12% 的效率较高；另外，碳源和氮源之间的比例也很重要，其太大或太小都会影响微藻的正常生长和营养平衡。鉴于此，有人根据实践经验并总结前人的经验，提出 C/N 比最好不要大于 17。

参 考 文 献

毛炜炜，张磊，尹庆蓉，等. 微藻固碳光合作用强化策略及展望 [J/OL]. 洁净煤技术，2022，28（9）：30-43. DOI：10.13226/j. Issn. 1006-6772. CRU22071101.

王兆印，李一锋，张旭，等. 有机胺对螺旋藻生长及固碳效果的影响 [J]. 高校化学工程学报，2017，31（2）：377-386.

周光正. 螺旋藻的物理-化学因素和营养物对其生长的影响 [J]. 海洋科学，1994，(6)：67-68.

ADAMCZYK M, LASEK J, SKAWIŃSKA A. CO_2 biofixation and growth kinetics of *Chlorella vulgaris* and *Nannochloropsis gaditana* [J/OL]. Applied Biochemistry and Biotechnology, 2016, 179: 1248-1261. DOI: 10.1007/s12010-016-2062-3.

BABA M, SUZUKI I, SHIRAIWA Y. Proteomic analysis of high-CO_2-inducible extracellular proteins in the unicellular green alga, *Chlamydomonas reinhardtii* [J]. Plant and Cell Physiology, 2011, 52 (8): 1302-1314.

BHOLA V, SWALAHA F, RANJITH KUMAR R, et al. Overview of the potential of microalgae for CO_2 sequestration [J/OL]. International Journal of Environmental Science and Technology, 2014, 11: 2103-2118. DOI: 10.1007/s13762-013-0487-6.

CALVIN M. 40 years of photosynthesis and related activities [J]. Photosynthesis Research, 1989, 21: 3-16.

CERVENY J, SETLIK I, TRTILEK M, et al. Photobioreactor for cultivation and real-time, in situ measurement of O_2 and CO_2 exchange rates, growth dynamics, and of chlorophyll fluorescence emission of photoautotrophic microorganisms [J]. Engineering in Life Sciences, 2009, 9: 247 – 253.

CHEN C Y, KAO P C, TSAI C J, et al. Engineering strategies for simultaneous enhancement of C – phycocyanin production and CO_2 fixation with Spirulina platensis [J]. Bioresource Technology, 2013, 145: 307 – 312.

COLLA L M, REINEHR C O, REICHERT C, et al. Production of biomass and nutraceutical compounds by *Spirulina platensis* under different temperature and nitrogen regimes [J]. Bioresource Technology, 2007, 98: 1489 – 1493.

DALIRY S, HALLAJISANI A, MOHAMMADI ROSHANDEH J, et al. Investigation of optimal condition for *Chlorella vulgaris* microalgae growth [J/OL]. Global Journal of Environmental Science and Management, 2017, 3 (2): 217 – 230. DOI: 10. 22034/gjesm. 2017. 03. 02. 010.

DONG X, HAN B, ZHAO Y, et al. Enhancing biomass, lipid production, and nutrient utilization of the microalga Monoraphidium *sp.* QLZ – 3 in walnut shell extracts supplemented with carbon dioxide [J/OL]. Bioresource Technology, 2019, 287: 121419. https://doi. org/10. 1016/j. biortech. 2019. 121419.

EL BAKY H H A, EL BAROTY G S, MOSTAFA E M. Optimization growth of *Spirulina* (*Arthrospira*) *platensis* in photobioreactor under varied nitrogen concentration for maximized biomass, carotenoids and lipid contents [J]. Recent Patents on Food, Nutrition & Agriculture, 2020, 11: 40 – 48.

FOYER C H, FERRARIO – MÉRY S, NOCTOR G. Interactions between carbon and nitrogen metabolism [M]. In: Lea PJ, et al. (eds.): Plant Nitrogen. Berlin and Heidelberg: Springer – Verlag, 2001: 237 – 254.

GIORDANO M, BEARDALL J, RAVEN JA. Mechanisms in algae: Mechanisms, environmental modulation, and evolution [J]. Annual Review of Plant Biology, 2005, 56: 99 – 131.

GRIFFITHS M J, HARRISON S T. Lipid productivity as a key characteristic for choosing algal species for biodiesel production [J]. Journal of Applied Phycology,

2009, 21 (5): 493 – 507.

HILLIG F, PILAREK M, JUNNE S, et al. Cultivation of marine microorganism in single – use systems [J]. Advances in Biochemical Engineering/Biotechnology, 2014, 138: 179 – 206.

HO S H, CHEN C Y, LEE D J, et al. Perspectives on microalgal CO_2 emission mitigation systems: A review [J]. Biotechnology Advances, 2011, 29 (2): 189 – 198.

HSIEH C H, WU W T. Cultivation of microalgae for oil production with a cultivation strategy of urea limitation [J]. Bioresource Technology, 2009, 100: 3921 – 3926.

HU H, GAO K. Optimization of growth and fatty acid composition of a unicellular marine picoplankton, *Nannochloropsis sp.*, with enriched carbon sources [J]. Biotechnology Letters, 2003, 25 (5): 421 – 425.

HUMPHREY A M. Chlorophyll as a colour and functional ingredient [J]. Journal of Food Science, 2006, 69: 422 – 425.

HUPPE H C, TURPIN D H. Integration of carbon and nitrogen metabolism in plant and algal cells [J]. Annual Review of Plant Physiology & Plant Molecular Biology, 1994, 45 (1): 577 – 607.

IVERSON T M. Evolution and unique bioenergetic mechanisms in oxygenic photosynthesis [J]. Current Opinion in Chemical Biology, 2006, 10: 91 – 100.

JUNG F, JUNG C G H, KRÜGER – GENGE A, et al. Factors influencing the growth of *Spirulina platensis* in closed photobioreactors under $CO_2 - O_2$ conversion [J/OL]. Journal of Cellular Biotechnology, 2019, 5: 125 – 134. DOI: 10.3233/JCB – 199004.

KONG W, SONG H, CAO Y. The characteristics of biomass production, lipid accumulation and chlorophyll biosynthesis of *Chlorella vulgaris* under mixotrophic cultivation [J]. African Journal of Biotechnology, 2011, 10 (55): 11620 – 11630.

KUMAR A, ERGAS S, YUAN X, et al. Enhanced CO_2 fixation and biofuel production via microalgae: Recent developments and future directions [J/OL]. Trends in Biotechnology, 2010, 28: 371 – 380. DOI: 10.1016/j.tibtech.2010.04.004.

KUMAR K, DASGUPTA C N, NAYAK B, et al. Development of suitable photobioreactors for CO_2 sequestration addressing global warming using green algae and cyanobacteria [J]. Bioresource Technology, 2011, 102: 4945-4953.

KUPRIYANOVA E, PRONINA N. Carbonic anhydrase: Enzyme that has transformed the biosphere [J]. Russian Journal of Plant Physiology, 2011, 58: 197-209.

LARKUM A W D. Limitations and prospects of natural photosynthesis for bioenergy production [J]. Current Opinion in Biotechnology, 2010, 21: 271-276.

LV J M, CHENG L H, XU X H, et al. Enhanced lipid production of *Chlorella vulgaris* by adjustment of cultivation conditions [J]. Bioresource Technology, 2010, 101 (17): 6797-6804.

MIYA A, ADACHI T, UMEDA I. Preliminary study on microalgae culturingmg reactor for carbon dioxide elimination and oxygen recovery system [J]. 23rd International Conference On Environmental Systems, SAE Technical Paper Series, 1993: 932127.

MIYACHI S, IWASAKI I, SHIRAIWA Y. Historical perspective on microalgal and cyanobacterial acclimation to low – and extremely high – CO_2 conditions [J]. Photosynthesis Research, 2003, 77: 139-153.

MONTOYA E Y O, CASAZZA A A, ALIAKBARIAN B, et al. Production of *Chlorella vulgaris* as a source of essential fatty acids in a tubular photobioreactor continuously fed with air enriched with CO_2 at different concentrations [J/OL]. Biotechnology Progress, 2014, 30 (4): 917-922. DOI: 10.1002/btpr.1885.

MORRIS H J, ALMARALES A, CARRILLO O, et al. Utilisation of *Chlorella vulgaris* cell biomass for the production of enzymatic protein hydrolysates [J]. Bioresource Technology, 2008, 99: 7723-7729.

MURADYAN E A, KLYACHKO-GURVICH G L, TSOGLIN L N, et al. Changes in lipid metabolism during adaptation of the *Dunaliella salina* photosynthetic apparatus to high CO_2 concentration [J]. Russian Journal of Plant Physiology, 2004, 51: 53-62.

PAGNANELLI F, ALTIMARI P, TRABUCCO F, et al. Mixotrophic growth of *Chlorella vulgaris* and *Nannochloropsis oculata*: Interaction between glucose and nitrate [J]. Journal of Chemical Technology and Biotechnology, 2014, 89 (5): 652-661.

PYLE D J, GARCIA R A, WEN Z Y. Producing docosahexaenoic acid (DHA) – rich algae from biodiesel – derived crude glycerol: Effects of impurities on DHA production and algal biomass composition [J]. Journal of Agricultural and Food Chemistry, 2008, 56: 3933 – 3939.

RAVEN J A. Inorganic carbon acquisition by eukaryotic algae: Four current questions [J]. Photosynthesis Research, 2010, 106: 123 – 134.

RICHTER P R, LIU Y, AN Y, et al. Amino acids as possible alternative nitrogen source for growth of *Euglena gracilis* Z in life support systems [J/OL]. Life Sciences in Space Research, 2015, 4: 1 – 5. http://dx.doi.org/10.1016/j.lssr.2014.11.001.

RODOLFI L, CHINI ZITTELLI G, BASSI N, et al. Microalgae for oil: Strain selection, induction of lipid synthesis and outdoor mass cultivation in a low – cost photobioreactor [J]. Biotechnology and Bioengineering, 2009, 102 (1): 100 – 112.

SACHDEVA N, POUGHON L, GERBI O, et al. Ground demonstration of the use of *Limnospira indica* for air revitalization in a bioregenerative life – support system setup: Effect of non – nitrified urine – derived nitrogen sources [J/OL]. Frontiers in Astronomy and Space Sciences, 2021, 8: 700270. DOI: 10.3389/fspas.2021.700270.

SATOH A, KURANO N, SENGER H, et al. Regulation of energy balance in photosystems in response to changes in CO_2 concentrations and light intensities during growth in extremely – high – CO_2 – tolerant green microalgae [J]. Plant and Cell Physiology, 2002, 43: 440 – 451.

SAYADI M N, AHMADPOUR N, FALLAHI CAPOORCHALI M, et al. Removal of nitrate and phosphate from aqueous solutions by microalgae: An experimental study [J]. Global Journal of Environmental Science and Management, 2016, 2 (4): 357 – 364.

SCARSELLA M, BELOTTI G, DE FILIPPIS P, et al. Study on the optimal growing conditions of *Chlorella vulgaris* in bubble column photobioreactors [J]. Chemical Engineering, 2010, 20: 85 – 90.

SECKBACH J, BAKER F A, SHUGARMAN P M. Algae thrive under pure CO_2 [J]. Nature, 1970, 227: 744 – 745.

SERGEENKO T, MURADYAN E, PRONINA N, et al. The effect of extremely high

CO_2 concentration on the growth and biochemical composition of microalgae [J]. Russian Journal of Plant Physiology, 2000, 47: 632 – 638.

SHEN Y, YUAN W, PEI Z, et al. Culture of microalga *Botryococcus* in livestock wastewater [J]. Transactions of the ASABE, 2008, 51 (4): 1395 – 1400.

SOLOVCHENKO A, KHOZIN – GOLDBERG I. High – CO_2 tolerance in microalgae: Possible mechanisms and implications for biotechnology and bioremediation [J/OL]. Biotechnology Letters, 2013, 35: 1745 – 1752. DOI: 10.1007/s10529 – 013 – 1274 – 7.

SPOLAORE P, JOANNIS – CASSAN C, DURAN E, et al. Commercial application of microalgae [J]. Journal of Bioscience and Bioengineering, 2006, 101: 87 – 96.

THOMAS D J, SULLIVAN S L, PRICE A L, et al. Common freshwater cyanobacteria grow in 100% CO_2 [J/OL]. Astrobiology, 2005, 5 (1): 66 – 74. DOI: 10.1089/ast.2005.5.66.

TOLEDO – CERVANTES A, MORALES M, NOVELO E, et al. Carbon dioxide fixation and lipid storage by *Scenedesmus obtusiusculus* [J]. Bioresource Technology, 2013, 130: 652 – 658.

WANG B, LI Y, WU N, et al. CO_2 bio – mitigation using microalgae [J]. Applied Microbiology and Biotechnology, 2008, 79: 707 – 718.

WEN Z Y, CHEN F. Optimization of nitrogen sources for heterotrophic production of eicosapentaenoic acid by the diatom *Nitzschia laevis* [J]. Enzyme and Microbial Technology, 2001, 29: 341 – 347.

XU H, MIAO X, WU Q. High quality biodiesel production from a microalga *Chlorella protothecoides* by heterotrophic growth in fermenters [J]. Journal of Biotechnology, 2006, 126: 499 – 507.

YANG C, HUA Q, SHIMIZU K. Energetics and carbon metabolism during growth of microalgal cells under photoautotrophic, mixotrophic and cyclic light – autotrophic/dark – heterotrophic conditions [J]. Biochemical Engineering Journal, 2000, 6 (2): 87 – 102.

YOO C, CHOI G G, KIM S C, et al. *Ettlia sp.* YC01 showing high growth rate and lipid content under high CO_2 [J]. Bioresource Technology, 2013, 127: 482 – 488.

第 6 章
微藻培养光照条件优化方法

6.1 前言

微藻生长的影响因素很多,主要包括:光照、藻种及藻株类型、培养基养分组分、pH 值、温度、处理步骤等程序、充气气体混合物（CO_2 – 空气混合物）的流速和组成、气泡大小、营养液中的 O_2、CO_2 和 HCO_3^- 含量以及培养期间营养液中藻体悬浮液的光密度等。然而,微藻,包括小球藻和螺旋藻,都是光自养生物,其自养活动的驱动力均来自光。因此,光照对于微藻的正常生长乃至繁殖是至关重要的。

一般来说,光照条件,包括光照强度（light intensity）、光质量（light quality）（下面简称光质,即各种可见光光波长范围（400~700 nm）及其组合类型）、光周期（lighting period）（即光暗交替进行的时间）等均会影响微藻的生长,对它们进行协同优化调控来提高微藻的光合作用效率,即 CO_2 净化效率和 O_2 生产效率、生物量产量和系统能效比等均具有重要作用。另外,目前证明绿光、黄光和远红光（far – red light）等对微藻的生长在有些情况下也具有促进作用或其他独特的作用。

因此,本章重点介绍各种光照条件的优化调控方法,而第 7 章会介绍温度、酸碱度和细胞密度等其他重要影响因素的优化调节措施。

6.2 光合有效辐射及微藻色素吸收光谱的情况

光合有效辐射（photosynthetically active radiation，PAR），即太阳辐射中对藻类等植物光合作用有效的光谱成分，波长范围为 400~750 nm（另外一种说法是 380~710 nm），与可见光基本重合（图6.1）。光合有效辐射是植物进行光合作用过程中吸收的太阳辐射中使叶绿素分子呈激发状态的那部分光谱能量，是植物生命活动、有机物质合成和产量形成等的能量来源。

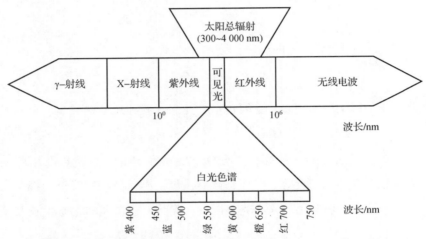

图 6.1　太阳光电磁光谱中的可见光光谱模式（Carvalho 等，2011）

在微藻中，含有叶绿素 a（或叶绿素 b）、类胡萝卜素、藻蓝蛋白等多种色素，它们对光谱都有各自的吸收峰。有的色素具有 1 个吸收峰，而有的则具有 2 个甚至 3 个吸收峰，其基本情况如图 6.2 所示。

然而，实际情况比图 6.2 所示的还要复杂得多。例如，叶绿素（chlorophyll）就包括 a、b、c、d、f 5 种类型，分属于不同种；胡萝卜素（carotene）包括 α 和 β 两种类型，分属于不同种；岩藻黄质（fucoxanthin）、藻红蛋白（phycoerythrin）（也称为藻红素）、藻蓝蛋白（phycocyanin）（也称为藻蓝素、藻青素、藻青蛋白、藻花青素）和别藻蓝蛋白（allophycocyanin）（又称为别藻蓝素）等，也都分属于不同的种。藻类光系统的主要色素和光波的最大吸收值如表 6.1 所示。

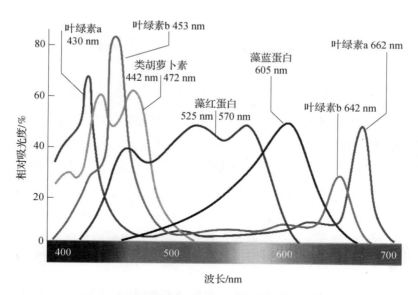

图 6.2 微藻体内不同色素的相对吸光度（附彩插）

表 6.1 藻类光系统的主要色素和光波的最大吸收值（Maltsev 等，2021）

色素	在有机溶剂中的最大吸收值/nm	所属藻种
叶绿素 a	420、660	所有藻类
叶绿素 b	435、643	绿藻
叶绿素 c	445、625	褐藻门、定鞭藻门、甲藻门、隐藻门
叶绿素 d	450、690	红藻门、部分蓝藻
叶绿素 f	707	部分蓝藻
β-胡萝卜素	425、450、480	大部分藻类
α-胡萝卜素	420、440、470	部分真核藻类（隐藻门、定鞭藻门、甲藻门、金黄藻纲）、部分蓝藻
墨角藻黄素	425、450、475	褐藻门（硅藻纲、褐藻纲、金黄藻纲）、定鞭藻门
藻红蛋白	490、546、576	红藻门、隐藻门、蓝藻门
藻青蛋白	618	红藻门、隐藻门、蓝藻门
别藻蓝蛋白	650	红藻门、隐藻门、蓝藻门

6.3 光照强度条件优化

光照强度（下面简称光强）是微藻培养中最重要的因素之一。它可以直接影响藻类细胞的光合动力学，并影响细胞生长和代谢产物的产生。已知各种细胞成分的合成受到光强的影响。例如，Sorokin 等人（1965）曾报道过，光强的增加首先有利于细胞分裂，然后在达到最佳光强后，光强的进一步增加则会抑制细胞分裂。不同藻类的最佳光照强度差异很大。藻类生长、产物积累和其他应用的最佳光子照度范围一般为 $62.5 \sim 2\,000\ \mu mol \cdot m^{-2} \cdot s^{-1}$。此外，对于不同的目的，由于不同光强下的新陈代谢差异，因此最佳光强也可能是不同的。在某些情况下，细胞生长和产物积累所要求的最佳光强是相同的（Wang 等，2014）。

6.3.1 光强与微藻光合作用效率和细胞生长速率之间的一般关系

光合作用的速率取决于吸收光能的速率。对于非常低的光照强度，根据对应于呼吸的方程，螺旋藻会净消耗 O_2 或产生 CO_2。随着光强的增加，光合产量会相应增加，因此在一定的补偿光照强度下，产量能够补偿呼吸，从而实现净正光合作用。通常，产量会随着光强增加而线性增加，直至达到某个值。通常，曲线会逐渐变平，并最终在最大光合速率处趋于平稳。对曲线的线性部分进行外推，可得出光强开始饱和。之后，随着光强的增加，则开始出现光抑制现象，产量开始下降，而导致这种产量下降的光强被称为光强抑制阈值。随着光强的持续增加，光抑制则会逐渐明显，这样生物量产量则会持续下降（Junga F，Jung 和 Krüger–Genge，2019）（图 6.3）。因此，在对微藻进行光照时，光强不能太低，但也不能太高，否则会引起光抑制而导致微藻的光合效率和产量下降，并浪费能源及增加热控负荷。

目前，有一些关于实现螺旋藻相对最大产量的光强研究。然而，在某些情况下，数据差异很大。这些差异可能是由于具有不同发射光谱的不同光源、不同的光生物反应器设计以及不同浓度的螺旋藻培养物和螺旋藻藻株本身而引起的。此外，光生物反应器的光透射和反射行为也会产生影响。部分研究认为，最佳光照强度的范围为 $1\,200 \sim 62\,000$ lx（Subramaniyan 和 Bai，1992；Wang，Fu 和 Liu，2005；Ravelonandro 等，2008；Chen 等，2010；Carvalho 等，2011）。

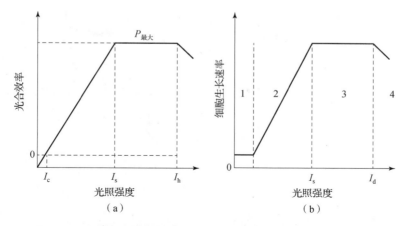

图 6.3 光照强度与微藻的光合效率和细胞生长速率之间的关系

(a) 光合效率曲线；(b) 细胞生长速率曲线

6.3.2 低光强条件

印度拉贾斯坦大学的 Kumar 等人（2011）用钝顶螺旋藻证明，2 000 lx 时的生物量产量较 3 500 lx 时的要高，但 3 500 lx 下的类胡萝卜素含量呈现增加（Kumar，Kulshreshtha 和 Singh，2011）。然而，另外一位印度学者 Pandey 等研究表明，对于螺旋藻来说，5 000 lx 或更高的光强会使生物量生产速率达到最佳值（Pandey，Pathak 和 Tiwari，2010）。上述研究的这些不同结果表明，为了确保最佳产量，应根据各自的光密度和光生物反应器而不断调整光照强度，而且必须确保排除或至少尽量减少过度光照，以尽量减少光解/光抑制（Carvalho 等，2011）。

6.3.3 高光强条件

土耳其科贾埃利大学的 Uyar 等人（2016）利用分区光生物反应器系统，研究了光照强度对微藻小球藻生长的影响。研究表明，最高生长速率（0.037 h^{-1}）和细胞浓度 [0.30 $g_{(DW)} \cdot L^{-1}$] 的最佳光照强度范围为 17~36 klx，而较低的光照强度会导致生长明显较慢和细胞浓度较低。相反，在 36 klx 以上的光照强度下可以清楚地观察到光抑制作用。通过实验，将可以提供 95% 最大生长速率的最大光生物反应器深度确定为 8 cm。

目前，附着培养系统（attached cultivation system）（图 6.4）作为微藻培养技

术的一项突破，受到了广泛关注，然而尚缺乏对微藻附着培养中重要参数的精确优化研究。韩国科学技术院（KAIST）的 Kim 等人（2018）采用响应表面方法学（response surface methodology，RSM）优化了光自养培养中的两个主要环境参数，即光照强度和 CO_2 浓度对 *Ettlia sp.* YC001 生物量和脂质表面生产速率的影响，并通过实验予以验证。附着培养的最佳初始条件是采用指数后期（LE）的 *Ettlia sp.* 种子，接种物表面密度为 $2.5\ g\cdot m^{-2}$。通过优化，在 $730\ \mu mol\cdot m^{-2}\cdot s^{-1}$ 和 $8\%\ CO_2$ 的条件下，生物量表面生产速率达到 $(28.0\pm1.5)\ g\cdot m^{-2}\cdot d^{-1}$。当光子照度为 $500\ \mu mol\cdot m^{-2}\cdot s^{-1}$ 和 CO_2 浓度为 7% 时，最大脂质表面生产速率为 $(4.2\pm0.3)\ g\cdot m^{-2}\cdot d^{-1}$（图 6.5）。在图 6.5 中，三维图和等高线图都是根据该研究中开发的二次模型预测的第 6 d 的脂质表面生产速率绘制的；在等高线图中，用最大生物量表面生产速率、95% 置信区间低和高的信息以及最佳点的条件来指示最佳点。*Ettlia sp.* YC001 的附加培养以相对较低的光能需求和较高的 CO_2 利用率成功地以高生产速率生产了生物量和脂质（Kim 等，2018）。

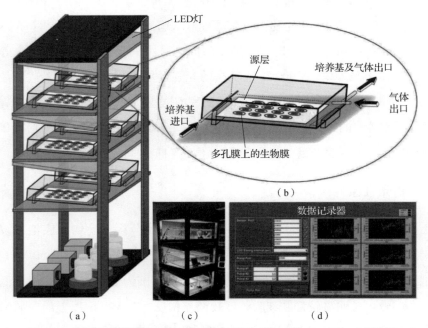

图 6.4　微藻附着培养系统示意图及实物图（Kim 等，2018）（附彩插）

(a) 整个附着培养系统示意图；(b) 每个光生物反应器详解图；(c) 系统真实图；
(d) 每个光生物反应器内的温度、湿度和 CO_2 浓度的实时数据记录程序

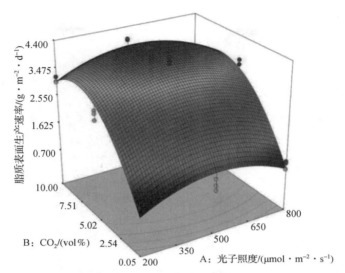

图 6.5 *Ettlia sp.* YC001 附着培养中脂质表面生产速率的响应面
（Kim 等，2018）（附彩插）

6.3.4 部分微藻的最适光强范围

综上所述，光强不能太弱，但也不能太强。微藻在弱光条件下能够进行高效光合作用，但生产速率一般会很低。然而，在明亮的阳光下，很难实现高的光合效率，因为细胞吸收的光能比转化为生物化学能的光能会更多，这样微藻会将吸收的光能的一部分作为热量耗散掉，因此就会浪费能源，并增加温控负荷（de Mooij 等，2016）。部分藻种达到最大生长速率的最佳光子照度如表 6.2 所示。

表 6.2 部分藻种达到最大比生长速率的最佳光子照度（Maltsev 等，2021）

所研究的光子照度/(μmol·m^{-2}·s^{-1})	生长最快的最适光子照度/(μmol·m^{-2}·s^{-1})	最大比生长速率/(d^{-1})	藻种和品系	分类
5、25、50、100、250、850	26~55	1.3	*Microchloropsis salina*	眼点藻纲
60、100、250、500、750	60~112	*	三角褐指藻 (*Phaeodactylum tricornutum*)	硅藻纲

续表

所研究的光子照度/(μmol·m^{-2}·s^{-1})	生长最快的最适光子照度/(μmol·m^{-2}·s^{-1})	最大比生长速率/(d^{-1})	藻种和品系	分类
70、140、210	70	*	淡色紫球藻（*Porphyridium purpureum*）	紫球藻目
10、20、40、60、80、100、120、140、160、180、200、220、240	60~100	0.6~0.7	盐生红胞藻（*Rhodomonas salina*）	隐藻纲
60、195、330、465、600	110~220	>1.0	红胞藻（*Rhodomonas sp.*）	隐藻纲
50、125、325	325	1.1	球等鞭金藻（*Isochrysis galbana*）	颗石藻纲
10、50、150、200、350、1 000	150	0.8	斜生栅藻 *Tetradesmus obliquus*	共球藻纲
50、150、300	150	*	栅列藻（*Scenedesmus obliquus*）	共球藻纲
50、150、300	150	*	小球藻	共球藻纲
150、300	150	0.77	佐夫色绿藻（*Chromochloris zofingiensis*）	共球藻纲
35、200、400	400	0.2*	缺刻叶球藻（*Lobosphaera incisa*）	共球藻纲
133、182	133	*	*Tetraselnris sp.*	四爿藻纲
200、500、1 000、1 500	1 000	0.2（DF15）；0.55（UTEX 2538）	杜氏盐藻（*Dunaliella salina*）（DF15，UTEX 2538）	绿藻纲

续表

所研究的光子照度/(μmol·m^{-2}·s^{-1})	生长最快的最适光子照度/(μmol·m^{-2}·s^{-1})	最大比生长速率/(d^{-1})	藻种和品系	分类
200、500、1 000、1 500	1 500	1.3（CCAP19/30） 1.05（DF17） 0.75（DF40）	杜氏盐藻 (*Dunaliella salina*) (CCAP 19/30. DF17DF40)	绿藻纲
20~500	330	1.78	*Arthrospira fusiformis*	蓝藻纲
200~700	360	0.26	*Arthrospira fusiformis*	蓝藻纲
40、160	160	0.491	席藻（*Phormidium sp.*）	蓝藻纲
75、100、150、500、660、750	660	2.14^b	聚球藻 (*Synechococcus sp.*) PCC 11901	蓝藻纲
75、100、150、500、660、750	500	1.93^b	聚球藻 (*Synechococcus sp.*) UTEX 2973	蓝藻纲

注：*数据不可用；a 从数字中获得的近似值；b 加倍时间（h）。

6.4 光质条件优化

光质（light quality），即光合有效辐射（PAR）的光谱组成，是影响生物量生产速率和生物量组成的另一个重要因素。由于细胞特异性色素沉着，小球藻和蓝藻等光营养微生物无法吸收 PAR 的所有光谱部分（Schulze 等，2014；Wang 等，2014）。在各种人工光源中，发光二极管（LED）的特点是效率高、寿命长、能耗低，并且其成分中不含有毒物质（Tian 等，2018；Olle 和 Viršile，2013）。先前的研究报道称，白色、蓝色、红色、绿色、黄色和橙色 LED 灯会影响螺旋藻的化学成分或色素含量、生物量生产速率和产量等（Wang，Fu 和 Liu，2007；Chen

等，2010；Bachchhav，Kulkarni 和 Ingale，2017；Chainapong，Traichaiyaporn 和 Deming，2012；Mao 和 Guo，2018）。

6.4.1 光质对藻类细胞生长的基本影响程度比较

不同颜色的光波长对藻类生长的作用一般是不同的，或者是发挥作用的程度是不同的。另外，对于不同的种类光质所发挥的作用也可能是不相同的。表 6.3 为光波长对不同微藻细胞生长速率影响的优先级比较。

表 6.3 光波长对不同微藻细胞生长速率影响的优先级比较（Wang 等，2014）

种类		细胞生长速率
小球藻属混合培养和酿酒酵母（BCRC 21 812）	*Chlorella. sp* *Saccharomyces cerevisiae*	红＞蓝＞绿
钝顶螺旋藻	*Spirulina. platensis*	绿＞白＞红＞蓝
钝顶螺旋藻	*Spirulina. platensis*	红＞白＞黄＞蓝
普通小球藻	*C. vulgaris*	红、蓝、白＞绿、黄
铜绿微囊藻 小球藻	*Microcystis aeruginosa* *Chlorella sp.*	红＞白＞黄＞蓝
普通小球藻	*C. vulgaris*	红＞白＞黄＞紫＞蓝＞绿
微拟球藻	*Nannochloropsis sp.*	蓝＞白＞绿＞红
布朗葡萄藻	*Botryococcus braunii*	红＞蓝＞绿

6.4.2 单色光质的作用

除了光照强度外，所用光源的发射光谱（波长，λ）对微藻培养物的成分和产量也起着重要作用。

1. 红光

人们普遍认为，红光对于光系统 Ⅰ（700 nm）和 Ⅱ（680 nm）的有效操作是需要的（Nosratimovafagh，Fereidouni 和 Krujatz，2022）。

我国台湾中兴大学的 Wang 等人（2007）研究发现，在红光照射下获得了最高的生物量生产速率,而在蓝光照射下获得的生物量生产速率要低很多。我国广东海洋大学的 Shi 等人(2016)研究了螺旋藻在不同光谱下的生物量生产速率,发现单独的红光比单独的蓝光具有更高的效率。

哥伦比亚弗朗西斯科·德保拉·桑坦德大学的 Rivera 等人(2021)研究发现,在用红光照射的指数期生长的钝顶螺旋藻细胞比在白光、绿光和黄光照射下的细胞能够在更大程度上抵抗光限制,这是因为藻蓝蛋白可以从中吸收较多的红光所引起的(Rivera,Niño 和 Gelves,2021)。

波兰奥尔什丁瓦尔米亚玛祖里大学的 Szwarc 和 Zieliński(2018)研究了不同波长的光对蓝藻钝顶螺旋藻产生藻蓝蛋白的影响。在该实验中,使用红色 LED(625 nm)和蓝色 LED(450 nm)两种光源培养钝顶螺旋藻,并且光生物反应器表面上发射的光照强度为 2 500 lx。所有实验系列中的初始生物量浓度为 (0.369 ± 0.014) g·dm^{-3}。如图 6.6(a)所示,利用红色 LED 照射的培养物生长最快,其生物量浓度达到 (3.915 ± 0.083) g·dm^{-3}。在荧光灯(白色)照射的培养物中观察到最低的生物量浓度为 (2.789 ± 0.032) g·dm^{-3}。

图 6.6(b)显示了不同波长的光对钝顶螺旋藻藻蓝蛋白含量的影响。利用红色 LED 灯培养的生物量中藻蓝蛋白含量最高,达到 $(17.61 \pm 0.51)\%$;利用蓝色 LED 灯所培养的钝顶螺旋藻的特征是其细胞中藻蓝蛋白含量最低,为 $(2.47 \pm 0.03)\%$。研究结果表明,在使用红色 LED 照射的培养物中获得了最高的生物量浓度和藻蓝蛋白浓度。该实验结果与韩国西江大学 Lee 等人(2016)的研究结果一致。

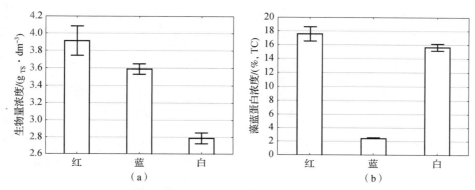

图 6.6 光波长对生物量浓度和藻蓝蛋白浓度的影响

(a)生物量浓度;(b)藻蓝蛋白浓度

另外，我国台湾中兴大学的 Chen 等人（2010）在研究红色、白色、蓝色、黄色和绿色 LED 灯的效果时，还观察到在采用红光的培养物中藻蓝蛋白含量最高，达到了 15.2%。巴西里约热内卢联邦大学的 Lima 等人（2018）在研究光的光质对钝顶螺旋藻生物量中色素积累的影响时，也利用红色 LED（660 nm）获得了最高的藻蓝蛋白含量（16.71%）。

中国航天员科研训练中心的毛瑞鑫和郭双生（2017）开展过多种单色光质对螺旋藻生长影响的研究。研究结果表明，红光处理下螺旋藻放氧效率可达 161.7 mg·L^{-1}·kW^{-1}·h^{-1}，较白光处理下提高了 32.64%，而黄光、绿光和蓝光处理下均低于 70 mg·L^{-1}·kW^{-1}·h^{-1}。因此，红光最有利于螺旋藻放氧，可以作为螺旋藻培养光源的主要光质。

我国广东海洋大学的 Shi 等人（2016）开展过红光（波长 620~630 nm）、蓝光（波长 465~475 nm）和绿光（波长 522~532 nm）3 种单色光对螺旋藻生长影响的研究。研究结果显示，在红、蓝、绿 3 种单色光下，螺旋藻的最大干物质含量分别为 1.346 g·L^{-1}、1.179 g·L^{-1} 和 1.081 g·L^{-1}。这表明红光是螺旋藻生长的最佳光源，因为在此观察到最高的生长速率，而且干物质含量显著增加了 56.69%（与对照组相比）。因此，以上实验的结果基本都是一致的，红光有利于微藻放氧、生物量和藻蓝蛋白的合成等。

2. 蓝光

目前普遍认为，蓝光对于改善微藻光合作用中的代谢功能是必要的（Tian 等，2018）。

例如，研究表明，蓝光照射微藻的藻蓝蛋白含量达到最高（Chen 等，2010）。另外，美国密西西比州立大学的 Blair 等人（2014），研究了光波长对小球藻生长的影响。采用不同的光波长（包括蓝色、透明（白色）、绿色和红色）的光来探索它们对藻类生长的影响。该因素的影响是通过特定的藻类生长速率和整个生长期的体积生物量生产速率来评估的。在这项研究中发现，与透明（白色）、红色和绿色波长的光相比，蓝光在较长的生长期（10~14 d）表现较好，即这时小球藻的生长速率和生物量生产速率均达到最高（Blair, Kokabian 和 Gude, 2014）。

浙江农林大学的朱旭丹等人（2013）以布朗葡萄藻（*Botryococcus braunii*）

357 株为材料，研究了 7 种光质（白光、红光、蓝光、混光 1（红：蓝 = 4：1）、混光 2（红：蓝 = 2：1）、绿光及黄光）对藻细胞生长和胞内几种有机物质含量的影响。研究结果表明，在 7 种光质培养条件下，细胞密度和生物量在蓝光下最高，OD_{680} 和干质量分别达到了 1.31 g·L^{-1} 和 2.56 g·L^{-1}，要高于其他光质（图 6.7）。

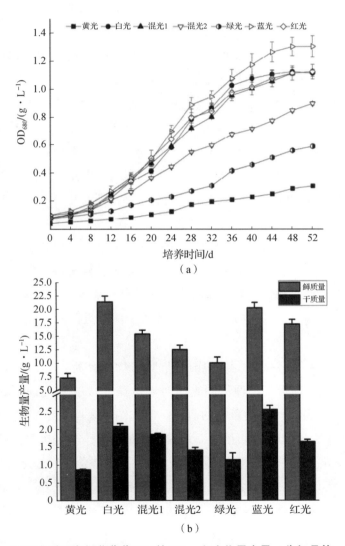

图 6.7 不同光质下布朗葡萄藻 357 的 OD_{680} 和生物量产量（朱旭丹等，2013）

(a) OD_{680}；(b) 生物量产量

中国海洋大学的毛安君等人（2008）开展了不同光质对小球藻生长的影响研究。研究结果表明，在 LED 光源中蓝色 LED 灯能够较快促进小球藻的生长。在低于饱和光强的情况下（即光强是生长的限制因子时），对于同等强度的光照，生长速率的大小顺序为：蓝光 LED＞组合光源＞荧光灯＞红光 LED＞绿光 LED。这反映了不同光谱对小球藻的生长效率不同。

我国台湾中兴大学的 Chen 等人（2010）应用具有不同波长（红、黄、绿、蓝、白）和不同光子照度（750 μmol·m^{-2}·s^{-1}、1 500 μmol·m^{-2}·s^{-1} 和 3 000 μmol·m^{-2}·s^{-1}）的 LED 灯研究了光源对钝顶螺旋藻叶绿素 a（Chl）和藻蓝蛋白（Phy）产生的影响。Logistic 速率方程被用于描述不同光源和强度下藻类生长和色素形成的动力学行为。回归分析结果表明，红光对藻类生长是最好的。另外，黄光在 750 或 1 500 μmol·m^{-2}·s^{-1} 的光子照度下产生最佳的特异性叶绿素生产速率，而蓝光在 3 000 μmol·m^{-2}·s^{-1} 的光子照度下产生最佳的特异性色素（叶绿素和藻蓝蛋白）生产速率。模型拟合结果表明，在较高的光照强度下，可以获得较高的叶绿素生产速率，同时获得较高的钝顶螺旋藻生物量产量。

3. 绿光

以前，人们一般认为绿光被包括藻类等植物所反射而对其生长不起作用。目前认识到绿光也有其独特的作用。例如，中国航天员科研训练中心的毛瑞鑫和郭双生（2017）所开展的钝顶螺旋藻培养研究证明，绿光处理下藻蓝蛋白的含量最高，可达 74.50 mg·g^{-1}。这说明，绿光有利于藻蓝蛋白的合成，可以作为光源的补充光质。

另外，我国天津科技大学与中国科学院植物研究所合作，开展过绿光、蓝光、红光和白光（对照）4 种不同光质对紫球藻（*Porphyridium cruentum*）生长及藻胆素（phycobilin）含量影响的研究。研究结果表明，绿光培养条件下紫球藻的生物量产量、藻胆素及可溶性总蛋白的含量最高，蓝光次之，而在红光培养条件下的紫球藻生长最为缓慢（图 6.8）（刘洪艳，潘伶俐和施定基，2007）。

另外，将绿光与白光相结合，能够实现最高的蛋白质产量（Chen，Zhang 和 Guo，1996；Markou，2014；Walter 等，2011）。

4. 黄光

同样，人们关于黄光对植物生长影响的认识也较少，而现在逐渐受到人们的日益重视。

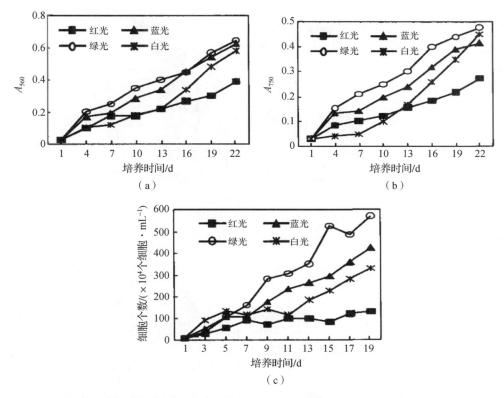

图 6.8　不同光质下紫球藻的生长曲线比较（刘洪艳，潘伶俐和施定基，2007）
（a）在 A_{560} 时 4 种光质下紫球藻的生长曲线；（b）在 A_{750} 时 4 种光质下紫球藻的生长曲线；
（c）4 种光质下紫球藻的细胞数量

例如，有研究证明，在黄光照射下，微藻的叶绿素含量较其他光质下会达到最高水平（Chen 等，2010）。

另外，荷兰瓦赫宁根大学的 de Mooij 等人（2016）研究了光生物反应器的生产速率与生物量比光吸收率（biomass specific light absorption rate）之间的对应关系。他们研究了在不同颜色的光下培养的莱茵衣藻（*Chlamydomonas reinhardtii*）的生产速率。入射光强度为 1 500 μmol 光子·m^{-2}·s^{-1}，在实验室规模的平板光生物反应器中进行培养。在连续光照下，测量的最高生产速率是使用黄光（54 g·m^{-2}·d^{-1}），而蓝光和红光的光利用效率最低（29 g·m^{-2}·d^{-1}）（图 6.9）。这项研究为通过不同的方法来降低生物量比光吸收率以最大限度地提高生产速率奠定了基础。

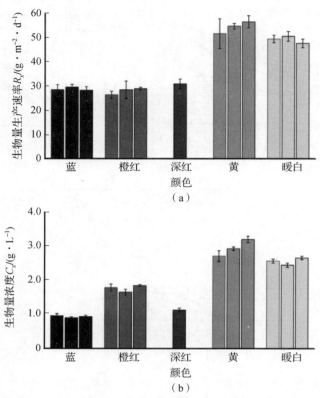

图 6.9　不同光质条件下莱茵衣藻的生物量生产速率和
生物量浓度比较（de Mooij 等，2014）

（a）生物量生产速率；（b）生物量浓度

另外，他们的研究结果表明，在大规模培养条件下，莱茵衣藻的生产速率与生物量比光吸收率之间呈负相关。

6.4.3　双色光质的作用

双色光质一般都是红光和蓝光的组合，或红光与白光的组合。实验证明，红+蓝或红+白的双色光组合的效果通常要好于任何一种单色光光源。

巴西里约热内卢联邦大学的 Lima 等人（2018）评估了由不同组分的蓝色和红色 LED 灯组成的 10 种光照条件（表 6.4）下的钝顶螺旋藻生物量产量、生产速率以及叶绿素 a、总类胡萝卜素和藻蓝蛋白含量之间的关系。

表 6.4 每种 LED 灯的光谱组成及光子照度

LED	光子照度/($\mu mol \cdot m^{-2} \cdot s^{-1}$)	颜色
深红	100	深红（660 nm）
R100∶B0	100	红（625 nm）
R80∶B20	80/20	红/蓝
R70∶B30	70/30	红/蓝
R60∶B40	60/40	红/蓝
R50∶B50	50/50	红/蓝
R40∶B60	40/60	红/蓝
R30∶B70	30/70	红/蓝
R20∶B80	20/80	红/蓝
R0∶B100	100	蓝（450 nm）

研究结果表明，在给定的培养体积中，采用具有 70% 红色和 30% 蓝色成分且光子照度为 100 $\mu mol \cdot m^{-2} \cdot s^{-1}$ 的 LED 灯获得了最佳结果，导致平均生物量生产速率为 0.148 $g \cdot L^{-1} \cdot d^{-1}$（图 6.10），而且叶绿素 a、类胡萝卜素和藻蓝蛋白的平均浓度分别为 21.35 $\mu g \cdot mL^{-1}$、5.45 $\mu g \cdot mL^{-1}$ 和 167.98 $\mu g \cdot mL^{-1}$。

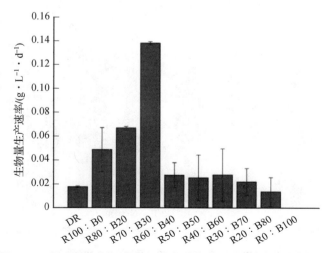

图 6.10 用不同红色 + 蓝色组合光质的 LED 照射的钝顶螺旋藻培养物实现的生物量生产速率比较

另外，在上述单色光研究的基础上，中国航天员科研训练中心的毛瑞鑫和郭双生研究了红（R）、绿（G）、蓝（B）LED 灯的混合双色光质对钝顶螺旋藻生长的影响。研究结果表明，红光与蓝光相结合可以降低藻丝体的紧实度，而绿光的效果相反。蓝光或绿光与红光的结合会导致藻丝体的长度变短。8R2B 处理能显著促进钝顶螺旋藻的生长，其干质量达到 $1.36\ g \cdot L^{-1}$，比对照组高 25.93%。此外，8R2B 处理下的碳水化合物和脂质含量最高，而 8R2G 处理下的蛋白质含量丰富（Mao 和 Guo，2018）。

再者，我国广东海洋大学的 Shi 等人（2016）将红蓝光、红绿光和蓝绿光组合光源应用于螺旋藻的培养研究。研究结果发现，在红蓝光、红绿光和蓝绿光组合下螺旋藻的最大干质量分别达到 $1.518\ g \cdot L^{-1}$、$1.389\ g \cdot L^{-1}$ 和 $1.232\ g \cdot L^{-1}$，由此说明红蓝光相对最好。

6.4.4 三色光质的作用

在上述单色和双色光的基础上，中国航天员科研训练中心的毛瑞鑫和郭双生研究了红（R）、绿（G）、蓝（B）三色光对钝顶螺旋藻生长的影响。研究结果表明，8R0.5G1.5B 的生物量生产速率最高，达到 $161.53\ mg \cdot L^{-1} \cdot kW^{-1} \cdot h^{-1}$。因此证明，在 8R0.5G1.5B 的混合光质下，可以同时实现较高的生物量生产速率和能源利用效率（图 6.11）（Mao 和 Guo，2018）。

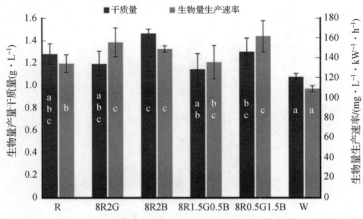

图 6.11 钝顶螺旋藻在不同光质处理下的生物量产量干质量和生物量生产速率（Mao 和 Guo，2018）

生物量干质量的 $P < 0.05$，生产效率的 $P < 0.01$

6.4.5 四色光质的作用

中国航天员科研训练中心的毛瑞鑫等人（2018）以红光为对照组，在6种不同配比的红（R）、蓝（B）、绿（G）、黄（Y）四色LED混合光质处理下进行钝顶螺旋藻培养，对其形态、生物量产量干质量、蛋白质含量、光合色素组成和放氧效率等指标进行了测量与综合分析。研究结果表明，所有四色光质处理下的藻丝体长度均短于红光处理，而叶绿素a、类胡萝卜素和藻蓝蛋白的含量都高于红光处理；7R2B0.5G0.5Y处理下钝顶螺旋藻的生物量产量干质量、蛋白质含量和放氧效率分别达到1.45 g·L^{-1}、53.83%和78.9 mg·L^{-1}·kW^{-1}·h^{-1}，较对照组分别提高了7.69%、9.33%和19.09%（图6.12）。图6.12（a）、（b）在两个数据后面标注相同字母的注释表示它们之间没有显著差异，而标注不同字母的注释表示它们之间具有显著差异。因此说明，红、蓝、绿、黄四色光质可以在获得较高螺旋藻生物量产量干质量和蛋白质含量的同时能够实现更高的放氧效率。

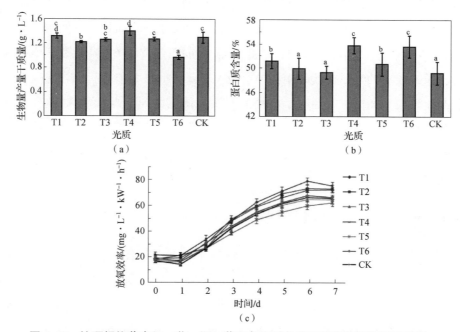

图6.12 钝顶螺旋藻在红、蓝、绿、黄四色光质条件下的生物量产量干质量、
蛋白质含量及放氧效率比较（毛瑞鑫等，2018）（附彩插）
（a）生物量产量干质量；（b）蛋白质含量；（c）放氧效率
T1—8R1B0.5G0.5Y；T2—8R0.5B1G0.5Y；T3—8R0.5B0.5G1Y；
T4—7R2B0.5G0.5Y；T5—7R1B1G1Y；T6—6R2B1G1Y；CK—10R

6.5 光周期条件优化

在微藻培养中，光/暗循环是微藻培养的另一个关键因素。光周期有连续的，但大多为间断培养，即具有光暗周期。光周期的优化还必须包括对光照强度和光源的分析。此外，它应该将细胞生长的分析与所需产品的生产相结合，以实现最大产量。同时，这个过程还应考虑能源消耗和运行成本。

6.5.1 光周期与光源的耦合作用

Atta 等人（2013）发现光源类型对光/暗循环也很重要。例如，在500 mL 烧瓶中以 200 μmol·m^{-2}·s^{-1} 的光子照度分批培养时，在蓝色 LED 灯下，小球藻在 12 h/12 h 的光/暗周期下获得了最大生长速率，而在白色荧光灯下，16 h/8 h 的光/暗周期则更好。除了生长的变化外，光/暗周期的变化还可能导致分批和半连续培养中碳水化合物、蛋白质和其他代谢物的细胞含量发生变化。例如，Wahidin 等人（2013）发现，适度的光/暗周期（18 h/6 h）导致脂质含量最大；较长或较短的光照持续时间会导致微拟球藻分批培养中的脂质含量较低。此外，Atta 等人（2013）报道，小球藻的脂质含量也受到与光/暗周期整合的光照强度的影响。另外，Khoeyi 等人（2012）研究发现，光周期对小球藻的脂肪酸组成有影响；饱和脂肪酸的百分比随着光照时间的增加而增加，同时伴随着单不饱和脂肪酸和多不饱和脂肪酸酯出现下降。

6.5.2 光周期与光强的耦合作用

除上述效应外，光强与光周期对微藻的生长也具有耦合作用。在中等光照强度下，分别在 1 L 锥形烧瓶、由双夹套容器组成的 3 L PBR 系统和 3 L 气泡柱式 PBR 中，分批培养小球藻、蛋白核小球藻（*Chlorella pyrenoidosa*）和 *Aphanothee micro Nägeli*，生长速率会随着光照时间的增加而增加（Jacob – Lopes 等，2009；Khoeyi，Seyfabadi 和 Ramezanpour，2012；Ponraj 和 Din，2013）。另外，研究表明，最佳的光/暗周期也与光照强度有关。例如，Wahidin 等人（2013）报道，在无菌条件的较长光周期下，微拟球藻（*Nannochloropsis sp.*）在 5 L PBR 中的分批培养在低光照强度下更好,而在均等光照/黑暗周期下,则在中等或高光照强度时最好。

印度理工学院的 Shriwastav 和 Bose(2015)证明,在 146 μmol·m^{-2}·s^{-1} 光子照度下采用 12 h(亮)/12 h(暗)的光周期,能够使藻类达到最佳的可持续生长效率(图 6.13)。进一步得出的结论是,几种生长限制因素对藻类生长的影响可以最好地用 Droop 公式的 Liebig 最小定律来描述,而不是乘法规则和 Monod 公式。

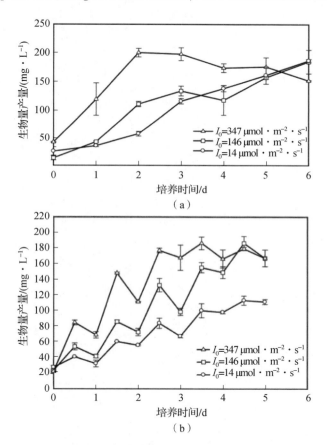

图 6.13 连续和间歇光照模式对藻类生物量产量的影响

(Shriwastav 和 Bose,2015)

(a)连续;(b)间歇

广东海洋大学的 Shi 等人(2016)证明,8 h 的光周期是螺旋藻生长的最佳红光照射时间,其干质量达到 1.440 g·L^{-1},这比对照组(荧光灯)高出了 67.64%。另外,表 6.5 中给出了不同微藻种类的适宜光周期及相应的适宜光强。

表 6.5　不同微藻种类的适宜光周期及相应的适宜光强

微藻品种		目的	适宜光子照度或光照强度	适宜光周期(光/暗)
小球藻	Chlorella vulgaris	生物量和脂质生产	200 $\mu mol \cdot m^{-2} \cdot s^{-1}$	12/12
小球藻	Chlorella vulgaris	生物量生产	105.41~175.68 $\mu mol \cdot m^{-2} \cdot s^{-1}$	12/12
小球藻	Chlorella vulgaris	废水处理	2 500 $\mu mol \cdot m^{-2} \cdot s^{-1}$	—
小球藻	Chlorella vulgaris	生物量生产	62.5 $\mu mol \cdot m^{-2} \cdot s^{-1}$	16/8
小球藻	Chlorella vulgaris	饱和脂肪酸的积累	100 $\mu mol \cdot m^{-2} \cdot s^{-1}$	16/8
小球藻	Chlorella vulgaris	单不饱和脂肪酸、多不饱和脂肪酸的积累	37.5 $\mu mol \cdot m^{-2} \cdot s^{-1}$	8/16
小球藻	Chlorella sp.	沼气提纯	2 000 $\mu mol \cdot m^{-2} \cdot s^{-1}$	—
小球藻	Chlorella sp.	沼气提纯和沼气污水营养物减少	350 $\mu mol \cdot m^{-2} \cdot s^{-1}$	14/10
微拟球藻	Nannochloropsis sp.	生物量生产	100 $\mu mol \cdot m^{-2} \cdot s^{-1}$	18/6
微拟球藻	Nannochloropsis salina	生物量生产	250 $\mu mol \cdot m^{-2} \cdot s^{-1}$	—
葡萄藻	Botryococcus spp.	脂质积累	82.5 $\mu mol \cdot m^{-2} \cdot s^{-1}$	16/8
布朗葡萄藻	Botryococcus braunii KMITL 2	脂质积累	87.5 $\mu mol \cdot m^{-2} \cdot s^{-1}$	24/0
布朗葡萄藻	B. Braunii BOT-22	生物量生产	100 $\mu mol \cdot m^{-2} \cdot s^{-1}$	16/8

续表

微藻品种		目的	适宜光子照度或光照强度	适宜光周期(光/暗)
钝顶螺旋藻	*Spirulina platensis*	生物量生产	1 200 lx	—
钝顶螺旋藻	*S. platensis*	生物量生产	166 $\mu mol \cdot m^{-2} \cdot s^{-1}$	—
钝顶螺旋藻	*Arthrospira platensis*	糖原生产	700 $\mu mol \cdot m^{-2} \cdot s^{-1}$	—
栅列藻	*Scenedesmus obliquus* CNW-N	生物量、脂质和碳水化合物的生产	420 $\mu mol \cdot m^{-2} \cdot s^{-1}$	—
栅列藻	*Scenedesmus sp.* 11-1	生物量和脂质生产	440 $\mu mol \cdot m^{-2} \cdot s^{-1}$	—
栅藻	*Desmodesmus sp.*	生物量和叶黄素生产	600 $\mu mol \cdot m^{-2} \cdot s^{-1}$	—
小球藻与酿酒酵母混合培养	*Chlorella sp.* + *Saccharomyces cerevisiae*	油料生产	1 000 lx	—

6.6 光强与光质的耦合作用

我国台湾中兴大学的 Wang 等人（2007）证明，钝顶螺旋藻在光子照度为 3 000 $\mu mol \cdot m^{-2} \cdot s^{-1}$ 的 LED 红光照射下，螺旋藻的比生长速率（specific growth rate，SGR）最高，达到 0.40 d^{-1}，而在蓝光照射下的比生长速率最低（图 6.14）。在图 6.14 中，拟合曲线是利用具有 3 个参数的改进型 Monod 模型确定的；虚线表示黑暗中的比生长速率。可以看出，在这两种光源下，钝顶螺旋藻的 Monod 模型不同。

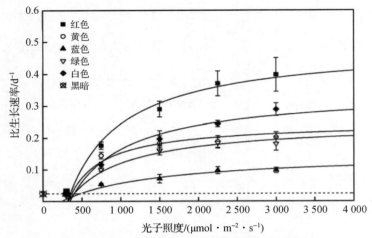

**图 6.14　在不同 LED 光子照度和光质下螺旋藻的比
生长速率比较（Wang，Fu 和 Liu，2007）**

另外，从能源与生物量产量的经济效率比较来看，采用红色 LED 光源能够得到最有效的光自养培养效果，具体情况如图 6.15 所示。图 6.15 中包含 4 种光子照度和 5 种光质。

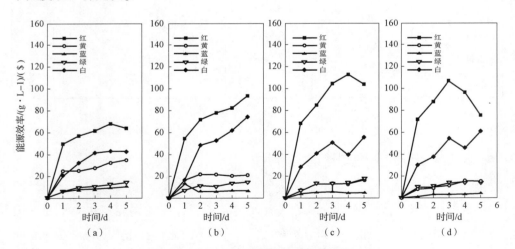

**图 6.15　在不同 LED 光子照度和光质下螺旋藻的
能源效率比较（Wang，Fu 和 Liu，2007）**

(a) 750 $\mu mol \cdot m^{-2} \cdot s^{-1}$；(b) 1 500 $\mu mol \cdot m^{-2} \cdot s^{-1}$；
(c) 2 250 $\mu mol \cdot m^{-2} \cdot s^{-1}$；(d) 3 000 $\mu mol \cdot m^{-2} \cdot s^{-1}$

6.7 光强 + 光质 + 光周期 + 脉冲光的耦合作用

俄罗斯科学院 K. A. Timiryazev 植物生理学研究所的 Maltsev 等人（2021）研究发现，微藻生长的最佳光子照度在以下范围内：$26 \sim 400 \ \mu mol \cdot m^{-2} \cdot s^{-1}$。光照强度的增加会导致脂质合成的激活。为了最大限度地提高脂质生产速率，各种微藻种类和藻株需要不同强度的光子照度：$60 \sim 700 \ \mu mol \cdot m^{-2} \cdot s^{-1}$。强光优先增加三酰甘油酯的含量。光照强度对脂肪酸和类胡萝卜素（包括 β – 胡萝卜素、叶黄素和虾青素）的合成具有调节作用。在强烈的光照条件下，饱和脂肪酸和单不饱和脂肪酸通常会积累，而多不饱和脂肪酸酯的数量会减少。红色和蓝色 LED 光照提高了不同微藻种类的生物量生产速率。改变光周期的持续时间，使用脉冲光可以刺激微藻的生长、脂质和类胡萝卜素的产生。

6.8 光强与温度的耦合作用

法国图卢兹第三大学与克莱蒙费朗第二大学合作研究发现，温度越高，光强可以越强。然而，小球藻和集胞藻（*Synechocystis*）对温度的反应相似，但集胞藻需要较低的光强。当温度高于最适宜光子照度时，脆杆藻（*Fragilaria sp.*）和角星鼓藻（*Staurastrum sp.*）的生长速率则显著下降，且最适光子照度也会下降（图 6.16）（Dauta 等，1990）。

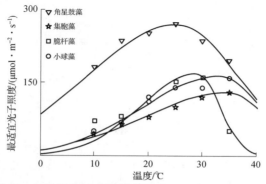

图 6.16　4 种微藻（角星鼓藻、集胞藻、脆杆藻和小球藻）的最适宜光子照度与温度之间的关系（Dauta 等，1990）

6.9 光质与温度的耦合作用

藻类光生物反应器（PBR）的有效操作需要适当的光照条件。尽管最近在 PBR 设计和运行方面具有优势，但人们仍然没有完全了解最佳照明条件。近年来，美国塔尔萨大学的 Li 等人（2021）开展了光质和培养温度对藻类生长动力学和脂质含量等影响的研究。在 LED 灯下，在恒温培养箱摇床中分批培养莱茵衣藻。研究了 3 种光波长范围：蓝光（峰值在 433~447 nm 和 458~470 nm）、黄白光（峰值在 456~458 nm 的蓝色、545 nm 的绿色和 570 nm 的黄色）和红橙光（峰值分别在 580~594 nm 和 604 nm 的黄橙色、630 nm 和 656 nm 的红色以及 735 nm 的远红光）。

研究结果表明，在 24 ℃时，在红橙光下的生物量生产速率比在蓝光下高出 38%，但在 32 ℃时，在蓝光下的生物量生产速率比红橙光高出 13%（图 6.17）。另外，红橙光 + 30~32 ℃的温度有利于脂质积累，与 24 ℃ + 蓝光下相比，其脂质含量分数和脂质浓度分别高出 44% 和 80%（图 6.18）。图 6.18 中光质（小写字母）、温度（大写字母）和生长阶段内容的统计差异（$P < 0.05$）用不同的字母表示，且竖线表示平均值 ± SD，$n = 6$。在指数生长期后期，当培养基中的营养物质仍然充足时，光质是控制脂质合成和积累的主要因素。然而，在营养饥饿的后期静止期，光质和温度之间对脂质合成和积累有很强的交互作用（$P = 0.02$）。在温度和营养胁迫下，则光质对脂质合成的影响会降低（Li 等，2021）。

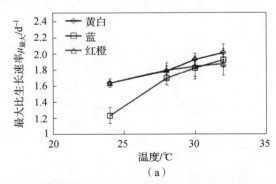

(a)

图 6.17　在不同光质与温度组合下莱茵衣藻的最大比生长速率、最大生物量浓度和最大生物量生产速率比较（Li 等，2021）

（a）最大比生长速率 $\mu_{最大}$

第 6 章　微藻培养光照条件优化方法　201

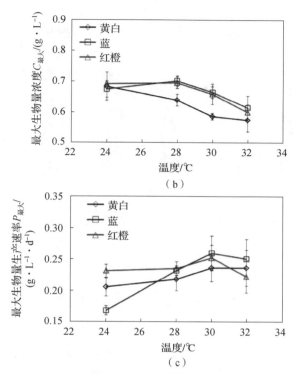

图 6.17　在不同光质与温度组合下莱茵衣藻的最大比生长速率、
最大生物量浓度和最大生物量生产速率比较（Li 等，2021）（续）

（b）最大生物量浓度 $C_{最大}$；（c）最大生物量生产速率 $P_{最大}$（平均值 ± 标准差，$n=12$）

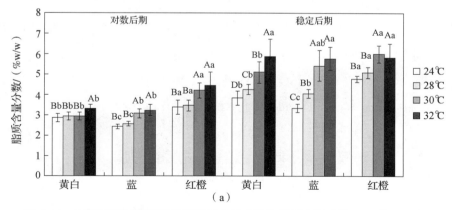

图 6.18　不同培养条件下的中性脂质含量分数和脂质含量比较（Li 等，2021）

（a）脂质含量分数

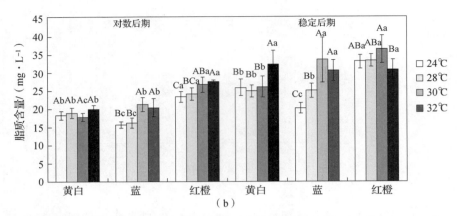

图 6.18　不同培养条件下的中性脂质含量分数和脂质含量比较（Li 等，2021）（续）

（b）脂质含量

6.10　光质+氯化钠+葡萄糖的耦合作用

螺旋藻培养中的所有实验变量都对生物量产量和藻蓝蛋白含量有影响，但葡萄糖对蛋白质含量没有显著影响。LED 白光培养 3 d 后生物量产量最高，但在 LED 黄光光照下蛋白质和藻蓝蛋白含量较高。混合营养培养增加了生物量产量，而盐度的增加降低了生物量产量、藻蓝蛋白和蛋白质含量。本研究的主要假设是，在最佳的混合营养和盐度条件下，将 LED 与黄光优势相结合可以增加螺旋藻的产量。尽管在主要的红光下观察到最高水平的生物量生产，但在黄光下生产的藻类的质量指标更高。因此，根据优化的条件，我们建议分别使用 YL1.00S0.88G、WL5.30S2.46G 和 RL9.10S1.30G 来生产最高水平和最高质量的生物量（Nosratimovafagh，Fereidouni 和 Krujatz，2022）。

6.11　闪光效应及不同光源照射顺序的影响

6.11.1　闪光效应

闪光效应（flashing light effect）本质上应该是一种特殊的光周期效应。在光生物反应器中，湍流使得藻类细胞以高频率在照射区和黑暗区之间进行循环。这种循环会产生闪光效应，从而可以改善藻类细胞的光合作用（Vejrazka，2011；Xue，Su 和 Cong，2011）。Vejrazka 等人（2011）报道，在莱茵衣藻的培养中，细胞生长速率随着闪光频率的降低而降低。与连续光相比，100Hz 的闪光灯使生物量产量增加了 35%。此外，在闪光灯下的光合效率与在时间平均光强下的相同（Vejrazka 等，2012；2013）。另外，通过优化 PBR 结构以获得适当的光/暗频率，也可以提高生物量生产速率（Huang 等，2014；Perner - Nochta 和 Posten，2007；Xue 等，2013）。

6.11.2 不同光源照射顺序的影响

蓝光照射导致细胞大小显著增加，而红光照射则导致产生具有活跃分裂的小细胞。在发现光波长对微藻生物学影响的基础上，他们在不同的生长阶段应用了合适的波长，即先进行蓝光照射，然后转变为红光照射。接着，对连续蓝光或红光与波长偏移之间的生物量生产速率进行了彻底比较。

研究结果表明，在连续红光照射下，小球藻的生产速率与白光照射下的生产速率相似，而蓝光照射导致产量下降（图 6.19），这说明单纯蓝光照射不利于小球藻的生长。然而，正如预期的那样，与连续单色红光或蓝光照射下的生物量产量相比，适当切换波长可以提高生物量产量（图 6.19）。在图 6.19 中，由波长偏移获得的实验结果用 R1B4（1 天红光然后 4 天蓝光照射）或 B1R4（1 天蓝光然后 4 天红光照射）等的形式表示；竖条上不同的字母表示显著差异（$P < 0.05$）。特别是，与其他光源相比，先用蓝光照射然后转换为红光（B2R3 和 B3R2）照射显示出最好的效果。实验结果显示，B2R3 和 B3R2 都使生物量产量增加了 18%~20%（Kim 等，2014）。

相反，先用红色照射，然后转移到蓝光照射（R1B4、R2B3、R3B2、R4B1）则会导致微藻的生长放慢。对这些观察结果的一种可能的解释是小球藻细胞喜欢红光进行细胞分裂，从而产生较小尺寸的细胞。即使在随后的蓝光照射下，这些较小尺寸的细胞必定具有较小的增加细胞体积的能力或潜力。相反，蓝光的初始照射会诱导较大尺寸的细胞，随后在红光照射下具有高电位进行后续分裂，从而提高整体产量。或者，蓝色或红色的光波长对小球藻细胞周期产生影响，从而导

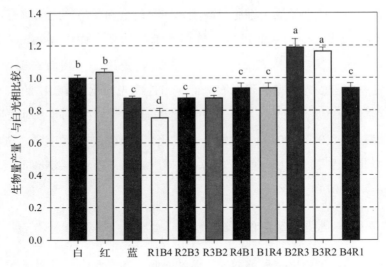

图 6.19 通过连续单色光照或波长偏移获得的
生物量产量比较（Kim 等，2014）

致细胞周期出现不同的发展速率。例如，在莱茵衣藻中，由于蓝光对细胞周期的影响，因此在蓝光照射下培养的细胞具有更大的细胞尺寸，从而后续很有可能进行细胞分裂（Oldenhof 等，2006）。在这方面，通过适当控制从蓝色到红色的光波长度，则可以改变小球藻细胞周期的进程，这反过来又会导致生物量生产速率的提高。总之，他们的结果的可能解释如图 6.20 所示。

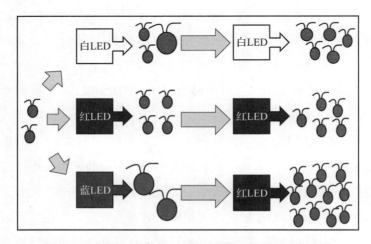

图 6.20 普通小球藻在不同波长光照下出现不同形态的
假设模型示意图（Kim 等，2014）

然而，在上述实验中也出现了 B1R4 和 B4R1 这一例外情况。他们推测，必须有切换波长（从蓝光到红光）的最佳时间，因为如果在太早或太迟的时间点应用，它都是无效的。在充足的蓝光照射的帮助下，微藻细胞变得更大，并为随后细胞分裂的突增做好准备。另外，红光必须作为环境因素加速细胞分裂。因此，红光与后期的指数期匹配良好。多项研究表明，接种后 0~48 h 和 48~120 h 可分别大致分为滞后期和指数期（Xue 等，2013）。因此，他们观察到存在切换波长的最佳时间（B2R3 和 B3R2）的根本原因可能是滞后或指数期的时期。此外，已知蓝光参与酶激活，从而调节基因转录、能量来源并最终影响细胞周期（Oldenhof 等，2006）。特别是，小球藻中的细胞周期蛋白依赖性激酶（cyclin - dependent kinases，CDKs）可能介导蓝光或红光下细胞周期的关键生物学过程，因为 CDKs 通过影响过多的基因转录在所有已知真核生物中的调节细胞周期中起着关键作用。在这种情况下，Oldenhof 等人（2004，2006）研究显示，莱茵衣藻在蓝光下 CDKs 活性相应增加，这反过来影响细胞分裂或细胞周期进展的多个下游基因。

由于 CDKs 激活的适当时机对于确保完成细胞周期很重要，因此注意到蓝光或红光照射的最佳周期范围对于适当的 CDKs 功能以提高生物量生产速率并不奇怪。可能有必要进行进一步的研究，以确定 CDKs 在本研究中观察到的不同波长的光下参与微藻生物学的改变情况。

进一步的统计分析表明，B2R3 和 B3R2 与其他藻株相比具有最高的生产速率（$P < 0.05$）。在此基础上，我们得出结论，通过操纵光波长来培养微藻的新策略可以在小球藻中成功地得到证明。由于基于适当操作光波长的方法可以很容易地扩展到其他种类的微藻，因此这些结果揭示了一种利用 LED 灯进行微藻生物技术的新方法，从而有可能为实现微藻生物技术的进一步发展开辟道路（Kim 等，2014）。

6.12 提高光利用效率的策略

在分批培养过程中，生物量产量会随着时间的推移而增加。在恒定光照下培养时，由于细胞浓度相对较低，因此高光照强度可能会导致初始培养阶段的光抑制（Jeong，Lee 和 Cha，2012）。然而，由于相对较高的细胞密度下的相互细胞遮光效应，使得低光照强度不足以促进培养后期的细胞生长（Das，2011）。因此，恒定的光照强度并不总是适合整个培养期，而增加光照强度的策略可以促进生长。这种递增光强策略已被应用于许多研究中。

据报道，通过每 2 天逐步增加光照强度，导致小球藻和微拟球藻的总生物量产量分别从 3.53 g·L^{-1} 和 3.64 g·L^{-1} 增加到 4.48 g·L^{-1} 和 5.87 g·L^{-1}。这种策略还提高了脂质的生产速率（Cheirsilp 和 Torpee，2012）。除了生物量生产外，通过使用三阶段光强策略，在废水处理过程中利用小球藻还显著提高了 COD、总氮和总磷的去除效率（Itoh 等，2014；Yan 等，2013）。此外，递增光强策略可以节省能源。例如，Das 等人报道称，与恒定光强相比，采用不同的四阶段光照策略可使能耗降低 19.3%（Das 等，2011）。

除了光照强度外，在培养期间改变光的波长也有助于某些生物产品的积累。例如，在小球藻和酿酒酵母（*Saccharomyces cerevisiae*）的混合培养物中，用于生物量积累的最佳光波长为红色 LED 光，而最佳成油光波长为蓝色。通过利用两阶段策略，即生物量在红色 LED 光下积累，并且在指数阶段结束时将波长变为蓝色，则与恒定的蓝色和红色光相比，油的形成分别提高了 96% 和 10%（Shu 等，2012）。很明显，在微藻培养期间，有效的光照策略可以提高生物产品和生物量的生产力。优化光周期、光源和其他光照因素，单独或组合使用，可以有效促进微藻的生长和产品积累。

结 束 语

螺旋藻和小球藻等微藻可以在自养、异养、混合营养或光异养条件下生长。然而，所有的微藻都是光自养生物，可以在光自养条件下利用光能作为合成生物量和代谢产物的唯一能源。因此，光照是微藻培养最为关键的因素之一，人们在这方面开展了大量的探索性研究与实践应用。

对于微藻光生物反应器，其最基本的光照条件包括光照强度、光质、光周期和光照方式。本章介绍了针对不同藻种的最优光强、光质和周期。事实上，对于不同藻种，它们所需要的以上最佳光照条件都可能不太一样，甚至会有很大不同。具体如下：第一，有些光质，如绿光、黄光和远红光，以前对它们的作用了解较少，甚至可能认为它们并不发挥什么作用，但现在发现它们同样发挥着很大甚至很重要的作用。第二，以上很多光照因素并不是独立发挥作用的，而是会受到其他光照因素的影响或制约。例如，光强与光质或光周期之间具有耦合作用，甚至这些光照条件与温度和养分等之间也存在耦合作用。第三，不同光质光源的前后照射顺序也对微藻的生长、光合效率及物质合成等具有不同的作用。例如，利用两种光质的光源照射植物时，先光质A后B与先光质B后A最终所产生的效果极有可能是不同的。第四，当在微藻培养中引入闪烁方法或瞬时照射时，能够起到良好的光照效果，并能够节能降耗。最后，介绍了如何提高能源利用效率的基本策略。

下一步，在利用光生物反应器进行微藻的高密度集约化高效培养方面需要改进的地方包括：深入了解特定藻种的光能利用效率特性；进一步优化进行反应器内基于光导纤维的微藻光照措施；进一步优化光生物反应器的结构设计，以便提高光的分布和利用效率；构建光生物反应器的生物量生产等的动力学模型，以对微藻的光生物反应器高效培养提供理论指导。

参 考 文 献

刘洪艳，潘伶俐，施定基. 不同光质对紫球藻生长及藻胆素含量的影响 [J]. 天津科技大学学报，2007，22（1）：26-28.

毛安君，王晶，林学政，等. 光谱对小球藻和等鞭金藻生长的影响 [J]. 光谱学与光谱分析，2008，28（5）：991-994.

毛瑞鑫，唐永康，张春燕，等. 四色光质对钝顶螺旋藻生长合成和光合放氧的影响 [J]. 航天医学与医学工程，2018，31（6）：608-612.

毛瑞鑫，郭双生. 光质对钝顶螺旋藻放氧效率及抗氧化剂含量影响的研究 [J]. 载人航天，2017，23（6）：835-840.

朱旭丹，叶岚，许建香，等. 不同光质对布朗葡萄藻生长、有机物质积累的影响 [J]. 生物过程，2013，3（2）：17-22.

ATTA M，IDRIS A，BUKHARI A，et al. Intensity of blue LED light：A potential stimulus for biomass and lipid content in fresh water microalgae Chlorella vulgaris [J]. Bioresource Technology, 2013, 148: 373 – 378.

BACHCHHAV M B, KULKARNI M V, INGALE A G. Enhanced phycocyanin production from *Spirulina platensis* using light emitting diode [J]. Journal of The Institution of Engineers (India), Series E, 2017, 98: 41 – 45.

BLAIR M F, KOKABIAN B, GUDE V G. Light and growth medium effect on *Chlorella vulgaris* biomass production [J]. Journal of Environmental Chemical Engineering, 2014, 2: 665 – 674.

CARVALHO A P, SILVA S O, BAPTISTA J M, et al. Light requirements in microalgal photobioreactors: An overview of biophotonic aspects [J]. Applied Microbiology and Biotechnology, 2011, 89: 1275 – 1288.

CHAINAPONG T, TRAICHAIYAPORN S, DEMING R L. Effect of light quality on biomass and pigment production in photoautotrophic and mixotrophic cultures of *Spirulina platensis* [J]. Journal of Agricultural Science and Technology, 2012, 8: 1593 – 1604.

CHEIRSILP B, TORPEE S. Enhanced growth and lipid production of microalgae under mixotrophic culture condition: Effect of light intensity, glucose concentration and fed – batch cultivation [J]. Bioresource Technology, 2012, 110: 510 – 516.

CHEN F, ZHANG Y, GUO S. Growth and phycocyanin formation of *Spirulina platensis* in photoheterotrophic culture [J]. Biotechnological Letter, 1996, 18: 603 – 608.

CHEN H B, WU J Y, WANG C F, et al. Modeling on chlorophyll a and phycocyanin production by *Spirulina platensis* under various light – emitting diodes [J]. Biochemical Engineering Journal, 2010, 53: 52 – 56.

DAS P, LEI W, AZIZ S S, et al. Enhanced algae growth in both phototrophic and mixotrophic culture under blue light [J]. Bioresource Technology, 2011, 102: 3883 – 3887.

DAUTA A, DEVAUX J, PIQUEMAL F, et al. Growth rate of four freshwater algae in relation to light and temperature [J]. Hydrobiologia, 1990, 207: 221 – 226.

DE MOOIJ T, DE VRIES G, LATSOS C, et al. Impact of light color on photobioreactor productivity [J]. Algal Research, 2016, 15: 32 - 42.

HUANG J K, LI Y G, WAN M X, et al. Novel flat plate photobioreactors for microalgae cultivation with special mixers to promote mixing along the light gradient [J]. Bioresource Technology, 2014, 159: 8 - 16.

ITOH K, NAKAMURA K, AOYAMA T, et al. The influence of wavelength of light on cyanobacterial asymmetric reduction of ketone [J]. Tetrahedron Letter, 2014, 55: 435 - 437.

JACOB - LOPES E, SCOPARO C H G, LACERDA L M C F, et al. Effect of light cycles (night/day) on CO_2 fixation and biomass production by microalgae in photobioreactors [J]. Chem. Eng. Process, 2009, 48: 306 - 310.

JEONG H, LEE J, CHA M. Energy efficient growth control of microalgae using photobiological methods [J]. Renewable Energy, 2012, 54: 161 - 165.

JUNGA F, JUNG C G H, KRÜGER - GENGE A. Factors influencing the growth of *Spirulina platensis* in closed photobioreactors under $CO_2 - O_2$ conversion [J/OL]. Journal of Cellular Biotechnology, 2019, 5: 125 - 134. DOI: 10.3233/JCB - 199004.

KHOEYI Z A, SEYFABADI J, RAMEZANPOUR Z. Effect of light intensity and photoperiod on biomass and fatty acid composition of the microalgae, *Chlorella vulgaris* [J]. Aquaculture International, 2012, 20: 41 - 49.

KIM D G, LEE C, PARK S - M, et al. Manipulation of light wavelength at appropriate growth stage to enhance biomass productivity and fatty acid methyl ester yield using *Chlorella vulgaris* [J]. Bioresource Technology, 2014, 159: 240 - 248.

KIM S, MOON M, KWAK M, et al. Statistical optimization of light intensity and CO_2 concentration for lipid production derived from attached cultivation of green microalga *Ettlia sp.* [J/OL]. Scientific Reports, 2018, 8: 15390. DOI: 10.1038/s41598 - 018 - 33793 - 1.

KUMAR M, KULSHRESHTHA J, SINGH G P. Growth and biopigment accumulation of cyanobacterium *Spirulina platensis* at different light intensities and temperature [J]. Brazilian Journal of Microbiology, 2011, 42: 1128 - 1135.

LEE S H, LEE J E, KIM Y, et al. The production of high purity phycocyanin by Spirulina platensis using light – emitting diodes based two – stage cultivation [J]. Applied Biochemistry and Biotechnology, Part A. Enzyme Engineering and Biotechnology, 2016, 178: 382 – 395.

LI X, SLAVENS S, CRUNKLETON D W, et al. Interactive effect of light quality and temperature on *Chlamydomonas reinhardtii* growth kinetics and lipid synthesis [J]. Algal Research, 2021, 53: 102127.

LIMA G M, TEIXEIRA P C, TEIXEIRA C M, et al. Influence of spectral light quality on the pigment concentrations and biomass productivity of *Arthrospira platensis* [J]. Algal Research, 2018, 31: 157 – 166.

MALTSEV Y, MALTSEVA K, KULIKOVSKIY M, et al. Influence of light conditions on microalgae growth and content of lipids, carotenoids, and fatty acid composition [J/OL]. Biology, 2021, 10: 1060. https://doi.org/10.3390/biology10101060.

MAO R, GUO S. Performance of the mixed LED light quality on the growth and energy efficiency of Arthrospira platensis [J/OL]. Applied Microbiology and Biotechnology, 2018, 102: 5245 – 5254. https://doi.org/10.1007/s00253 – 018 – 8923 – 7.

MARKOU, G. Effect of Various Colors of Light – Emitting Diodes (LEDs) on the Biomass Composition of Arthrospira platensis Cultivated in Semi – Continuous Mode. Appl. Biochem. Biotechnol., 2014, 172: 2758 – 2768.

NOSRATIMOVAFAGH A, FEREIDOUNI A E, KRUJATZ F. Modeling and optimizing the effect of light color, sodium chloride and glucose concentration on biomass production and the quality of *Arthrospira platensis* using response surface methodology (RSM) [J/OL]. Life, 2022, 12: 371. https://doi.org/10.3390/life12030371.

OLDENHOF H, BIŠOVÁ K, VAN DEN ENDE H, et al. Effect of red and blue light on the timing of cyclin – dependent kinase activity and the timing of cell division in *Chlamydomonas reinhardtii* [J]. Plant Physiology and Biochemistry, 2004, 42: 341 – 348.

OLDENHOF H, ZACHLEDER V, VAN DEN ENDE H. Blue – and red – light regulation of the cell cycle in *Chlamydomonas reinhardtii* (*Chlorophyta*) [J].

European Journal of Phycology, 2006, 41: 313-320.

OLLE M, VIRŠILE A. The Effects of light-emitting diode lighting on greenhouse plant growth and quality [J]. Agricultural and Food Science, 2013, 22: 223-234.

PANDEY P, PATHAK N, TIWARI A. Standardization of pH and light intensity for the biomass production of *Spirulina platensis* [J]. Journal of Algal Biomass Utilisation, 2010, 1 (2): 93-102.

PERNER-NOCHTA I, POSTEN C. Simulations of light intensity variation in photobioreactors [J]. Journal of Biotechnology, 2007, 131: 276-285.

PONRAJ M, DIN M F M. Effect of light/dark cycle on biomass and lipid productivity by *Chlorella pyrenoidosa* using palm oil mill effluent (POME) [J]. Journal of Scientific & Industrial Research, 2013, 72: 703-706.

RAVELONANDRO P H, RATIANARIVO D H, JOANNIS-CASSAN C, et al. Influence of light quality and intensity in the cultivation of *Spirulina platensis* from Toliara (Madagascar) in a closed system [J]. Journal of Chemical Technology and Biotechnology, 2008, 83: 842-848.

RIVERA C, NIÑO L, GELVES G. Modeling of phycocyanin production from *Spirulina platensis* using different light-emitting diodes [J]. South African Journal of Chemical Engineering, 2021, 37: 167-178.

SCHULZE P S C, BARREIRA L A, PEREIRA H G C, et al. Light emitting diodes (LEDs) applied to microalgal production [J]. Trends in Biotechnology, 2014, 32: 422-430.

SHI W Q, LI S D, LI G R, et al. Investigation of main factors affecting the growth rate of *Spirulina* [J]. Optik, 2016, 127: 6688-6694.

SHRIWASTAV A, BOSE P. Algal growth in photo-bioreactors: Impact of illumination strategy and nutrient availability [J]. Ecological Engineering, 2015, 77: 202-215.

SHU C H, TSAI C C, LIAO W H, et al. Effects of light quality on the accumulation of oil in a mixed culture of *Chlorella sp.* and *Saccharomyces cerevisiae* [J]. Journal of Chemical Technology and Biotechnology, 2012, 87: 601-607.

SOROKIN C, KRAUSS R W. The dependence of the cell division in *Chlorella* on temperature and light intensity [J]. American Journal of Botany, 1965, 52: 331 – 339.

SUBRAMANIYAN S K, BAI N J. Effect of different nitrogen levels and light quality on growth, protein and synthesis in *Spirulina fusiformis* [C]. In. Proceedings of Spirulina ETTA National Symposium, MCRC, Madras, 1992: 97 – 99.

SZWARC D, ZIELIŃSKI M. Effect of lighting on the intensification of phycocyanin production in a culture of *Arthrospira platensis* [J/OL]. Proceedings, 2018, 2: 1305. DOI: 10. 3390/proceedings2201305.

TIAN F, BUSO D, WANG T, et al. Effect of red and blue LEDs on the production of phycocyanin by *Spirulina platensis* based on photosynthetically active radiation [J]. Journal of Science & Technology in Lighting, 2018, 41: 148 – 152.

VEJRAZKA C, JANSSEN M, STREEFLAND M, et al. Photosynthetic efficiency of *Chlamydomonas reinhardtii* in flashing light [J]. Biotechnology and Bioengineering, 2011, 108: 2905 – 2913.

VEJRAZKA C, JANSSEN M, STREEFLAND M, et al. Photosynthetic efficiency of *Chlamydomonas reinhardtii* in attenuated, flashing light [J]. Biotechnology and Bioengineering, 2012, 109: 2567 – 2574.

VEJRAZKA C, JANSSEN M, BENVENUTI G, et al. , Photosynthetic efficiency and oxygen evolution of *Chlamydomonas reinhardtii* under continuous and flashing light [J]. Applied Microbiology and Biotechnology, 2013, 97: 1523 – 1532.

WAHIDIN S, IDRIS A, SHALEH S R M. The influence of light intensity and photoperiod on the growth and lipid content of microalgae *Nannochloropsis sp.* [J]. Bioresource Technology, 2013, 129: 7 – 11.

WALTER A, DE CARVALHO J C, SOCCOL V T, et al. Study of phycocyanin production from *Spirulina platensis* under different light spectra [J]. Brazilian Archives of Biology And Technology, 2011, 54: 675 – 682.

WANG C, FU C, LIU Y. Effects of using light – emitting diodes on the cultivation of *Spirulina platensis* [J] . Biochemical Engineering Journal, 2007, 37: 21 – 25.

WANG S K, STILES A R, GUO C, et al. Microalgae cultivation in photobioreactors: An overview of light characteristics [J]. Engineering in Life Sciences, 2014, 14: 550-559.

XUE S, SU Z, CONG W. Growth of *Spirulina platensis* enhanced under intermittent illumination [J]. Journal of Biotechnology, 2011, 151: 271-277.

XUE S, ZHANG Q, WU X, et al. A novel photobioreactor structure using optical fibers as inner light source to fulfill flashing light effects of microalgae [J]. Bioresource Technology, 2013, 138: 141-147.

YAN C, ZHAO Y, ZHENG Z, et al. Effects of various LED light wavelengths and light intensity supply strategies on synthetic high-strength wastewater purification by Chlorella vulgaris [J]. Biodegradation, 2013, 24: 721-732.

第 7 章
微藻培养温度、酸碱度和密度条件优化方法

7.1 前言

在微藻培养中，有诸多因素可以影响其最终的培养结果。例如，除了前面介绍的光照和养分条件以外，培养液的温度、酸碱度和所培养藻细胞的密度等参数各自同样会发挥重要的影响，而且有时它们通过协同作用和制衡进而能够发挥独特作用。

在本章中，将重点介绍小球藻、螺旋藻、莱茵衣藻等几种微藻在光生物反应器中的集约化高密度培养过程中所需要的温度、酸碱度和细胞密度等的合适调控范围，同时会介绍它们之间的协同作用关系和耦联因子以及国内外相应的各种调控措施。

7.2 藻液温度条件优化

影响几种微生物生长和脂肪酸组成等方面的最重要的环境因素之一就是温度。温度也会影响酶促反应及细胞膜系统等的特性（Zeng 等，2011）。低温下的生长条件会导致自发反应（spontaneous reaction）（在给定的条件下，无须外界帮助，一经引发即能自动进行的过程或反应）并改变细胞机制，从而降低细胞膜的流动性。这将增加不饱和脂肪酸的比例，以补偿流动性的降低（Daliry 等，2017）。低温会限制细胞生长速度，从而导致生物量生产速率出现下降（Nishida 和 Murata，2011）。

7.2.1 小球藻生长的最适温度

目前，人们基本认为小球藻生长的最佳温度约为 30 ℃，在该温度下可获得最大的生物量生产速率（Chinnasamy 等，2009；Xu 等，2006）。例如，Converti 等人（2009）报道称，与在 30 ℃ 下相比，小球藻在 35 ℃ 下的生物量生产速率下降了 17%，而且当温度升高到 38 ℃ 时会导致微藻突然停止生长，并引起细胞凋亡。相反，当小球藻从低温随着温度升高到 30 ℃ 时，细胞的生长速率会增加，然后随着温度升高至 35 ℃ 时则会降低（Cassidy，2011）。类似的结果表明，在 (30±2)℃ 时获得了最高生物量生产速率，而随着温度升高到 (35±2)℃ 时，生物量生产速率出现明显下降（Barghbani 等，2012）。在另一项研究中，培养时间共持续了 7 d。结果表明，其最适温度为 30~35 ℃，获得的最大生物量产量为 3.6 g·L^{-1}（Barghbani 等，2012）。

Dvoretsky 等人（2015）报道称，在 30 ℃ 下培养 9 d 时生物量生产速率达到最高，达到 5.1×10^7 个细胞·mL^{-1}（图 7.1）。

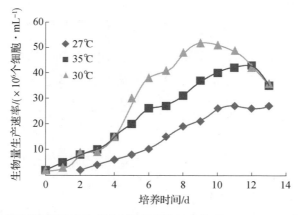

图 7.1 在不同温度下的小球藻生物量生产速率比较（Dvoretsky 等，2015）

然而，当温度从 25 ℃ 升高至 30 ℃ 时，小球藻的脂质含量从 14.7% 降低到 9.5%（Converti 等，2009），而且蛋白质合成也出现下降（Konopka 和 Brock，1978）。另外，当温度从 20 ℃ 升高至 30 ℃ 时，细胞内游离氨基酸的浓度从 840 mg 增加到 1 810 mg（每 100 g 干质量），随后蛋白质和淀粉的浓度出现下降（Mitsui 等，1977；Nakamura 和 Miyachi，1982）。

法国图卢兹第三大学的 Dauta 等人（1990）针对 4 种微藻开展了在 10 ~ 35 ℃温度范围内的生长最适温度条件筛选研究。研究结果表明，小球藻、脆杆藻（*Fragilaria crotonensis*）、角星鼓藻（*Staurastrum pingue*）和集胞藻（*Synechocystis minima*）均有各自的生长最适温度范围。其中，小球藻和微小集胞藻较为喜热，生长最适温度为 30 ~ 32 ℃；克罗顿脆杆藻和肥壮角星鼓藻较为喜凉，生长最适温度为 25 ~ 28 ℃（图 7.2）。

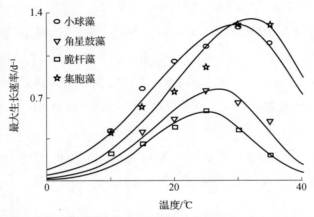

图 7.2　温度与 4 种微藻的最大生长速率之间的关系（Dauta 等，1990）

另外，以上学者还研究了温度与光子照度之间的协同作用，即在不同的光子照度下，最适温度是不尽相同的。图 7.3 为温度与最适光子照度之间的关系（Dauta 等，1990）。

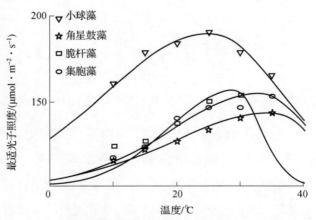

图 7.3　温度与 4 种微藻的最适光子照度之间的关系（Dauta 等，1990）

7.2.2 螺旋藻生长的最适温度

温度对所有生物都是最基本最主要的环境因子。绝大多数的螺旋藻品系都是喜高温的藻类（潘曰磊，邹宁和梁妍，2008），在光生物反应器中的最佳培养温度范围为 25~38 ℃（Ogbonda，Aminigo 和 Abu，2007；Shi 等，2016；Vonshak，1997），这较小球藻的适宜生长温度范围要宽。钝顶螺旋藻在 30~35 ℃时生长最旺盛（Danesi 等，2001）。因为螺旋藻细胞先前已经适应了培养基，所以没有滞后期（Pandey，Pathak 和 Tiwari，2010）。否则，在较高温度下，生物量产量会下降，正如在较低的温度下所出现的情况一样（Kumar，Kulshreshtha 和 Singh，2011）。在实际生产过程中，温度往往会同其他环境因子共同起作用而影响螺旋藻等藻类的生长过程。

北京农业工程大学的鲁纯养等人（1992）研究发现，当温度低于 25 ℃时，在诸多环境因子中，温度是主导因子，即随着温度的升高，OD_{560} 值及碳水化合物含量迅速上升，蛋白质等含量也有所提高；当温度为 28~30 ℃时，在诸多环境因子中，光照强度是主导因子，即随着光照强度的增加，OD_{560} 值及碳水化合物含量迅速上升，而蛋白质含量相对出现下降。这说明温度不仅影响螺旋藻的生长，同时对螺旋藻的成分也有一定的影响。

事实上，同种微藻的不同藻株所对应的最适温度范围也不尽相同。例如，以色列本·古里安大学的 Vonshak（1997）研究发现，3 种不同螺旋藻藻株（EY-5、SPL-2 和 DA）的最大生长速率因温度而异。藻株 DA 达到其最大生长速率的温度为 30~32 ℃，而藻株 EY-5 达到其最大生长速率的温度为 40~42 ℃。研究人员认为，温度是影响螺旋藻生长的最重要因素，因此更倾向于利用像 SPL-2 一样最适温度在 25~40 ℃的藻株（图 7.4）（这使得对反应器的温度控制更容易，尤其是在户外应用）。

另外，也有一些特殊情况。例如，有人通过实验证明，钝顶螺旋藻和极大螺旋藻（*Spirulina maxima*）可以忍受高达 40 ℃的温度，在经历了几个小时后并未出现明显的不良反应（Torzillo 等，1986）。更有甚者，德国勃兰登堡应用技术大学的研究人员证明，螺旋藻培养物甚至能在高达 60 ℃的温度下存活（Jung 等，2019）。

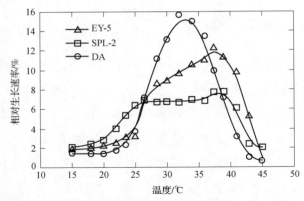

图 7.4　钝顶螺旋藻的相对生长速率与温度的关系（Vonshak，1997）

7.2.3　温度调控措施

对于光生物反应器，光源类型、光强、光源安装方式、光照方式、外部环境温度和通风等均会影响反应器内藻液的温度。另外，可通过外部控制系统或内部热交换器等来保持温度恒定（Jung 等，2019）。

7.3　藻液酸碱度条件优化

7.3.1　螺旋藻的最适酸碱度范围

钝顶螺旋藻被认为是一种嗜碱生物（Grant 等，1990），其生长需要高碱性的环境条件。早期的研究结果还表明，钝顶螺旋藻生长的最适 pH 值为 9~9.5（Belkin 和 Boussiba，1991）。关于光生物反应器中螺旋藻培养基的 pH 值，文献中存在广泛的一致性，即所需的 pH 范围为 9~10（Chen 等，2016；Ogbonda，Aminigo 和 Abu，2007）。

也有研究人员证明，螺旋藻培养液的适宜 pH 值为 8.0~10.5。当 pH 值大于 10.5 时，藻丝体变短，呈非正常的黄绿色，老化并裂解，细胞内容物渗出，且培养液变黄；当 pH 值高于 11 时，在 200 r/min 的摇瓶转速下，不再形成分散的菌丝体，而是形成菌丝体的结块，说明其细胞出现了严重裂解（田华等，2005）。

然而，李叙凤等人（1999）研究发现，培养液的初始 pH 值在 7.0~11.0 碱性范围内，螺旋藻培养液的 OD_{560} 值增长趋势均较好。尤其是 pH 值为 9.0~10.0

时，螺旋藻培养液的 OD_{560} 值增长最快，说明其生长速率最快。据此可以判断，螺旋藻生长的最适 pH 值范围为 9.0~10.0。当培养基的初始 pH 值为 12.0 时，螺旋藻培养液的 OD_{560} 值基本不变，可见此时藻体细胞的生长受到了抑制。这可能是螺旋藻不同品系的最适 pH 值存在差异，也可能是螺旋藻对生长环境的碱性要求不太严格的缘故。

在装有 500 mL 的改良 Zarrouk 培养基中接种等量的钝顶螺旋藻。培养 25 d 后进行收获，并对生物量进行测量计算。利用生物量干质量来表示螺旋藻细胞的生长速率。研究结果表明，在 pH 值为 9 时，螺旋藻的细胞干质量达到最高〔(0.91 ± 0.061) g·500 mL^{-1}〕。另外，在 pH 为 9 时叶绿素 a 含量和蛋白质含量也最高（叶绿素 a 含量为 13.2 mg·g^{-1}，蛋白质含量占到总干质量的 64.3%）（表 7.1 和图 7.5）。其他学者针对螺旋藻也得到了类似结果（Carvalho 等，2002；Kim 等，2007）。

表 7.1 不同 pH 值对钝顶螺旋藻生物量生产影响的比较

(Pandey，Pathak 和 Tiwari，2010)

螺旋藻编号	ZM 培养基的初始 pH 值	干质量 /(g·500 mL^{-1})	培养物的最终 pH 值	叶绿素 a 含量 /(mg·g^{-1})	蛋白质含量 /%（占干质量）
1	7	0.63 ± 0.046	9.34 ± 0.16	11.01 ± 0.63	60.1 ± 0.16
2	8	0.82 ± 0.038	9.53 ± 0.13	11.2 ± 0.18	59 ± 0.16
3	9	0.91 ± 0.061	10.02 ± 0.18	13.2 ± 0.42	64.3 ± 0.11
4	10	0.29 ± 0.015	10.16 ± 0.09	6.5 ± 0.23	50 ± 0.18
5	11	0.22 ± 0.025	10.20 ± 0.04	6.8 ± 0.16	48 ± 0.025
6	12	0	11.95 ± 0.02	0	0

生长条件：光照强度为 5 klx；接种物（鲜质量）为 1 g·500 ml^{-1}；相对湿度为 75%；室温为 (30 ± 2)℃；接种时间为 25 d。
上述数据都来自平均值 ± 标准误（SEM）。

韩国生物科学与生物技术研究所的研究人员开展了不同 pH 值条件对钝顶螺旋藻生长影响的研究，pH 值分别为 9.5、12.5 以及不进行固定。研究结果表明，在 pH 值为 9.5 时获得了最好的光密度值，也即获得了最好的生物量产量（图 7.6）(Kim，Jung 和 Oh，2007)。

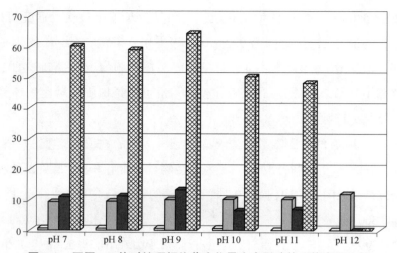

图 7.5 不同 pH 值对钝顶螺旋藻生物量生产影响的立体直观比较

(Pandey, Pathak 和 Tiwari, 2010)

□—干质量/(g·500 mL^{-1})(平均数±标准误);■—培养物的最终 pH 值(平均数±标准误);
■—叶绿素 a 含量/(mg·g^{-1});▨—蛋白质含量/%(占干质量);

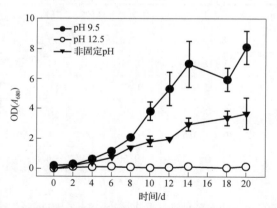

图 7.6 不同 pH 值条件对钝顶螺旋藻生长的影响(Kim, Jung 和 Oh, 2007)

图中数值是 3 个重复±标准差的平均值

然而,Belkin 和 Boussiba(1991)指出了螺旋藻生长的更大适宜温度范围,即证明在 pH 值为 11.5 的情况下仍然生长良好,可达到最佳 pH 值条件下的 80%,而在 pH 值为 7 时停止了生长。

7.3.2 小球藻等其他微藻的最适酸碱度范围

Khalil 等人(2010)报道称,小球藻可以在 4~10 这样较宽的 pH 值范围内生长，并且大多数生物量生产速率是在碱性环境（pH = 9 和 10）中实现的。Gong 等人（2014）通过开展一项有趣的实验研究了 pH 值的影响。在他们的研究中，将 pH 值设置了 4 个水平，即从中性到碱性范围（7~10）。他们采取了两种方式：在第一个实验中，从实验开始到结束，一直未对 pH 值进行控制；在第二个实验中，系统从初始 pH 开始，然后每天将 pH 值调节到其初始值。他们发现，最适合小球藻正常生长的 pH 值为 10.0~10.5。

另外，对小球藻自养培养的研究表明，CO_2 浓度与 pH 值之间存在复杂的关系，这取决于培养体系中的化学物质平衡，从而通过提高 CO_2 浓度可增加生物量产量。相反，降低 pH 值可能对细胞增殖产生不良影响（Kumar 等，2010；Yan 等，2013）。Kong 等人（2011）关于不同氮源对混合营养小球藻培养物中系统 pH 值变化的影响研究表明，采用硝酸钾和尿素可将 pH 值控制在 7.2 左右。

王翠等人（2010）研究发现，在 pH 值为 6.5~7.0 的偏酸性环境中有利于小球藻生长，而 pH 值在 7.0~8.5 的偏碱性条件下有利于小球藻油脂的积累。因此，综合小球藻生长和油脂积累这两个因素，得出最适合小球藻生长和油脂积累的 pH 值为 7.0（图 7.7 和表 7.2）。另外，有人报道称海水小球藻的适宜 pH 值为 7.5~8.5。

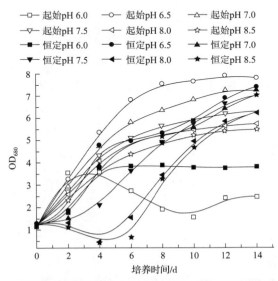

图 7.7　不同 pH 值条件对小球藻生长的影响（王翠等，2008）

表 7.2 不同 pH 值条件对小球藻生物量产量和油脂含量的影响比较（王翠等，2008）

不同 pH 值	生物量产量/(g·L^{-1})		油脂含量/%	
	不同的原始 pH 值组	不同的恒定 pH 值组	不同的原始 pH 值组	不同的恒定 pH 值组
6.0	0.831	1.312	17.3	41.2
6.5	2.694	2.626	33.2	39.6
7.0	2.518	2.508	37.0	47.7
7.5	2.174	2.307	39.3	47.6
8.0	1.982	2.172	39.9	49.5
8.5	1.901	2.064	38.8	49.6

另外，有研究人员证明，小球藻在 pH 值为 5.5～11.5 的环境中可以生存，但在 pH 为 9.0 时溶氧量和生长量达到最高，分别为 8.04 mg·L^{-1} 和 2.5×10^7 个细胞·mL^{-1}，而在 pH 大于 11.0 时小球藻的生长明显减慢，甚至出现死亡现象（张奇等，2018）。但也有研究人员认为，小球藻的最适 pH 值为 6.5～7.5，或者是 8.0，或有人认为是 6.0～9.5（刘加慧，杨洪帅和王辉，2014；朱晓艳等，2014）。

此外，以色列内盖夫本·古里安大学的 Belkin 和 Boussiba（1991）证明，鱼腥藻（*Anabaena sp.*）生长所需的最适 pH 值为 7.0。Yu 等人（2000）证明，鱼腥藻自养生长中的 pH 值随着时间的推移而增加，会高达 10，但异养和混合营养生长的 pH 值在 7.0 左右。

7.3.3 pH 值调控措施

事实上，pH 值的调节方式有很多种，这里主要介绍 4 种方式。

1. 碳酸氢盐调节法

在人工环境中，一般情况下是通过添加一定量的碳酸氢盐（bicarbonate）来维持藻液的高 pH 值水平（Belkin 和 Boussiba，1991；Grant 等，1990）。

2. 强酸/强碱调节法

强酸/强碱调节法是通过添加强酸（如 HCl）和强碱（如 NaOH）来调节 pH

值（Chen 等，2016；Pandey，Pathak 和 Tiwari，2010）。印度学者 Pandey 等人（2010）开展了 Zarrouk 培养液中 pH 值对螺旋藻生长及物质合成等影响的研究。实验共设置了 6 个 pH 值梯度，即 7、8、9、10、11、12。利用 8N NaOH 和 1N HCl 溶液进行 pH 值调节。这种方法涉及强酸或强碱，因此在未来太空受控生态生命保障系统中应用的可能性较小，至少在近期极有可能是这样。

3. 二氧化碳调节法

二氧化碳调节法大致也包括两种方式，即 CO_2 与空气的混合气体调节法和纯 CO_2 气体调节法，具体介绍如下。

1）CO_2 与空气的混合气体调节法

这种方法是通过提供 CO_2 与空气的混合气体来控制 pH 值，因为在水溶液中添加的 CO_2 会由于其离解平衡而导致 pH 值降低（Chen 等，2016；Troschl, Meixner 和 Drosg，2017）。由于螺旋藻在被光照时会消耗来自培养基中的 CO_2，如式（1）(Wilhelm 和 Jakob，2012)，因此 pH 值会随着 CO_2 的消耗而增加。因此，这可以通过添加 CO_2 来控制 pH 值（图 7.8）。

$$12H_2O + 6CO_2 \rightarrow C_6H_{12}O_6 + 6O_2 \uparrow + 6H_2O \tag{1}$$

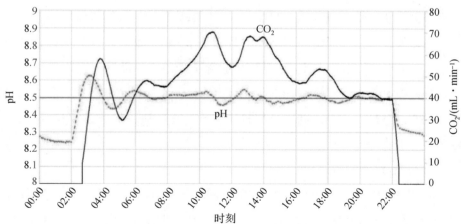

图 7.8　通过添加 CO_2 与空气的混合气体来控制光生物反应器中的 pH 值（Chen 等，2016）

钝顶螺旋藻可以在减少 CO_2 排放的同时，产生一种名为 C-藻蓝蛋白（C-PC）的抗氧化剂，这是一种高价值的营养品。我国台湾中兴大学的 Chen 等人（2016）采用一种创新的基于 CO_2 的 pH 控制系统（图 7.9）来培养钝顶螺旋藻。

其中，使用的是 CO_2 进料而不是酸/碱滴定剂来控制培养物的 pH 值，且电压记录仪的监控器用于记录电磁阀的开启/关闭时间。

图 7.9　由 CO_2 介导的 pH 控制系统实验装置（Chen 等，2016）

该基于 CO_2 的 pH 值控制系统的具体控制模式为：当培养液的 pH 值高于设定值时，pH 值控制器将打开电磁阀，这样高浓度 CO_2（2.5% 与空气混合）将以 $0.2~m^3 \cdot min^{-1}$ 的流速加入系统以降低 pH 值。相反，当 pH 值低于设定值时，pH 值控制器的电磁阀将被关闭。利用电压记录器监测藻细胞生长期间电磁阀的打开或关闭的次数和时间。通过适当的校准将电压数据转换为气体流量。

研究结果表明，钝顶螺旋藻培养物的最适 pH 值为 9.5。与连续 CO_2 进料系统相比，pH 控制系统对 pH 值实现了平稳控制，C – PC 含量和生产速率分别被提高到 16.8% 和 $0.17~g \cdot L^{-1} \cdot d^{-1}$，而且生物量产量和生产速率也显著增加（图 7.10 和图 7.11）。因此，研究人员所提出的 pH 值控制系统是经济和可持续的，因为它避免了使用酸液/碱液并减少了总的 CO_2 排放量。

2）纯二氧化碳调节法

奥地利自然资源与生命科学大学的 Troschl 等人（2017）运行了一套体积为 200 L 的光生物反应器，目的在于利用发电厂排出的废气生产生物塑料（bioplastics）。利用总共 118 g 或 59 L 的纯 CO_2 来进行 pH 值调节（Troschl，Meixner 和 Drosg，2017）。他们认为，应保持至少 9.5 的 pH 值，以防止被其他可能有毒的培养物所污染。

第 7 章 微藻培养温度、酸碱度和密度条件优化方法 ■ **225**

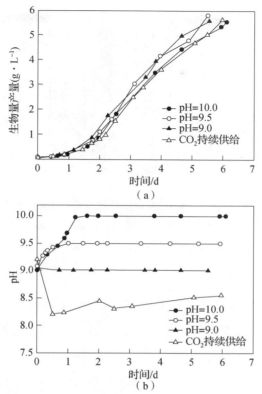

图 7.10 在不同 pH 值控制策略下螺旋藻培养物中的生物量产量及
pH 值 - 时间曲线（Chen 等，2016）

（a）生物量产量 - 时间曲线；（b）pH 值 - 时间曲线

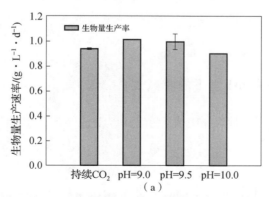

图 7.11 不同 pH 值控制策略对钝顶螺旋藻培养物的生物量生产速率、最大 C - PC 含量
和最大 C - PC 生产速率的影响（Chen 等，2016）

（a）生物量生产速率

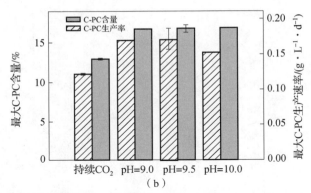

图7.11 不同 pH 值控制策略对钝顶螺旋藻培养物的生物量生产速率、最大 C–PC 含量和最大 C–PC 生产速率的影响（Chen 等，2016）（续）

（b）最大 C–PC 含量和最大 C–PC 生产速率

4. 多因子协同调节法

pH 值的调节与培养液中的 CO_2 浓度、气体体积流量以及气泡大小等密切相关。对这些值必须进行连续测量，并在过程计算机中进行比较，以使 pH 值在标称值附近波动（Jung 等，2019）。

随着对螺旋藻研究的深入，人们逐渐认识到只考虑某一种因子对螺旋藻生长繁殖的影响是不够的。在实际生产中，通常是多因子的组合共同起作用来影响螺旋藻的生物量以及细胞成分。培养环境中一种环境因子的改变往往会引起其他因子的变化。例如，用 $CO_2/NaHCO_3$ 作为碳源来培养螺旋藻时，$CO_2/NaHCO_3$ 的用量不仅要考虑螺旋藻对碳的需求，还应该考虑 $CO_2/NaHCO_3$ 的使用对培养基 pH 值的影响。

7.3.4 螺旋藻在高 pH 值下的耐氨性

已有研究表明，即使在 pH 值为 10 及以上的情况下，螺旋藻也能够利用氨（NH_3）作为氮的唯一来源（Boussiba，1989），这与通常认为在高 pH 值下氨对光合作用有毒的观点（Abeliovich 和 Azov 1979）形成对比（Belkin 和 Boussiba，1991）。此外，当生长培养基中同时存在硝酸盐和氨时，螺旋藻会优先使用后者（Boussiba，1989）。在高 pH 值下，预计氨会迅速进入细胞而使光合作用解耦（Schuldiner 等，1972；Rottenberg，1979），甚至在某些情况下会导致细胞死亡。

例如,发现 pH > 8.1 的 2 mmol·L^{-1} 氨能够抑制污水氧化池中的光合作用(Abeliovich 和 Azov,1979);类似的浓度也显著抑制了其他几种藻类和蓝藻的生长。

有人已经提出,在 pH 为 10 时,氨进入螺旋藻细胞主要是由 pH 梯度 ΔpH 驱动的(图 7.12)(Boussiba,1989)。在图 7.12 中,在时间零点(箭头)加入藻细胞(至 1.8 mg 蛋白质·mL^{-1} 藻液);数据点表示去除细胞后培养基中的氨含量。因此,进一步研究氨对钝顶螺旋藻的毒性、氨进入细胞和该生物体内部 pH 值之间的关系会很有意义。鉴于此,以色列内盖夫本·古里安大学的 Belkin 和 Boussiba(1991)开展了钝顶螺旋藻在高 pH 值下的耐氨性研究。

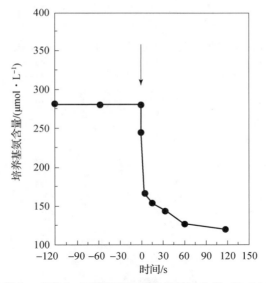

图 7.12　钝顶螺旋藻在 pH 值为 10 的条件下吸收氨的动力学(Belkin 和 Boussiba,1991)

上述研究结果表明,与许多其他光合微生物不同,钝顶螺旋藻即使在高 pH 值下也能够利用氨(图 7.13),并且对氨介导的光合作用解偶联具有抗性。在图 7.13 中,细胞密度为 0.9 mg 蛋白质·mL^{-1};吸收量是指培养基中氨浓度的降低值,单位为 μmol·L^{-1}。氨进入细胞是与 ΔpH 值直接相关,并受到相对较高的平均内部 pH 值的限制(图 7.14)。这种高 pH 值似乎主要由内囊体内的高 pH 值维持。

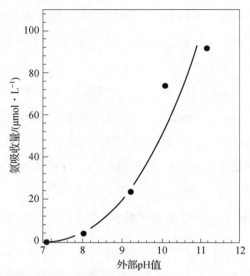

图 7.13　pH 值对钝顶螺旋藻氨吸收量的影响（Belkin 和 Boussiba，1991）

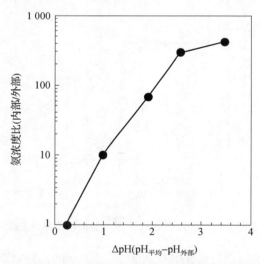

图 7.14　ΔpH 值对钝顶螺旋藻吸收氨的影响

7.4　藻液细胞密度条件优化

7.4.1　螺旋藻的适宜细胞密度

培养液中细胞密度用光密度表示，密度的大小会直接影响每个细胞接收光能的机会和能力，并影响对养分吸收利用的效果。培养基的光密度与螺旋藻藻株的浓度（包括收获的物质干质量）线性相关。随着单位体积螺旋藻藻株数量的增加，光密度也相应增加（图 7.15）。螺旋藻藻株在黑暗中停止光合作用。因此，生长曲线（图 7.16）在一定浓度或光密度下则会变得饱和。

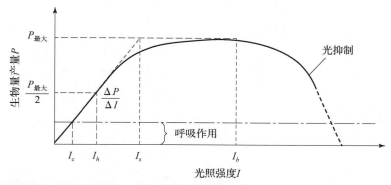

图 7.15　螺旋藻生物量产量和光照强度之间典型的相对对应关系（$P-I$ 曲线）（Jung 等，2019）

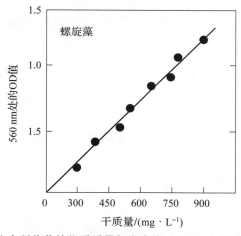

图 7.16　螺旋藻培养物中所收获的物质质量与光密度（OD）之间的关系（Tadros，1988）

因此，最晚在达到生长曲线的饱和阶段时停止培养并收获螺旋藻是常见的。这里采用了两种策略：一是收获光生物反应器的全部内含物（分批收获）（图 7.17）；二是进行半连续收获时，在饱和时用培养基替换所去除的体积（图 7.18）。

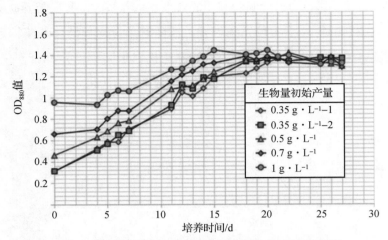

图 7.17　光密度与生物量初始产量之间的关系（附彩插）

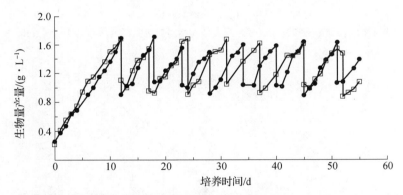

图 7.18　半连续收获期间的生物量产量的动态柔化情况（Moreira 等，2016）

7.4.2　小球藻的适宜细胞密度

德国斯图加特大学的 Helisch 等人（2020）将野生型绿藻小球藻藻株 SAG 211-12（因其具有光自养生长、生物量高、培养灵活性强和长期培养健壮性等优点）选为模式藻种。他们利用一种新型的与微重力相容的膜管道式光生物反应器，对微藻进行了 188 d 的长期有菌稳定处理，重点是研究藻类的生长动力学和气体产生情况。特别是，在整个培养过程中对培养物的同质性和活性进行了监测和评估，因为这对封闭培养系统的长期功能和效率具有重要影响。基于 SAG 211-12 专门设计的循环分批培养工艺，在闭环系统内实现了生物量的连续生产，藻细胞密度最大可达 12.2 g·L^{-1}，最大整体体积生产速率达到 1.3 g·L^{-1}·d^{-1}。

7.4.3 微藻细胞密度调控措施

在微藻光生物反应器中的细胞密度调控中，所培养藻细胞的最佳密度与很多因素都有关系，包括温度和光强。因此，必须根据需求和条件，选择合适的温度和光强，以实现对最适细胞密度进行协同调控（图 7.19）（鲁纯养等，1992）。

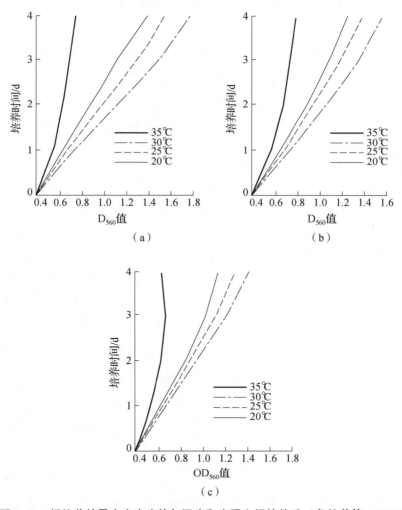

图 7.19　螺旋藻的最大光密度值与温度和光照之间的关系（鲁纯养等，1992）

(a) 12 klx；(b) 5klx；(c) 3 klx

照射的光量应分别根据培养基中螺旋藻细胞浓度增加的光密度进行动态调整，以确保最佳生长，同时避免光抑制。因此，这也应该通过在培养期间测量光密度来进行细胞密度控制。

后来，越来越多的研究都集中于不同的光生物反应器中各种因子的综合控制来提高螺旋藻的生物量。李志勇和郭祀远（1998a）研究发现，当温度为34 ℃、光照强度为20 klx、通气流速为700 mL·min^{-1}时，采用装有气泡分布器的气升双内环流光生物反应器分批培养螺旋藻时，最大细胞干质量可达3.64 g·L^{-1}，生长对数期的比生长速率达到0.587。

另外，李志勇和郭祀远（1998b）研究了在不同类型的光生物反应器中培养螺旋藻。在相同的外界环境条件下，对静止培养、磁力搅拌光生物反应器、鼓泡瓶式光生物反应器、鼓泡柱式光生物反应器以及气升式外循环光生物反应器培养螺旋藻的效果进行了比较，结果发现鼓泡式与气升式光生物反应器是实现螺旋藻高密度细胞培养的有效手段之一。

结 束 语

微藻培养是一个系统工程，在此过程中会涉及10多种影响，除前面介绍的光照外，培养液的温度、酸碱度（pH值）和密度等均会显著影响其培养效果。

本章重点介绍了小球藻和螺旋藻集约化高密度培养过程中的适宜温度、酸碱度和培养密度的调控范围与措施。针对以上3个参数，在国内外学者所报道的结果之间不尽相同，但它们的基本结论总结如下：①小球藻和螺旋藻均喜温，其生长的适宜温度为30~35 ℃；②小球藻和螺旋藻对酸碱度的适应范围很宽，但它们均喜碱性环境，其最适pH值为9~10（pH=9.5时最好）；③小球藻和螺旋藻的细胞培养密度在优化条件下，一般可达到1.6×10^7个细胞·mL^{-1}（Jung等，2019）。

在以上培养液的温度、酸碱度和密度等参数之间又是相互作用和相互影响的。它们互相之间具有协同效应，即一种参数会影响或制约另外一种参数，一种所谓的最佳参数会随着其他参数的改变而会有所不同。因此，在具体实际操作中，应根据具体目标和现实条件而进行相应参数的优化。另外，本章介绍了国内外针对温度、酸碱度和密度等采取的相应调控措施,尤其是基于 CO_2 的 pH 值调控措施,因为这在未来的空间站、月球科考站或火星基地上具有很好的应用前景。

参 考 文 献

李志勇,郭祀远. 气升式内环流光生物反应器中的螺旋藻生长特性与模型[J]. 郑州粮食学院学报,1998a,19(2):24-28.

李志勇,郭祀远. 不同类型光生物反应器的螺旋藻培养特性研究. 广西大学学报(自然科学版),1998b,23(3):290-293.

李叙凤,王长海,温少红. 螺旋藻培养条件研究[J]. 食品与发酵工业,1999,25(4):13-17.

刘加慧,杨洪帅,王辉. 温度、盐度、pH 对小球藻生长速率的联合效应[J]. 水生生物学报,2014,38(3):446-453.

鲁纯养,车凤琴,周荣,等. 光照度和温度对螺旋藻生长速率及品质的影响[J]. 北京农业工程大学学报,1992,12(2):31-37.

潘曰磊,邹宁,梁妍. 螺旋藻培养研究进展[J]. 生命科学仪器,2008,6(9):48-50.

田华,赵琪,郭敏,等. 影响螺旋藻生物量的因素研究进展[J]. 贵州工业大学学报(自然科学版),2005,34(3):28-32.

王翠,李环,王钦琪,等. pH 值对沼液培养的普通小球藻生长及油含量积累的影响[J]. 生物工程学报,2008,26(8):1074-1079.

张奇,曹英昆,邢泽宇,等. pH、盐度对小球藻生长量和溶氧量的影响[J]. 湖北农业科学,2018,57(11):83-86.

朱晓艳,张丹,梁芳,等. 环境因子对小球藻(*Chlorella sp.* XQ-20044)光合作用的影响[J]. 植物科学学报,2014,32(1):74-79.

ABELIOVICH A, AZOV Y. Toxicity of ammonia to algae in sewage oxidation ponds [J]. Applied and Environmental Microbiology, 1979, 31: 801-806.

BARGHBANI R, REZAEI K, JAVANSHIR A. Investigating the effects of several parameters on the growth of *Chlorella vulgaris* using Taguchi's experimental approach [J/OL]. International Journal of Biotechnology for Wellness Industries, 2012, 1 (2): 128 – 133. DOI: 10. 6000/1927 – 3037/2012. 01. 02. 04.

BELKIN S, BOUSSIBA S. Resistance of *Spirulina platensis* to ammonia at high pH values [J]. Plant and Cell Physiology, 1991, 32: 953 – 958.

BOUSSIBA S. Ammonia uptake in the alkalophilic cyanobacterium *Spirulina platensis* [J]. Plant and Cell Physiology, 1989, 30: 303 – 308.

CARVALLO J C M, SATO S, MORAES I, et al. *Spirulina platensis* growth estimation by pH determination at different cultivation conditions [J]. Electronic Journal of Biotechnology, 2002, 5 (3): 251 – 257.

CASSIDY K O. Evaluating algal growth at different temperatures [C]. Theses of Master of Science in Biosystems and Agricultural Engineering, 2011.

CHEN C – Y, KAO P – C, TAN C H, et al. Using an innovative pH – stat CO_2 feeding strategy to enhance cell growth and C – phycocyanin production from *Spirulina platensis* [J]. Biochemical Engineering Journal, 2016, 112: 78 – 85.

CHINNASAMY S, RAMAKRISHNAN B, BHATNAGAR A, et al. Biomass production potential of a wastewater alga Chlorella vulgaris ARC 1 under elevated levels of CO_2 and temperature [J]. International Journal of Molecular Sciences, 2009, 10 (2): 518 – 532.

CONVERTI A, CASAZZA A A, ORTIZ E Y, et al. Effect of temperature and nitrogen concentration on the growth and lipid content of *Nannochloropsis oculata* and *Chlorella vulgaris* for biodiesel production [J]. Chemical Engineering and Processing – Process Intensification, 2009, 48 (6): 1146 – 1151.

DALIRY S, HALLAJISANI A, MOHAMMADI ROSHANDEH J, et al. Investigation of optimal condition for *Chlorella vulgaris* microalgae growth [J/OL]. Global Journal of Environmental Science and Management, 2017, 3 (2): 217 – 230. DOI: 10. 22034/gjesm. 2017. 03. 02. 010.

DANESI E D G, RANGEL C O, PELIZER L H, et al. Production of *Spirulina platensis* under different temperatures and urea feeding regimes for chlorophyll attainment

[C]. Proceedings of the Eighth International Congress on Engineering and Food, 2001.

DAUTA A, DEVAUX J, PIQUEMAL F, et al. Growth rate of four freshwater algae in relation to light and temperature [J]. Hydrobiologia, 1990, 207: 221-226.

DVORETSKY D, DVORETSKY S, PESHKOVA E, et al. Optimization of the process of cultivation of microalgae *Chlorella vulgaris* biomass with high lipid content for biofuel production [J]. Chemical Engineering Transactions, 2015, 43: 361-366.

FLORIAN D, EMILIE A, LAGIA M, et al. Optimization of *Arthrospira platensis* (*Spirulina*) growth: From laboratory scale to pilot scale [J]. Fermentation, 2017, 3: 59.

GONG O, FENG Y, KANG L, et al. Effect of light and pH on cell density of Chlorella vulgaris [C]. The 6th International Conference of Applied Energy ICAE2014, 2014.

GRANT W D, MWATHA W E, JONES B E. Alkaliphiles: Ecology, diversity and application [J]. FEMS Microbiological Review, 1990, 75: 225-270.

HELISCH H, KEPPLER J, DETRELL G, et al. High density long-term cultivation of *Chlorella vulgaris* SAG 211-12 in a novel microgravity-capable membrane raceway photobioreactor for future bioregenerative life support in SPACE [J]. Life Sciences in Space Research, 2020, 24: 91-107.

JUNG F, JUNG C G H, KRÜGER-GENGE A, et al. Factors influencing the growth of *Spirulina platensis* in closed photobioreactors under CO_2-O_2 conversion [J/OL]. Journal of Cellular Biotechnology, 2019, 5: 125-134. DOI: 10.3233/JCB-199004.

KHALIL Z I, ASKER M M, EL-SAYED, et al. Effect of pH on growth and biochemical of *Donaliella* and *Chlorella* [J]. World Journal of Microbiology & Biotechnology, 2010, 26: 1225-1231.

KIM C J, JUNG Y H, OH H M. Factors indicating culture status during cultivation of *Spirulina* (*Arthospira*) *platensis* [J]. The Journal of Microbilogy, 2007, 45 (2): 122-127.

KONG W, SONG H, CAO Y, et al. The characteristics of biomass production, lipid accumulation and chlorophyll biosynthesis of *Chlorella vulgaris* under mixotrophic cultivation [J]. African Journal of Biotechnology, 2011, 10 (55): 11620 – 11630.

KONOPKA A, BROCK T D. Effect of temperature on blue green algae (cyanobacteria) in Lake Mendota [J]. Applied & Environmental Microbiology, 1978, 36 (4): 572 – 576.

KUMAR A, ERGAS S, YUAN X, et al. Enhanced CO_2 fixation and biofuel production via microalgae: Recent developments and future directions [J]. Trends in Biotechnology, 2010, 28 (7): 371 – 380.

KUMAR M, KULSHRESHTHA J, SINGH G P. Growth and biopigment accumulation of cyanobacterium *Spirulina platensis* at different light intensities and temperature [J]. Brazilian Journal of Microbiology, 2011, 42: 1128 – 1135.

MITSUI A, MIYACHI S, SAN PIETRO A, et al. Biological solar energy conversion [C]. Papers presented at a conference sponsored by United States – Japan Cooperative Science Program, US National Science Foundation and the Japanese Society for Promotion of Science, 1997.

MOREIRA J B, TERRA A L M, COSTA J A V, et al. Utilization of CO_2 in semi – continous cultivation of *Spirulina sp.* and *Chlorella fusca* and evaluation of biomass composition [J]. Brazilian Journal of Chemical Engineering, 2016, 33: 691 – 698.

NAKAMURA Y, MIYACHI S. Effect of temperature on starch degradation in *Chlorella vulgaris* 11h cells [J]. Plant and Cell Physiology, 1982, 23 (2): 333 – 341.

NISHIDA I, MURATA N. Chilling sensitivity in plants and cyanobacteria: The crucial contribution of membrane lipids [J]. Annual Review of Plant Biology, 2011, 47 (1): 541 – 568.

OGBONDA K H, AMINIGO R E, ABU G O. Influence of temperature and pH on biomass production and protein biosynthesis in a putative *Spirulina sp* [J]. Bioresource Technology, 2007, 98: 2207 – 2211.

PANDEY J P, PATHAK N, TIWARI A. Standardization of pH and light intensity for the biomass production of *Spirulina platensis* [J]. Journal of Algal Biomass

Utilization, 2010, 1 (2): 93-102.

RICHMOND A. Microalgal biotechnology at the turn of the millennium: A personal view [J]. Journal of Applied Phycology, 2000, 12: 441-451.

RICHMOND A, GROBBELAAR J U. Factors affecting the output rate of *Spirulina platensis* with reference to mass cultivation [J]. Biomass, 1986, 10: 253-264.

ROTTENBERG H. The measurement of membrane potential and ΔpH in cells, organelles, and vesicles [J]. Methods in Enzymology, 1979, 55: 547-569.

SCHULDINER S, ROTTENBERG H, AVRON M. Determination of ΔpH in chloroplasts [J]. European Journal of Biochemistry, 1972, 25: 64-70.

SHI W Q, LI S D, LI G R, et al. Investigation of main factors affecting the growth rate of *Spirulina* [J]. Optik, 2016, 127: 6688-6694.

TADROS M G. Characterization of *Spirulina* Biomass for CELSS Diet Potential [R]. CELSS Program, NASA Contractor NCC 2-501, Alabama University, 1988.

TORZILLO G, PUSHPARAJ B, BOCCI F, et al. Production of *Spirulina* biomass in closed photobioreactors [J]. Biomass, 1986, 11: 61-74.

TROSCHL C, MEIXNER K, DROSG B. Cyanobacterial PHA production—review of recent advances and a summary of three years' working experience running a pilot plant [J]. Bioengineering, 2017, 4: 26.

VONSHAK A. *Spirulina*: Growth, physiology and biochemistry [M]. In: *Spirulina platensis* (*Arthrospira*): Physiology, Cell Biology and Biotechnology (Ed. A. Vonshak). London: Taylor & Francis, 1997: 43-65.

WILHELM C, JAKOB T. Balancing the conversion efficiency from photon to biomass [M]. In: Microalgal Biotechnology: Potential and Production. Boston & Berlin: De Gruyter, 2012: 39-53.

XU H, MIAO X, WU Q. High quality biodiesel production from a microalga Chlorella protothecoides by heterotrophic growth in fermenters [J]. Journal of Biotechnology, 2006, 126: 499-507.

YAN C, ZHANG L, LUO X, et al. Effects of various LED light wavelengths and intensities on the performance of purifying synthetic domestic sewage by microalgae at different influent C/N ratios [J]. Ecological Engineering, 2013, 51: 24-32.

YU G C, XIN X F, CAI Z L, et al. Mixotrophic cultures of *Anabaena sp.* PCC7120 [J]. Engineering Chemistry & Metallurgy (Chinese), 2000, 21: 52-57.

ZENG Y, JI X J, LIAN M, et al. Development of a temperature shift strategy for efficient docosahexaenoic acid production by a marine fungoid protist, *Schizochytrium sp.* HX-308 [J]. Applied Biochemistry and Biotechnology, 2011, 164 (3): 249-255.

第 8 章
微藻生物活性物质高效生产技术

8.1 前言

生物活性物质（bioactive substance）也被称之为生理活性物质，即具有生物活性的化合物，是指对生命现象具有影响的微量或少量物质，包括蛋白质、肽类、氨基酸、油脂、多糖、核酸、生物碱、萜类、植物色素、矿物质元素、酶、维生素、甾醇类、甙类、蜡、树脂类等（史鸿鑫等，2006）。天然生物活性物质具有消炎、抗癌、抗氧化、抗病毒等多种生理活性功能，其不仅广泛分布于多种动植物、海洋生物和真菌等微生物中，在藻类中含量也很丰富。例如，螺旋藻藻体不仅含有丰富的蛋白质、碳水化合物和脂肪（Karel 和 Nakhost，1986），而且还含有多种生物活性物质，主要包括螺旋藻多糖和藻蓝蛋白等活性蛋白质、不饱和脂肪酸和 β-胡萝卜素等，具有免疫调节、抗肿瘤、抗病毒、抗氧化衰老、抗辐射、抗突变、神经保护及降血糖和血脂等功效（郑静，2009）。

8.2 不同藻种可产生的生物活性物质及其作用

近年来，巴黎萨克雷大学（Université Paris - Saclay）的 Levasseur 等人（2020）对能够产生生物活性物质的藻种进行了统计。统计结果显示，在目前认为的 8 个微藻门类中，有 7 个门类的藻种可以产生生物活性物质。这 7 个门分别是绿藻门（Chlorophyta）、红藻门（Rhodophyta）、蓝藻门（Cyanobacteria）、灰藻门（Glaucophyta）、隐藻门（Cryptista）、鞭藻门（Haptophyta）以及不等鞭毛门（Heterokontophyta）。其中，绿藻门可产生的生物活性物质种类最多，即在所列的

9大类生物活性物质中占到了7大类。另外，目前似乎未能证明眼虫门（Euglenozoa）的藻种能够产生生物活性物质（图8.1）。

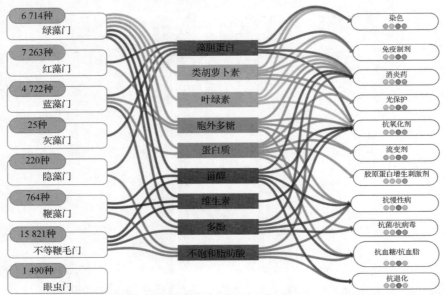

图8.1 不同门类微藻所能产生的主要生物活性物质类型及其作为高附加值产品的可能应用领域（Guiry，2012；Levasseur，Perré和Pozzobon，2020）（附彩插）

蓝色圆圈—药品；粉红色圆圈—化妆品；黄色圆圈—营养品，绿色圆圈—食品

另外，表8.1显示了微藻所能产生的主要生物活性物质种类及其主要功能。

表8.1　微藻所能产生的主要生物活性物质种类及其主要功能

（Levasseur，Perré和Pozzobon，2020）

生物活性 物质种类	功能			
	食品	营养品	药品	化妆品
不饱和脂肪酸（DHA和EPA）	—	在配方中加入丰富的ω-3	对血液系统（血压、凝血）有积极作用；作用于神经和视觉系统的正常功能和发育；减少慢性疾病（糖尿病、关节炎、心血管疾病和肥胖）的发生；降低胆固醇、甘油三酯水平；预防关节炎、阿尔茨海默症、牛皮癣和某些类型的癌症以及抗炎特性	—

续表

生物活性物质种类	功能			
	食品	营养品	药品	化妆品
叶绿素（叶绿素a和b）	绿色染色剂	抗氧化特性	抗氧化特性；维生素前体；免疫激活剂；抗炎特性；预防癌症（结直肠癌）；对肿瘤细胞有细胞毒性；刺激肝功能；增加胆管分泌；增加血红蛋白；促进细胞快速生长	染色剂、添加剂、抗氧化性能、掩臭剂
类胡萝卜素（β-胡萝卜素、虾青素、叶黄素、番茄红素、紫黄质）	染色剂，其颜色取决于分子（红色、橙色、黄色）	抗氧化特性	抗氧化特性；维生素前体免疫激活剂；抗炎特性；抗高血压特性；神经保护特性；对癌症、动脉粥样硬化、溃疡和心血管疾病的保护活性；预防黄斑变性、降低代谢综合征、肥胖和血清甘油三酯浓度的患病率；增强对病毒、细菌真菌和寄生虫感染的免疫抵抗力	抗氧化性能、光防护性能、染色剂
藻胆蛋白（藻蓝蛋白、别藻蓝蛋白、藻红蛋白、藻红蓝蛋白）	染色剂，其颜色取决于分子（红色、蓝色、浅蓝色、品红）	—	荧光特性；某些免疫方法的标记物；抗氧化特性；抗炎特性；神经保护特性；肝保护特性	染色剂

续表

生物活性物质种类	功能			
	食品	营养品	药品	化妆品
胞外多醣	保水剂、增稠剂、胶凝剂、稳定剂、乳化剂、保质期填充剂	—	抗氧化特性；抗病毒特性（艾滋病毒、1型单纯疱疹病毒）；抗肿瘤特性；抗癌特性；抗凝血特性；降脂特性；免疫激活剂；抗炎特性；对抗某些疾病（动脉粥样硬化、心血管疾病、艾滋病毒）；增稠和药物设计的凝胶形成特性	流变改性剂；护发素；抗炎特性；抗红肿特性；抗菌特性；抗病毒特性；抗氧化特性；保湿剂；愈合剂；乳化剂；透明质酸替代品；刺激胶原合成；抗酶蛋白水解的保护活性
蛋白质	乳化剂、发泡剂、增稠剂、胶凝剂	降血脂、降血糖、厌食或使食欲减退	抗炎特性；降压特性；抗癌特性；抗菌特性；抗氧化特性；重组蛋白生产平台	刺激胶原蛋白合成；减少血管缺陷；具有光防护性能；抗氧化性能
维生素	—	一些重要酶辅因子的前体特性	抗氧化特性	—
多酚	—	—	抗氧化特性；抗炎特性；抗癌特性；抗过敏特性；抗糖尿病特性；抗菌特性；抗真菌特性；抗毒素特性；改善心血管相关的疾病	—

续表

生物活性物质种类	功能			
	食品	营养品	药品	化妆品
植物甾醇	—	—	降低低密度脂蛋白胆固醇；促进心血管健康；抗炎特性；抗动脉粥样硬化特性；抗癌特性；抗氧化特性；防止神经系统疾病的保护特性	—

在天然的螺旋藻和小球藻等微藻中，会含有以上生物活性物质，但一般含量较低或藻体生长较慢而往往不能满足需求。鉴于此，人们往往会通过采取不同的人工处理方式以促进某些微藻（主要是螺旋藻和小球藻）合成不同的生物活性物质。采取的人工处理方法主要包括施加温度、光照、氮、磷、盐分浓度等不同的逆境或顺境条件。本章重点介绍提高不同微藻生物活性物质含量的相应处理方法与手段。

8.3 多不饱和脂肪酸合成调节

脂肪酸包括饱和脂肪酸（不含双键的脂肪酸称为饱和脂肪酸，所有的动物油的主要脂肪酸都是饱和脂肪酸，鱼油除外）和不饱和脂肪酸。不饱和脂肪酸（unsaturated fatty acids）是人体不可缺少的一种脂肪酸。根据双键个数的不同，不饱和脂肪酸被分为单不饱和脂肪酸和多不饱和脂肪酸（polyunsaturated fatty acids，PUFAs）两种。在食物脂肪中，单不饱和脂肪酸有油酸等，而多不饱和脂肪酸有亚油酸、亚麻酸、花生四烯酸等。根据双键的位置及功能，又将多不饱和脂肪酸分为 $\omega-6$ 系列和 $\omega-3$ 系列。亚油酸和花生四烯酸属于 $\omega-6$ 系列，而 α-亚麻酸（linolenic acid）、DHA（docosahexaenoic acid，DHA）、EPA（eicosapentaenoic acid，EPA）属于 $\omega-3$ 系列（陈辉，2005）。DHA 的分子式为 $C_{22}H_{32}O_2$，是一种含有 22 个碳原子和 6 个双键的直链脂肪酸，其在体内代谢过程中可由 α-亚麻酸生成，但生成量较低，主要通过食物补充（在鱼油中含量较多）。EPA 的分子式为 $C_{20}H_{30}O_2$，分子量为 302.451，常温下为无色至淡黄色透明液体，无味，无臭，氧化后有一定的气味，主要存在于冷水鱼中。

在微藻中，主要含有两类脂质：一是由光合作用产生并储存在细胞中的脂质，被称为储能脂质（主要是甘油三酯）；二是属于细胞结构组成部分的脂质，被称为结构脂质（主要是磷脂和甾醇）。脂肪酸属于储能脂质，它们代表着一种主要代谢产物。其中，多不饱和脂肪酸较受关注。它们是由含有一个以上双键的长不饱和烃链组成的生物分子（biomolecule），对食品和制药行业都具有吸引力（Hamed，2016）。微藻可作为 DHA 和 EPA 的主要生产者。

藻类中的脂质代谢会受到许多环境因素的影响。这些因素包括养分条件（主要是氮、磷和硫，尤其是它们的限制；葡萄糖、高盐 NaCl）和环境条件（主要是光照、pH 值、温度），当然还包括有毒物质（如重金属）（Boussiba 等，1988；Derelle 等，2006）。

8.3.1 养分调节法

1. 贫氮（氮饥饿）诱导法

已有研究证明，在氮限制下，许多微藻物种改变了它们的碳储存模式，从而有利于主要以甘油三酯（TAG）形式存在的中性脂质（NLs），但极性脂质（PL）中的脂肪酸在营养上比酯化为中性脂质的脂肪酸更适合鱼类等。

最著名的养分调节法是改变养分参数以影响其内部代谢。因此，一些研究集中在不同养分因素对脂质生产速率的影响（Kumar 等，2019；Wang 等，2019）。最常用的策略之一是部分或完全剥夺微藻的氮，以实现更高的脂质生产速率。早先，在绿色微藻或硅藻中，低氮胁迫会导致甘油三酯（TAG）积累至藻体干质量的 20%~50%（Boussiba 等，1988；Bates，Stymne 和 Ohlrogge，2013）。

最引人注目的例子之一是关于莱茵衣藻 CC-400 cw15 mt+ 的培养。在正常条件下，该藻种能够产生 9% 的脂质干物质，而在缺氮条件下，它可以产生 41% 的脂质干物质（Park 等，2015）。

近期，挪威科技大学的 Wang 等人（2019）对 4 种海洋微藻进行了研究。这

4种海藻分别是三角褐指藻（*Phaeodactylum tricornutum*）、大溪地等鞭金藻 clone T – Iso（*Isochrysis aff. galbana* clone T – Iso）、波海红胞藻（*Rhodomonas baltica*）和海洋微拟球藻（*Nannochloropsis oceanica*）。微藻细胞通过分批式和半连续式两种不同的方法培养，以产生高度和中度的氮限制，这反过来会显著影响生物量产量和脂质的生产速率。

所有4种海洋微藻主要以 TAG 的形式积累脂质，以响应高度的氮限制。然而，海洋微拟球藻在中等氮限制下积累了51%的干质量作为脂质，其中高达87%的脂肪酸在 TAG 中。仅在大溪地等鞭金藻 clone T – Iso 中，出现了多不饱和脂肪酸（PUFA），特别是 DHA 的含量随着氮限制的增加而增加的现象。尽管较强的氮限制导致脂质积累，但分批培养的总脂质生产速率没有增加。三角褐指藻具有最高的 EPA 含量，而海洋微拟球藻由于脂质含量高而表现出最高的 EPA 生产速率。

另外，大溪地等鞭金藻 clone T – Iso 在中度氮限制的 DHA 产量最高，主要是由于其生物量生产速率较高。目前的研究结果表明，海洋微拟球藻和大溪地等鞭金藻 clone T – Iso 是两种有前途的微藻菌株，它们在中度氮限制下具有长期可持续的 N – 3 长链（LC）– PUFA 来源。如该研究所示，由于强氮限制诱导而导致微藻细胞中脂质含量增加，但可能不会增加脂质的生产速率，因为生物量产量通常会减少。因此，可能需要代谢工程、调节和选择等方法的组合，以进一步提高 N – 3 LC – PUFA 的生产速率，而不会显著损失生物量产量（Wang 等，2019）。

2. 富氮 + 贫氮二步诱导法

以上这些条件虽然有利于脂质积累，但对微藻的生长却不太有利，因为这样会导致生长速率降低。为了克服这个问题，有人采用了二步诱导法。首先，是在足够的营养条件下培养微藻，以刺激其更快生长并产生更多的生物量产量。其次，使这些细胞生长在较为严酷的条件下（如营养缺乏），以便其积累脂质。例如，Paes 等人（2016）开展了利用这种方法对微绿球藻（*Nannochloropsis oculata*）细胞脂质积累的研究。在两种控制条件下，即氮充足和氮限制条件下，最终的细胞数量相似。然而，在氮限制下，细胞体积从 14.1 μm^3 增加到 18.7 μm^3，表明细胞内存在脂质积聚。分析证实了这一点，即脂质含量从干物质的26%增加到了34%。

另一种在不大量损失生物量产量的情况下提高脂质产量的方法，是将这种方法与藻株育种或基因工程方法相结合（Wang 等，2019）。

3. 贫磷诱导法

主要营养素磷也会影响脂质代谢。磷是磷脂生物合成所必需的，而磷饥饿会减少所有磷酸甘油酯的生成量（Thelen 和 Ohlrogge，2002）。磷限制似乎会导致不同脂质类别的平衡发生重大变化，而不仅仅是磷脂。例如，磷脂酰甘油（PtdGro）在类囊体功能中的重要作用可以通过利用另一种阴离子脂质植物硫酯——硫化异鼠李糖甘油二酯（SQDG）来部分取代（Boussiba 等，1987；Boussiba 等，1988）。此外，磷缺乏也会导致 TAG 的积累，从而增加小球藻等的藻油含量（Guarnieri 等，2013；Zhang 等，2009；Liu 和 Benning，2013）。

4. 高盐诱导法

已有研究表明，高盐通常会导致微拟球藻和杜氏盐藻藻体进行甘油三酯（triacylglycerol，TAG）（也称三酰甘油）的积累（Boussiba 等，1987；Davidi，Katz 和 Pick，2012）。

5. 贫硅诱导法

对于许多硅藻来说，硅是一种大量营养物。在硅藻中有许多是含油物种（Xu 等，2013）。此外，硅的耗尽会诱导 TAG 在那些需要硅的硅藻物种中进行积累（Yu，Zendejas 和 Lane，2009；Xu，Zheng 和 Zou，2009）。

8.3.2 细胞内活性氧及代谢途径调节法

1. 活性氧诱导法

越来越多的实验证据似乎强调，细胞内适当水平的活性氧（reactive oxygen species，ROS）可以改善脂质积累，尽管代谢机制尚不清楚（Sun 等，2018）。除其他因素外，这是通过在培养过程中控制氧气的添加量而实现的。

2. 代谢途径调节法

刺激脂质产生的另一种方法是直接作用于微藻的代谢。研究表明，在异养条件下，微藻可达到更高的脂质含量（Kumar 等，2019；Sun 等，2018）。例如，在异养条件下培养 3 d 后，微藻类破囊壶菌（*Thraustochytrids*）12B 能够在其生物量产量中产生 57.8% 的脂质，且其中的 DHA 含量高达 43.1%（Raghukumar，2008）。

8.3.3 高温+低温两级调节法

一般来说，当温度应力高于最佳生长值时，通常会发现脂质含量增加。然而，高温通常会导致 PUFA 比例显著降低。已知温度是影响 DHA 生物合成的重要环境因素之一。一般来说，低温会减缓藻株的生长，但会促进不饱和脂肪酸的积累。

鉴于此，南京理工大学的 Zeng 等人（2010）开展了温度对裂壶藻（*Schizochytrium sp.*）高效生产 DHA 作用的实验研究。他们研究了温度和两级温度变化策略对海洋裂壶藻 HX-308 的脂肪酸生成和 DHA 含量的影响。研究结果表明，首先在 30°C 的温度下处理 32 h，然后转换到 20°C 的温度下处理 12 h 的方法，实现了 DHA 在总脂肪酸中的占比达到最高值 51.98%，而且占细胞干质量的百分比达到 6.05%（也接近最高）（表 8.2）。因此，利用一定的两级温度切换模式能够有效提高裂壶藻合成 DHA 的水平。

表 8.2 裂壶藻 HX-308 在两级温度条件下的 DHA 合成情况（Zeng 等，2010）

类别	20 ℃			25 ℃			30 ℃
	从 30°C (20 h) 切换到 20 ℃	从 30 ℃ (32 h) 切换到 20 ℃	常数	从 30 ℃ (20 h) 切换到 25 ℃	从 30 ℃ (32 h) 切换到 25 ℃	常数	常数
总发酵时间/h	56	52	66	46	44	48	42
DHA 产量/(% TFA)	51.55	51.98	51.28	33.94	37.38	36.91	36.62
DHA 产量/(% DCW)	5.97	6.05	5.1	6.1	5.94	5.21	5.82

注：总脂肪酸中的 %TFAs；干细胞质量中的 %DCW。

8.3.4 低温+低光强诱导法

俄罗斯坦波夫国立技术大学（Tambov State Technical University）的 Dvoretsky 等人（2020）通过实验研究证明，温度和光照强度对小球藻 IPPAS C-2 的生物量产量、脂质生物合成及其脂肪酸组成的动力学具有显著影响。提高光照强度和温度会促进细胞分裂；相反，在较低的光照强度和温度下，藻株积累了大量的生物量、脂质、饱和脂肪酸和不饱和脂肪酸（图 8.2）。

该研究共设置了 4 个实验。实验 1 在培养的第 6 d 其不饱和脂肪酸浓度达到最大值（31.0 mg·L^{-1}）及生产速率（11.25 mg·L^{-1}·d^{-1}）（图 8.2（a））。这可以解释为，在细胞密集分裂的过程中，需要大量的不饱和脂肪酸分子来形成细胞质膜。实验 2 和 4 中不饱和脂肪酸含量较低，这与微藻细胞在高光照强度下培养时可能发生的光氧化应激过程有关。脂肪酸组成分析表明，该藻株在生物燃料生产原料和食品添加剂生产技术方面具有广阔的应用前景。

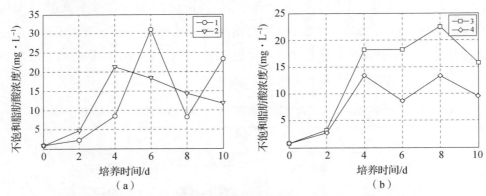

图 8.2　微藻生物量中不饱和脂肪酸的动力学特征（Dvoretsky 等，2020）

(a) 实验 1 和 2；(b) 实验 3 和 4

温度胁迫是非常重要的。早先在其他研究中也发现利用温度胁迫可增加球等鞭金藻（*Isochrysis galbana*）和微拟球藻（*Nannochloropsis salina*）有价值代谢物的产生或改变不同物种的脂质含量（Boussiba 等，1987；1988）。其他利用绿色微藻的具体研究也已经明确证明了这一点（Harwood 和 Guschina，2009；Peled 等，2011；Yoon 等，2012）。

8.4　光合色素合成调节

除了 PUFA 外，微藻在其组成中还包括光合色素。光合色素包括叶绿素、类胡萝卜素和藻胆蛋白三大类，颜色分别为绿色、黄色/橙色和红色/蓝色（Hamed，2016；Chisti，2020）。近年来，这些化合物已被证明具有有益健康的特性，如抗氧化特性、维生素前体、免疫激活剂和抗炎剂（Borowitzka，1995；Hamed，2016）。因此，它们主要作为天然色素、食品补充剂或生物活性分子的来源而被用作食品、制药或化妆品的添加成分（García，Vicente 和 Galán，2017）。

8.4.1 光照强度的调节作用

早先，以色列内盖夫本·古里安大学的 Friedman 等人（1991）研究了两种单细胞红藻的光利用效率。这两种红藻分别为：一是海水藻，即紫球藻（*Porphyridium sp.*）；二是淡水藻，即铜绿紫球藻（*Porphyridium aerugineum*）。它们所产生的主要副产物分别为藻红蛋白（phycoerythrin）和藻蓝蛋白。

研究结果表明，分别在 3 种光子照度下，即 75 $\mu mol \cdot m^{-2} \cdot s^{-1}$（低）、150 $\mu mol \cdot m^{-2} \cdot s^{-1}$（中）和 300 $\mu mol \cdot m^{-2} \cdot s^{-1}$（高），两种藻的生长速率在中和高光强下每天都翻一倍，而在低光强下每两天翻一倍。铜绿紫球藻的叶绿素含量要远高于紫球藻。藻胆蛋白与叶绿素 a 的比例在紫球藻中较高，而且在铜绿紫球藻中这一比例的变化随着光强的增加较为明显（表 8.3）。总光合效率和高低光强下的效率差异为紫球藻高于铜绿紫球藻。在这两个藻种之间生长特性的差异似乎是由于培养物的光密度的差异所导致，而最终是由于细胞色素比率和浓度的差异所致（Friedman，Dubinsky 和 Arad，1991）。

表 8.3　光强对紫球藻和铜绿紫球藻中色素含量的影响（Friedman 等，1991）

藻种	光子照度/ ($\mu mol \cdot m^{-2} \cdot s^{-1}$)	叶绿素 a /(pg·细胞$^{-1}$)	藻胆蛋白 /(pg·细胞$^{-1}$)	藻胆蛋白：叶绿素 a 的比率
紫球藻	300	0.114	2.717	23.8
	150	0.20	5.631	28.0
	75	0.353	7.736	21.9
铜绿紫球藻	300	0.411	2.008	4.9
	150	0.574	5.031	8.8
	75	1.016	10.428	10.2

注：表中色素含量为培养后第 10 d 所提取的色素测量值。

8.4.2 温度+光照强度的诱导作用

印度拉贾斯坦大学的 Kumar 等人（2011）开展了不同光照强度和温度对钝顶螺旋藻的生长和生物色素积累影响的研究。研究结果表明，在 35 ℃ 的温度和 2 000 lx 的光照强度下，发现叶绿素和藻胆蛋白的积累量达到了最大值（图 8.3）。然而，随着温度和光照强度的进一步升高，类胡萝卜素含量在 3 500 lx 时达到最大值（表 8.4）。随着光照强度的增加，类胡萝卜素含量的提高是钝顶螺旋藻对光保护的适应性反应，这可能是开发微藻作为生物色素来源的良好基础（Kumar，Kulshreshtha 和 Singh，2011）。

表 8.4 不同温度和光照强度对钝顶螺旋藻色素组成的影响
（Kumar，Kulshreshtha 和 Singh，2011）

温度	藻蓝蛋白	别藻蓝蛋白	藻红蛋白	类胡萝卜素/叶绿素 a	藻蓝蛋白/叶绿素 a
20 ℃	5.39 ± 0.26^a	2.59 ± 0.11^a	0.639 ± 0.014a	0.152	4.991
25 ℃	6.61 ± 0.36^b	3.07 ± 0.11^b	1.193 ± 0.010^b	0.166	5.008
30 ℃	7.34 ± 0.21^c	3.32 ± 0.13^c	1.582 ± 0.013^c	0.171	5.027
35 ℃	7.73 ± 0.52^c	3.46 ± 0.15^c	1.798 ± 0.017^d	0.175	5.019
40 ℃	5.59 ± 0.26^a	2.7 ± 0.14^a	0.786 ± 0.015^e	0.149	4.904
光照强度					
500 lx	6.125 ± 0.32 a	2.88 ± 0.15^a	0.972 ± 0.006^a	0.158	4.940
1 000 lx	6.53 ± 0.35^a	3.02 ± 0.12^a	1.126 ± 0.015^b	0.163	5.023
1 500 lx	7.05 ± 0.37^b	3.22 ± 0.09^b	1.436 ± 0.012^c	0.169	5.000
2 000 lx	7.65 ± 0.35^c	3.4 ± 0.15^b	1.7 ± 0.035^d	0.174	5.100
2 500 lx	7.255 ± 0.32^{bc}	3.29 ± 0.13^b	1.527 ± 0.051^e	0.177	5.003
3 000 lx	6.1 ±035^a	2.83 ± 0.11^a	0.959 ± 0.017^a	0.178	4.959
3 500 lx	5.38 ± 0.42^d	2.58 ± 0.19^e	0.63 ± 0.016^f	0.181	4.981

注：数值为平均值 ± 标准差（$n=3$）；对于每个单独的实验，具有相同字母的变量均值没有显著差异（$p>0.05$）。

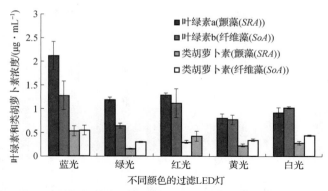

图 8.3　在藻类培养基中不同颜色的过滤 LED 灯下第 15 d 时的微藻分离株的色素浓度比较

8.4.3　光质的诱导作用

微藻产生的生物色素（biopigment）与它们所接受光的颜色有关。藻类色素和光合作用具有适应环境条件的能力。海冰微藻在白光光谱下生长时表现出颜色适应性，尽管它对蓝绿光环境有反应。这种适应能力可能成为物种竞争的一个重要因素（Reiser，2010）。

因此，印度学者 Sharmila 等人（2018）分析了在藻类培养基中不同颜色的过滤 LED 灯下第 15 d 时的微藻分离株的色素浓度（图 8.4）。结果清楚地表明，在蓝色过滤光下，颤藻（*Oscillatoria sp.*）中叶绿素 a 浓度达到最大值（2.12 μg·mL^{-1}），而在纤维藻（*Ankistrodesmus sp.*）中类胡萝卜素浓度达到最大值（0.55 μg·mL^{-1}）。另外，它们的研究结果表明，绿光不适合生产色素的合成，而蓝色过滤光能够增强色素的生产。在扁藻（*Tetraselmis suecica*）（Abiusi 等，2014）和菱形藻（*Nitzschia sp.*）（Kwon 等，2013）中，也观察到了同样的结果，即与白色、红色和绿色相比，蓝光中的叶绿素积累更高。在杜氏盐藻中，当在蓝光中补充红光时，则出现了 μ-胡萝卜素和叶黄素（lutein）的积累（Fu 等，2013）。

然而，与 Sharmila 等人（2018）的研究结果不同的是，早先 Mohsenpour 和 Willoughby（2013）在小球藻中观察到，与蓝色、黄色、橙色和红色光谱相比，在绿色光下的叶绿素含量更高。不过，在关于绿光对藻类的影响得出明确的结论之前，还需要开展进一步的研究。

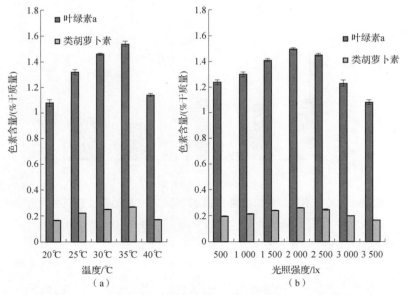

图8.4 不同温度和光照强度对钝顶螺旋藻色素积累的影响

(Kumar, Kulshreshtha 和 Singh, 2011)

(a) 温度的影响；(b) 光照强度的影响

数值为平均值 ± 标准差 ($n=3$)

8.4.4 两步光质的诱导作用

藻蓝蛋白是一种光合色素，存在于光合蓝藻、隐藻 (cryptophyte) 和红藻中。通常，藻蓝蛋白的生产主要取决于培养期间的光照条件，而且藻蓝蛋白的纯化需要昂贵的材料和复杂的程序。

韩国西江大学的 Lee 等人 (2016) 提出了一种新的两阶段培养方法，即在不同的光照强度下，利用红色和蓝色 LED 灯以最大限度地提高螺旋藻中藻蓝蛋白的含量和纯度。第一阶段，在 LED 红色和蓝色光的组合下培养螺旋藻以使之达到快速生长，直到在 680 nm 处的光密度达到 1.4~1.6。第二阶段，在原来的基础上补充 LED 蓝色光，来提高螺旋藻中藻蓝蛋白的浓度和纯度。为了确定在第二阶段的最佳强度条件，对补充不同强度的蓝光进行了实验，包括 75 $\mu mol \cdot m^{-2} \cdot s^{-1}$、150 $\mu mol \cdot m^{-2} \cdot s^{-1}$ 和 300 $\mu mol \cdot m^{-2} \cdot s^{-1}$（分别被缩写为蓝光-75、蓝光-150 和蓝光-300）。此外，第一阶段的红色+蓝色光照条件也在第二阶段作为对照组持续进行,以比较波长的影响。其最终的研究结果表明,在两周时间内,螺旋藻经过两个阶段的培养产生了浓度为 1.28 mg·mL^{-1}的藻蓝蛋白,且纯度达到了 2.7（OD_{620}/OD_{280}）（图8.5）。

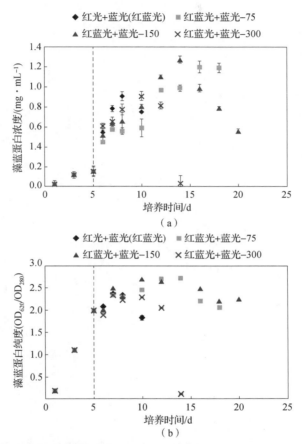

图 8.5　两阶段培养法对钝顶螺旋藻藻体内藻蓝蛋白浓度和纯度的影响（Lee 等，2016）
（a）藻蓝蛋白浓度；（b）藻蓝蛋白纯度

8.4.5　养分的诱导作用

养分的组成成分同样会影响藻蓝蛋白等的生物合成水平。埃及国家研究中心与开罗大学合作,研究了 4 种培养基配方（BG-11、改性 BG-11、Zarrouk 和 SHU（合成人体尿液））对钝顶螺旋藻的藻蓝蛋白、别藻蓝蛋白和藻红蛋白等合成水平的影响。研究结果表明,在改性 BG-11 培养基中,藻体内的总叶绿素

（147.43 μg·mL^{-1}）、总类胡萝卜素（139.88 μg·mL^{-1}）和藻蓝蛋白（55.37 μg·mL^{-1}）的浓度均达到最高值，而在 SHU 培养基中观察到最高浓度的别藻蓝蛋白（51.73 μg·mL^{-1}）和藻红蛋白（44.13 μg·mL^{-1}）（图 8.6）（Marrez 等，2013）。

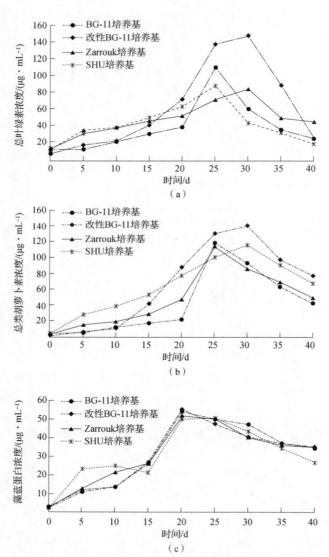

图 8.6　在 4 种培养基中钝顶螺旋藻藻体内的总叶绿素、总类胡萝卜素、藻蓝蛋白、别藻蓝蛋白和藻红蛋白浓度比较（Marrez 等，2013）

（a）总叶绿素浓度；（b）总类胡萝卜素浓度；（c）藻蓝蛋白浓度

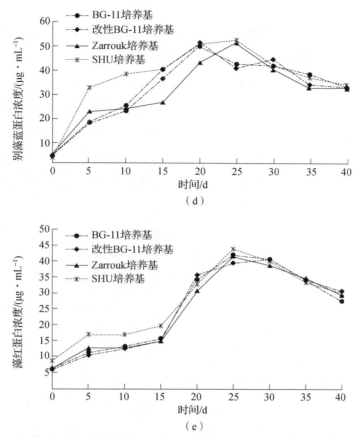

图 8.6 在 4 种培养基中钝顶螺旋藻藻体内的总叶绿素、总类胡萝卜素、藻蓝蛋白、别藻蓝蛋白和藻红蛋白浓度比较（Marrez 等，2013）（续）

(d) 别藻蓝蛋白浓度；(e) 藻红蛋白浓度

对以上研究结果进行具体分析如下：

1) 培养基类型对总叶绿素浓度的影响。

图 8.6 (a) 显示了在不同培养基中生长的钝顶螺旋藻的总叶绿素浓度。一般来说，根据所用培养基的不同，培养 25 d 和 30 d 可产生最多的叶绿素。在改性 BG-11 培养基中培养 30 d，总叶绿素浓度达到 147.43 $\mu g \cdot mL^{-1}$ 的最高值，而在 BG-11 培养基中，叶绿素浓度在最佳培养时间（25 d）却降至 110.76 $\mu g \cdot mL^{-1}$。他们分析认为这可能是由于改性 BG-11 培养基的成分所致，因为它含有尿素作为氮源，而不是 BG-11 中的 $NaNO_3$。这一结果证实了 Danesi

等人（2011）的研究结果，即他们报道称，使用尿素可获得最大的总叶绿素浓度，而使用硝酸钾获得的浓度较低。关于其他试验培养基，即 Zarrouk's 和 SHU，没有观察到其对叶绿素积累的影响差异。

2）培养基类型对总类胡萝卜素浓度的影响。

由图 8.6（b）可以看出，总类胡萝卜素与总叶绿素的浓度曲线趋势类同。培养 30 d 后，在改性 BG - 11 培养基（139.88 $\mu g \cdot mL^{-1}$）中记录到最高的总类胡萝卜素浓度。其他培养基中的总类胡萝卜素浓度几乎相同，在最佳培养时间平均约为 115 $\mu g \cdot mL^{-1}$。这可能表明叶绿素和类胡萝卜素浓度之间有很紧密的相关性。这种相关性可以归因于类胡萝卜素保护叶绿素分子免受分子氧的光破坏和氧化（Krinsky，1979）。同样，Torzillo（1997）报道称，在 35 ℃下培养 30 d，钝顶螺旋藻的叶绿素和类胡萝卜素含量呈正相关。

3）培养基类型对藻蓝蛋白浓度的影响。

图 8.6（c）显示了在不同培养基中生长的钝顶螺旋藻其藻蓝蛋白的浓度比较情况。与叶绿素和类胡萝卜素浓度的结果相反，在任何实验的培养基中，培养 20 d 对螺旋藻中藻蓝蛋白的浓度（50.6 ~ 55.4 $\mu g \cdot mL^{-1}$）是最佳的。在 BG - 11、改性 BG - 11 和 Zarrouk 培养基中生长时，其浓度没有显著差异。其中，在 SHU 培养基所形成的藻蓝蛋白浓度最低（50.63 $\mu g \cdot mL^{-1}$）。早期，其他几项研究已评估了不同氮源对钝顶螺旋藻藻蓝蛋白浓度的影响。例如，Abd El Baky（2003）发现，营养培养基中氮浓度的降低会导致藻蓝蛋白浓度的降低。此外，Chouhan 等人（2013）发现，在培养物中添加不同的氮源会增加藻蓝蛋白和藻红蛋白的浓度。如前所述，在上述研究中，改性 BG - 11 培养基中除了含有柠檬酸铁铵外，还含有尿素。这被认为是一个优势，因为它所生产的藻蓝蛋白浓度达到了最高值（55.4 $\mu g \cdot mL^{-1}$）。Garcia - Ferandez 和 Diez（2004）的发现可以解释这一观察结果：他们报道称，在几种蓝藻的培养基中存在几种氮源的情况下，蓝藻可能更喜欢还原性的氮源（如氨基酸、尿素和铵）。

4）培养基类型对别藻蓝蛋白浓度的影响。

在培养 40 d 后，不同培养基中钝顶螺旋藻中别藻蓝蛋白的浓度如图 8.6（d）所示。研究结果表明，在 BG - 11 和改性 BG - 11 培养基中，20 d 后对别藻蓝蛋白的最大浓度（平均为 51 $\mu g \cdot mL^{-1}$）没有观察到显著差异。此外，在 SHU 和

Zarrouk 培养基中培养 25 d 后，最大浓度非常接近（平均为 51.5 $\mu g \cdot mL^{-1}$）。20 d 后和 25 d 后在 SHU 培养基中获得的别藻蓝蛋白的浓度相似，分别为 51.03 $\mu g \cdot mL^{-1}$ 和 52.9 $\mu g \cdot mL^{-1}$。这意味着，除了 Zarrouk 培养基外，对所有培养基中的钝顶螺旋藻都可以在 20 d 后进行收获，以达到别藻蓝蛋白的最大浓度。如前所述，目前很少有关于螺旋藻在不同培养基中产生别藻蓝蛋白的研究。

5）培养基类型对藻红蛋白浓度的影响。

图 8.6（e）显示了不同培养基中钝顶螺旋藻藻红蛋白的浓度。在培养后 25 d 和 30 d，SHU 培养基中的色素浓度无显著性差异（$P<0.05$）。因此，选择培养 25 d 为最佳时期，在所有培养基中产生了最大浓度（39.6~44.1 $\mu g \cdot mL^{-1}$）。在培养 25 d 时，改性 BG-11 培养基对藻红蛋白浓度没有显著影响（$P<0.05$）。本研究的结果与 Saleh 等人（2011）获得的结果相似，即 Zarrouk 培养基中藻红蛋白浓度的最大值是在 25 d 后获得的。

8.4.6 光质+养分的诱导作用

伊朗萨里农业科学与自然资源大学的 Nosratimovafagh 等人（2022）开展了各种光质、氯化钠浓度和葡萄糖浓度的不同组合对钝顶螺旋藻总蛋白质和藻蓝蛋白（phycocyanin）合成水平影响的研究。研究结果表明，首先是在 YL1.00S0.88G 组合中（黄光+1.00 $g \cdot L^{-1}$ 氯化钠+0.88 $g \cdot L^{-1}$ 葡萄糖），可以实现较高的物质合成，即藻蓝蛋白浓度和总蛋白含量分别达到了 115.68 $mg \cdot g^{-1}$ 和 51.09%；其次是在 WL5.30S2.46G 组合中（白光+5.30 $g \cdot L^{-1}$ 氯化钠+2.46 $g \cdot L^{-1}$ 葡萄糖），分别达到了 108.74 $mg \cdot g^{-1}$ 和 45.64%；最后是在 RL9.10S1.30G 组合中（红光+9.10 $g \cdot L^{-1}$ 氯化钠+1.30 $g \cdot L^{-1}$ 葡萄糖），分别达到了 79.50 $mg \cdot g^{-1}$ 和 39.99%（Nosratimovafagh，Fereidouni 和 Krujatz，2022）。

8.5 蔗糖和多糖生产调节

8.5.1 基于基因表达的蔗糖生产调节

蔗糖是天然活性成分。蔗糖是从甘蔗或甜菜中被提取出来的，是自然界中纯天然的二糖,其经过水解后分解为葡萄糖和果糖。蔗糖是食糖的主要成分,双糖的一种,由一分子葡萄糖的半缩醛羟基与一分子果糖的半缩醛羟基彼此缩合脱水而成,有甜味,无气味,易溶于水和甘油,微溶于醇。因此,蔗糖是天然活性成分。

许多蓝藻藻株可以合成蔗糖,以作为渗透保护剂来应对盐胁迫环境。例如,美国华盛顿大学的 Lin 等人(2020)利用快速生长的蓝藻类细长聚球藻(*Synechococcus elongatus*)UTEX 2973 的光合作用过程在盐胁迫条件下生产蔗糖,并研究了高效光合作用是否可以提高蔗糖的生产速率。

他们通过表达蔗糖转运蛋白 CscB,细长聚球藻 UTEX 2973 在盐胁迫条件下蔗糖产量为 8 g·L^{-1},最高生产速率达到了 1.9 g·L^{-1}·d^{-1}。盐胁迫主要通过上调编码限速蔗糖磷酸合成酶的 sps 基因,来激活蔗糖的生物合成途径。为了降低蔗糖生产对高浓度盐的需求,研究人员在聚球藻 UTEX 2973 中对蔗糖合成基因进一步开展了表达调控。该工程藻株在不需要盐诱导的情况下能够生产蔗糖,生产速率达到了 1.1 g·L^{-1}·d^{-1}。在这项研究中,工程化细长聚球藻 UTEX 2973 在蓝藻中表现出最高的蔗糖生产速率,而以前工程化的聚球藻 29735 蔗糖生产速率为 0.9 g·L^{-1}·d^{-1},比本次实验的 2973 cscB 藻株低了 2.1 倍(Song 等,2016;Lin,Zhang 和 Pakrasi,2020)。

8.5.2 基于光强的多糖生产调节

多糖可以发挥很多种生物学功能。根据所发挥的生理学作用,多糖(polysaccharide)可被分为储能多糖、结构多糖(构成细胞壁)和细胞通讯多糖 3 种类型。

除前面所介绍的外,以色列内盖夫本·古里安大学的 Friedman 等人(1991)研究了两种单细胞红藻,即紫球藻和铜绿紫球藻在不同光强下的多糖合成情况。研究结果表明,分别在 3 种光子照度下,即 75 μmol·m^{-2}·s^{-1}(低)、150 μmol·m^{-2}·s^{-1}(中)和 300 μmol·m^{-2}·s^{-1}(高),铜绿紫球藻体内的总细胞多糖要高于紫球藻。在铜绿紫球藻中,多糖随着光强的增加而增加,但细胞数量却基本保持恒定。相反,紫球藻通过改变系统浓度而对各种光强做出响应,而且在细胞多糖中的差异在不同光强下差异很小(表 8.5)(Friedman,Dubinsky 和 Arad,1991)。

表 8.5 光强对紫球藻和铜绿紫球藻中多糖合成水平的影响
(Friedman, Dubinsky 和 Arad, 1991)

藻种	光子照度 /($\mu mol \cdot m^{-2} \cdot s^{-1}$)	增长速度 /(倍增数 · d^{-1})	最大细胞数量 /($\times 10^6$ 个细胞 · mL^{-1})[a]	干质量 /($\mu g \times 10^6$ 个细胞 · mL^{-1})[a]	多糖含量 /($\mu g \times 10^6$ 个细胞 · mL^{-1})[a]	淀粉含量 ($\mu g \times 10^6$ 个细胞 · mL^{-1})[a]
紫球藻	300	1	58.4	95.5	82.2	6.125 (7.45)[b]
	150	1	39.9	96.4	71.1	4.005 (5.63)
	75	0.5	20.4	86.7	50.4	3.29 (6.53)
铜绿紫球藻	300	1	27.4	181.8	161.2	23.01 (14.27)
	150	1	24.1	154.6	134.5	20.19 (12.27)
	75	0.5	18.4	91.3	53.2	16.17 (19.74)

注：a 这是培养第 10 d 后的结果；b 括号中的数字表示淀粉在总多糖中的百分比。

8.5.3 基于基因表达的多糖生产调节

其他研究表明，小球藻能够积累占其干物质含量 9%～41% 的碳水化合物，这取决于其所处的生长条件（González-Fernández 和 Ballesteros，2012）。斜叶栅藻（*Scenedesmus obliquus*）也是如此，其干物质含量中可以积累 10%～47% 的碳水化合物（Dragone 等，2011）。

另外，可以通过基因操作来提高藻类生长或碳水化合物的生产速率。例如，Lapidot 等人（2002）利用磺甲基麦脲抗性 AHAS 基因成功转化了负责叶绿体编码的紫球藻叶绿体基因组。红藻基因组应有助于确定碳水化合物的生物合成途径，并有助于开发提高这些藻种碳水化合物生产速率的转化技术（Bhattacharya 等，2013）。

8.6 类黄酮、苯酚和生物碱的生产调节

8.6.1 类黄酮的盐胁迫诱导

类黄酮（flavonoids），即维生素 P，是植物次级代谢产物。它们并非单一的

化合物，而是多种具有类似结构和活性物质的总称，因多呈黄色而被称为生物类黄酮。主要的维生素 P 类化合物包括黄酮、芸香素、橙皮素等，属于水溶性维生素。类黄酮也被称为"长寿物质"，因为它可以抗自由基而抗氧化。另外，它对抗击肿瘤也有一定好处，且对抗击脑部疾病和保护心血管也有很好的作用。多酚和生物碱也具有多种重要的生理功能。

印度学者 Hiremath 和 Mathad（2022）开展了不同浓度氯化钠溶液对小球藻合成类黄酮、多酚和生物碱的影响研究。该实验共采用了 4 个氯化钠浓度梯度，即 0.1 mol·L^{-1}、0.2 mol·L^{-1}、0.3 mol·L^{-1} 和 0.4 mol·L^{-1}，对照组不含氯化钠。另外，对以上实验的小球藻分别进行了 10 d、20 d 和 30 d 的培养。

最终的研究结果表明，在氯化钠浓度达到 0.3 mol·L^{-1} 时，类黄酮的浓度达到最大，在第 10 d、20 d 和 30 d 分别达到（0.632 ± 0.31）mg·g^{-1}、（0.737 ± 0.22）mg·g^{-1} 和（0.837 ± 0.09）mg·g^{-1}（生物量干质量），而所有培养物在氯化钠浓度为 0.4 mol·L^{-1} 时达到最小，分别为（0.333 ± 0.08）mg·g^{-1}、（0.411 ± 0.08）mg·g^{-1} 和（0.443 ± 0.09）mg·g^{-1}（生物量干质量）（表 8.6 和图 8.7）。

表 8.6 不同浓度 NaCl 溶液对小球藻类黄酮浓度的影响（Hiremath 和 Mathad，2022）

NaCl 溶液浓度 /(mol·L^{-1})	类黄酮浓度/(mg·g^{-1})		
	10 d	20 d	30 d
对照组	0.342 ± 0.14	0.430 ± 0.12	0.537 ± 0.01
0.1	0.437 ± 0.17	0.543 ± 0.13	0.653 ± 0.08
0.2	0.543 ± 0.08	0.637 ± 0.13	0.731 ± 0.16
0.3	0.632 ± 0.31	0.737 ± 0.22	0.837 ± 0.09
0.4	0.333 ± 0.08	0.411 ± 0.08	0.443 ± 0.09

在高等植物中也有过类似的报道。例如，Rezazadeh 等人（2012）报道称，在盐水胁迫下，朝鲜蓟（*Cynara scolymus* L.）中的类黄酮浓度出现了增加。人们推测黄酮类化合物在应激条件下可能具有保护作用。类黄酮经常被非生物胁迫诱

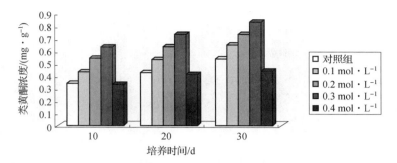

图 8.7　不同浓度 NaCl 溶液对小球藻类黄酮浓度影响的直观图

导并保护植物。类似地，Moussa（2004）指出，与对照组样品相比，NaCl 胁迫会导致大豆植物生物碱浓度显著增加。Jaleel 等人（2007）报道，抗氧化机制可能为提高植物的耐盐性提供了一种手段（Hiremath 和 Mathad，2022）。

8.6.2　苯酚的盐胁迫诱导

同样是在上述类黄酮所经历的条件下，研究人员开展了盐胁迫对酚类化合物中单酚类物质苯酚生产的诱导实验研究（Hiremath 和 Mathad，2022）。研究结果表明，分别在 0.1 mol·L^{-1}、0.2 mol·L^{-1}、0.3 mol·L^{-1} 和 0.4 mol·L^{-1} 的 NaCl 处理下，小球藻中的苯酚浓度在 10 d、20 d 和 30 d 后在 0.3 mol·L^{-1} 中均达到最大值，分别为（0.341±0.03）mg·g^{-1}、（0.353±0.02）mg·g^{-1} 和（0.365±0.02）mg·g^{-1}，而在 0.4 mg·g^{-1} 中在 3 个时间段藻体的生长均保持了最小值，分别为（0.303±0.04）mg·g^{-1}、（0.313±0.17）mg·g^{-1} 和（0.327±0.04）mg·g^{-1}（表 8.7 和图 8.8）。

表 8.7　不同浓度的 NaCl 对小球藻苯酚浓度的影响（Hiremath 和 Mathad，2022）

NaCl 溶液浓度 /(mol·L^{-1})	苯酚浓度/(mg·g^{-1})		
	10 d	20 d	30 d
对照	0.312±0.11	0.323±0.02	0.336±0.05
0.1	0.325±0.03	0.334±0.03	0.347±0.03
0.2	0.336±0.03	0.344±0.03	0.355±0.04
0.3	0.341±0.03	0.353±0.02	0.365±0.02
0.4	0.303±0.04	0.313±0.17	0.327±0.04

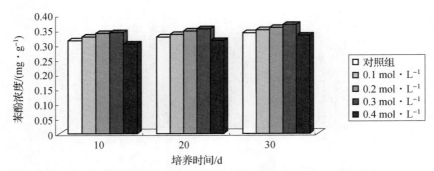

图 8.8　不同浓度 NaCl 溶液对小球藻苯酚浓度影响的直观图

Ali 等人（2003）在大麦幼苗中也进行了类似的观察。几项早期研究报道称，海藻中的酚类物质可作为活性氧（ROS）清除剂、金属螯合剂和酶调节剂，以防止脂质过氧化（Rodrigo 和 Bosco，2006）。

8.6.3　生物碱的盐胁迫诱导

同样是在上述苯酚所经历的条件下，研究人员开展了盐胁迫对生物碱（alkaloid）生产的诱导实验研究（Hiremath 和 Mathad，2022）。研究结果表明，分别在 0.1 mol·L^{-1}、0.2 mol·L^{-1}、0.3 mol·L^{-1} 和 0.4 mol·L^{-1} 的 NaCl 处理下，小球藻中的生物碱浓度在 10 d、20 d 和 30 d 后在 0.3 mol·L^{-1} 中均达到最大值，分别为（0.843 ± 0.03）mg·g^{-1}、（0.953 ± 0.10）mg·g^{-1} 和（1.047 ± 0.09）mg·g^{-1}，而在 0.4 mol·L^{-1} 中在三个时间段藻体的生长均保持了最小值，分别为（0.512 ± 0.07）mg·g^{-1}、（0.553 ± 0.03）mg·g^{-1} 和（0.637 ± 0.06）mg·g^{-1}（表 8.8 和图 8.9）（Hiremath 和 Mathad，2022）。

表 8.8　不同浓度 NaCl 溶液对小球藻生物碱浓度的影响（Hiremath 和 Mathad，2022）

NaCl 溶液浓度 /(mol·L^{-1})	生物碱浓度/(mg·g^{-1})		
	10 d	20 d	30 d
对照组	0.551 ± 0.07	0.643 ± 0.08	0.721 ± 0.05
0.1	0.642 ± 0.07	0.771 ± 0.07	0.833 ± 0.03
0.2	0.730 ± 0.06	0.830 ± 0.06	0.943 ± 0.04
0.3	0.843 ± 0.03	0.953 ± 0.10	1.047 ± 0.09
0.4	0.512 ± 0.07	0.553 ± 0.03	0.637 ± 0.06

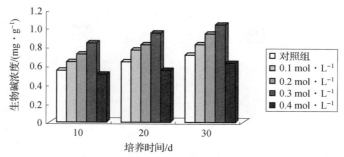

图 8.9　不同浓度 NaCl 溶液对小球藻生物碱浓度影响的直观图

在高等植物中也有过类似的报道。例如，Moussa（2004）指出，与对照组样品相比，NaCl 胁迫会导致大豆植物生物碱浓度显著增加。Jaleel 等人（2007）报道称，抗氧化机制可能为提高植物的耐盐性提供了一种策略。

8.7　植物激素的生产调节

乳制品废水中的微藻培养对去除营养物质和可持续生产微藻具有重要意义。这种生物量是生产用于农业、食品和制药行业的生物肥料和生物复合物的成本效益好的原材料。鉴于此，哥伦比亚学者 Zapata 等人（2021）通过研究，旨在比较在乳制品废水中生长的螺旋藻（UTEX LB1926）与 Zarrouk 培养基的生物量生产、形态和植物激素水平。他们建立了一种从冻干生物量中提取内源性植物激素吲哚-3-乙酸（IAA）、苯乙酸（PAA）、水杨酸（SA）、茉莉酸（JA）、脱落酸（ABA）、赤霉素 A1（GA1）、赤红素 A4（GA4）、吲哚-3-丁酸（IBA）、1-氨基环丙烷-1-羧酸（ACC）、6-苄基氨基嘌呤（BAP），以及在来自当地乳制品行业的乳制品废水和奶酪乳清中培养的钝顶螺旋藻中的 Kinetin（KA）。

研究结果表明，在乳制品废水中培养的钝顶螺旋藻的植物激素通常高于在合成培养基中培养的。植物激素的浓度随培养基和光照条件的不同而变化很大。低光照强度显著促进了钝顶螺旋藻在废水中，尤其是在干酪乳清中的细丝生长得更长、更厚，提高了生物量的收获率。在乳制品废水中培养钝顶螺旋藻可以在处理这些废水的同时以低成本生产生物量和植物激素（图 8.10）。在图 8.10 中，3 种培养基分别为 Zarrouk（SZ）、Dairy Waste（DW）和 Cheese Whey（CW）；HL 和 LL 分别代表高光强和低光强；误差条是平均值的一个标准误（$n=4$）；字母表示统计学上的显著差异（$P = 0.05$）；数据用相同的字母表示无显著差异，而用不同的字母表示有显著差异。

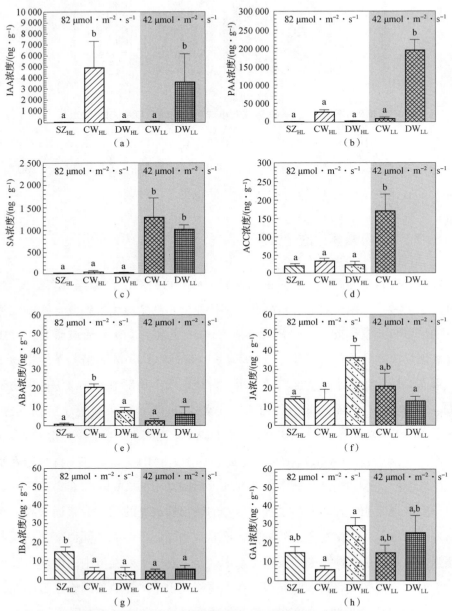

图 8.10　在两种光子照度和 3 种培养基中生长的钝顶螺旋藻（UTEX LB1926）生物量中的内源植物激素浓度比较（Zapata 等，2021）

（a）IAA；（b）PAA；（c）SA；（s）ACC；（e）ABA；（f）JA；（g）IBA；（h）GA1

第 8 章　微藻生物活性物质高效生产技术　　**265**

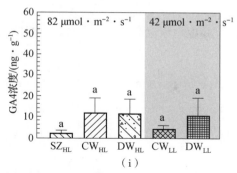

图 8.10　在两种光子照度和 3 种培养基中生长的钝顶螺旋藻（UTEX LB1926）
　　　　　生物量中的内源植物激素浓度比较（Zapata 等，2021）（续）

(i) GA4

结　束　语

目前发现的生物活性物质有很多种，对于人体的生长、营养代谢、保健、医疗等均具有重要作用。本章介绍了在微藻中提高若干生物活性物质含量和生产速率的方法措施，以及可能的机理等。提高生物活性物质生产速率的措施主要是为微藻创造一定的逆境环境，包括低温、弱光、高或低 pH 值、高盐或缺氮或缺磷等。然而，往往在提高生物活性物质产量的同时却降低了藻类的总生物量产量，这会得不偿失。因此，为了解决这一问题，人们有时采用双阶段法（或叫二步法或两级法），即在第一阶段促进藻种的生物量合成，而在第二阶段施加逆境条件，如弱光或低温，重点在于刺激生物活性物质的合成。当然，有时顺境条件也能够促进某些生物活性物质的合成。将来，还需要进一步开展深入而系统的研究，以便在几乎不损失藻体生物量产量的同时能够显著提高其中的次生代谢物等生物活性物质的合成水平。

参 考 文 献

陈辉. 现代营养学 [M]. 北京：化学工业出版社，2005：34-38.
史鸿鑫，王农跃，项斌，等. 化学功能材料概论 [M]. 北京：化学工业出版社,2006.

郑静. 螺旋藻化学成分及其生物活性研究 [J]. 科技信息, 2009, (7): 415-417, 419.

ABD EL - BAKY H. Over Production of phycocyanin pigment in blue green alga *Spirulina sp.* and it's inhibitory effect on growth of Ehrlich ascites carcinoma cells [J]. Journal of Medical Sciences, 2003, 3 (4): 314-324.

ABIUSI F, SAMPIETRO G, MARTURANO G, et al. Growth, photosynthetic efficiency, and biochemical composition of Tetraselmis suecica F&M - M33 grown with LEDs of different colors [J]. Biotechnology and Bioengineering, 2014, 111 (5): 956-964.

ALI R M, ABBAS H M. Response of salt stressed barly seedlings to phenylurea [J]. Plant Soil and Environment, 2003, 49 (4): 158-162.

ARAD S M, LEVY - ONTMAN O. Red microalgal cell - wall polysaccharides: Biotechnological aspects [J]. Current Opinion in Biotechnology, 2010, 21 (3): 358-364.

ARAD S, GINZBERG A, HULEIHEL M. Antiviral activity of sulfated polysaccharides from marine red algae [J]. Recent Advances in Marine Biotechnology, 2006: 1-62.

ARAD S M, RAPOPORT L, MOSHKOVICH A, et al. A superior biolubricant from a species of red microalga [J/OL]. Langmuir, 2006, 22 (17): 7313-7317. DOI: 10.1021/la060600x.

ARORA K, KAUR P, KUMAR P, et al. Valorization of wastewater resources into biofuel and value - added products using microalgal system [J/OL]. Frontiers in Energy Research, 2021, 9: 646571. DOI: 10.3389/fenrg.2021.646571.

BATES P D, STYMNE S, OHLROGGE J. Biochemical pathways in seed oil synthesis [J]. Current Opinion in Plant Biology, 2013, 16: 358-364.

BERNAERTS T M M, GHEYSEN L, FOUBERT I, et al. The potential of microalgae and their biopolymers as structuring ingredients in food: A review [J/OL]. Biotechnology Advances, 2019, 37 (8): 107419. DOI: 10.1016/j.biotechadv.2019.107419.

BHATTACHARYA D, PRICE D C, CHANET C X, et al. Genome of the red alga *Porphyridium purpureum* [J/OL]. Nature Communications, 2013, 4 (1): 1941. 1-1941. 10. DOI: 10. 1038/ncomms2931.

BOROWITZKA M A. Microalgae as sources of pharmaceuticals and other biologically active compounds [J]. Journal of Applied Phycology, 1995, 7 (1): 3-15.

BOUSSIBA S, VONSHAK A, COHEN Z, et al. Lipid and biomass production by the halotolerant microalga *Nannochloropsis salina* [J]. Biomass, 1987, 12: 37-47.

BOUSSIBA S, SANDBAC E, COHEN Z, et al. Outdoor cultivation of the marine microalga *Isochrysis galbana* in open raceways [J]. Aquaculture, 1988, 72: 247-253.

BROAKWAY B. Marine-derived ingredients for personal care [J]. Personal Care Asia Pacific: Ingredients, Formulation, Manufacture, 2012, 13 (4): 50-53.

CHISTI Y. Chapter 1 - Microalgae biotechnology: A brief introduction [M]. In: Handbook of Microalgae-Based Processes and Products—Fundamentals and Advances in Energy, Food, Feed, Fertilizer, and Bioactive Compounds (Edited by Jacob-Lopes E, Maroneze MM, Queiroz MI, et al.). Pittsburgh: Academic Press, 2020.

DANESI G, RANGEL-YAGUI O, SATO S, et al. Growth and content of *Spirulina platensis* biomass chlorophyll cultivated at different values of light intensity and temperature using different nitrogen sources [J]. Brazilian Journal of Microbiology, 2011, 42: 362-373.

DAVIDI L, KATZ A, PICK U. Characterization of major lipid droplet proteins from *Dunaliella* [J]. Planta, 2012, 236: 19-33.

DERELLE E, FERRAZ C, ROMBAUTS S, et al. Genome analysis of the smallest free living eukaryote *Ostreococcus tauri* unveils many unique features [J]. Proc. Natl. Acad. Sci., 2006, 103: 11647-11652.

DRAGONE G, FERNANDES B D, ABREU A P, et al. Nutrient limitation as a strategy for increasing starch accumulation in microalgae [J]. Applied Energy, 2011, 88 (10): 3331-3335.

DVORETSKY D, DVORETSKY S, TEMNOV M, et al. Research Into the influence of cultivation conditions on the fatty acid composition of lipids of *Chlorella vulgaris* microalgae [J/OL]. Chemical Engineering Transactions, 2020, 79: 31 – 36. DOI: 10.3303/CET2079006.

FRIEDMAN O, DUBINSKY Z, ARAD S. Effect of light intensity on growth and polysaccharide production in red and blue – green *Rhodophyta* unicells [J]. Bioresource Technology, 1991, 38: 105 – 110.

FU W, GUðMUNDSSON Ó, PAGLIA G, et al. Enhancement of carotenoid biosynthesis in the green microalga Dunaliella salina with light – emitting diodes and adaptive laboratory evolution [J]. Applied Microbiology and Biotechnology, 2013, 97 (6): 2395 – 2403.

GARCIA – FERANDEZ M, DIEZ J. Adaptive mechanisms of nitrogen and carbon assimilatory pathway in marine cyanobacteria *Prochlorococcus* [J]. Research in Microbiology, 2004, 155: 795 – 802.

GARCÍA J L, DE VICENTE M, GALÁN B. Microalgae, old sustainable food and fashion nutraceuticals [J]. Microbial Biotechnology, 2017, 10 (5): 1017 – 1024.

GONZÁLEZ – FERNÁNDEZ C, BALLESTEROS M. Linking microalgae and cyanobacteria culture conditions and key – enzymes for carbohydrate accumulation [J]. Biotechnology Advances, 2012, 30 (6): 1655 – 1661.

GUARNIERI M T, NAG A, YANG S, et al. Proteomic analysis of *Chlorella vulgaris*: Potential targets for enhanced lipid accumulation [J]. Journal of Proteomics, 2013, 93: 245 – 253.

GUIRY M D. How many species of algae are there? [J]. Journal of Phycology, 2012, 48 (5): 1057 – 1063.

HAMED I. The evolution and versatility of microalgal biotechnology: A review [J]. Comprehensive Reviews in Food Science and Food Safety, 2016, 15 (6): 1104 – 1123.

HARWOOD J L, GUSCHINA I A. The versatility of algae and their lipid metabolism [J]. Biochimie, 2009, 91: 679 – 684.

HARWOOD J L. Algae: Critical sources of very long – chain polyunsaturated fatty acids [J/OL]. Biomolecules, 2019, 9: 708. DOI: 10.3390/biom9110708.

HIREMATH S, MATHAD P. Secondary metabolites of *Chlorella vulgaris* under saline stress [J/OL]. International Journal of Scientific Research in Science and Technology, 2022, 9 (6): 424 – 429. DOI: https://doi.org/10.32628/ IJSRST229650.

JALEEL C A, MANIVANNAN P, LAKSHMANAN G M A, et al. NaCl as a physiological modulator of proline metabolism and antioxidant potential in *Phyllanthus amarus* [J]. Comptes Rendus Biologies, 2007, 330: 806 – 813.

KAREL M, NAKHOST Z. Utilization of non – conventional systems for conversion of biomass to food components: Recovery optimization and characterizations of algal proteins and lipids : Recovery optimization and characterizations of algal proteins and lipids [R]. NASA CELSS Program (Cooperative Agreement NCC 2 – 231), NASA ARC, USA, 1986.

KRINSKY I. Carotenoid protection against oxidation [J]. Pure and Applied Chemistry, 1979, 51: 649 – 660.

KUMAR M, KULSHRESHTHA J, SINGH G. Growth and biopigment accumulation of cyanobacterium *Spirulina platensis* at different light intensities and temperature [J/OL]. Brazilian Journal of Microbiology, 2011, 42 (3): 1128 – 1135. DOI: 10.1590/S1517 – 83822011000300034.

KUMAR B R, DEVIRAM G, MATHIMANI T, et al. Microalgae as rich source of polyunsaturated fatty acids [J]. Biocatalysis and Agricultural Biotechnology, 2019, 17: 583 – 588.

KWON H K, OH S J, YANG H S, et al. Laboratory study for the phytoremediation of eutrophic coastal sediment using benthic microalgae and light emitting diode (LED) [J]. Journal of the Faculty of Agriculture, Kyushu University, 2013, 58: 417 – 425.

LAPIDOT M, RAVEH D, SIVAN A, et al. Stable chloroplast transformation of the unicellular red alga *Porphyridium* species [J]. Plant Physiology, 2002, 129: 7 – 12.

LEE S-H, LEE J E, KIM Y, et al. The production of high purity phycocyanin by *Spirulina latensis* using light-emitting diodes based two-stage cultivation [J]. Applied Biochemistry and Biotechnology, 2016, 178: 382-395.

LEVASSEUR W, PERRÉ P, POZZOBON V. A review of high value-added molecules production by microalgae in light of the classification [J/OL]. Biotechnology Advances, 2020, 41: 107545. http://doi.org/10.1016/j.biotechadv.2020.107545.

LIN P-C, ZHANG F, PAKRASI HB. Enhanced production of sucrose in the fast-growing cyanobacterium Synechococcus elongatus UTEX 2973 [J/OL]. Scientific Reports, 2020, 10: 390. https://doi.org/10.1038/s41598-019-57319-5.

LIU B, BENNING C. Lipid metabolism in microalgae distinguishes itself [J]. Current Opinion in Biotechnology, 2013, 24 (2): 300-309.

MARREZ D A, NAGUIB M M, SULTAN Y Y, et al. Impact of culturing media on biomass production and pigments content of Spirulina platensis [J]. International Journal of Advanced Research, 2013, 1: 951-961.

MOHSENPOUR S F, WILLOUGHBY N. Luminescent photobioreactor design for improved algal growth and photosynthetic pigment production through spectral conversion of light [J]. Bioresource Technology, 2013, 142: 147-153.

MONTOYA E Y O, CASAZZA A A, ALIAKBARIAN B, et al. Production of *Chlorella vulgaris* as a source of essential fatty acids in a tubular photobioreactor continuously fed with air enriched with CO_2 at different concentrations [J/OL]. Biotechnology Progress, 2014, 30 (4): 917-922. DOI: 10.1002/btpr.1885.

MOUSSA H R. Amelioration of salinity induced metabolic changes in soybean by weed exudates [J]. International Journal of Agricultural and Biological Engineering, 2004, 6 (3): 499-503.

NOSRATIMOVAFAGH A, FEREIDOUNI A E, KRUJATZ F. Modeling and optimizing the effect of light color, sodium chloride and glucose concentration on biomass production and the quality of *Arthrospira platensis* using response surface methodology (RSM) [J/OL]. Life, 2022, 12: 371. https://doi.org/10.3390/life12030371.

PAES C R P S, FARIA G R, TINOCO N A B, et al. Growth, nutrient uptake and chemical composition of *Chlorella sp.* and *Nannochloropsis oculata* under nitrogen starvation [J]. Latin American Journal of Aquatic Research, 2016, 44 (2): 275-292.

PARK J-JIN, WANG H, GARGOURI M, et al. The response of *Chlamydomonas reinhardtii* to nitrogen deprivation: A systems biology analysis [J]. The Plant Journal, 2015, 81 (4): 611-624.

PELED E, LEU S, ZARKA A, et al. Isolation of a novel oil globule protein from the green alga Haematococcus pluvialis (Chlorophyceae) [J]. Lipids, 2011, 46: 851-861.

PIGNOLET O, JUBEAU S, VACA-GARCIA C, et al. Highly valuable microalgae: Biochemical and topological aspects [J]. Journal of Industrial Microbiology & Biotechnology, 2013, 40 (8): 781-796.

RAGHUKUMAR S. Thraustochytrid marine protists: Production of PUFAs and other emerging technologies [J]. Marine Biotechnology, 2008, 10 (6): 631-640.

REISER W. The Future is Green: On the Biotechnological Potential of Green Algae [M]. Berlin: Springer Science + Business Media, 2010.

RICHMOND A, HU Q. Handbook of Microalgal Culture: Applied Phycology and Biotechnology, 2nd Edition [M]. West Sussex, UK: Wiley-Blackwell, 2013.

RODOLFI L, ZITTELLI G C, BASSI N, et al. Microalgae for oil: Strain selection, induction of lipid synthesis and outdoor mass cultivation in a low-cost photobioreactor [J]. Biotechnology and Bioengineering, 2009, 102: 100-112.

RODRIGO R, BOSCO C. Oxidative stress and protective effects of polyphenols: Comparative studies in human and rodent kidney: A review [J]. Comparative Biochemistry and Physiology, 2006, 142: 317-327.

SALEH M, DHARB W, SINGHB K. Comparative pigment profiles of different Spirulina strains [J]. Research in Biotechnology, 2011, 2 (2): 67-74.

SONG K, TAN X, LIANG Y, et al. The potential of *Synechococcus elongatus* UTEX 2973 for sugar feedstock production [J/OL]. Applied Microbiology Biotechnology, 2016, 100: 7865-7875. https://doi.org/10.1007/s00253-016-7510-z.

SUN X – M, GENG L – JUN, REN L – J, et al. Influence of oxygen on the biosynthesis of polyunsaturated fatty acids in microalgae [J]. Bioresource Technology, 2018, 250: 868 – 876.

THELEN J J, OHLROGGE J B. Metabolic engineering of fatty acid biosynthesis in plants [J]. Metabolic Engineering, 2002, 4: 12 – 21.

TORZILLO G. *Spirulina*, growth, physiology and biochemistry [M]. In: *Spirulina platensis* (*Arthrospira*): Physiology, Cell – Biology and Biotechnology (Edited by Vonshak A), London: Taylor and Francis, 1997: 43 – 65.

WANG X, FOSSE H K, LI K, et al. Influence of nitrogen limitation on lipid accumulation and EPA and DHA content in four marine microalgae for possible use in aquafeed [J/OL]. Frontiers in Marine Science, 2019, 6: 95. DOI: 10.3389/fmars.2019.00095.

XU J, ZHENG Z, ZOU J. A membrane – bound glycerol – 3 – phosphate acyltransferase from *Thalassiosira pseudonana* regulates acyl composition of glycerolipids [J]. Botany, 2009, 87: 544 – 551.

XU J, KAZACHKOV M, JIA Y, et al. Expression of a type 2 diacylglycerol acyltransferase from *Thalassiosira pseudonana* in yeast leads to incorporation of docosahexaenoic acid b – oxidation intermediates into triacylglycerol [J]. FEBS Journal, 2013, 280: 6162 – 6172. DOI: 10.1111/febs.12537.

YOON K, HAN D, LI Y, et al. Phospholipid: Diacylglycerol acyltransferase is a multifunctional enzyme involved in membrane lipid turnover and degradation while synthesizing triacylglycerol in the unicellular green microalga Chlamydomonas reinhardtii [J]. Plant Cell, 2012, 24 (9): 3708 – 3724.

YU E T, ZENDEJAS F J, LANE P D. Triacylglycerol accumulation and profiling in the model diatoms Thalassiosira pseudonana and *Phaeodactylum tricornutum* (*Baccilariophyceae*) during starvation [J]. Journal of Applied Phycology, 2009, 21: 669 – 681.

ZAPATA D, ARROYAVE C, CARDONA L, et al. Phytohormone production and morphology of Spirulina platensis grown in dairy wastewaters [J/OL]. Algal

Research, 2021, 59: 102469. https://doi.org/10.1016/j.algal.2021.102469.

ZENG Y, JI X - J, LIAN M, et al. Development of a temperature shift strategy for efficient docosahexaenoic acid production by a marine fungoid protist, Schizochytrium *Sp*. HX - 308 [J/OL]. Applied Biochemistry and Biotechnology, 2011, 164: 249 - 255. DOI: 10.1007/s12010 - 010 - 9131 - 9.

ZHANG M, FAN J, TAYLOR D C, et al. DGAT1 and PDAT1 acyltransferases have overlapping functions in *Arabidopsis* triacylglycerol biosynthesis and are essential for normal pollen and seed development [J]. Plant Cell, 2009, 21 (12): 3885 - 3901.

第 9 章
微藻生物燃料生产技术

9.1 前言

在地球上,由于人口密集化和经济增长以及提高生活水平的迫切需要,将在未来几十年提高对能源的需求。然而,目前主要使用的化石燃料已经对环境和人类健康造成了严重后果(Bhatia 等人,2020)。因此,为了满足这些能源需求并保护环境,应重视可再生能源(Patel 等,2020a,2020b,2020c)。另外,在未来的月球或火星等外太空基地,解决能源供应问题始终受到人们的极大关注,这也是外太空基地建设以及深空探测与开发的一种非常重要的制约因素。

光合微藻,如小球藻、钝顶螺旋藻和莱茵衣藻等,其生物量中不仅含有蛋白质,而且含有较高的脂质和碳水化合物。因此,人们就想到可以将微藻所产生的生物量中的脂质和碳水化合物等作为原料来生产油类燃料、醇类燃料和氢气,甚至可以利用微藻进行发电,从而有助于解决化石燃料枯竭和环境污染等问题。在本章中,主要介绍潜在的藻类燃料,包括生物柴油、生物乙醇、生物甲烷、生物氢和生物电的生产工艺及当前的主要研究进展。

9.2 生物燃料的基本概念及范畴

通过现代生物过程生产的燃料,包括基于甲烷菌的温室气体生物转化、厌氧消化及暗光发酵，而不是通过地质过程形成的化石燃料，被称为生物燃料（biofuel）（Patel 等，2020d，2020e，2020f；Kumar 等，2022）。在合适的条件下，光合微藻可以生产各种有机化学物质，包括制造多种生物燃料的原料（Chisti，2018）。当然，这些化合物中所包含的能量是通过光合作用所捕获的太阳能。

生物燃料主要包括生物柴油（biodiesel）、生物乙醇（bioethanol）、生物甲烷（biomethane）、生物氢（biohydrogen）和生物电（bioelectricity）等种类（Ghaffar 等，2023）。生物燃料包括液态和气态两种类型。例如，生物柴油和生物乙醇属于液态，而生物甲烷和生物氢属于气态。另外，在生物柴油的生产过程中，还会形成副产品甘油。图 9.1 为用于生物燃料生产的收获与处理工艺示意图。

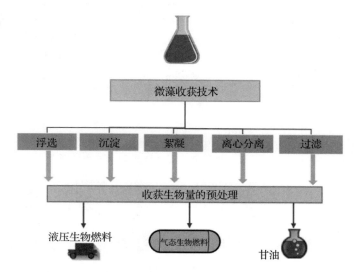

图 9.1　用于生物燃料生产的收获与处理工艺示意图（Laraib 等，2022）（附彩插）

与植物油一样，藻体内积累的三酸甘油酯（triglyceride oils，TGO）可以通过与甲醇等醇类进行酯交换反应（transesterification），从而被很容易地转化为生物柴油（Chisti，2007）。淀粉直接由光合作用产生的葡萄糖产生，因此藻类可以积累大量淀粉。藻体内的淀粉可以很容易地被水解为葡萄糖，并发酵为生物乙醇和生物丁醇（biobutanol）等燃料。另外，藻类生物量可被厌氧消化以产生沼气，这是一种可燃甲烷和二氧化碳的混合物。藻类的生物量可被发酵以提供富含能量的氢气（Chisti，2018）。另外，氢气也可以通过直接利用活藻进行生产（Dubini 和 Gonzalez – Ballester，2016）。可通过热解、水热处理和气化等过程来利用藻类生物量生产各种液体燃料和气体燃料（图 9.2）（Chisti，2013，2019）。

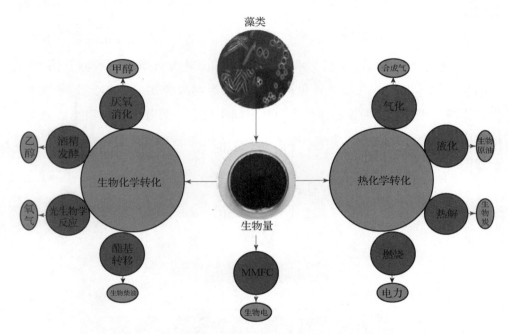

图 9.2　利用微藻生物量进行生物燃料生产方式种类

（Javed 等，2019；Kumar，2021）（附彩插）

所有这些在技术上都是可行的，但在工艺的经济性和环境的可持续性方面仍然存在许多问题。因此，从藻类生产生物燃料，无论是天然的还是代谢工程的，在短期内都还存在一定困难（Chisti，2013，2019）。

9.3　生物柴油生产

生物柴油是在催化剂存在下，通过油脂（由微藻产生的甘油三酯或脂肪酸）与醇的酯交换反应而产生的脂肪酸甲酯（fatty acid methyl esters）（Bhatia 等，2020）（说明：酯交换反应是指酯与醇/酸/酯（不同的酯）在酸或碱的催化下生成一种新酯或一种新醇/酸/酯的反应）。微藻能够生成可作为生物柴油生产原料的油脂（Anwar 等，2017；Otari 等，2020；Mittal 和 Ghosh，2022）。生物柴油是一种可再生并环保的燃料，目前受到人们的日益重视。

9.3.1 基本生产步骤

从微藻生物量生产生物柴油，主要包括以下 4 个步骤：一是微藻的生物量培养；二是对培养的生物量进行干燥；三是从干燥的生物量中提取油；四是对提取的油脂进行酯交换反应而使之形成脂肪酸甲酯（图 9.3）（Bindra 等，2017；Zeb 等，2022）。

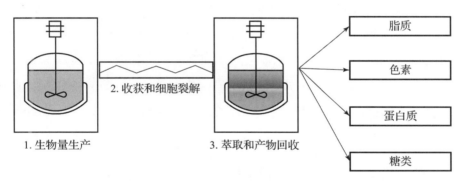

图 9.3 典型"微藻生物精炼厂"运行示意图
（Schiano di Visconte 等，2019）

9.3.2 油脂提取方法及预处理

从微藻中提取油脂的方法多种多样，主要包括机械提取（mechanical extraction）、溶剂提取（solvent extraction）、超声波提取（ultrasonic extraction）、超临界提取（supercritical extraction）和酶促提取（enzymatic extraction）等方式（Demirbas，2007；Arora 等，2021）。

在对油脂进行转化前，一般需要对原料油脂进行预处理，以去除其中的杂质、水分和酸值等，从而提高后续反应的效率和质量。

9.3.3 酯交换反应化学方程式及所需醇和催化剂类型

1. 酯交换反应化学方程式

将预处理后的油脂与醇（如甲醇或乙醇）在酸性或碱性催化剂的作用下进行酯化反应，生成甲酯或乙酯。酯化反应的化学方程式如下：

$$\text{油脂} + \text{醇} \xrightarrow{\text{催化剂}} \text{酯} + \text{甘油} \tag{1}$$

2. 酯交换反应所需醇的类型

在酯交换反应中，可以采用不同类型的醇，如甲醇、乙醇、丙醇、丁醇或戊醇，而甲醇和乙醇是最常用的醇类，因为它们在成本效益和物理及化学特性等方面具有诸多优势（Bhatia 等，2015；Patel 等，2019）。

3. 酯交换反应所需催化剂的类型

在加速生物柴油形成中所涉及的酯交换反应，会采用各种催化剂，一般包括均相催化剂（如酸或碱）、非均相催化剂（如金属纳米颗粒）或酶（如脂肪酶）（Kumar 等，2019a，2019b；Otari 等，2019）。由生物量衍生的非均相催化剂既环保且具有成本效益，而且能够使生物柴油的产量达到对照组的 95%（Bindra 和 Kulshrestha，2019）。

9.3.4 酯交换反应所用的反应器类型

可采用不同设计形式的反应器进行酯交换反应，主要包括微管反应器（microtubular reactor）、膜反应器（membrane reactor）、微通道反应器（microchannel reactor）、微波反应器（microwave reactor）、反应蒸馏反应器（reactive distillator）和离心接触器反应器（centrifugal contractor reactor）6 种类型。

前 3 种属于微反应器（microreactor），是内部尺寸为 10~1 000 μm 的小型化反应系统，它们提供了较小的扩散距离和较大的表面积与体积比。这些反应器主要包括确保适当混合的混合器和用于反应的微通道。在生物柴油生产中，已采用了各种结构的微管、微膜和多微通道微反应器。图 9.4 为用于生物柴油生产的微管反应器运行原理图（Bhatia 等，2021a）。

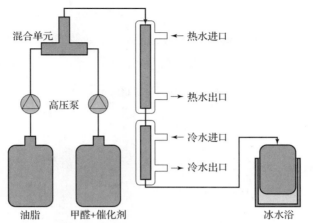

图 9.4 用于生物柴油生产的微管反应器运行原理图（Bhatia 等，2021a）

9.4 生物乙醇生产

9.4.1 预处理工艺

在微藻细胞壁中，由于不含木质素及含有高达 70%（w/w）的碳水化合物，则简化了生物量的糖化过程。生物乙醇的生产效率随着碳水化合物含量的增加而显著提高。得到预处理和脱油的微藻生物量是生物乙醇生产的最有力来源之一（Panahi 等，2019；Lakatos 等，2019；Fetyan 等，2022）。从微藻生产生物乙醇，不需要能量密集型的预处理方法（de Carvalho 等，2020）。

微藻的预处理方法包括使用酸（H_2SO_4）、碱（NaOH）、酶（即纤维素酶和 α-淀粉酶）以及回收还原糖的混合方法。预处理可提取脂质、糖类和部分蛋白质。一些微藻藻株中可溶性糖的存在使其易于由酵母（*Saccharomyces cerevisiae*）（酿酒酵母）发酵以生产生物乙醇（Smachetti 等，2020；Kumar 等，2020b）。

9.4.2 发酵处理工艺

生物乙醇生产的发酵工艺类型包括暗发酵（dark fermentation）、单独水解与发酵（separate hydrolysis and fermentation，SHF）、联合生物处理（consolidated bioprocessing，CBP）（该工艺是将纤维素酶的产生、纤维素酶解及糖发酵全部同时在一个反应器中完成，整个反应过程由一种微生物或微生物集群来完成）、同时糖化与共发酵（simultaneous saccharification and co – fermentation，SSCF）及同时糖化与发酵（simultaneous saccharification and fermentation，SSF）（Phwan等，2019）。在所有这些类型中，厌氧发酵较为简单且便捷（Choi等，2010）。

9.4.3 浓度测定

针对生物乙醇浓度的测定，可利用带火焰离子化检测器的气相色谱法（Gas chromatography with a flame ionization detector，GC – FID）来进行生物乙醇的浓度测定（Kumar，2021）。

9.4.4 产量提高措施

Choi等人（2010）报道称，产自莱茵衣藻的生物乙醇的产量可达到0.235 g·g^{-1}（干生物质量）。Saïdane – Bchir等人（2016）报道了利用在屠宰场废水中培养的微藻大量生产生物乙醇的情况。Reyimu和Ozçimen等人（2017）报道称，在城市废水中培养的微绿球藻（*Nannochloropsis oculata*）的生物乙醇生产速率为3.68%，该产量高于对照组。小球藻是生产生物乙醇最常用的藻株之一，因为它可以实现高达65%的转化率，并从黑暗发酵中产生高比率的生物乙醇（Javed等，2019）。采用转基因周粒衣藻（*Chlamydomonas perigranulata*），会使得生物乙醇的产量显著增加（Daroch等，2013）。因此，最近研究人员对通过培养工程修饰的微藻物种来进一步进行生物乙醇生产产生了兴趣（Maity和Mallick，2022）。

9.5 生物甲烷生产

越来越多的证据对生物甲烷生成的模式提出了挑战，即生物甲烷生成被认为是一个严格的厌氧过程，是古生菌（archaea）所独有的。例如，德国莱布尼茨淡水生态与内陆渔业研究所的Bižić等人（2020）证明，生活在海洋、淡水和陆地环境中的蓝藻在光照、黑暗、有氧和缺氧条件下以相当高的速率产生甲烷，这将甲烷的产生与全球相关的古老光自养生物群中的光驱动初级生产力联系起来。

采用稳定同位素标记技术表明，蓝藻在含氧光合作用中产生甲烷的能力得到了增强（图9.5）。在图9.5中，展示了两种培养物的例子；CH_4浓度的降低是产量减少或没有产量的结果，再加上从过饱和、连续混合、半开放的培养室向与大气CH_4平衡的方向脱气（淡水和海水分别为2.5 nmol·L^{-1}和2.1 nmol·L^{-1}）；只要CH_4浓度过饱和，则计算的CH_4生产速率就说明了培养室中CH_4的连续排放；实验的光照条件如下：从19∶30到09∶00为深色（黑色条），然后将光子照度（灰色条）按照程序增加到60 μmol 光子·m^{-2}·s^{-1}、120 μmol 光子·m^{-2}·s^{-1}、18 μmol 光子·m^{-2}·s^{-1}和400 μmol 光子·m^{-2}·s^{-1}，每个光子照度的保持时间为1.5 h；在最大光照期之后，光子照度被编程为在相同的保持时间内以相反的顺序降低。他们认为，蓝藻形成甲烷有助于甲烷在氧气饱和的海洋和湖泊表层水中进行积累。

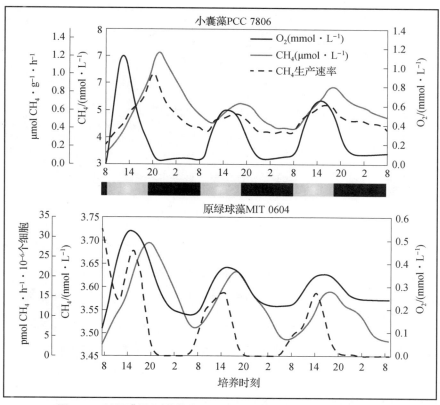

图9.5　利用膜导入质谱法（MIMS）在光/暗周期下连续测量CH_4和O_2浓度（Bižić等，2020）

9.6 生物氢生产

生物氢是不可再生能源（如化石燃料）的可靠且环保的替代品，其热值约为 122 kJ·g^{-1}，且燃烧产生的副产品为水分子（Morales-Ibarría 等，2022）。利用微藻生物量生产生物氢是满足能源需求的最可行的生物精炼技术（bio-refinery），而且该技术还可以被进一步改进（Kumar 等，2020a；Li 等，2022）。

目前，生物氢生产一般包括 4 种途径，即生物光解（biophotolysis）、光发酵（photofermentation）、暗发酵（dark fermentation）和微生物电解（microbial electrolysis），具体原理如图 9.6 所示。

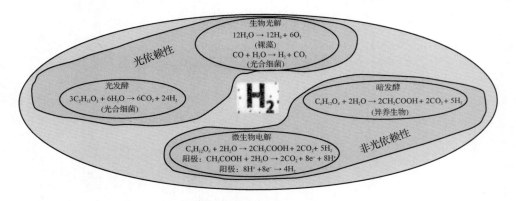

图 9.6　4 种生物氢生产途径原理（Prabakar 等，2018）

氢的生产由多种因素影响，如碳和氮的来源和比例、光循环和暗循环、微藻藻种的选择、温度、pH 值、预处理和培养设置（图 9.7）（Kawaguchi 等，2001；Prabakar 等，2018）。广泛用于生产生物氢的微藻种类包括小球藻、糖藻（*Saccharina sp.*）和栅藻（*Scenedesmus sp.*）（Wang 和 Yin，2018）。在不同废水中培养的微藻可以通过不同的方法生产生物氢，包括暗发酵和水的光解（直接和间接）。除了氢之外，生产过程还产生各种挥发性脂肪酸作为副产品（Mishra 等，2019；Iqbal 等，2022）。

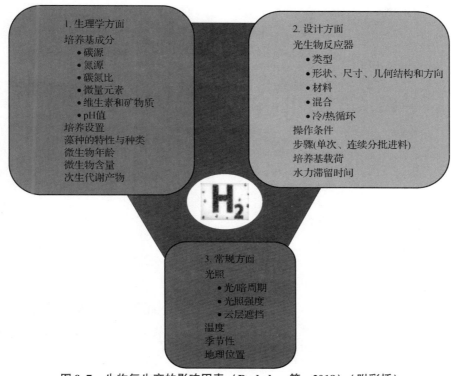

图 9.7　生物氢生产的影响因素（Prabakar 等，2018）（附彩插）

已有研究表明，从城市废水中收获的斜生栅藻（*Scenedesmus oblitus*）生物氢产量可达 56.8 mL·g_{vs}^{-1}。此外，通过固定化培养系统，在城市废水中收获的斜生栅藻产生了较高的生物氢生产速率，可达到 204 mL·L^{-1}·d^{-1}（Batista 等，2015）。另外证明，微藻在缺硫生长条件下（即 pH 值为 7.5、温度为 30℃和光子照度为 140 μmol·m^{-2}·s^{-1}），蓝光能够提高微藻的生物量生产速率，而紫光能够促进生物氢的产量，即斜生栅藻和小球藻分别达到了最高值 128 mL·L^{-1}（204.8 mL·L^{-1}·d^{-1}）和 60.4 mL·L^{-1}（39.18 mL·L^{-1}·d^{-1}）（Ruiz-Marin 等，2020）。

O_2 是氢化酶（HydA）活性和表达的强抑制剂，改变光系统Ⅱ（PSⅡ）中的硫（S）氧化转变途径通常能够使藻类产生光氢（photohydrogen）。为了抵消 PSⅡ 中氧析出（oxygen evolution）的自然机制，美国中佛罗里达大学的 Hwang 等人（2018）利用乙酸和丁酸作为氧调节剂，并利用小球藻进行光合生物制氢。乙酸和丁酸是废水处理中厌氧细菌消化中被发现的主要挥发性脂肪酸（VFAs）。研究发现，含有 VFA 的合成废水可促进光生物反应器（PBR）中的氧气消耗，并产生 (65.4±0.3) $\mu mol \cdot L^{-1} \cdot mmol^{-1}$（乙酸盐）的氢，而且并未去除培养基中的氯或硫（Hwang 等，2018）。

当前，提高这一过程的经济性和开发具有成本效益的 PBR 是国际上主要的研究热点之一（Schiano di Visconte 等，2019；Morales‑Ibarría 等，2022）。

9.7 生物电生产

9.7.1 微藻‑微生物燃料电池

藻类发电是指在藻类细胞进行光合作用时，会把氢分解为带正负电荷的粒子，通过其内部活动而产生电流，从而进行发电。微生物的代谢能够产生用于形成生物电的电子（Gurav 等，2019；Elshobary 等，2021）。在微藻‑微生物燃料电池（microalgae‑microbial fuel cell，MMFC）（也称为光合微生物燃料电池（photosynthetic microbial fuel cell，PMFC））中，通过藻类的水解和发酵来发电。微生物燃料电池中的微生物通过各种代谢途径将有机化合物生物降解为二氧化碳、水和能量（Kondaveeti 等，2019a；Arora 等，2021；Bhatia 等，2021c）。MMFC 的重要部件包括通过一负载（中间隔离层）连接的阳极和阴极。在微生物的培养中，阳极充当分解有机物并产生电子和质子的催化剂（He 和 Angenent，2006）。在 MMFC 中，微藻利用阳极产生的二氧化碳进行生长并合成有机物。MMFC 可以同时生成生物燃料和生物电，并处理废物。在双室 MMFC 中，生物发电的基本原理如图 9.8 所示。在图 9.8 中，EAMs（电化学活性微生物）的代谢反应产生 CO_2、H^+（质子）和电子；CO_2 被泵送到微藻所在的阴极室，在此微藻在光的存在下消耗 CO_2 以产生 O_2 和生物量。

微生物燃料电池室由玻璃、聚碳酸酯（polycarbonate）或有机玻璃（plexiglass）等构成（Rhoads 等，2005）。阳极由复写纸（carbon paper）、石墨（Zhang 等，2011）或铂等材料组成，其周围是用于微生物产生电子的有机基质。MMFC 包括 3 种类型，即单室型、双室型和堆叠型（Kondaveeti 等，2019a，b）。目前，双室型 MMFC 较为常见。

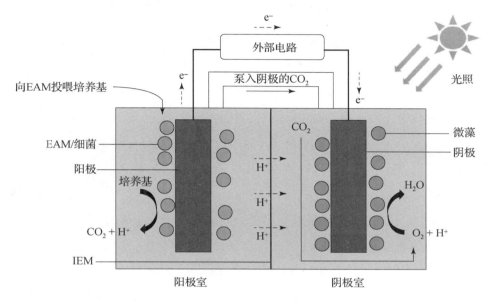

图 9.8　在双室微生物燃料电池中微藻生物发电的基本原理（Tay 等，2022）

9.7.2　目前研究进展

最新研究表明，小球藻藻株在产生生物电方面是有效的，因为它含有 50% 以上的蛋白质（Becker，2007）。最近的一项研究显示，通过微生物燃料电池利用木薯（tapioca）废水能够产生 44.33 mW·m^{-2} 的电力（da Costa 和 Hadiyanto，2018）。该研究表明，利用微藻-微生物燃料电池（MMFC）技术将木薯废水与微藻培养物相结合，可以产生生物电。这一研究有望为下一步的研究，特别是将微藻作为新能源和可再生能源的一部分进行探索提供参考。

MMFC 中的微藻可以处理废水，同时产生生物电和生物燃料（Arora 等，2021；Tay 等，2022）。例如，马来西亚学者 Tay 等人（2022）对目前 3 种生物发电电池，即 MFC（微生物燃料电池）、PMFC（光合微生物燃料电池）和 BPV（生物光伏电池）的发电能力的平均值进行了计算。结果发现，PMFC 具有最高的平均最大功率密度（344 mW·m^{-2}），其次是 MFC（179 mW·m^{-2}），最低是 BPV（58.9 mW·m^{-2}）。目前，尽管这 3 个系统都面临低功率输出的问题，但集成合适的能量采集器可能会提高其功率效率，并使其适用于低功率应用。

印度阿米提大学的 Behl 等人（2020）对从纺织印染污水处理厂出口分离得到的绿色微藻衣藻 TRC-1（C. TRC-1）的生物修复能力和产电能力进行了研究。他们将修复后获得的藻类生物量（ABAR）用于生物电和生物燃料生产，利用循环伏安法（cyclic voltammetry）和电化学阻抗谱法（electrochemical impedance spectroscopy, EIS）进行了计时电流法（chronoamperometric）研究。研究结果表明，从 ABAR 中产生的最大电流密度、功率和功率密度分别为 $3.6 \ A \cdot m^{-2}$、$4.13 \times 10^{-4} \ W$ 和 $1.83 \ W \cdot m^{-2}$。EIS 研究表明，与修复前的藻类生物量（ABBR）相比，ABAR 的电阻降低，因此有利于电子转移。通过估计总脂质含量来评估其作为生物燃料生产的候选条件。结果显示，脂质含量从 46.85%（ABBR）提高到 79.1%（ABAR）。

另外，提高太空探索可持续性的新技术对于扩大人类未来在其他天体上的活动至关重要。目前，提高原位资源利用能力（ISRU）的努力是提高可持续性和降低成本的一种很有前途的方式。然而，这些经常会受到运输加工机械和消耗品的质量和能量要求的限制。可自我繁殖的生物系统可以实现各种 ISRU 活动，如月球/火星土壤的凝集、气体生产、材料提取及回收过程，同时最大限度地减少运行先决条件。因此，瑞士、美国和荷兰三国的学者共同提出，生命通过维持离子浓度梯度（maintenance of ion concentration gradients）来产生电力的能力可能是一种新的太空定居技术（Kalkusa，Averesch 和 Lehner，2018）。

9.8 藻体油脂含量提高方法

9.8.1 优良藻种选择

实现微藻的高油脂生产是实现生物柴油高产的前提。通过分析，目前已经筛选出部分油脂含量较高的微藻藻种及其株系。这些藻种的油脂含油量大都在 20%~50%，而布朗葡萄藻的油脂含量甚至可以达到干质量的 75%（表 9.1）。

表 9.1 部分微藻的油脂含量比较（Kotasthane，2017）

藻种	油脂含量/%
布朗葡萄藻（*Botryococcus braunii*）	25~75
小球藻（*Chlorella sp.*）	8~32
寇式隐甲藻（*Crypthecodinium cohnii*）	20
细柱藻（*Cylindrotheca sp.*）	16~37
杜氏藻（*Dunaliella primolecta*）	23
等鞭金藻（*Isochrysis sp.*）	25~33
盐生单肠藻（*Monallanthus salina*）	>20
微绿球藻（*Nannochloropsis sp.*）	31~68
菱形藻（*Nitzschia sp.*）	45~47
三角褐指藻（*Phaeodactylum tricornutum*）	20~30
裂殖壶菌（*Schizochytrium sp.*）	50~77
四爿藻（*Tetraselmis sueica*）	15~23

例如，Kong 等人（2010）报道称，莱因衣藻从城市垃圾中生产了 505 mg·L^{-1} 的生物燃料。Ahn 等（2022）报道称，在牲畜废水和酸性矿井排水中培养肾爿藻 KGE2（*Nephroselmis sp.* KGE2），可以生产高质量的生物柴油。从在上述废水中生长的肾爿藻 KGE2 生物量中提取的生物柴油中的十六烷和碘含量较高，它们分别达到 52.31 g·100 g^{-1} 和 88.26 g·100 g^{-1}。

9.8.2 藻种遗传工程改良

在进行常规藻种筛选的同时，研究人员也对藻种进行了多种遗传工程改造，以获得具有某种优良品质特性的藻种。表 9.2 为用于生物燃料生产的微藻遗传工程改良株系研究总结。

表 9.2　用于生物燃料生产的微藻遗传工程改良株系研究总结（Khoo 等，2023）

过程/方面	遗传改良内容	基因/酶	藻种	改良结果
脂类生物合成	过表达	来自酿酒酵母的 ACC1	四尾栅藻	与 WT 相比，TFA 含量增加 1.6 倍
		DGAT	莱茵衣藻	TAG 积累和脂肪酸谱没有变化
		来自紫菫的 DGAT1 和来自酿酒酵母的 DGAT2	四爿藻	与 WT 相比，TAG 含量增加 111%
		内源性 DGAT	南极冰藻	中心脂质含量较 WT 增加 1.9 倍，TAG 含量为 46.1%
		甘蓝型油菜的 LPAAT	莱茵衣藻	TFA 含量增加 17.4%
		LPAAT1	南极冰藻	缺氮条件下，TAG 含量和生产速率分别提高 4.8 倍和 2.2 倍
脂质分解代谢	敲除	磷脂酶	莱茵衣藻	生长阶段 TAG 含量增加 190.42%；缺氮条件下 TAG 和 DAG 含量分别增加 68.21% 和 117.97%。
		ACD、ACOX	莱茵衣藻	缺氮条件下 TAG 含量增加 20%
	过表达	来自酿酒酵母的 PDAT	莱茵衣藻	TFA 和 TAG 含量分别增加 22% 和 32%

续表

过程/方面	遗传改良内容	基因/酶	藻种	改良结果
淀粉代谢	淀粉含量不足的菌株	—	斜生栅藻	缺氮处理 4 d 后, 1 株菌株 TAG 含量 D/W 达 49.4%, TFA 和 TAG 含量均有所增加
		—	杜氏藻	TAG 含量每 DW 增加 42%~92%
	化学 CDTA 敲低抑制	AGPase	四片藻	缺氮条件下 PA 产量增加 27%
		AGPase	莱茵衣藻	TAG 含量增加 10 倍
	过表达	异淀粉酶中的 DEE	莱茵衣藻	脂质产量增加 1.46 倍
光合效率	天线色素尺寸缩小	—	小球藻	生物量生产速率比野生型高 44.5%
	过表达	来自莱茵衣藻的二磷酸酶	巴氏杜氏藻	在不同 NaCl 浓度下培养的所有菌株的甘油产量都比 WT 高 5% 左右
其他转录因子	过表达	AtHEC1	椭圆小球藻	脂肪酸和脂质含量分别增加 32.65% 和 29.91%
		来自大豆的 Dof	莱茵衣藻	总脂质含量增加 23 倍
		来自大豆的 Gmbof4	椭圆小球藻	脂质含量增加 46.4%~52.9%
	敲低	内生性 Dof	莱茵衣藻	TFA 含量比 WT 高 23.24%
		PEPC1	衣藻	TAG 含量增加 20%
		PEPC	衣藻	最高脂质生产速率为 34.9 mg·L^{-1}·d^{-1} (比 WT 高 94.2%)

9.8.3 生长条件的影响因素

1. 养分

已有研究表明，营养元素会影响微藻的脂质合成水平。例如，印度尼西亚科学研究院的 Anam 等人（2021）采用不同的培养基对微藻进行筛选，并对培养基进行优化。为了了解生物量产量和脂质含量，因而进行了大规模培养。应用磷酸盐缓冲液的条件来增加脂质的积累；通过尼罗红染色分析脂质含量。研究结果表明，莱茵衣藻和小球藻在磷酸三酯（Tris – Acetate – Phosphate，TAP）培养基中表现出高的生物量产量。小球藻在 TAP 培养基的初始浓度下，而莱茵衣藻在 4 倍浓度下的生物量产量增加最多。莱茵衣藻和小球藻的最大生物量产量和脂质含量分别为 $0.9\ g \cdot L^{-1}$ 和 $1.7\ g \cdot L^{-1}$。在培养基缺磷条件下，莱茵衣藻和小球藻的脂质含量分别增加了 52% 和 34%，均高于对照组。从这项研究中发现，TAP 培养基的生物量产量增加最多，缺磷促进了脂质积累（图 9.9）。

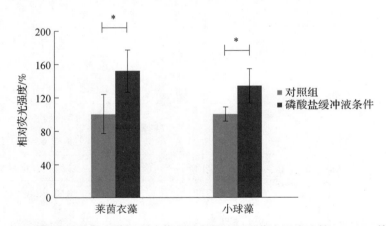

图 9.9 在缺磷条件下莱茵衣藻和小球藻脂质含量的相对荧光强度比较（Anam 等，2021）

星号显示 $P < 0.05$

2. 光照

1）光质的作用

已有研究表明，光照尤其是光质，同样会影响微藻体内的脂质含量。例如，墨西哥学者 Sánchez – Saavedra 等人（2020）开展了 4 种光质对小球藻的生物量产量和脂质含量等影响的研究。这 4 种光分别为白色、蓝色、绿色和黄色，光子照度为 50 $\mu mol \cdot m^{-2} \cdot s^{-1}$，光周期为 24 h 连续光照。研究结果表明，在以上 4 种光质条件下，蓝光下小球藻对数生长期的脂质含量最高，达到 18.74%，并且与总生物量生产速率的变化趋势一致（即在以上蓝光条件下小球藻对数生长期的生物量生产速率相对达到最高，为 0.064 $g \cdot L^{-1} \cdot d^{-1}$）。

脂肪酸含量受光谱和生长阶段的显著影响。主要的饱和脂肪酸是 C16∶0（棕榈酸），范围为 10.26%（绿光和指数生长）~20.01%（白光和稳定生长）之间。在固定生长中，C18∶1n-9 的含量在白光下更高（28.34%）；在指数生长中，在白光（41.41%）和蓝光（40.82%）下 C18∶3n-3 的含量更高。研究结果表明，蓝光是诱导两个生长阶段生物量和脂质含量的最合适条件。在固定生长阶段，蓝光能够诱导产生适合生产生物柴油的脂质和饱和脂肪酸（SFAs）（表 9.3）。

表 9.3　从小球藻培养物生产生物柴油的脂肪酸前体的质量

（Sánchez – Saavedra 等，2020）

脂肪酸类别	名称	十六烷值（CN）	密度/($g \cdot cm^{-3}$)	分子量/($g \cdot mol^{-1}$)	熔点/℃	沸点/℃
SFA						
C4∶0	丁酸	5.0	0.95	88.11	-5.1	163.5
C6∶0	己酸	11.0	0.92	116.16	-3.4	205.8
C8∶0	辛酸	33.6	0.91	144.21	16.7	239.5
C10∶0	癸酸	47.7	0.89	172.27	31.7	269.0
C11∶0	十一酸	52.0*	0.89	186.29	28.6	284.0
C12∶0	十二酸	61.40	0.88	200.32	44.2	298.9
C13∶0	三环酸	62.0	0.98	214.35	41.5	236.0
C14∶0	肉豆蔻酸	66.2	0.86	228.38	54.4	250.5
C15∶0	十五酸	70.0	0.84	242.4	51.5	257.0
C16∶0	棕榈酸	74.5	0.85	256.43	62.9	351.0
C17∶0	十七酸	78.0	0.85	270.45	61.3	227.0
C18∶0	硬脂酸	86.9	0.85	284.48	69.9	383.0

续表

脂肪酸类别	名称	十六烷值（CN）	密度 /(g·cm^{-3})	分子量 /(g·mol^{-1})	熔点/℃	沸点/℃
SFA						
C20:0	花生酸	100.0	0.82	312.54	75.5	328.0
C22:0	二十二酸	101.0	0.82	340.59	33.8	381.5
C24:0	二十四酸	103.0	0.90	368.63	84.2	272.0
MUEA						
C14:ln-5	肉豆蔻烯	42.0	0.86	226.37	-4.5~-4	250.5
C15:1	十五烯酸	43.0	0.85	240.40	5	227.0
C16:ln-7	棕榈烯酸	45.0	0.89	254.32	-0.1	141.0
C17:1	十七烯酸	52.0	—	268.46	—	227.0
C18:ln-9t	异油酸	55.0	0.89	282.49	13~14	360.0
C20:1	二十碳烯或二十烯酸	80.0	0.88	310.51	23~24	328.0
PUFA						
C18:2	亚油酸酯	31.4	0.88	294.47	-35	192.0
C18:2n-6	亚油酸	36.0	0.90	280.45	-12~-5	230.0
C18:3n-3	亚麻酸	28.0	0.91	278.44	-5~-3	230.0
C18:3n-6	γ-亚油酸	56.0	0.92	278.48	-11.3~-11	125.0
C20:2n-6	二十碳二烯酸	60.0	0.91	308.50	—	198.0
C20:3n-3	二十碳三烯酸	60.0	0.90	306.49	—	—
C20:3n-6	二同型-γ-亚油酸	60.0	—	306.48	—	—
C20:5n-3	二十碳五烯（EPA）	60.0	0.94	302.45	-54~-53	439.0

注：SFA 为饱和脂肪酸；MUFA 为单不饱和脂肪酸；PUFA 为多不饱和脂肪酸。CN 来源于 Schenk 等（2008）、Barabas 和 Todorut（2011）、Knothe（2015）以及 Fakhry 和 El Maghraby（2013）；CN 的一些值来自 Tong 等（2011）介绍的预测模型。

2) 光质与温度的耦合作用

除上述有关光质对微藻产油影响的研究外，有人已经开展过光和温度对藻类生理和生化反应的相互作用关系研究（Juneja, Ceballos 和 Murthy, 2013; Sirisuk 等, 2018）。但对不同光照条件，特别是应选择哪些光谱来提高生物量和脂质等养分的产量，目前尚不十分清楚（Schulze 等, 2014; Schulze 等, 2016; Wu, 2016; Satthong 等, 2019），而且对于光质和培养温度的耦合作用的认识尤其如此。

近年来，美国塔尔萨大学的 Li 等人（2021）研究了光照质量和培养温度对藻类生长和脂质合成的相互作用，以确定不同温度下的最佳光照质量。在 LED 灯下，在恒温培养箱中分批培养莱茵衣藻，研究了 3 种光波长范围，即蓝光（峰值在433～447 nm 和 458～470 nm）、白黄光（峰值在 456～458 nm 的蓝色、545 nm 的绿色和 570 nm 的黄色）和红橙光（峰值分别在 580～594 nm 和 604 nm 的黄橙、630 nm 和 656 nm 的红色以及 735 nm 的远红光）的影响。

研究结果表明，在 24 ℃时，在红橙光下的生物量生产速率比蓝光下要高 38%，但在 32 ℃时，情况则相反，即在蓝光下的生物量生产速率比在红橙光下要高 13%。与在 24℃时蓝光下相比，红橙光或 30～32 ℃更有利于脂质积累，脂质质量分数和脂质浓度分别较前者高出了 44% 和 80%。

在对数生长期后期，当培养基中的营养物质仍然充足时，光质是控制脂质合成和积累的主要因素。在营养饥饿的静止生长期后期，光质和温度对脂质合成和积累有很强的相互作用（$P = 0.02$）。另外，当温度和营养均成为胁迫因素时，则光质对脂质合成的影响出现下降。图 9.10 为不同培养条件下中性脂质分数和脂质浓度比较。图 9.10 中的数据为平均值 ± 标准差，$n = 6$；对光质（小写字母）、温度（大写字母）和生长阶段内容的统计差异（$P < 0.05$）用不同的字母表示。

除了上述某种养分成分和光照外，温度、二氧化碳浓度、酸碱度和盐度等均会影响微藻油脂的生产水平。这里，就几种重要的培养条件对微藻油脂含量的影响结果分析如下，具体见表9.4。

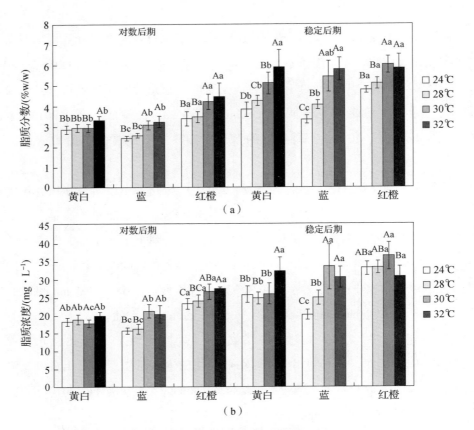

图 9.10 不同培养条件下中性脂质分数和脂质浓度比较（Li 等，2021）

(a) 脂质分数；(b) 脂质浓度

表 9.4 几种重要的培养条件对微藻油脂含量的影响结果分析（Khoo 等，2023）

因子	具体参数大小	藻种	影响结果
光	300 μmol·m²·s⁻¹ 的光子照度	斜生栅藻	脂肪酸含量从 5.8% 增加到 11.6%，翻了一番
	400 μmol·m²·s⁻¹ 的光子照度	小球藻	中性脂质含量占总脂质含量的 71.66%
		Monoraphidium dybowskii	中性脂质含量占总脂质含量的 60.65%

续表

因子	具体参数大小	藻种	影响结果
光	光照强度为 8 000 lx	海洋小球藻	脂质浓度在 397.8 mg·L^{-1} 时达到峰值
	光照强度为 5 000 lx	微绿球藻	脂质浓度在 572.8 mg·L^{-1} 时达到峰值
	LED 红光,220 lx	小球藻	与白光（30%（w/w））相比,脂质含量增加到 60%（w/w）
温度	30 ℃	单针藻	最大脂质生产速率为 29 mg·L^{-1}·d^{-1}
	20 ℃	角毛藻	最佳脂质含量为 20.42%
养分	氮饥饿 3 d	南极冰藻	TAG 生产速率为 46.19 mg·L^{-1}·d^{-1},TAG 含量为 26.38%。
	氮和磷饥饿,添加醋酸钠	莱茵衣藻	TFAs 含量为 105 pg·mg^{-1},比对照组高 104.7%。
CO_2	20% CO_2 曝气	布朗葡萄藻	总脂质含量 12.71%
	15% CO_2 曝气, 200 μmol·m^2·s^{-1} 蓝光	*Guzmania membranace*	总脂质含量 36%
	6%（v/v）CO_2 曝气与 NP 的比率为 1∶1	栅藻	最大脂质生产速率为 6.6 mg·L^{-1}·d^{-1},生物量最大脂质含量为 31.6% DW

续表

因子	具体参数大小	藻种	影响结果
pH 值和盐度	pH 8	*Nocardiopsis salina*	脂质堆积率为 24.75%
	pH 8	*Pavlova lutheri*	脂质含量 35%
	35 nmol·mol^{-1} NaCl	小球藻	脂质含量 36%
	pH 8		最大脂质浓度为 0.199 5 g·L^{-1}，脂质积累量为 23%
	0.5 M NaCl		脂质浓度 0.184 2 g·L^{-1}，脂质含量 21.40%
	pH 9，光周期 21 h，31 ℃	*Amphora subtropica*	脂质含量从 150 g·kg^{-1} 增加到 190 g·kg^{-1}
	pH 10，光周期 24 h，34 ℃	杜氏藻	脂质含量从 190 g·kg^{-1} 增加到 280 g·kg^{-1}

9.8.4 纳米材料的促进作用

除上述养分和光照外，将纳米颗粒与微藻结合是提高生物柴油产量的一种先进而熟练的技术（Arora 等，2021）。例如，将蓝杆藻 51142（*Cyanothece* 51142）和微藻莱茵衣藻的收获物与银纳米颗粒结合，观察到生物量产量提高了 30%（Torkamani 等，2010），而利用氧化钙纳米颗粒可增强酯交换反应，并能够将生物柴油的产量提高 91%（Safarik 等，2016）。生物柴油生产的副产品是甘油，其密度大于生物柴油，因此应不断对其进行去除以提高生物柴油产量。另外，甘油还可被作为生物氢的前体（Prakash 等，2018）。在该过程结束时，生物柴油与酯交换中使用的其余化合物（过量的醇、剩余的油、甘油和催化剂）的分离是有助于生物柴油高质量的关键因素，从而影响发动机的运行效率（Bindra 和 Kulshrestha，2019）。

另外，油成分和游离脂肪酸含量对生物柴油的效率具有重要影响。碳链的不饱和度、长度和分支会影响生物柴油的物理化学性质，即碘值、十六烷值、冷流性质、运动黏度、氧化稳定性和密度（Bhatia 等，2021a）。

结 束 语

微藻由于具有很多优势，如固定二氧化碳和减少环境污染，因此微藻的生物量被用于生产生物燃料（生物柴油、生物乙醇、生物甲烷、生物氢和生物电等）和其他高附加值产品。然而，由于一些限制，该技术也存在一些局限性，即在规模化生产上具有挑战性，而且藻体生物量的收获、预处理和纯化成本较高。后面，需要对微藻的代谢途径开展进一步研究，以提高这一过程的可持续性、掌握不同微藻生物量的预处理技术、从培养基中分离微藻原料、开发新物种、优化生物燃料的生产工艺，并降低收获和加工成本。此外，还需要开展更多的研究来提高微藻生物燃料的生产速率，并确保基于微藻的生物燃料的经济适用性。

参 考 文 献

AHN Y, PARK S, JI M K, et al. Biodiesel production potential of microalgae, cultivated in acid mine drainage and livestock wastewater［J］. Journal of Environmental Management，2022，314：115031.

ANAM K, RAHMAN D Y, HIDHAYATI N, et al. Lipid accumulation on optimized condition through biomass production in green algae［J/OL］. IOP Conf. Series：Earth and Environmental Science，2021，762：012075. DOI：10. 1088/1755 - 1315/762/1/012075.

ANWAR MZ, KIM D J, KUMAR A, et al. SnO_2 hollow nanotubes：a novel and efficient support matrix for enzyme immobilization［J/OL］. Scientific Reports，2017，7：15333. DOI：10. 1038/s41598 - 017 - 15550 - y.

ARORA K, KAUR P, KUMAR P, et al. Valorization of wastewater resources into biofuel and value - added products using microalgal system［J/OL］. Frontier in Energy Research，2021，9：646571. DOI：10. 3389/fenrg. 2021. 646571.

BARABÁS I, TODORU S I A. Biodiesel quality, standards and properties［M］. In：

Montero G, Stoytcheva M (eds). Biodiesel - Quality, Emissions and By-Products. InTech, Rijeka, Croacia, 2011: 3-28.

BATISTA A P, AMBROSANO L, GRAÇA S, et al. Combining urban wastewater treatment with biohydrogen production - an integrated microalgae-based approach [J]. Bioresource Technology, 2015, 184: 230-235.

BECKER E W. Micro-algae as a source of protein [J/OL]. Biotechnology Advances, 2007, 25: 207-210. DOI: 10.1016/j.biotechadv.2006.11.002.

BEHL K, SESHACHARAN P, JOSHI M, et al. Multifaceted applications of isolated microalgae *Chlamydomonas sp*. TRC-1 in wastewater remediation, lipid production and bioelectricity generation [J/OL]. Bioresource Technology, 2020, 304: 122993. https://doi.org/10.1016/j.biortech.2020.122993.

BHATIA S K, YI D-H, KIM Y-H, et al. Development of semi-synthetic microbial consortia of *Streptomyces coelicolor* for increased production of biodiesel (fatty acid methyl esters) [J/OL]. Fuel, 2015, 159: 189-196. DOI: 10.1016/j.fuel.2015.06.084.

BHATIA S K, GURAV R, CHOI T-R, et al. Conversion of waste cooking oil into biodiesel using heterogenous catalyst derived from cork biochar [J/OL]. Bioresource Technology, 2020, 302: 122872. DOI: 10.1016/j.biortech.2020.122872.

BHATIA S K, BHATIA R K, JEON J M, et al, An overview on advancements in bio-based transesterification methods for biodiesel production: Oil resources, extraction, biocatalysts, and process intensification technologies [J]. Fuel, 2021a, 285: 119117.

BHATIA S K, JAGTAP S S, BEDEKAR A A, et al. Renewable biohydrogen production from lignocellulosic biomass using fermentation and integration of systems with other energy generation technologies [J]. Science of the Total Environment, 2021b, 765: 144429.

BINDRA S, SHARMA R, KHAN A, et al. Renewable energy sources in different generations of bio-fuels with special emphasis on microalgae derived biodiesel as sustainable industrial fuel model [J/OL]. Biosciences Biotechnology Research Asia, 2017, 14: 259-274. DOI: 10. 13005/bbra/2443.

BINDRA S, KULSHRESTHA S. Converting waste to energy: production and characterization of biodiesel from *Chlorella pyrenoidosa* grown in a medium designed from waste [J]. Renewable Energy, 2019, 142: 415-425.

BIŽIĆ M, KLINTZSCH T, IONESCU D, et al. Aquatic and terrestrial cyanobacteria produce methane [J]. Science Advances, 2020, 6: eaax5343.

CHISTI Y. Sonobioreactors: using ultrasound for enhanced microbial productivity [J]. Trends in Biotechnology, 2003, 21: 89-93.

CHISTI Y. Biodiesel from microalgae [J]. Biotechnology Advances, 2007, 25: 294-306.

CHISTI Y. Constraints to commercialization of algal fuels [J]. Journal of Biotechnology, 2013, 167: 201-214.

CHISTI Y. Society and microalgae: Understanding the past and present [M]. In: Levine IA and Fleurence J. (Eds.), Microalgae in Health and Disease Prevention. London: Academic Press, 2018: 11-21.

CHISTI Y. Introduction to algal fuels [M]. In: Pandey A, Chang J-S, Soccol CR, et al. (Eds.), Biofuels From Algae, Second Edition. Amsterdam: Elsevier, 2019: 1-31.

CHISTI Y. Microalgae biotechnology: A brief introduction [M]. Handbook of Microalgae-Based Processes and Products: Fundamentals and Advances in Energy, Food, Feed, Fertilizer, and Bioactive Compounds. London: Academic Press, 2020.

CHOI S P, NGUYEN M T, SIM S J. Enzymatic pretreatment of *Chlamydomonas reinhardtii* biomass for ethanol production [J]. Bioresource Technology, 2010, 101: 5330-5336.

DA COSTA C, HADIYANTO. Bioelectricity production from microalgae-microbial fuel cell technology (MMFC) [J/OL]. MATEC Web of Conferences, 2018,

156: 1017. DOI: 10. 1051/matecconf/201815601017.

DAROCH M, GENG S, WANG G. Recent advances in liquid biofuel production from algal feedstocks [J]. Applied Energy, 2013, 102: 1371 – 1381.

DE CARVALHO J C, MAGALHAES J R A I, DE MELO PEREIRA G V, et al. Microalgal biomass pretreatment for integrated processing into biofuels, food, and feed [J]. Bioresource Technology, 2020, 300: 122719.

DEMIRBAS A. Progress and recent trends in biofuels [J]. Progress in Energy and Combustion Science, 2007, 33: 1 – 18.

DUBINI A, GONZALEZ – BALLESTER D. Biohydrogen from microalgae [M]. In: Bux F and Chisti Y. (Eds.), Algae Biotechnology: Products and Processes. New York: Springer, 2016: 165 – 193.

ELSHOBARY M E, ZABED H M, YUN J, et al. Recent insights into microalgae – assisted microbial fuel cells for generating sustainable bioelectricity [J]. International Journal of Hydrogen Energy, 2021, 46 (4): 3135 – 3159.

FAKHRY E M, EL MAGHRABY D M. Fatty acids composition and biodiesel characterization of *Dunaliella salina* [J]. Journal of Water Research and Protection, 2013, 5: 894 – 899.

FARROKH P, SHEIKHPOUR M, KASAEIAN A, et al. Cyanobacteria as an eco – friendly resource for biofuel production: A critical review [J/OL]. Biotechnology Progress, 2019: e2835. https://doi.org/10.1002/btpr.2835.

FETYAN N A, EL – SAYED A E K B, IBRAHIM F M, et al. Bioethanol production from defatted biomass of *Nannochloropsis oculata* microalgae grown under mixotrophic conditions [J]. Environmental Science and Pollution Research, 2022, 29 (2): 2588 – 2597.

GHAFFAR I, DEEPANRAJ B, SUNDAR L S, et al. A review on the sustainable procurement of microalgal biomass from wastewaters for the production of biofuels [J/OL]. Chemosphere, 2023, 311: 137094. https://doi.org/10.1016/j.chemosphere.2022.137094.

GURAV R, BHATIA S K, CHOI T R, et al. Chitin biomass powered microbial fuel cell for electricity production using halophilic *Bacillus circulans* BBL03 isolated from sea salt harvesting area [J]. Bioelectrochemistry, 2019, 130: 107329.

HE Z, ANGENENT L T. Application of bacterial biocathodes in microbial fuel cells [J]. Electroanalysis, 2006, 18: 19 – 20.

HWANG J H, CHURCH J, LIM J, et al. Photosynthetic biohydrogen production in a wastewater environment and its potential as renewable energy [J]. Energy, 2018, 149: 222 – 229.

IQBAL K, SAXENA A, PANDE P, et al. Microalgae – bacterial granular consortium: Striding towards sustainable production of biohydrogen coupled with wastewater treatment [J]. Bioresource Technology, 2022, 354: 127203.

JAVED F, ASLAM M, RASHID N, et al. Microalgaebased biofuels, resource recovery and wastewater treatment: A pathway towards sustainable biorefinery [J]. Fuel, 2019, 255: 115826.

JUNEJA A, CEBALLOS R M, MURTHY G S. Effects of environmental factors and nutrient availability on the biochemical composition of algae for biofuels production: a review [J/OL]. Energies, 2013, 6: 4607 – 4638. https://doi.org/10.3390/en6094607.

KALKUSA T, AVERESCHB N, LEHNER B. The power of life: How biology can help address the long – term energy demands of space colonization [C]. 69th International Astronautical Congress (IAC), Bremen, Germany, 1 – 5 October 2018. IAC – 18, 2018.

KAWAGUCHI H, HASHIMOTO K, HIRATA K, et al. H_2 production from algal biomass by a mixed culture of *Rhodobium marinum* A – 501 and *Lactobacillus amylovorus* [J]. Journal of Bioscience and Bioengineering, 2001, 1 (3): 277 – 282.

KHOO K S, AHMAD I, CHEW K W, et al. Enhanced microalgal lipid production for biofuel using different strategies including genetic modification of microalgae: A review [J/OL]. Progress in Energy and Combustion Science, 2023, 96: 101071. https://doi.org/10.1016/j.pecs.2023.101071.

KNOTHE G. Dependence of biodiesel fuel properties on the structure of fatty acid alkyl esters [J]. Fuel Processing Technology, 2015, 86 (10): 1059-1070.

KONDAVEETI S, KIM I W, OTARI S, et al. Co-generation of hydrogen and electricity from biodiesel process effluents [J]. International Journal of Hydrogen Energy, 2019a, 44 (50): 27285-27296.

KONDAVEETI S, PATEL S K, PAGOLU R, et al, Conversion of simulated biogas to electricity: sequential operation of methanotrophic reactor effluents in microbial fuel cell [J]. Energy, 2019b, 189: 116309.

KOTASTHANE T. Potential of microalgae for sustainable biofuel production [J/OL]. Journal of Marine Science: Research & Development, 2017, 7: 2. DOI: 10.4172/2155-9910.1000223.

KUMAR A, PARK G D, PATEL S K, et al. SiO_2 microparticles with carbon nanotube-derived mesopores as an efficient support for enzyme immobilization [J]. Chemical Engineering Journal, 2019a, 359: 1252-1264.

KUMAR A K, SHARMA S, SHAH E, et al. Cultivation of Ascochloris Sp. ADW007-enriched microalga in raw dairy wastewater for enhanced biomass and lipid productivity [J]. International Journal of Environmental Science and Technology, 2019b, 16 (2): 943-954.

KUMAR G, MATHIMANI T, SIVARAMAKRISHNAN R, et al. Application of molecular techniques in biohydrogen production as a clean fuel [J]. Science of the Total Environment, 2020a, 722: 137795.

KUMAR A N, CHATTERJEE S, HEMALATHA M, et al. Deoiled algal biomass derived renewable sugars for bioethanol and biopolymer production in biorefinery framework [J]. Bioresource Technology, 2020b, 296: 122315.

KUMAR A. Current and future perspective of microalgae for simultaneous wastewater treatment and feedstock for biofuels production [J]. Chemistry Africa, 2021, 4 (2): 249-275.

KUMAR M D, KAVITHA S, TYAGI V K, et al. Macroalgae-derived biohydrogen production: biorefinery and circular bioeconomy [J]. Biomass Conversion and

Biorefinery, 2022, 12 (3): 769-791.

LAKATOS G E, RANGLOVA K, MANOEL J C, et al. Bioethanol production from microalgae polysaccharides [J]. Folia Microbiologica, 2019, 64 (5): 627-644.

LARAIB N, HUSSAIN A, JAVID A, et al. Recent trends in microalgal harvesting: an overview [J]. Environment Development And Sustainability, 2022, 24 (6): 8691-8721.

LI S, LI F, ZHU X, et al. Biohydrogen production from microalgae for environmental sustainability [J/OL]. Chemosphere, 2022, 291: 132717. https://doi.org/10.1016/j.chemosphere.2021.132717.

LI X, SLAVENS S, CRUNKLETON D W, et al. Interactive effect of light quality and temperature on *Chlamydomonas reinhardtii* growth kinetics and lipid synthesis [J/OL]. Algal Research, 2021, 53: 102127. https://doi.org/10.1016/j.algal.2020.102127.

MAITY S, MALLICK N. Trends and advances in sustainable bioethanol production by marine microalgae: A critical review [J/OL]. Journal of Cleaner Production, 2022, 345: 131153. DOI: 10.1016/j.jclepro.2022.131153.

MISHRA P K, RANA S, SINGH L, et al. Outlook of fermentative hydrogen production techniques: an overview of dark, photo and integrated dark – photo fermentative approach to biomass [J]. Energy Strategy Reviews, 2019, 24: 27-37.

MITTAL V, GHOSH U K. Comparative analysis of two different nanocatalysts for producing biodiesel from microalgae [J]. Materials Today, 2022, 63: 515-519.

MORALES - IBARRÍA M, RUIZ - RUIZ P, ESTRADA - GRAF A A, et al. Biohydrogen from microalgae [M]. In: 3rd Generation Biofuels, edited by Jacob – Lopes E, Zepka LQ, Severo IA, et al. London: Woodhead Publishing, 2022: 505-545.

OTARI S V, PATEL S K, KIM S Y, et al. Copper ferrite magnetic nanoparticles for the immobilization of enzyme [J]. Indian Journal of Microbiology, 2019, 59 (1): 105 – 108.

OTARI S V, PATEL S K S, KALIA V C, et al. One – step hydrothermal synthesis of magnetic rice straw for effective lipase immobilization and its application in esterification reaction [J/OL]. Bioresource Technology, 2020, 302: 122887. DOI: 10. 1016/j. biortech. 2020. 122887.

PANAHI H K S, DEHHAGHI M, AGHBASHLO M, et al. Shifting fuel feedstock from oil wells to sea: Iran outlook and potential for biofuel production from brown macroalgae (ochrophyta; phaeophyceae) [J]. Renewable & Sustainable Energy Reviews, 2019, 112: 626 – 642.

PATEL S K S, JEON M S, GUPTA R K, et al. Hierarchical macro – porous particles for efficient whole – cell immobilization: Application in bioconversion of greenhouse gases to methanol [J/OL]. ACS Applied Materials & Interfaces, 2019, 11: 18968 – 18977. DOI: 10. 1021/acsami. 9b03420.

PATEL S K S, GUPTA R K, DAS D, et al. Continuous biohydrogen production from poplar biomass hydrolysate by a defined bacterial mixture immobilized on lignocellulosic materials under non – sterile conditions [J]. Journal of Cleaner Production, 2020a, 287: 125037.

PATEL S K S, GUPTA R K, KALIA V C, et al. Integrating anaerobic digestion of potato peels to methanol production by methanotrophs immobilized on banana leaves [J]. Bioresource Technology, 2020b, 323: 124550.

PATEL S K S, GUPTA R K, KONDAVEETI S, et al. Conversion of biogas to methanol by methanotrophs immobilized on chemically modified chitosan [J]. Bioresource Technology, 2020c, 315: 12379.

PATEL S K S, GUPTA R K, KUMAR V, et al. Biomethanol production from methane by immobilized co – cultures of methanotrophs [J]. Indian Journal of Microbiology, 2020d, 60: 318 – 324.

PATEL S K S, KALIA V C, JOO J B, et al. Biotransformation of methane into methanol by methanotrophs immobilized on coconut coir [J]. Bioresource

Technology, 2020e, 297: 122433.

PATEL S K S, SHANMUGAM R, KALIA V C, et al. Methanol production by polymer – encapsulated methanotrophs from simulated biogas in the presence of methane vector [J]. Bioresource Technology, 2020f, 304: 123022.

PHWAN C K, CHEW K W, SEBAYANG A H, et al. Effects of acids pre-treatment on the microbial fermentation process for bioethanol production from microalgae [J]. Biotechnology for Biofuels, 2019. 12 (1): 191.

PRABAKAR D, MANIMUDI V T, SUVETHA K S, et al. Advanced biohydrogen production using pretreated industrial waste: Outlook and prospects [J]. Renewable and Sustainable Energy Reviews, 2018, 96: 306 – 324.

PRAKASH J, SHARMA R, PATEL S K S, et al. Biohydrogen production by co-digestion of domestic wastewater and biodiesel industry effluent [J]. PLoS One, 2018, 13: 0199059.

RHOADS A, BEYENAL H, LEWANDOWSKI Z. Microbial fuel cell using anaerobic respiration as an anodic reaction and biomineralized manganese as a cathodic reactant [J]. Environmental Science & Technology, 2005, 39: 4666 – 4671.

RUIZ – MARIN A, CANEDO – LÓPEZ Y, CHÁVEZ – FUENTES P. Biohydrogen production by *Chlorella vulgaris* and *Scenedesmus obliquus* immobilized cultivated in artificial wastewater under different light quality [J/OL]. AMB Express, 2020, 10: 191. https://doi.org/10.1186/s13568 – 020 – 01129 – w.

SAFARIK I, PROCHAZKOVA G, POSPISKOVA K, et al. Magnetically modified microalgae and their applications [J]. Critical Reviews in Biotechnology, 2016, 36: 931 – 941.

SAÏDANE – BCHIR F, EL FALLEH A, GHABBAROU E, et al. 3rd generation bioethanol production from microalgae isolated from slaughterhouse wastewater [J]. Waste and Biomass Valorization, 2016, 7 (5): 1041 – 1046.

SÁNCHEZ – SAAVEDRA M P, SAUCEDA – CARVAJAL D, CASTRO – OCHOA F Y, et al. The use of light spectra to improve the growth and lipid content of *Chlorella Vulgaris* for biofuels production [J/OL]. Bioenergy Research, 2020,

13: 487-498. https://doi.org/10.1007/s12155-019-10070-1.

SATTHONG S, SAEGO K, KITRUNGLOADJANAPORN P, et al. Modeling the effects of light sources on the growth of algae [J/OL]. Advances in Difference Equations, 2019: 170. https://doi.org/10.1186/s13662-019-2112-6.

SCHIANO DI VISCONTE G, SPICER A, CHUCK C J, et al. The microalgae biorefinery: a perspective on the current status and future opportunities using genetic modification [J/OL]. Applied Sciences, 2019, 9 (22): 4793. DOI: 10.3390/app9224793.

SCHENK P M, THOMAS-HALL S R, STEPHENS E, et al. Second generation biofuels: high-efficiency microalgae for biodiesel production [J]. Bioenergy Research, 2008, 1 (1): 20-43.

SCHULZE P S C, BARREIRA L A, PEREIRA H G C, et al. Light emitting diodes (LEDs) applied to microalgal production [J/OL]. Trends Biotechnol, 2014, 32 (8): 422-430. https://doi.org/10.1016/j.tibtech.2014.06.001.

SCHULZE P S, PEREIRA H G, SANTOS T F, et al. Effect of light quality supplied by light emitting diodes (LEDs) on growth and biochemical profiles of *Nannochloropsis oculata* and *Tetraselmis chuii* [J], Algal Research, 2016, 16: 387-398.

SIRISUK P, RA C-H, JEONG G-T, et al. Effects of wavelength mixing ratio and photoperiod on microalgal biomass and lipid production in a two-phase culture system using LED illumination [J/OL]. Bioresource Technology, 2018, 253: 175-181. https://doi.org/10.1016/j.biortech.2018.01.020.

SMACHETTI M E S, CORONEL C D, SALERNO G L, et al. Sucrose-to-ethanol microalgae-based platform using seawater [J]. Algal Research, 2020, 45: 101733.

TAY Z H Y, NG F L, LING T C, et al. The use of marine microalgae in microbial fuel cells, photosynthetic microbial fuel cells and biophotovoltaic platforms for bioelectricity generation [J/OL]. 3 Biotech, 2022, 12: 148. https://doi.org/10.1007/s13205-022-03214-2.

TONG D, HU C, JIANG K, et al. Cetane number prediction of biodiesel from the composition of the fatty acid methyl esters [J]. Journal of the American Oil Chemists' Society, 2011, 88 (3): 415-423.

TORKAMANI S, WANI S N, TANG Y J, et al. Plasmon-enhanced microalgal growth in mini photobioreactors [J]. Applied Physics Letters, 2010, 97 (4): 043703.

WANG J, YIN Y. Fermentative hydrogen production using pretreated microalgal biomass as feedstock [J]. Microbial Cell Factories, 2018, 17: 22.

WU H. Effect of different light qualities on growth, pigment content, chlorophyll fluorescence, and antioxidant enzyme activity in the red alga *Pyropia haitanensis* (*Bangiales*, *Rhodophyta*) [J]. Biomed Research International, 2016, 2016 (14): 7383918-7383925.

ZEB L, SHAFIQ M, Ahmad M, et al. Appraisal of various approaches to produce biohydrogen and biodiesel from microalgae biomass [J]. Advances in Life Science and Technology, 2022, 9 (1): 01-12.

ZHANG J, MO G, LI X, et al. A graphene modified anode to improve the performance of microbial fuel cells [J/OL]. Journal of Power Sources, 2011, 196: 5402-5407. DOI: 10.1016/j.jpowsour.2011.02.067.

ZHANG C, LI S, HO S H. Converting nitrogen and phosphorus wastewater into bioenergy using microalgae-bacteria consortia: A critical review [J]. Bioresource Technology, 2021, 342: 126056.

第 10 章
微藻收获与蛋白质提取技术

10.1 前言

如前所述，微藻的营养非常丰富，如螺旋藻和小球藻的蛋白质含量分别在 60%~70% 和 50%~55%。由于培养液不能被食用或另作他用，而且需要被循环利用，因此在使用微藻之前必须先对其藻体进行收集。然而，微藻的缺点是个体很小（直径 3~30 μm），而且在培养液中的密度一般都较低（干生物量产量通常低于 0.5 g·L^{-1}），因此对收集会造成一定难度（Molina Grima 等，2003）。可以说，目前需要大量的资本成本和能量投入来进行操作，即必须去除大量的水才能回收微藻生物量，其中现有的传统收获方法占总生物量生产成本的近三分之一（Shuba 和 Kifle，2018）。另外，小球藻等完全无法被人体消化，即人体内的酶都不能分解它所拥有的坚硬的外层细胞壁。因此，必须采取相应的提取技术来获得其中所包含的大量营养物质。

目前，已将各种传统的收获技术（如离心、沉淀、絮凝、筛选和带式压榨）应用于藻类生长的不同阶段，而每种技术都有其各自的优缺点。另外，生长培养基的适当回收或废水的回收对微藻生产的长期可持续性和经济性至关重要。近年来，膜已被成功用于解决上述所有挑战（Drexler 和 Yeh，2014）。最近，在微藻生物量的上下游加工方面取得了许多新进展，以满足我们迫切的能源需求。然而，除了对生物成分产量和油脂生产的关键研究外，从培养液中分离微藻细胞的收获步骤仍然是微藻生物燃料生产中所面临的主要瓶颈。

因此，能够实现高浓度微藻生物量回收以及包括能源和维护成本在内的适度操作成本的收获过程将是理想的。考虑到最终目标产物的性质，微藻筛选（如藻株结构、密度和大小、水分水平和盐浓度）是在选择合适的收获方法时应评估的关键重要上游因素之一（Barros 等，2015）。与其他微藻菌株相比，一些微藻藻株易于回收，如可以通过沉淀轻松收获的螺旋藻（Tan 等，2018）（当然，这在太空微重力条件下并不适用）。

如前所述，脂质被提取后残留的微藻生物量富含蛋白质和其他具有商业价值的化合物。这些残余生物量可以通过生物炼制计划进一步加工，生产动物饲料、营养品和医药产品等一系列高价值产品，而不是废弃。因此，收获过程不应该是有毒的，因为它会污染微藻生物量。另外，将其从培养液中分离出来的同时，如果培养液可被回收以用于进一步使用，从而最大限度地提高整个微藻生物量生产的可持续性，则是一种更为理想的结果。

据报道，为了生产 3.9×10^{10} L 微藻生物燃料，需要多达 1.5×10^7 t 的氮和约 2.0×10^6 t 的磷。另外，回收培养基可以节省微藻培养所需约 84% 的水和 55% 的硝酸盐。因此，收获方法的选择对收获后回收培养基的可重复使用性和质量会产生间接影响（Farooq 等，2015）。

蛋白质消化率降低的主要原因之一被认为是由于构成藻类细胞壁的高纤维含量（Joubert 和 Fleurence，2008；Raikova 等，2017）。藻类通常含有大量多糖，尽管根据收获的藻种和时间，海藻（4%~76% 干质量）和微藻（8%~64% 干质量）的多糖含量可能存在显著差异（Holdt 和 Kraan，2011；Becker，2007）。类似地，酚类化合物可以与氨基酸反应形成不溶性化合物（Wong 和 Cheung，2001）。因此，人们非常重视研究破坏阴离子细胞壁的方法，以释放有价值的细胞内物质（Kadam 等，2016）。

10.2 藻体收获技术

微藻生物量的收获通常是以较低成本实现更高分离效率的双阶段过程，包括增稠以增加微藻培养物的固体浓度，这通过脱水来实现。脱水是通过排去上清液或从表面撇去细胞，从而将浓缩浆液从培养液中分离出来。然而，根据要处理的水足迹的量和收获方法的选择，应用上述任何一个步骤都是可行的。浓缩技术包括重力沉淀、浮选、电絮凝和絮凝，而预过滤和离心是应用于微藻培养液的常见脱水步骤。所有上述收获技术可被分为天然、能源密集型和借助絮凝剂，如图 10.1 所示。不过，天然法在空间站微重力条件下不可行，在月球表面上极有可能也不可行，但在火星表面上则极有可能是可行的。

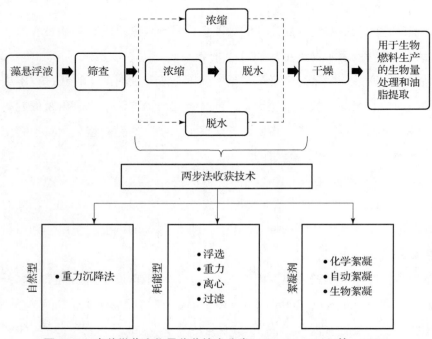

图 10.1　当前微藻生物量收获技术分类（Suparmaniam 等，2019）

10.2.1　重力沉降法

重力沉降法（gravitational sedimentation）是指受重力驱动的微藻细胞的沉降过程。与其他方法相比，重力沉降法被广泛认为是最简单且最便宜的方法（Mallick 等，2016），因此通常被采用而作为收获微藻的方法。基于目标微藻细胞的密度和径向大小，沉降速率是高度可选择性的，其中密度较大的细胞比密度低且体积小的细胞沉降得要更快（Tan 等，2018）。然而，这种现象是该方法的限制因素，因为它耗时，且微藻生物量回收率低，并有可能导致生物量出现恶化。

很明显，生物量在整个供应链中具有生物学和化学活性，这将影响长期处理和储存生物量的风险，因为生物量会因其生物活性而变质，同时随着时间的推移，致敏孢子可能会积聚在生物量悬浮液的表面（Tan 等，2017）。除此之外，生物活性将改变活性微藻生物量的组成，这对生物燃料的生产是不利的。如果沉降过程是在封闭的隔室中进行，那么生物活性可能会耗尽氧气并再次导致生物量降解。然而，使用薄片分离器和沉淀池（Tan 等，2017）可以提高这种方法的收获效率。在基于污水的工艺中，通常利用沉淀池进行生物量的回收（Suparmaniam 等，2019）。

10.2.2 浮选法

研究发现，可被用在火星上的浮选法（floatation）比沉降法会更有效且相对还要快（Tan 等，2018）。直径为 10~500 μm 的微藻细胞可以通过浮选法予以有效去除，而且由于微藻细胞表面电荷减少，因此通常将浮选法与絮凝法结合起来以用于废水中的大规模微藻收获（harvesting of microalgae）（Kim 等，2013）。这是一种基于物理化学重力分离过程的简单而低成本的方法。在该过程中，气泡穿过液固悬浮液，使微藻黏附在气泡上而浮选到表面（Wang 等，2015）。该技术不适用于低地球轨道上的航天器，也可能不适合在月球表面上使用，但极有可能适合在火星表面上使用。

溶解空气浮选法（dissolved air floatation，DAF）技术，是利用浮选法和絮凝法（flocculation）的耦合作用而从培养物中分离微藻生物量。它使用明矾絮凝微藻或空气混合物，由空气压缩机提供细小的气泡。产生的气泡大小直接影响浮选引起的生物量收获过程的效率。浮选法似乎是一种潜在的收获技术，但人们对其技术的可行性和扩大规模等知之甚少，仍处于萌芽阶段（Shuba 和 Kifle，2018）。该技术具有较高的操作成本，这与其在 390 kPa 的压力下工作的能量密集型压缩机的使用密切相关。决定其性能和效率的主要参数是悬浮颗粒的不稳定性，因此较高的空气颗粒接触对应于较低的不稳定性。在浮选技术中，颗粒的尺寸是最重要的。因为颗粒尺寸越小（最好小于 500 μm），就越有可能被气泡提升到培养液顶部（Wang 等，2015）。

10.2.3 电收集法

近年来，电泳法（electro-phoresis，EP）、电絮凝法（electro-flocculation，EF）和电-絮凝-浮选法（electro-flocculation-floatation，EFF）等，这些基于电的技术已被确定用于利润丰厚的微藻收获（Mallick 等，2016），且适用于各种微藻的快速收获。这种方法在实验室规模上与其他方法相比非常成功（Mallick 等，2016）。电解或电泳需要两个金属电极，一个作为非反应阳极而另一个作为（牺牲）阴极（Barros 等，2015）。带负电荷的微藻细胞将被正向吸引带电阳极作为电泳运动的原因（Mathimani 和 Mallick，2018）。因此，微藻细胞经过电荷中和（凝结）并聚集成絮凝体，细胞可能在容器底部沉淀或浮选在表面，这取决于密度（Mathimani 和 Mallick，2018）。相反，在电絮凝中，将反应性（牺牲性）电极引入微藻培养液中以产生金属絮凝剂。该金属絮凝剂将通过以下阶段触发絮凝：一是牺牲阳极的电解氧化以释放金属絮凝剂；二是微藻细胞悬浮液的失稳；三是作为凝结作用的不稳定颗粒的絮凝物形成。

铝和铁电极被认为是电解絮凝研究中常用的阳极（Mathimani 和 Mallick，2018），且发现铝阳极的性能优于铁阳极（Mallick 等，2016）。铝电极具有高电性，因此在放电时产生更多的 Al^{3+} 离子。与铁电极相比，其解离可增强絮凝作用（Mathimani 和 Mallick，2018）。尽管不需要添加化学絮凝剂，但这种微藻收获方法受电极需求的挑战（Tan 等，2018），即其中由于存在内阻，因此电极的可重复使用性并不好（Mathimani 和 Mallick，2018）。

除此之外，一些电极（如铁）并不适合被用于进行微藻生物量的收集，因为在被其收集后往往会产生有色细胞。为了解决环境问题，因此基于电力的方法因其环保、廉价和节能而备受关注，但其在大规模收获中的有效性尚待探索（Mallick 等，2016）。另外，为了将这项技术从实验室规模转移到工业规模，需要面临高能量和电泳设备成本等问题。据报道，$0.5\ mA\cdot cm^{-2}$ 的电流密度需要 $0.2\ kWh\cdot m^{-3}$ 的能量，而 $5.0\ mA\cdot cm^{-2}$ 的电流密度需要 $2.28\ kWh\cdot m^{-3}$ 的能量（Mathimani 和 Mallick，2018）。

10.2.4 离心法

离心法是微藻生物量回收中常用的方法,其中离心力用于分离培养液。因此,这种方法速度快,通常优于重力沉降,并在优化条件下可实现高达95%的生物量回收率(Kotasthane,2017)。此外,离心对所有微藻菌株都是可行的,这增加了设备易于清洁和生物量细菌污染风险低的事实(Tan等,2018)。不过,这种收获技术较为昂贵,因为设备及其部件(如离心泵)需要较高的运行能量输入和维护成本。由于成本最小化是几乎所有行业的核心目标,因此这种方法不适合大规模微藻收获。

此外,离心法由于其操作卫生而更适合用于回收高价值产品,这将产生高周转率和良好的利润。该方法的另一个限制是由于其所具有的高剪切力而有可能导致细胞损伤,即该高剪切力会导致微藻细胞内含物释放到培养液中。需要注意的是,在混合细胞内材料时需要额外的下游加工来完成生物量收集,而这反过来又需要成本投入。然而,如下一小节所述,膜过滤法可以作为收获脆弱微藻细胞的一种可选技术(Kotasthane,2017)。

10.2.5 膜过滤法

生物量回收的最新进展是使用膜过滤来分离细胞尺寸较小的微藻细胞,如栅藻(*Scenedesmus*)、杜氏藻和小球藻。传统的过滤法是由微孔过滤器(microstrainer)辅助的,由于其简单易用,因此尺寸通常会超过70 mm。但大量研究报告称,在微孔过滤器之前进行絮凝,以将较小尺寸的细胞絮凝成较大的絮凝体(Tan等,2018)。尽管如此,微孔过滤对大型微藻细胞(如长鼻空星藻(*Coelastrum proboscideum*)和螺旋藻)是有效的(Kotasthane,2017)。膜过滤有两种类型,即微滤(孔径为100~10 000 nm)和超滤(孔径为1~100 nm)(Kotasthane,2017)。

1. 膜材料种类

根据应用领域不同,探索不同的材料来生产不同几何形状的膜,如压缩、管道、多通道、中空、毛细管或螺旋等形状(图10.2)(Drexler和Yeh,2014)。例如,研究发现,聚合物薄膜(polymer membrane)可被用于有效收获海洋微藻,如硅藻（*Haslea ostrearia*）和中肋骨条藻（*Skeletonema costatum*），但受到水动力学条件以及微藻特性和细胞浓度的挑战（Tan 等，2018）。另外，研究证明，淡水微藻，如范氏冠盘藻（*Stephanodiscus hantzschaii*）、小环藻（*Cyclotella sp.*）、*Rhodomonas minuta* 和 *S. astrea*，可以通过使用切向流动过滤法（包括高速过滤法）收获70%~89%的细胞（Tan 等，2018）。

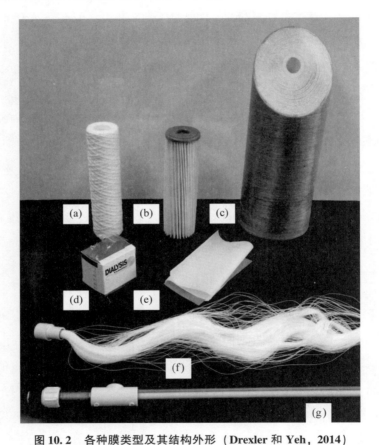

图10.2　各种膜类型及其结构外形（Drexler 和 Yeh，2014）

(a) 绕线筒；(b) 打褶片状筒；(c) 螺旋缠绕单元；(d) 透析管；(e) 平板；
(f) 中空纤维管；(g) 管状膜组件

人们普遍认为，通过这种技术可以消除原生动物和病毒，使得培养液可被重复使用（Kotasthane，2017）。尽管膜过滤法能够实现剪切敏感藻种的高回收率，但其缺点之一是膜有可能受到污染（Tan 等，2018）。在生物量加工领域，定期清洁和更换昂贵的膜会面临重大挑战，因此目前的重点已转移到使用絮凝剂这种设计可行且经济高效的收获策略上。然而,新兴的膜技术,以廉价和可持续的方式生产膜,可能会在不久的将来将当前的过滤技术升级换代。

西班牙加泰罗尼亚能源研究所的研究人员测试了常用的膜材料,如陶瓷、聚砜(polysulfone)和聚丙烯腈(polyacrylonitrile),以及其他新材料,如丙烯腈-丁二烯-苯乙烯(acrylonitrile butadiene styrene)、醇化聚酯(glycol-modified polyethylene terephthalate,PETG)和聚乳酸(polylactide)(Nurra 等,2014)。他们的实验结果表明,聚砜 Pluronic© F127 共混膜(polysulfone Pluronic© F127 blended membrane)和聚丙烯腈膜呈现高渗透性,但相对昂贵。相反,聚乳酸膜价格低廉,具有良好的机械性能和生物降解性,但渗透性低。另外,醇化聚酯具有高渗透性和较高的成本效益,但机械性能较差。丙烯腈-丁二烯-苯乙烯被认为是最佳的膜材料,其渗透值高达(19±0.9)L·h^{-1}·m^{-2}·bar^{-1}①。值得注意的是,研究人员新引入了廉价的可生物降解的聚乳酸聚合物来收获微藻细胞(Nurra 等,2014)。

2. 错流过滤法

对于错流过滤(crossflow filtration,又称横流过滤),即微藻悬浮液通过由具有限定孔径的膜材料制成的管进料。介质可以通过膜并且可以作为渗透物得到分离。微藻的浓度增加并作为浓缩物离开过滤器。优点之一是能够在不形成滤饼的情况下连续操作,并且不需要移动部件。另一个优点是市面上具有不同孔径和不同模块尺寸的横流模块。缺点是需要清洗,特别是如果横流过滤不是连续进行的,并且从进料到浓缩物的浓度差只能通过增加跨膜压力来增加。图 10.3 为错流过滤法工作原理图。

图 10.3 错流过滤法工作原理图(Martin 等,2021)

---

① 1 bar = 10^5 Pa。

3. 动态过滤法

与错流过滤一样,动态过滤(dynamic filtration)是悬浮液被引导通过具有限定孔径的膜,该膜允许培养基通过从而提高微藻浓度。为了提高相对速度,将膜盘安装在一个旋转的中空轴上。动态过滤的优点是,可以通过调节旋转频率来影响从饲料到浓缩物的微藻浓度差异。高旋转频率下的剪切力可防止孔隙堵塞。缺点是需要移动部件以及缺乏可用的小型系统。图 10.4 为动态过滤法工作原理图。

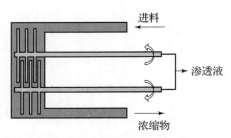

图 10.4　动态过滤法工作原理图(Martin 等,2021)

4. 死端过滤法

对于以排水形式提供生物量的收获的最后步骤,可选择一种通过真空过滤工作的死端过滤(dead end filtration)系统。经过错流过滤器预浓缩的进料进入真空过滤器。培养基被真空抽吸通过膜,微藻在过滤器中保持排出。然后,介质被泵送回反应器。在下一个收获间隔开始之前,必须移除带有所收获的生物量的膜,并用新的膜代替。对于规模化的操作,可以使用更大的死端过滤设备,如可选择滗水器进行分离(Martin 等,2021)。

5. 正渗透法

上述脱水方法,如离心和切向流过滤,是非常耗能的。鉴于此,美国 NASA 艾姆斯研究中心(ARC)与大学空间研究协会(USRA)联合开展了基于正渗透(forward osmosis,FO)的微藻收获技术研究。在本研究中,正渗透被认为是一种在海洋环境废水中生长的微藻的部分脱水方法。

使用人工海水作为提取液,观察到正渗透膜平均脱水率为 $2\ L\cdot m^{-2}\cdot h^{-1}$(范围为 $1.8 \sim 2.4\ L\cdot m^{-2}\cdot h^{-1}$),体积减少了 $65\% \sim 85\%$。对于单张膜,在 14 次连续实验中,每日脱水率没有显著变化。同时,每小时的脱水率并没有如预期的那样逐渐降低,而只是在整个实验过程中有所波动。另外,正渗透膜在海洋中暴露 45 d 会在其表面上产生明显的生物污垢，但其脱水率并没有发生改变（Buckwalter 等，2013）。

6. 膜孔径大小与作用范围比较

图 10.5 给出了膜孔径大小与藻类产物被过滤的范围情况。

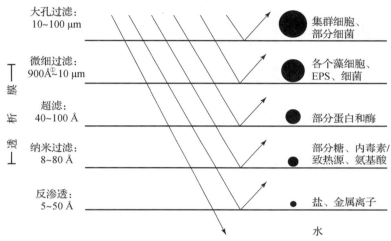

图 10.5　膜孔径大小与藻类产物被过滤的范围情况（Drexler 和 Yeh，2014）

10.2.6　絮凝法

由于上述微藻的收集技术能量密集且成本高昂，因此三十年前添加絮凝剂以促进微藻细胞聚集而形成高密度絮凝体的脱水技术逐渐开始盛行。微藻细胞主要携带负电荷，这是由于其表面存在电离官能团，以及从有机物中吸附离子，从而导致细胞-细胞排斥（Tan 等，2018；Mathimani 和 Mallick，2018）。因此，必须通过添加絮凝剂来破坏稳定的微藻细胞悬浮液，以通过混凝形成聚集物或絮凝物。为了应对微藻收获过程中的重大挑战，在涉及化学絮凝（chemical flocculation）的研究中，或通过使用生物絮凝剂或天然生物量衍生的絮凝剂的廉价无毒方法，或通过改变培养条件（自动絮凝），而制定了许多方案（Martínez 等，2016）。图 10.6 为利用可回收絮凝剂的藻细胞絮凝收获工艺示意图。

---

① 1 Å = 10^{-10} m。

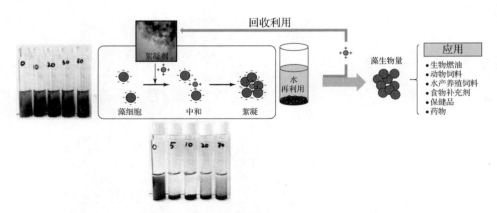

图 10.6　利用可回收絮凝剂的藻细胞絮凝收获工艺示意图（Matter 等，2019）

1. 化学絮凝法

根据微藻的性质，化学絮凝剂可分为无机絮凝剂和有机絮凝剂（Martínez 等，2016）。多价或多价金属盐，如硫酸铁 $[Fe_2(SO_4)_3]$ 和氯化铁（$FeCl_3$）是常用的无机盐废水处理和微藻收获的絮凝剂。除此之外，明矾也被广泛使用，它是铝、铬或铁等金属和钾或钠等单价金属的几种三价硫酸盐的名称。尽管被广泛使用，但无机絮凝剂是有毒的，会产生大量的污泥，而这些污泥又需要进一步的脱水步骤（Singh 和 Patidar，2018）。微藻絮凝也可以通过添加有机絮凝剂或阳离子聚合物（如壳聚糖和淀粉）来诱导（Shuba 和 Kifle，2018）。图 10.7 为利用阳离子聚电解质的微藻化学絮凝法收获原理图。

为了解决大规模微藻培养所需的大量水足迹相关问题，Farooq 等人（2015）研究了由于成本和能量因素，使用氯化铁和明矾的化学絮凝法回收培养基中小球藻的可能性，而离心法被用作参考收获方法。此外，还分析了每种方法的收获效率，分别从培养基质量、生物量和脂质生产速率以及生产的生物柴油标准方面进行了分析。研究结果表明，氯化铁对生物量的回收率与离心法相当，但低于明矾。然而，生物量浓度的增加需要比生物量浓度本身更高浓度的絮凝剂，这似乎是不可接受的（Farooq 等，2015）。

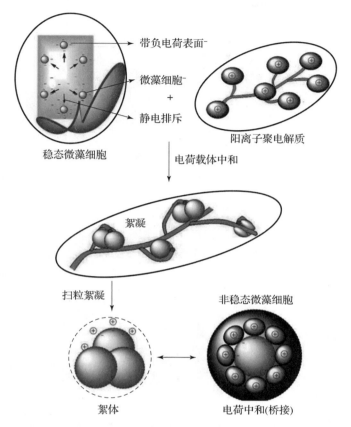

图 10.7　利用阳离子聚电解质的微藻化学絮凝法收获原理图（Matter 等，2019）

在营养调整后关于小球藻在回收培养基中的生长，与对照组相比，只有离心和氯化铁收获的培养基支持小球藻的生长，而明矾收获的培养基则延缓了微藻的生长速率。此外，通过离心和氯化铁收获的培养基提高了培养微藻的生物量和脂质生产速率。因此，在培养基的可重复使用性和随后的可持续微藻提炼的情况下，氯化铁与明矾相比是更好的化学絮凝剂。然而，主要的争议是从生产的生物量和生物柴油中去除金属离子。在所进行的研究中，通过降低 pH 值，铁离子的量从 58% 降低到 1.5%，回收的金属离子被重新用于随后的微藻收获。表 10.1 显示了各种化学絮凝剂对微藻收获效率的影响比较（Barros 等，2015；Rakesh 等，2014；Mathimani 和 Mallick，2018）。

表 10.1　各种化学絮凝剂对微藻收获率的影响比较

（Barros 等，2015；Rakesh 等，2014；Mathimani 和 Mallick，2018）

藻种中文名称	藻种英文名称	絮凝剂类型	絮凝剂浓度	收获率
鱼腥藻	Anabaena sp.	硫酸铁	0.25 mmol·L^{-1} ×100	≤78%
鱼腥藻	Anabaena sp.	聚合硫酸铁	0.25 mmol·L^{-1} ×100	≤95%
鱼腥藻	Anabaena sp.	硫酸铝	0.25 mmol·L^{-1} ×100	≤95%
星杆藻	Asterionella sp.	硫酸铁	0.25 mmol·L^{-1} ×100	≤70%
星杆藻	Asterionella sp.	聚合硫酸铁	0.25 mmol·L^{-1} ×100	≤93%
星杆藻	Asterionella sp.	硫酸铝	0.25 mmol·L^{-1} ×100	≤95%
小球藻 UTEX-265	Chlorella vulgaris UTEX-265	3-氨基丙基三乙氧基硅烷纳米氨基黏土（Mg^{2+} 或 Fe^{3+}）	1 000 g·L^{-1}	98%
索罗金小球藻	Chlorella consortium	硫酸铁	250 mg·L^{-1}	90%
索罗金小球藻	Chlorella consortium	氯化铁	250 mg·L^{-1}	98%
索罗金小球藻	Chlorella consortium	氯化铝	750 mg·L^{-1}	80%

续表

藻种中文名称	藻种英文名称	絮凝剂类型	絮凝剂浓度	收获率
索罗金小球藻	Chlorella consortium	硫酸铁	750 mg·L^{-1}	80%
索罗金小球藻	Chlorella consortium	氯化铝	500 mg·L^{-1}	90%
索罗金小球藻	Chlorella consortium	硫酸铁	250 mg·L^{-1}	98%
索罗金小球藻	Chlorella consortium	氯化铁	250 mg·L^{-1}	66%
索罗金小球藻 MICG5	Chlorella sorokiniana MICG5	硫酸铝	50 mg·L^{-1}	约70%
索罗金小球藻 MICG5	Chlorella sorokiniana MICG5	氯化钙	90 mg·L^{-1}	约20%
索罗金小球藻 MICG5	Chlorella sorokiniana MICG5	氯化铁	200 μmol·L^{-1}	>80%
刺头小球藻	Chlorella stigm atophara	氯化铁	25 mg·L^{-1}	90%
小球藻 MCC29	Chlorella sp. MCC29	硫酸铝	50 mg·L^{-1}	>50%
小球藻 MCC29	Chlorella sp. MCC29	氯化钙	150 mg·L^{-1}	>70%
小球藻 MCC29	Chlorella sp. MCC29	氯化铁	1 000 μmol·L^{-1}	>80%
小球藻 MCC6	Chlorella sp. MCC6	硫酸铝	50 mg·L^{-1}	约20%
小球藻 MCC6	Chlorella sp. MCC6	氯化钙	150 mg·L^{-1}	>40%

续表

藻种中文名称	藻种英文名称	絮凝剂类型	絮凝剂浓度	收获率
小球藻 MCC6	$Chlorella$ sp. MCC6	氯化铁	$100\ \mu mol \cdot L^{-1}$	约 50%
绿球藻	$Chlorococcum$ sp.	硫酸铁	$150\ mg \cdot L^{-1}$	87%
绿球藻	$Chlorococcum$ sp.	氯化铁	$150\ mg \cdot L^{-1}$	90%
盐生杜氏藻	$Dunaliella\ salina$	氯化铁	$8.0 \times 10^{-4}\ mol \cdot L^{-1}$	85%
	$Muriellopsis$ sp.	硫酸铝	$1.42 \times 10^{-4}\ mol \cdot L^{-1}$	10%
小囊藻	$Microcystis\ aeruginosa$	氯化铝+脱乙酰壳多糖	$(15+7)\ mg \cdot L^{-1}$	71.55%
三角褐指藻	$Phaeodactylum\ tricornutum$	硫酸铝	$0.27\ kg \cdot DCW_{藻类}^{-1}$	82.6%
三角褐指藻	$Phaeodactylum\ tricornutum$	聚合氯化铝	$0.27\ kg \cdot DCW_{藻类}^{-1}$	66.6%
斜生栅藻	$Scenedesmus\ obliquus$	硫酸铁	$100\ mg \cdot L^{-1}$	$458\ mg_{藻类} \cdot mg_{絮凝剂}^{-1}$
斜生栅藻	$Scenedesmus\ obliquus$	硫酸铝	$200\ mg \cdot L^{-1}$	$189\ mg_{藻类} \cdot mg_{絮凝剂}^{-1}$
斜生栅藻	$Scenedesmus\ obliquus$	硫酸铁	$100\ mg \cdot L^{-1}$	96%
斜生栅藻	$Scenedesmus\ obliquus$	氯化铁	$100\ mg \cdot L^{-1}$	95%

2. 自动絮凝

自动絮凝（auto‐flocculation）是化学絮凝的一种替代概念。化学絮凝是由 CO_2 消耗而导致的 pH 增加所实现的。它优点是廉价、安全、低能耗、零使用絮凝剂，且实现了培养基的可重复使用（Barros 等，2015）。在碱性 pH 值下，钙和镁的沉淀物会自动形成，从而诱导微藻细胞的絮凝（Enamala 等，2018）。在 Kim 等人（2013）的研究中，评估了具有自动、无机和聚合物絮凝的布朗葡萄藻（*Botryococcus braunni*）的絮凝性能，并且在 3 周的培养中，自动絮凝显示出最高的收获效率。Vandamme 等人（2013）的报道，已引起人们对促进小球藻自动絮凝的不同技术的研究，发现添加氢氧化钙可将小球藻培养物的生物量浓度提高 50 倍，这是低成本和环境友好的。图 10.8 为微藻生物量的自动絮凝收获程序。在图 10.8 中，3 个小瓶中装有不同硝酸浓度下培养的藻类样品。

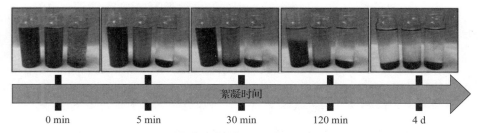

图 10.8　微藻生物量的自动絮凝收获程序（Matter 等，2019）

微藻培养与废水处理相结合，通过带正电的钙离子和带负电的微藻细胞的相互作用去除过量的磷酸盐，从而为磷酸盐来源提供储备，使藻类细胞表面活化（Enamala 等，2018）。当 pH 值增加时，由于无机沉淀物的形成，通过添加金属盐、碱性化合物或聚电解质，无机沉淀物随后出现在收获的生物量中，从而诱导絮凝。除了常用的氢氧化钙外，其他碱性化合物（如氢氧化钠、氢氧化钾或氢氧化镁）也可用于促进自动絮凝（Enamala 等，2018）。氢氧化镁被用于絮凝 3 种微藻，即小球藻、栅藻（*Scenedesmus sp.*）和绿球藻（*Chlorococcum sp.*），并实现了高达 90% 的絮凝效率，如 Shuba 和 Kifle（2018）研究所述。然而，需要考虑将自动絮凝标记为一种潜在的收获方法。为了实现这一点，培养液中的钙、镁和磷离子的量应该足够。在这种情况下，富含这些离子的海水和废水是自动絮凝的合适介质。除此之外，应从环境影响的角度认真研究添加碱诱导絮凝和添加酸中和 pH 值相关的影响（Kim 等，2013）。

另外，最近澳大利亚莫道克大学的研究人员证明，与絮凝和 pH 值诱导实验相比，电絮（electrocoagulation）系统中微藻培养物的生物量回收率在较短的时间内较高。此外，与具有较低 pH 值（6.5）的培养物相比，具有较高 pH 值（9.5）的培养基在所有脱水系统中表现出更好的性能和更高的微藻收获率（Raeisossadati，Moheimani 和 Bahri，2021）。然而，也有报道称，较低 pH 值（6.5）适合进行微藻的絮凝收获。微藻自动絮凝收获技术比较如表 10.2 所示。

3. 生物絮凝法

在自然界，生物絮凝相互作用发生在湖泊或池塘中，这是指由分泌的细胞外聚合物诱导的絮凝微藻藻株、细菌或真菌的絮凝（Enamala 等，2018）。生物絮凝可以被认为是一种成本效益高的替代方法，即在不改变培养条件或分别使用补偿和有毒絮凝剂的情况下，通过自动絮凝或化学絮凝来收获微藻（Barros 等，2015）。尽管如此，由于微藻与细菌、真菌或絮凝微藻的共同培养会导致微生物污染，所以这些收获的生物量用于食品和饲料目的的可用性在很大程度上仍然是推测性的（Barros 等，2015）。

微藻与添加的细菌、真菌或絮凝微藻之间的相互作用增加了脂质分泌，因而为生物燃料研究创造了巨大的推动力（Barros，2015）。不过，要将生物絮凝转移到成功应用的管道中，必须大量分泌浓缩絮凝剂，同时微藻对絮凝物形成附着性，这对生物技术和生物工程的投入有着巨大的需求（Barros 等，2015）。此外，由于成本和能源效率的原因，生物絮凝法在污水处理厂中得到了广泛的应用。图 10.9 为利用细菌的微藻生物絮凝法原理图。

4. 絮凝机理

由于质子活性羧基、羟基、磷酸二酯、磷酸和胺官能团的存在导致微藻细胞在中性 pH 值条件下携带负电荷，所以带相反电荷的离子会被吸引到微藻细胞的表面，并形成一层被称为 Stern 层的双层。因此，形成了双电层，即形成了电池表面电荷和周围溶液中相关反离子的总系统（Vandamme，Foubert 和 Muylaert，2013）。至于微藻细胞之间的相互作用，静电排斥防止它们由于范德华力而粘在一起，使细胞以胶体分散形式稳定（Vandamme，Foubert 和 Muylaert，2013）。但是，当反离子（简单金属盐）以高浓度引入稳定的胶体悬浮液中时，添加的盐

表 10.2 微藻自动絮凝收获技术比较（Matter 等，2019）

条件		微藻种类	细胞密度	适宜收获参数	参考文献
酸性 pH 值	pH 4.0	椭圆绿球藻（*C. ellipsoideum*）	4.38 g·L^{-1}	95% @ 15 min	Liu 等，2013
	pH 4.0	雪腐镰刀菌（*C. nivale*）	4.17 g·L^{-1}	94% @ 15 min	Liu 等，2013
	pH 4.0	栅藻（*Scenedesmus sp.*）	6.94 g·L^{-1}	98% @ 15 min	Liu 等，2013
	pH 11.5	穆勒狸藻#862（*C. muelleri* #862）	0.42 g·L^{-1}	100% @ 30 min	Huo 等，2014
碱性 pH 值	pH 11.0	小球藻	0.5 g·L^{-1}	95% @ 60 min	Vandamme 等，2012
	pH 12.0	绿球藻 R-AP13（*Chlorococcum sp.* R-AP13）	—	94% @ 10 min	Ummalyma 等，2016
	pH 12.5	*Ettlia* sp. YC001	1.2 g·L^{-1}	94% @ 30 min	Yoo 等，2015
	pH 10.4	*N. oculate*	2.27×10^5 个细胞·mL^{-1}	90% @ 10 min	Tran 等，2017
	pH 11.6	*S. quadricauda* #507	0.54 g·L^{-1}	95% @ 30 min	Huo 等，2014
培养时间	16 d	*S. obliquus* AS-6-1	2.25 g·L^{-1}	80% @ 30 min	Guo 等，2013

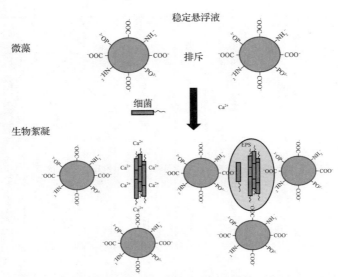

图 10.9　利用细菌的微藻生物絮凝法原理图（Matter 等，2019）

离子将渗透到 Stern 层中。这种现象会导致胶体之间的压缩和排斥，从而使微藻细胞聚集，然后被称为絮凝。根据舒尔茨-哈迪（Schulze Hardy）规则，反离子的电荷密度越高，形成的絮凝物就越强（Suopajarvi，2015）。聚集体或絮体的形成可归因于 4 类作用机理，即凝结（coagulation）、清扫（sweeping）、桥接（bridging）和静电补片（electrostatic patch），如图 10.10 所示。

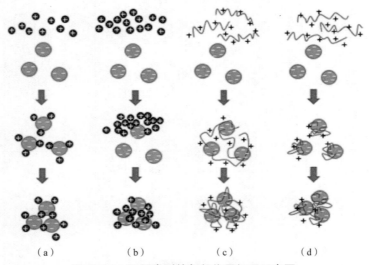

图 10.10　不同类型的絮凝作用机理示意图

(a) 凝结；(b) 清扫；(c) 桥接；(d) 静电补片

微藻悬浮液中的絮凝作用机理基于所用絮凝剂的性质，一种或多种作用机理可使絮凝物的形成更有效（Choy等，2015）。表10.3显示了用于微藻收获的絮凝剂作用机理（Salehizadeh和Yan，2014；Choi，2015；Andriamanohiarisoamanana等，2018；Podstawczyk等，2014）。

表10.3 用于微藻收获的絮凝剂作用机理

絮凝剂种类	微藻种类	作用机理
聚氨基葡糖	耐热性小球藻（*Chlorella sorokiniana*）	凝结和静电贴片
淀粉（绿色絮状物120）	淡水微藻：疏伞藻（*Parachlorella kessleri*）斜伞藻（*Scenedesmus Obliquus*）	桥接和静电贴片
STC－g－MAPTAC（淀粉－g－3－甲基丙烯酰氨基丙基三甲基氯化铵）	*S. obliquus*	凝结
CHPTAC－g－Cassia（N－3－氯－2－羟基丙基三甲基氯化铵（CHPTAC）－g－cassia）	衣藻CRP7（*Chlamydomonas sp.* CRP7）小球藻CB4（*Chlorella sp.* CB4）	桥接和静电贴片
Inulin－g－CHPTAC（菊粉－g－3－氯－2－羟丙基三甲基氯化铵）	葡萄藻（*Botryococcus sp.*）	桥接
蛋壳	普通小球藻（*Chlorella vulgaris*）	凝结

5. 各种絮凝技术比较

表10.4给出了5种微藻絮凝收获技术比较（Singh和Patidar，2018）。

表 10.4 5 种微藻絮凝收获技术比较（Singh 和 Patidar，2018）

技术	方法	优点	缺点
自动絮凝	压力条件下的自发聚集和沉积	• 便宜 • 环保 • 不需要化学絮凝剂	• 只限于某些藻类 • 耗费时间 • 低效率
生物絮凝	利用生物絮凝剂（真菌、细菌、酵母、藻类及其胞外聚合物）对目标藻类进行共球化	• 可再生 • 不需要化学絮凝剂	• 特定藻类 • 生物污染 • 絮凝剂释放引起的环境问题
化学絮凝	电荷中和，用带电的化学物质桥接和清扫藻类细胞	• 快速 • 有效 • 可伸缩	• 生物污染 • 絮凝剂释放引起的环境问题 • 效率对培养条件很敏感
微粒絮凝	功能化纳米粒子的电荷中和和静电桥接	• 快速（如磁选） • 多功能后处理 • 絮凝剂可重复使用	• 制造昂贵 • 有限规模的实验室研究
电化学絮凝	利用金属离子和电荷中和，绕过通过电极的直接电流形成絮凝体	• 快速 • 适用于几乎所有类型的藻类 • 不需要化学物质	• 电极结垢，寿命短 • 金属离子污染生物量 • 电能需求

10.2.7 收获方法比较

表 10.5～表 10.10 给出了不同微藻收获方法的优缺点及其优先级等的比较情况。

表 10.5　不同微藻收获方法的优缺点比较（Barros 等，2015）

收获方法	优点	缺点
化学凝固/絮凝	• 方法简单快捷 • 不需要能源	• 化学絮凝剂可能昂贵且对微藻生物量有毒 • 培养基的回收利用是有限的
自动和生物絮凝	• 方法经济 • 允许培养基循环利用 • 对微藻生物量无毒	• 细胞成分的变化 • 微生物污染的可能性
重力沉降	• 方法简单而经济	• 耗时 • 生物量退化的可能性 • 低浓度的藻饼
浮选	• 适用于大规模应用 • 成本低 • 空间要求小 • 操作时间短	• 一般需要使用化学絮凝剂 • 不可用于海洋微藻的收获
电收集	• 适用于多种微藻种类 • 不需要添加化学絮凝剂	• 传播性差 • 能量和设备成本高
膜过滤	• 回收效率高 • 允许分离剪切敏感的藻类	• 结垢/堵塞的可能性增加了运营成本 • 膜应定期清洗 • 膜更换和泵送是主要的相关成本

续表

收获方法	优点	缺点
离心分离	• 方法快捷 • 回收效率高 • 适合几乎所有的微藻种类	• 方法成本高 • 能量需求高 • 只适用于高价值产品的回收 • 高剪切力可能造成细胞损伤

表 10.6 收获方法适宜性排序标准

编号	标准	基本情况
1	生物量数量（BQn）	该方法应产生大量的生物量，并可大规模应用
2	生物量质量（BQl）	应收获高质量的细胞。例如，AOM 或 EOM 不会从细胞中释放出来
3	成本（C）	低运行成本
4	处理时间（PT）	快速收获
5	物种特异性（SS）	该方法应具有物种依赖性，脱水效率高
6	毒性（T）	生产的生物量不应有毒

表 10.7 各种收获方法的比较分析

编号	标准	混凝和絮凝	浮选	过滤	电收集	离心分离
1	BQn	适合大规模应用	适合大规模应用	不适合高浓度和大规模应用	不适合大规模应用	不适合大规模应用
2	BQl	细胞损伤少	细胞损伤少	无细胞损伤	细胞受损	细胞受损

续表

编号	标准	混凝和絮凝	浮选	过滤	电收集	离心分离
3	C	低成本方法，有些混凝剂可能价格昂贵	低成本方法，但需要表面活性剂	更换膜和泵送的价格是昂贵的	能源和设备成本高	成本高的方法
4	PT	简易快速法	运行时间短	运行时间短	收获率高	收获率高
5	SS	适用于所有微藻种类	适用于所有微藻种类	对于非常小的微藻不适用	适用于所有微藻种类	适用于所有微藻种类
6	T	金属污染	表面活性剂可能有毒	无毒	金属污染	释放的 AOM 和 EOM 引起毒性

表 10.8 不同标准收获方法适宜性排序

序列	BQn	BQl	C	PT	SS	T
Ⅰ	混凝和絮凝	过滤	混凝和絮凝	离心分离	混凝和絮凝	过滤
Ⅱ	浮选	浮选	过滤	电收集	电收集	离心分离
Ⅲ	过滤	混凝和絮凝	浮选	混凝和絮凝	离心分离	混凝和絮凝
Ⅳ	电收集	电收集	电收集	浮选	浮选	浮选
Ⅴ	离心分离	离心分离	离心分离	过滤	过滤	电收集

表 10.9 决定适合各种用途收获方法标准的排序

序列	生物燃料	食品或饲料	高价值产品	水质恢复
Ⅰ	BQn	BQl	T	C
Ⅱ	C	T	SS	PT
Ⅲ	PT	SS	BQl	BQn

续表

序列	生物燃料	食品或饲料	高价值产品	水质恢复
Ⅳ	BQ1	BQn	BQn	BQ1
Ⅴ	SS	PT	C	T
Ⅵ	T	C	PT	SS

表10.10　各种用途收获方法的适宜性排序

排序	生物燃料	食品或饲料	高价值产品	水质恢复
Ⅰ	混凝和絮凝	过滤	离心分离	混凝和絮凝
Ⅱ	过滤	离心分离	混凝和絮凝	过滤
Ⅲ	离心分离	混凝和絮凝	过滤	浮选
Ⅳ	浮选	浮选	浮选	离心分离
Ⅴ	电收集	电收集	电收集	电收集

10.3　藻蛋白提取技术

海藻和微藻在其生的、未加工的形式中具有较差的蛋白质消化率。正是由于这个原因，人们非常重视开发改进的藻类蛋白质提取方法，以提高其生物利用率。与其他作物的蛋白质相比，藻类蛋白质及其提取是一个研究相对较少的课题。藻类蛋白质通常通过水、酸性和碱性方法提取，然后使用超滤、沉淀或色谱等技术进行几轮离心和回收。化学提取方法（如两相酸和碱处理）对从泡叶藻（*Ascophyllum nodosum*）、石莼（*Ulva spp.*）和掌状海带（*Laminaria digitata*）中提取蛋白质特别有效（表10.11）。

然而，藻类蛋白质的成功提取在很大程度上受到蛋白质分子可用性的影响，而蛋白质分子可用性可能会受到高黏度和阴离子细胞壁多糖的严重阻碍，如褐藻中的褐藻酸盐和红藻中的卡拉胶。因此，为了提高藻类蛋白质提取的效率，使用了细胞破坏方法和包含选定的化学试剂。常用的提取方法包括机械研磨、渗透冲击、超声波处理和多糖苷酶辅助水解（表10.11）。

表 10.11　从海藻中沉淀蛋白质的常规预处理细胞破坏方法和提取方法

提取类型	提取方法	微藻种类	处理用试剂	蛋白质产量	参考文献
	多糖酶降解	红海藻（*Palmaria palmata*）	纤维素（Cellucast©）和木聚糖酶（Shearzyme©）	较对照组高 3.3 倍	Joubert 和 Fleurence，2008
生物处理（酶辅助水解）	多糖酶降解	皱波角藻（*Chondrus crispus*）龙须菜（*Gracilaria verrucosa*）红海藻（*Palmaria palmata*）	k-卡拉胶酶、β-琼脂糖酶、木聚糖酶、纤维素酶	—	Fleurence 等，1995
	多糖酶降解	红海藻（*Palmaria palmata*）	纤维素酶（Cellucast©）、木聚糖酶（Shearzyme©）和 β-葡聚糖酶（Ultraflo©）	(11.57±0.08) g·100 g^{-1} 干质量（67% 的产量）	Harnedy 和 FitzGerald，2013

续表

提取类型	提取方法	微藻种类	处理用试剂	蛋白质产量	参考文献
	超临界流体	斑叶藻（Porphyra acanthophora var. acanthophora.)	超纯水	8.9 g·100 g^{-1} 干质量	Nakhost, Karel 和 Krokonis, 1988
		普通马尾藻（Sargassum vulgare）		6.9 g·100 g^{-1} 干质量	
		裂片石莼（Ulva fasciata）		7.3 g·100 g^{-1} 干质量	
物理处理	渗透压	红海藻（Palmaria palmata）	—	(6.77±0.22) g·100 g^{-1} 干质量（39%的产量）	Barbarino 和 Lourenço, 2005
	高剪切力		—	(6.92±0.12) g·100 g^{-1} 干质量（40%的产量）	Harnedy 和 FitzGerald, 2013

续表

提取类型	提取方法	微藻种类	处理用试剂	蛋白质产量	参考文献
	酸碱处理	*Ascophylum nodosum*	0.4 mol·L^{-1} HCl 和 0.4 mol·L^{-1} NaOH	59.76%的产量	Kadam 等，2016
	双相系统	*Ulva rigida* *Ulva rotunda*	NaOH 和 2-巯基乙醇	—	Fleurence，1995
	双相系统	*Laminaria digitata*	聚乙二醇（PEG）和碳酸钾	—	Jordan 和 Vilter，1991
化学处理	碱和水	红海藻（*Palmaria palmata*）	NaOH 和 N-乙酰-L-半胱氨酸（NAC）	4.16 g·100 g^{-1}（24%的产量）	Harnedy 和 FitzGerald，2013

藻体收获是一项瓶颈技术，但藻体被收获后如何食用同样是一项瓶颈技术。这个问题很早就受到人们的关注。例如，20 世纪 80 年代，在美国 NASA 的支持下，麻省理工学院与 Phasex 公司合作开展了 CELSS 中藻蛋白提取优化技术的研究。

10.3.1 传统方法

1. 纯水浸泡法

Barbarino 和 Lourenço（2005）报道称，在超纯水中浸泡后，使用 Potter 匀浆器进行物理研磨，显著提高了斑叶藻（*Porphyra acanthophora* var. *acanthophola*)、马尾藻（*Sargasum vulgare*）和裂片石莼（*Ulva fasciata*）的蛋白质提取率（Barbarino 和 Lourenço，2005）。

2. 渗透应激法

渗透应激法也被报道可以提高藻类蛋白质的提取效率（Wong 和 Cheung，2001；Marrion 等，2003）。据报道，与使用 Ultra–turrax$^©$ T25 Basic 工具（IKA$^©$，Staufen，德国）的高剪切力 $[(0.74 \pm 0.02) \ g \cdot 100 \ g^{-1}]$ 相比，采用渗透应激法从掌状红皮藻（*Palmaria palmata*）获得的水溶性蛋白质浓度会显著提高 $[(1.02 \pm 0.07) \ g \cdot 100 \ g^{-1}]$。然而，以上两种方法提取的总蛋白质量没有显著差异（$6.77 \ g \cdot 100 \ g^{-1}$ 与 $6.92 \ g \cdot 100 \ g^{-1}$）。

10.3.2 酶水解

海藻富含几种类型的多糖（polysaccharide），包括纤维素（cellulose）、半乳聚糖（galactan）、木聚糖（xylan）、褐藻糖胶（fucoidan）、海带多糖（laminarin）、海藻酸盐（alginate）、红藻胶（carrageenan）和红藻淀粉（floridean starch）（Holdt 和 Kraan，2011）。这些多糖会降低藻类蛋白质的可用性，从而降低蛋白质的提取效率（Barbarino 和 Lourenço，2005）。因此，为了提高蛋白质产量，可以在蛋白质提取之前将酶（如多糖苷酶）用作细胞破坏处理。几种多糖苷酶（如 k–卡拉胶酶、β–琼脂酶、木聚糖酶、纤维素酶）被用于从红海藻物种爱尔兰海藻（*Chondrus crispus*）、江篱（*Gracilaria verrucosa*）和掌叶龙须菜中提取蛋白质，作为对抗坚韧细胞壁的方法。与无酶水解相比，卡拉胶酶和纤维素酶水解爱尔兰海藻使蛋白质产量提高了 10 倍，而木聚糖酶水解掌状红皮藻（*Palmaria palmata*）的蛋白质产量最高。另外，使用多糖苷酶（polysaccharidases）是一种更有前途的蛋白质提取方法，其浓度为 (11.57 ± 0.08) g·100 g^{-1} 掌状红皮藻，相当于 67% 的产率（Harnedy 和 FitzGerald，2013）。

类似地，与机械提取相比，木聚糖酶和纤维素酶对掌状红皮藻的水解可使藻红蛋白色素蛋白（phycoerythrin pigment protein）增加 10 倍（Joubert 和 Fleurence，2008）。Harnedy 和 Fitzgerald（2013）也用木聚糖酶提高了掌状红皮藻的蛋白质产量，尽管他们报道了所需的高酶：底物浓度（48.0×10^3 单位·100 g^{-1}）在工业规模上可能不可行。多种提取方法的结合也可能有助于提高藻类蛋白质的提取。与单独的碱性提取相比，将酶水解与碱性提取相结合可使掌状红皮藻的蛋白质产量增加 1.63 倍（Maehre，Jensen 和 Eilertsen，2016）。

10.3.3 当前方法

迄今为止，用于藻类的蛋白质提取方法由于担心扩大规模而限制了商业用途。由于蛋白酶从胞质液泡中释放，所以传统的蛋白质机械研磨和酶辅助水解也可能影响提取的藻类蛋白质的完整性（Ganeva，Galutzov 和 Teissié，2003）。此外，这些方法也是费时费力的（Kadam 等，2016）。因此，需要改进细胞破坏和提取的提取方法。用细胞破坏技术进行预处理有助于破坏坚韧的藻类细胞壁，增加蛋白质和其他高价值成分的可用性，以供日后提取蛋白质。新型蛋白质提取方法包括超声辅助提取、脉冲电场和微波辅助提取等。

1. 超声波辅助提取法

超声辅助提取（ultrasound-assisted extraction，UAE）可被应用于多种食品来源，包括修饰植物微量营养素以提高生物利用度、同时提取和封装、猝灭自由基超声波化学（radical sonochemistry）以避免生物活性物质降解，以及通过靶向羟基化提高酚类和类胡萝卜素的生物活性（Vilkhu 等，2008）。自由基超声波化学的降解作用不是由超声波产生的，而是由所谓的声空化（acoustic cavitation）形成的气泡的形成、生长和内爆产生的（Ashokkumar 等，2008）。这是提高藻类蛋白质生物利用度最相关的方面。这些气泡的剧烈内爆产生了极端压力和温度的微观区域,导致了超声波处理的液体及其内含物,促进目标化合物的颗粒分解和降解(Mason, Paniwnyk 和 Lorimer, 1996)。超声辅助提取的主要优势是其加工时间快、非热性能和低溶剂消耗,从而产生更高纯度的最终产品,减少了所需的下游加工(Chemat 和 Khan, 2011)。图 10.11 为微藻蛋白超声波辅助提取技术原理图。

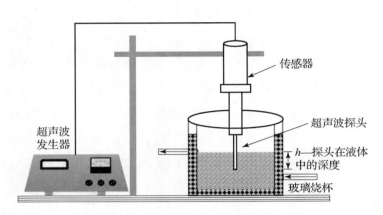

图 10.11　微藻蛋白超声波辅助提取技术原理图

(Bello, Saadaoui 和 Ben – Hamadou, 2021)

据报道,超声预处理可使单独用酸和碱处理的结节叶子囊的蛋白质提取量分别增加 540% 和 27%,并将处理时间从 60 min 缩短到 10 min(Kadam 等,2016)。蛋白质产量的这种显著增加被认为是由于单独的酸水解不足以侵蚀坚韧的细胞壁。超声波辅助提取也在微藻中评估了许多增值成分,尽管相对较少的研究关注超声波改善蛋白质提取(Barba, Grimi 和 Vorobiev; 2015; Parniakov 等,2015)。Keris – Sen 及其同事(2014)报道称,功率强度为 $0.4 \text{ kWh} \cdot \text{L}^{-1}$ 的超声波从绿藻纲绿球藻目的废水处理微藻(如栅藻(*Scenedesmus sp.*))中产生了最佳浓度的蛋白质(Keris – Sen 等,2014)。

与电穿孔和未经处理的喷雾干燥的小球藻相比,超声波处理显著提高了大鼠对粗蛋白质的消化率(分别为(56.7 ± 13.7)%、(44.3 ± 7.5)% 和(46.9 ± 12.7)%),并显著改善了蛋白质效率比和氮平衡(Janczyk, Wolf 和 Souffrant, 2005)。此外,长期食用超声波处理的微藻不会对主要器官的组织产生不利影响,因此它被认为是食品行业可行的预处理方法(Janczyk, Halle 和 Souffrant,

2009)。交替的两个逆流频率也被认为是进一步改进蛋白质提取的可行方法。与单频超声辅助提取相比,使用 15 kHz 和 20 kHz 交替逆流频率使条斑紫菜(*Porphyra yezoensis*)中的蛋白质产量增加了 50%,提取时间减少了 18%(Qu 等,2013)。

2. 脉冲电场法

脉冲电场(pulsed electric field,PEF)已被用作微藻的细胞破坏技术,尽管迄今为止其主要用途是提取脂质以转化为生物燃料(Vanthoor – Koopmans 等,2013)。PEF 涉及施加高电流以穿透细胞壁或细胞膜,导致可逆或不可逆的电穿孔(Vanthoor – Koopmans 等,2013)。电穿孔能够将各种外来成分引入细胞,包括 DNA、蛋白质和药物(Fox 等,2006)。PEF 是一种通过不可逆电穿孔灭活微生物并帮助植物细胞内物质释放的快速绿色技术(Grahl 和 Märkl,1996;Corrales 等,2008)。然而,导电性和电极间隙可能是限制该技术扩大规模的因素。

Goettel 及其同事(2013)是最早报道使用 PEF 从藻类中提取多种细胞内成分方法的人之一(Goettel 等,2013)。从那时起,PEF 已被证明可以提高几种高价值微藻成分的产量,包括脂质、碳水化合物、类胡萝卜素和叶绿素(Zbinden 等,2013;Lai 等,2014;Postma 等,2016;Luengo 等,2015;Parniakov 等,2015)。据报道,在 15 kV·cm^{-1} 和 100 kJ·kg^{-1} 的 PEF 处理后,小球藻和螺旋藻的蛋白质产量分别增加了 27% 和 13%(Töpfl,2006)。Coustets 及其同事(2013)还报道称,在 PEF 辅助提取后,小球藻和 *Nannochloropsis salina* 的蛋白质提取显著增加,从而可以提取完整的胞质蛋白质(Coustets 等,2013)。

3. 其他方法

1)微波辅助提取法

微波辅助提取(microwave – assisted extraction,MAE)涉及加热材料,导致水分蒸发,从而在高压下产生气泡,然后破裂破坏细胞内容物。与超声波相比,使用微波预处理从含有绿色微藻(*Stigeoclonium sp.* 和 *Monophidium sp.*)和硅藻(*Nitzschia sp.* 和 *Navicula sp.*)的微藻生物量中提取了更高水平的可溶性蛋白质。尽管 MAE 在藻类中的应用可能受到干燥样品功能受损的限制,但由于其低能量效率,因此 MAE 在提取化合物方面引起了人们的关注。

2）亚临界和超临界流体提取法

近几十年来，亚临界和超临界流体提取技术作为提取方法越来越受欢迎。亚临界水萃取（subcritical water extraction，SWE）包括使用热水（100~374 ℃）在高压（约 10^4 Pa）下保持水处于液态。或者，超临界流体提取（supercritical fluid extraction，SFE）是一种将流体加热到临界点以上，使其处于超临界的技术。在超临界条件下，流体的性质与气态难以区分，其密度与流体相似，但黏度与气体相匹配。SFE通常利用二氧化碳（CO_2），使其成为一种相对"绿色"的低溶剂消耗技术。

超临界流体（supercritical fluid）作为萃取溶剂受到越来越多的关注。由于它们的压力依赖于溶解性质，通常显示出多组分溶质的分馏能力。超临界二氧化碳（super-critical CO_2，SC-CO_2）被许多人认为是提取和分离过程的理想流体。据报道，它的行为非常像具有非常低极化率的碳氢化合物溶剂。因此，在使用SC-CO_2进行脂质或脂质可溶物提取的同时，给出相当的产量可带来几种优点（Nakhost，Karel 和 Krokonis，1988）（图10.12）。然而，SWE 和 SFE 都需要高昂的设备投资成本，因此迄今为止通常仅用于藻类中提取脂质。图 10.12 为微藻蛋白超临界流体提取技术原理图。

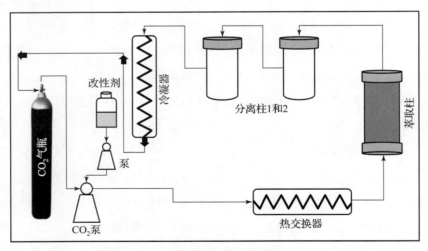

图 10.12　微藻蛋白超临界流体提取技术原理图
（Bello，Saadaoui 和 Ben-Hamadou，2021）

3）加压流体萃取法

加压流体萃取（PLE）技术是一种新型的化学样品前处理方法，其主要优点在于可以提高样品处理的速度和效率，减少了处理所需的萃取时间，解决了传统方法中萃取效率较低的问题。此外，加压流体萃取法可以将操作温度和萃取时间纳入一个较小的范围内，同时减少了对待测物品的影响。然而，加压流体萃取法的缺点也比较明显，即操作条件相对苛刻，且可能造成化学废物的产生。

4）富集膜过滤方法

膜技术广泛应用于乳制品行业，即从奶酪制造过程中释放的牛奶中回收乳清蛋白。膜技术是指使用半透膜，通常基于分子量选择性地允许一些化合物通过，同时阻碍其他化合物通过，将液体分离成两个不同的部分。膜技术是富集藻类蛋白质以及开发新的技术功能和生物活性成分的有前途的替代方法。它们具有非热和环境友好的优点。最常用的膜技术包括微滤（MF）、超滤（UF）、纳滤（NF）和反渗透（RO）。

当与细胞破坏技术（如多糖酶水解、UAE 或 PEF）结合使用时，膜技术可以作为富集藻类蛋白质的替代方法。破坏坚韧的细胞壁是增加藻类蛋白质提取可用性所需的关键步骤。膜技术非常适合作为级联生物精炼过程的一部分与海藻一起使用，以最大限度地提高藻类中所有成分的价值，同时避免最终产品中重金属的存在。膜技术的组合可以用于分离藻类蛋白质，使用与乳制品行业中使用的分子量截止原理相同的原理。在乳制品行业，MF 用于通过去除微生物来延长牛奶的保质期，而无须任何热处理，同时保持整体口感和感官属性。MF 可用于去除藻类细胞壁成分和分子量大于 200 kDa 的细菌。UF 可用于分离 1~200 kDa 的蛋白质和其他大分子，类似于其在乳制品工业中用于产生小于 10 kDa、5 kDa、3 kDa 和 1 kDa 的富集级分的方式。然后，可以使用 NF 去除单价盐以最大限度地降低渗透压，再使用反渗透（RO）来减少流体体积。

事实上，膜技术已经被用于分离整个微藻细胞和几种海藻成分。据报道，切向流微滤是一种从废水处理中回收 70%~89% 藻类生物量的有效方法。UF 先前与超临界 CO_2 萃取和超声结合用于分离苍白马尾藻多糖。利用热水提取，然后经过几个阶段的超滤，孔径越来越小，从筋膜藻中分离出具有抗氧化活性的多糖。此外，UF 用于在细胞匀浆后从灰葡萄中分离藻红蛋白。据报道，其在没有变性的情况下保留了100%的蛋白质。或者,两阶段超滤可用于藻类蛋白质富集,如在高压均化后使用不同尺寸的孔膜分离扁藻S(*Tetraselmis suecica*)中的多糖组分。

结 束 语

微藻一般由于个体小而收集起来较为困难,因此微藻的收集技术备受人们的关注。目前,已经发展了几种技术,包括自然沉降、物理处理和化学处理3种方法。自然沉降成本最低,但一般较慢,而且不适用于地外微重力或低重力环境下使用。物理和化学方法又各包括几种类型,但各有利弊,有的效果很好(如离心法),但能耗一般很高,不太适合在资源珍贵的外太空环境中使用。未来的发展方向应该将以上技术结合起来,并进一步优化。

微藻大都含有很高的蛋白质,但它们中大多数,如小球藻一般都带壁,给直接消化吸收带来很大困难。因此,一般都需要进行破壁及蛋白质提取。目前,关于微藻的蛋白质提取技术也有很多种,包括传统的和新型的,但也都各有利弊,因此还需要进一步深入探索。

参 考 文 献

ABDELAZIZ A E, LEITE G B, HALLENBECK P C. Addressing the challenges for sustainable production of algal biofuels: II. Harvesting and conversion to biofuels [J]. Environmental Technology, 2013, 34 (13-14): 1807-1836.

ANDRIAMANOHIARISOAMANANA F J, SAIKAWA A, KAN T, et al. Semi-continuous anaerobic co-digestion of dairy manure, meat and bone meal and crude glycerol: process performance and digestate valorization [J]. Renewable Energy, 2018, 128: 1-8.

ASHOKKUMAR M, SUNARTIO D, KENTISH S, et al. Modification of food ingredients by ultrasound to improve functionality: A preliminary study on a model system [J]. Innov. Food Sci. Emerg. Technol., 2008, 9: 155-160.

BARBA F J, GRIMI N, VOROBIEV E. New approaches for the use of non – conventional cell disruption technologies to extract potential food additives and nutraceuticals from microalgae [J]. Food Eng. Rev. , 2015, 7: 45 – 62.

BECKER, E. Micro – algae as a source of protein [J]. Biotechnol. Adv. 2007, 25: 207 – 210.

BARBARINO E, LOURENÇO S O. An evaluation of methods for extraction and quantification of protein from marine macro – and microalgae [J]. Journal of Applied Phycology, 2005, 17: 447 – 460.

BARROS A I, GONÇALVES A L, SIMÕES M, et al. Harvesting techniques applied to microalgae: A review [J]. Renewable and Sustainable Energy Reviews, 2015, 41: 1489 – 1500.

BELLO A S, SAADAOUI I, Ben – Hamadou R. "Beyond the source of bioenergy": Microalgae in modern agriculture as a biostimulant, biofertilizer, and anti – abiotic stress [J/OL]. Agronomy, 2021, 11: 1610. https://doi. org/10. 3390/agronomy-11081610.

BUCKWALTER P, EMBAYE T, GORMLY S, et al. Dewatering microalgae by forward osmosis [J]. Desalination, 2013, 312: 19 – 22.

CHEMAT F, KHAN M K. Applications of ultrasound in food technology: Processing, preservation and extraction [J]. Ultrason. Sonochem. , 2011, 18: 813 – 835.

CHOI H J. Effect of eggshells for the harvesting of microalgae species [J]. Biotechnology & Biotechnological Equipment, 2015, 29 (4): 666 – 672.

CHOY S Y, PRASAD K M N, WU T Y, et al. A review on common vegetables and legumes as promising plant – based natural coagulants in water clarification [J]. International Journal of Environmental Science and Technology, 2015, 12: 367 – 390.

CORRALES M, TOEPFL S, BUTZ P, et al. Extraction of anthocyanins from grape by – products assisted by ultrasonics, high hydrostatic pressure or pulsed electric fields: A comparison [J]. Innovative Food Science & Emerging Technologies, 2008, 9: 85 – 91.

DASSEY A J, THEEGALA C S. Harvesting economics and strategies using centrifugation for cost effective separation of microalgae cells for biodiesel applications [J]. Bioresource Technology, 2013, 128: 241-245.

COUSTETS M, AL-KARABLIEH N, THOMSEN C, et al. Flow process for electroextraction of total proteins from microalgae [J]. Journal of Membrane Biology, 2013, 246: 751-760.

DREXLER I L C, YEH D H. Membrane applications for microalgae cultivation and harvesting: A review [J]. Reviews in Environmental Science and Biotechnology, 2014, 13: 487-504.

ENAMALA M K, ENAMALA S, CHAVALI M, et al. Production of biofuels from microalgae - a review on cultivation, harvesting, lipid extraction, and numerous applications of microalgae [J]. Renewable and Sustainable Energy Reviews, 2018, 94: 49-68.

FAROOQ W, MOON M, RYU B-GON, et al. Effect of harvesting methods on the reusability of water for cultivation of *Chlorella vulgaris*, its lipid productivity and biodiesel quality [J]. Algal Research, 2015, 8: 1-7.

FLEURENCE J, MASSIANI L, GUYADER O, et al. Use of enzymatic cell wall degradation for improvement of protein extraction from *Chondrus crispus*, *Gracilaria verrucosa* and *Palmaria palmata* [J]. Journal of Applied Phycology, 1995, 7: 393-397.

FLEURENCE J, LE COEUR C, MABEAU S, et al. Comparison of different extractive procedures for proteins from the edible seaweeds *Ulva rigida* and *Ulva rotundata* [J]. Journal of Applied Phycology, 1995, 7: 577-582.

FOX M, ESVELD D, VALERO A, et al. Electroporation of cells in microfluidic devices: A review [J]. Analytical and Bioanalytical Chemistry, 2006, 385: 474-485.

GANEVA V, GALUTZOV B, TEISSIÉ J. High yield electroextraction of proteins from yeast by a flow process [J]. Analytic Biochemistry, 2003, 315: 77-84.

GOETTEL M, EING C, GUSBETH C, et al. Pulsed electric field assisted extraction of intracellular valuables from microalgae [J]. Algal Research, 2013, 2: 401-408.

GRAHL T, MÄRKL H. Killing of microorganisms by pulsed electric fields [J]. Appl. Microbiol. Biotechnol., 1996, 45: 148-157.

GULAB S, PATIDAR S K. Microalgae harvesting techniques: A review [J]. Journal of Environmental Management, 2018, 217: 499-508.

GUO S L, ZHAO X Q, WAN C, et al. Characterization of flocculating agent from the self-flocculating microalga *Scenedesmus obliquus* AS-6-1 for efficient biomass harvest [J]. Bioresource Technology, 2013, 145: 285-289.

HARNEDY P A, FITZGERALD R J. Extraction of protein from the macroalga *Palmaria palmata* [J]. Lwt-food Science And Technology, 2013, 51: 375-382.

HOLDT S L, KRAAN S. Bioactive compounds in seaweed: Functional food applications and legislation [J]. Journal of Applied Phycology, 2011, 23: 543-597.

HUO S, WANG Z, ZHU S, et al. Optimization of alkaline flocculation for harvesting of *Scenedesmus quadricauda* #507 and *Chaetoceros muelleri* #862 [J/OL]. Energies, 2014, 7: 6186-6195. DOI: 10.3390/en7096186.

JANCZYK P, WOLF C, SOUFFRANT W B. Evaluation of nutritional value and safety of the green microalgae *Chlorella vulgaris* treated with novel processing methods [J]. Archiva Zootechnica, 2005, 8: 132-147.

JANCZYK P, HALLE B, SOUFFRANT W. Microbial community composition of the crop and ceca contents of laying hens fed diets supplemented with *Chlorella vulgaris* [J]. Poult. Sci. 2009, 88: 2324-2332.

JORDAN P, VILTER H. Extraction of proteins from material rich in anionic mucilages: Partition and fractionation of vanadate-dependent bromoperoxidases from the brown algae *Laminaria digitata* and *L. saccharina* in aqueous polymer two-phase systems [J]. Biochim. Biophys. Acta (BBA) Gen. Subj., 1991, 1073: 98-106.

JOUBERT Y, FLEURENCE J. Simultaneous extraction of proteins and DNA by an enzymatic treatment of the cell wall of *Palmaria palmata* (*Rhodophyta*) [J]. Journal of Applied Phycology, 2008, 20: 55 –61.

KADAM S U, ÁLVAREZ C, TIWARI B K, et al. Extraction and characterization of protein from irish brown seaweed *Ascophyllum nodosum* [J]. Food Res. Int., 2016, 99 (3): 1021 –1027.

KADAM S U, TIWARI B K, O'DONNELL C P. Application of novel extraction technologies for bioactives from marine algae [J]. Journal of Agricultural and Food Chemistry, 2013, 61: 4667 –4675.

KERIS – SEN U D, SEN U, SOYDEMIR G, et al. An investigation of ultrasound effect on microalgal cell integrity and lipid extraction effificiency [J]. Bioresource Technology, 2014, 152: 407 –413.

KIM J, YOO G, LEE H, et al. Methods of downstream pro cessing for the production of biodiesel from microalgae [J]. Biotechnol. Adv., 2013, 31: 862 –876.

KOTASTHANE T. Potential of microalgae for sustainable biofuel production [J]. Journal of Marine Science: Research & Development, 2017, 7 (2): 1000223.

LAI Y S, PARAMESWARAN P, LI A, et al. Effects of pulsed electric field treatment on enhancing lipid recovery from the microalga, *Scenedesmus* [J]. Bioresource of Technology, 2014, 173: 457 –461.

LIU J, ZHU Y, TAO Y, et al. Freshwater microalgae harvested via flocculation induced by pH decrease [J]. Biotechnology for Biofuels, 2013, 6: 98.

LUENGO E, MARTÍNEZ J M, COUSTETS M, et al. A comparative study on the effects of millisecond – and microsecond – pulsed electric fifield treatments on the permeabilization and extraction of pigments from *Chlorella vulgaris* [J]. Journal of Membrane Biology, 2015, 248: 883 –891.

MAEHRE H K, JENSEN I – J, EILERTSEN K – E. Enzymatic pre – treatment increases the protein bioaccessibility and extractability in *Dulse* (*Palmaria palmata*) [J]. Marine Drugs, 2016, 14: 196.

MALLICK N, BAGCHI S K, KOLEY S, et al. Progress and challenges in microalgal biodiesel production [J]. Frontier in Microbiology, 2016, 7: 1-11.

MARRION O, SCHWERTZ A, FLEURENCE J, et al. Improvement of the digestibility of the proteins of the red alga *Palmaria palmata* by physical processes and fermentation [J]. Molecular Nutrition & Food Research, 2003, 47: 339-344.

MARTIN J, DANNENBERG A, DETRELL, et al. Development of a harvesting-unit for an automated photobioreactor system [C]. 50th International Conference on Environmental Systems, 12-15 July 2021. ICES-2021-105, 2021.

MARTÍNEZ T D C C, RODRÍGUEZ R A, VOLTOLINA D, et al. Effectiveness of coagulants-flocculants for removing cells and toxins of *Gymnodinium catenatum* [J]. Aquaculture, 2016, 452: 188-193.

MASON T, PANIWNYK L, LORIMER J. The uses of ultrasound in food technology [J]. Ultrasonics Sonochemistry, 1996, 3: S253-S260.

MATHIMANI T, MALLICK N. A comprehensive review on harvesting of microalgae for biodiesel-key challenges and future directions [J]. Renewable and Sustainable Energy Reviews, 2018, 91: 1103-1120.

MATTER I A, BUI VUKH, JUNG M, et al. Flocculation harvesting techniques for microalgae: A review [J/OL]. Applied Science, 2019, 9: 3069. DOI: 10.3390/app9153069.

MOLINA GRIMA E, BELARBI E H, ACIEN FERNANDEZ F G, et al. Recovery of microalgal biomass and metabolites: Process options and economics [J]. Biotechnology Advances, 2003, 20: 491-515.

NAKHOST Z, KAREL M, KRUKONIS V J. Non-conventional approaches to food processing in CELSS. I—Algal proteins: Characterization and process optimization [R]. N88-12256, NASA, USA, 1988.

NURRA C, FRANCO E A, MASPOCH M L, et al. Cheaper membrane materials for microalgae dewatering [J]. Journal of Materials Science, 2014, 49: 7031-7039.

PARNIAKOV O, BARBA FJ, GRIMI N, et al. Pulsed electric field assisted extraction of nutritionally valuable compounds from microalgae *Nannochloropsis* Spp. Using the binary mixture of organic solvents and water [J]. Innovative Food Science & Emerging Technologies, 2015, 27: 79 – 85.

PARNIAKOV O, APICELLA E, KOUBAA M, et al. Ultrasound – assisted green solvent extraction of high – added value compounds from microalgae *Nannochloropsis spp.* [J]. Bioresource Technology, 2015, 198: 262 – 267.

PODSTAWCZYK D, WITEK – KROWIAK A, CHOJNACKA K, et al. Biosorption of malachite green by eggshells: Mechanism identification and process optimization [J]. Bioresource Technology, 2014, 160: 161 – 165.

POSTMA P, PATARO G, CAPITOLI M, et al. Selective extraction of intracellular components from the microalga Chlorella vulgaris by combined pulsed electric fifield – temperature treatment [J]. Bioresource Technology, 2016, 203: 80 – 88.

QU W, MA H, WANG T, et al. Alternating two – frequency countercurrent ultrasonic – assisted extraction of protein and polysaccharide from Porphyra yezoensis [J]. Trans. Chin. Soc. Agric. Eng., 2013, 29: 285 – 292.

RAEISOSSADATI M, MOHEIMANI N R, BAHRI P A. Evaluation of electrocoagulation, flocculation, and sedimentation harvesting methods on microalgae consortium grown in anaerobically digested abattoir effluent [J/OL]. Journal of Applied Phycology. https://doi.org/10.1007/s10811 – 021 – 02403 – 5 (Published online: 16 February 2021).

RAIKOVA S, LE C D, BEACHAM T A, et al. Towards a marine biorefinery through the hydrothermal liquefaction of macroalgae native to the United Kingdom [J]. Biomass Bioenergy, 2017, 107: 244 – 53.

RAKESH S, SAXENA S, DHAR D W, et al. Comparative evaluation of inorganic and organic amendments for their flocculation efficiency of selected microalgae [J]. Journal of Applied Phycology, 2014, 26: 399 – 406.

SALEHIZADEH H, YAN N. Recent advances in extracellular biopolymer flflocculants [J]. Biotechnology Advances, 2014, 32: 1506 – 1522.

SHUBA E S, KIFLE D. Microaglae to biofuels: "Promising" alternative and renewable energy, review [J]. Renewable and Sustainable Energy Reviews, 2018, 81 (Part 1): 743-755.

SINGH G, PATIDAR S K. Microalgae harvesting techniques: A review [J]. Journal of Environmental Management, 2018, 217: 499-508.

SUOPAJÄRVI T. Functionalized nanocelluloses in wastewater treatment applications [D]. Acta Universitatis Ouluensis C Technica, 2015: 1-80.

SUPARMANIAM U, LAM M K, UEMURA Y, et al. Insights into the microalgae cultivation technology and harvesting process for biofuel production: A review [J]. Renewable and Sustainable Energy Reviews, 2019, 115: 109361.

TAN X B, LAM M K, UEMURA Y, et al. Cultivation of microalgae for biodiesel production: A review on upstream and downstream processing [J]. Chinese Journal of Chemical Engineering, 2018, 26: 17-30.

TÖPFL S. Pulsed Electric fields (Pef) for permeabilization of cell membranes in food- and bioprocessing-applications, process and equipment design and cost analysis [D]. Berlin: Berlin University of Technology, 2006.

TRAN N A T, SEYMOUR J R, SIBONI N, et al. Photosynthetic carbon uptake induces autoflocculation of the marine microalga *Nannochloropsis oculata* [J]. Algal Research, 2017, 26: 302-311.

UMMALYMA S B, MATHEW A K, PANDEY A, et al. Harvesting of microalgal biomass: Efficient method for flocculation through pH modulation [J]. Bioresource Technology, 2016, 213: 216-221.

VANDAMME D, FOUBERT I, FRAEYE I, et al. Flocculation of *Chlorella vulgaris* induced by high pH: Role of magnesium and calcium and practical implications [J]. Bioresource Technology, 2012, 105: 114-119.

VANDAMME D, FOUBERT I, MUYLAERT K. Flocculation as a low-cost method for harvesting microalgae for bulk biomass production [J]. Trends in Biotechnology, 2013, 31: 233-239.

VANTHOOR-KOOPMANS M, WIJFFELS R H, BARBOSA M J, et al. Biorefinery of microalgae for food and fuel [J]. Bioresource Technology, 2013, 135: 142 - 149.

VILKHU K, MAWSON R, SIMONS L, et al. Applications and opportunities for ultrasound assisted extraction in the food industry—A review [J]. Innovative Food Science & Emerging Technologies, 2008, 9: 161 - 169.

WANG X, RUAN Z, SHERIDAN P, et al. Two - stage photoautotrophic cultivation to improve carbohydrate production in *Chlamydomonas reinhardtii* [J]. Biomass & Bioenergy, 2015, 74: 280 - 287.

WONG K, CHEUNG P C. Nutritional evaluation of some subtropical red and green seaweeds part II. In vitro protein digestibility and amino acid profiles of protein concentrates [J]. Food Chemistry, 2001, 72: 11 - 17.

WONG K, CHEUNG P C. Influence of drying treatment on three *Sargassum* species [J]. Journal of Applied Phycology, 2001, 13: 43 - 50.

YOO C, LA H J, KIM S C, et al. Simple processes for optimized growth and harvest of *Ettlia sp.* by pH control using CO_2 and light irradiation [J]. Biotechnol. Bioeng., 2015, 112: 288 - 296.

ZBINDEN M D A, STURM B S, NORD R D, et al. Pulsed electric field (PEF) as an intensification pretreatment for greener solvent lipid extraction from microalgae [J]. Biotechnology and Bioengineering, 2013, 110: 1605 - 1615.

第 11 章
微藻废水处理技术

11.1 前言

在地面上，随着社会人口增加和工业化进程的加快，产生的废水越来越多。污水源主要包括工业污水、农业污水、生活污水和养殖污水等，其中往往富含氮、磷、有机物甚至重金属等，如不及时对其处理而直接排放，则会造成很严重的水体污染和生态环境破坏。目前，废水的传统处理技术主要包括自然处理法、物理化学处理法、生化处理法以及物化与生化相结合处理法，但是这些传统的处理工艺往往处理效率偏低而建设和运行成本偏高，因此造成各种废水处理设施普及率偏低。

早在 20 世纪 40 年代，美国、日本、德国以及以色列等国家就率先开展了微藻的规模化培养研究。近年来，微藻的异养技术，尤其是高细胞浓度培养技术的研究表明，微藻既能光能自养（phototrophic），也能异养培养（heterotrophic）或混养培养（mixotrophic）(史贤明和陈峰，1999；Das 等，2011；Khoo 等，2023)。微藻处理废水方法与传统的物理化学方法相比具有很大优势，其不仅可以避免二次污染，而且还可以生产食物和氧气等很多有用物质并可以吸收二氧化碳，从而获得微藻培养与废水处理的双重效果（胡月薇等，2003；Molazadeh 等，2019)。已有研究表明，微藻不仅对高浓度的氮和磷具有很好的去除效果（Wang 和 Zhou，2014），而且还可以通过异养代谢作用来降低废水中的化学需氧量（COD）和生物需氧量（BOD）等物质（Valderrama 等，2002），并且对部分有毒物质，如有机氯农药（Chan 等，2006；石瑛和杜青平，2009）及重金属也具有较强的富集作用（Ogbonna，Yoshizawa 和 Tanaka，2000；吴海锁等，2004；田丹等，2011；Arora 等，2021）。

微藻培养为废水处理提供了一种经济可行和生态友好的方法，因为它们能够提供三级生物处理，同时能够生产有价值的生物量而被用于多个目的（Alexandre 等，2018；Gudiukiaite 等，2021）。由于微藻能够利用无机氮和磷进行生长，因此微藻培养为三级和四级处理提供了一种良好的解决方案。同时，它们还可以清除重金属和一些有毒有机化合物，因此也有助于防止二次污染（Raouf 等，2012；Arora 等，2021；Dhanker 等，2021）。

在很早以前，美国 NASA 约翰逊航天中心就计划在当时的"自由"号空间站 ECLSS 中应用生物废水处理方法（Campbell 等，2003）。在太空基地 CELSS 中，利用藻类生物系统的一大优点是，藻类可以通过快速生产藻类生物量来有效地去除二氧化碳。另外，将废水处理与二氧化碳生物固定装置相结合，可为在空间应用中协助实现废物流回路闭合提供很大好处（Monje，2018；Molazadeh 等，2019；Pickett 等，2020b；Revellame 等，2021）。

11.2 微藻废水处理技术的基本发展历史、工作原理及在太空站上拟发挥的作用

11.2.1 基本发展历史

微藻包括原核蓝藻和真核自养原生藻类，个体都很小，需要借助显微镜才能看见（Larsdotter，2006）。微藻是任何水生生态系统的初级生产者，是次级生产者的主要食物（Dhanker 等，2012，2013）。利用藻类培养物进行商业化废水处理已有八十多年的历史。如今，很多国家和地区的生物学家对这一领域均产生了浓厚兴趣，因为大家对大规模藻类培养系统的生物学、生态学和工程学等都比较了解（Raouf 等，2012；Mathew 等，2022）。另外，许多因素，如对食品安全和环境恶化等的担忧，也极大地促进了微藻水处理系统的发展（Paddock，2019）。

11.2.2 基本工作原理

1. 总体概况

微藻通过直接吸收污染物或将其转化为无害产品来净化水（Dhanker 等，2021）。据报道，藻类通过光合作用提供氧气来促进细菌降解有机物，这样就会降低与充气/搅拌过程相关的成本和能源支出（Wollmann 等，2019）。微藻能够吸收氮、磷和碳等营养物质以增加其生物量。被同化的氮以氨、硝酸盐和亚硝酸盐的形式存在；同时，由于二氧化碳是一种光合基质，因此在水中对它进行去除也是可能的。此外，微藻具有去除水中重金属的潜力（Ahmed 等，2022），并可被用于生产生物燃料的原料，因为其单位面积产量远高于陆地油料作物（Wang 等，2010；Gudiukaite 等，2021）。图 11.1 为一种微藻废水处理系统物质输入及产出原理图。

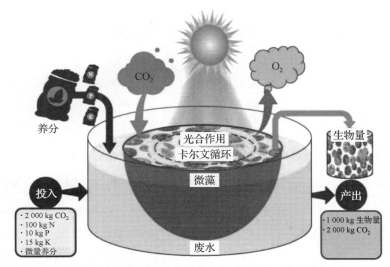

图 11.1　一种微藻废水处理系统物质输入及产出原理图（Hoang 等，2022）

2. 碳代谢

微藻采用的 CO_2 固定模式被称为含氧光合作用。在水和光的存在下，它将其转化为还原碳化合物（如糖）（Benedetti 等，2018）。这一过程由 4 种膜蛋白复合物介导，它们在自然界中是多亚基的，即光系统Ⅰ、光系统Ⅱ、细胞色素 b_6f 和 F–ATP 酶。这些复合物存在于叶绿体的类囊体膜和蓝藻的等效结构上，并进行水的光依赖性氧化（生成氧气）、NADPH（尼古丁腺嘌呤二核苷酸磷酸）的还原和 ATP（三磷酸腺苷）的合成。这两个光系统分别氧化水和还原 NADPH，细胞色素在两个光系统之间进行电子转移，同时产生用于 ATP 合成的质子原动力（proton motive force，PMF），这反过来又需要 F–ATP 酶来发挥作用。

在黑暗中，叶绿体的基质充当卡尔文循环的位点，卡尔文循环从环境中吸收 CO_2（碳源），从光反应中吸收 ATP（能量源）和 NADPH（还原剂），以产生碳水化合物（Nelson 和 Shem，2004）。光合有效辐射（PAR）的范围为 400～700 nm，并且需要 550 nm 的 8 个这样的 PAR 光子的光，以用于 CO_2 固定或将两个水分子分裂成一个双原子氧分子。实际上，这变成了 10 个光子，因为光合作用的效率并非是 100%（Su，2021）。有人对不同微藻的相对 CO_2 固定浓度进行了评估，发现水生集胞藻（*Synechocystis aquatilis*）（1 500 mg·L^{-1}·d^{-1}）、布朗葡萄藻（*Botryococcus braunii*）（1 100 mg·L^{-1}·d^{-1}）、小球藻（865 mg·L^{-1}·d^{-1}）和聚球藻属（*Synechococcus spp.*）中的相对 CO_2 固定浓度最高。通常，固定较高 CO_2 浓度的藻种也会产生较多的生物量（Singh SP 和 Singh P，2014）。

3. 氮代谢

氮是一种重要成分，以遗传物质、酶、蛋白质、维生素、激素、生物碱、能量传递分子和酰胺等构建块的形式存在，占细胞干细胞的 1%～10%（小球藻为 6%～10%）（Jia 和 Yuan，2016）。铵离子（NH_4^+）被优先作为绿藻中的氮源，因为在其存在下对其他源的同化被部分或完全抑制。它在谷氨酰胺合成酶（GS）–谷氨酸合成酶循环（glutamate synthase cycle）的帮助下得到同化。谷氨酸合酶也被称为谷氨酰胺氧化戊二酸氨基转移酶（glutamine oxoglutarate aminotransferase）或 GOGAT。在某些条件下，部分绿藻利用 NADP 谷氨酸脱氢酶（GDH）途径进行同化。像 *Tetraselmis striata* 这样的藻类具有高水平的 GS 和 GOGAT，表明其在氮同化中的主导作用，而 GDH 的水平较低（Hellebust 和 Ahmad，1989）。研究表明，在浓度高于 100 mg·L^{-1} 的情况下铵对微藻有毒，因为它会转化为抑制微藻光合作用的氨（Su，2021）。对藻类生长很重要的其他氮源是硝酸盐和亚硝酸盐，通常以浓度较高的形式存在于天然水中。它们的同化取决于细胞的硝酸盐和亚硝酸盐运输系统的活性和容量，然后是细胞硝酸盐和亚硝酸还原酶的数量和活性。氨能够被硝酸盐和亚硝酸盐还原酶的基因所抑制。对于基于还原氮源生长的绿藻来说，硝酸盐的存在和还原氮的缺乏对硝酸盐还原酶的诱导至关重要。最终来源是氨基酸或尿素中的有机氮。这种来源因物种而异，因为它取决于运输能力和降解酶的差异。例如，杆裂丝藻（*Stichococcus bacillaris*）具有多种酸性、碱性和中性氨基酸的主动转运系统，而团藻目（*Volvocales*）中的一些种类具有精氨酸的主动转运系统，但不能转运其他氨基酸（Hellebust 和 Ahmad，1989）。

4. 重金属吸收

对于从水中去除重金属，微藻采用以下 3 种机制，即需要活细胞的细胞外沉淀、可以由活细胞或死细胞进行的细胞表面吸附/络合，以及需要微藻代谢过程的细胞内积累。像莱茵衣藻这样的微藻有助于有效地去除镉，并且披针平面藻（*Planothidium lanceolatum*）的活细胞以 275.51 mg·g^{-1} 的浓度吸收大量的 Cd^{2+}。水棉属（*Spirogyra spp.*）和颤藻（*Oscillania angustissima*）被证明是很有前途的除钴剂。小球藻和螺旋藻易于去除六价铬（Cr^{6+}），且螺旋藻的铬吸收率可达到 333 mg·g^{-1}。另外，已经证明，螺旋藻能以 389 mg·g^{-1} 的吸收率去除铜，同时以 1 378 mg·g^{-1} 的吸收率去除镍和锌。所有这些修复活动都发生在不同的 pH 值范围内（Kumar 等，2015）。

5. 磷代谢

微藻利用磷来产生核酸 DNA（脱氧核糖核酸）和 RNA（核糖核酸），以及用于能量储存的 ATP 和膜磷脂。最优先的吸收形式是 PO_4^{3-}、HPO_4^{2-}、$H_2PO_4^{-}$，其中电荷较低的具有更大的生物利用度（bioavailability），但多磷酸盐也可被微藻利用。亚磷酸盐（PO_3^{3-}）的利用仅在蓝藻中得到证实。无机磷酸盐通过 Pi 转运蛋白进入细胞内部，而膜表面的磷酸酶水解含磷酸盐的有机化合物并输入所释放的磷酸盐。细胞中所被同化的磷酸盐，通过将 ATP 水解为 ADP（二磷酸腺苷），并通过多磷酸激酶而产生酸溶性多磷酸（ASP）或酸不溶性多磷酸盐（AISP）。高光强度能够促进 ASP 的形成及其向蛋白质和 DNA 的转化。内化后的细胞外磷化合物被转化为用于合成磷脂和 RNA 的细胞磷酸盐，尽管磷酸盐向 RNA 的转移受到光的抑制。当在环境中发现过量的磷时，或者如果将细胞从磷缺乏的环境转移到磷丰富的环境，那么它吸收的磷就会超过其生存所需要的磷。这种被同化的过量磷酸盐大部分转化为 AISP，并储存在液泡中，以应对未来缺磷，并通过转移到藻体中其他含磷的化合物以提高细胞活力（Su，2021）。小球藻通常被用于三级处理废水中去除 N 和 P 的化合物和重金属。例如，小空星藻（*Coelastrum microporum*）能够分别去除总氮和总磷含量的 88% 和 89%。

11.2.3 在太空站上拟发挥的作用

美国 NASA 肯尼迪航天中心就微藻在太空站废水处理中所能发挥的作用进行了详细的可行性规划，主要是将藻类与植物和其他物化再生单元进行集成，以实现对包括废水在内的废物再生利用，具体情况如图 11.2 所示。

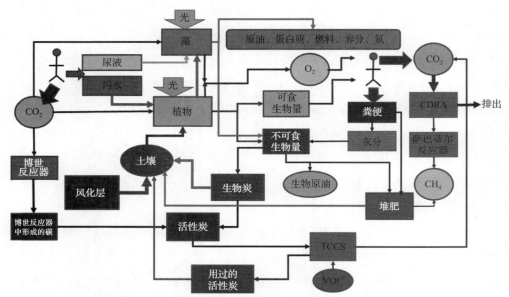

图 11.2　混合生物再生生命支持系统体系结构（Monje，2018）

CDRA—二氧化碳去除组件；TCCS—微量污染物控制系统；VOC—挥发性有机物

11.3　废水处理优良藻种筛选

根据光合色素种类、个体形态、细胞结构、生殖方式以及生活史等特征，藻类可被分为 10 个门，其中常被应用于废水处理中的微藻主要有绿藻门的栅藻（*Scenedesmus*）、小球藻、盐藻、葡萄藻（*Botryococcus*）、衣藻和根支藻（*Rhizoclonium*），以及蓝藻门的螺旋藻和颤藻（*Oscillatoria*）等。另外，由于小球藻和栅藻被认为去除氮和磷的效果最佳，因此对它们开展的研究较多（李攀荣，等，2016；Ghaffar 等，2023）（表 9.1）。

许多种类的微藻能够有效地去除废水中的氮、磷、重金属、农药、有机和无机毒素以及病原体。微藻去除污染物的主要机制是在细胞中积累或利用污染物（Hoffmann，1998）。许多研究成功进行了几种微藻的培养，如小球藻、栅藻（*Scenedesmus*）、席藻（*Phormidium*）、葡萄藻（*Botryococcus*）、衣藻和螺旋藻，它们处理废水的效果令人满意（表 11.1）（Olguì，2003；Chinnasamy 等，2010；Kong 等，2010；Stephens 等，2010，Pittman 等，2011）。

需要注意的是，去除重金属的效率取决于藻种种类。例如，颤藻去除铬，小球藻去除镉、铜和锌；衣藻去除铅；栅藻去除钼（Filip 等，1979；Hassett 等，1981；Sakaguchi 等，1981；Ting 等，1991）。此外，对废水中有机污染物的耐受性因藻种而异。裸藻属（*Euglena*）、颤藻属、衣藻属、栅藻属、小球藻属、菱形藻属（*Nitzschia*）、舟形藻属（*Navicula*）和毛枝藻属（*Stigeocolonium*）被认为是对有机污染物最具抗性的属（Palmer，1969）。

表 11.1 不同藻种去除不同废水中总氮（TN）和总磷（TP）的有效性比较
（Mathew 等，2022；Ghaffar 等，2023）

藻种	所用废水类型	总氮初始浓度/(mg·L^{-1})	总氮去除率/%	总磷初始浓度/(mg·L^{-1})	总磷去除率/%
Micractinium inermum NIP-FO14	BMBF 营养液	36±1.1	95.69	49±0.71	10.71
栅藻	乳制品工业废水	36.3	>90	112	20~55
微茫藻（*Micractinium reisseri*）	养猪废水	53	7.547	7.1	2.817
衣藻（YGO4）	城市废水二级出水	190.7±0.12	77.57	19.11±0.03	100
Nitzschia cf. *pusilla*	养猪废水	53	15.09	7.1	9.859
小孢空星藻（*Coelastrum microporum*）	城市废水	40	88	5.3	89

续表

藻种	所用废水类型	总氮初始浓度/(mg·L^{-1})	总氮去除率/%	总磷初始浓度/(mg·L^{-1})	总磷去除率/%
祖芬根小球藻（Chlorella zofingiensis）	未经处理和未稀释的猪厌氧消化废水	1 011~1 050	82.7	25~26.5	98.17
霉球藻（Mucidosphaerium pulchellum）	生活废水	64~79	79	4.6~7.2	49
小球藻	城市废水	—	97.81	—	89.39
索罗金小球藻（C. sorokiniana）	制药废水	—	70	—	89
小球藻	垃圾填埋场渗滤液	—	69	—	100
小球藻	乳品废水	—	85.47	—	65.96
小球藻	混合养猪场啤酒厂废弃物	—	32~96	—	28~95
小球藻	水产养殖废水	—	86.1	—	82.7
蛋白核小球藻（C. pyrenoidosa）	厌氧食品废水	—	88.7	—	67.6
微藻共生体系	纺织废水	—	95	—	70
微藻共生体系	制药废水（9 600 L）	—	74	—	92
栅藻（Desmodesmus sp.）	食用油炼油废水	—	96	—	53
螺旋藻	水产养殖废水（1 L）	—	79.28	—	93.84

续表

藻种	所用废水类型	总氮初始浓度 /(mg·L^{-1})	总氮去除率 /%	总磷初始浓度 /(mg·L^{-1})	总磷去除率 /%
螺旋藻	合成盐水废水 (0.25 L)	—	79	—	93.3
栅藻	糖蜜废物 (稀释与平衡)	—	90.2	—	88.6

注：BMBF 的全称为 Bold Modified Basal Freshwater。

11.4 微藻废水处理体系及营养模式

目前，经常应用微藻处理废水的技术主要包括独立的藻类体系以及微藻和细菌混合的藻菌共生体系两大类。

11.4.1 藻类处理体系

藻类处理体系，通常是使悬浮态微藻与废水充分接触，从而去除废水中的污染物质。在该系统中只含有藻类，可以是一种或多种。藻细胞可以是游离的，也可以是被固定的。微藻固定化技术起源于细胞的固定化技术，即通过化学或物理手段将游离态的藻类细胞固定于限定的空间区域，使其成为一种既能保持藻类细胞自身的代谢活性，又可以在持续反应后被进行回收和反复利用的生物体系（Scott，1987）。藻类固定化目前常见的有吸附、包埋、交联以及三者之间复合处理的方法（李攀荣等，2016）。

例如，王爱丽等人（2005）将铜绿微囊藻（*Microcystis aeruginosa*）进行固定化，分别对人工合成污水和真实污水进行处理。实验结果表明，固定化铜绿微囊藻对合成污水经过 5 d 的处理之后，对其中 NH_3-N 和 PO_4^{3-}-P 去除率分别达到 92.92% 和 69.19%；对真实污水经过 6 d 的处理之后，对其中 NH_3-N 和 PO_4^{3-}-P

的去除率都达到了100%。

11.4.2 藻菌共生处理体系

藻菌共生体系是利用藻类和细菌两者之间在功能上的协同作用来处理污水的一种全新生态系统。藻菌共生体系处理污水机理：污水中的有机污染物，由好氧细菌进行氧化分解，产生 NH_4^+、PO_4^{3-} 以及释放 CO_2 等；微藻在光照的条件下，利用 NH_4^+、PO_4^{3-} 和 CO_2 等营养物质，通过细胞内叶绿素进行光合作用，合成微藻自身细胞所需要的物质，并释放出氧气供细菌继续氧化分解有机物（Wollmann 等，2019；Mathew 等，2022）。另外，藻菌共固定化技术是在藻类固定化技术基础之上发展而来的新技术，其不同于单独的微藻固定化技术，是将微藻与菌类和活性污泥等共同固定于载体中的一种技术。

将微藻和细菌结合起来从废水中回收营养物质，从而可替代传统的技术，如那些基于活性污泥的技术。由于废水系统中不可能存在无菌条件，因此自然产生的细菌群在反应器中会很旺盛，这与废水组成、环境条件、反应器设计和运行条件等有关（Muñoz 和 Guieysse，2006）。细菌利用现有的有机废物，产生二氧化碳作为副产品，而微藻则利用该二氧化碳通过光合作用产生碳水化合物和氧气。前者是生物量生产所必需的，而后者是细菌有氧呼吸的末端电子受体。

在藻菌共生系统中，基于反应器的条件，在微藻和细菌之间建立了"自然"平衡。然而，根据反应器中的主要条件，这种处于平衡状态的共生体（consortium）的组成可能会有很大的不同。共生体的组成会直接影响各种现象之间比率，如氧气生产、二氧化碳消耗以及氮和磷的同化。因此，这些过程会随着共生体的变化而不断变化（Molazadeh 等，2019；Zahara 等，2020）。

例如，严清和孙连鹏（2010）将普通小球藻与活性污泥共同固定于海藻酸钠（sodium alginate，SA）载体中，以某污水处理厂沉沙池出水为实验用原水，发现该固定化菌藻系统对污水中 NH_4^+ – N 和 PO_4^{3-} – P 的去除率分别达到 97.09% 和 88.69%。

11.4.3 微藻混合营养模式

很多种微藻表现出基于光照条件的混合营养模式（mixotrophic），因此它们可以在自养和异养之间进行切换，这就使得它们能够利用有机碳作为生物量，从而在废水处理过程中有助于更好地去除生物量。尽管如此，由于它们缺乏适当的有机碳吸收机制和运输途径，因此只有少数能够像莱茵衣藻一样异养生长。有机碳源仅限于糖（包括半乳糖和葡萄糖，在一定程度上还包括果糖）、醇（包括甘油和乙醇）和酸（包括乙酸）。在光照条件下，葡萄糖通过糖酵解途径（Embden Meyerhof pathway，EMP）代谢，或在黑暗中通过磷酸戊糖途径（pentose phosphate pathway，PPP）代谢。所获得的丙酮酸盐形成乙酰辅酶 A（acetyl CoA），并在需氧条件下进行三羧酸（TCA）循环（Su，2021）。

11.5 光照条件优化措施及与 C/N 比的协同关系

在基于微藻的废水处理实验中，人们关注最多的是光照（包括光质和光强）对废水处理效果的影响，以便找到较为适宜的光照条件。

11.5.1 光质条件优化及其与进料 C/N 比的协同影响

复旦大学的 Yan 等人（2013）开展过不同光质对小球藻处理模拟生活废水能力影响的研究。在该研究中，6 种光源的光波长分别为红光 620~630 nm、黄光 590~600 nm、紫光 400~410 nm、蓝光 460~470 nm、绿光 525~550 nm、白光 380~760 nm。不同处理下光子照度均被恒定为 2 000 $\mu mol \cdot m^{-2} \cdot s^{-1}$。

表 11.2 显示了在恒定光子照度时各种光波长下的微藻生长速度和养分去除效率的平均值±标准差。分析结果表明，红光对 COD 的去除效果显著高于其他波长的光（$P<0.05$）。在蓝光和紫光下无显著性差异（$P>0.05$），而在黄光下要显著高于在白光下（$P<0.05$）。在绿光下，COD 的去除效果要明显低于其他波长的光下（$P<0.05$）。因此，在红光波长下 COD 的去除率达到了（76.02±4.32）%~(76.46±1.52)%，其效果最佳。这一结果要略好于 Yang 等人（2008）

的实验结果。Yang 等人报道了在连续多色波长下，用木薯乙醇发酵后产生的废水培养蛋白核小球藻（*Chlorella pyrenoidosa*），其最大 COD 去除率为 71.2%（Yang，Ding 和 Zhang，2008）。以上这些结果表明，最佳的而不是普通的光波长，可以显著提高 COD 的去除率（Yan 等，2013）。

另外，不同进料 C/N 比下光质对 COD 去除率的影响程度依次为红色 > 黄色 > 白色 > 紫色 > 蓝色 > 绿色（表 11.2）。另外，总氮（TN）和总磷（TP）的去除率在所有进料 C/N 比下都表现出相似的变化趋势。同样，在红光波长下的养分去除率要显著高于其他波长下的（$P < 0.05$）。此外，在蓝色和紫色波长下的结果之间没有显著差异（$P > 0.05$）。在白光波长下要显著高于黄光波长下（$P < 0.05$），而在绿色波长下要显著低于在其他所有波长下（$P < 0.01$）。这样，在各种 C/N 比下，对 TN 和 TP 的去除率影响程度依次为红色 > 白色 > 黄色 > 紫色 > 蓝色 > 绿色（表 11.2）。因此，红光波长是去除 TN 和 TP 的最佳光波长。此外，他们在这一研究中获得的最高 TP 去除率为 $(61.29 \pm 2.24)\% \sim (73.93 \pm 3.28)\%$（表 11.2），要远高于 Bhatnagar 等人（2010）的实验结果，即后者在氧化池中使用极微小球藻（*Chlorella minutissima*）处理城市污水时仅获得 30% 的 TP 去除率。这一现象说明，与普通光波长相比，最佳光波长对 TP 的去除是高效的。

表 11.2 在恒定光子照度为 2 000 $\mu mol \cdot m^{-2} \cdot s^{-1}$ 的不同光波长下，微藻生长速率和养分去除率的平均值 ± 标准差（Yan 等，2013）

C/N 比	光波长	生长速率平均值 ± 标准差/%	养分去除率平均值 ± 标准差/%		
			COD	TN	TP
C1NP	红光	$126.95^a \pm 12.32$	$76.02^a \pm 4.32$	$75.08^a \pm 3.65$	$67.06^a \pm 3.29$
	白光	$112.53^b \pm 13.29$	$68.76^c \pm 3.91$	$71.36^b \pm 2.63$	$61.41^b \pm 1.78$
	黄光	$107.24^c \pm 11.75$	$72.26^b \pm 5.21$	$67.59^c \pm 1.45$	$56.82^c \pm 2.64$
	紫光	$55.62^d \pm 6.21$	$50.63^d \pm 4.22$	$49.42^d \pm 1.78$	$38.18^d \pm 3.42$
	蓝光	$50.73^d \pm 5.43$	$48.42^d \pm 5.81$	$47.37^d \pm 2.64$	$36.81^d \pm 1.49$
	绿光	$13.21^e \pm 2.32$	$32.71^e \pm 3.58$	$29.63^e \pm 1.72$	$20.42^e \pm 2.47$

续表

C/N 比	光波长	生长速率平均值±标准差/%	养分去除率平均值±标准差/%		
			COD	TN	TP
C2NP	红光	135.37^a±10.32	76.28^a±1.96	74.43^a±1.42	73.93^a±3.28
	白光	124.42^b±11.43	66.96^c±1.64	69.52^b±3.71	67.53^b±1.21
	黄光	114.56^c±13.24	71.71^b±3.61	65.64^c±2.37	61.58^c±2.37
	紫光	61.83^d±8.79	48.93^d±2.16	49.25^d±2.38	38.29^d±1.48
	蓝光	60.32^d±6.96	47.34^d±3.24	47.71^d±1.73	37.36^d±2.47
	绿光	15.67^e±2.23	29.58^e±2.11	29.28^e±2.64	23.72^e±1.45
C4NP	红光	122.95^a±11.46	76.19^a±1.34	75.15^a±2.71	61.95^a±1.53
	白光	108.72^b±10.55	65.49^c±2.55	68.93^b±1.57	57.83^b±2.65
	黄光	99.32^c±11.59	70.14^b±2.47	64.15^c±4.27	52.95^c±1.81
	紫光	42.62^d±5.54	47.24^d±3.81	48.23^d±1.59	31.33^d±1.86
	蓝光	38.45^d±4.75	46.71^d±2.43	45.69^d±2.53	29.42^d±3.85
	绿光	6.83^e±1.53	29.53^e±1.76	27.63^e±1.69	13.91^e±2.77
CN1P	红光	127.51^a±12.52	76.36^a±4.05	71.53^a±2.82	66.25^a±1.53
	白光	115.32^b±11.72	67.22^c±3.26	67.42^b±2.62	61.31±2.37
	黄光	102.43^c±13.74	71.03^b±1.49	61.59^c±1.34	57.47^c±1.39
	紫光	38.63^d±4.28	49.19^d±2.43	48.69^d±2.43	43.32^d±1.73
	蓝光	32.74^d±4.55	47.45^d±1.78	47.45^d±1.67	41.91^d±1.59
	绿光	4.36^e±1.71	31.61^e±3.82	29.91^e±2.48	26.64^e±1.94
CN2P	红光	130.66^a±10.64	76.46^a±1.52	74.61^a±1.38	72.86^a±1.82
	白光	122.62^b±12.55	64.61^c±1.45	70.36^b±1.74	68.24^b±2.45
	黄光	106.71^c±11.43	70.29^b±2.51	65.72^c±2.66	64.91^c±2.92
	紫光	44.85^d±5.74	45.44^d±2.13	50.73^d±1.58	43.84^d±2.67
	蓝光	38.57^d±4.55	45.01^d±3.42	48.92^d±2.59	42.94^d±1.14
	绿光	5.21^e±0.43	27.85^e±1.67	26.86^e±1.93	27.51^e±2.76
CN4P	红光	119.22^a±9.87	76.43^a±1.34	78.56^a±1.27	61.29^a±2.24
	白光	111.73^b±10.84	62.16^b±2.73	72.51^b±1.54	45.23^b±2.41
	黄光	100.35^c±13.95	68.16^b±2.59	67.73^c±1.69	39.48^c±1.92
	紫光	46.34^d±4.56	43.46^d±1.96	49.24^d±1.71	26.89^d±1.49

续表

C/N 比	光波长	生长速率平均值±标准差/%	养分去除率平均值±标准差/%		
			COD	TN	TP
CN4P	蓝光	$43.31^d \pm 3.64$	$42.23^d \pm 2.44$	$48.39^d \pm 1.85$	$26.21^d \pm 2.96$
	绿光	$2.74^e \pm 0.88$	$23.24^e \pm 1.79$	$29.74^e \pm 1.96$	$19.37^e \pm 1.51$

注：根据 Duncan 多重范围检验，在相同的 C/N 比值下，同一列中不同上标字母的值表明在 $P = 0.05$ 时存在显著差异。

Yan 等人（2013）认为，这些结果可用以下理论解释，即小球藻在光合作用过程中通过其叶绿素高效吸收红光波长，而仅有部分吸收其余波长（Matthijs 等，1996）。这些现象涉及两个主要的影响因素：一方面，黄色波长接近红色波长，而紫色、蓝色和绿色波长则要远得多。因此，红色和黄色波长处理获得了相似的 COD 养分去除率，要显著高于紫色、蓝色和绿色波长处理。另一方面，与红色和黄色波长相比，白色波长表现出平均的营养物去除效果，因为它是红色和其他效率较低的光波长的组合。如上所述，白色波长的发射光谱带完全覆盖了红色波长的发射谱带。因此，白色波长对 TN 和 TP 养分去除的整个光谱产生了混合效应（Wang 等，2007）。上述两个主要因素对营养物去除率造成重要影响，并导致了黄光和白光对微藻生长和 COD 去除率呈相反顺序（Termini 等，2011；Ferrero 等，2012）。

另外，嘉兴大学的 Zhang 等人（2017）开展了光质对小球藻废水处理能力影响的研究。基于所选的不同藻株，他们研究了 3 种处理技术，即微藻单培养、微藻与真菌共培养、微藻与活性污泥共培养。在光生物反应器中，通过使用沼液作为培养基在各种混合 LED 处理下培养藻株。研究发现，红/蓝 LED 比例为 7∶3 和 5∶5 是微藻与真菌或活性污泥共培养的最佳选择。在此条件下，COD 和 TP 的去除率分别达到 65.57%~74.29% 和 70.83%~76.69%。在与微藻和活性污泥共培养的系统中，在红/蓝 LED 比例为 5∶5 时表现出较高的脱氮效率。研究发现，用于提高沼气产率的最有效的光混合比为红∶蓝 = 7∶3 和 5∶5，而在微藻与真菌系统共培养时，沼液养分去除和沼气产率提高的最佳红/蓝比均为 5∶5。表 11.3 为 3 种处理方法下在混合 LED 光波时二氧化碳及养分的去除率和经济效率的平均值±标准差。

表 11.3　3 种处理方法下在混合 LED 光波时二氧化碳及养分去除率和经济效率的平均值±标准差（Zhang 等，2017）

3 种微藻菌株/LED 混合光波长处理	去除率平均值±标准差/%				经济效率平均值±标准差/%			
	COD	TN	TP	COD	TN	TP	CO_2
	微藻的单一培养							
红(9):蓝(1)	69.55^b±4.36	63.34^{bc}±6.02	67.84^{bc}±5.41	23.15^a±3.78	18.18^a±2.17	19.45^{ab}±2.63	21.13^a±2.55
红(7):蓝(3)	61.28^b±4.93	68.15^b±5.68	69.75^b±5.06	19.39^b±3.09	19.82^a±1.88	20.97^a±1.96	22.34^a±2.69
红(5):蓝(5)	73.68^a±6.74	70.80^{ab}±5.11	74.32^a±6.08	24.27^a±4.16	19.63^a±2.35	21.71^a±2.02	21.58^a±2.77
红(3):蓝(7)	60.95^b±5.31	59.06^c±4.74	66.85^b±5.34	19.08^b±3.64	16.23^b±1.76	19.14^{ab}±2.16	17.69^b±2.08
红(1):蓝(9)	56.83^c±3.76	56.73^c±3.98	63.77^c±4.69	18.26^b±3.28	16.84^b±1.82	18.33^b±1.98	16.57^b±1.72
	微藻与真菌的共培养							
红(9):蓝(1)	72.37^c±4.03	69.91^b±5.63	72.55^b±6.33	24.66^a±3.57	21.27^a±1.84	23.38^a±2.64	22.62^a±2.14
红(7):蓝(3)	68.55^b±5.42	73.24^b±6.01	70.83^b±6.15	23.04^a±3.55	22.36^a±1.43	22.814^a±1.77	23.18^a±2.36
红(5):蓝(5)	74.2^a±5.77	75.95^b±5.36	76.69^a±6.97	25.11^a±3.89	23.48^a±2.05	24.93^a±2.38	23.01^a±2.49

续表

3种微藻菌株/混合LED光波长处理	去除率平均值±标准差 /%				经济效率均值±标准差 /%		
	COD	TN	TP	COD	TN	TP	CO_2
	微藻与真菌的共培养						
红(3):蓝(7)	65.71^b±4.35	64.03^b±5.74	69.25^b±5.83	20.43^b±3.07	19.59^b±1.37	21.44^{ab}±2.06	20.26^b±2.35
红(1):蓝(9)	60.34^c±4.16	61.12^c±5.09	66.37^{bc}±5.66	19.87^b±3.35	18.73^b±1.79	19.85^b±1.81	19.93^b±1.97
	微藻与活性污泥的共培养						
红(9):蓝(1)	71.84^c±5.68	73.25^{ab}±5.18	69.53^b±5.11	23.83^a±3.42	24.16^a±2.27	21.25^{ab}±2.04	21.78^{ab}±3.14
红(7):蓝(3)	65.57^b±4.11	74.75^a±5.74	71.01^{ab}±6.34	19.96^b±3.25	23.49^a±2.43	22.03^a±2.57	23.27^a±2.99
红(5):蓝(5)	72.39^a±5.34	75.48^a±5.03	73.67^a±5.35	23.35^a±3.47	24.35^a±3.08	23.22^a±2.18	22.56^a±3.01
红(3):蓝(7)	63.77^b±5.03	71.09^b±6.98	67.17^{bc}±5.74	20.58^b±3.24	22.76^a±3.17	20.93^b±2.53	21.07^b±2.87
红(1):蓝(9)	58.49^d±3.74	64.22^c±4.39	64.39^c±4.83	19.34^b±3.35	20.52^b±2.99	20.07^b±1.81	20.58^b±2.43

注：根据 Duncan 的多范围检验，具有不同上标字母的数值表明在 $P<0.05$ 时存在显著差异。

11.5.2 光强的影响

如上所述，复旦大学的 Yan 等人（2013）研究表明，微藻小球藻能有效去除生活污水中的营养物质。在这个过程中，红色是最佳的光波长，其强度策略如下：第一阶段，培养时间为 0~48 h，光子照度为 1 000 $\mu mol \cdot m^{-2} \cdot s^{-1}$；第二阶段，培养时间为 48~96 h，光子照度为 1 500 $\mu mol \cdot m^{-2} \cdot s^{-1}$；第三阶段，培养时间为 96~120 h，光子照度为 2 000 $\mu mol \cdot m^{-2} \cdot s^{-1}$；第四阶段，培养时间为 120~144 h，光子照度为 2 500 $\mu mol \cdot m^{-2} \cdot s^{-1}$；第五阶段，培养时间为 144~240 h，含以上 4 种光子照度。详细情况介绍如下。

图 11.3 显示了在不同光子照度和不同培养基 C/N 比的红色波长下，COD、TN 和 TP 去除率的变化趋势。在图 11.3 中，a、b、c、d、e 和 f 代表 C1NP、C2NP、C4NP、CN1P、CN2P 和 CN4P。在各种进料 C/N 比下，养分去除的变化趋势相似。此外，各种营养物质的去除率也显示出相似的变化趋势。在整个实验过程中，500 $\mu mol \cdot m^{-2} \cdot s^{-1}$ 和 3 000 $\mu mol \cdot m^{-2} \cdot s^{-1}$ 下的养分去除率远低于其他光照下的去除率。500 $\mu mol \cdot m^{-2} \cdot s^{-1}$ 的光子照度不足以维持小球藻的代谢过程，但 3 000 $\mu mol \cdot m^{-2} \cdot s^{-1}$ 的过高光子照度导致光抑制。此外，养分去除率的变化趋势（图 11.3）与其物质干质量变化的结果一致。最高的养分去除率是在 2 500 $\mu mol \cdot m^{-2} \cdot s^{-1}$ 的 144 h 内实现的（图 11.3），这发生在静止期（144~192 h）的开始。这是实现小球藻最大干质量的相同时期。因此，干质量的阶段划分和图 11.3 中的养分去除率基本相似。

根据图 11.3 中的变化趋势，COD、TN 和 TP 的去除率曲线可分为前述的 5 个阶段。

在第一阶段（24~48 h），与用 2 500 $\mu mol \cdot m^{-2} \cdot s^{-1}$ 处理的微藻相比，暴露于 1 000 $\mu mol \cdot m^{-2} \cdot s^{-1}$、1 500 $\mu mol \cdot m^{-2} \cdot s^{-1}$ 和 2 000 $\mu mol \cdot m^{-2} \cdot s^{-1}$ 下的微藻的养分去除率相等甚至略高。相对较低的光子照度（1 000 $\mu mol \cdot m^{-2} \cdot s^{-1}$、1 500 $\mu mol \cdot m^{-2} \cdot s^{-1}$ 和 2 000 $\mu mol \cdot m^{-2} \cdot s^{-1}$）能够满足低细胞浓度微藻的光合作用，而相对较高的光子照度（2 500 $\mu mol \cdot m^{-2} \cdot s^{-1}$）可能会导致光抑制。

在第二阶段（48~96 h），与 2 500 $\mu mol \cdot m^{-2} \cdot s^{-1}$ 处理的微藻相比，暴露于 1 500 $\mu mol \cdot m^{-2} \cdot s^{-1}$ 和 2 000 $\mu mol \cdot m^{-2} \cdot s^{-1}$ 下的微藻在去除营养方面的效

率略高或相等。然而，1 000 μmol·m^{-2}·s^{-1}的处理导致相对较低的养分去除率，因为第二阶段的微藻浓度高于第一阶段，因此需要更高的光子照度来克服微藻细胞相互遮光所带来的影响（Das 等，2011）。

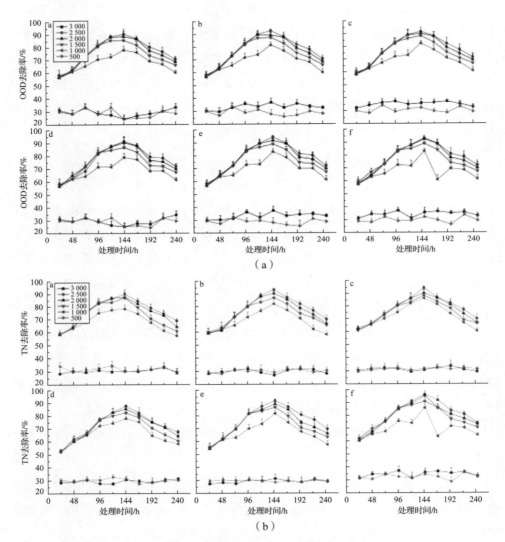

图 11.3 在不同光子照度和不同进料 C/N 比的红色波长下，COD、TN 和 TP 去除率的变化趋势（Yan 等，2013）（附彩插）

(a) COD 去除率；(b) TN 去除率

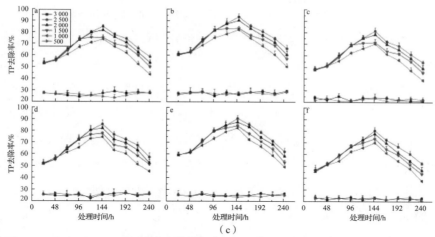

图 11.3 在不同光子照度和不同进料 C/N 比的红色波长下，COD、TN 和 TP
去除率的变化趋势（Yan 等，2013）（附彩插）（续）

(c) TP 去除率

在第三阶段（96~120 h），暴露于 2 500 $\mu mol \cdot m^{-2} \cdot s^{-1}$ 和 2 000 $\mu mol \cdot m^{-2} \cdot s^{-1}$ 的微藻产生相同的养分去除率，而暴露于 1 500 $\mu mol \cdot m^{-2} \cdot s^{-1}$ 和 1 000 $\mu mol \cdot m^{-2} \cdot s^{-1}$ 的微藻产生相对较低的去除率。

在第四阶段（120~144 h），暴露于 2 500 $\mu mol \cdot m^{-2} \cdot s^{-1}$ 的微藻对养分的去除率最高。

在第五阶段（144~240 h），在所有光子照度下，养分去除率都迅速下降。该实验的静止生长期始于 144 h，且在此期间，小球藻细胞的繁殖和代谢过程减慢。因此，144 h 是达到最佳养分去除效果的最佳培养时间。

11.5.3 光强、光质与进料 C/N 比对微藻废水处理效率的耦合作用

除上述情况外，Yan 等人（2013）的研究还表明，在所有 C 和 N 比处理中，微藻干质量的 COD 去除率和生长速率没有显著差异（$P > 0.05$）。此外，C2NP（C∶N=5∶1）和 CN1P（C∶N=2.5∶1）处理对 C 和 N 各种比例处理下的 COD 去除率最高。由此可见，COD 的去除率受到光波长与强度、光波长与光周期之间相互作用的影响，而且光波长、光强度和进料 C/N 比之间的相互作用明显。C 变化处理（C1NP、C2NP 和 C4NP（C∶N=10∶1））对 TN 的去除率无显著差异（$P > 0.05$），但 CN4P（C∶N=2.5∶1）处理的 TN 去除率显著高于

CN2P（C∶N=5∶1）和 CN1P（C∶N=10∶1）处理（$P<0.05$）。对于 C 和 N 的不同比例处理，C2NP（C∶N=5∶1）和 CN4P（C∶N=10∶1）处理下的 TN 去除率最高。由此可见，TN 的去除率受到进料 C/N 比、光波长与强度、光波长与光周期之间的相互作用的影响，以及光波长、光强度和进料 C/N 比之间的相互影响显著。C 和 N 不同比例的处理对 TP 的去除率相似。另外，中等比例的 C/N 比（C2NP 和 CN2P）处理对 TP 的去除率显著高于其他处理（$P<0.05$）。由此可见，TP 的去除率受到进料 C/N 比、光波长与强度、光波长与光周期之间的相互作用的影响，以及光波长、光强度和 C/N 比之间的显著影响。

当碳源较低（C∶N=2.5∶1）或氮源不足（C∶N=10∶1）时，养分的去除率相对较低。因此，补充碳源或氮源以及控制进料 C/N 比是去除养分的重要手段。这一结果与 Zhao 等人（2011）和 Yan 等人（2012）的结果一致，他们都认为进料 C/N 比会显著影响养分的去除率。在本研究中，流入的碳源和氮源的平衡影响了微藻的生长，从而影响了代谢过程中的营养吸收。因此，考虑到所有类型的养分去除，最佳进料 C/N 比最好为 5∶1。

11.6 二氧化碳浓度的影响

已有研究表明，大气高二氧化碳浓度（范围为 2%～20%）会显著影响微藻的光合作用效率、生长速率以及废水处理的能力。例如，卡塔尔大学的 Almomani 等人（2019）开展了高二氧化碳浓度对单独型钝顶螺旋藻（SP. PL）及混合型本土微藻（mixed indigenous micro‐algae，MIMA）处理废水影响的研究。在 20 个月的实验时间内，在太阳照射和大气温度条件下同时去除烟气中的二氧化碳和废水中的养分。该研究在中试规模的光生物反应器上进行，评估了所供二氧化碳气体的浓度（2.5%～20%）对微藻生长和生物量产量、二氧化碳生物固定率以及废水中营养物质和有机物去除的影响情况。

研究结果表明，MIMA 培养在温和季节的表现明显优于单一藻种培养，特别是在生长和二氧化碳生物固定方面；与此相反，在炎热的季节，两者表现则基本相当。在 10% 二氧化碳进气浓度下，性能达到最佳，但 MIMA 对温度和二氧化碳浓度更为敏感。另外，在所有条件下，在 MIMA 中较在单独的钝顶螺旋藻中实现了更高的 COD 和营养素去除率（分别为约 83% 和大于 99%）。高生物量生产速率和碳生物固定率（分别为 0.796~0.950 $g_{干质量} \cdot L^{-1} \cdot d^{-1}$ 和 0.542~1.075 $g_C \cdot L^{-1} \cdot d^{-1}$）有助于使微藻在二氧化碳去除过程中实现经济可持续性。图 11.4 为两种藻类（SP.PL 和 MIMA）的碳生物固定速率 R_{CO_2} 和生物量生产速率 R_{bio} 与入口二氧化碳浓度之间的关系。

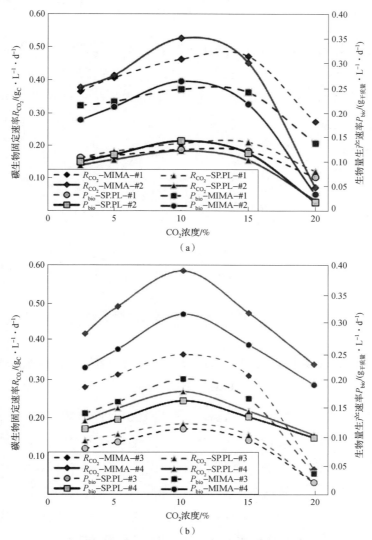

图 11.4 两种藻类（SP.PL 和 MIMA）的碳生物固定速率 R_{CO_2} 和
生物量生产速率 P_{bio} 与入口二氧化碳浓度之间的关系

(a) 周期#1 和#2；(b) 周期#3 和#4

11.7 尿液稀释度的影响

直接利用尿液原液培养藻类，一般都会严重抑制藻类的生长，因此在处理前均需要对其进行稀释。尿液的稀释度会显著影响藻类的生长和尿液处理的效果。

针对未来太空站乘员尿液回收利用的需求，浙江大学的 Feng 和 Wu（2006）开展过人体尿液对钝顶螺旋藻生长影响的研究。研究结果表明，在人体尿液的稀释度为 140~240 时钝顶螺旋藻会产生最大生物量产量（图 11.5）。缺氮会导致脂质和蛋白质积累减少。钝顶螺旋藻在被稀释的人体尿液中的 O_2 释放率高于在 Zarrouk 培养基中的 O_2 释放率。

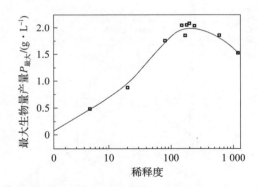

图 11.5 人体尿液稀释度对钝顶螺旋藻最大生物量产量（$P_{最大}$）生成的影响
（Feng 和 Wu，2006）

另外，荷兰瓦格宁根大学的 Tuantet 等人（2014a；2014b）的一项研究证明了将最低稀释度的人体尿液用于微藻培养的可行性。研究表明，在仅稀释两倍的尿液中培养小球藻是可能的。同时证明，短光路（short-light pathway）是在浓缩尿液中实现藻类生长的先决条件。尿水解似乎是一个复杂的因素，因为它伴随着 pH 值增加而诱导鸟粪石（磷酸铵）的沉淀。这种鸟粪石的沉淀导致水解尿液相中镁的消耗，从而导致微藻停滞生长或生长缓慢。因此，为了保证微藻的最佳生长，补充镁是必要的。相反，利用新鲜尿液适合进行微藻培养。

近年来，Tuantet 等人（2019）利用人体尿液进行索罗金小球藻（*Chlorella*

sorokiniana）培养的优化试验研究。研究结果表明，在 1 530 μmol·m^{-2}·s^{-1} 的光子照度下，光生物反应器的生产速率和光合效率在反应器中培养基的稀释率为 0.10~0.15 h^{-1} 时达到最大，并实现了平均输入每摩尔 PAR 光子可以获得 1 g 干物质的生物量产量（图 11.6）。在图 11.6 中，菱形表示预先稀释的合成尿液实验；三角形表示真实人类尿液实验（TN = 2 626 mgN·L^{-1}）；虚线表示实验条件下的模型模拟；误差条表示在稳态期间的连续每日测量的标准差。图 11.6 中的其他条件：索罗金小球藻，平板 PBR，1 cm 深，双面光照，光子照度为 1 530 μmol 光子·m^{-2}·s^{-1}，T = 38 ℃，pH = 7。否则，超出此范围，生物量的产量和相应的养分去除率则随着反应器中培养基稀释率的增加而降低。

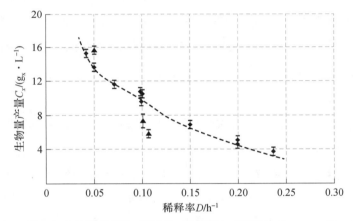

图 11.6　稳态下生物量产量 C_x 随 PBR 稀释率 D 的关系（Tuantet 等，2019）

11.8　微藻废水处理中不利影响因素

影响微藻处理废水的因素通常与其生长密切相关，主要包括以下几种影响因素：

（1）低二氧化碳含量。如果二氧化碳的含量较低，则可能会降低藻类生物量的发育速率，因此对养分和重金属同化的速率也会降低。对于富含 1%~5% 二氧化碳的最佳藻类生长空气，0.033% 的大气二氧化碳水平则远低于最佳水平（Larsdotter，2006）。

（2）高氨浓度。高铵离子浓度的水（100 mg·L^{-1}）会导致氨的形成，在浓度大于 30 mg·L^{-1} 和 pH 为 9 时，氨会阻碍微藻的光合作用过程（Su，2021），从而抑制藻类的生长（Park 和 Craggs，2011）。

（3）高 pH 值。高 pH 值会降低藻类对 CO_2 的吸收率，从而抑制 RuBisCO 酶的活性，并促使 NH_4^+ 向 NH_3 转化（Salces 等，2019）。

（4）高氧浓度。研究表明，氧浓度高于 20 mg·L^{-1} 会导致光呼吸作用和氧自由基的形成，从而部分抑制光合作用，进而共同导致微藻生长速率下降（de Godos 等，2017）。

（5）高/低温度。尽管温度与藻种有关，但其最佳温度通常在 20~30 ℃，将培养物保持在这一最佳温度内可提高养分的去除率（Salces 等，2019），否则，超过该阈值后藻类的生长速率会迅速下降（Larsdotter，2006）。

（6）高/低光照。在一定范围内，光照会促进微藻的生长，否则超过此范围则会降低藻类的光合速率，进而影响对废水净化处理的效果（Park 和 Craggs，2011）。

（7）蓝藻抑制物。原核生物蓝藻中的抑制物，会抑制真核藻类的生长（Larsdotter，2006）。

（8）寄生虫和藻类病毒生物。例如，轮虫和原生动物的存在，会干扰藻类处理废水的速度，并产生有害的副产品。

（9）乙酸盐。乙酸盐的存在对某些物种是有毒的，因为它的未电离形式可以穿透细胞膜并进入细胞内部然后在那里电离，从而造成内部损伤（Larsdotter，2006）。

（10）过量有机物。大量的有机物会抑制微藻对营养物质的吸收（Ogbona 等，2000）。

11.9　面向太空站的藻类废水处理装置研制与试验

针对空间站废水处理的需求，德国斯图加特大学太空系统研究所和美国 NASA 肯尼迪航天中心先后分别研制成适用于微重力环境条件的微藻废水处理装置（Belz 等，2012；Pickett 等，2020a；Fischer 等，2022）。

11.9.1 德国斯图加特大学的微藻废水处理装置

在 ESA 和德国航空航天中心（DLR）的支持下，德国斯图加特大学太空系统研究所研制成面向太空站的微重力环境的微藻废水处理装置（图 11.7），并对聚合物电解质燃料电池（polymer electrolyte fuel cells，PEFC）和光生物反应器（PBR）中微藻的培养进行了实验研究。地面实验已经明确了燃料电池和藻类光生物反应器之间的影响，并确定了可食用的藻类生物量和产氧率。通过适应光生物反应器的流体机械结构来优化培养条件。之后，研究人员开展了太空微藻废水处理的失重飞机抛物线飞行实验，并提出了一种适应微重力反应器的几何形状（Belz 等，2012）。

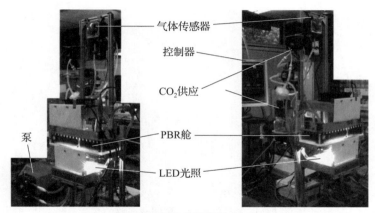

图 11.7　一种适应太空微重力环境条件的微藻废水处理装置（Belz 等，2012）

近年来，德国斯图加特大学太空系统研究所的 Martin 和 Detrell（2022）研制成了新一代废水处理试验平台。该平台包括光生物反应器、光照系统、传感器单元、收获/进料单元以及自动化清洁单元。该平台是以模块化的方式进行开发的，因此可以连接不同的收获单元、传感器和光生物反应器（图 11.8），从而便于研究不同配置和组件对长期自动化培养的影响。本研究的重点在于掌握长期自动化稳定去除废水中硝酸盐和磷酸盐等重要成分的方法与措施。研究结果表明，他们在系统长期自动化稳定运行方面实现了突破（图 11.9）。另外，该平台还被用于在火星居住背景条件下研究 LSS 的培养系统，使其成为地球和太空技术并行发展的一个例子。

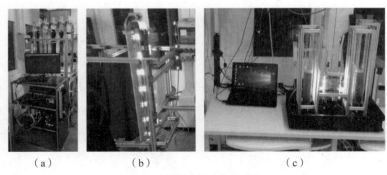

图 11.8　废水处理试验平台

(a) 具有 5 台反应器的缩放系统；(b) 第一个反应器容积为 9 L 的管状系统的原理样机；
(c) 一台被用于平行实验的"双桶"式反应器

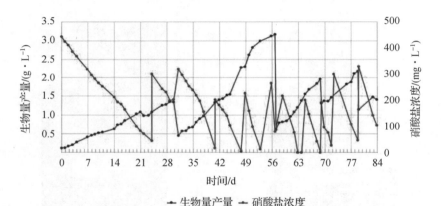

图 11.9　84 d 内自动处理合成废水作为硝酸盐来源的实际曲线（附彩插）

11.9.2　美国 NASA 肯尼迪航天中心的藻-菌废水处理装置

在地面上，美国 NASA 肯尼迪航天中心已经对 PBR 中用于废水处理的藻类培养方法进行了研究。这项研究提出了设计用于失重环境下（微重力、月球和火星栖息地）的地面 PBR 所需的修改情况。总的来说，必须优化四大类参数，即光传递、传质、无机碳传递和收获。他们重点优化了无机碳传递和传质，以提高光反应器内藻类光合作用效率和整体反应器的水处理效率。

1. 低重力的影响

在低重力环境条件下，操作必须克服流体动力学和由此产生的传质效应的挑战。在没有重力的情况下，毛细管力变成了主导力，因此必须通过泵送来迫使流体流动。不能依靠气流进行混合，而只能采用替代的物理混合方法，如流体动力喷嘴（hydrodynamic jet nozzle）、用于搅拌的移动固定装置（moving fixtures for stirring）或低剪切的气动流（low shear pneumatic flow）（Belz 等，2012）。在低重力条件下，气体扩散到液体培养物中会在气泡形成、流体动力学、溶解度和分离等方面出现重大问题（Belz 等，2012）。在浮力较小的低重力条件下，扩散会产生更大的气泡而使表面积最小化，并引起传质受阻（Bhunia 等，1998；Belz 等，2012）。

2. 对光传输的影响

藻类培养需要足够的光照，以有效地将 CO_2 光合转化为生物量。PBR 中的光利用受到培养密度、反应器几何形状、光谱质量、光强度和光周期的影响。培养密度可以通过操作收获来控制，但是要注意密集的培养物将开始自我遮荫而会限制光穿透。PBR 的几何形状应设计为不超过 15.24 cm 的培养深度，并为光传递提供尽量大的表面积。最近的研究提出利用高强度光进行尿液处理；在光子照度为 1 800 $\mu mol \cdot m^{-2} \cdot s^{-1}$、光周期为 24 h 的条件下，PBR 培养密度升至 8.1 $g \cdot L^{-1}$。他们已经提出了用于多个 PBR 表面（即正面和背面）或内部用于三维照射的光源。LED 灯通常被用于减少发热和进行波长定制。

他们依托 NASA 的专项所开发的技术，即利用 3 个有机材质反应器来可持续净化宇航员所产生的废水：一个有机物处理器组件（organic processor assembly，OPA）/厌氧膜生物反应器（anaerobic membrane bio-reactor）、一个由光膜生物反应器（photo membrane bio-Reactor，PMBR）组成的养分处理器组件（nutrient processor assembly，NPA）和一个悬浮式好氧膜生物反应器（suspended aerobic membrane bio-reactor，SAMBR）。图 11.10 为面向太空站的微藻废水处理装置工作原理图。

在项目的早期实施阶段，这些子系统独立运行，用于标称和非标称测试以及水分析。随着项目推进，则将 OPA 和 PMBR 整合为一个更大的生物再生废水净化系统的一部分。由于这些光生物反应器子系统是相互独立设计的，因此它们必然具有不同的电气和软件控制系统。为了建立一个基本闭环的生物再生系统，则需要将几个光生物反应器子系统进行相互集成。然而，将这些子系统集成到更大的生物再生系统中被证明是具有挑战性的，因为一旦将这些系统结合在一起，就

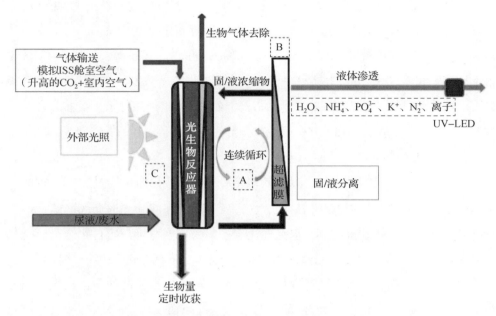

图 11.10　面向太空站的微藻废水处理装置工作原理图（Pickett 等，2020a）

会出现不可预见的问题。他们提出了如何解决和克服这些结构挑战，并考虑了可行的补救措施，以连续运行并评估这一生物再生系统。图 11.11 为太空站可持续废水流集成系统工作流程示意图。

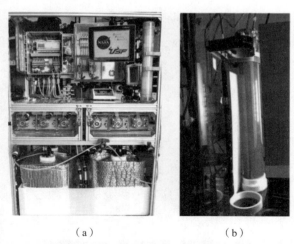

(a)　　　　　　　　　　(b)

图 11.11　太空站可持续废水流集成系统工作流程示意图（Fischer 等，2022）

(a) OPA；(b) PMBR

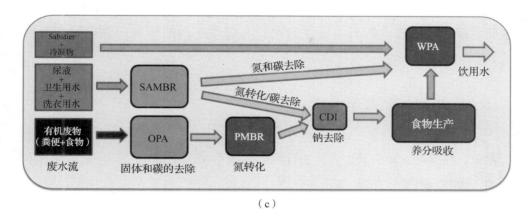

图 11.11 太空站可持续废水流集成系统工作流程示意图（Fischer 等，2022）（续）
（c）单元集成

结 束 语

微藻在废水处理中的作用一直引人关注，重点是寻找一种经济可持续和环境友好的废水处理方法。在过去的几十年里，人们对不同类型的微藻和细菌群落以及它们的共生体进行了研究，以探索它们在有效处理不同来源废水方面的潜力。在确定效率时考虑的基本特征是它们去除营养物质的能力，包括氮（N）和磷（P）以及砷（As）、铅（Pb）和铜（Cu）等重金属。本章介绍微藻废水处理技术作为一种处理不同来源废水方法的效率，并对传统处理系统和基于微藻的处理系统进行了比较。另外，介绍了废水的特性，迄今为止使用的常规废水处理方法，以及去除污水中营养物质和重金属的技术机理。微藻可以成功去除悬浮营养物质。据报道，微藻可以从不同类型的废水中成功去除高达 99.6%、100% 和 13%~100% 的氮、磷和重金属。

然而，尽管基于微藻的废水处理系统提供了一些好处，但它也带来了一些挑战。例如，从废水中去除营养物质的性能受到不同参数的影响，如温度、光照、二氧化碳浓度、生物量产量、细胞密度、pH 值及氧气浓度等。因此，建议对复杂环境条件下污染物的复杂性进行不同规模的研究和探索。再者，推动藻菌共生体系是未来生物废水处理技术发展的必然趋势。此外，本章重点介绍了美国 NASA 和欧盟 ESA 针对太空站所开展的与微重力相适应的微藻废水（主要是尿液）处理技术的最新发展情况，有望在不久的将来得到在轨验证与应用。

参 考 文 献

胡月薇，邱承光，曲春波，等. 小球藻处理废水研究进展 [J]. 环境科学与技术，2003，26（4）：48 – 63.

李攀荣，邹长伟，万金保，等. 微藻在废水处理中的应用研究 [J]. 工业水处理，2016，36（5）：5 – 9.

石瑛，杜青平. 1,4 – 二氯苯的细胞毒性效应及在角毛藻中的富集 [J]. 生态环境学报，2009，18（6）：2023 – 2026.

史贤明，陈峰. 微藻生物技术 [M]. 北京：中国轻工业出版社. 1999：55 – 103.

田丹，赵文，魏杰，等. 蛋白核小球藻对铅、镉和汞吸附速率及其影响因素的研究 [J]. 农业环境科学学报，2011，30（12）：2548 – 2553.

王爱丽，宋志慧. 固定化铜绿微囊藻对污水的净化及其生理特征变化 [J]. 青岛科技大学学报，2005，26（5）：398 – 409.

吴海锁，张洪玲，张爱茜，等. 小球藻吸附重金属离子的试验研究 [J]. 环境化学，2004，23（2）：173 – 177.

严清，孙连鹏. 菌藻混合固定化及其对污水的净化实验 [J]. 水资源保护，2010，26（3）：57 – 59.

AHMED S F, MOFIJUR M, PARISA T A, et al. Progress and challenges of contaminate removal from wastewater using microalgae biomass [J/OL]. Chemosphere，2022，286（Pt 1）：131656. DOI：10. 1016/j. chemosphere. 2021. 131656.

ALEXANDRE C L, ANTONIO V, DIEGO L, et al. Energy balance and life cycle assessment of a microalgae – based wastewater treatment plant：A focus on alternative biogas uses [J/OL]. Bioresource Technology，2018，270：138 – 146. DOI：10. 1016/S0960 – 8524（00）00136.

ALMOMANI F, KETIFE A A, JUDD S, et al. Impact of CO_2 concentration and ambient conditions on microalgal growth and nutrient removal from wastewater by a photobioreactor [J/OL]. Science of the Total Environment, 2019, 662: 662 – 671. DOI: 10. 1016/j. scitotenv. 2019. 01. 144.

ARORA K, KAUR P, KUMAR P, et al. Valorization of wastewater resources into biofuel and value – added products using microalgal system [J/OL]. Frontier in Energy Research, 2021, 9: 646571. DOI: 10. 3389/fenrg. 2021. 646571.

BARONE V, PUGLISI I, FRAGALÀ F, et al. Novel bioprocess for the cultivation of microalgae in hydroponic growing system of tomato plants [J]. Journal of Applied Phycology, 2019, 31 (1): 465 – 470.

BELZ S, GANZER B, MESSERSCHMID E, et al. Synergetic integration of microalgae photobioreactors and polymer electrolyte membrane fuel cells for life support: Tests and results [C]. 42nd International Conference on Environmental Systems, 15 – 19 July 2012, San Diego, California, USA. AIAA 2012 – 3522, 2012.

BENEDETTI M, VECCHI V, BARERA S, et al. Biomass from microalgae: The potential of domestication towards sustainable biofactories [J/OL]. Microbial Cell Factories, 2018, 17: 173. DOI: 10. 1186/s12934 – 018 – 1019 – 3.

BHATNAGAR A, BHATNAGAR M, CHINNASAMY S, et al. *Chlorella minutissima* – a promising fuel alga for cultivation in municipal wastewaters [J]. Applied Biochemistry and Biotechnology, 2010, 161: 523 – 536.

BHUNIA A, PAIS S C, KAMOTANI Y, et al. Bubble formation in a coflow configuration in normal and reduced gravity [J]. AIChE Journal, 1998, 44 (7): 1499 – 1509.

CAMPBELL M, VEGA L, UNGAR E K, et al. Development of a gravity independent nitrification biological water processor [C]. SAE Technical Paper Series 2003 – 01 – 2560, 2003.

CHAN S M N, LUAN T G, WANG M H, et al. Removal and biodegradation of polycyclic aromatic hydrocarbons by Selenastrum capricornutum [J]. Environmental

Toxicology & Chemistry, 2006, 25 (7): 1772 – 1779.

CHINNASAMY S, BHATNAGAR A, HUNT R W, et al. Microalgae cultivation in a wastewater dominated by carpet mill effluents for biofuel applications [J/OL]. Bioresource Technology, 2010, 101: 3097 – 3105. DOI: 10. 1016/j. biortech. 2009. 12. 026.

CUMBIE B, WHITELAS J, DAI F, et al. Rapid and reliable startup of biological wastewater treatment systems in space [C]. 49th International Conference on Environmental Systems, 7 – 11 July 2019, Boston, Massachusetts, USA. ICES – 2019 – 340, 2019.

DAS P, LEI W, AZIZ S S, et al. Enhanced algae growth in both phototrophic and mixotrophic culture under blue light [J]. Bioresource Technology, 2011, 102: 3883 – 3887.

DE GODOS I, GONZALEZ C, BECARESE E, et al. Simultaneous nutrients and carbon removal during pretreated swine slurry degradation in a tubular biofilm photobioreactor [J]. Applied Microbiology and Biotechnology, 2009, 82 (1): 187 – 194.

DHANKER R, KUMAR R, HWANG J S. Predation by *Pseudodiaptomus annandalei* (*Copepoda*: *Calanoida*) on rotifer prey: Size selection, egg predation and effect of algal diet [J/OL]. Journal of Experimental Marine Biology and Ecology, 2012, 414/415: 44 – 53. DOI: 10. 1016/j. jembe. 2012. 01. 011.

Dhanker R, Kumar R, Tseng LC, et al. Ciliate (*Euplotes sp.*) predation by *Pseudodiaptomus annandalei* (*Copepoda*: *Calanoida*) and effects of mono – and pluri – algal diets [J/OL]. Zoological Studies, 2013, 52: 34. DOI: 10. 1186/ 1810 – 522X – 52 – 34.

DHANKER R, HUSSAIN T, TYAGI P, et al. The emerging trend of bio – engineering approaches for microbial nanomaterial synthesis and its applications [J/OL]. Frontiers in Microbiology, 2021, 12: 638003. DOI: 10. 3389/fmicb. 2021. 638003.

FENG D – L, WU Z – C. Culture of *Spirulina platensis* in human urine for biomass production and O$_2$ evolution. Journal of Zhejiang University SCIENCE B, 2006, 7 (1): 34 – 37.

FERRERO E M, DE GODOS I, RODRÍGUEZ E M, et al. Molecular characterization of bacterial communities in algal – bacterial photobioreactors treating piggery wastewaters [J]. Ecological Engineering, 2012, 40: 121 – 130.

FILIP D S, PETERS V T, ADAMS E D, et al. Residual heavy metal removal by an algae – intermittent sand filtration system [J/OL]. Water Research, 1979, 13: 305 – 313. DOI: 10. 1016/0043 – 1354 (79) 90211 – 2.

FISCHER J A, KOSS L, MONJE O, et al. Lessons learned from the integration of biological systems in series for wastewater treatment on early planetary bases [C]. 51st International Conference on Environmental Systems, 10 – 14 July 2022, St. Paul, Minnesota, USA. ICES – 2022 – 201, 2022.

GHAFFAR I, DEEPANRAJ B, SUNDAR L S, et al. A review on the sustainable procurement of microalgal biomass from wastewaters for the production of biofuels [J/OL]. Chemosphere, 2023, 311: 137094. https://doi.org/10.1016/j.chemosphere.2022.137094.

GLEMSER M, HEINING M, SCHMIDT J, et al. Application of light – emitting diodes (LEDs) in cultivation of phototrophic microalgae: current state and perspectives [J]. Applied Microbiology and Biotechnology, 2016, 100 (3): 1077 – 1088.

GUDIUKAITE R, NADDA AK, GRICAJEVA A, et al. Bioprocesses for the recovery of bioenergy and value added products from wastewater: A review [J/OL]. Journal of Environmental Management, 2021, 300: 113831. DOI: 10. 1016/j. jenvman. 2021. 113831.

Hassett J M, Jennett J C, Smith J E. Microplate technique for determining accumulation of metals by algae [J]. Applied Environmental Microbiology, 1981, 41: 1097 – 1106.

HE P, MAO B, SHEN C, et al. Cultivation of *Chlorella vulgaris* on wastewater containing high levels of ammonia for biodiesel production [J]. Bioresource

Technology, 2013, 129: 177 – 181.

HELLEBUST J A, AHMAD I. Regulation of nitrogen assimilation in green microalgae [J/OL]. Biol. Oceanogr., 1989, 6: 241 – 255. DOI: 10. 1080/01965581. 1988. 10749529.

HOANG A T, SIROHI R, PANDEY A, et al. Biofuel production from microalgae: challenges and chances [J/OL]. Phytochemistry Reviews, 2022. https://doi.org/10. 1007/s11101 – 022 – 09819 – y.

JIA H, YUAN Q. Removal of nitrogen from wastewater using microalgae and microalgae and microalgae consortia [J/OL]. Cogent Environmental Science, 2016, 2: 1275089. DOI: 10. 1080/23311843. 2016. 1275089.

KHOO K S, AHMAD I, CHEW K W, et al. Enhanced microalgal lipid production for biofuel using different strategies including genetic modification of microalgae: a review [J/OL]. Progress in Energy and Combustion Science, 2023, 96: 101071. https://doi. org/10. 1016/j. pecs. 2023. 101071.

KONG Q – X, LI L, MARTINEZ B, et al. Culture of microalgae *Chlamydomonas reinhardtii* in wastewater for biomass feedstock production [J/OL]. Applied Biochemistry and Biotechnology, 2010, 160: 9 – 18. DOI: 10. 1007/s1 2010 – 009 – 8670 – 4.

KUMAR K S, DAHMS H U, WON E J, et al. Microalgae – A promising tool for heavy metal remediation [J/OL]. Ecotoxicology and Environmental Safety, 2015, 113: 329 – 352. DOI: 10. 1016/j. ecoenv. 2014. 12. 019.

LARSDOTTER K. Wastewater treatment with microalgae – a literature review [J]. Vatten, 2006, 62: 31 – 38.

MATHEW M M, KHATANA K, VATS V, et al. Biological approaches integrating algae and bacteria for the degradation of wastewater contaminants—A review [J/OL]. Frontier in Microbiology, 2022, 12: 801051. DOI: 10. 3389/fmicb. 2021. 801051.

MATTHIJS H C P, BALKE H, VAN HES UM, et al. Application of light – emitting diodes in bioreactors: flashing light effects and energy economy in algal culture

(*Chlorella pyrenoidosa*) [J]. Biotechnology & Bioengineering, 1996, 50: 98-107.

MOLAZADEH M, AHMADZADEH H, POURIANFAR H R, et al. The Use of microalgae for coupling wastewater treatment with CO_2 biofixation [J/OL]. Frontiers in Bioengineering and Biotechnology, 2019, 7: 42. DOI: 10. 3389/fbioe. 2019. 00042.

MONJE O. The role of plants and algae in near-term life support systems [C]. 48th International Conference on Environmental Systems, 8-12 July 2018, Albuquerque, New Mexico, USA. ICES-2018-252, 2018.

MUÑOZ R, GUIEYSSE B. Algal-bacterial processes for the treatment of hazardous contaminants: A review [J/OL]. Water Research, 2006, 40: 2799-2815. DOI: 10. 1016/j. watres. 2006. 06. 011.

NELSON N, SHEM A B. The complex architecture of oxygenic photosynthesis [J/OL]. Nature Reviews Molecular Cell Biology, 2004, 5: 971-982. DOI: 10. 1038/nrm1525.

NIEDERWIESER T, KOCIOLEK P, KLAUS D. A review of algal research in space [J]. Acta Astronautica, 2018, 146: 359-367.

OGBONNA J C, YOSHIZAWA H, TANAKA H. Treatment of high strength organic wastewater by a mixed culture of photosynthetic microorganisms [J]. Journal of Applied Phycology, 2000, 12 (3): 277-284.

OLGUÌ E J. Phycoremediation: Key issues for cost-effective nutrient removal processes [J/OL]. Biotechnology Advances, 2003, 22: 81-91. DOI: 10. 1016/S0734-9750 (03) 00130-7.

PADDOCK M. Microalgae wastewater treatment: a brief history [J/OL]. Preprints, 2019: 1-25. DOI:10. 20944/preprints201912. 0377. v1.

PALMER C M. A composite rating of algae tolerating organic pollution [J/OL]. Journal of Phycology, 1969, 5: 78-82. DOI: 10. 1111/j. 1529-8817. 1969. tb02581. x.

PARK J B K, CRAGGS R J. Nutrient removal in wastewater treatment high rate algal ponds with carbon dioxide addition [J/OL]. Water Science and Technology, 2011, 63: 1758 – 1764. DOI: 10. 2166/wst. 2011. 114.

PICKETT M T, ROBERSON L B, MONJE O, et al. Optimization of a photobioreactor for gravity – independent wastewater treatment [C]. International Conference on Environmental Systems, ICES – 2020 – 321, 2020a.

PICKETT M T, ROBERSON L B, CALABRIA J L, et al. Regenerative water purification for space applications: Needs, challenges, and technologies towards 'closing the loop' [J/OL]. Life Sciences in Space Research, 2020b, 24: 64 – 82. https://doi. org/10. 1016/j. lssr. 2019. 10. 002.

PITTMAN J K, DEAN A P, OSUNDEKO O. The potential of sustainable algal biofuel production using wastewater resources [J/OL]. Bioresource Technology, 2011, 102 (1): 17 – 25. DOI: 10. 1016/j. biortech. 2010. 06. 035.

PICKETT M. The ICARUS floating membrane photobioreactor for microalgae cultivation in wastewater: Advancing technology from lab to field prototype [D]. Florida: University of South Florida, 2018.

RAOUF N A, HOMAIDAN A A A, IBRAHEEM I B M. Microalgae and wastewater treatment [J/OL]. Saudi Journal of Biological Sciences, 2012, 19: 257 – 275. DOI: 10. 1016/j. sjbs. 2012. 04. 005.

REVELLAME E, AGUDA R, CHISTOSERDOV A, et al. Microalgae cultivation for space exploration: Assessing the potential for a new generation of waste to human life – support system for long duration space travel and planetary human habitation [J/OL]. Algal Research, 2021, 55: 102258. https://doi. org/10. 1016/j. algal. 2021. 102258.

RUIZ J, ÁLVAREZ P, ARBIB Z, et al. Effect of nitrogen and phosphorus concentration on their removal kinetic in treated urban wastewater by *Chlorella vulgaris* [J]. International Journal of Phytoremediation, 2011, 13 (9): 884 – 896.

SAKAGUCHI T, NAKAJIMA A, HORIKOSHI T. Studies on the accumulation of heavy metal elements in biological systems [J/OL]. European Journal of Applied Microbiology & Biotechnology, 1981, 12: 84 – 89. DOI: 10. 1007/BF01970039.

SALCES B M, RIANO B, HERNANDEZ D, et al. Microalgae and wastewater treatment: advantages and disadvantages [M/OL]. In: Microalgae Biotechnology for Development of Biofuel and Wastewater Treatment, eds by Alam M and Wang Z, Singapore: Springer, 2019. DOI: 10. 1007/978 – 981 – 13 – 2264 – 8_20.

SCOTT C D. Immobilized cells: A review of recent literature [J]. Enzyme and Microbial Technology, 1987, 9 (2): 66 – 72.

SINGH S P, SINGH P. Effect of CO_2 concentration on algal growth: a review [J/OL]. Renewable and Sustainable Energy Reviews, 2014, 38: 172 – 179. DOI: 10. 1016/j. rser. 2014. 05. 043.

STEPHENS E, ROSS I L, MUSSGNUG J H, et al. Future prospects of microalgal biofuel production systems [J/OL]. Trends in Plant Science, 2010, 15: 554 – 564. DOI: 10. 1016/j. tplants. 2010. 06. 003.

SU Y. Revisiting carbon, nitrogen and, phosphorus metabolisms in microalgae for wastewater treatment [J/OL]. Science of the Total Environment, 2021, 768: 144590. DOI: 10. 1016/j. scitotenv. 2020. 144590.

SUKAČOVÁ K, TRTÍLEK M, RATAJ T. Phosphorus removal using a microalgal biofilm in a new biofilm photobioreactor for tertiary wastewater treatment [J]. Water Research, 2015, 71 (1): 55 – 63.

TERMINI I D, PRASSONE A, CATTANEO C, et al. On the nitrogen and phosphorus removal in algal photobioreactors [J]. Ecological Engineering, 2011, 37: 976 – 980.

TING Y P, PRINCE I G, LAWSON F. Uptake of cadmium and zinc by the alga *Chlorella vulgaris*: II. multi – ion situation [J/OL]. Biotechnology and. Bioengineering, 1991, 37: 445 – 455. DOI: 10. 1002/bit. 260370506.

TUANTET K, JANSSEN M, TEMMINK H, et al. Microalgae growth on concentrated human urine [J]. Journal of Applied Phycology, 2014a, 26: 287 – 297.

TUANTET K, TEMMINK H, ZEEMAN G, et al. Nutrient removal and microalgal biomass production on urine in a short light – path photobioreactor [J]. Water Research, 2014b, 55: 162 – 174.

TUANTET K, TEMMINK H, ZEEMAN G, et al. Optimization of algae production on urine [J/OL]. Algal Research, 2019, 44: 101667. https://doi.org/10.1016/j.algal.2019.101667.

VALDERRAMA L T, DEL CAMPO C M, RODRIGUEZ C M, et al. Treatment of recalcitrant wastewater from ethanol and citric acid production using the microalga *Chlorella vulgaris* and the macrophyte *Lemna minuscula* [J]. Water Research, 2002, 36 (17): 4185 – 4192.

WANG C Y, FU C C, LIU Y C. Effects of using light – emitting diodes on the cultivation of *Spirulina platensis* [J]. Biochemical Engineering Journal, 2007, 37: 21 – 25.

WANG L, MIN M, LI Y, et al. Cultivation of green algae *Chlorella sp.* in different wastewaters from municipal wastewater treatment plant [J/OL]. Applied Biochemistry & Biotechnology, 2010, 162: 1174 – 1186. DOI: 10.1007/s12010 – 009 – 8866 – 7.

WANG B, ZHOU L. Study on the removing nitrogen and phosphorus from wastewater by *Chlorella* [J]. Agricultural Science & Technology, 2014, 15 (4): 631 – 634.

WOLLMANN, F, ACKERMANN S D J U, BLEY T, et al. Microalgae wastewater treatment: biological and technological approaches [J/OL]. Engineering in Life Sciences, 2019, 19: 860 – 871. DOI: 10.1002/elsc.201900071.

YAN C, ZHANG L, LUO X, et al. Effects of various LED light wavelengths and intensities on the performance of purifying synthetic domestic sewage by microalgae at different influent C/N Ratios [J]. Ecological Engineering, 2013, 51: 24 – 32.

YANG C F, DING Z Y, ZHANG K C. Growth of *Chlorella pyrenoidosa* in waste water from cassava ethanol fermentation [J]. World Journal of Microbiology & Biotechnology, 2008, 24: 2919 – 2925.

ZAHARA A, DAHMS H – U, MIKA S, et al. Effectiveness of wastewater treatment systems in removing microbial agents: a systematic review [J/OL]. Global.

Health, 2020, 12: 2 - 10. DOI: 10. 1080/17441692. 2016. 1273370.
ZHANG Y, BAO K, WANG J, et al. Performance of mixed LED light wavelengths on nutrient removal and biogas upgrading by different microalgal - based treatment technologies [J/OL]. Energy, 2017, 130: 392 - 401. http://dx. doi. org/10. 1016/j. energy. 2017. 04. 157.

第 12 章
藻类系统集成技术研究

12.1 前言

如前所述，藻类在 CELSS 中作为生产者将会发挥重要作用（Vermeulen 等，2023）。藻类要发挥作用则必须与消费者（包括人或动物）之间建立集成共生关系，以实现生产者与消费者之间的物质平衡，并保持长期的安全性、稳定性和可靠性。事实上，从 20 世纪 60 年代开始，苏联和美国等国家就开始进行藻类与人（或动物）之间的系统集成技术实验研究，重点是评价人（或动物）与藻类之间的气体交换平衡关系、相互之间的影响关系以及人或动物食用藻体的可行性。

十年前，我国在开展藻类筛选和培养条件优化等研究的基础上，开展了藻－鼠的集成气体交换实验。另外，早期 ESA 发起了 MELISSA 计划，并在西班牙巴塞罗那自治大学建成 MELISSA 中试装置（pilot plant），包括 5 个功能结构单元，而藻类是其中的一个重要单元（Godia 等，1997）。近年来，利用该设备相继开展了多个单元之间的集成实验研究，以探索藻－鼠之间的气体交换关系以及各个单元之间的匹配性关系。

12.2 美国藻类－白鼠集成技术实验研究

12.2.1 基本概况

从 20 世纪 50 年代初的冷战时期美苏太空争霸开始，美国空军航空航天医学院（USAF School of Aerospace Medicine）、美国军医研究中心与营养实验室（United States Army Medical Research and Nutrition Laboratory）及加利福尼亚大学等单位，就开始研究藻类及其与动物的气体交换能力和食用藻体的可行性等的评价实验研究。1954—1968 年，研究人员在封闭系统中对小球藻与白鼠进行了多次气体交换研究（Escobar 和 Nabity，2017）。

在 20 世纪 60 年代初，美国在藻类与动物和人的生命保障集成实验方面取得了不同程度的成功（Zuraw 等，1960；Bowman 和 Thomae，1960，1961；Zuraw，1961；Bovee 等，1962；Golueke 和 Oswald，1963；Eley 和 Myers，1964；Miller 和 Ward，1966）。例如，美国钱斯沃特研究中心（Chance Vought Research Centre）的 Bowman 和 Thomae（1960，1961）于 1960 年 8 月成功完成了 66 d 藻-鼠的气体交换实验。在该实验中，藻类为 Sorokin 耐热型的蛋白核小球藻（*Chlorella pyrenoidosa*），而动物为一只一周龄及体重约为 40 g 的雄性白鼠。研究结果表明，在整个实验期间，白鼠在室内保持了健康生长；二氧化碳得到了很好的控制，氧气慢慢增加，而氮气在室内减少；未检测到有甲烷、乙烷或一氧化碳等微量有害气体的积累。由此说明，光合作用可以在恶劣的环境中维持生命很长一段时间，并且推测 100 加仑（约 378.5 L）1% 细胞的藻类可以维持一个人的生命（Bowman 和 Thomae，1961）。

然而，由于存在气体泄漏，因此有人对许多工作的价值产生怀疑。但操作时间足以让人们对可靠性充满信心，并消除其曾经普遍存在的对有毒气体积聚的恐惧（Wilks，1959）。所遇到的泄漏问题说明在开发原型气体交换装置时需要更加注重工程设备的复杂性（Miller 和 Ward，1966）。

12.2.2　重要示例剖析

下面就美国加利福尼亚大学的 Golueke 和 Oswald（1963）所进行的较为详实的研究工作作为示例进行介绍。该研究工作在一套被命名为微地球模型（microterella）的白鼠/藻类/微生物系统中进行。该系统利用藻类产生氧气，微生物分解哺乳动物废物并提供植物营养，蒸汽冷凝水被用作饮用水，干藻体被用作白鼠的食物。需要进行营养食品的补充。最令人惊讶的发现是该系统的自我调节特性。尽管种群发生了变化，但它仍然保持着平衡，并能够缓冲突然的环境变化。

12.2.3 基本实验方法

藻类-微生物-哺乳动物生态系统的研究是在微地球模型中进行的（图12.1）。它由藻类-细菌培养物和密封在38.5 L色谱罐（chromatography jar）中的1~4只白鼠组成。

图12.1 藻类-微生物-哺乳动物集成系统（微地球模型）
外观图（Golueke 和 Oswald, 1963）

让白鼠生活在藻类-细菌培养物上方的筛网地板上。地板以上的部分体积略大于1 CUFT（约28.3 L），并配有饮食、睡眠和娱乐设施。通过自来水循环冷却盘管对其空气进行调节。冷却盘管上形成的来自增压空气中的冷凝水可为白鼠提供充足的饮用水。每天，通过标准的黄油嘴（grease fitting）为白鼠提供新鲜食物。

加利福尼亚大学人类营养系的研究人员为该实验配制了一种特殊的白鼠饮食，使其具有牙膏的稠度，并用黄油枪将其推过黄油嘴而放入槽中。该饮食包括全脂奶粉、USP#14盐混合物、乳脂、维生素B复合物和糖粉。其中，蛋白质占25.8%，脂肪占26.7%，碳水化合物占38%。在一些实验中，藻类膏被添加到饮食中（在将它们与饮食混合之前要煮 20 min）。当添加时，它约占总固体的 25%。将藻类培养在微地球模型中。

白鼠产生的生理废物，包括尿液和粪便，通过筛网地板直接落入受到电子恒化的（electronically chemostated）藻类-细菌培养物中，在那里它们被需氧细菌快速分解为 CO_2、NH_4^+ 和其他分解产物。这些材料与白鼠呼出的 CO_2 和被补充的 N_2 一起被培养物中的藻类利用。通过适当的光照和稀释而使藻类保持在连续快速生长和产氧的状态。

通过设置在培养物下方和周围的 G. E. 反射器聚光灯向培养物提供光照，从而照亮所有暴露的培养物表面。在早期的实验中，只有底部被照亮。通过提供水力滞留期以将培养物保持在所期望的浓度。这是通过每小时提取一部分培养物，并利用离心机去除掉藻类细胞的培养液进行替代。提取的培养液量取决于所采用的滞留期。培养物的去除和培养物体积的补充是通过输注装置完成的，该输注装置由重力式容量计（配有通过电磁阀断流器而激活的光电管）和注射泵组成。对进料和出料系统进行了特殊设计，因此可以防止外部气体进入。通过用冷却水（8 ℃）冷却的浸入式铝质盘管去除培养物中的多余热量。培养物的温度通常被保持在 28 ℃。利用一台专门设计的泵来提供所需的充分混合，以保持藻类、细菌和其他固体处于悬浮状态，并确保液体和内部空气之间的充分气体交换。

为了节省时间并确保实验成功，他们的每个实验都是在藻类和非藻类微生物的全浓度培养下开始的。这是通过离心从藻类和细菌的"高温"（最高 42 ℃）藻株的开放培养物中获得的藻类-细菌悬浮液来实现的。蛋白核小球藻占到培养物中藻类的主要部分（90%~95%），而其余部分由绿球藻（*Chlorococcum sp.*）（4%~9%）和斜生栅藻（1%）组成。这种百分比组成在运行过程中通常不会发生变化。

将浓缩的藻类和细菌重悬在由相等比例的污水和水组成的培养基中，并添加 400 mg · L^{-1} 尿素、100 mg · L^{-1} KH_2PO_4、100 mg · L^{-1} $MgSO_4$ · $7H_2O$ 和 0.01 mg · L^{-1} $RhCl_3$ 以提高其浓度。在将藻类-细菌培养物和白鼠引入该单元后立即应用上述实验条件。另外，尽管这些细菌可能是在污水中被发现的，但对其并未予以确认。

运行过程中使用的培养基包括通过离心每天的流出物并丢弃浓缩固体而获得的回收液体。在每个阶段，除了在涉及耗尽营养物的实验中，在其他培养液中均添加上述前 3 种化合物。所进行的实验均涉及确定环境条件、实现气体平衡所需的最小培养体积、维持时间、营养平衡的程度，以及检测可能积聚的有毒物质等。所发生变化的条件包括藻类的滞留期、培养量、光照和营养条件等。该研究的实验流程图如图 12.2 所示。

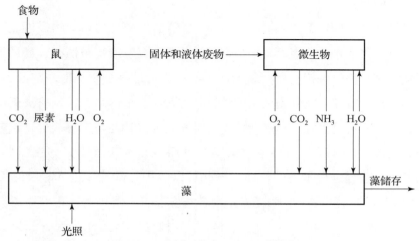

图 12.2　藻-鼠气体交换实验流程图（Golueke 和 Oswald，1963）

该实验的主要目标：一是达到保持恒定的氧-二氧化碳比所需要的条件，最好是环境大气的氧-碳比；二是在达到气体平衡后，下一步是确定对保持平衡的时间长度是否存在任何限制；三是尽量减少保持平衡所需要的条件，即减少培养量、光能、滞留期等；四是对系统中藻类营养物质损失率的调查。

12.2.4　气体平衡情况

1. 所需条件

实现气体平衡的实验涉及不同停留时间和深度的应用。首先，只在底部表面照射培养物；其次是在整个暴露表面上照射培养物。在将光照限制在底部的实验中，对培养物进行 7.5~11 cm 深度和 2.6~5 d 滞留期的组合。在实验中，使用了一只质量为 49 g 的白鼠。实验结果表明，在上述任何组合下都没有达到气体平衡。相反的是，氧气浓度稳步下降，而二氧化碳浓度相应增加。缺氧率在

11 cm（7 L）深度和 5 d 滞留期的约 0.5% 每小时到在 7.5 cm（5 L）深度和 2.6 d 滞留期的 0.05% 每小时的范围之内。

由于养分被保持在最佳浓度和组成，因此在上述实验中认为光是限制因素。鉴于此，为了消除或减少光的限制作用，又增加了 3 盏灯，以将培养物的上表面和侧面也照亮。采用 3 d 的滞留期，培养深度保持在 7.5 cm。通过这种组合，获得了气体平衡并保持了 4 d。在这个阶段，二氧化碳浓度被保持在 1% 以下，而氧气浓度被保持在 22%~23%。

2. 延长运行时间

在达到气体平衡所需要的条件后，他们决定延长实验时间，以确定保持平衡的时间长度。实验的范围扩大到包括液体平衡。在设置运行过程中，提供了一个 5 L 培养基的容器，其组成与藻类悬浮液的组成相似。储备培养基被用于补偿 24 h 内每小时排出的培养液。在每个 24 h 结束时，将积累的流出物进行离心，并对所回收的液体按如前所述的方法进行浓缩后用作第二天的储备液。

在白鼠被密封后的前 4 d 内，氧气浓度上升到了 25%；在后续接下来的 5 d 内氧气浓度保持在 23%~25%；氧气浓度从第 10 d 开始下降，到第 11d 时竟下降到 19%。此时，培养物已经开始呈现黄绿色。当时认为这种变化是由于大量养分缺乏，即可能是镁或磷酸盐缺乏，将两者以每升培养基 300 mg 的浓度加入培养基中。之后，在 2 d 内培养物则呈现深绿色，氧气浓度也上升到 25%。此后每 5 d 加入镁和磷酸盐。在剩余的运行过程中，氧气浓度一直保持在 23%~25%。在 6 周结束时，运行被终止，因为在延长运行时无法获得进一步的优势，并且该单元需要用于其他实验。

培养物在干质量和颜色恒定性方面的条件，以及白鼠在 6 周期结束时的外观，表明该试验本可以毫无困难地延长一段未确定的时间。事实上，这只白鼠质量增加了 10 g。藻类浓度从开始时的 695 mg·L^{-1} 变化到运行的最后 9 d 的 750 mg·L^{-1}。藻类和非藻类有机物的浓度范围从开始时的 710 mg·L^{-1} 增加到结束时的 773 mg·L^{-1}。非藻类固体在开始时仅为 25 mg·L^{-1}，在运行期间仅增加到 29 mg·L^{-1}。

白鼠和藻类的营养都不平衡，即在 6 周的运行过程中并未闭合，因为白鼠摄取的食物不是在该单元中产生的，而且必须向藻类培养物中添加氮、磷酸盐和镁。

12.2.5 系统最小化措施

在获得气体和液体平衡后,他们随后则致力于确定系统中非哺乳动物部分的体积和质量可以在多大程度上减少,而不会对气体和液体的平衡产生不利影响。从一次运行到另一次运行的主要变量是培养深度的减少(以及随之而来的体积的减少)和所支持的白鼠总质量的减少。在连续培养实验中,通过保持恒定的每小时产量而不管培养体积的减少,则滞留期会逐渐缩短。鉴于此,又增加了灯具,从而使总数达到9盏。之所以需要大量的灯,是因为相当大一部分施加的光能由于散射或由于支撑结构和设备部件的阻碍而并未到达藻类培养物。

根据每日藻类产量估计,大量营养元素的浓度与预期使用量一致。因为研究人员认为白鼠的排泄物提供了足够的微量营养元素,所以未添加微量营养元素。液相被回收,尽管偶尔会添加一些污水来代替分析中所使用的液体,或者以其他方式所损失的液体。

如果气体平衡能维持一周,那么在给定的培养量下,则该系统被判定为达到平衡。每次运行通常重复 2～3 次。实验结果证明,将培养物的体积从 $0.143 \ L \cdot g_{白鼠}^{-1}$ 减少到 $0.025 \ L \cdot g_{白鼠}^{-1}$,而不会破坏气体平衡。由于藻类产量随着培养深度的减少而增加,因此气体平衡得以维持。这样,藻类生产速率从培养物体积为 $0.143 \ L \cdot g_{白鼠}^{-1}$ 时的 $0.494 \ g \cdot L^{-1} \cdot d^{-1}$ 增加到培养物体积降至 $0.025 \ L \cdot g_{白鼠}^{-1}$ 时的 $2.4 \ g \cdot L^{-1} \cdot d^{-1}$。生产速率增加的很大一部分是由于培养物中接受最佳光量部分的增加,这是通过降低培养物的深度引起的。每升培养物的藻类细胞日产量增加了约 0.44 g,培养物深度每次减少 1 cm。因此,当深度为 7.5 cm 时,日产量仅为每升培养物 0.5 g;当深度为 3.5 cm 时,日产量达到每升培养物 2.25 g。

假设每合成 1 g 藻类释放 1.6 g 氧气,那么在所有实验的体积下,每克白鼠可获得的氧气估计总会超过 $4 \ g \cdot h^{-1}$,表 12.1 为培养物体积与藻类浓度和产氧量之间的关系。由于白鼠的氧气需求量为 $4.0 \sim 4.3 \ mg \cdot g_{白鼠}^{-1} \cdot h^{-1}$,因此非藻类微生物总是可以获得过量的氧气。这些生物体的使用可能解释了为什么在 6 周后的任何一次运行中,氧气浓度从未超过 23%。

表 12.1 培养物体积与藻类浓度和产氧量之间的关系（Golueke 和 Oswald，1963）

培养物体积/(L·mg$_{白鼠}^{-1}$)	滞留期/d	藻类浓度/(mg·L^{-1})	产氧量估值/(mg·g$_{白鼠}^{-1}$)
0.143	3	1 475	4.7
0.058	2.43	2 870	4.6
0.050	2.1	3 200	5.1
0.025	1.66	4 200	4.2

或许，当由于该单元的设计局限而不能进一步优化光照时，可以通过增加所饲养白鼠的总质量来增加每个细胞的可用二氧化碳量，从而使每只白鼠的体积进一步减少成为可能。增加白鼠负荷还具有其他优点，即不仅显著减少了所用的培养物体积，而且还缩减了每克白鼠所需培养物的照射表面积。

其他人也报道过二氧化碳对系统具有显著影响（Oswald 等，1962），这些实验涉及与二氧化碳阶跃输入（step input）有关的传递函数。当系统就气体而言处于平衡状态时，首先通过将两只白鼠中的一只从微地球模型中取出来完成阶跃输入；然后在氧浓度再次达到平衡后恢复白鼠的数量。在这两个步骤中，都对及时反馈（immediate response）进行了评估。在取出白鼠后，氧气浓度立即下降。然而，在 1 h 左右的间隔之后，氧浓度则再次达到平衡，且通常处于接近移除白鼠之前的水平。白鼠数量的恢复则再次导致氧气的下降和移除白鼠时所观察到的模式的重复。

显然，藻类培养物形成的藻类种群与该单元中白鼠的二氧化碳产量成正比。当白鼠负荷突然减少时，则二氧化碳和藻类种群之间的平衡就会被破坏，那么藻类活动就会下降，而且氧气产量也会下降。然而，会逐渐达到一种新的平衡。最初白鼠负荷的突然恢复，以及随之而来的二氧化碳输入的增加，则再次破坏了平衡。但是，与以前一样，培养物能够自我调整从而恢复最初的平衡。系统自我调节的能力显示了其稳态特性。

12.2.6 氮平衡情况

关于氮平衡所获得的数据以表 12.2 中所示的数据为代表，其中列出了每次 1

周的 3 次运行的平均数据。其中，培养物体积为 0.05 L·$g_{白鼠}^{-1}$（两只体重各为 30 g 的白鼠所占用培养物的总体积为 3 L），并且停留时间为 2.1 d。根据数据，在每 7 d 的时间内，作为尿素和老鼠排泄物而被引入的氮中，除 1% 外其余都可以由产生的藻类细胞中的氮来解释。由于白鼠排泄物至少提供了所被引入总氮的 20%，因此大多数排泄物必须被充分分解，以释放出藻类所需的氮。藻类细胞的氮含量平均为 (7.5±0.5)%。

表 12.2 各运行 1 周的 3 个氮平衡试验的平均值（Golueke 和 Oswald，1963）

投入		产出	
类别	总氮/(g·L^{-1})	类别	总氮/(g·L^{-1})
细胞	0.186	细胞	0.257
液体	0.012	液体	0.006
添加：		去除：	
尿素	0.068	细胞	0.808
白鼠排泄物	0.218	—	—
总计	1.084	总计	1.071

在每次 7 d 的运行期间，镁和磷酸盐都未被添加到再循环液体中。在 3 次运行中，镁的平均去除率为 (1.6±0.2) mg·L^{-1}，而磷（以磷酸盐计）的平均去除率为 (3.8±0.2) mg·L^{-1}。由于并未对细胞的镁含量进行测定，因此该实验不能确定镁是被结合进入细胞材料中，还是仅仅发生了沉淀。另外，尽管对所收获的悬浮固体中的磷含量进行了分析，但无法确定磷是存在于藻类细胞中还是存在于与细胞一起被去除的沉淀物中。因此，根据目前的实验结果可知，无论培养物与白鼠之间的比例如何，氮、磷和镁的使用量都保持不变。

12.2.7 结论与启示

1. 微量有害气体积累情况

从白鼠在 6 周运行结束时的良好状态来看，不可能出现大量有毒气体积聚，也没有任何具有不良气味的气体积聚。即便有任何对细菌或藻类有毒的物质积累，那么在任何实验中都不足以对藻类或细菌产生可检测的影响。

2. 营养元素吸收与补充情况

尽管本研究中最长的实验期为 6 周，但在早期的光能转换研究中（Golueke 和 Oswald，1959），藻类 – 好氧细菌 – 厌氧细菌封闭系统的闭合液相循环期达到了 250 d。在该实验中，所回收液体的唯一有害影响是导致必需大量营养元素氮、镁和磷出现损耗。然而，当保持足够浓度时，则生长继续增长。显然，白鼠粪便提供了足够的微量营养素，因为不需要添加任何微量营养元素。

3. 营养元素闭合问题

有待研究的一个主要领域是藻类营养循环的闭合。从所描述的结果来看，闭合循环的唯一方法是给系统中提供损失的元素，因为通过哺乳动物饮食引入的元素和通过废弃藻类去除的元素之间存在不平衡状态。已有研究证明，白鼠等非反刍动物不能仅靠藻类生存。如在食物链中引入其他成员，从而使藻类中的元素最终成为哺乳动物的食物，则这应是另一种措施。然而，存在于藻类细胞中的营养元素可以在微生物的厌氧培养中通过消化释放，就像在前面提到的藻类 – 好氧细菌 – 厌氧细菌封闭系统中所做的那样。

在该系统中，由厌氧细菌分解的藻类细胞组成的污泥作为藻类 – 好氧细菌培养物的营养物质，而由污泥合成的新藻类作为厌氧培养物的营养物质。然而，在将厌氧系统引入空间系统之前还必须消除许多不良特征。应用物理和化学方法分解藻类细胞可能是最好的方法。

另外的实验结果表明，每人需要 2.3 kg 的小球藻来提供氧气和消耗二氧化碳（Escobar 和 Nabity，2017）。然而，这些早期实验表明，藻类产生氧气和利用二氧化碳与白鼠产生二氧化碳和利用氧气的比例并不相同，同化商（AQ）和呼吸商（RQ）并不匹配。另外，早期的研究还证明，人即便食用少量的小球藻，也会产生不适感，甚至引起消化问题（Powell，Nevels 和 McDowell，1961；Miller 和 Ward，1966）。

12.3 苏联藻类-人集成技术实验研究

12.3.1 基本设备条件

如上所述,当时在冷战时期为了在太空竞赛中称雄,苏联科学院西伯利亚分院物理研究所生物物理室在 20 世纪 60 年代先后建成了 BIOS-1 装置(20 世纪 60 年代初期建成,有效容积为 12.0 m³)和 BIOS-2 装置(20 世纪 60 年代后期建成,有效容积为 20.5 m³),后来新成立的苏联科学院西伯利亚分院生物物理研究所又建成国际上著名的 BIOS-3 装置(1965 年动工,1972 年建成,有效容积为 237 m³)。前两台装置(即 BIOS-1 和 BIOS-2)都是无人控制的密闭生态系统,而第三台装置(即 BIOS-3)是大型有人控制的密闭生态系统。

在 BIOS-3 装置中,共包括 4 个相同大小的隔间,它们分别为藻类培养室(1 个)、植物栽培室(2 个)和乘员居住室(1 个),总体积为 315 m³。在藻类培养室中共包含 3 台光生物反应器,每台反应器的容积约为 17 L(Gitelson,Lisovsky 和 MacElroy,2003)。图 12.3 为 BIOS-3 装置的内部结构(不带顶)模型图。

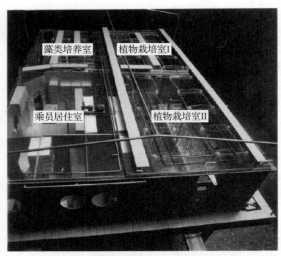

图 12.3 BIOS-3 装置的内部结构(不带顶)模型图

12.3.2 基本实验结果

从 1964 年到 1984 年的 21 年间,苏联科学家(BIOS-1 和 BIOS-2 阶段是在莫斯科的生物医学问题研究所开展,BIOS-3 阶段是在苏联科学院生物物理研究所开展),共组织开展了 12 次人与系统的整合技术研究,其中前 9 次都涉及藻类(即小球藻)。在这 9 次涉及藻类的实验中,前 5 次都是藻类与人的集成实验研究,后 4 次是藻类与高等植物和人的集成实验研究。每次试验的具体年代、持续时间、封闭人数、有效体积、再生单元以及再生结果等如表 12.3 所示。

表 12.3 苏联利用 BIOS 系列装置开展藻类-人集成实验的时间表及所取得的主要成果

日期	装置	持续时间/d	封闭人数	有效体积/m³	再生单元	环境组成的生物再生,乘员再生百分比
1964	BIOS-1	1	1	12	藻类	CO_2-100%
1965	BIOS-1	5	1	12	藻类	—
1965	BIOS-1	14	1	12	藻类	—
1965	BIOS-1	30	1	12	藻类	
1966	BIOS-1	45	1	12	藻类	O_2-100% H_2O-100%
1968	BIOS-2	90	1	20.5	藻类、高等植物、空气储备	O_2-100% H_2O-100%
1969—1970	BIOS-2	30	1	20.5	藻类、高等植物(小麦)	O_2-100% H_2O-100%, 食物-7%(面包)
1969—1970	BIOS-2	30	1	20.5	藻类、高等植物(蔬菜)	O_2-100% H_2O-100%, 食物-8.2%(蔬菜)

续表

日期	装置	持续时间/d	封闭人数	有效体积/m³	再生单元	环境组成的生物再生，乘员再生百分比
1972—1973	BIOS-3	180	3	237	高等植物、高等植物+藻类	O_2-100% H_2O-100%， 食物-12~30% （面包，蔬菜）

下面参考 Gitelson 等人（2003）的专著报道，分别从利用 BIOS-1 装置到 BIOS-3 装置所开展的 9 次与藻相关的集成实验结果进行简要介绍。

1. BIOS-1 装置中二元集成实验（1964—1966）

1964年，在莫斯科生物医学问题研究所（IBMP）的 BIOS-1 装置中进行了第一次微藻与人整合的实验。BIOS-1 装置是一种人-微藻封闭气水交换系统。该装置包括两个主要的隔间：一个是藻类培养室，另一个是乘员居住室。人的食物由外部提供，人的固体废物被从系统中移走。藻类的培养基也从外部提供，然后去除干燥的藻类生物量。回收的尿液和其他冷凝水被用作饮用水。操作人员在去除微藻类悬浮液后，回收工艺水进行藻类养殖。藻类的另外一部分营养物质来自尿液和来自人的卫生水的真空馏出物。藻类培养装置净化了空气（包括其他污染物，如一氧化碳）。1964年，进行了一个人与藻类 12 h 和 24 h 的直接气体交换。在 1965—1966 年期间，将直接气体交换的实验时间分别增加到 14 d、30 d、45 d 和 90 d。随着藻类的持续培养，气体闭合度达到 90%，但由于微藻的同化商（AQ）和人的呼吸商（RQ）之间存在差异，因此导致二氧化碳出现失衡。研究人员发现，通过调整人的饮食（脂质与碳水化合物与蛋白质的比例）可以纠正微藻的 AQ 和人的 RQ 之间的差异。藻类培养装置中的光合作用速率保持连续，并受到人产生的二氧化碳的调节。

2. BIOS-2 装置中三元集成实验（1969）

在莫斯科 IBMP 的 BIOS-2 装置中，增加了一个温室，以形成一个包含人、微藻和高等植物的 3 单元系统。人 50% 以上的食物由温室供应，不足部分通过外部供应。固体粪便被留在系统中而未得到处理。藻类和人之间实现了完全的水交换。藻类培养装置处理人的液体废物及其冷凝水，以提供饮用水。高等植物单元的冷凝水为乘员提供了卫生水，而且乘员每周更换植物培养基。自养生物提供 100% 的氧气，并消耗所有人产生的二氧化碳。90 d 的实验表明，这可以实现完全平衡的气－水交换和稳定的素食再生。通过选择合适的作物品种，可以使植物的 AQ 与人的 RQ 相一致。小球藻和高等植物为人提供了 26% 的饮食。确定了 2.5 m^2 的种植面积可以满足人对新鲜蔬菜的需求。

3. BIOS－2 装置中四元集成实验（1969）

为了增加食物链的闭合，IBMP 在 BIOS－2 装置中添加了其他作物（如小麦）和微生物培养装置来氧化人的固体废物。这样，BIOS－2 装置就成为一个包含人、微藻、高等植物和微生物培养装置的 4 单元系统。在植物栽培装置中培养了两个小麦品种。人的部分食物是由植物生产的粮食，而另一部分是外部供应的。微生物培养装置氧化固体粪便。藻类培养装置处理液体废物。另外，将藻类培养装置的冷凝水用作饮用水，而将高等植物的冷凝水用作卫生水。除了取出以供分析的样品而用蒸馏水代替外，水达到了完全闭合。大气交换达到 100% 的闭合。在一次 73 d 的实验中，对不可食植物生物量的矿化需求变得明显。如果蔬菜食品的产量增加，则不可食植物生物量将导致氧气产量过剩和二氧化碳不足，除非进行矿化。

4. BIOS－3 装置中三元集成实验（1972）

在 BIOS－3 装置被建成后，1972 年在其中开展了 3 人 180 d 的 3 单元集成技术试验研究。乘员从舱内控制了 BIOS－3 装置，类似于对宇宙飞船所要求的那样。这样，就提高了闭合度，因为不需要将样品运送到舱外进行分析。实验结果表明，乘员的工作量很大，因此有必要减少劳动时间。热交换器冷凝水提供了饮用水和卫生水，而且系统的食物闭合度也显著增加。这种高水平的闭合度便于在没有外部污染的情况下观察微生物区系的自主动态。

从 1972 年开始，BIOS－3 装置的第一个 180 d 试验被分为 3 个阶段，每个阶段持续两个月。第一阶段研究了高等植物和人之间的气体和水交换。结构包括生活间和两个种植小麦和蔬菜的植物栽培间。植物提供气体交换、水、粮食和蔬菜。另外还储存了一些冻干食品。将人体代谢的固体和液体废物从 BIOS－3 装置中进行去除。控制参数包括光照、二氧化碳浓度和营养液组成。生产速率超出了预期，提供了 30% 的乘员食物需求量。操作人员控制光照强度来调节光合作用，从而控制大气成分。第二阶段包括一台具有小麦和蔬菜的植物栽培装置以及另一个具有 3 台藻类培养装置的隔间。这样，藻类单元就更进一步提高了闭合度。藻类培养装置吸收人的液体废物，而实验操作人员从系统中去除固体干燥废物。每台藻类培养装置都能满足一个人对 O_2 供应需求和 CO_2 净化要求。植物栽培装置接受的污水浓度是第一阶段的两倍，由于铵态氮的有毒比例，这则削弱并最终破坏了小麦植株。在第三阶段，在植物栽培装置只种植蔬菜，并且未添加污水。

在该实验过程中，乘员不得不花 20% 的时间来控制该系统，这表明需要实现其自动化运行。多名乘员使代谢瞬变趋于平稳。第二和第三阶段的系统闭合率达到了 91%。有机挥发性化合物的动态平衡表明生产和消耗速率达到了平衡。两种植物栽培装置为 3 名乘员提供了 26% 的碳水化合物、14% 的蛋白质和 2.3% 的脂肪需求量。正如在早期的 BIOS－1 装置和 BIOS－2 装置实验中所观察到的那样，人和自养生物单元之间的气体交换需要得到平衡。由于藻类氮源（即人的废物）是固定的，因此有必要改变人的饮食结构，以达到理想气体平衡状态所需要的 RQ。

12.3.3　基本结论与启示

在以上实验中，进行了单细胞藻类小球藻的持续强化培养。在包含藻类和高等植物的实验中，最多持续了 180 d，而在只有藻类的实验中，最多持续了 45 d。研究结果表明，小球藻能够成功地为舱内人员实现大气和水交换的功能（Kirensky 等，1968，1971；Gitelson 等，1989），而且在 30 d 内 30 L 的小球藻可以满足一个人的 CO_2 净化要求和 O_2 供应需求（Eckart，1996）。另外，通过上述实验，认识到很多规律，并构建了大量数学模型。

然而，通过以上系列实验所发现的主要问题是小球藻不能成为人的大量食物来源。这主要是因为小球藻带有细胞壁而会给乘员带来严重的消化问题，而且在感官方面也会带来不适。另外，藻类会释放有毒气体而对植物生长等带来不良影响（Gitelson，Lisovsky 和 MacElroy，2003）。

因此，一种可行的做法是将小球藻等藻类作为一种小量生物部件，使之在 CELSS 中发挥补充和应急的作用。当然，这种作用在 CELSS 中事实上也是非常重要的，它对提高系统中食品供应的多样性、保障系统中大气和水循环以及整个系统运行的稳定性、安全性和可靠性等方面具有重要作用。

12.4 我国微藻-白鼠二元系统气体交换实验

作为 CELSS 的一种重要生物功能部件，中国航天员科研训练中心的艾为党等人在微藻培养方面做了大量工作，并在此基础上探讨了微藻-白鼠二元生态系统中氧气和二氧化碳的交换规律，以便进一步评价空间微藻光生物反应器地面试验样机生产螺旋藻的能力，以及掌握螺旋藻与白鼠对彼此生长的影响等情况。

12.4.1 基本实验方法

将前面已经研制成的微藻光生物反应器（艾为党等，2007）和动物活动室组成气路闭环系统。图 12.4 为螺旋藻-白鼠二元整合系统外观图。藻种为钝顶螺旋藻，由中科院水生所螺旋藻藻种库提供。光生物反应器的有效容积为 16 L，藻体处于对数生长期，起始藻细胞浓度为 $2.5\ g\cdot L^{-1}$。在系统中，共引入了 4 只白鼠，由中国航天员科研训练中心实验动物中心提供，9 周龄，BALB/c 品系，单只个体质量为 25~30 g。试验期间连续监测系统中氧气和二氧化碳含量、白鼠的活动状况、藻液 pH 值变化以及藻体浓度含量等指标。图 12.5 为螺旋藻-白鼠二元整合系统运行流程图。

图 12.4　螺旋藻-白鼠二元整合系统外观图（艾为党等，2014）

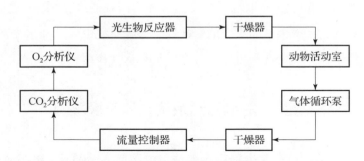

图 12.5　螺旋藻–白鼠二元整合系统运行流程图（艾为党等，2014）

另外，在整合前测试了 4 只白鼠在 3 h 内的消耗氧气和呼出二氧化碳的情况（图 12.6）。这样，便于对整合后螺旋藻向白鼠供氧及净化其呼出二氧化碳的能力进行评价。该整合实验共持续了 86 h。

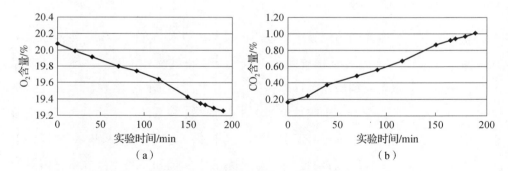

图 12.6　整合实验前白鼠培养室内 O_2 含量和 CO_2 含量
的变化情况（艾为党等，2014）

（a）O_2 含量；（b）CO_2 含量

12.4.2　基本实验结果与结论

实验结果表明，螺旋藻生长良好，系统闭环后能够促进藻体的生长。从白鼠的体征来看，其生活正常，并未观察到任何不良反应。螺旋藻与白鼠间能实现氧气和二氧化碳的完全交换，证明螺旋藻具有较强的吸收二氧化碳和放氧能力（图 12.7）。

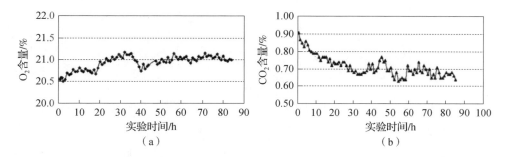

图 12.7 整合实验期间白鼠培养室内 O_2 含量和 CO_2 含量的变化情况

（艾为党等，2014）

(a) O_2 含量；(b) CO_2 含量

从本系统实验的结果来看，容积为 16.0 L 的螺旋藻培养液其光合作用放出的 O_2 完全能满足动物培养室中白鼠的呼吸所需。本实验所用的光生物反应器地面试验样机的产 O_2 能力至少为 8.34 g·d^{-1}。按目前载人飞船设计中乘员呼吸代谢所需 O_2 量为 0.84 kg 进行计算，则研究人员认为有效容积为 1.6 m^3 的藻类培养装置便可满足 1 名乘员对 O_2 的供应需求（艾为党等，2014）。

12.5　ESA 微藻-动物集成技术实验研究

12.5.1　MELISSA 项目概况

1987 年，ESA 发起了 MELISSA 计划。之后，在西班牙巴塞罗那自治大学逐步建成 MELISSA 中试装置（MELISSA Pilot Plant）。该装置包括乘员舱、植物舱、微藻舱、有机物降解舱、挥发性脂肪酸降解舱和硝化舱等生物功能单元（Gòdia 等，1997）。它们的基本工作原理及之间的接口关系如图 12.8 所示。

12.5.2　微藻-动物二元气体交换实验

在开展大量单项关键技术研究的基础上，在 ESA 的支持下西班牙巴塞罗那自治大学的 Alemany 等人（2019）首先开展了微藻舱与乘员舱之间的集成技术研

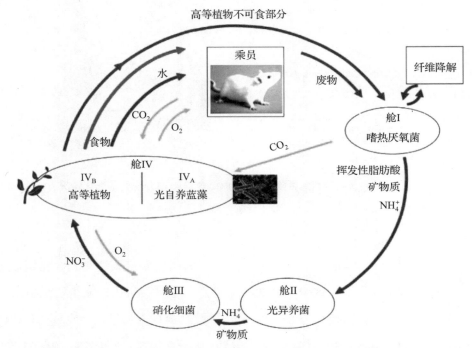

图12.8　MELISSA中试装置中各功能单元的基本工作原理及之间的接口关系
(Walker 和 Granjou, 2017)

究。藻种为蓝藻 *Limnospira indica* PCC 8005（以前属于螺旋藻），藻体培养物体积为 83 L，最初的细胞光密度值为 0.1。实验动物为 Wistar 型白鼠，属于在受控饮食下具有类似 RQ 的一种哺乳动物。在本次实验中只用了 3 只白鼠。

该实验的乘员舱由动物舱所取代。该动物舱的体积为 1 600 L，包括主舱、转移气闸舱和气体循环回路 3 个部分，每天保持 12 h 光照；略保持正压（+0.2 kPa），并带有压力补偿装置；温度保持在 22 ℃，湿度保持在 55%。气体循环回路通过热交换器设备、湿度控制设备和活性碳过滤器来使主舱保持适当的环境条件。主舱内的气体循环速率为 90 $m^3 \cdot h^{-1}$。此外，利用顺磁分析仪在线测量二氧化碳和氧气。同时，设计了转移气闸舱的独立压力控制系统，以使材料的进出不影响主舱变量。将微藻舱与动物舱通过气路相连（图 12.9）。该研究分别进行了 30 d 和 50 d 的两次试验。在图 12.9 中，微藻舱左侧为未开灯运行状态，右侧为开灯运行状态；中间双箭头表示两舱之间的气路。

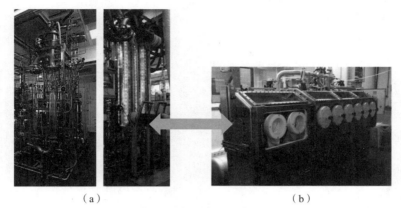

图 12.9 MELISSA 中试装置中的微藻舱与动物舱外观图（Alemany 等，2019）

(a) 微藻舱；(b) 动物舱

该研究重点在于构建一种非常有价值的关于 CELSS 中不同生物功能单元的精确数学模型，以便支持它们在适当的控制策略下连续运行。研究结果表明，其所构建的模型具有良好的模型性能，如系统主要变量氧浓度在所有情况下的低相对误差（≤0.06）以及高皮尔逊相关系数（high Pearson correlation coefficient）和威尔莫特 – d – 指数（Willmott – d – index）（0.98~1.00）。该实验已成功证明了 MELISSA 系统中微藻舱和动物舱这两个单元能够实现闭环运行。所构建的模型可以再现每个舱的主要特征、与动物舱相关的昼夜整体系统动力学以及动物舱中氧设定点的强加（imposed）变化的动力学，因此证明了该模型的有效性和稳健性。此外，氧气、系统中的关键变量（在所有情况下相对误差都低于 0.06）以及所达到的受控最大二氧化碳浓度所显示的准确性，将有可能使这种系统在实际太空任务中得到应用。

12.5.3 微藻 – 动物二元气体交换实验（培养基 + 未经硝化处理的尿素）

已有研究表明，光合蓝藻 *Limnospira indica* 可以代谢二氧化碳和富含氮的人体废物，并产生氧气和可食生物量。到目前为止，生命保障系统的研究主要集中在利用化学/物理方法循环水、降解人体废物和将二氧化碳循环成氧气。目前，还有人考虑了其他微生物处理技术，如对富含尿素铵的人体废物进行硝化，然后利用形成的硝酸盐进行蓝藻培养和大气再生。然而，这种多重级联过程往往会增加生命保障系统的复杂性。因此，利用非被硝化的尿液培养 *Limnospira indica* 则有可能会部分解决这些问题。

比利时蒙斯大学的 Sachdeva 等人之前的研究表明，用尿素和铵培养 *Limnospira indica* 是可能的，这是非硝化尿液中氮的两种很明显的形式（Sachdeva 等，2018a，2018b）。因此，在上述实验研究的基础上，比利时蒙斯大学的 Sachdeva 等人（2021）开展了 35 d 的微藻－白鼠大气交换实验。本次实验的微藻培养装置是容积 2 L 的微藻光生物反应器。藻种同样是 *Limnospira indica* PCC 8005。动物饲养装置的体积为 11.5 L，材质为不锈钢。动物为一只质量 21.4 g 的 8 周龄 C57BL/6J 型雄性白鼠。微藻培养装置和动物饲养装置之间的运行关系如图 12.10 所示。

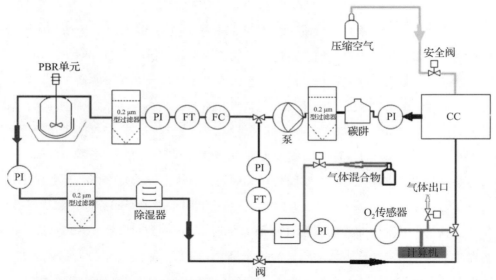

图 12.10 微藻培养装置和动物饲养装置之间的运行关系（Sachdeva 等，2021）

PBR 单元—光生物反应器＋光照单元；PI—压力监测器；FT—流量变送器；FC—流量控制器；CC—动物饲养舱

另外，与 12.5.2 节中所介绍实验的一项根本区别是在微藻的培养基中加入了未经硝化处理的尿液氮源，具体研究时间表及研究方案如图 12.11 所示。另外，在随机光传输模型的基础上开发并验证了一种确定性控制律，通过该控制律来调节（增加/减少）光生物反应器上的入射光，以便控制闭合回路中的氧气含量。

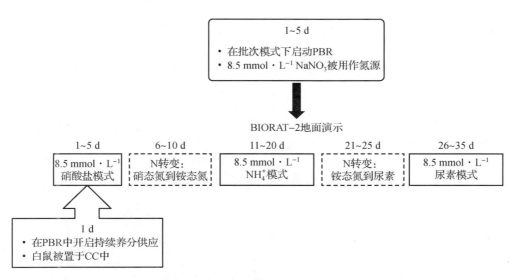

图 12.11　微藻-白鼠大气交换实验研究时间表及研究方案（Sachdeva 等，2021）

在本实验中，他们研究了利用非硝化尿液中所存在的不同形式的氮源（尿素和铵，并以硝酸盐作为对照）来培养蓝藻 *Limnospira indica* 的可能性，并评估了这些氮源对该藻种产氧能力的影响。研究结果表明，虽然该系统在硝酸盐和尿素模式下可以满足 20.3% 的期望氧气含量，但在铵模式下只能达到 19.5% 的最大氧气含量（图 12.12）。相对来说，铵对微藻的生长具有较大影响。

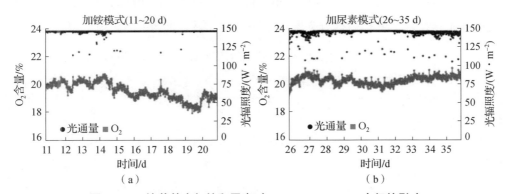

图 12.12　培养基中加铵和尿素对 *Limnospira indica* 产氧的影响
（Sachdeva 等，2021）

(a) 加铵模式；(b) 加尿素模式

总之，这项研究初步证明利用富含铵和尿素的培养基以及白鼠呼出的 CO_2 进行 *Limnospira indica* 培养和空气再生是可行的。

12.5.4 微藻-动物三元气体交换实验

在上述实验研究的基础上,西班牙巴塞罗那自治大学的 Garcia - Gragera 等人(2021)开展了 MELISSA 中试装置中 3 个单元之间的集成技术研究。这 3 个单元分别是微生物硝化舱(C3)、光生物反应器(C4a)和动物舱(C5),其运行原理图如图 12.13 所示。研究周期 276 d。

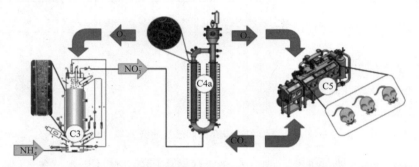

图 12.13 MELISSA 中试装置中微生物硝化舱、光生物反应器和动物舱之间的运行原理图(Lasseur 和 Mergeay,2021)

长期实验证明,上述 3 舱的运行具有较高的鲁棒性和可靠性,并在短暂和稳态条件下成功地证明了微藻产氧和白鼠耗氧的性能,以及它们之间的关系(表 12.4 和图 12.14)。在图 12.14 中,横坐标显示的值表示动物舱中每个 O_2 设定浓度值;黑色、灰色和棕色列分别对应于第一组、第二组和第三组白鼠。

表 12.4 在每种实验条件下,在微生物硝化舱和微藻舱之间的液体连接以及微藻舱和动物舱之间的气体连接期间硝化舱和微藻舱之间的氮平衡情况(Garcia - Gragera 等,2021)

液体流速/$(L \cdot d^{-1})$	硝化舱					PBR		
	载荷/$(N-ppm \cdot d^{-1})$	NO_3^- 入口/$(N-ppm)$	NO_3^- 出口/$(N-ppm)$	NH_4^+ 去除率/%	转化率/%	NO_3^- 出口/$(N-ppm)$	$Y_{N/X}$/$(g \cdot g^{-1})$	Y_{N/O_2}/$(g \cdot g^{-1})$
20	870	300	274.8	99	91.6	160	0.09	0.064
30	1 304	300	289	99	96.3	202	0.09	0.059
40	1 400	241	227	99	94.2	155	0.09	0.057

注:从硝化舱中提取的 NO_3^- 的出口浓度被认为是 PBR 中的入口浓度。

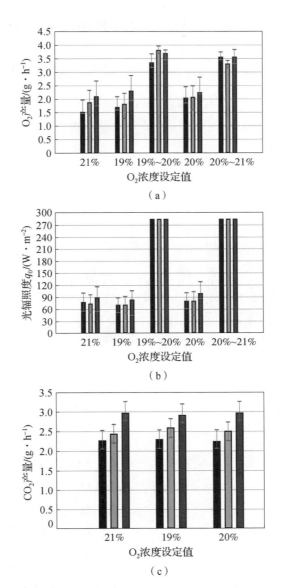

图 12.14　在与动物舱集成期间，在不同 O_2 浓度设定值下 PBR 中 O_2 产量和光辐照度 q_0 以及动物舱 CO_2 产量的结果比较（Garcia–Gragera 等，2021）（附彩插）

(a) O_2 产量；(b) 光辐照度 q_0；(c) CO_2 产量

12.6 美国鱼-蔬菜-微藻共生系统中微藻的污水净化作用

美国明尼苏达大学生物产品和生物系统工程系的 Addy 等人（2017）开展了鱼（罗非鱼幼鱼）-蔬菜（羽衣甘蓝）-微藻（小球藻）的共生培养实验研究，重点对小球藻在浮筏水培系统中对氨控制的能力进行了评价。实验用共生系统平面布局如图 12.15 所示，占用面积长宽为 2.54 m×2.03 m。在水培共生系统的运行过程中，监测了藻类生物量、蔬菜的产量和系统中关键营养物质的去除情况。

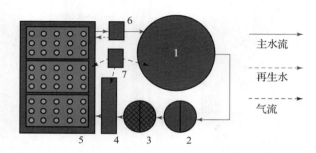

图 12.15　实验用共生系统平面布局（Addy 等，2017）
1—鱼缸（416.4 L）；2—带中央挡板的澄清罐（113.6 L）；3—带中央挡板和网子的矿化罐（56.8 L）；
4—脱气罐（18.9 L）；5—蔬菜栽培盘（长 1.7 m×宽 1.1 cm）；6—水泵；7—气泵

研究结果表明，当以上水生动植物系统全面运行时，藻类生产速率约为 (4.15 ± 0.19) $g\cdot m^{-2}\cdot d^{-1}$（干质量）。该产量相对较低，因为生长条件主要是被用于满足鱼类和蔬菜的生产。然而，藻类对平衡硝化细菌引起的 pH 值下降具有积极的作用，而且藻类可以控制氨。因为与硝酸盐氮（硝基氮）相比，藻类更容易吸收氨。另外还证明，小球藻的整体除氮效率比蔬菜更有效。图 12.16 为第二次研究时在 NP1 和 NP2 系统中培养液相关参数测量情况。

为了评价藻类在水培系统中的作用，他们在实验中考虑了多方面因素的影响。藻类作为一种微生物能够同时利用氨和硝酸盐，但它们的利用偏好取决于物种。当藻类被放入水培系统中时，两种形式的氮都存在。然而，问题是藻类首先会使用哪种形式的氮源？藻类与蔬菜争夺资源吗？许多研究表明，当使用硝酸铵

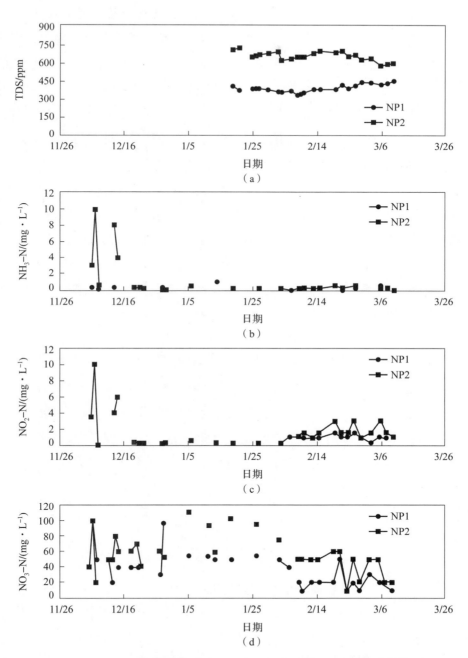

图 12.16 第二次研究时在 NP1 和 NP2 系统中培养液相关参数测量情况
（Addy 等，2017）

(a) TDS；(b) NH_3-N；(c) NO_2-N；(d) NO_3-N

时，小球藻更喜欢氨，因此当硝酸盐被氨取代时，则可以获得更高的藻类产量（Li 等，2008）。另一项研究还表明，溶液中存在的氨会完全阻止硝酸盐的同化。一旦氨被用完，则硝酸盐同化将再次开始（Syrett 和 Morris，1963）。这些发现表明，藻类吸收的氮主要来自氨，因为在使用硝酸盐抑制藻类的系统中检测到的氨水平通常很低。从这个角度来看，藻类不太可能与蔬菜竞争硝酸盐的利用，但会减少系统中过量的氨。然而，系统中的氮转化是一种复杂而动态的过程。这种转化不仅涉及固体粪便中释放的氮，还涉及液体中不同形式氮之间的转化。然而，在这项研究中，只监测了溶解氮。首先，大部分溶解的氮以氨的形式存在。在氨转化之前，藻类会与硝化细菌竞争氨的同化作用。当转化的氨减少时，可用于蔬菜的硝酸盐就会减少。从这个角度来看，藻类在总氮利用方面处于竞争地位。其次，脱氮过程中也会损失一部分氮，使 NO_3^- 还原为 N_2O 和 N_2 气体（Wongkiew 等，2017）。研究表明，在 pH 6.0 时，N_2O 排放最强（Zou 等，2016）。在本研究中，藻类和蔬菜对氮的去除可以进行比较。目前，该系统只使用了不到三分之一的面积。

在水培系统中，藻类成分有许多已被证明具有积极作用。在日常操作中，藻类可以帮助平衡 pH 值、添加氧气并控制系统中的氨。虽然藻类的生产力比蔬菜低，经济上不利于生长，但由于藻类中的氮含量较高，因此藻类比蔬菜能够更有效地去除氮。此外，藻类不太可能与蔬菜竞争硝酸盐氮，而是争夺总氮资源和生长空间。在水处理方面，藻类在水培系统中具有独特的作用，可以在情况允许时放置在系统的最后阶段，以便进一步去除氨。

结 束 语

开展藻类与人或动物的系统集成实验研究是实现藻类在未来 ECLSS 中应用的重要步骤。对于藻类太空生物学研究，可以说苏联所做的工作最早、最多也最为扎实，其次是美国，接着是欧洲航天局（ESA）。我国的中国航天员科研训练中心在藻类的系统集成技术研究方面也做了一些探索性工作。因此，本章就苏联、美国、ESA 和我国等国家和组织在藻类与系统集成技术研究方面这一领域的工作进行了全面而系统地介绍，尤其是通过实验所获取的经验和教训，并就当前这一领域存在的问题（如接口的匹配性关系及藻类与人或动物之间的相互影响关系）及将来的发展方向等进行了探讨。

参 考 文 献

艾为党，郭双生，秦利锋，等. 空间微藻光生物反应器地面试验样机研制［J］. 航天医学与医学工程，2007，20（3）：165-169.

艾为党，郭双生，董文平，等. 微藻-白鼠二元生态系统气体交换规律研究［J］. 载人航天，2014，20（6）：510-516.

人工密闭生态系统［M］. 郭双生，译者. 北京：北京理工大学出版社，2023.

ADDY M M, KABIR F, ZHANG R, et al. Co-cultivation of microalgae in aquaponic systems［J］. Bioresource Technology，2017，245：27-34.

ALEMANY D, PEIRO E, ARNAU C, et al. Continuous controlled long-term operation and modeling of a closed loop connecting an air-lift photobioreactor and an animal compartment for the development of a life support system［J/OL］. Biochemical Engineering Journal，2019，151：107323. DOI：10.1016/j.bej.2019.107323.

BOVEE H H, PILGRIM A J, SUN L S, et al. Large algal systems［J］. In Robinette, J., 1962：8-19.

BOWMAN R O, THOMAE F W. An algal life support system［J］. Aerospace Engineering，1960，19：26-30.

BOWMAN R O, THOMAE F W. Long-term non-toxic support of animal life with algae［J］. Science，1961，134：55-56.

ECKART P. Spaceflight Life Support and Biospherics［M］. 1st ed. CA：Torrance：Springer，1996.

ELEY J H J R, Myers J. Study of photosynthetic gas exchange, a quantitative repetition of the Priestley Experiment［J］. Texas Journal of Science，1964，26：296-333.

ESCOBAR C M, NABITY J A. Past, present, and future of closed human life support ecosystems: A review [C]. 47th International Conference on Environmental Systems, 16 – 20 July 2017, Charleston, South Carolina, USA. ICES – 2017 – 311, 2017.

FOLSOME C E, HANSON J A. The Emergence of Materially Closed System Ecology [J]. Ecosystem Theory and Application, 1986: 269 – 288.

GARCIA – GRAGERA D, ARNAU C, PEIRO E, et al. Integration of nitrifying, photosynthetic and animal compartments at the MELiSSA Pilot Plant [J/OL]. Frontiers in Astronomy and Space Sciences, 2021, 8: 750616. DOI: 10. 3389/fspas. 2021. 750616.

GITELSON I I, TERSKOV I A, KOVROV B G, et al. Long – term experiments on Man's stay in biological life – support system [J]. Advances in Space Research, 1989, 9 (8): 65 – 71.

GITELSON I I, LISOVSKY G M, MACELROY R D, et al. Man – made closed ecological systems [M]. New York: CRC Press, 2003.

GÒDIA F, ALBIOL J, MONTESINOS J L, et al. MELISSA Pilot Plant: A facility for the demonstration of a biological concept of a life support system [C]. European Space Agency Publications, ESA SP 400, 1997: 873 – 878.

GOLUEKE C G, OSWALD W J. Biological conversion of light energy into the chemical energy of methane [J]. Applied Microbiology, 1959, 7: 219 – 227.

GOLUEKE C G, OSWALD W J. Closing an ecological system consisting of a mammal, algae, and non – photosynthetic microorganisms [J]. American Biology Teacher, 1963, 25: 522 – 528.

KIRENSKY L V, TERSKOV I A, GITELSON I I, et al. Experimental Biological Life Support System. II. Gas exchange between man and micro—algae culture in a 30—day experiment [J]. Life Sciences and Space Research, 1968, 6: 37 – 42.

KIRENSKY L V, GITELSON I I, TERSKOV I A, et al. Theoretical and experimental decisions in the creation of an artificial ecosystem for human life support in space [J]. Life Sciences and Space Research, 1971, 9: 75 – 80.

KRAUSS R W, THOMAS W H, The growth and inorganic nutrition of Scenedesmus obliquus in mass cutlure [J]. Plant Physiology, 1954, 29: 205 – 21.

LASSEUR C, MERGEAY M. Current and future ways to closed life support systems: Virtual MELiSSA conference [J/OL]. Ecological Engineering and Environment Protection, 2021, 1: 75 – 85. DOI: 10. 1007/978 – 3 – 030 – 52859 – 1_3.

LI Y, HORSMAN M, WANG B, et al. Effects of nitrogen sources on cell growth and lipid accumulation of green alga *Neochloris oleoabundans* [J]. Applied Microbiology and Biotechnology, 2008, 81 (4): 629 – 636.

MELESHKO G I, SHEPELEV Ye Ya. Bioregenerative systems based on unicellular algae [C]. SAE Technical Paper Series 941413, 1995.

MILLER R L, WARD CO H. Algal bioregenerative systems [M]. In: Atmosphere in Space Cabins and Closed Environments, ed. by Kammermeyer K. New York: Meredith Publishing Company, 1966: 186 – 220.

MYERS J. Basic remarks on the use of plants as biological gas exchangers in a closed system [J]. J. Aviation Med., 1954, 25: 407 – 411.

MYERS D I. Study of photosynthetic regenerative systems on green algae [R]. USAF School of Aviation Medicine Report, 1958, 58: 117.

MYERS J. Growth characteristics of algae in relation to the problems of mass culture. In Algae Culture – From Laboratory to pilot plant [J]. Carnegie Inst. Wash. Publ., 1961, 600: 37 – 54.

MYERS J, GRAHAM J – R. On the mass culture of algae. III. Light diffusers; high vs low temperature chlorellas [J]. Plant Physiology, 1961, 36: 342 – 346.

MYERS J E, BROWN A H. Gas regeneration and food production in a closed ecological system [J]. Nat. Acad. Sci., Nat. Res. Coun., Washington, D. C., Pub., 1961, 893: 13.

OSWALD W J, GOLUEKE C G, BREWER J W, et al. Microbiological waste conversion in control of isolated environments [R]. Second Annual Report. Tech. Bul. San. Eng. Res. Lab. and School of Pub. Health, University of California, Berkeley, 1962.

POWELL R, NEVELS E, MCDOWEL A. Algae feeding in humans [J]. Journal of

Nutrition, 1961, 75: 7 – 12.

SACHDEVA N, GIAMBARRESI G, POUGHON L, et al. Assessment of transient effects of alternative nitrogen sources in continuous cultures of *Arthrospira sp*. Using proteomic, modeling and biochemical tools [J/OL]. Bioresource Technology, 2018a, 267: 492 – 501. DOI: 10. 1016/j. biortech. 2018. 07. 062.

SACHDEVA N, MASCOLO C, WATTIEZ R, et al. Embedding photosynthetic biorefineries with circular economies: Exploring the waste recycling potential of *Arthrospira sp*. To produce high quality by products [J/OL]. Bioresource Technology, 2018b, 268: 237 – 246. DOI: 10. 1016/j. biortech. 2018. 07. 101.

SACHDEVA N, POUGHON L, GERBI O, et al. Ground Demonstration of the use of *Limnospira indica* for air revitalization in a bioregenerative life – support system setup: Effect of non – nitrified urine – derived nitrogen sources [J/OL]. Frontiers in Astronomy and Space Sciences, 2021, 8: 700270. DOI: 10. 3389/fspas. 2021. 700270.

SYRETT P J, MORRIS I. The inhibition of nitrate assimilation by ammonium in *Chlorella* [J]. Biochimica et Biophysica Acta (BBA) – Specialized Section on Enzymological Subjects, 1963, 67: 566 – 575.

VERMEULEN A C J, PAPIC A, NIKOLIC I, et al. Stoichiometric model of a fully closed bioregenerative life support system for autonomous long – duration space missions [J/OL]. Frontiers in Astronomy and Space Sciences, 2023, 10: 1198689. DOI: 10. 3389/fspas. 2023. 1198689.

WALKER J, GRANJOU C. MELiSSA the minimal biosphere: Human life, waste and refuge in deep space [J]. Futures, 2017, 92: 59 – 69.

WILKS S S. Carbon monoxide in green plants [J]. Science, 1959, 129: 964 – 966.

WONGKIEW S, HU Z, CHANDRAN K, et al. Nitrogen transformations in aquaponic systems: A review [J]. Aquacultural Engineering, 2017, 76: 9 – 19.

ZOU Y, HU Z, ZHANG J, et al. Effects of pH on nitrogen transformations in media –

based aquaponics [J]. Bioresource Technology, 2016, 210 (3): 81 –87.

ZURAW G S, CHRISTIANSEN D L, KIPPAX R J, et al. Photosynthetic gas exchange in the closed ecosystem for space [R]. Rept. SPD 60 – 085, General Dynamics/Electric Boat, Groton, Conn., USA, 1960.

ZURAW E A. Algae – primate gas exchange in a closed gas system [J]. Developments in Industrial Microbiology, 1961, 3: 140 –149.

ZURAW E A, ADAMSON T E. Photosynthetic gas exchanger performance studies at high light input [R]. Rept. U413 – 63 – 036, General Dynamics/Electric Boat, Groton, Conn., USA, 1963.

第 13 章
模拟火星大气环境条件下微藻培养研究

13.1 前言

如前所述,未来需要建立基于植物和蓝藻的生命保障系统,而决定该系统效率的因素之一是非地球大气下蓝藻的生理学（Verseux 等,2016；Verseux,2020a）。原则上,在接近火星的大气条件下培养蓝藻有以下几个优点：一是低压将减少对稳健性的限制——光生物反应器可以使用更广泛的材料（如包括对光合活性辐射透明的材料）,并且可以减少结构材料的质量；二是将有助于降低泄漏率,减少需要补充的消耗品数量和向外生物污染的风险（Boston,1981；Lehto 等,2006；Richards 等,2006）；三是依靠接近火星的气体成分将有助于当地大气的利用。

然而,蓝藻不能在火星周围的大气条件下茁壮成长。首先,总压力太低。现场表面测量值在 600~1 100 Pa（溶胶平均值）变化,且季节和日变化较大（Harri 等,2014；Martínez 等,2017）。这些值与大多数微生物的代谢不相容（Schwendner 和 Schuerger,2020；Verseux,2020a）,也与液态水在支持蓝藻生长的温度下的稳定性不相容。其次,由 N_2 表示的分数对于在低总压下的重氮营养生长来说太低。"好奇"号火星样本分析（SAM）仪器套件的检测结果显示,火星大气中含有约 95% 的 CO_2、2.8% 的 N_2、2.1% 的 Ar 和微量气体（Franz 等,2017）,这与"维京"号任务获得的值接近（Owen 等,1977；Oyama 和 Berdahl,1977）。这就提出了以下问题,即光生物反应器的气相与火星大气层的相似度如何，同时能够使选定的蓝藻进行剧烈的自身生长和重氮营养生长？

尽管人们对大气条件变化对微生物的影响仍知之甚少，但预计降至约 1.0×10^4 Pa（而不是环境海平面压力）的总压力本身不会对微生物生长产生很大影响（Schuerger 等，2013；Verseux，2020a）。可以考虑较低的值，但气态碳和氮的分压必须足够高才能维持新陈代谢，这因此就设定了一个下限。有证据表明，至少对某些种类的蓝藻来说，二氧化碳分压（pCO_2）不限于约 400 Pa，如果在培养基中提供所有其他所需的营养素（尤其是氮源），则这些物种可以在接近纯二氧化碳的低压下生长（Murukesan 等，2015）。另外，对于各种氮混合细菌，N_2 被证明是从大约 500 hPa 的分压限制下来的（Macrae，1977；Klingler 等，1989；Silverman 等，2019），尽管在环境压力下，Anabaena cylindrica 和 A. variabilis 在 1×10^4 Pa 的 pN_2 下仍然生长旺盛（Silverman 等，2019）。因此，火星表面 CyBLiSS 光生物反应器中可使用的最低压力似乎最受 pN_2 的限制。

13.2　火星大气组分的基本特点及启示

开放的火星表面的条件过于恶劣而无法支持任何已知生物的生命活动。所有表面参数，包括低平均温度（-60 ℃）、昼夜温度之间的强烈变化、极低的大气压力（5~11 mbar）、缺乏液态水、极高的电离和紫外线辐射，也许还有大气气体的组成（95% 的二氧化碳（CO_2）、2.8% 的氮气（N_2）以及几乎完全缺乏氧气（O_2））（Graham，2004），都对光合自养生物有害。表 13.1 显示了在火星和地球表面上的平均大气条件比较。

表 13.1　在火星和地球表面上的平均大气条件比较（Lehto，Lehto 和 Kanervo，2006）

参数	火星	地球
表面重力	0.38g	1.00g
表面平均温度	-60 ℃	$+15$ ℃
表面温度范围	-145 ~ $+20$ ℃	-60 ~ $+50$ ℃

续表

参数	火星	地球
光合有效辐射（PAR）	860 μmol 光子·m^{-2}·s^{-1}	2 000 μmol 光子·m^{-2}·s^{-1}
UV 辐射	>190 nm	>300 nm
大气压	5~11 mbar	1 013 mbar
大气成分平均值		
氮气（N_2）	0.189 mbar, 2.7%	780 mbar, 78%
氧气（O_2）	0.009 mbar, 0.13%	210 mbar, 21%
二氧化碳（CO_2）	6.67 mbar, 95.3%	0.38 mbar, 0.038%
氩气（Ar）	0.112 mbar, 1.6%	10.13 mbar, 1%

注：1 mbar = 100 Pa。

为了在火星表面建立一个基于光合成的生命保障系统，除了受控的气体交换外，培养设施需要严格关闭。这也是防止（可能具有适应性的）地球生物向火星环境传播所必需的。然而，由于技术原因，避免安全壳结构内外之间的巨大压差将是非常有益的，因为这些结构需要过重和耐用的（类似压力锅的）建筑材料，并且很容易导致内部大气泄漏到周围环境。因此，封闭的生长设施应保持在最小的压力下，并尽可能接近周围条件，即在最大的 CO_2 浓度下，以及在适合生长所选光合生物的最低温度下。这种最小化的生长条件肯定会影响任何生物的生长和光合速率。具体而言，低于最佳生长温度的温度会对数降低不同微生物的代谢率，但代谢反应仍在以降低的速率继续，甚至降至 -40 ℃ 温度（Price 和 Sowers，2004）。此外，增加 CO_2 浓度，以使之达到特定物种的最佳水平，则能够增强其光合活性（Tremblay 和 Gosselin，1998）。然而，目前尚不清楚在这种条件下，不同生物体的耐受极限、速率限制参数或可能达到的光合作用水平是什么。

设想了一个封闭的生物生命支持系统的假定计划（Silvertone 等，2003），该系统在很大程度上取决于火星表面当地可用的资源。该计划主要基于从生物圈2号项目中获得的经验（Allen 和 Nelson，1999；Silverstone 等，1999），并假设围栏保持在地球环境条件下或接近地球环境条件。这种安全壳设施需要来自建筑材料和设计以及能源使用的非常高的投入,以保持所需的大气压力、温度和气体成分。

13.3 培养装置基本结构构成

除针对低地球轨道上的光生物反应器外,针对火星大气环境条件的微藻培养装置也具有多种形式,这里主要针对其中大气压力、氮气、二氧化碳和氧气成分等进行监控。

13.3.1 Atmos 低压光生物反应器

1. 整体结构布局

近年来,德国不来梅大学的 Verseux 等人(2021)研制成一种大气受控的低压光生物反应器,他们称之为 Atmos(atmosphere tester for mars – bound organic systems,表示面向火星有机系统的大气试验装置)。该装置共包括 9 个容器,每个容器最多可容纳 1.17 L(包括气相)的光合微生物培养物,对每个容器均能够实现四面光照、搅拌、加热,尤其是能够精确控制大气条件。每排中的 3 个容器都可以被连接到一个单独的气源,这样使每个容器中都可具有不同的压力。该系统由软件控制,整个培养过程中所需要的所有操作(如调节和记录压力和温度,以及按照规定的间隔更新气相)都是自动化的。该光生物反应器可以将大气压力精确控制在 1.0×10^4 Pa 或以下(目前正在开发其他功能,以便在未来的实验中得到用)(图 13.1)。图 13.1 为一种针对月球/火星基地应用的低压光生物反应器结构外形及整体结构布局示意图。

2. 反应器主体结构

每个容器都是一个直径为 6.4 cm 的玻璃圆柱体,上面带有一个不锈钢盖,由一个夹紧环固定到位,并用 O 形圈密封。盖子上具有 5 个直径为 G1/4[①](6.35 mm)的圆孔,其中两个孔分别为气体入口(图 13.1(c)中的黑线)和出口(图 13.1(c)中的红线),另外两个孔是下面要介绍的温度和压力探头,

---

① G1/4 为英制螺纹标注,其中的 1/4 是指螺纹尺寸的直径,单位为英寸。

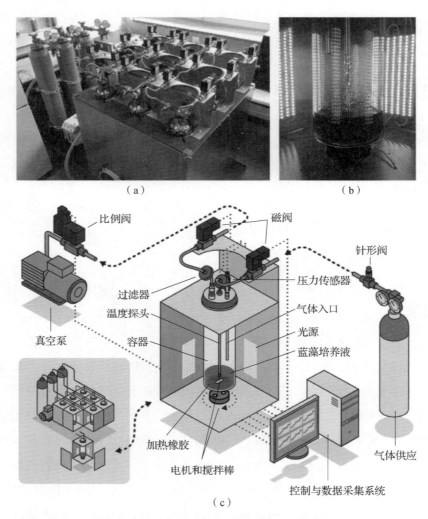

图13.1 一种针对月球/火星基地应用的低压光生物反应器结构外形及
整体结构布局示意图（Verseux等，2021）（附彩插）

(a) 结构外形；(b) 光照系统外形；(c) 整体结构布局示意图

而第5个孔可以密封。进出容器的气体通过厚度为0.20 μm的聚四氟乙烯膜（俗名叫特氟隆，由德国的Sartorius公司生产）进行过滤。除温度和压力探头外，对在过滤器之间所有容器的内部零件都可以进行高压灭菌。在安装到盖子中之前，将这些内部零件在70%乙醇中进行浸泡而实现消毒（在层流罩（laminar flow hood）下操作）。

3. 光照单元

对于以上所有容器，均采用 OPTONICA ST4763 型 LED 灯带进行光照。每个容器被分为 4 组（每侧一组），每组包含 5 个 LED 灯带，每个灯带的长度为 13 cm，包含 27 个灯珠。在 2 800 K 的色温下，每组 5 条灯带，平均下来每米长度可提供 825 lm 的光照。利用远地点仪器公司（Apogee Instruments）生产的 MQ – 200 量子传感器，校准光子通量密度（photon flux density），将手持测量仪固定在容器内壁上。

4. 加热单元

在每个容器的底部，将直径为 51 mm 的 Minco HR6939 型硅橡胶加热器粘在玻璃上，该加热器可以在 24 V 下传输 20 W。培养基的温度由 PT100 型探头（精度等级 DIN1/3）进行监测，该 PT100 探头被拧入 G1/4 孔之一。探头的长度为 375 mm，向下延伸至容器底部上方约 1.5 cm 处。

5. 搅拌单元

利用磁力搅拌器对培养物进行搅拌。在每个容器内均装有搅拌棒，在容器外的底部采用 ACT 11HS5406 步进电机，需要 200 步才能完成一轮完整的旋转。通过 USB 连接口，所有电机均由 Emis SMC – 1000i 步进电机控制器进行控制。将一个 3D 打印的小型适配器连接到电机轴上，用于固定两个直径为 10 mm 的圆柱形钕磁体（neodymium magnets）。

6. 压力控制单元

在该光生物反应器中，采用了一种两级油封旋转叶片（two – stage oil – sealed rotary vane）的 Leybold D4B 型真空泵，来进行压力调节。该真空泵的恒定抽气速度为 $4.2\ m^3 \cdot h^{-1}$，可以使最终压力达到 0.3 Pa。对容器内的压力，利用宝盟（Baumer）PBMN 压力传感器进行测量，其范围为 0 ~ 1.6 bar（160 kPa），标准误差为满刻度范围的 0.04%，而且可被用于进行实时测量。与温度传感器类似，该压力传感器也被拧入盖子上的一个孔中，但其不会到达下方培养基的液面。

真空泵始终处于活动状态；实际气体进出容器（当改变压力或更新气相时）由 3 种类型的阀门控制，即针阀、电磁阀和比例阀。每排一个针阀（SS – SS6MM – VH，由世伟洛克（Swagelok）生产）用于控制流入每排容器的流量；每排一个比例阀（SCG202A053V）用于调节每排容器的流出；在每个容器中装有两个电磁阀（Buschjost GP1625611），其被用来确定调节每排中的哪一个容器。

7. 监控单元

所有测量设备和执行机构都被连接到计算机上，并采用 LabVIEW 软件进行管理。该程序由 5 个模块组成，即控制、用户操作（如更改培养参数或启动实验）、数据采集、内存访问和图形可视化。

13.3.2 低压微藻培养舱

近年来，在美国 NASA 和约翰逊大学的支持下，内华达大学主持研制成一种面向火星的低压微藻培养舱。该培养舱为圆柱体铝材结构，体积为 11.4 L（直径 25.4 cm，高 23 cm，SlickVacSeal）（图 13.2）。该培养舱配备了一个测量范围 0～1 014 mbar 的压力计，用于常规压力测量，精度为 ±2%。在培养舱的顶部安装有透明钢化玻璃盖，其可以使光线穿过（图 13.2）。该培养舱的压力可接近全真空（约 1 mbar）（Cycil 等，2021）。

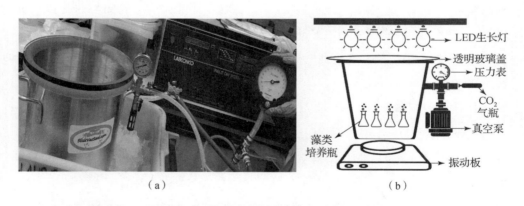

（a）　　　　　　　　　　　　　　（b）

图 13.2　低压微藻培养舱的结构外观图和结构原理图（Cycil 等，2021）（附彩插）

(a) 结构外观图；(b) 结构原理图

培养舱内的低压环境由直接驱动旋转叶片真空泵（型号 117，由 Labconco 公司生产）产生。对于 80 mbar 的最低压力实验，不是使用 SlickVacSeal 真空计，而是使用高灵敏度真空计（Ashcroft）监测压力。该真空计可以测量 0～1 014 mbar 的真空，精度为 ±0.25%，以确保对低压环境实施准确测量。

培养舱上面的出口被用于连接如上所述的真空泵以建立低压,并通过一个阀组(valve manifold)来管理 CO_2。为了提供与火星类似的大气条件,首先对培养舱进行抽真空而使之达到所需要的低压,然后通过 16 g 食品级的 CO_2 螺纹套筒(ASURA)而用 CO_2 取代该低压大气。在用 CO_2 充满培养舱后,再次对培养舱进行抽真空以获得所需要的压力。在每次实验开始时,重复该过程 3 次,耗时约 5~8 min。然后对大气进行抽真空,用 CO_2 进行吹扫,并在每次采样后再次抽真空,以保持与火星类似的大气条件。压力可在 1 周内增加至 34 mbar,之后再次将培养舱的腔室抽空至所需压力。培养基蒸发、脱气和腔室泄漏是培养舱的腔室压力增加的可能因素。光源为位于钢化玻璃盖顶部的两支 Sun Blaster T5 高输出荧光灯,藻种培养物所能接收到的光子照度为 62~70 $\mu mol \cdot m^{-2} \cdot s^{-1}$,实行全天候连续光照。

盖上培养舱的盖子后,通过将手持式数字照度计(URCERI)放置在培养舱底部来确定适当的光照距离。从腔室底部开始,所有测量值均在 62~70 $\mu mol \cdot m^{-2} \cdot s^{-1}$,精度为 ±3%。每种培养物都是用非生物对照组建立的,这些对照组只包含没有培养物的培养基。为了防止藻类沉淀并使得气体和营养物质在培养基内均匀分布,在标准振动板(standard shaker plate,美国 VWR 公司生产)上,以 150 $r \cdot min^{-1}$ 的速度振动培养舱。

13.4 模拟火星大气条件对微藻的有利影响

很多学者均发现,模拟火星大气条件会对蓝藻造成显著的不利影响,包括引起形态畸形、细胞生长变慢、细胞死亡率增加、光合作用速率降低、叶绿体和线粒体等细胞超微结构发生改变以及基因出现差异表达等。下面通过案例分析,试图说明其基本的现象和机理。

13.4.1 常压不同 CO_2 分压及不同压力纯 CO_2 对 3 种蓝藻生长的影响

芬兰图尔库大学的 Murukesan 等人(2015)实验了选定的蓝藻物种在不同 CO_2 浓度和分压下的生长。首先,他们测试了不同分压的 CO_2,无论是混合在正常空气中还是纯(100%)CO_2 中,对集胞藻(*Synechocystis sp.*)PCC 6803 生长的影响，该藻是一种非固氮单细胞模式蓝藻。此外，他们还测试了纯 CO_2 大气对丝状非异囊钝顶螺旋藻（Arthrospira platensis）生长的影响，以及对固氮的丝状异囊柱胞鱼腥藻（Anabaena cylindrica）的生长和 H_2 光致产生（photo production）的影响。将钝顶螺旋藻和柱胞鱼腥藻用作实验物种，是因为它们与生物再生式生命保障系统具有高度的相关性：钝顶螺旋藻可以产生高营养的可食用生物量（Lehto 等，2006），也是一种相当有效的 H_2 生产者（Raksajit 等，2012）。柱胞鱼腥藻被认为是一种高效的 H_2 生产者（Dutta 等，2005），也是一种有效的氮固定者和无机营养生物（lithotroph），能够在水中仅有的粉状玄武岩上生长（Olsson-Francis 和 Cockell，2010）。虽然这项工作旨在试验类似火星的大气成分如何影响不同类型蓝藻的生长和代谢，它还为在陆地应用中提高蓝藻生物制氢提供了新的途径。

1. 基本实验藻种

本研究中使用的蓝藻藻种，即集胞藻（PCC 6803）、钝顶螺旋藻（PCC 8005）和柱胞鱼腥藻（PCC 6309），都来自法国巴黎的巴斯德蓝藻培养物收藏中心。这些藻种要么是在 $-70\ ℃$ 下被冷冻保存，要么是在图尔库大学生物化学系的实验室被以最佳温度和光照条件作为连续培养的实验室藻种进行保存。利用 BG-11 培养基培养集胞藻（PCC 6803）和柱胞鱼腥藻（PCC 6309），而利用 Zarrouk 培养基培养钝顶螺旋藻（PCC 8005）。这 3 个藻种的恒定光照和温度条件分别为 50 μmol 光子·$m^{-2}·s^{-1}$ PAR 和 32 ℃、50 μmol 光子·$m^{-2}·s^{-1}$ PAR 和 25 ℃ 以及 70 μmol 光子·$m^{-2}·s^{-1}$ PAR 和 32 ℃。为了保持这一生长状态，所有这些培养物均被进行搅拌培养（通常在 100 $r·min^{-1}$ 条件下）。

2. 基本实验条件与方法

为了测试细胞在不同 CO_2 浓度和压力条件下的生长，将每个物种的培养物设置在与上述相同的温度和光照条件下。在圆底烧瓶中进行培养，并使之与完全封闭的充气管线相连（图 13.1）。从 99.99% CO_2 气瓶（美国气体蓄能器公司供应，以下简称为 100% CO_2）或从容器中取出，在该容器中 CO_2 被以所需浓度混合到环境空气中，并用 CO_2 调节器（通过芬兰维萨拉（Vaisala）公司生产的 GMM221 型探头予以监测）进行调节。气流由气流调节器进行调节，并连接到真空泵和压力计,以将大气压力和 CO_2 浓度保持在所需要的水平。表 13.2 显示了 3 种蓝藻的两种培养方法比较。

表 13.2　3 种蓝藻的两种培养方法比较

藻种	培养方法 1	培养方法 2
集胞藻	常压下（约 1 000 mbar），环境大气中 CO_2 浓度分别为 20%、10%、5%、0.4%	低压下（50～400 mbar），大气中 CO_2 浓度为 100%
钝顶螺旋藻	—	低压下（50～400 mbar），大气中 CO_2 浓度为 100%
柱胞鱼腥藻	常压下（约 1 000 mbar），环境大气中 CO_2 浓度为 10%	低压下（100 mbar），大气中 CO_2 浓度为 100%

为了减少培养物在低压条件下的蒸发,在进入培养瓶之前,通过引导进入的气体流过水瓶,而使其用水饱和(图 13.3)。在图 13.3 中,流动的气体首先被水蒸气饱和(图 13.3(a)),然后导入培养瓶;气流由变阻器调节,而整个封闭系统内的压力由压力表和真空泵进行调节。

（a）　　　　　　　　　　　　（b）

图 13.3　培养瓶中的真空管线设置（附彩插）

(a) 单个培养瓶；(b) 整个封闭系统

3. 主要实验结果与机理分析

高 CO_2 浓度和混合培养对不同蓝藻生长的影响。在陆地条件下,必须在真空密闭容器中测试具有类似火星成分(缺氧、高 CO_2 含量、低 N)的低压大气作为光合生物环境的影响。在这样的封闭系统中，除非通过受控的气流不断补充，否则 CO_2 将会被迅速耗尽。这种用 CO_2 冲洗培养瓶的方式模拟了火星大气成分（除了它们这里仅从培养基中提供的 N_2），从而也允许在最低氧气条件下维持这些光合作用系统。在这些条件下，培养液可能会通过蒸发迅速流失，但这在一定程度上可以通过用水饱和气流而防止。然后，可以施加合适的总气体压力和流量，以将水蒸发减少到可接受的水平，并产生所需的气体供应。该系统还允许测试缺氧、高浓度 CO_2 和低浓度 N_2 环境对不同蓝藻藻种的生长和 H_2 光致产生的影响。

对模式蓝藻——集胞藻 PCC 6803 在高 CO_2 浓度和不同大气压力下 3 d 培养期的生长监测表明，该藻株的生长主要受 CO_2 供应分压的影响。所有被升高到环境浓度（0.04%）以上的 CO_2 浓度，其高达 20%，将其与空气进行混合，或在 50 mbar（在该实验系统中是仍然能够使液体培养基维持稳定的最低压力）~200 mbar（相当于 20% 的 CO_2 与环境空气进行混合）的压力下供应的纯 CO_2，都会显著促进生长。空气中的二氧化碳含量升高至 0.4%，使碳同化系统饱和，即在空气中混合的二氧化碳含量为 0.4%~20%，获得了相同的最大生长响应（与环境空气相比增加了约 3.5 倍）。当在高达 150 mbar 的压力下向细胞提供纯 CO_2 时，获得了更强的生长增加（约 5 倍）（图 13.4）。在图 13.4 中，计算值为 OD_{750} 的相对增加值，与在环境空气中生长的对照组培养物的相对增加成比例；对所有培养物以 100 $r \cdot min^{-1}$ 的速率进行搅拌。这种增加可能是由于缺氧条件下没有光呼吸（即 RuBisCO 酶的氧化）引起的（Raven 等，2012）。光呼吸在蓝藻中不应发挥重要作用，因为在蓝藻中，RuBisCo 酶周围的 CO_2 浓度由细胞碳富集机制进行控制，但在有氧环境中，它仍可能会导致碳固定出现一定程度的减少。如 Richards 及其同事所述，低压本身也有可能增强培养液或细胞胞质溶胶中的气体交换和碳可用性（Richards 等，2006）。高于 400 mbar 的 CO_2 水平会越来越抑制细胞生长，但这种影响可能会通过细胞逐渐适应这些高 CO_2 浓度而降低（Thomas 等，2005）。

总之，他们试验了类似火星的大气成分对选定蓝藻生长和代谢途径的影响。然而，在此实验中，这些参数仅通过终点测量进行测试，而不是作为实时响应曲线进行测试，因为在处理过程中无法打开培养物进行采样。因此，结果仅显示了由这些条件引起的影响，并且仅显示了在 3 d 或 7 d 的培养期下细胞对这些条件的适应和反应的方向。因此，需要实时光学生长测量来精确测量这些参数，并需要长时间培养来揭示细胞如何在长时间尺度上适应这些可变参数。维持细胞生长和生产力所需的碳和氮的最低水平和适当比例需要在未来的实验中进行测量。

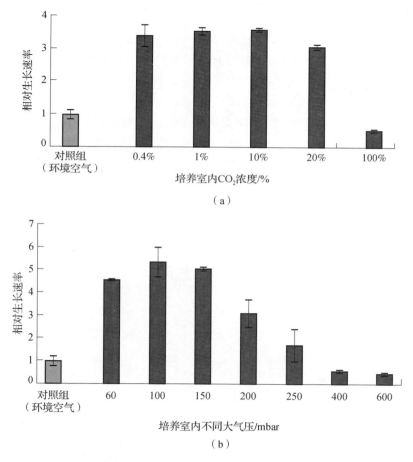

图 13.4　集胞藻 PCC 6803 细胞在常压不同 CO_2 浓度下及不同纯 CO_2 压力下的相对生长速率

（a）在 1 个大气压及不同 CO_2 浓度下的相对生长速率；
（b）在 100% CO_2 浓度及不同大气压下的相对生长速度

13.4.2 10 kPa 总压（96% N_2 + 4% CO_2 气体混合物）对鱼腥藻生长的影响

1. 受试藻种及培养条件

如前所述，德国不来梅大学的 Verseux 等人（2021）开发了一种俗称为 Atmos 的低压光生物反应器，其可以为 9 个培养室提供严格调节的大气条件。利用该反应器，他们研究了在 10 kPa 的总压力下（约相当于 1/10 个大气压）、96% N_2 + 4% CO_2 气体混合物（被称为 MDA−1）对鱼腥藻 PCC 7938 的生长影响。鱼腥藻培养条件如表 13.3 所示。

表 13.3　鱼腥藻培养条件（Verseux 等，2021）

参数	实验 1 （标准培养基）	实验 2 （火星模拟土壤）
大气条件	MDA−1；常压	MDA−1；常压
培养基	BG−11$_0$（不含硝酸盐的 BG−11）	◇ 火星模拟土壤 + 水； ◇ BG−11$_0$ + 火星模拟土壤； ◇ 水
样品体积	70 mL	4 mL
在 MDA−1 下的平均压力（测量值）	10.15 kPa	10.34 kPa
温度（设定值）	25 ℃	常温
平均温度（测量值）	26.6 ℃	23.6 ℃
持续时间	10 d	14 d；21 d；28 d

2. 主要实验结果及机理分析

研究结果表明，上述大气条件可以保障鱼腥藻实现完全自养的固氮生长

(diazotrophic growth)。另外研究发现，以上大气条件并不能阻止鱼腥藻利用火星模拟土壤作为营养源。此外，研究证明在上述大气条件下生长的蓝藻生物量可被用于喂养次级消费者（这里指异养细菌——大肠杆菌 W）。

总体来说，他们的研究结果表明，从火星大气中提取的气体混合物，当其压力约为地球海平面上压力的十分之一时，将适合基于蓝藻的生命保障系统中的低压光生物反应器单元。

13.5 模拟火星大气条件对微藻的不利影响

13.5.1 模拟火星大气条件对雪藻、杜氏盐藻和小球藻生长的影响

极端嗜盐藻类（如雪藻和嗜盐藻类）也可能特别适合 CELSS，因为它们能够在极端条件下生长。鉴于此，美国内达华大学的 Cycil 等人（2021）探索了 5 种藻类在与火星相关的低压条件下产生氧气和食物的潜力。这 5 种藻类为雪藻（*Chloromonas brevispina*）、奥地利金藻（*Kremastochrysopsis austriaca*）、杜氏盐藻、小球藻和螺旋藻。培养物在连续光照（62~70 $\mu mol \cdot m^{-2} \cdot s^{-1}$）下，并分别在（670±20）mbar、（330±20）mbar、（160±20）mbar 和（80±2.5）mbar 的低压生长室中一式两份生长。每周取样后，对大气进行抽真空并用 CO_2 吹扫。

该低压培养实验结果表明，杜氏盐藻、雪藻和小球藻分别在 160 mbar[（30.0±4.6）×10^5 个细胞·mL^{-1}]、330 mbar[（19.8±0.9）×10^5 个细胞·mL^{-1}]和 160 mbar[（13.0±1.5）×10^5 个细胞·mL^{-1}]下表现出最高的承受能力，而且在 80 mbar 的最低测试压力下它们也表现出明显的生长，浓度分别达到（43.4±2.5）×10^4 个细胞·mL^{-1}、（15.8±1.3）×10^4 个细胞·mL^{-1}和（57.1±4.5）×10^4 个细胞·mL^{-1}（图13.5 和表13.4）。然而，以上结果与对照组相比，生长还是受到了明显抑制。他们提出，未来将火星 CELSS 舱的压力值设置为 200~300 mbar，以上 3 种微藻是基本可以接受的。

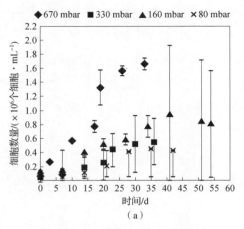

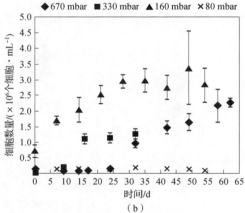

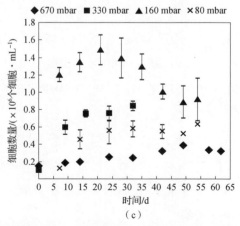

图 13.5　3 种藻类在 4 种不同低压条件下的生长速率比较（Cycil 等，2021）

(a) 雪藻；(b) 杜氏盐藻；(c) 小球藻

表 13.4 候选藻类在不同压力下的滞后期（LPD）、生长速率（r）、倍增时间（Td）和关联系数（R^2）估值（Cycil 等，2021）

压力/mbar	雪藻					杜氏盐藻					小球藻				
	[a]LPD*	[b]r*	[c]Td*	[d]R^2 CB1	[d]R^2 CB1	[a]LPD*	[b]r*	[c]Td*	[d]R^2 DS1	[d]R^2 DS1	[a]LPD*	[b]r*	[c]Td*	[d]R^2 CV1	[d]R^2 CV1
670±20	6.8±0.2	0.11±0.02	6.4±1.3	0.86	0.91	25.8±1.4	0.09±0.01	8.2±1.4	0.73	0.87	8.61±0.07	0.02±0.005	32.5±7.4	1	0.89
330±20	10.7±0.7	0.13±0.02	5.4±1.1	0.89	0.86	9.7±0.7	0.19±0.03	3.7±0.7	0.92	0.99	2.6±0.1	0.13±0.03	5.7±1.6	0.89	0.89
160±20	9.0±0.4	0.08±0.01	9.0±1.7	0.93	0.86	2.7±0.8	0.07±0.02	9.5±3.6	0.81	0.91	0.20±0.05	0.14±0.06	3.9±2.0	0.78	0.79
80±2.5	13.6±0.2	0.11±0.02	6.1±1.1	0.94	0.83	0.8±0.3	0.08±0.03	8.6±3.3	0.84	0.69	6.6±2.1	0.11±0.04	6.4±2.6	0.89	0.78

注：*雪藻、杜氏盐藻和小球藻的滞后期（LPD）、生长速率（r）、倍增时间（Td）为补充表中重复实验的平均值，滞后期、倍增时间和生长速率的不确定性为重复实验的平均值。

a 滞后期（LPD）估计为培养承载能力的 15%，以天为单位报告的平均值。

b 生长速率（r）利用一种指数增长方程求解，并以天为单位报告。

c 倍增时间（Td）是利用另外一种相关方程发现的种群规模倍增所需的时间，以天为单位报告。

d 关联系数（R^2）用来衡量非线性回归的拟合优度。

13.5.2 临近空间环境条件对小球藻生长的影响

沙漠被认为是火星的陆地类似物。中国科学院水生生物研究所的 Wang 等人（2021）通过搭载高空科学气球，开展了一种来自沙漠的微绿藻——小球藻（*Chlorella sp.*）干细胞暴露在类似火星的近太空的搭载实验。他们认为这里的大气压条件与火星上的类似。

1. 受试藻株、培养条件和样品制备

受试小球藻来源于中国科学院水生生物研究所淡水藻类培养物保藏中心（FACHB Collection），其最初是从我国宁夏回族自治区腾格里沙漠的沙漠地壳中分离得到。利用 BG-11 培养基在 25 ℃ 下进行培养。按照 Billi 等人（2019a；2019b）的方法进行样品制备。将从处于指数生长期的培养物中获得的细胞颗粒以约 1×10^9 个细胞·mL^{-1} 的密度重悬，并将 200 μL 的细胞悬浮液接种在置于样品盒内培养皿中的 1.5%（w/v）BG-11 琼脂培养基上。然后，在无菌和黑暗条件下，在层流罩下对细胞进行 24 h 的空气干燥，并将其运输到飞行地点进行飞行实验。待飞行实验结束后，将每个处理组分成 4 等分，并分别用 BG-11 培养基进行洗脱。洗脱后立即取走其中 3 个，然后用液氮固定，并发送至转录组进行测序。将剩下的一个分为 3 等分，用于相关的生理学参数测试。

2. 近太空搭载实验方法

飞行样品实验盒的材质为聚碳酸酯，在 0.05 大气压下，其气体泄漏率 $Q \leqslant 1 \times 10^{-4} Pa \cdot m^3 \cdot s^{-1}$。设有两组试验盒，其中光照组（图 13.6（a））配备有熔融石英玻璃（JGS2）窗口，可以通过 93% 的紫外线辐射，而黑暗组（图 13.6（b））具有黑色铝盖，可防止紫外线射入。将小球藻和琼脂的混合物接种在 BG-11 培养基上。

气球从我国内蒙古自治区内的一座机场放飞。气球一直飞行到海平面以上 31 km 的高度，并保持稳定。之后，自动打开生物暴露有效载荷装置（biological exposure payload）的盖子，进行了约 3 h 的样品暴露实验。同时，进行了相应的地面对照组实验。飞行过程中的环境数据由传感器记录，辐射强度由辐射变色薄膜探测器（radiochromic film detector）进行监测，并实时监测了放飞区的环境参

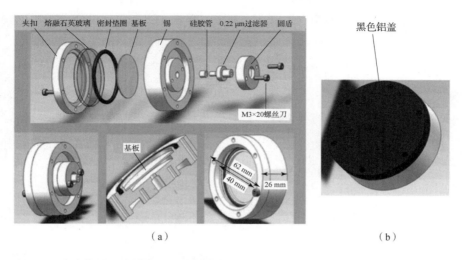

图13.6 小球藻样品培养箱光照组和黑暗组结构示意图（Wang 等，2021）（附彩插）

（a）光照组；（b）黑暗组

数。之后，将所有样品立即储存在黑暗的冰箱中（3~6 ℃），并在飞行后 12 h 内运至相关实验室开展了进一步实验分析。

3. 主要研究结果与机理分析

研究显示，虽然大多数小球藻细胞存活了下来，但它们表现出相当大的损伤，如光合活性低、细胞生长缓慢、细胞死亡率增加（最高达到近 52%）以及

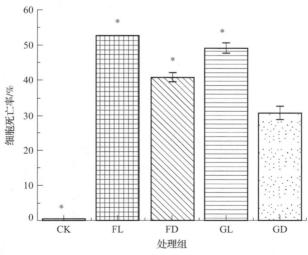

图 13.7 小球藻在经受近太空环境处理后的死亡率比较（Wang 等，2021）

CK—对照组；FL—飞行光照组；FD—飞行黑暗组；GL—地面光照组；GD—地面黑暗组

叶绿体和线粒体的超微结构发生改变。此外，对近太空暴露的小球藻细胞的转录组分析显示，与地面对照组的细胞相比，出现了 3 292 个差异表达的基因，包括热休克蛋白、抗氧化酶、DNA 修复系统以及与 PSⅡ器官和核糖体相关的蛋白质。这些数据揭示了沙漠藻类在近太空环境中可能的生存策略。该研究结果表明，就温度、压力和辐射而言，类似火星的近太空条件代表了沙漠藻类的极端环境。另外，小球藻应对近太空的生存策略将有助于深入了解极端微生物在火星表面和类似地外栖息地定居的可能性（Wang 等，2021）。

13.6 模拟火星大气条件对微藻不造成影响

另外，Arai 等人（2008）报道称，在小型 A'MED 的天花板部位，经常会观察到许多水滴。这些水滴像雨一样降落在风化层表面。因此，*Nostoc sp.* 始终处于湿润状态。在 MDM 风化层介质上的蓝藻垫表面，经常观察到许多气泡。在小型的 A'MED 中，MDM - MRS 介质的破裂和介质容量的降低是由于水滴的直接下落。基于这些结果，对于 *Nostoc sp.* 来说，如果 pH 为 8~9 的碱性寡营养 MRS 中具有少量的水、二氧化碳和光，则 Nostoc 可以在 A'MED 内通过光合作用产生氧气，并且可以生长 140 d 以上。这也有力地表明，它可以产生一种很好的促进风化层有机化的材料，并且它在 A'MED 中也具有湿度调节功能。

火星风化层的成分是根据1976 年火星探测器"维京登陆者"1 号的观测结果和2004 年火星探测车"精神"1 号对古塞夫环形山表面物质的调查结果估计的。根据这些观测结果，对于美国国家航空航天局和 ORBITEC 公司联合开发的名为 JSC Mars - 1 的火星风化层模拟物，其颗粒大小由等于或小于 1 mm 的铁镁矿组成。这种火星风化层模拟物的材料是在夏威夷群岛毛纳基亚火山和毛纳洛亚火山之间的 Pu'n Nene 煤渣堆的斜坡上收集的（ORBITEC URL，Allen 等，1979；Gross 等，2003；Williams，2004）。本研究的火星风化层模拟物模拟了火星风化层，但火星风化层的 pH 值和灰尘颗粒大小分布是未经证实的变量。此外，本研究中火星表土模拟物的粒径取决于显微镜下的 KUNIGEL - VI（63 μm 网格的粒径可通过90% 以上）70% 的体积（Kunimine Industries Co.，Ltd.，URL）。

KUNIGEL - VI 是一种黏土材料，以在山形县内膨润土矿（bentonite mine）

采集的蒙脱石（montmorillonite）为基础。一般来说，膨润土是火山灰和熔岩的风化矿物，堆积在海底或湖底。本研究中使用的膨润土是火山凝灰岩，其经历了成岩蚀变（Yokoyama 等，2004）。本研究中使用的 JSC Mars–1 和 MRS 的主要成分都是玄武岩的火山灰。此外，火星探测车"机遇"号发现了火山活动的许多特征，如子午线平原上富含 Fe_2O_3（赤铁矿）的黑色玄武岩。从明亮的 Slickrock 中发现了一个直径几厘米的赤铁矿球体，根据地球的证据估计它是由地下水形成的。在火星表面的沉积岩中也发现了一种硫酸水合矿物——黄钾铁矾（$KFe_3(SO_4)_2(OH)_6$）作为水合物。"机遇"号在耐力陨石坑内的岩石表面发现了氯和溴的密度堆积。然而，当岩石被抛光时，它的浓度降低了。据估计，被探测的地点在火山口形成后成了一个临时湖泊。

因此，这是过去火星上曾经存在火山和湖泊的矿物学证据（Squyres 等，2004a，2004b，2006；Klingelhöfer 等，2004）。如果我们考虑这些信息，火星表面可能有一块碱性火山灰成因的岩石发生了变形，成了现在的风化层。基于这些发现，我们明确验证了 *Nostoc* 可能生长在不含任何有机物的火星风化层模拟物 MRS 中。有必要进行一项研究，通过考虑 pH 值或氧气量的变化，模拟未来更多的火星。另外，念珠藻 HK–01 在暴露于高真空环境后可以恢复活力，这一事实证实了 *Nostoc* 是在大型 A'MED 和后来的火星殖民中引入的最佳物种。作为一种无须大惊小怪的有机体，它也很方便。A'MED 将成为未来在火星上进行生态学实验的有效模型。

这项研究表明，即使暴露在火星上的低压环境中，*Nostoc sp.* HK–01 也能适应 MRS 并充分生长。蓝藻团块对高真空环境表现出的显著耐受性的结果也将提供有用的信息，包括阐明生命可能从地球传播到地外天体的一些线索。

结 束 语

开展载人登陆火星是未来国际上航天事业努力的一个重要方向。火星最明显的特征就是低气压（压力不到地球表面的 1/100），而且大气中绝大多数是二氧化碳气体，占到约 95.5%，其次是氮气，占到约 2.8%。因此，科学家现在努力的方向之一，就是开展模拟火星大气条件下的藻类等生物的实验研究，以了解每种藻类的适应能力及机制等,从而为将来设定 CELSS 压力制度奠定基础。目前,已经开展了各种模拟火星大气压力和二氧化碳组成对微藻生长影响的实验研究。大部分结果证明具有不良影响,而有的证明没有什么影响,且少数还表明具有有利影响。有的科学家提出,将未来火星 CELSS 的大气压力设置为 200 ~ 300 mbar(即 20 ~ 30 kPa)较为合适。当然,下面还需要进一步深入而系统地开展这一领域的研究。

参 考 文 献

ALLEN C C, MORRIS R V, LINDSTROM D J, et al. JSC Mars – 1:Martian regolith simulant [C]. Proceedings of 28th Lunar and Planetary Science Conference. Houston, TX, USA:NASA, 1979.

ARAI M, TOMITA – YOKOTANI K, SATO S, et al. Growth of terrestrial cyanobacterium, *Nostoc sp.*, on Martian Regolith Simulant and its vacuum tolerance [J]. Biological Sciences in Space, 2008, 22:8 – 17.

ALLEN J, NELSON M. Overview and design:Biosperics and Biosphere 2, mission one (1991 – 1993) [J]. Ecological Engineering, 1999, 13:15 – 29.

BILLI D, FRIEDMANN E I, Hofer K G, et al. Ionizing – radiation resistance in the desiccation – tolerant cyanobacterium *Chroococcidiopsis* [J]. Applied and Environmental Microbiology, 2000, 66:1489 – 1492.

BILLI D. Subcellular integrities in *Chroococcidiopsis sp.* CCMEE 029 survivors after prolonged desiccation revealed by molecular probes and genome stability assays [J]. Extremophiles, 2009, 13:49 – 57.

BILLI D, VERSEUX C, FAGLIARONE C, et al. A desert cyanobacterium under simulated Mars – like conditions in low earth orbit:Implications for the habitability of Mars [J/OL]. Astrobiology, 2019, 19 (2):158 – 169. https://doi.org/10.1089/ast.2017.1807.

BILLI D, BAQUÉ M, VERSEUX C, et al. Desert cyanobacteria:potential for space and Earth applications [M]. In:Adaption of Microbial Life to Environmental

Extremes, edited by H. Stan – Lotter and S. Fen drihan, Cham, Switzerland: Springer International Publishing, 2017: 133 – 146.

BILLI D. Desert cyanobacteria under space and planetary simulations: A tool for searching for life beyond Earth and supporting human space exploration [J/OL]. International Journal of Astrobiology, 2019, 18 (5): 483 – 489, DOI: 10.1017/S147355041800037X.

BILLI D, STAIBANO C, VERSEUX C, et al. Dried biofilms of desert strains of *Chroococcidiopsis* survived prolonged exposure to space and Mars – like conditions in low earth orbit [J/OL]. Astrobiology, 2019a, 19: 1008 – 1017. https://doi.org/10.1089/ast.2018.1900.

BOSTON P J. Low – pressure greenhouses and plants for a manned research station on Mars [J]. Journal of the British Interplanetary Society, 1981, 34: 189.

CYCIL L M, HAUSRATH E M, MING D W, et al. Investigating the growth of algae under low atmospheric pressures for potential food and oxygen production on Mars [J/OL]. Frontier in Microbiology, 2021, 12: 733244. DOI: 10.3389/fmicb.2021.733244.

FRANZ H B, TRAINER M G, MALESPIN C A, et al. Initial SAM calibration gas experiments on Mars: Quadrupole mass spectrometer results and implications [J/OL]. Planetary and Space Science, 2017, 138: 44 – 54. DOI: 10.1016/j.pss.2017.01.014.

Gross F B. JSC Mars – 1 Martian Regolith Simulant particle – charging experiments in the presence of AC and DC corona fields [J]. Journal of Electrostatics, 2003, 58: 147 – 156.

GRAHAM J M. The biological terraforming of Mars: Planetary ecosynthesis as ecological succession on a global scale [J]. Astrobiology, 2004, 4: 168 – 195.

HARRI A – M, GENZER M, KEMPPINEN O, et al. Pressure observations by the Curiosity rover: Initial results [J/OL]. Journal of Geophysical Research, 2014, 119: 82 – 92. DOI: 10.1002/2013JE004423.

Klingelhöfer G, Morris R V, Bernhardt B, et al. Jarosite and hematite at Meridiani

Planum from Opportunity's Mössbauer spectrometer [J]. Science, 2004, 306: 1740-1745.

KLINGLER J, MANCINELLI R, WHITE M. Biological nitrogen fixation under primordial Martian partial pressures of dinitrogen [J/OL]. Advances in Space Research, 1989, 9: 173-176. DOI: 10.1016/0273-1177(89)90225-1.

LEHTO K M, LEHTO H J, KANERVO E A. Suitability of different photosynthetic organisms for an extraterrestrial biological life support system [J/OL]. Research In Microbiology, 2006, 157: 69-76. DOI: 10.1016/j.resmic.2005.07.011.

MACRAE I. Influence of partial pressures of acetylene and nitrogen upon nitrogenase activity of species of Beijerinckia [J/OL]. Australian Journal of Biological Sciences, 1977, 30: 593-596. DOI: 10.1071/BI9770593.

MARTÍNEZ G M, NEWMAN C N, VICENTE-RETORTILLO A D, et al. The modern near-surface Martian climate: A review of in-situ meteorological data from Viking to Curiosity [J]. Space Science Reviews, 2017, 212: 295-338. DOI: 10.1007/s11214-017-0360-x.

MURUKESAN G, LEINO H, MÄENPÄÄ P S, et al. Pressurized Martian-like pure CO_2 atmosphere supports strong growth of cyanobacteria, and causes significant changes in their metabolism [J/OL]. Origins of Life and Evolution of Biospheres, 2015, 46: 119-131. DOI: 10.1007/s11084-015-9458-x.

OLSSON-FRANCIS K, COCKELL C S. Use of cyanobacteria for in-situ resource use in space applications [J]. Planetary and Space Science, 2010, 58: 1279-1285.

OWEN T, BIEMANN K, RUSHNECK D R, et al. The composition of the atmosphere at the surface of Mars [J/OL]. Journal of Geophysical Research, 1977, 82: 4635-4639. DOI: 10.1029/JS082i028p04635.

OYAMA V I, BERDAHL B J. The Viking gas exchange experiment results from Chryse and Utopia surface samples [J/OL]. Journal of Geophysical Research, 1977, 82: 4669-4676. DOI: 10.1029/JS082i028p04669.

PRICE P B, SOWERS T. Temperature dependence of metabolic rates for microbial growth, maintenance, and survival [J]. Proceedings of the National Academy of Sciences of USA, 2004, 101: 4631-4636.

RAKSAJIT W, SATCHASATAPORN K, LEHTO K, Mäenpää P, Incharoensakdi A. Enhancment of hydrogen production by the filamentous non-heterocystous cyanobacterium Arthrospira sp. PCC 8005 [J]. Int J Hydrog Energy, 2012, 37: 18791-18797.

RAVEN J A, GIORDANO M, BEARDALL J, et al. Algal evolution in relation to atmospheric CO_2: Carboxylases, carbon-concentrating mechanisms and carbon oxidation cycles [J]. Philos. Trans. R. Soc. Lond. B. Biol. Sci, 2012, 367: 493-507.

RICHARDS J T, COREY K A, PAUL A-L, et al. Exposure of Arabidopsis thaliana to hypobaric environments: Implications for low-pressure bioregenerative life support systems for human exploration missions and terraforming on Mars [J/OL]. Astrobiology, 2006, 6: 851-866. DOI: 10.1089/ast.2006.6.851.

SCHUERGER A C, ULRICH R, BERRY B J, et al. Growth of Serratia liquefaciens under 7 mbar, 0 ℃, and CO_2-enriched anoxic atmospheres [J/OL]. Astrobiology, 2013, 13: 115-131. DOI: 10.1089/ast.2011.0811.

SCHWENDNER P, SCHUERGER A C. Exploring microbial activity in low-pressure environments [J/OL]. Curr. Issues Mol. Biol., 2020, 38: 163-196. DOI: 10.21775/cimb.038.163.

SILVERMAN S N, KOPF S H, BEBOUT B M, et al. Morphological and isotopic changes of heterocystous cyanobacteria in response to N_2 partial pressure [J/OL]. Geobiology, 2019, 17: 60-75. DOI: 10.1111/gbi.12312.

SILVERTONE S, NELSON M, ALLING A, et al. Development and research program for a soil-based bioregenerative agriculture system to feed a four person crew at a Mars base [J]. Advances in Space Research, 2003, 31: 69-75.

SILVERSTONE S, HARWOOD R R, FRANCO-VIZAINO E, et al., Soil in the agricultural area of Biosphere 2 (1991-1993) [J]. Ecological Engineering,

1999, 13: 179 - 188.

Squyres S W, Arvidson R E, Bell III J F, et al. The Opportunity Rover's Athena science investigation at Meridiani Planum, Mars [J]. Science, 2004a, 306: 1698 - 1703.

Squyres S W, Grotzinger J P, Arvidson R E, et al. In situ evidence for an ancient aqueous. Environment at Meridiani Planum, Mars [J]. Science, 2004b, 306: 1709 - 1714.

Squyres S W, Knoll A H, Arvidson R E, et al. Two years at Meridiani Planum: Results from the Opportunity Rover [J]. Science, 2006, 313: 1403 - 1407.

THOMAS D J, SULLIVAN S L, PRICE A L, et al. Common freshwater cyanobacteria grow in 100% CO_2 [J]. Astrobiology, 2005, 5: 66 - 74.

TREMBLAY N, GOSSELIN A. Effect of carbon dioxide enrichment and light [J]. HortTechnology, 1998, 8 (4): 524 - 528.

VERSEUX C. Resistance of cyanobacteria to space and Mars environments, in the frame of the EXPOSE - R2 space mission and beyond [D]. Rome: University of Rome "Tor Vergata", 2018.

VERSEUX C. Bacterial growth at low pressure: A short review [J/OL]. Frontier in Astronomy and Space Science, 2020a, 7: 30. DOI: 10. 3389/fspas. 2020a. 00030.

VERSEUX C. Cyanobacterium - based technologies in space and on Earth [M]. In Lee N (ed.): Biotechnological Applications of Extremophilic Microorganisms. Berlin: De Gruyter, 2020b: 289 - 311. DOI: 10. 1515/9783110424331 - 012. 2020b.

VERSEUX C, BAQUé M, LEHTO K, et al. Sustainable life support on Mars - the potential roles of cyanobacteria [J/OL]. International Journal of Astrobiology, 2016, 15 (1): 65 - 92. DOI: 10. 1017/S147355041500021X.

VERSEUX C, HEINICKE C, RAMALHO T P, et al. A low - pressure, N_2/CO_2 atmosphere is suitable for cyanobacterium - based life - support systems on Mars [J/OL]. Frontier in Microbiology, 2021, 12: 611798. DOI: 10. 3389/fmicb.

2021. 611798.

WANG B, YE T, LI X, et al. Survival of desert algae *Chlorella* exposed to Mars – like near space environment [J]. Life Sciences in Space Research, 2021, 29: 22 – 29.

WILLIAMS D R. Mars Fact Sheet [Z/OL]. National Space Science Data Center, 2004. http://nssdc.gsfc.nasa.gov/planetary/factsheet/marsfact.html.

YOKOYAMA S, KURODA M, TSUSUI M, et al. A comparison of bentonite from Kawamukai and Umenokida in Tsukinuno Mine, Yamagata [J]. J. Clay Sci. Soc. Jpn., 2004, 44: 45 – 52.

第 14 章
月球/火星模拟土壤条件下微藻培养方法

14.1 前言

如前所述，由于受到技术、成本、时间和故障风险等的限制，从地球向月球或火星表面运送藻类生长所需要的矿质养分会非常困难，因此需要尽可能地利用当地的矿质等原位资源（Liu 等，2008；Verseux 等，2016；Keller 等，2023）。探测研究发现，月球和火星等其他行星体的风化层（regolith）（又称为土壤、尘埃或沉积物等；为了便于理解，以下将其统称为土壤）富含无机营养元素，因此它们将来有可能会得到开采与应用。针对月球和火星表面上的矿质养分等原位资源利用（in situ resource utilization，ISRU）的途径，人们提出了很多解决方案。例如，下面介绍德国不来梅大学研究人员提出的一种包括火星矿质养分利用的 ISRU 解决方案（Ramalho 等，2022b）。图 14.1 为基于火星上可获取材料的固氮浸岩蓝藻培养系统示意图。

图 14.1　基于火星上可获取材料的固氮浸岩蓝藻培养系统示意图
（Ramalho 等，2022b）（附彩插）

在该系统中，从地下开采必要的水（Starr 和 Muscatello，2020）；碳和氮来源于大气并在低（尽管高于火星环境）压力下提供（Verseux 等，2021）；从土壤（Arai 等，2008；Brown，Sarkisova 和 Garrison，2008；Olsson - Francis 和 Cockell，2010；Verseux 等，2021）中获得矿物营养物质。光照是被收集的阳光提供的，必要时补充 LED 灯。蓝藻可以生产 O_2 和膳食蛋白质等消耗品，但也可以支持次级生产者的增长，而次级生产者反过来可以生产从食品到材料、药品到燃料的各种产品（Verseux 等，2016）。在这里，蓝藻被盛装在光生物反应器中，该光生物反应器包含沉积在底部的土壤和通过鼓泡搅拌的液相。光生物反应器被掩埋，以保护培养物、硬件和操作人员免受灰尘和辐射的影响，并提高其热稳定性。水的开采用左边的提取厂来完成，土壤的开采由挖掘车来完成。右侧的气体分离和压缩模块象征着从火星大气中提供气体。光照由菲涅耳透镜和光导完成。培养产品以氧气储罐和背景中的温室为代表。

然而，一系列月球和火星探测器的探测结果表明，月球或火星表面上的岩石成分与地球表面上的其实存在很大差异。例如，地球土壤由岩石风化而成的矿物质、动植物、微生物残体分解产生的有机质、土壤生物（固相物质）以及水分（液相物质）、空气（气相物质）和氧化的腐殖质等组成。土壤矿物质是岩石经过风化作用形成的不同大小的矿物颗粒（砂粒、土粒和胶粒）。土壤矿物质种类很多，包括氮、磷、钾、铁、锡、铝、铜、硒、硫、钙、碳、锰、钼、锌、硼等，化学组成复杂。它直接影响土壤的物理和化学性质，是作物养分的重要来源之一。在这些矿物质中，氮、磷、钾是主要成分，其大致范围分别是 0.05%~0.35%、0.01%~0.15% 和 0.40~0.17%（潘颖慧，孙殿明和赵萍，2008）。

月球表面大致可被分为两个区域，即月海区域（17%）和高地区域（约 83%），它们分别由玄武岩（由火山活动所产生）和斜长岩组成。月球土壤由玄武岩和斜长岩在流星体持续的撞击作用下产生的细小颗粒组成，其粒径分布范围为 4~1 000 μm，平均粒径约为 140 μm。月球土壤包括细小的矿物颗粒、岩石碎片以及玻璃状颗粒等。月球土壤中的主要成分是氧化硅，占总质量的 45% 左右；其次是氧化铝，约占 25%。此外，月球土壤还含有大量的铁、钙、镁、钠、钾、锰、铜、锌等金属元素及硫等非金属元素，其中铁的含量最高。月球土壤中还含有一些稀有元素和重金属元素，如金、银、铪、钇、铈、钕、锑、铼等。这些元素在地球上很难找到，但在月球上却很常见。月球土壤中不含任何有机养分，且非常干燥（Baqué 等，2014；Venugopal 等，2020）。

火星表层土壤是指火星岩石受风化后产生的碎屑物质，其粒径从几微米到几毫米都有分布，主要由砂粒级大小的颗粒物质组成，粒径一般在 60~200 μm 范围内，也含有一些厘米级的岩石碎屑。火星土壤的含铁量极高，主要是以氧化铁的形式存在；含硫量也很高，约是地球上的 100 倍，易使植物中毒，但钾含量却较少，约是地球上的五分之一；火星上还存在有机物。另外发现，火星土壤中含有高氯酸盐（perchlorate）（如高氯酸钙、高氯酸镁和高氯酸钠）等强氧化性的物质，这对从地球到达这里的藻类等生物的毒性极强，会严重阻碍其正常的生长与发育等生物学行为（Billi 等，2020）。

从上述情况可以看出，与地球土壤相比，月球和火星土壤的成分和比例具有很大差异，这显然并不适合种植农作物和培养藻类。然而，有些藻类，尤其是色球藻科（Chroococcaceae）的拟甲色球藻（*Chroococcidiopsis sp.*）和念珠藻科（Nostocaceae）的念珠藻（*Nostoc sp.*）及鱼腥藻（*Anabaena sp.*）等沙漠蓝藻，具有极强的适应极端环境条件下的生存能力。目前研究已经证明，这些蓝藻能够在一定浓度的模拟月球土壤或火星土壤中存活，但大部分生长速率会下降或停止生长甚至凋亡，但有的却能够在一定浓度范围内提高生长速率及其生物量产量，而且有的还能耐受一定浓度的高氯酸盐。以上研究为将来在 CELSS 中应用月球或火星土壤培养微藻，尤其是沙漠类蓝藻奠定了良好基础（Verseux 等，2016）。

美国通过先后 6 次阿波罗载人登月计划飞行，共计带回了约 382 kg 的月壤，并对其进行过详细分析。另外，我国通过嫦娥探月工程也从月球表面带回了少量月壤样品。然而，这样的月壤量远远不能够满足人们开展相关科学研究和实践操作的应用需求。再者，目前人类从火星尚未获得过任何土壤样品。因此，有必要研制月球或火星土壤的代用品——模拟月球土壤（lunar soil simulant，LSS）或模拟火星土壤（martian soil simulant，MSS）。本章重点介绍模拟月球土壤（以下简称模拟月壤）和模拟火星土壤（以下简称模拟火壤）的基本种类、简要制备方法、当前国际上利用模拟月壤和模拟火壤进行若干种蓝藻培养的主要结果和基本结论、存在的主要问题以及将来的重点发展方向。

14.2 月球/火星模拟土壤研制概况

由于阿波罗计划飞船带回的月球土壤量可用于研究目的非常有限,因此有必要利用地球材料制作月球模拟土壤,以满足针对月球的各种科学和技术预先研究需要。

14.2.1 模拟月壤发展概况

目前,对于模拟月壤,主要是根据美国载人登月计划带回的月壤样品分析结果、我国嫦娥探月计划带回的样品分析结果、各类月球探测器的探测结果或对月球陨石的分析结果等进行配制。与在地球上一样,在月球表面上不同地点土壤的组成和含量其实并不一定相同,如在月球上的月海和高地处的土壤可能就有很大不同。因此,美国、俄罗斯、英国、德国、日本、韩国和我国等世界航天大国的研究人员,针对不同的用途一直致力于模拟月壤的制备。目前,共研制成近30种模拟月壤,其中美国研制成的模拟月壤种类最多,我国中国科学院地球化学研究所、国家天文台、东北大学、吉林大学、同济大学、北京航空航天大学和中国地质大学等单位也研制成各自的模拟月壤。另外,俄罗斯斯科尔科沃科学技术研究所(Skolkovo Institute of Science and Technology)、印度空间研究组织(Indian Space Research Organization)和德国布伦瑞克工业大学(TU Braunschweig)等单位也研制成新的模拟月壤。

目前,国际上先后研制成的典型模拟月壤包括约翰逊航天中心(JSC-1)、明尼苏达州月球模拟物(MLS-1)、富士日本模拟物(FJS-1)、中国科学院(CAS-1)和同济(TJ-1)(Taylor,Pieters和Britt,2016),具体研制情况见表14.1。

表14.1 目前国际上主要模拟月壤的研制情况

公布时间	模拟月壤名称	所属国家或组织	模拟场地	参考文献
1990	MLS-1	美国	高钛铁矿月海(通用)	Weiblen等,1990
1990	MLS-1P	美国	高钛月海(实验室用)	Weiblen等,1990

续表

公布时间	模拟月壤名称	所属国家或组织	模拟场地	参考文献
—	MLS-2	美国	高地（通用）	Taylor, Pieters 和 Britt, 2016
—	ALS-1	美国	低钛月海（通用）	Taylor, Pieters 和 Britt, 2016
1994	JSC-1	美国	低钛月海	McKay 等, 1994
1998	FJS-1（1型）	日本	低钛月海，玄武岩质熔岩	Kanamori 等, 1998
1998	FJS-1（2型）	日本	低钛月海	Kanamori 等, 1998
1998	FJS-1（3型）	日本	高钛月海	Kanamori 等, 1998
2007	OB-1	加拿大	高地，斜长岩+玻璃物质	Richard 等, 2007; Battler 和 Spray, 2009
2007	CAS-1	中国	低钛月海，玄武岩质熔岩	郑永春等, 2007
2007	NU-LHT-1M & 1D	美国	高地（通用）	Stoeser 和 Wilson, 2007
2007	NU-LHT-1M & 1D	美国	高地（通用）	Stoeser 和 Wilson, 2007
2008	GCA-1	美国	低钛月海（岩土工程）	Taylor 等, 2008
2008	NAO-1	中国	高地（通用）	Li, Liu 和 Yue, 2009
2008	JSC-1A、JSC-1AF 和 JSC-1AC	美国	高钛月海（通用）	Schrader 等, 2008; Ray 等, 2010
2010	BP-1	美国	低钛月海（岩土工程）	Rahmatian 和 Metzger, 2010
2011	CUG-1A	中国	低钛月海（岩土工程）	贺新星等, 2011
2012	TJ-1	中国	月海下 0~30 cm	Jiang, Li 和 Sun, 2012
2018	KLS	韩国	—	Ryu, Wang 和 Chang, 2018
2018	EAC-1	ESA	月海	Manick 等, 2018
2019	DNA-1A	ESA	低钛月海	Marzulli 和 Cafaro, 2019
2020	LSS-ISAC-1	印度	高地	Venugopal 等, 2020

续表

公布时间	模拟月壤名称	所属国家或组织	模拟场地	参考文献
2020	UoM-B	英国	尘土	Just 等，2020
2020	UoM-W	英国	尘土	Just 等，2020
2020	EAC-1A	ESA	无尘土	Engelschiøn 等，2020
2021	VI-75	俄罗斯	—	Slyuta 等，2021
2021	BH-1	中国	月海（mature mare）	Zhou 等，2021
2022	LHS-1	俄罗斯	高地	Isachenkov 等，2022
2022	LMS-1	俄罗斯	月海	Isachenkov 等，2022
2022	TUBS-M	德国	—	Windisch 等，2022
2022	TUBS-T	德国	—	Windisch 等，2022
2022	TUBS-I	德国	—	Windisch 等，2022

注：MLS 表示 Minnesota Lunar Simulant；ALS 表示 Arizona Lunar Simulant；JSC 表示 Johnson Space Center；FJS 表示 Fuji Japanese Simulant；OB 表示 Olivine-Bytownite；CAS 表示 Chinese Academy of Sciences；GCA-1 由美国 NASA 格纳德太空中心（Goddard Space Center）制备；BP 表示 Black Point；ESA 表示 European Space Agency。

14.2.2 模拟火壤发展概况

目前，对于模拟火壤，主要是根据美国各类火星探测器的综合探测结果、我国"祝融"号火星探测器的探测数据以及在地面上收集到的火星陨石分析的结果等进行相应配制。

与在地球和月球上一样，火星表面上不同地点的所谓土壤的组成和含量其实也并不一定相同，因此研究人员针对不同的用途同样试制了很多种相应的模拟火壤。美国、俄罗斯、欧洲航天局（ESA）、日本和我国等均试制成各自的模拟火壤。其中，美国试制成的模拟火壤种类最多。其中，最著名的模拟火壤是约翰逊航天中心（JSC）研制的 JSC Mars-1（Allen 等，1998a，1998b），而 2005 年美国 Orbitec 公司从 JSC 获得 JSC Mars-1 的授权，从同一源区采集原料研制成新一批样品，并把它命名为 JSC Mars-1A。然而，自 2007 年后 JSC Mars-1 和

Mars-1A 在美国 NASA 之外似乎不再能够见到。

另外一个著名的模拟火壤是莫哈韦模拟火壤（mojave mars simulant，MMS）（Peters 等，2008），但在美国 NASA 之外也无法获得其产品。美国一家名为"火星花园"（mars gardenn）的教育公司出售两种模拟火壤。据报道，它们与 MMS 来源相同，但事实上它们所开采的是一种高度变质的红色煤渣材料，而不是原始的鞍背玄武岩（saddleback basalt）。这些模拟火壤（如 JSC Mars-1、MMS 及其升级产品）的基本成分为颗粒状的玄武岩，因此其可能适用于某些用途，但不适用于其他用途。

后来，美国中佛罗里达大学与 NASA 肯尼迪航天中心和佛罗里达理工学院合作，研制成 MGS-1（MGS 代表 mars global simulant，即火星全球模拟物）。该团队合成了非常接近实物的模拟火壤，可被用于马铃薯种植的各种模拟实验研究。目前国际上主要模拟火壤的研制情况见表 14.2。

表 14.2　目前国际上主要模拟火壤的研制情况

公布时间	模拟火壤名称	所属国家或组织	模拟类型及用途	参考文献
1998	JSC Mars-1	美国	模拟对象为盖尔撞击坑石巢区域的风积低含硫玄武岩土壤。收集自美国夏威夷毛纳基亚的一种风化的火山灰（一种精细结晶的玻璃状火山岩颗粒，被称为夏威夷岩（hawaiite））	Allen 等，1998a，1998b
2005	JSC Mars-1A	美国	玄武岩，模拟对象为盖尔撞击坑石巢区域的风积低含硫土壤。收集自美国夏威夷毛纳基亚的一种风化的火山灰	Peters 等，2008
2005	DLR soil simulant	德国	模拟火成岩	Ellery 等，2005
2008	MMS	美国	模拟火成岩	Peters 等，2008

续表

公布时间	模拟火壤名称	所属国家或组织	模拟类型及用途	参考文献
2008	MRS	日本	玄武岩+铁氧化物	Arai 等，2008
2011	ES-1, ES-2, ES-3	ESA	模拟火成岩	Brunskill 等，2011
2015	JMSS-1	中国	集宁玄武岩+铁氧化物（磁铁矿和赤铁矿）	Zeng 等，2015
2017	KMS-1		模拟火成岩	Lee，2017
2018	Mars		模拟对象为盖尔撞击坑黄刀湾（Yellowknife Bay）的 Sheepbed 泥岩	Stevens 等，2018
2018	JSC-Rocknest（JSC-RN）	美国	模拟火成岩（igneous rocks）（也称为火山岩或岩浆岩）	Archer 等，2018；Clark 等，2020
2019	MGS-1/1S/1C	美国	模拟火成岩	Cannon 等，2019
2019	JEZ-1	美国	模拟火成岩	Cannon 等，2019
2020	MMS-1	美国	模拟火成岩	Caporale 等，2020
2023	VI-M2	俄罗斯	模拟火成岩	Mironov, Agapkin 和 Slyuta, 2023

14.3 月球/火星模拟土壤典型配方及其制备方法

14.3.1 典型模拟月壤配方的化学组成及制备方法

1. 配方基本组成

根据报道可知，目前国际上针对不同用途先后研制成近 30 种模拟月壤。以下就比较著名而且大都被用来进行过蓝藻培养的模拟月壤的组分进行归纳分析，并与月壤的实测值进行比较，具体情况如表 14.3 所示。

表 14.3 模拟月壤的主要元素组成以及与月壤样品的比较

单位：质量%

名称	SiO_2	TiO_2	Al_2O_3	Fe/FeO	MnO	MgO	CaO	Na_2O	K_2O	P_2O_5	合计	参考文献
Apollo 12	42.20	7.80	13.60	15.30	0.20	7.80	11.90	0.47	0.16	0.05	99.90	Basu 和 Riegsecker, 1998
Apollo 14	48.10	1.70	17.40	10.40	0.14	9.40	10.70	0.70	0.55	0.51	99.83	Basu 和 Riegsecker, 1998
Apollo 16	45.10	0.54	27.30	5.10	0.30	5.70	15.70	0.46	0.17	0.11	100.71	Basu 和 Riegsecker, 1998
JSC-1	47.71	1.59	15.02	10.79	0.18	9.01	10.42	2.70	0.82	0.66	99.61	Mckay, 1994
JSC-1A	46.67	1.71	15.79	10.98	0.19	9.39	9.90	2.83	0.78	0.66	98.90	Marzulli 和 Cafaro, 2019
MLS-1	43.86	6.32	13.68	16.00	0.20	6.68	10.13	2.12	0.28	0.20	99.47	Weiblen, Murawa 和 Reid, 1990
FJS-1	49.14	1.91	16.23	13.07	0.19	3.84	9.13	2.75	1.01	0.44	98.14	Kanamori 等, 1998; Yoshida 等, 2000
MKS-1	52.69	1.01	15.91	12.28	0.22	5.41	9.36	1.90	0.58	0.14	100.00	Kanamori 等, 1998; Yoshida 等, 2000
CAS-1	49.24	1.91	15.08	11.47	0.14	8.72	7.25	3.08	1.03	0.30	99.46	郑永春 等, 2007
NAO-1	43.83	0.77	25.79	6.14	0.09	4.93	15.12	1.41	0.47	0.08	99.71	Li, Liu Yue, 2009
CUG-1A	38.32	2.38	16.01	12.50	0.15	6.95	7.39	0.19	2.12	0.54	99.80	贺新星 等, 2011
LSS-ISAC-1	44.70	0.03	30.41	1.91	0.02	2.45	17.80	1.36	0.01	0.02	98.27	Venugopal 等, 2020
DNA-1	41.90	1.31	16.02	14.60	0.21	6.34	12.90	2.66	2.53	0.34	98.81	Marzulli 和 Cafaro, 2019
DNA-1A	51.97	0.85	18.02	7.07	0.14	2.70	7.40	4.81	4.63	0.41	98.00	Marzulli 和 Cafaro, 2019
BH-1	43.30	2.90	16.50	16.70	0.30	3.00	8.80	3.80	3.30	0.70	99.30	Zhou 等, 2021

另外，英国开放大学的 Olsson – Francis 和 Cockell（2010）利用地球上的火山岩制成了模拟月壤。该火山岩包括以下种类：一是玄武岩（Basalt），其中 SiO_2 含量较低，类似于月球上的玄武岩；二是流纹岩（rhyolite），其中 SiO_2 含量较高，类似于月球上的风化层；三是斜长岩（anorthosite），其中 SiO_2 含量较高。地球火山岩与地外月球土壤之间的化学成分比较见表 14.4 所示。

表 14.4　地球火山岩与地外月球土壤之间的化学成分比较

（Olsson – Francis 和 Cockell，2010） 单位：%

化学组成	玄武岩	流纹岩	斜长岩	月球土壤[a]（编号为 12032，44）
SiO_2	51.36	69.41	47.45	46.8
TiO_2	1.75	0.29	0.04	—
Al_2O_3	14.22	14.28	29.82	33.2
Fe_2O_3	13.36	3.07	1.64	0.34
MnO	0.21	0.07	0.02	—
MgO	6.31	0.43	2.40	—
CaO	10.86	1.19	14.97	17.7
Na_2O	2.46	5.34	1.99	1.44
K_2O	0.46	4.46	0.11	0.01
P_2O_5	0.18	0.04	0.01	—
Cl	—	0.31	0.53	—
SO_3	—	—	—	—
总计	100.00	98.92	98.99	99.49

注：a 数据来自 Wenk 和 Nord（1971）。

2. 基本制备方法

为了获得能够模拟月壤主要特征的月壤模拟材料，在对从月球取回的月壤进行大量研究的基础上，采用与月壤化学成分和矿物成分基本相同的地球火山灰、玄武岩、钛铁矿等矿物，经机械破碎和筛分，并按一定比例配制，获得与月壤性质较为接近，能较真实地模拟月壤主要化学性质和物理力学性质的模拟月壤。

JSC 系列模拟月壤由美国 NASA 下属的约翰逊航天中心（JSC）主持研制。其中，JSC-1 是一种富含玻璃的玄武岩质火山灰，经研磨及筛分而成。其初始物质为美国加利福尼亚州旧金山附近火山喷发的厚达数米的黑色火山灰和火山砾沉积物。MLS 系列模拟月壤由美国明尼苏达大学研制。其中，MLS-1 模拟月壤的初始物质来自美国和加拿大共有的苏必利尔湖（Lake Superior）北岸的富钛结晶质玄武岩。MLS-2 模拟月壤被用于模拟月球高地的风化层，由来自位于美国明尼苏达州东北部德卢斯（Duluth）北美中部大陆断裂的斜长岩，经粉碎、研磨和筛分后制成。MKS-1 和 FJS-1 模拟月壤的初始物质为玄武质熔岩，经加工后与 Apollo 14 采样点的月壤组成相似。图 14.2 为模拟月壤的一种加工过程。

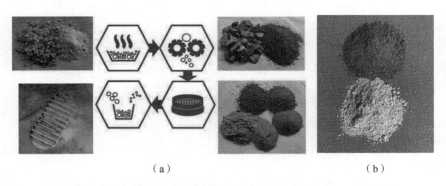

图 14.2　模拟月壤的一种加工过程（Windisch 等，2022）（附彩插）

(a) 月壤加工过程；(b) 完成混合后形成的两种模拟月壤 TUBS-M（上部）和 TUBS-T（下部）

14.3.2　典型模拟火壤配方的化学组成及制备方法

1. 配方基本组成

根据各种报道可知，目前国际上针对不同用途先后研制成 10 多种模拟火壤。下面就比较著名而且大都被用来进行过蓝藻培养的模拟火壤的组分进行归纳分析，并与火壤的实测值进行比较，具体情况如表 14.5 所示。

表 14.5 模拟火壤的主要元素组成以及与火壤样品测量值的比较

单位：质量%

	火壤实测值					模拟火壤测量值					
	"探路者"号[a]	"勇气"号[b]	"机遇"号[c]	"好奇"号[d]	平均值[e]	JSC Mars-1[f]	MMS[f]	MGS-1[g]	MRS[h]	Y-Mars[i]	JMSS-1[j]
SiO_2	42.00	45.80	43.00	42.88	45.41	43.48	49.40	50.80	59.67	44.97	49.28±0.24
TiO_2	0.80	0.81	1.08	1.19	0.91	3.62	1.09	0.30	0.28	0.77	1.78±0.01
Al_2O_3	10.30	10.00	8.55	9.43	9.71	22.09	17.10	8.90	12.74	13.31	13.64±0.33
Cr_2O_3	0.30	0.35	0.46	0.49	0.36	0.03	0.05	0.10	—	—	—
Fe_2O_3	21.70[k]					16.08[k]	10.87[k]	13.30[m]	14.81[m]	7.57[k]	16.00±0.07[k]
FeO		15.80[l]	22.33[l]	19.19[l]	16.73[l]						
MnO	0.30	0.31	0.36	0.41	0.33	0.26	0.17	0.10	0.07	0.18	0.14±0.01
MgO	7.30	9.30	7.05	8.69	8.35	4.22	6.08	16.70	2.11	14.32	6.35±0.08
CaO	6.10	6.10	6.67	7.28	6.37	6.05	10.45	3.70	3.12	7.65	7.56±0.06
Na_2O	2.80	3.30	1.60	2.72	2.73	2.34	3.28	3.40	2.54	2.23	2.92±0.09
K_2O	0.60	0.41	0.44	0.49	0.44	0.50	0.48	0.30	0.27	0.08	1.02±0.03
P_2O_5	0.70	0.84	0.83	0.94	0.83	0.78	0.17	0.40		0.09	0.30±0.01
SO_3	6.00	5.82	5.57	5.45	6.16	0.31	0.10	2.10			
Cl	0.90	0.53	0.44	0.69	0.68	—	—	—	—	—	—
LOI	—	—	—	—	—	17.36	3.39			8.33	0.48±0.17
总计	99.8	99.37	99.18	99.85	99.01	99.70	99.40	100.00	95.61	99.50	99.47

注："—"表示未被分析。

以下字母分别代表以下参考文献 a：Foley 等, 2003；b：Gellert 等, 2004；c：Rieder 等, 2004；d：Blake 等, 2013；e：Taylor 和 McLennan, 2009；f：Peters 等, 2008；g：Cannon 等, 2019；h：Arai 等, 2008；i：Stevens 等, 2018；j：Zeng 等, 2015。

k 表示总铁含量，(Fe_2O_3 + FeO) 用 Fe_2O_3 表示；l 表示总铁含量，用 FeO 表示；m 表示总铁含量。

2. 基本制备方法

进行模拟火壤配制时，基本采用世界各地的火山灰，再外加一些相应的岩石、玻璃或铁粉，另外需要添加部分人工培养基质等。例如，制备 MGS-1 的标准矿物质配方如表 14.6 所示。

表 14.6 MGS-1 的标准矿物质配方（Cannon 等，2019）

组成	MGS-1（质量%）	石巢（Rocknest）火壤（质量%）
晶体相		
斜长石	27.1	26.3
辉石	20.3	19.7
橄榄石	13.7	13.3
磁铁矿	1.9	1.8
赤铁矿	1.1	1.0
硬石膏	0.9	0.9
石英	0.0	0.8
钛铁矿	0.0	0.9
非晶相		
玄武岩玻璃	22.9	—
水合氧化硅（蛋白石）	5.0	—
硫酸镁	4.0	—
水合氧化铁	1.7	—
碳酸铁	1.4	—
合计	100%	100%

MGS-1 模拟火壤由美国中佛罗里达大学研制，代表了火星表面低含硫矿物类型的火壤，模拟对象为盖尔撞击坑石巢区域的风积土壤。原材料取自马达加斯加的富拉玄武岩、美国斯蒂尔沃特（Stillwater）的杂岩、北卡莱罗纳州的斜长石和圣卡洛斯的高镁橄榄石以及来自巴西的古铜辉石。根据"好奇"号搭载的 XRD 结晶矿物的分析结果和对非晶态成分的推断，按照配方比例将矿物（斜长石、辉石、橄榄石）和玄武质玻璃混合后，再将混合物颗粒与水以及五水偏硅酸

钠（黏合剂）按 100∶20∶2 的质量比充分搅拌混合，使用微波炉加热除去水分而形成固体块状物质，然后再进行机械研磨，并加入次生矿物（如水合二氧化硅、硫酸镁、水合氧化铁（也称水铁矿）、硬石膏、菱铁矿和赤铁矿），边搅拌边研磨成细粉，之后筛分出粒径＜1 mm 的物质而作为最终的 MGS－1 模拟火壤（Cannon 等，2019）。形象化来讲，制作模拟火壤的基本过程有点像是利用石头做饭。首先是准备原料，主要是斜长石（27.1%）、玄武岩玻璃（22.9%）、辉石（20.3%）、橄榄石（13.7%）以及少量的硫酸镁和水合氧化铁（ferrihydrite）等。其次，将原料矿石磨成粉，然后进行混合和压实而做成饼状，随后将其放进烤箱进行烘烤。最后，烘烤完成后，将该"石头饼"再次粉碎，这样就完成了新鲜火星土壤的制作（Clark 等，2020）。图 14.3 为由"好奇"号火星探测器所分析的火壤及 NASA 约翰逊航天中心研制的 JSC－RN 模拟火壤。

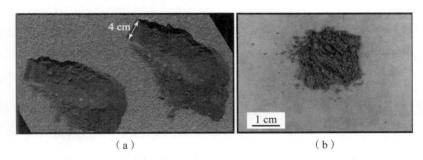

图 14.3　由"好奇"号火星探测器所分析的火壤及 NASA 约翰逊航天中心研制的
JSC－RN 模拟火壤（Clark 等，2020）

(a) 火壤；(b) 模拟火壤

目前，另外一种应用较广的配方，是在日本 JAXA 支持下日本筑波大学与中央大学合作研制的火星模拟土壤（martian regolith simulant，MRS），其基本组成如表 14.7 所示。该 MRS 模拟火壤是根据美国的火星探测器（Mars probes）、"海盗"号着陆器（Viking landers）和火星探测漫游者（Mars Exploration Rovers）所测量的数据进行综合评价后配制而成。该火星模拟土壤由玄武岩、膨润土（bentonite，产品名为 Kunigel－V1）和氧化铁粉 3 类物质混合而成，比例为 2∶7∶1。其中，玄武岩取自日本三宅岛（Miyake Island），膨润土由日本的 Kunimine Industries 公司生产，具体如表 14.7 所示（Arai 等，2008）。

表 14.7　火星模拟土壤的组成（质量%，均为氧化物形式）（Arai 等，2008）

元素种类		Na	Mg	Al	Si	P	K	Ca	Ti	Mn	Fe
火壤组成		1.34	6.00	7.20	43.40	0.68	0.10	5.80	0.60	0.45	18.20
模拟火壤组成（3 种组分的总和）		2.54	2.11	12.74	59.67	—	0.27	3.12	0.28	0.07	14.81
3 种组分	玄武岩（20%）（来自三宅岛）	3.97	2.86	14.00	52.66	—	0.67	8.62	1.42	0.36	15.31
	膨润土（70%）（Kunigel - V1）	2.50	2.20	14.20	70.20	—	0.20	2.00	—	—	2.50
	氧化铁粉（10%）	0.00	0.00	0.00	0.00	0.00	0.00	0.00	0.00	0.00	100.00

■ 14.4　基于模拟月壤的微藻培养实验研究

固氮蓝藻可以利用火星上的自然资源作为其生物加工的原料，从而支持人们未来去往这颗红色星球的可持续性。当依赖月球或火星土壤作为营养源时，其效率将在很大程度上取决于蓝藻生长的动力学，因此表征这些动力学对于评估上述概念的合理性至关重要。目前，基于模拟月壤开展的实验研究主要集中于蓝藻。

14.4.1　基于玄武岩、流纹岩和斜长岩 3 种模拟月壤的蓝藻培养

1. 所用藻种及模拟月壤

早前，英国开放大学的 Olsson - Francis 和 Cockell（2010）开展了利用 3 种模拟月壤进行 7 种蓝藻的培养研究。这 7 种蓝藻分别是粘球藻属（*Gloeocapsa*）藻株 OU_20、瘦鞘丝藻属（*Leptolyngbya*）藻株 OU_13 以及席藻属（*Phormidium*）的藻株 OU_10、拟甲色球藻 029、钝顶螺旋藻、细长聚球藻（*Synechococcus elongatus*）和柱胞鱼腥藻（*Anabaena cylindrica*）。它们均被认为是实现未来地外星球原位资源利用的潜在生物。

3 种培养基质均来自火山岩，分别是玄武岩（basalt）（SiO_2 含量低，模拟月

球的玄武岩，也可用作模拟火壤）、流纹岩（rhyolite）（SiO_2含量高，达到69%以上，是一种富含长石石英矿物的高硅酸性喷出岩）和斜长岩（anorthosite）（模拟月球高地的土壤）。斜长岩来自南非的布什维尔德；流纹岩来自冰岛露出地面的岩层；玄武岩来自冰岛的托尔法冰川火山（Torfajökull）附近。这3种模拟月壤的化学组成详见表14.4。利用中空金属圆柱体和金属活塞进行压碎，并利用Tema振动磨进行8 min的粉碎（粒径<100 μm），然后进行筛分及配制而成。

2. 基本培养基和培养条件

对于常规培养，将粘球藻属藻株OU_20、瘦鞘丝藻属藻株OU_13以及席藻属藻株OU_10、拟甲色球藻029、细长聚球藻和柱孢鱼腥藻等6种蓝藻，在pH 7.4的改良BG-11培养基中进行培养。另外，将钝顶螺旋藻培养在BG-11 + ASNIII（1:1）培养基中，使pH值保持在9.0（Olsson-Francis等，2009；Rippka等，1979）。

为了研究以上蓝藻在矿质营养条件下的生长情况，利用火山岩和消毒过的双蒸水来制备培养基。对培养基要么不进行修改，要么向其中补充10 mmol·L^{-1} $(NH_4)_2SO_4$、10 mmol·L^{-1} $NaNO_2$或10 mmol·L^{-1} $(NH_4)_2SO_4$ + 10 mmol·L^{-1} $NaNO_2$。向培养基中补充10 mmol·L^{-1} $(NH_4)_2SO_4$，是因为蓝藻能够利用低浓度的硫酸盐，并且火星上的石膏可被用作补料。另外，该实验还在培养基中补充了10 mmol·L^{-1} $NaNO_2$，这是因为非固氮蓝藻钝顶螺旋藻、拟甲色球藻029和细长聚球藻均需要氮。将火山岩在121 ℃下高压灭菌20 min，并在使用前对其进行无菌添加。对于钝顶螺旋藻，用pH值为9.0的10 mmol·L^{-1} Na_2CO_3缓冲液代替双蒸水（Vonshak等，1996）。

初步实验表明，最佳火山岩/双蒸水比为1 g火山岩（直径<100 μm）/5 mL双蒸水。因此，在该火山岩的营养实验中，使用了25 mL双蒸水和5 g火山岩。将受试藻种在已用1% HNO_3浸泡过夜并用双蒸水漂洗的聚甲基戊烯烧瓶中进行培养。

所有培养物在25 ℃、常压大气环境条件、自然阳光和昼夜光周期循环下培养45 d（Olsson-Francis，de la Torre R和Cockell，2010）。

3. 基于火山岩的培养实验

在给火山岩营养培养基接种受试藻种之前，提取5 mL培养物（在BG-11或BG-11 + ASNIII培养基中生长）并以5 000 r·min^{-1}离心10 min。用灭过菌的双蒸水（或在钝顶螺旋藻的情况下为 10 mmol·L^{-1}Na$_2$CO$_3$）洗涤细胞沉淀物 3 次，并将最终的细胞悬浮液的细胞密度调整至约 10^9 个细胞·mL^{-1}。采用 100 μL 等分试样（Aliquot）接种火山岩营养培养基。按照与生物实验相同的方式，对由未被添加接种物的火山岩组成的非生物对照组进行取样。对每个培养实验均设两个重复。

为了监测微藻生长并确定其比生长速率（specific growth rate）常数 k（每单位数量的微生物在单位时间内增加的量），对细胞进行了计数（Pirt，1975）。将培养物混合，并在需要时无菌取出 100 μL 等分试样。由于席藻属菌株 OU_10、瘦鞘丝藻属菌株 OU_13 以及柱孢鱼腥藻和钝顶螺旋藻的丝状性质，因此在用 Leica DMRP 荧光显微镜（1 000×）计数其细胞之前，应对样品进行短暂涡旋。

4. 研究发现及其机理分析

1）火山岩/双蒸水比和火山岩尺寸对蓝藻比生长速率的影响

该实验研究优化了基于火山岩的培养基组成，因此确定了最佳火山岩/双蒸水比和岩石尺寸。研究发现：一是以上所有受试蓝藻的比生长速率均随着火山岩量的增加而增加，但在火山岩/双蒸水比为 1∶5 时趋于平稳。例如，对于分别以 1∶5 和 1∶2.5 的火山岩/双蒸水比例培养的柱孢鱼腥藻，其细胞的比生长速率分别为 0.363 d^{-1} 和 0.342 d^{-1}。二是比生长速率会随着火山岩尺寸的减小而增加。例如，随着玄武岩的直径从小于 100 μm 增加到大于 1 cm，则柱孢鱼腥藻的比生长速率从 0.363 d^{-1} 下降到 0.121 d^{-1}。三是总的来说，向火山岩培养基中添加（NH$_4$）$_2$SO$_4$ 和 NaNO$_2$ 对蓝藻的生长具有促进作用。表 14.8 显示了火山岩种类对蓝藻比生长速率的影响。

另外，从表 14.8 可以看出，火山岩类型会影响蓝藻的生长。蓝藻在玄武岩中生长具有最大的比生长速率，说明玄武岩能够促进蓝藻的生长。另外，单独利用流纹岩作为生长基质具有挑战性，因为低的比生长速率证明了这一点。

2）火山岩种类对蓝藻最终干生物量积累的影响

非固氮蓝藻拟甲色球藻 029、钝顶螺旋藻和细长聚球藻，均需要补充 NaNO$_2$ 才能生长。如表 14.9 所示，最终的干质量生物量产量与比生长速率呈正相关关系。例如，利用玄武岩作为生长基质时，柱孢鱼腥藻获得了最大的比生长速率，这与（0.497±0.02）g·kg^{-1} 玄武岩的最大总干质量生物量产量相一致，如表 14.9 所示。然而，这些值要明显低于用 BG－11（BG－11 + ASNIII）培养基时所获得的值。

表 14.8　火山岩种类对蓝藻比生长速率的影响

单位：d^{-1}

受试藻种	BG-11培养基	流纹岩				斜长岩				玄武岩			
		双蒸水	N	SO_4^{2-}	$N+SO_4^{2-}$	双蒸水	N	SO_4^{2-}	$N+SO_4^{2-}$	双蒸水	N	SO_4^{2-}	$N+SO_4^{2-}$
柱孢鱼腥藻	0.792±0.012	0.123±0.041	0.152±0.034	0.083±0.014	0.213±0.047	0.247±0.140	0.212±0.141	未检出	0.356±0.054	0.315±0.101	0.097±0.008	0.125±0.042	0.363±0.014
拟甲色球藻029	0.114±0.005	未检出	0.054±0.011	未检出	0.041±0.008	未检出	0.026±0.014	未检出	0.024±0.014	未检出	0.013±0.035	未检出	0.082±0.012
钝顶螺旋藻	0.312±0.041	未检出	未检出	未检出	未检出	未检出	0.057±0.004	未检出	0.027±0.015	未检出	0.012±0.004	未检出	0.088±0.007
细长聚球藻	1.581±0.414	未检出	未检出	未检出	0.043±0.012	未检出	0.219±0.031	未检出	未检出	未检出	0.124±0.007	未检出	0.269±0.034
席藻属藻株 OU_10	0.332±0.147	0.012±0.005	0.015±0.004	0.017±0.004	0.035±0.009	0.046±0.014	0.063±0.007	0.043±0.001	0.018±0.004	0.056±0.014	未检出	0.084±0.004	0.087±0.011
瘦鞘丝藻属藻株 OU_13	0.255±0.054	0.015±0.004	0.013±0.004	0.086±0.014	0.027±0.007	0.065±0.014	0.043±0.006	0.027±0.021	0.113±0.014	0.084±0.014	0.123±0.064	0.096±0.014	0.072±0.021
粘球藻属藻株 OU_20	0.098±0.014	未检出	未检出	未检出	0.018±0.004	未检出	未检出	未检出	0.012±0.007	0.013±0.001	未检出	未检出	0.022±0.008

表 14.9 火山岩种类对蓝藻最终的干质量生物量产量的影响

单位：$g \cdot kg^{-1}$ 火山岩

受试藻种	BG-11培养基	流纹岩				斜长岩				玄武岩			
		双蒸水	N	SO_4^{2-}	$N+SO_4^{2-}$	双蒸水	N	SO_4^{2-}	$N+SO_4^{2-}$	双蒸水	N	SO_4^{2-}	$N+SO_4^{2-}$
柱孢鱼腥藻	3.08±0.21	0.44±0.02	0.12±0.08	0.38±0.04	0.29±0.08	0.22±0.06	0.35±0.11	未检出	0.35±0.12	0.49±0.09	0.14±0.06	0.42±0.01	0.49±0.02
拟甲色球藻029	1.08±0.14	未检出	0.45±0.05	0.01±0.01	0.39±0.05	未检出	0.09±0.01	未检出	0.23±0.09	未检出	0.20±0.06	未检出	0.33±0.11
钝顶螺旋藻	2.10±0.24	未检出	未检出	未检出	0.01±0.04	未检出	0.04±0.02	未检出	0.04±0.05	未检出	0.12±0.07	未检出	0.10±0.02
细长聚球藻	1.58±0.41	未检出	未检出	未检出	0.04±0.01	未检出	0.21±0.03	未检出	未检出	未检出	0.12±0.07	未检出	0.69±0.03
席藻属藻株OU_10	1.40±0.32	未检出	未检出	未检出	0.04±0.01	未检出	0.06±0.02	未检出	未检出	未检出	0.33±0.05	未检出	0.11±0.03
瘦鞘丝藻属藻株OU_13	1.85±0.21	0.15±0.08	0.22±0.11	0.30±0.01	0.17±0.03	0.47±0.02	0.35±0.08	0.14±0.08	0.36±0.05	0.22±0.07	未检出	0.19±0.08	0.46±0.01
粘球藻属藻株OU_20	0.65±0.10	未检出	未检出	未检出	0.03±0.01	未检出	未检出	未检出	0.02±0.01	0.01±0.03	未检出	未检出	0.02±0.01

3）火山岩种类对藻种体内最终元素含量的影响

将上述实验进行到第 45 d 后，在未进行修改或在补充有 $NaNO_2$ 和（NH_4）$_2SO_4$ 的火山岩培养基中测量溶解性元素的浓度。利用双蒸水和补充培养基的元素浓度作为对照。非生物对照组表明，流纹岩的元素浸出率低于玄武岩和斜长岩。例如，与玄武岩和斜长岩分别为 75.062 $mmol \cdot L^{-1}$ 和 85.421 $mmol \cdot L^{-1}$ 相比，流纹岩的浸出硅酸盐浓度仅为 15.241 $mmol \cdot L^{-1}$。

另外，研究发现生物实验培养基中的元素浓度高于非生物对照组。生物效应因火山岩类型而异。例如，从流纹岩中释放的钾浓度与非生物对照组中获得的钾浓度相似，而在生物实验中从斜长岩和玄武岩释放的钾是非生物对照组获得浓度的两倍。对于每种火山岩类型，蓝藻物种之间的元素浓度各不相同。另外，比较结果显示，浓度取决于蓝藻的比生长速率。例如，对于每种岩石类型，柱孢鱼腥藻的比生长速率和元素浓度最高。

4）研究结果机理分析

至今，人们普遍认为，月球高地的土壤主要由铝硅酸盐基性岩石组成，这些岩石主要是斜长岩、北欧斜长岩和辉长岩斜长岩（Ashwal，1993）。陆生斜长岩和玄武岩被用作本研究的模拟物。此外，富含硅酸盐的流纹岩被用作另一种岩石类型。尽管流纹岩不是月球或火星风化层的主要成分，但高二氧化硅含量预计会延缓阳离子的释放，因此它可被用于探索二氧化硅对增加的生物群营养物质可用性的影响。

在这项研究中，检测了各种蓝藻作为原位资源利用的潜在候选者。研究结果表明，所有蓝藻生长最佳，与玄武岩一起产生最大的生物量；流纹岩的生长受到限制；与玄武岩和斜长岩相比，蓝藻对流纹岩溶解的影响也很低。这可能反映了一个事实，即流纹岩不容易被微生物风化。高二氧化硅含量需要更大的能量来破坏共价 Si—O 键或破坏二氧化硅四面体并获取生物重要的阳离子。与玄武岩成分的岩石相比，这些阳离子在流纹岩中的浓度也更低（Herrera 和 Cockell，2007）。

斜长岩和玄武岩的元素溶解作用因各元素而异。玄武岩中钙、铁、钾、镁、镍、钠和锌的释放量最大。然而，铜的溶解作用在斜长岩中最大。因此，在月球等含有斜长岩和玄武岩的星体上，玄武岩将主要被用于产生有机物；同时，斜长岩可被用于生物必需元素（如铜）的生物开采。对其他行星表面的应用特别感兴趣的是固氮蓝藻。该研究结果表明，某些属的固氮蓝藻可以在当地可用的土壤中生长，如玄武岩或斜长岩，从而消除了对复杂生长基质的需求。此外，蓝藻产生的氮和有机物，以及土壤所释放的元素，可以被其他微生物原位利用。

从本研究中所应用的蓝藻来看，柱孢鱼腥藻将是一种在太空中得到应用的理想蓝藻。该蓝藻在所有的岩石类型上产生了最大的生物量和获得了最大的比生长速率，而且最佳值均是用月球和火星上都发现的玄武岩获得的。另外，总的来说，所有岩石类型的元素溶解也都以柱孢鱼腥藻最大。因此，柱孢鱼腥藻不仅是生产有机物、氧气和氮气的理想候选者，而且是生物必需元素的生物开采的理想候选者，证明其在月球或火星等其他星球上的应用潜力，如生物采矿和营养获取。

14.4.2 基于 CAS–1 模拟月壤的 4 种蓝藻培养

1. CAS–1 模拟月壤对蓝藻生长特性的影响

除了国外的研究外，我国的中国航天员科研中心也负责开展了模拟月壤对蓝藻生长特性影响的实验研究（秦利锋等，2014）。在该实验中，选用单细胞和丝状体两种不同形态的蓝细菌开展实验，以评价不同形态类型菌种对月壤实验的响应差异。其中，单细胞形态菌种选用单细胞微囊藻（*Microcystis aeruginosa*）（藻种编号 FACHB–942）和平列藻（*Merismopedia* sp.）（藻种编号 FACHB–1045）；丝状体形态菌种选用鱼腥藻 PCC 7120 和水华鱼腥藻（*Anabaena flos–aquae*）（藻种编号 FACHB–245）。4 种实验蓝细菌除鱼腥藻 PCC 7120 由北京大学植物工程国家重点实验室提供外，其他 3 种均由中国科学院典型培养物保藏委员会淡水藻种库（FACHB）提供。4 种蓝藻均采用 BG–11 培养基进行培养。

所采用的月壤样品为中国科学院国家天文台研制的 CAS–1 模拟月壤（郑永春等，2007；Zheng 等，2009）。在蓝细菌 BG–11 培养基中添加 $1\ g\cdot L^{-1}$ 的模拟月壤颗粒，121 ℃灭菌后作为月壤。以未加模拟月壤颗粒的 BG–11 培养基作为对照组。实验环境条件设置如下：温度 (25 ± 1) ℃，光子照度 $40\ \mu mol\cdot m^{-2}\cdot s^{-1}$，光周期 24 h，实验周期 31 d。

研究结果表明，4 种实验蓝细菌的生长能够适应模拟月壤的影响，其生长速率在模拟月壤处理中保持与常规培养基相似的生长曲线；模拟月壤颗粒上附着生长的藻体形态与对照组相比无明显变化；模拟月壤条件下，4 种蓝藻体内的光合色素含量除鱼腥藻 PCC 7120 降低外，其他藻种及其色素含量均能保持在正常水平。

2. 固氮蓝藻对 CAS –1 模拟月壤肥力的影响

近年来，我国的中国航天员科研中心还负责开展了对模拟月壤进行生物改良的实验，即开展了固氮蓝藻对模拟月球土壤肥力影响的探讨性实验研究（秦利锋等，2020）。

该研究基于地球土壤生物风化的原理，利用固氮蓝藻的固氮特性和溶岩特性，以鱼腥藻 PCC 7120 和水华鱼腥藻作为受试藻株，以低钛玄武质模拟月壤作为研究对象，通过模拟月壤中的氮、磷、钾肥力含量和矿质养分含量的动态变化，开展了为期 50 d 的月壤肥力的生物改良实验研究。

研究结果表明，实验过程中鱼腥藻 PCC 7120 和水华鱼腥藻在模拟月壤上的生物量随培养时间增加升高。对两种蓝藻培养 50 d 后，培养基内模拟月壤中的可溶性氮、总氮含量和有机碳含量均显著增加，而可溶性铜、锰和镁等矿质元素的含量明显提高。因此说明，两种固氮蓝藻能够在模拟月壤上正常生长，并能够显著改良模拟月壤的氮肥、碳肥和矿质养分水平。该研究结果为未来月球基地基于月壤资源的蓝藻培养奠定了一定的技术基础。

14.5 基于模拟火壤的微藻培养实验研究

14.5.1 基于 MRS 模拟火壤的念珠藻培养

除了以上基于模拟月壤的蓝藻培养可行性实验外，人们还利用模拟火壤开展了更多的针对蓝藻培养可行性的实验研究。例如，早先在日本 JAXA 的支持下，日本筑波大学与中央大学合作开展了利用上述自制的 MRS 模拟火壤进行念珠藻 HK –01 的培养研究（Arai 等，2008）。

1. 受试藻种与基本方法

在使用 MRS 模拟火壤之前，对于每个实验，均利用高温炉将装有一定体积 MRS 的玻璃杯（卡杯）在 120 ℃下灭菌 3 h（Arai 等，2008）。为了探索念珠藻对模拟火壤的适应性，通过将 MRS 和 MDM 培养基以 1∶3 的体积比混合来制备"模拟火壤 – MDM 培养基"（MRS – MDM）。MDM 培养基已被用作念珠藻的培养基，其成分与 Watanabe（1960）所述的相同。将琼脂（日本京都 Nacalai Tesque 公司生产）在 30~31 ℃ 的低温下凝胶化，并添加到 MDM 培养基中。将每个卡杯中 MRS 与 MDM 培养基（MRS – MDM 培养基）的比例分别调节为 0％、20％、40％、60％、80％ 和 100％（MDM 浓度）。

将念珠藻 HK – 01 的 300 μL 细胞悬浮液直接放置在 MRS – MDM 培养基的表面，并用透明塑料膜覆盖开放容器的 80％，以防止水分快速蒸发。将所有样品作为 A'MED（圆柱体形状，直径 30 cm × 高 30 cm，容量约为 20 L）的小规模模型放置在密封容器中，然后在生长的每个阶段观察长达 75 d。容器中的环境条件如下：$0.75\ \mu mol \cdot m^{-2} \cdot s^{-1}$，0.9 大气压（$9 \times 10^4$ Pa），26.4 ℃，光照 18 h/黑暗 6 h，从添加 CO_2 开始。

另外，Arai 等人（2008）尝试了念珠藻在一些模拟火壤的寡营养 MDM 培养基（MDM 浓度的 0％ 和 20％）中培养 90 d 的实验。在此实验中，假设在初始状态下和大气中有 CO_2 填充压力（10^{-5} Pa），26.4 ℃，光照 16 h/黑暗 8 h，$50\ \mu mol \cdot m^{-2} \cdot s^{-1}$ 下的密闭容器中，于无菌条件下进行念珠藻在寡营养条件下的生长实验。当 MRS – MDM 培养基干燥并破裂时，所培养的念珠藻会进入间隙，这样则很难观察到其生长状态。因此，在 MRS – MDM 培养基的表面上放置了一层孔径为 0.45 μm 的亲水性过滤膜（日本 Millipore 公司生产），并在顶部加入 300 μL 念珠藻悬浮液。

2. 主要研究结果与机理分析

1）75 d 培养

研究表明，在分别含有 0％、20％、40％、60％、80％、100％ MDM 培养基的 MRS 上，观察到念珠藻均能够存活长达 75 d，而且即使在不含 MDM 的贫营养 MRS 中也观察到明显的藻体生长（图 14.4（a））。这些结果表明，念珠藻可以在火星表面上在没有营养物补充的情况下长时间生长。

从启动培养 75 d 后，在 A'MED 容器的壁表面上观察到大量水滴，并且水滴粘附在覆盖卡杯的透明盖上。在卡杯内部呈现干燥期间，MRS 中出现了一些裂纹和空洞（图 14.4（b））。在 MRS – MDM 60％ 的比例中，新形成了 10 多个念珠藻群落，每个群落的直径均约为 2 mm，并生长在卡杯内部分模拟火壤的间隙中（图 14.4（c））。然而，在其他比例的 MRS – MDM 中，却并未观察到新菌落的形成。由此证明，念珠藻主要在模拟火壤的破裂部分形成群落并生长（图 14.4（d））。

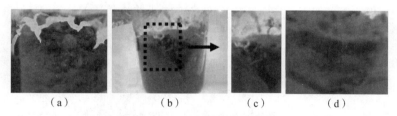

图 14.4　念珠藻在含有不同浓度 MDM 培养基的 MRS 中培养 75 d 后
的生长状态（Arai 等，2008）（附彩插）

（a）培养基中不含 MDM；（b）培养基中含 60% MDM；
（c）为（b）藻体群落的放大图像；（d）培养基中含 80% MDM

在所有的 MRS – MDM 比例中，念珠藻的表面是潮湿的，并且出现了数十个 2 mm 大小的气泡。特别是，在没有 MDM 的 MRS 中（MRS – MDM 为 0%），在念珠藻的表面上观察到长度超过 5 mm 的大气泡（图 14.4（a））。这些气泡似乎是在从念珠藻细胞排出的高黏性化合物的存在下生长而没有破裂的细胞。在 MRS – MDM 60% 的比例中，可以看到念珠藻生长在 5 mm 深的裂缝中，并以桥的形式生长，这是由于受到高黏性物质的维持而导致的（图 14.4（b））。

因此，有人认为这种高黏度与多糖有关，因为 Yoshimura 等人（2006）报道了念珠藻 HK – 01 能够产生胞外多糖。另外，在没有 MRS 的所有 MDM 比例（0%、20%、40%、60%、80%、100%）中，无论 MDM 含量如何，所有念珠藻在被培养 75 d 后均变白（数据未显示）。根据这些观察和发现，可以断定念珠藻通过模拟火壤的干燥对裂纹扩展具有抑制作用。此外，在胞外多糖侵入模拟火壤的过程中，它还在模拟火壤内释放胞外多糖。可以说，念珠藻是一种非常有效的生物，可以将模拟火壤转化为有机土壤（图 14.4）。由于蓝藻更喜欢碱性环境，因此从 pH 值的角度来看，它适合这种 MDM 培养基。在未来的研究中，有必要研究念珠藻的生长与 MRS 的 pH 值之间的关系。

2）140 d 培养情况

除了上述 75 d 的实验外，Arai 等人（2008）在 A'MED 中将念珠藻与贫营养的 MRS 培养基（包括 0% 和 20% 的 MDM 营养物）一起培养了 140 d 以上。研究结果表明，它们可以生长 140 d（图 14.5（a）和 14.5（b））。此外，第 140 d 在 MRS – MDM（0% 和 20%）和仅 MDM 之间观察到了念珠藻的生长具有显著差异。根据对叶绿素合成的观察和分析，判定在 MRS - MDM 上的生长要好于在 MDM 上的生长（图 14.5）。念珠藻在 MRS 100% 上生长的叶绿素 a 的含量为 6.4 μg·mL^{-1}，而在 MDM 100% 上则为 2.5 μg·mL^{-1}，呈现了显著差异。

图 14.5　念珠藻在小规模的 A'MED 中寡营养的 MRS 培养基上

生长 140 d 后的状态（Arai 等，2008）（附彩插）

(a) 在不含 MDM 的 MRS 培养基上；(b) 在含有 20% MDM 的 MRS 培养基上；

(c) 在不含 MDM 的培养基上；(d) 在含有 20% MDM 的培养基上

3）8 年培养情况

后来，日本筑波大学与多所大学单位合作，利用 MRS 对念珠藻 HK - 01 开展了更长时间的培养研究（Kimura 等，2015）。培养基由 10 mL 的 MRS 和 30 mL 的蒸馏水配制而成。将念珠藻 HK - 01 的悬浮细胞（2×10^6 个细胞·300 μL^{-1}）直接置于 MRS 培养基表面。首先在密闭容器（A'MED）（Arai 等，2008）中培养 140 d，然后在实验室条件下（温度（26±2）℃）保存 8 年。

最终的研究结果发现，念珠藻 HK - 01 的湿藻体群落自实验启动后在 MRS 上存活了 8 年以上（图 14.6），而它们在未添加 MRS 的培养基上存活未能超过

图 14.6　念珠藻 HK - 01 的藻体群落在 MRS 上生长 8 年后的状态

（Kimura 等，2015）（附彩插）

(a)，(b) 整个玻璃培养杯；(c) 俯视图；(d) 念珠藻 HK - 01 藻体群落

105 d。另外，每 100 g 念珠藻的干藻体群落含有的总蛋白质高达约 50 g。在图 14.6（d）中，箭头指向为念藻 HK-01 藻体群落，标尺为 1 cm。

14.5.2 模拟火壤浓度对蓝藻生长的影响

在上述研究的基础上，Ramalho 等人（2022b）对鱼腥藻 PCC 7938 在补充有 MGS-1 模拟火壤的水中进行培养，浓度范围为 $0 \sim 200$ kg·m^{-3}，以确定不同浓度的模拟火壤对其生长动力学的影响。鱼腥藻 PCC 7938 的生长曲线（生物量产量曲线）如图 14.7 所示。

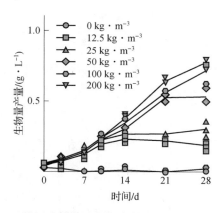

图 14.7　MGS-1 模拟火壤浓度对鱼腥藻 PCC 7938 生物量产量的影响

研究结果表明，鱼腥藻 PCC 7938 的生长速率可以用 Monod 方程（Monod，1949）预测（$R^2 = 0.998$），其半速度常数（K_R）为 4.247 kg·m^{-3}，而最大生长速率（μ_{maxR}）为 2.177×10^{-6}·s^{-1}（图 14.7）。尽管当模拟火壤浓度高于约 50 kg·m^{-3} 时生长速率会缓慢增加，但最终生物量产量在整个实验范围内变化很大。

14.6　高氯酸盐浓度对蓝藻生长的影响

火星土壤尽管是营养物质的来源，但关键的问题是它还含有氯氧化物（oxychlorine）。最令人担忧的可能是高氯酸盐，它们对蓝藻有毒，其强度与不同物种有关（Billi 等，2020；Rzymski 等，2022）。目前证明，火星土壤中存在有

Mg$(ClO_4)_2$、Mg$(ClO_3)_2$和NaClO$_4$的水合盐（Ojha等，2015），它们的预期水平平均达到0.6%（质量比），这对于地球或生物有毒（Pleus和Corey，2018），而且能够放大紫外线照射的不利作用（Anderson等，2000；Wadsworth和Cockell，2017）。因此，了解高氯酸盐的种类和浓度等对蓝藻这类潜在火星先驱生物生长的影响程度及机理则至关重要。

14.6.1 培养基+高氯酸钙对鱼腥藻生长速率的影响程度

为了确定高氯酸根离子浓度对生长动力学的影响，德国不来梅大学的Ramalho等人（2022b）在掺有不同浓度高氯酸钙的BG-11$_0$培养基中培养了鱼腥藻PCC 7938。所选择的浓度涵盖了向水中添加0~200 kg·m^{-3}的模拟火壤（含0.6%质量比的高氯酸盐离子）所获得的高氯酸根离子的范围，生长曲线如图14.8（a）所示。由此产生的生长动力学可被导出为二阶多项式方程（$R^2 = 0.994$）（图14.8（b））：

$$\mu_P = \mu_{P最大} K_{P1} \times C_{ClO_4^-}^2 - K_{P2} \times C_{ClO_4^-}$$

式中，μ_P为给定高氯酸盐浓度下的比生长速率；$\mu_{P最大}$为最大生长速率$\mu_{P最大} = 5.042 \times 10^{-6} \cdot s^{-1}$；$K_{P1}$和$K_{P2}$分别为高氯酸盐的抑制常数，$K_{P1} = 1.12 \times 10^{-8}$，$K_{P2} = 5.70 \times 10^{-8}$。

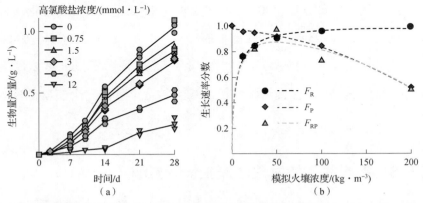

图14.8 不同高氯酸盐浓度对鱼腥藻PCC 7938藻株生长的影响（Ramalho等，2022b）
(a) 在掺有不同浓度高氯酸盐离子的BG-11$_0$中的生长曲线；(b) 作为模拟火壤浓度（F_R）、高氯酸盐浓度（F_P）或含有高氯酸盐的模拟火壤浓度（F_{RP}）的函数的归一化生长速率（normalized growth rate）

14.6.2 模拟火壤+高氯酸钙对鱼腥藻生长速率的影响程度

在分别评估了 MGS-1 模拟火壤和高氯酸盐对生长动力学的剂量依赖性影响后，研究人员试图确定这些影响在组合时是独立的还是相互作用的。首先，假设独立性：作为含高氯酸盐模拟火壤（F_{RP}）的函数而获得的最大生长速率的分数，可以通过分别乘以作为模拟火壤浓度（F_R）和高氯酸盐浓度（F_P）的函数所获得的分数来预测。这是通过在补充有 MGS-1（浓度范围为 0~200 kg·m^{-3}）并掺有高氯酸钙的水中培养鱼腥藻 PCC 7938 来测试的。调整两种化合物的浓度使之相匹配，以便高氯酸盐离子浓度能够对应于 MGS-1 浓度的 0.6% 质量比。

研究结果表明，生长速率随着模拟火壤浓度的增加而增加（图 14.9）。然而，当模拟火壤的浓度大于 50 kg·m^{-3} 后生长速率开始下降。实验数据拟合了假设乘法动力学所产生的曲线（$F_R \times F_P = F_{RP}$；Kolmogorov-Smirnov 检验，$P > 0.98$）。

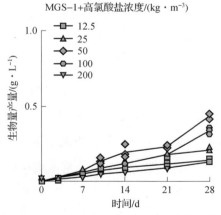

图 14.9　鱼腥藻 PCC 7938 在加有模拟火壤和高氯酸盐条件下的生长情况（Ramalho 等，2022b）

实验中，在 MGS-1 中添加 0.6% 质量比的高氯酸盐离子（在火星上这似乎是一种典型的质量分数。Sutter，Adam 和 Mahaffy，2017）的存在使鱼腥藻 PCC 7938 在 200 kg·m^{-3} 的 MGS-1 中的生长速率降低了约一半。由此说明，MGS-1 的最佳浓度从 200 kg·m^{-3} 降到了约 50 kg·m^{-3}，而高于该浓度，则高氯酸盐毒性的增加似乎抵消了释放更多营养的好处。

另外，在此实验中，Ramalho 等人（2022b）使用了高氯酸钙作为高氯酸盐离子的来源，因为它被认为是 Rocknest 的主要母体盐（Millan 等，2020）。然而，高氯酸盐很容易溶解在水中，并且不期望母体盐（parent salt）对高氯酸离子的毒性有很大影响。同时，浓度随位置而变化，但对火壤的浓度如何随深度变化尚不清楚（Carrier 等，2017）。

另外，近年来波兰波兹南医科大学的 Rzymski 等人（2022）探索了 17 种蓝藻在 0.25% ~ 1.0% 高氯酸镁（1.5 ~ 6.0 mmol·L^{-1} ClO$_4^-$ 离子）中生存的潜力。如前所述，他们所选的浓度范围包含了人们公认的火星土壤中高氯酸盐的浓度在 0.6% 质量比这一数量值。这些蓝藻与不同的栖息地有关，它们分属于 5 个不同的目，即拟色球藻目（Chroococcidopsidales）、念珠藻目（Nostocales）、颤藻目（Oscillaciales）、宽球藻目（Pleurocapsales）和聚球藻目（Synechococcales），实验周期 14 d。

研究结果表明，经受高氯酸盐处理会导致所有实验藻株的生长至少部分受到了抑制，尽管其中有以下 5 个藻株能够在最高的高氯酸盐浓度下生长：温泉拟甲色球藻（*Chroococcidiopsis thermalis*）、坑形细鞘丝藻（*Leptolyngbya foveolarum*）、非洲节藻（*Arthronema africanum*）、吉特勒氏线状蓝藻（*Geitlerinema cf. acuminum*）和 *Cephalothrix komarekiana*。另外，古巴拟甲色球藻（*Chroococcidiopsis cubana*）的生长速率高达 0.5%。能够保持生长的藻株表现出其体内的丙二醛含量显著增加，表明高氯酸盐诱导了氧化应激，而叶绿素 a/类胡萝卜素的比例往往出现降低。因此，总体来讲，来自不同目的蓝藻可以耐受火星土壤中典型的高氯酸盐浓度，这表明它们在火星探测中可能会有用。不过，需要进一步研究来阐明所选蓝藻对高氯酸盐耐受性的生化和分子基础。

14.7　模拟月壤和模拟火壤对蓝藻生长影响的比较研究

近年来，德国、美国、加拿大和法国等国家合作开展了利用多种模拟月壤和模拟火壤对蓝藻鱼腥藻和念珠藻的多种藻株生长及生物量积累等影响的比较研究，取得了较好结果（Ramalho 等，2022a，2022b）。

14.7.1 基本培养方法

将蓝藻的 4 个鱼腥藻藻株和 1 个念珠藻藻株在 24 孔板中进行培养，每个孔板含有 1.5 mL 双蒸水、$BG-11_0$ 培养基或双蒸水 + 200 kg·m^{-3} 以下一种模拟月壤（LMS-1 和 LHS-1（图 14.10（a）和（b）））或以下一种模拟火壤（MGS-1（图 14.10（c））、MGS-1C（添加黏土）和 MGS-1S（黏加硫酸盐））。这 5 种模拟土壤均由美国佛罗里达州奥兰多的月球和小行星表面科学中心（Center for Lunar and Asteroid Surface Science）提供。

图 14.10　2 种模拟月壤成品（LMS-1 和 LHS-1）和
1 种模拟火壤成品（MGS-1）的外观（附彩插）
(a) LMS-1；(b) LHS-1；(c) MGS-1

在双蒸水中洗涤预培养物两次以制成接种物，并进行调整使之在 750 nm 波长下的光密度值达到 0.02。对所有接种物均设两个重复。将接种过的培养平板用石蜡膜密封以减少蒸发，并且切割狭缝以增强气体交换。将培养平板在 25 ℃下培养 28 d，光子照度为 15~20 mmol·m^{-2}·s^{-1}（16 h/8 h 昼夜循环）。另外，为了避免出现悬浮模拟月壤颗粒引起遮光的问题，因而未进行振荡培养（Ramalho，2022a）。

14.7.2 主要研究结果与机理分析

以上研究结果表明，5 个藻株在 2 种模拟月壤和 3 种模拟火壤中的生物量浓度各不相同（图 14.11）。在图 14.11 中，柱状图表示 3 个生物学重复的平均值（点）；在给定的培养基中获得的平均值和不共用一个字母的平均值有显著差异（T-检验，调整后的 $P<0.05$）。从图中可以看出，所有藻株在 LMS-1 中生长最快，在 LHS-1 中生长最慢，而在 3 种模拟火壤中的生长位居其中，具体与藻

株有关。在模拟月壤和模拟火壤中，产量最高的藻株是鱼腥藻 PCC 7938，即无论在哪种模拟月壤和模拟火壤中，其最终的生物量产量都最高。特别是在MGS-1 中，它的生物量产量是任何其他藻株的两倍多 [(0.56 ± 0.02) g·L^{-1}]。第二位是鱼腥藻 PCC 7120 和鱼腥藻 PCC 7122，它们在所有模拟土壤中产生了第二和第三高的生物量产量（两者中谁排名第二取决于模拟土壤的类型）。它们的生物量产量要么与鱼腥藻 PCC 7937 的生物量产量相匹配（LHS-1、MGS-1 和 MGS-1S），要么紧随其后（LMS-1 和 MGS-1C）。念珠藻 PCC 7524 在所有条件下产生的生物量产量都最少（Ramalho 等，2022a）。

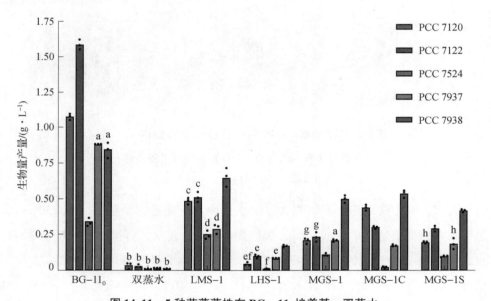

图 14.11　5 种蓝藻藻株在 BG-11$_0$ 培养基、双蒸水或添加有 200 kg·m^{-3} 的 5 种月球/火星模拟土壤之一的双蒸水中培养 28 d 后的生物量产量比较（Ramalho 等，2022a）（附彩插）

14.8　限制性养分及其浓度变化对生长速率的影响

为了进一步表征和预测模拟火壤对鱼腥藻生长的影响，Ramalho 等人（2022b）还开展了实验以试图确定限制性养分（即相对于蓝藻需求而言，其稀缺性会限制生长的养分），并确定相关的生长动力学。因此，将鱼腥藻 PCC 7938

在含有 MGS-1 的水中进行培养，并在其中补充了水或大气中没有而在生物量中最常见的 5 种元素（钾、硫、磷、镁和铁）之一。研究结果表明，只有磷能够促进鱼腥藻 PCC 7938 的生长（图 14.12）。图 14.12（a）和（b）显示了在以下培养液中的生长曲线：BG-11$_0$（圆形）、双蒸水（六边形）或含有 MGS-1 而未补充磷（钻石形）或补充磷（Na$_2$HPO$_4$；P）、钾（KCl；K）、硫（Na$_2$SO$_4$；S）、铁（FeCl$_3$；Fe）、镁（MgCl；Mg），其浓度与在 BG-11$_0$ 中的浓度相同（正方形）或是其浓度的 1/4（三角形）。

另外，在含有 MGS-1 的水中添加 BG-11$_0$ 中的磷含量或其四分之一的磷含量，那么 28 d 后鱼腥藻的生物量分别增加了 67% 或 41%。由于在此将磷确定为限制性养分，因此通过在增加磷酸盐浓度的条件下培养鱼腥藻 PCC 7938，以表征其浓度对生长速率的影响。研究结果表明，生长组分符合霍尔丹方程（Haldane，1930）（$R^2 = 0.973$），磷酸盐的半速度常数（KPHOS）为 0.014 9 mmol·L^{-1}，抑制常数（KiPHOS）为 1.379 mmol·L^{-1}（图 14.12（c））。图 14.12（c）显示了在 BG-

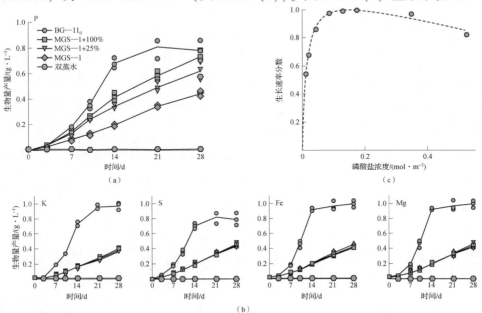

图 14.12　鱼腥藻 PCC 7938 利用 MGS-1 作为营养源时限制性元素的确定
（Ramalho 等，2022b）

（a），（b）不同培养液中的生长曲线；（c）磷酸盐浓度函数的归一化生长速率

11_0 中作为磷酸盐（通过 Na_2HPO_4 提供）浓度函数的归一化生长速率。

先前，MGS-1 已被证明有利于鱼腥藻 PCC 7938 的生长（Verseux 等，2021）；在这个实验中，研究人员确定了它对生长速率的浓度依赖性影响，并发现这符合 Monod 方程。当依赖火星土壤作为营养源时，该方程可以支持对蓝藻生产力的粗略评估。然而，MGS-1 和它模拟的火星土壤之间存在差异。此外，火星土壤在行星尺度上的分布并不均匀。例如，它可能在粒度和矿物成分方面有所不同。为了支持对火星土壤与 MGS-1 略有不同的生长动力学进行预测，他们试图确定限制因素——它似乎是磷。不过，这并不意外，因为这种元素在生物化学中发挥着核心作用，其代表了核酸、腺嘌呤核苷三磷酸（ATP）和磷脂等重要分子的大部分（Elser，2012）。初级生产者（包括蓝藻）在自然生态系统中的生长通常由磷和氮的可用性决定（Elser 等，2007），而鱼腥藻 PCC 7938 可以利用后者作为 N_2（在环境分压下通常不受限制）。

值得注意的是，MGS-1 的磷含量低于其所基于的火星土壤（约 0.4wt% P_2O_5 当量的 MGS-1（Cannon 等，2019）与 1wt% 的 Rocknest（Achilles 等，2017）），即火星的磷含量高于地球。此外，火星上主要的含磷酸盐矿物（氯磷灰石、白榴石和美林石）在水中溶解期间的磷释放率往往比陆地上的同类矿物（氟磷灰石）要高。因此，当使用真实火壤时，磷的可用性预计会高得多。因此，研究人员对磷酸盐浓度的依赖性效应进行了阐述，这有助于评估在不同于 MGS-1 的释放速率下的生长情况。然而，尽管磷酸盐浓度得到了匹配，但在 MGS-1 中生长的蓝藻在 28 d 后达到与在 BG-11_0 中相同的生物量产量，但其生长速率较低，因此该生物量累积得较慢。这可能是由于另一种矿物的释放速率受到限制所致（Ramalho 等，2022b）。

14.9 悬浮 MGS-1 模拟火壤的遮荫问题及解决措施

在光生物反应器中，可以考虑悬浮火壤颗粒的均匀培养体积，以优化气体交换和营养物质的可用性，并促进基质和产品的进出。然而，火壤颗粒的遮荫会增加优化光照条件的难度和运行成本。

鉴于此，Ramalho 等人（2022b）为了评估悬浮 MGS-1 的遮荫程度，他们测定了模拟火壤悬浮液对光合有效辐射（Photosynthetically Active Radiation，PAR）范围内光谱照度的影响。研究结果表明，即使光路较短（3.3 cm），而且模拟火壤的浓度也比其他最佳值要低一个数量级，但仍然显著降低了光谱照度（图 14.13（a）），并使其低于 20 kg·m^{-3} 的检测水平。图 14.13（b）给出了 PAR、红色、绿色和蓝色范围内的衰减系数。从图中可以看出，模拟火壤对蓝光的吸收最强，而对红光的吸收最弱。对于不同浓度的悬浮模拟火壤，假设表面光子照度为 500 μmol 光子·m^{-2}·s^{-1}，则对作为深度函数的光子照度的估算值如图 14.13（c）所示。

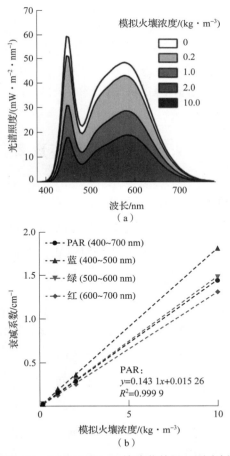

图 14.13 悬浮 MGS-1 的遮荫效果（附彩插）

(a) 在 3.3 cm 水下或含有 MGS-1（粒径 < 100 μm）的水下所测得的光谱照度；(b) MGS-1 悬浮液在水中的衰减系数，作为模拟火壤浓度和不同光谱范围（根据光谱照度测量计算）的函数

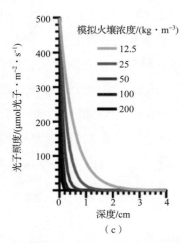

图 14.13 悬浮 MGS-1 的遮荫效果（续）（附彩插）

（c）对于不同浓度的悬浮模拟火壤，假设表面的光子照度为 500 μmol 光子·m^{-2}·s^{-1}
（根据 PAR 的衰减系数计算），光子照度随深度而变化

14.10 模拟月壤/火壤与藻体细胞非直接接触式培养方法

由于模拟火壤对光线具有很强的遮挡作用，因此可以重新考虑光生物反应器的设计，也就是将其中的细胞和火壤等颗粒保持在相互连接（对于可溶性分子）但被物理分离的隔间中。然而，缺乏直接接触可能会限制蓝藻利用月壤或火壤作为营养来源的能力。因此，首先需要确定蓝藻对月壤或火壤的养分释放是否具有影响。

这是通过比较蓝藻在含有模拟火壤的水中和在含有模拟火壤（条件和持续时间与培养物的相当）而后又将其从水中去除来完成的。当将细胞和模拟火壤一起进行培养时，其生长较快（图 14.14），28 d 后其生物量产量是上述处理下的两倍多（即（0.08±0.01）g·L^{-1} 与（0.18±0.04）g·L^{-1}），表明蓝藻对养分释放具有积极作用。然后，研究人员测试了这种假定的效果是否可以至少部分地在一个系统中获得——在该系统中，细胞和模拟火壤被用透析膜进行分离。该透析膜能够防止细胞与模拟火壤颗粒直接接触，但允许小于 15 kDa 的分子扩散。然而，研究结果表明，情况并非如此，其生长与当细胞和模拟火壤颗粒被依次培养时所观察到的生长相匹配（图14.14）。在图14.14中，将鱼腥藻PCC 7938培养在含有200 kg·m^{-3} MGS-1（模拟火壤；正方形）的双蒸水中；在含有MGS-1的双蒸水中培养28 d，并从中去除MGS-1的双蒸水（模拟火壤上清液；圆形）；被包含在纤维素水合物透析膜（cellulose hydrate dialysis membrane 膜中的模拟火壤；菱形）中并含有200 kg·m^{-3} MG-1的双蒸水，或具有空的透析膜（膜；三角形）的双蒸水；采取振荡培养，但要使得MGS-1保留在烧瓶底部，从而使细胞被遮光的程度达到最小化。

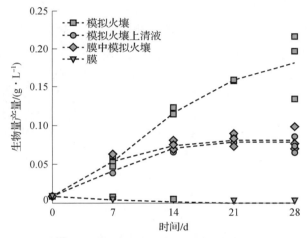

图14.14　鱼腥藻在利用MGS-1并在是否存在细胞-颗粒直接接触下的生长情况（Ramalho等，2022b）

总之，阻止细胞和模拟火壤颗粒之间的直接物理接触将会影响营养物质的运动。因此，这里所获得的知识可以支持基于ISRU的硬件设计和蓝藻生长的建模。

了解非接触式机制的相对重要性，对于基于ISRU的增长的建模和优化至关重要。事实上，土壤颗粒对光生物反应器的设计和操作提出了挑战。首先，当两者混合时，很难将细胞与矿物质分离：颗粒可以像细胞一样小，沉降也很慢，这限制了离心或过滤的适用性。其次，悬浮液中的土壤会产生强烈的遮光性：根据他们对水中MGS-1的测量，表面光子照度为500 μmol 光子·m^{-2}·s^{-1}的白光会在35 mm深度内被12.5 kg·m^{-3}的模拟火壤减弱到1 μmol 光子·m^{-2}·s^{-1}以下，或在2 mm深度内减弱到200 μmol 光子·m^{-2}·s^{-1}，从而使MGS-1稳定下来（Ramalho等，2022b）。

相比之下，光生物反应器中的培养物通常被剧烈搅拌，以保持均匀的条件（如在温度、pH 值和养分浓度方面）、增强气体交换，并减少沉淀、结块和结垢。这将使模拟火壤重新悬浮，并阻止充足的光照。然而，如果蓝藻与矿物的相互作用在大多数情况下都可以在没有直接接触的情况下发生，那么可能最好使细胞和模拟火壤保持在连接（对于可溶性分子）但物理上分离的隔间中（Ramalho 等，2022b）。

因此，研究人员试验了模拟火壤颗粒是否可以通过透析膜与细胞分离——透析膜可以防止细胞颗粒直接接触，但允许小分子交换。这种设置可能不会改变蓝藻介导的 pH 值变化对模拟火壤溶解的影响。然而，这种分离使生长急剧减少：这与细胞和模拟火壤依次培养时观察到的情况类似。因此，这一研究表明需要鱼腥藻 PCC 7938 细胞和颗粒之间进行直接接触，以促进模拟火壤颗粒的溶解，或者至少促进大于透析膜截留量（15kDa）的分子转移。同时，在任何一种情况下，都需要设计专用的硬件和工艺，以优化土壤中蓝藻的培养和随后的生物量纯化。

结 束 语

能够充分利用月球或火星表面上的矿质养分等原位资源，是未来建立基于蓝藻的月球/火星基地受控生态生保系统的重要保障措施。本章重点介绍了国际上应用较为广泛的模拟月壤和模拟火壤的种类及其化学构成，以及其简单的制备方法。同时，重点介绍了国际上利用模拟月壤和模拟火壤进行若干种蓝藻培养的基本情况。通过实验，取得了不少令人感兴趣的成果，但也遇到了不少挑战。

研究发现，念珠藻能够直接在 MRS 模拟火壤上生长，而且时间长度可达到 8 年。通过实验筛选出较好的 LMS-1 模拟月壤，5 个蓝藻藻种能够获得最高的比生长速率和生物量产量，而且鱼腥藻 PCC 7938 从这些方面来说又是其中最好的藻株。初步掌握了高氯酸盐对蓝藻生长的影响，掌握了蓝藻能够耐受高氯酸盐的极限浓度，证明蓝藻能够耐受火星上高氯酸盐的浓度范围。探讨了将蓝藻细胞与模拟火壤进行非直接接触的培养方法。

然而，要充分利用月球或火星上包括矿质养分在内的原位资源，尚有很多工作要做。重要的是，筛选更为逼真且具有针对性的模拟月壤或模拟火壤，并利用这些模拟月壤和模拟火壤充分开展实验，以逐步提高面向月球和火星表面应用的蓝藻培养的运行效率、稳定性和可靠性及其应用水平。

参 考 文 献

贺新星，肖龙，黄俊，等. 模拟月壤研究进展及 CUG–1A 模拟月壤［J］. 地质科技情报，2011，30（4）：137–142.

黄宗理. 地球科学大辞典［M］. 北京：地质出版社，2005.

潘颖慧，孙殿明，赵萍. 简述土壤与施肥［C］//科技创新与节能减排——吉林省第五届科学技术学术年会论文集（下册）. 2008：186–187.

秦利锋，艾为党，唐永康，等. 模拟月壤对蓝细菌生长特性的影响［J］. 载人航天，2014，20（6）：555–560.

秦利锋，林启美，薛彩荣，等. 月球土壤的生物改良试验：固氮蓝藻对模拟月壤肥力的影响［J］. 航天医学与医学工程卷，2020，33（6）：497–503.

郑永春，王世杰，冯俊明，等. CAS–1 模拟月壤［J］. 矿物学报，2007，27（3）：571–578.

ACHILLES C N, DOWNS R T, MING, D W, et al. Mineralogy of an active eolian sediment from the Namib dune, Gale crater, Mars［J/OL］. Journal of Geophysical Research, 2017, 112：2344–2361. https：//doi.org/10.1002/2017JE005262.

ALLEN C, MORRIS R V, JAGER K M, et al. Martian regolith simulant JSC Mars–1［C］. In：Proceedings of the Lunar and Planetary Science Conference, XXIX, 29 Abstract #1690, 1998a.

ALLEN C C, JAGER K M, MORRIS R V, et al. Martian soil simulant available for scientific, educational study［J］. Eos, 1998b, 79（34）：405–412.

ANDERSON R C, BUCKLEY S A, KUBENA L F, et al. Bactericidal effect of sodium chlorate on Escherichia coli O157：H7 and Salmonella typhimurium DT104 in rumen contents in vitro［J］. Journal of Food Protection, 2000, 63：1038–1042.

ARAI M, TOMITA–YOKOTANI K, SATO S, et al. Growth of terrestrial *cyanobacterium*, *Nostoc sp.*, on Martian Regolith Simulant and its vacuum tolerance [J/OL]. Biological Science in Space, 2008, 22: 8 – 17. DOI: 10. 2187/bss. 22. 8.

ARCHER P D, HOGANCAMP J V, GRUENER J E, et al. Augmenting the Mojave Mars Simulant to more closely match the volatile content of global Martian soils based on Mars Science Laboratory results [C]. 49th Lunar and Planetary Science Conference, The Woodlands, Texas, USA, March 19 – 23, 2018 (Woodlands, Texas: LPI Contribution), 2806, 2018.

ASHWAL L D. Anorthosites [M]. Berlin: Springer – Verlag, 1993.

BAQUÉ M, VERSEUX C, RABBOW E, et al. Detection of macromolecules in desert cyanobacteria mixed with a lunar mineral analogue after space simulations [J/OL]. Origins of Life and Evolution of the Biosphere, 2014, 44 (3): 209 – 221. DOI. 10. 1007/s11084 – 014 – 9367 – 4.

BASU A, RIEGSECKER S E. Reliability of calculating average soil composition of Apollo landing sites [C] //Anon. Workshop on New Views of the Moon: Integrated Remotely Sensed, Geophysical, and Sample datasets. [S.I.]:[s.n.], 1998: 20.

BATTLER M M, SPRAY J G. The Shawmere anorthosite and OB – 1 as lunar highland regolith simulants [J/OL]. Planetary and Space Science, 2009, 57: 2128 – 2131. DOI: 10. 1016/j. pss. 2009. 09. 003.

BERNOLD L E. Experimental studies on mechanics of lunar excavation [J/OL]. Journal of Aerospace Engineering, 1991, 4: 9. https://doi. org/10. 1061/(ASCE)0893 – 1321(1991)4:1(9).

BILLI D, GALLEGO FERNANDEZ B, FAGLIARONE C, et al. Exploiting a perchlorate – tolerant desert cyanobacterium to support bacterial growth for in situ resource utilization on Mars [J/OL]. International Journal of Astrobiology, 2020, 20 (1): 1 – 7. https://doi. org/10. 1017/S1473550420000300.

BLAKE D F, MORRIS R V, KOCUREK G, et al. Curiosity at Gale Crater, Mars: characteriztion and analysisof the rocknest sand shadow [J/OL]. Science, 2013, 341: 1239505. https://doi. org/10. 1126/science. 1239505.

BROWN I. Cyanobacteria to link closed ecological systems and in – situ resources utilization processes [C]. In 37th COSPAR Scientific Assembly, Montréal, Canada, 2008.

BROWN I, SARKISOVA S A, GARRISON D H. Bio – weathering of lunar and Martian rocks by cyanobacteria: A resource for moon and Mars exploration [C]. Lunar and Planetary Science XXXIX, Lunar and Planetary Institute (Houston, TX), 2008.

BRUNSKILL C, PATEL N, GOUACHE T P, et al. Characterisation of martian soil simulants for the ExoMars rover testbed [J]. Journal of Terramechanics, 2011, 48 (6): 419 – 438.

CANNON K M, BRITT D T, SMITH T M, et al. Mars global simulant MGS – 1: A Rocknest – based open standard for basaltic Martian regolith simulants [J]. Icarus, 2019, 317: 470 – 478.

CAPORALE A G, VINGIANI S, PALLADINO M, et al. Geo – mineralogical characterisation of Mars simulant MMS – 1 and appraisal of substrate physico – chemical properties and crop performance obtained with variable green compost amendment rates [J/OL]. Science of the Total Environment, 2020, 720: 137543. DOI: 10.1016/j.scitotenv.2020.137543.

CARRIER B L. Next steps forward in understanding Martian surface and subsurface chemistry [J]. Journal of Geophysical Research: Plants, 2017, 122: 1951 – 1953.

CLARK J V, ARCHER P D, GRUENER J E, et al. JSC – rocknest: A large – scale Mojave Mars Simulant (MMS) based soil simulant for in – situ resource utilization water – extraction studies [J/OL]. Icarus, 2020, 351: 113936. DOI: 10.1016/j.icarus.2020.113936.

DAMIECKA – SUCHOCKA M, KATZER J. Terrestrial laser scanning of lunar soil simulants [J/OL]. Materials, 2022, 15: 8773. https://doi.org/10.3390/ma15248773.

ELLERY A, PATEL N, RICHTER L, et al. ExoMars rover chassis analysis and design [C]//Proceedings of the 8th International Symposium on Artificial

Intelligence, Robotics and Automation in Space (iSAIRAS), ESTEC. The Netherlands, 2005.

ELSER J J. Phosphorus: A limiting nutrient for humanity? [J]. Current Opinion in Biotechnology, 2012, 23: 833 – 838.

ELSER J J, BRACKEN M E S, CLELAND E E, et al. Global analysis of nitrogen and phosphorus limitation of primary producers in freshwater, marine and terrestrial ecosystems [J]. Ecological Letter, 2007, 10: 1135 – 1142.

ENGELSCHIØN V S, ERIKSSON S R, COWLEY A, et al. EAC – 1A: A novel large – volume lunar regolith simulant [J]. Scientific Reports, 2020, 10: 5473.

FOLEY C N, ECONOMOU T E, CLAYTON R N, et al. Calibration of the Mars Pathfinder alpha proton X – ray spectrometer [J/OL]. Journal of Geophysical Research: Planets, 2003, 108: E12. DOI: 10.1029/2002je002018.

GANZER B, MESSERSCHMID E. Integration of an algal photobioreactor into an environmental control and life support system of a space station [J]. Acta Astronautica, 2009, 65 (1/2): 248 – 261.

GELLERT R, RIEDER R, ANDERSON R C, et al. Chemistry of rocks and soils in Gusev Crater from the alpha particle X – ray spectrometer [J/OL]. Science, 2004, 305 (5685): 829 – 832. DOI: 10.1126/science.1099913.

HALDANE J B S. Enzymes [M]. London: Longmans, Green & Co., 1930.

HECHT M H, KOUNAVES S P, QUINN R C, et al. Detection of perchlorate and the soluble chemistry of martian soil at the Phoenix lander site [J]. Science, 2009, 325: 64 – 67.

HERRERA A, COCKELL C S. Exploring microbial diversity in volcanic environments: a review of methods in DNA extraction [J]. Journal of Microbiological Methods, 2007, 70: 1 – 12.

HILL E, MELLIN M J, DEANE B, et al. Apollo sample 70051 and high – and low – Ti lunar soil simulants MLS – 1A and JSC – 1A: Implications for future lunar exploration [J]. Journal of Geophysical Research, 2007, 112: E02006.

ISACHENKOV M, CHUGUNOV S, LANDSMAN Z, et al. Characterization of novel lunar highland and mare simulants for ISRU research applications [J/OL]. Icarus, 2022, 376: 114873. https://doi.org/10.1016/j.icarus.2021.114873.

JIANG M, LI L, SUN Y. Properties of TJ-1 Lunar Soil Simulant [J/OL]. Journal of Aerospace Engineering, 2012, 25: 463-469. https://doi.org/10.1061/(asce)as.1943-5525.0000129.

JUST G H, JOY K H, ROY M J, et al. Geotechnical characterisation of two new low-fidelity lunar regolith analogues (UoM-B and UoM-W) for use in large-scale engineering experiments [J]. Acta Astronautica, 2020, 173: 414-424.

KANAMORI H, UDAGAWA S, YOSHIDA T, et al. Properties of lunar soil simulant manufactured in Japan [C]. In: Proceedings of the International Symposium Space 98, ASCE, Reston, Va., 1998: 462-468.

KELLER R, GOLI K, PORTER W, et al. Cyanobacteria and algal-based biological life support system (BLSS) and planetary surface atmospheric revitalizing bioreactor brief concept review [J/OL]. Life, 2023, 13: 816. https://doi.org/10.3390/life13030816.

KIMURA Y, KIMURA S, SATO S, et al. Evaluation of a cyanobacterium, *Nostoc sp.* HK-01, as food material for space agriculture on Mars [J]. Biological Sciences in Space, 2015, 29: 24-31.

LEE T S. In-Situ Resource Utilization (ISRU) Construction Technology for Moon and Mars [C]. In International MoonBase Summit (Mauna Lani Hotel and Bungalows Kohala Coast-Hawai 'i's Big Island: Sponsored by the (International Moonbase Alliance, LLC). Honolulu, Hawaii: International Moonbase Alliance, LLC, 2017.

LI Y, LIU J, Yue Z. NAO-1: Lunar highland soil stimulant developed in China [J]. Journal of Aerospace Engineering, 2009, 22: 53-57.

LIN Y, HIRAI M, KASHINO Y, et al. Tolerance to freezing stress in cyanobacteria, *Nostoc commune* and some cyanobacteria with various tolerances to drying stress [J]. Polar Bioscience, 2004, 17: 56-68.

LIU Y, COCKELL C S, WANG G, et al. Control of Lunar and Martian dust—

experimental insights from artificial and natural cyanobacterial and algal crusts in the desert of inner Mongolia, China [J]. Astrobiology, 2008, 8: 75 – 86.

MANICK K, GILL S – J, NAJORKA J, et al. Fundamental properties characterization of lunar regolith simulants at the European Space Agency (ESA) sample analogue curation facility [C]. In Proceedings of the 49th Lunar and Planetary Science Conference, The Woodlands, TX, USA, 19 – 23 March 2018, 2018.

MARZULLI V, CAFARO F. Geotechnical properties of uncompacted DNA – 1A lunar simulant [J/OL]. Journal of Aerospace Engineering, 2019, 32 (2): 04018153. https://doi/10.1061/(ASCE)AS.1943 – 5525.0000983.

MCKAY D S, CARTER J L, BOLES W W, et al, JSC – 1: A new lunar soil stimulant, in engineering, construction, and operations in space IV [M]. In: Galloway RG, Lokajvol S. (Eds.), American Society of Civil Engneering. Vol. 1, Reston, VA., 1994: 857 – 866.

MILLAN M, SZOPA C, BUCH A, et al. Influence of calcium perchlorate on organics under SAM – like pyrolysis conditions: Constraints on the nature of Martian organics [J]. Journal of Geophysical Research: Planets, 2020, 125: e2019JE006359.

MIRONOV D D, AGAPKIN I A, SLYUTA E N. New Martian soil simulant VI – M2 for geochemical and astrobiological experimental research [C]. 54th Lunar and Planetary Science Conference 2023 (LPI Contrib. No. 2806), 2023.

MONOD J. The growth of bacterial cultures [J]. Annual Review of Microbiology, 1949, 3: 371 –394.

NAPOLI A, IACOVELLI F, FAGLIARONE C, et al. Genome – wide identification and bioinformatics characterization of superoxide dismutases in the desiccation – tolerant cyanobacterium Chroococcidiopsis Sp. CCMEE 029 [J]. Frontier in Microbiology, 2021, 12: 1271.

OBANA S, MIYAMOTO K, MORITA S, et al. Effect of Nostoc Sp. on soil characteristics, plant growth and nutrient uptake [J]. Journal of Applied Phycology, 2007, 19: 641 –646.

OJHA L, WILHELM M B, MURCHIE S L, et al. Spectral evidence for hydrated salts in recurring slope lineae on Mars [J]. Nature Geoscience, 2015, 8: 829 – 832.

OLSSON – FRANCIS K, DE LA TORRE R, TOWNER M C, et al. Survival of akinetes (resting – state cells of cyanobacteria) in low Earth orbit and simulated extraterrestrial conditions [J]. Origins of Life and Evolution of Biosphere, 2009, 39: 565 – 579.

OLSSON – FRANCIS K, COCKELL C S. Use of cyanobacteria for in – situ resource use in space applications [J]. Planetary and Space Science, 2010, 58: 1279 – 1285.

OLSSON – FRANCIS K, DE LA TORRE R, COCKELL C S. Isolation of novel extreme tolerant cyanobacteria from a rock – dwelling coastal environment using exposure to low Earth orbit [J]. Applied and Environmental Microbiology, 2010, 76: 2115 – 2121.

OLSSON – FRANCIS K, SIMPSON A E, WOLFF – BOENISCH D, et al. The effect of rock composition on cyanobacterial weathering of crystalline basalt and rhyolite [J]. Geobiology, 2012, 10: 434 – 444.

PETERS G H, ABBEY W, BEARMAN G H, et al. Mojave Mars simulant – characterization of a new geologic Mars analog [J/OL]. Icarus, 2008, 197: 470 – 479. https://doi.org/10.1016/j.icarus.2008.05.004.

PIRT S J. Principles of Microbe and Cell Cultivation [M]. Oxford: Blackwell, 1975.

PLEUS R C, COREY L M. Environmental exposure to perchlorate: A review of toxicology and human health [J]. Toxicology and Applied Pharmacology, 2018, 358: 102 – 109.

RAHMATIAN L, METZGER P. Soil test apparatus for lunar surfaces [C/OL]. In: Proceedings of Earth and Space, 2010: 239 – 253. http://dx.doi.org/10.1061/41096(366)25.2010.

RAMALHO T P, CHOPIN G, PÉREZ – CARRASCAL O M, et al. Selection of

Anabaena sp. PCC 7938 as a cyanobacterium model for biological ISRU on Mars [J/OL]. Applied and Environmental Microbiology, 2022a, 88 (15): e0059422 – 22. DOI:10.1128/aem.00594 – 22.

RAMALHO T P, CHOPIN G, SALMAN L. On the growth dynamics of the cyanobacterium Anabaena sp. PCC 7938 in Martian regolith [J/OL]. npj Microgravity, 2022b, 8: 43. https://doi.org/10.1038/s41526 – 022 – 00240 – 5.

RAY C S, REIS S T, SEN S, et al. JSC – 1A lunar soil simulant: characterization, glass formation, and selected glass properties [J]. Journal of Non – Cryst Solids, 2010, 356 (44 – 49): 2369 – 2374.

RICHARD J, SIGURDSON L, BATTLER M M. OB – 1 lunar highlands physical simulant evolution and production [C/OL]. Lunar and Dust Regolith Simulant Workshop, 2007. http://isru.msfc.nasa.gov/2007wksp_docs.html. 2007.

RIEDER R, GELLERT R, ANDERSON R C, et al. Chemistry of rocks and soils at Meridiani Planum from the alpha particle X – ray spectrometer [J/OL]. Science, 2004, 306 (5702): 1746 – 1749. DOI:10.1126/science.1104358.

RIPPKA R, DERUELLEA J, WATERBURY J B, et al. Generic assignments, strain histories and properties of pure cultures of cyanobacteria [J]. Microbiology, 1979, 111: 1 – 61.

RYU B H, WANG C C, CHANG L. Development and geotechnical engineering properties of KLS – 1 lunar simulant [J]. Journal of Aerospace Engineering, 2018, 31 (1): 04017083.

RZYMSKI P, PONIEDZIAŁEK B, HIPPMANN N, et al. Screening the survival of cyanobacteria under perchlorate stress. Potential implications for Mars in situ resource utilization [J]. Astrobiology, 2022, 6: 672 – 684.

SCHRADER C, RICKMAN D, MCLEMORE C, et al. Extant and extinct lunar regolith simulants: modal analyses of NU – LHT – 1M and – 2M, OB – 1, JSC – 1, JSC – 1A and – 1AF, FJS – 1, and MLS – 1 [C]. In Proceedings of the Planetary and Terrestrial Mining Symposium (PTMSS)/Northern Centre for Advanced Technology, Inc. (NORCAT), Montreal, QC, Canada, 12 – 15 June 2008, 2008.

SLYUTA E N, GRISHAKINA E A, MAKOVCHUK V YU, et al. Lunar soil – analogue VI – 75 for large – scale experiments [J/OL]. Acta Astronautica, 2021, 187: 447 – 457. https://doi.org/10.1016/j.actaastro.2021.06.047.

STARR S O, MUSCATELLO A C. Mars in situ resource utilization: A review [J]. Planetary and Space Science, 2020, 182: 104824.

STEVENS A H, STEER E, MCDONALD A, et al. Y – Mars: An astrobiological analogue of Martian mudstone [J/OL]. Earth and Space Science, 2018, 5: 163 – 174. https://doi.org/10.1002/2017EA000318.

STOESER D, WILSON S. NU – LHT – 1M pilot highlands simulant & simulant requirements [C/OL]. Lunar Dust/Regolith Simulant workshop, 2007. http://isru.msfc.nasa.gov/2007wksp_docs.html.2007.

SUESCUN – FLOREZ E, ROSLYAKOV S, ISKANDER M, et al. Geotechnical properties of BP – 1 lunar regolith simulant [J/OL]. Journal of Aerospace Engineering, 2015, 28 (5): 04014124. https://doi.org/10.1061/(ASCE)AS.1943 – 5525.0000462.

SUTTER B, MCADAM A C, MAHAFFY P R. Evolved gas analyses of sedimentary rocks and eolian sediment in Gale Crater, Mars: Results of the Curiosity rover's sample analysis at Mars instrument from Yellowknife Bay to the Namib Dune [J]. Journal of Geophysical Research: Planets, 2017, 122: 2574 – 2609.

TAYLOR P T, LOWMAN P D, NAGIHARA S, et al. jurassic diabase from leesburg, VA: a proposed lunar simulant [C]. NASA Lunar Science Lnstitute meeting 2008, 2008: 2054.

TAYLOR L A, PIETERS C M, BRITT D. Evaluations of lunar regolith simulants [J]. Planetary and Space Science, 2016, 126: 1 – 7.

TAYLOR S R, MCLENNAN S. planetary crusts: Their composition, origin and evolution [M]. Vol 10. London: Cambridge University Press, 2009.

TOMITA – YOKOTANI K, KIMURA S, ONG M, et al. Tolerance of dried cells of a terrestrial cyanobacterium, Nostoc Sp. HK – 01 to temperature cycles, helium – ion beams, ultraviolet radiation (172 and 254 nm), and gamma rays: Primitive analysis for space experiments [J]. Eco – Engineering, 2020, 32: 47 – 53.

VENUGOPAL I, MUTHUKKUMARAN K, SRIRAM K V, et al. Invention of Indian moon soil (lunar highland soil simulant) for Chandrayaan missions [J/OL]. International Journal of Geosynthetics and Ground Engineering, 2020, 6: 44. https://doi.org/10.1007/s40891 – 020 – 00231 – 0.

VERSEUX C, BAQUÉ M, LEHTO K, et al. Sustainable life support on Mars – the potential roles of cyanobacteria [J/OL]. International Journal of Astrobiology, 2016, 15: 65 – 92. https://doi.org/10.1017/S147355041500021X.

VERSEUX C, HEINICKE C, RAMALHO T P, et al. A low – pressure, N_2/CO_2 atmosphere is suitable for cyanobacterium – based life – support systems on Mars [J/OL]. Frontier in Microbiology, 2021, 8: 733944. https://doi.org /10.1042/BST20160067.

VONSHAK A, TORZILLO G, ACCOLLA P, et al. Light and oxygen stress in *Spirulina platensis* (cyanobacteria) grown outdoors in tubular reactors [J]. Physiologia Plantarum, 1996, 97: 175 – 179.

WADSWORTH J, COCKELL C S. Perchlorates on Mars enhance the bacteriocidal effects of UV light [J]. Scientific Report, 2017, 7: 4662.

WEIBLEN P W, MURAWA M J, REID K J. Preparation of simulants for lunar surface materials [C]. In: Proceedings of the American Society of Civil Engineers in Space II, 1990: 98 – 106.

WENK H R, NORD G L. Lunar bytownite for sample 12032, 44 [C]. In: Proceedings of the Second Lunar Science Conference, 1971.

WINDISCH L, LINKE S, JÜTTE M, et al. Geotechnical and shear behavior of novel lunar regolith simulants TUBS – M, TUBS – T, and TUBS – I [J/OL]. Materials, 2022, 15: 8561. https://doi.org/10.3390/ma15238561.

YOSHIDA H, WATANABE T, KANAMON H, et al. Experimental study on water production by hydrogen reduction of Lunar soil simulant in a Fixed – Bed Reactor [C]//Anon. Space resources roundtable II. Golden, USA: [s.n.]: 1 – 4, 2000.

YOSHIMURA H, IKEUCHI M, OHMORI M. Up regulated gene expression during dehydration in a terrestrial Cyanobacterium, *Nostoc sp.* Strain HK – 01 [J]. Microbes and Environments, 2006, 21: 129 – 133.

ZENG X, LI X, WANG S, et al. JMSS – 1: A new Martian soil simulant [J/OL]. Earth, Planets and Space, 2015, 67: 72. DOI: 10. 1186/s40623 – 015 – 0248 – 5.

ZHENG Y, WANG S, OUYANG Z, et al. CAS – 1 lunar soil simulant [J]. Advances in Space Research, 2009, 43: 448 – 454.

ZHOU S, LU C, ZHU X, et al. Preparation and characterization of high – strength geopolymer based on BH – 1 lunar soil simulant with low alkali content [J/OL]. Engineering, 2021, 7 (11): 1631 – 1645. https://doi. org/10. 1016/j. eng. 2020. 10. 016.

第 15 章
微藻在轨培养实验研究

■ 15.1 前言

1960年8月19日，苏联发射了斯普特尼克2号（Korabl – Sputnik 2）人造卫星进行了25 h的实验，从而开启了藻类等生物的飞天历史。六十多年来，苏联/俄罗斯、美国、ESA和我国等国家或组织的科学家，利用返回式卫星、载人飞船、空间实验室、航天飞机和空间站等不同类型和用途的航天器进行了不同形式的藻类培养技术验证研究，开展了不同方面的藻类基础生物学研究，并通过太空环境诱变获得了活性物质含量较高的优良品种（谭丽等，2018）。大部分实验是在航天器座舱内进行的，但自从国际空间站建成后，人们在舱外进行了几种沙漠蓝藻的暴露实验，证明有的藻种在地球低轨道（LEO）上类火星的环境中能够存活。因此，下面将就藻类太空搭载实验研究的总体发展情况、微重力条件下藻类培养关键技术验证、太空藻类基础生物学研究、舱外藻类暴露实验以及耐极端环境条件的藻种选择情况等予以简要介绍。

■ 15.2 总体发展概况

如前所述，藻类飞到太空的最早记录可以追溯到1960年。当蛋白核小球藻第一次搭乘苏联的人造卫星上天时，对其采用了两种培养方法：第一种方式是在琼脂固体培养基进行黑暗培养；第二种方式是在液体培养基中进行培养，期间进行周期性人工光照。在这次共持续 25 h 的实验中,由于部分细胞在飞行过程中存活了下来,并能够生长和繁殖,因此科学家认为藻类可以在轨道上完成它们基本的生理和光合功能(Semenenko 和 Vladimirova,1961)。在之后的几年内,利用在空间站〔如和平号空间站(Mir)和国际空间站(ISS)〕上和自由飞行的返回舱上的不同光合生物进行了更为精细的实验(Fahrion 等,2021)。

在 20 世纪 60 年代、70 年代和 80 年代,常见的被搭载生物是蛋白核小球藻、小球藻和莱茵衣藻。1987 年,蓝藻类念珠藻 PCC 7524 和真核藻类纤细裸藻的质体突变体搭乘我国长征二号火箭飞向太空。在本实验中,质体突变体藻类消耗 O_2 并释放出 CO_2,而蓝藻则产生 O_2 和消耗 CO_2。实验表明,这两种生物在太空中存活了 4.5 d,并且部分蓝藻在光照下进行了生长(Dubertret 等,1987)。该早期实验所使用的硬件如图 15.1 所示,而且该实验通常被称为 MELiSSA 项目的源头(Lasseur 和 Mergeay,2021)(表 15.1)。

在后来的若干年内,也有一些有关蓝藻的培养方法,这些蓝藻包括普通念珠藻变种球形藻(*Nostoc commune var. sphaeroides*)(Wang 等,2004)、暹罗鱼腥藻(*Anabaena siamensis*)(Wang 等,2006)和 *Limnospira indica*(Ilgrande 等,2019)等。

图 15.1 与 MELiSSA 相关的第一个太空飞行实验的念珠藻/纤细裸藻的培养容器
(**Dubertret 等,1987**)(附彩插)

表 15.1 在太空飞行中所进行过的藻类培养实验概况（部分参考自 Niederwieser, Kociolek 和 Klaus, 2018a）

年份	作者	航天器	藻株	状况	时间	分析	故障	结果
1960	Semenenko 和 Vladimirova, 1961	Korabl-Sputnik 2	蛋白核小球藻 H. Chick	无菌液体（琼脂）培养基，定期光照（暗）	1 d	飞行后	—	在光合作用、生长、发育或生殖等主要生理过程中，未观察到明显的致死或不可逆变化
1960	Phillips, 1962	Discoverer 17	椭圆小球藻 SAM 127	无菌、改良液体 Kratz 培养基，暗期	2 d	飞行后培养	地面对照组无增长	光合作用生物体能够在实际的空间环境中生存并保持生存能力
1960	Ward 和 Phillips, 1968	Discoverer 17	蛋白核小球藻 SAM 127	无菌、液体培养基，暗期	2 d	飞行后培养	没有飞行温度记录 (21±5)℃；地面对照温度大于50℃	飞行后与对照组比较，未观察到存活率、生长速率或形态的不良影响
1960	Ward 和 Phillips, 1968	Discoverer 18	蛋白核小球藻 SAM 127	无菌、液体培养基，暗期	3 d	飞行后培养	没有飞行温度记录 (21±5)℃	飞行后与对照组比较，未观察到存活率、生长速率或形态的不良影响

续表

年份	作者	航天器	藻株	状况	时间	分析	故障	结果
1960	Ward 和 Phillips，1968	Discoverer 29	蛋白核小球藻 SAM 127	无菌、液体培养基、暗期	2 d	飞行后培养	没有飞行温度记录 (21±5)℃，在热封过程中损坏	飞行后与对照组比较，未观察到对存活率、生长速率或形态的不良影响
1961	Ward 和 Phillips，1968	Discoverer 30	蛋白核小球藻 SAM 127	无菌、液体培养基、暗期	2 d	飞行后培养	没有飞行温度记录 (21±5)℃	飞行后与对照组比较，未观察到对存活率、生长速率或形态的不良影响
1963	Sisakyan 等，1965	Vostok 5	小球藻（数个藻株）	未见报道	5 d	飞行后	未见报道	飞行条件对大部分菌株的存活和突变频率没有明显的影响
1963	Sisakyan 等，1965	Vostok 6	小球藻（数个藻株）	未见报道	3 d	飞行后	未见报道	飞行条件对大部分菌株的存活和突变频率没有明显的影响

续表

年份	作者	航天器	藻株	状况	时间	分析	故障	结果
1966	Shevchenko 等，1967	Cosmos 109	小球藻（LARG-1，LARG-3，LARG-5）	无菌，琼脂Tamiha培养基，暗期	8 d	飞行后培养	未见报道	反应细胞培养中可见突变的发生频率与对照组无显著差异
1966	Antipov 等，1969	Cosmos 110	小球藻（LARG-1，LARG-3，LARG-5，U158，U-125）	无菌，琼脂Tamiha培养基，暗期	22 d	飞行后培养	未见报道	反应细胞培养中可见突变的发生频率与对照组无显著差异
1966	Ward 等，1970	OV1-4	索氏小球藻	无菌，液体Knop培养基，12∶12光周期	30 d	飞行中	气体室泄漏和压力损失	由于故障无数据

续表

年份	作者	航天器	藻株	状况	时间	分析	故障	结果
1968	Vaulina 等, 1971	Zond 5	小球藻 (LARG-1, LARG-3)	无菌、琼脂 Tamiha 培养基, 暗期	6 d	飞行后培养	在运送到发射地点的过程中, 有几次温度下降(甚至低于冰点)	在飞行中大大降低存活率和增加突变频率。细胞发育明显受到抑制
1968	Vaulina 等, 1971	Zond 6	小球藻 (LARG-1)	无菌、琼脂 Tamiha 培养基, 暗期	6 d	飞行后培养	在运送到发射地点的过程中, 有几次温度下降(甚至低于冰点)	细胞发育明显受到抑制
1969	Anikeeva 和 Vaulina, 1971	Soyuz 5	小球藻 (LARG-1)	无菌、琼脂 Tamiha 培养基, 暗期	3 d	飞行后培养	在运送到发射地点的过程中, 有几次温度下降(甚至低于冰点)	所有的损伤都不是由飞行因素造成的, 而是由实验伴随的条件造成的

续表

年份	作者	航天器	藻株	状况	时间	分析	故障	结果
1969	Vaulina 等，1971	Zond 7	小球藻（LARG-1）	无菌，琼脂 Tamiha 培养基，暗期	6 d	飞行后培养	在运送到发射地点的过程中，有几次温度下降（甚至低于冰点）	在培养物中有增加存活率和减少突变的趋势。细胞发育明显受到抑制
1970	Moskvitin 和 Vaulina，1975	Soyuz 9	小球藻株 60	无菌，琼脂化营养液，恒定光照	1 d, 6 d, 14 d	飞行后培养	未见报道	细胞对飞行因素影响的敏感性有一个不显著的变化，这取决于它们在活动状态下暴露的时间长短
1970	Galkina 和 Aleksandrova，1971	Cosmos 368	蛋白核小球藻	无菌，琼脂 Tamiha 培养基，暗期	6 d	飞行后培养	温度短暂上升至 35 ℃	细胞形态和光合活性无明显变化

续表

年份	作者	航天器	藻株	状况	时间	分析	故障	结果
1970	Vaulina 和 Moskvitin, 1975	Zond 8	小球藻 (LARG-1)	无菌、琼脂 Tamiha 培养基、暗期	7 d	飞行后培养	未见报道	飞行条件对小球藻细胞的存活和突变有负面影响，但在统计学上不可靠
1971	Galkina 和 Meleshko, 1975	Salyut 1	小球藻 (LARG-1)	无菌、琼脂 Tamiha 培养基、暗期	72 d	飞行后培养	未见报道	对基本生理参数（生长繁殖速率、细胞大小和群体结构、叶绿素含量、细胞活力）无影响
1973	未见报道	Soyuz 13	小球藻	未见报道	未见报道	未见报道	未见报道	未见报道
1975	未见报道	Salyut 4	小球藻	未见报道	未见报道	未见报道	未见报道	未见报道

续表

年份	作者	航天器	藻株	状况	时间	分析	故障	结果
1977	Sychev 和 Galkina, 1986	Salyut 6	小球藻	无菌、液体培养基、照明	4~18 d	飞行后培养	未见报道	个体产生时间、常孢子形成数量、个体发育阶段时间比值正常
1978	Kordyum 等, 1980	Salyut 6 (Soyuz 27)	蛋白核小球藻（LARG-1）	无菌、半液体矿物/葡萄糖培养基、暗期	5 d	飞行后	未见报道	飞行培养和对照组培养的超微结构细胞组织相似，这说明细胞功能正常
1978	Kordyum 等, 1979	Salyut 6 (Soyuz 27)	小球藻 (LARG-1)	无菌、半液体矿物/葡萄糖培养基、暗期	5 d	飞行后	未见报道	超微结构的细胞组织没有显示实质的重建
1978	Setlik 等, 1978	Salyut 6 (Soyuz 28)	小球藻	异养生长、矿物质培养基、暗期	8 d	飞行后	未见报道	增长率或种群特征没有变化

续表

年份	作者	航天器	藻株	状况	时间	分析	故障	结果
1978	Setlik 等, 1978	Salyut 6 (Soyuz 28)	3 株小球藻菌株和斜生栅藻	无菌、矿物培养基、暗期	8 d	飞行后	未见报道	增长率或种群特征没有变化
1982	未见报道	STS-4	小球藻	未见报道	未见报道	飞行中	未见报道	未见报道
1985	未见报道	STS-51-G	小球藻	藻类-kefir 微生物群	5 d	飞行中固定	未见报道	未见报道
1985	Mergenhagen 和 Mergenhagen, 1987	STS-61-A (D-1)	莱茵衣藻	无菌、液体培养基、暗期	6 d	飞行中	振幅超出传感器测量范围	在空间中的存活率比在地面上高
1986	Sytnik 等, 1992	Mir	小球藻 (LARG-1)	无菌、固体琼脂培养基、光照	5 d, 30 d, 1 年	飞行中固定	未见报道	比较细胞学分析揭示了亚显微组织重排的一般规律
1987	Zheng-Chang, 1988	FSW 1-1	未见报道	未见报道	5 d	未见报道	未见报道	未见报道

续表

年份	作者	航天器	藻株	状况	时间	分析	故障	结果
1987	Sychev 等,1989	Bion-8（Cosmos 1887）	小球藻 Beijer	藻类-细菌-鱼	13 d	未见报道	未见报道	在实验变体中，被细菌感染的小球藻细胞数量增加。试验种群和对照种群的生长特性没有显著差异。比较细胞学分析揭示了空间飞行条件下培养的小球藻细胞器在单组分和多组分系统中的一般规律
1989	Popova 等,1989	Bion-9（Cosmos 2044）	小球藻（LARG-1）	藻类-微生物、液体、光照	13 d	飞行中固定	未见报道	
1989	Connolly 等,1994	Bion-9（Cosmos 2044）	莱茵衣藻	无菌、固体琼脂培养基、光照	14 d	飞行中固定	未见报道	主要细胞器的分布发生了一些变化

续表

年份	作者	航天器	藻株	状况	时间	分析	故障	结果
1992	Popova 和 Sytnik，1996	Bion-10 (Cosmos 2229)	小球藻 Bejer (LARG-1)	无菌，固体琼脂培养基，暗期	12 d	飞行中固定	着陆前气温上升到 30 ℃	线粒体和嵴的大小增加，每个细胞线粒体的总体积增加。质体内间质中淀粉含量减少和电子密度降低
1996	Wang 等，2006	中国返回式卫星	暹罗鱼腥藻 (FACHB 799)	无菌，液体培养 BG-11 基，12:12 光周期	15 d	飞行中	灯光调度错误	由于故障没有数据
2001	Wang 等，2004	Shenzhou-2	念珠藻 Kütz	无菌，液体培养基，12:12 光周期	7 d	飞行中	实验误差，微重力峰值	由于故障没有数据
2001	Wang 等，2004	Shenzhou-2	蛋白核小球藻 FACHB 415	无菌，液体培养基，12:12 光周期	7 d	飞行中	微重力 OD 测量的峰值	由于故障没有数据

续表

年份	作者	航天器	藻株	状况	时间	分析	故障	结果
2005	Giardi 等, 2013	Foton-M2	莱茵衣藻	无菌、固体 TAP 琼脂培养基，7∶17 光周期	16 d	飞行中、飞行后培养	未见报道	由于电离辐射，一些突变体显示出比参考菌株更高的产氧能力
2005	Bertalan 等, 2007	Foton-M2	莱茵衣藻	无菌、固体琼脂培养基、环境光照	16 d	飞行后	未见报道	刺激氧的释放活动，增加细胞大小和延长活跃的空间培养生长阶段
2007	Pezzotti 等, 2011	Foton-M3	莱茵衣藻	无菌、固体 TAP 琼脂培养基，7∶17 光周期	12 d	飞行中、飞行后培养	未见报道	由于电离辐射，一些突变体显示出比参考菌株更高的产氧能力
2008	Cockell 等, 2011	ISS	小球藻、Roseningiella radicans、蓝藻	微生物群落，长在岩石面上，暗期	18 个月	飞行后	未见报道	保持细胞形态，同时细胞被漂白和类胡萝卜素被破坏

续表

年份	作者	航天器	藻株	状况	时间	分析	故障	结果
2011	Preu 和 Braun, 2013	Shenzhou-8	眼虫藻	藻类-蜗牛、液体培养基、恒定光照	17 d	飞行中	未见报道	未见报道
2011	Vukich 等, 2012	STS-134	莱茵衣藻	无菌、固体琼脂培养基、环境光照	16 d	飞行后培养	未见报道	在空间中更高的光合作用
2011	Pezzotti 等, 2011	STS-134	莱茵衣藻	无菌、固体TAP琼脂培养基、7:17光周期	16 d	飞行后	未见报道	未见报道
2014	Baqué 等, 2017	ISS	球囊藻 CCCryo 101-99、念珠藻 CCCryo 213-06	在暴露设施处稍微干燥	16 个月	飞行后培养	未见报道	从国际空间站返回后,几乎所有的样本都发展成新的种群
2016	未见报道	ISS	未见报道	无菌、半固体培养基、11:13光周期[a]	30 d[a]	飞行中[a]	未见报道	未见报道

续表

年份	作者	航天器	藻株	状况	时间	分析	故障	结果
2016	未见报道	ISS	小球藻[a]	无菌、液体培养基、光照[a]	未见报道	飞行中[a]	未见报道	未见报道
2016	未见报道	ISS	小球藻[a]	无菌、培养基、12:12光周期[a]	24 d[a]	飞行中[a]	光源发生故障（原计划开展6个月实验）	未见报道
2017	未见报道	ISS	小球藻、莱茵衣藻[a]	未见报道	24 d[a]	飞行中[a]	未见报道	未见报道
2017	Poughon 等, 2017	ISS	*Limnospira indica* PCC 8005	无菌、改性Zarrouk培养基、光照	35 d	飞行中	未见报道	在线测量了产氧率
2019	Detrell 等, 2020; Detrell, 2021	ISS	小球藻	无菌、改性稀释海水氮培养基、恒定光照[a]	约15 d	飞行中[a]	光源发生故障（原计划开展6个月实验）	在线测量了藻液的温度和光密度值（OD_{660nm}）。验证了培养基加注和藻液收获技术

注：a 代表来自所公布的数据。

15.3　太空微重力条件下微藻 PBR 技术验证研究

在太空微重力条件下，实现微藻高效、稳定而可靠培养的关键是构建能够适应微重力环境条件的光生物反应器（PBR）。在 PBR 中，关键技术之一是解决藻液中供气（即供应二氧化碳）和脱气（即脱除氧气）技术。目前，在太空微重力条件下尽管进行了大量的太空飞行实验（主要是小球藻）（Niederwieser，Kociolek 和 Klaus，2018a），也已试验验证过几种形式的光生物反应器（Fahrion 等，2021），但大都未得到主动测量与控制。同时，在 2017 年之前好像还没有成功报道藻类在太空飞行条件下的生长速率实验。因此，研究太空微重力对微藻生长和代谢的影响，无论是在微重力条件下光生物反应器的操作和控制技术方面，还是在掌握微生物对微重力反应的特定因果机制方面，仍具有挑战性。

在空间站培养微藻一般有两种方式：一是液体培养基培养；二是固体培养基培养。固体培养基一般由琼脂或琼脂糖进行凝固，与在地面上使用没有区别。液体培养与在地面上的主要区别就是涉及水与气分离的问题，因此这是空间微藻培养中需要解决的重点和难点。下面通过典型案例来说明目前太空微藻培养技术验证的研究进展。

15.3.1　Arthrospira – B 装置在轨搭载实验

1. 基本背景与目标

在过去的十多年里，ESA 支持开展了几次 MELiSSA 2 期（MELiSSA – phase 2）太空飞行微生物实验：MESSAGE1（2002）、MESSAGE2（2003）、MOBILISATSIA（2004）、BASE – A（2006）及 BASE – B/C/D（2008）（Lasseur 等，2010）。这些实验的重点是收集关于 MELiSSA 回路或整个密闭生命保障系统中使用的细菌的数据，包括研究基因组、转录组和蛋白质组数据，以了解更多关于它们对太空飞行条件（特别是宇宙辐射和微重力）的反应。MELiSSA 第二阶段还专注于通过 BIORAT（一种非常简化的生态系统，减少了光生物反应器和消费者隔间之间的气体交换）或 ArtEMIS（Arthrospira *sp.* gene expression and mathematical modelling on cultures grown in the International Space Station（国际空间站中螺旋藻培养物的基因表达和数学建模))等项目来展示技术、概念和验证数学模型。

Arthrospira-B 是 ArtEMIS 项目在国际空间站上进行的太空飞行实验,目的是确定太空条件(包括低重力和高辐射)对 *Limnospira indica* PCC 8005(也称为节旋藻或螺旋藻)藻种的形态、生理和代谢等的影响,以及这又如何影响光生物反应器中的生物过程。蓝藻 *Limnospira indica* PCC 8005 是被用于航天器生物生命保障系统以去除二氧化碳(CO_2)和硝酸盐(NO_3^-)以及生产氧气(O_2)和可食用生物量的候选藻种。该藻株被选择用于 MELiSSA 生物生命保障系统(BLSS)的 C4a 区室。为了确保这种 BLSS 的可靠性,有必要掌握 *Limnospira indica* PCC 8005 对原位太空条件的响应情况(Poughon 等,2020)。

2000年初,法国学者 Cogne 首次提出与空间兼容的膜光生物反应器的概念,并进行了演示验证(Cogne 等,2003a,2003b,2005)。进行地面演示装置的设计是为了满足两种限制:一是适应被改变的重力条件,以确保气体/液体通过膜交换而不出现任何气泡交换;二是允许通过压力增加测量方法来远程在线监测氧气的生产速率,从而能够直接评估代谢速率和生物量增长,并允许进行比经典的终点结果更敏感的生物过程分析。必须指出的是,Arthrospira-B 是第一个直接并在线测量速率(包括产氧速率)的太空飞行实验,它对时间导数变量而不是生物量产量等积分变量进行了新的深入研究,从而可以评估微重力对细胞代谢行为的影响(Poughon 等,2020)。

2017年12月15日,由法国克莱蒙奥弗涅大学与比利时核能研究中心合作研制的 Arthrospira-B 实验装置,搭乘 SpaceX CRS-13/Falcon 9 号火箭升空,在国际空间站哥伦布舱(Columbus)的 Biolab 设施系统内进行了为期5周的实验。该实验是同类实验中的第一个,将活性微藻反应器激活并使之在太空中进行运行,并对生物过程进行在线远程监测。太空飞行期间收集的实验装置和样本在发射4个月后从国际空间站予以回收(2018年5月5日搭乘 SpaceX CRS-14 返回),以用于进一步分析(基因组/转录组蛋白质组/代谢组学分析)。

Poughon 等人(2020)介绍了用于监测和预测生物过程结果的模型。另外,还讨论了太空实验期间在线记录的实验总压数据,并将其与在地面条件下进行的相同实验和使用光生物反应器中蓝藻行为的预测代谢模型的模拟结果进行了分析。

2. PBR 的基本情况

由于天地各有 4 台光生物反应器，因此在天地可各设 4 个重复。将每台反应器都放置在一个独立的综合实验容器（integrated experimental container，IEC）中（尺寸 110 mm×140 mm×150 mm，体积 2.2 L，质量 4.7 kg）。在国际空间站上，将 IEC 安装在 ISS 欧洲哥伦布实验舱的 Biolab 设施内，并使之在此运行。另外，通过 Biolab 的热控单元为 IEC 提供电力、大气通风以及温度控制。将前两台反应器分别安装在 Biolab 的转子 A 的 A1 和 A4 位置，而将另外两台反应器安装在转子 B 的 B1 和 B4 位置。这两个 Biolab 转子各有一套单独的大气通风系统，但同一转子上的反应器共享相同的通风系统。IEC 硬件（图 15.2）包含以下组件：实验容器、电子组件和实验专用设备（EUE）（带膜和混合单元的培养室、泵单元和带三通阀的液体回路、光学测量单元、Zarrouk 培养基储存器、样品储存器和用于样品固定的 RNAlater© 固定剂储存器）。

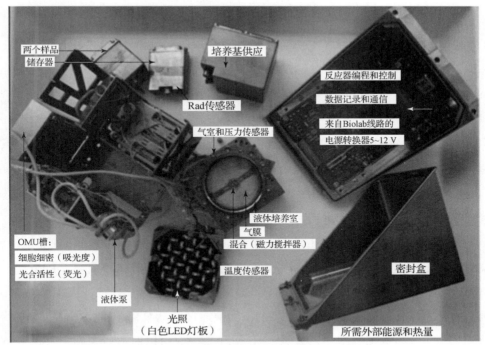

图 15.2　一台太空光生物反应器的完整结构部件（附彩插）

另外，每个光生物反应器中的培养室（图 15.3）是实验特异设备（EUE）的一部分，主要包括：一是在透光充气培养袋（51 mL）中用于蓝藻培养的一间液体室;二是透气膜(疏水性聚四氟乙烯(PTFE)膜,厚度为(57±1)μm,孔径为 0.2 μm,型号为 Sartorius Sedim 11807);三是一台位于膜顶部的磁搅拌器,并通过一台搅拌棒保持器而将其固定在适当位置;四是一间气体隔室(24 mL);五是一扇聚碳酸酯透明窗和一张 LED 灯板,用于对液体室进行光照(36 颗 LED 灯珠,波长在 400~700 nm 的光合活性范围内,可提供 20~50 μmol·m^{-2}·s^{-1} 的连续光子照度;NICHIA 生产,型号为 NESL064AT)。

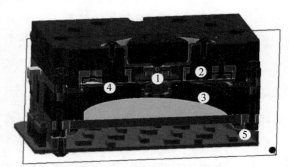

图 15.3 培养室内部结构示意图(Poughon 等,2020)(附彩插)
1—磁力搅拌器;2—气体室;3—液体室;4—PTFE 膜;5—LED 灯板

利用插装式电磁阀(Staiger VA 204 - 715)对 IEC 内部的气体室进行排气,而该气体室被连接到 Biolab 通风系统(或用于地面实验的环境空气)。每 24 h 或如果由压力传感器(Kulite XTL - 193 - 190)测量的压力已经上升到 1.25 bar(125 kPa)的阈值以上,则进行排气。在每次排气循环中,将空气冲洗几秒钟,以确保气体室中的空气被环境空气取代。记录液体室的温度(4007RC Precision Epoxy NTC Thermistor),并采用 Biolab 热控单元进行控制,以在实验的操作阶段使光生物反应器中的温度达到(33±1)℃。

光学测量单元(OMU)由细胞密度测量仪器(分别测量 790 nm、632 nm 和 468 nm 处的吸光度的光谱仪)和光合活性测量仪器(小型脉冲调幅(PAM)荧光测量仪器)(由 Gademan Instrument/Heinz - Walz 公司生产)组成。将该 OMU 放置在外部液体回路(V_{LL} = 9 mL)上,其中通过蠕动泵以 1 mL·min^{-1} 的平均流速实现生物量的连续循环。每隔 12 h 循环 20 min,以对适应黑暗条件的细胞进行光密度和荧光度测量。

3. 基本实验流程

在上传和在 ISS 上的存储期间,在 4 ℃ 的黑暗中将培养物存储在 IEC 中生物反应器液路中的废培养基中,并在 Biolab 设施中的光生物反应器实验开始时,通过在培养室中移动并将其与新鲜 Zarrouk 培养基混合来重新活化。在固定化细胞($OD_{790\ nm}=0.1$)和培养基组成(pH 9.5 的改性 Zarrouk)中启动培养物,并允许其在固定的光子照度(35 $\mu mol \cdot m^{-2} \cdot s^{-1}$ 或 45 $\mu mol \cdot m^{-2} \cdot s^{-1}$)和温度(33.4 ℃)下增殖,液相在光照和搅拌的培养室($V_{cc}=51\ mL$)和非光照液体回路($V_{LL}=9\ mL$)中以 1 $mL \cdot min^{-1}$ 的平均流量循环,从而假设整个液体体积(60 mL)达到完全混合。

将蓝藻在 1 周内保持对数细胞增殖的条件下分批培养,然后清空培养室并使用循环回路中剩余的生物量($V_{LL}=9\ mL$)开始下一批。手动更换 Zarrouk 培养基储液器(90 mL)4 次,允许连续运行 4 批次(图 15.4)。该实验允许在每批样品结束时使用 RNAlater© 提取足够大的样品体积(15 mL),这样可稳定和保护样品的细胞 DNA、RNA 和蛋白质,以便在将实验样品返回地球后进一步开展生物分子分析。累积总辐射剂量可以通过剂量计(发光探测器,TLD – OSLD 型)进行测量,并在实验得到恢复后对其开展分析。

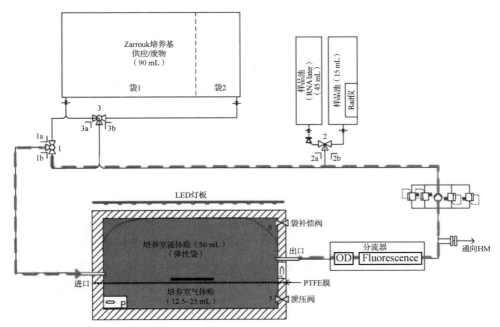

图 15.4　ArtEMISS – B 液体管理系统(Poughon 等,2020)(附彩插)

4. 主要实验结果

在实验过程中，在线获得了温度、气压、光密度和荧光度测量的自动测量结果，即压力和温度每秒测量一次，而光学测量每天两次。生物量产量与光密度直接相关。记录荧光强度以计算量子产率。气体压力的增加是由于 *Limnospira indica* PCC 8005 在不断产生氧气所导致，因此在线气体压力测量允许计算瞬时氧气产生速率 r_{O_2} 和产生的总（或累积）氧气（假设液体中没有气体积聚）。Cogne 等人（2003c）已经证明，通过这种方式测量的氧气产量与生长的化学计量法测得的结果一致。

对于每个反应器，累积压力和生物量的分析（图 15.5）允许计算氧气生产速率和产量。理论上，对于恒定的光通量，氧气产量是恒定的，并且通过化学计量方程预测等于 1.9 $gO_2 \cdot gX^{-1}$。对于 A1 – 批次 4 和 B4 – 批次 1，考虑到由于 OD 至干质量转化和反应器体积小而导致的计算中的实验总误差，因此计算出的氧气产量接近理论值。与化学计量理论值相比，A1 – 批次 1~3 的 0.5 $gO_2 \cdot gX^{-1}$ 的数值过低，表明存在压力问题（如气体泄漏或压力传感器故障）或生物量被高估。考虑到 ISS A1 – 批次 1~3 至第 27 d（约 650 h）的结果与地面 GM3 反应器的结果相似，因此认为该反应器的搅拌器发生了故障，进而得出如下结论：在国际空间站上的反应器也出现了同样的问题。后来，ISS A1 – 批次 4 已恢复正常搅拌，这表明搅拌器已恢复正常功能，显示出故障的可逆性，因为在地面上经常会观察到这种故障情况。

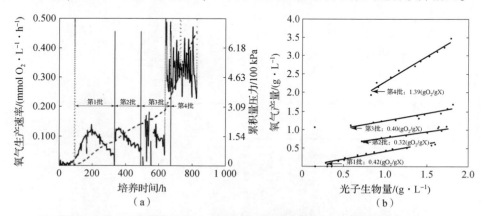

图 15.5 A1 – ISS 微藻光生物反应器中的大气压力和生物量测量值之间的关系（Poughon 等，2020）

(a) 氧气生产速率（点）和累积量压力与时间的关系，单位为 bar（虚线）；

(b) 4 个批次光子生物量与氧气产量之间的关系

Arthrospira – B 实验是有史以来第一个在空间站上运行的在批量光生物反应器中在线测量 Limnospira indica PCC 8005 的产氧率和生长速率的太空实验。此外，培养物在超过 1 个月的整个时间内保持无菌状态（Poughon 等，2020）。在当时，该实验方法是在空间站上运行仪表化光生物反应器的最为复杂的成功方法。尽管这只是一次小规模且短时间的试点实验，但它是开发未来生物生命保障系统的第一步。

15.3.2　PBR@LSR 装置在轨搭载实验

为了能够使光生物反应器在空间站上发挥 ECLSS 的一定功能，即能够吸收一定量的二氧化碳并相应释放一定量的氧气（图 15.6），在 ESA 和德国航空航天中心（DLR）的支持下，从 2008 年起，德国斯图加特大学空间系统研究所（ISR）就开始研制面向空间实验与生保应用的光生物反应器，而且在这方面做了大量的预先研究工作。

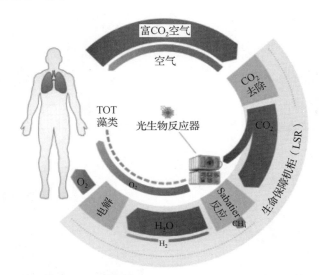

图 15.6　PBR@LSR 与国际空间站上的 ECLSS 的集成原理图（Belz 等，2017）（附彩插）

自 2015 年起，ISR 和 DLR 联合启动了 ISS 实验 PBR@LSR 项目的开发，由空客防务与航天公司（Airbus Defence and Space）负责飞行硬件的研制（Detrell，2021）。PBR@LSR 的全称为 photobioreactor at the life support rack，意思是在生命保障机柜上的光生物反应器；以前该装置被称为 PBR@ACLS，意思是在高级闭环系统中的光生物反应器（photobioreactor in advanced closed loop system）（Bretschneider 等，2016）。这一实验的主要目的是证明混合型 LSS 方法的功能和可行性，即能够在短期和长期将浓缩的二氧化碳光合转化为氧气和生物量，并证明藻类系统在太空中的稳定性。PBR@LSR 装置的外部和内部结构及主要部件示意图如图 15.7 所示。

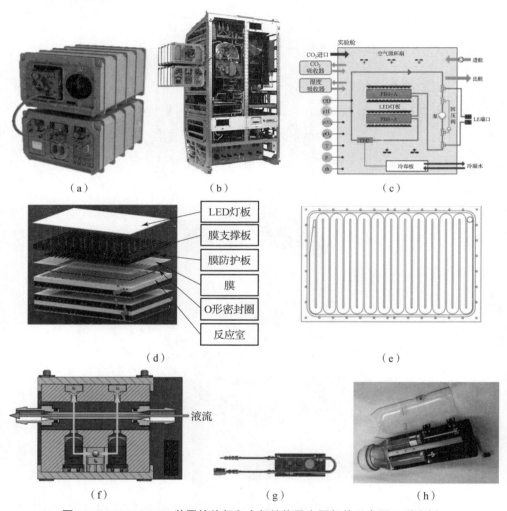

图 15.7　PBR@LSR 装置的外部和内部结构及主要部件示意图（附彩插）

(a) 装置外形图；(b) 装置安装图；(c) 装置平面布局图；(d) 微藻光反应室立体分解图；
(e) 管状跑道式反应器主体结构图；(f) OD 测量仪工作原理图；
(g) 与 LSR 的 CO_2 供气接口；(h) 液体交换装置外形

2019年5月4日，该实验装置搭乘SpaceX-17龙飞船而被送往国际空间站，6月份开始启动运行。最初计划运行6个月，其在轨培养操作程序如图15.8所示。然而，在运行两周后，由于电源意外不足且无法修复，由此导致太空实验比原计划提前结束（Detrell等，2020；Detrell，2021）。有关PBR@LSR的研究工作已有过很多报道。

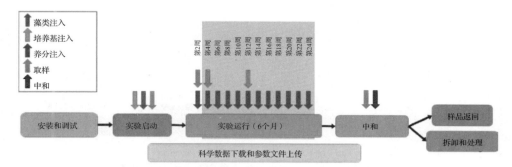

图15.8　PBR@LSR小球藻在轨培养操作程序（附彩插）

在国际空间站上，在两周共约15 d的实验中，首先验证了小球藻培养基的加注技术和藻液样品的收集技术，具体如图15.9所示。

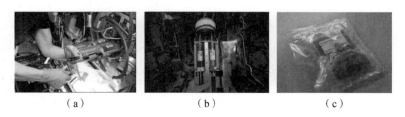

图15.9　在轨进行小球藻培养基加注以及收获的小球藻样品（附彩插）
（Detrell等，2020；Detrell，2021）

（a）实验启动后首次加培养基；（b）实验启动后第二周加培养基；（c）实验两周后收获的小球藻藻液

该实验基本验证了反应器内外的膜二氧化碳和气体交换技术的有效性。另外，还验证了利用光密度（OD）测量技术的可行性，从而反映了反应器内高密度小球藻生物量在实验期间的变化情况。研究结果表明，在第1~10 d，在轨反应器内的藻细胞的生物量产量在逐渐上升，而之后开始出现下降。研究人员认为，产量下降是由于这时培养基中的养分出现亏损的缘故。在地面上，由于有重力的作用而导致藻细胞出现了沉淀（未搅拌），但液相中藻细胞生物量的OD测量值并不能反映发生沉淀或粘连的这部分藻生物量，因此其 OD 值（即反映藻液中的生物量产量）一直很低（在太空不会发生沉淀，但可能会发生粘连）（图 15.10）。

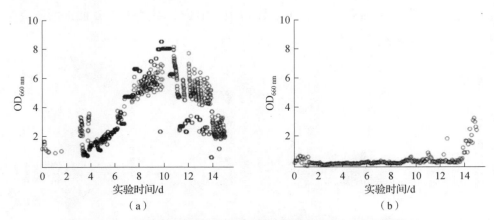

图 15.10　平行实验移动液相中反映生物量产量的 OD 值测量数据

（a）在国际空间站上；（b）在地面实验室中

因此，尽管该实验未达到原计划开展 6 个月的长期实验目标，但在约 15 d 的时间内仍然验证了太空藻类光生物反应器的多项关键培养和测量技术，规模较大也较为先进，在太空藻类培养史上具有重要意义。

15.4　藻类光生物反应器故障模式及应对措施

如前所述，生物再生技术，特别是藻类光生物反应器，有可能为人类太空飞行提供闭合环境控制和生命保障，以便能够执行长期的深空任务。然而，藻类光生物反应器的生产效率和安全可靠性是未来在空间站或月球/火星基地运行中令人关注的一个问题。美国科罗拉多大学博尔德分校的 Matula 和 Nabity（2019）在这方面开展了综合系统的研究，在这一领域积累了很好的经验。

15.4.1　故障影响因素

在光生物反应器运行过程中，会面临许多复杂的影响因素，主要包括以下几个方面：

(1) 光合作用过程，其中包括资源限制，如光照、二氧化碳和养分，而养分又包括氮、磷、水分和微量营养元素等；

(2) 细胞应激源，即废物积累（包括过量的氧气）；

(3) 细菌、动物和病毒的相互作用、化学污染物、重金属污染物、培养液 pH 值、环境温度、细胞恢复力（cellular resiliency）。

以上影响故障因素之间的基本相互作用关系如图 15.11 所示。

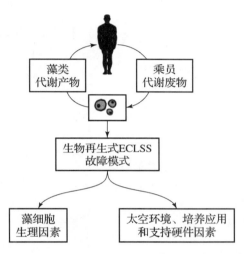

图 15.11 人/藻类 ECLSS 相互作用以及直接来自生物 ECLSS 故障模式的故障原因
（Matula 和 Nabity，2019）

15.4.2 由培养引起的故障原因

表 15.2 给出了藻类培养的故障模式及其原因方法，其中包括了建议的缓解措施和应急处置方法。图 15.11 考虑了藻类培养的失效模式，并考虑到失效原因。它表明，在考虑藻类还原二氧化碳或提供氧气时，应采取强有力的缓解或应急努力。由于对失败的可能性和严重程度的定性评估的不确定性，因此人类对藻类生物质产品的消费带有一定的疑虑。建立信心将需要进一步的研究，这是基于假定生物质对人类消费是安全的。生物质的可食用性将取决于光生物反应器的使用情况，并将需要在设计过程中加以考虑。失效的可能性和严重程度的确定将部分取决于每天消耗多少生物量。如果生物质产品作为营养补品或食品添

加剂被进行消费，则培养失败将比作为宇航员食物的重要部分所产生的影响更小。

表 15.2 藻类培养的故障模式及其原因分析（Matula 和 Nabity，2019）

类别	藻类培养的故障模式	藻类培养故障模式的原因	缓解措施或应急处置方法
A	藻类不能代谢足够的二氧化碳来保持舱内的二氧化碳浓度低于上限	– 不适当的照明； – 光生物反应器超出允许温度范围； – 铜污染	– 需要确定培养物的功能要求，并确定保障生长的环境范围； – 确保系统设计中没有铜或铜合金部件； – 确定投入不足，相应增加投入
B	藻类不能产生足够的氧气来满足人类的需求	– 光照不适当； – 没有足够的二氧化碳被消耗或提供； – 光生物反应器超出允许温度范围； – 铜污染； – 细菌污染正在消耗多余的氧气	– 需要确定培养物的功能要求，并确定保障生长的环境范围； – 确保系统设计中没有铜或铜合金部件； – 培养物在使用前应消毒，以减少细菌耗氧量； – 确定投入不足，相应增加投入
C	藻类消耗废物的速度不足以提供足够的清洁水	– 足够的微量元素； – 对培养密度而言，废物浓度过高； – 废物中的细菌污染影响效率	– 提供微量营养素以保证废物清除或稀释溶液； – 将废物引入培养前进行消毒
D	生物量的生产速率与人类消耗不相匹配	– 光照、二氧化碳或营养物不足； – 光生物反应器超出允许温度范围	– 需要确定培养物的功能要求，并确定保障生长的环境范围； – 确定投入不足，相应增加投入

续表

类别	藻类培养的故障模式	藻类培养故障模式的原因	缓解措施或应急处置方法
E	整体细胞活力	- 光照、二氧化碳或营养物不足； - 铜污染； - 培养基中过度照明或氧气过剩； - 培养基细菌污染； - 细胞的物理破坏； - 光生物反应器超出允许温度范围	- 需要定义培养物的功能需求，并确定保障生长的环境范围； - 确保系统设计中没有铜/铜合金或其他有毒元素（如铅、汞）组件； - 确定投入不足，相应增加投入； - 遮荫培养或降低光照强度

15.4.3 由航天环境、机舱/栖息地条件、支持设备和系统的可扩展性造成的故障原因

表 15.3 所列的方法与表 15.2 所列的方法相同，都提出了故障模式、故障原因以及缓解措施和应急处置方法。这两张表之间的显著差异可以在可能性和严重程度部分中找到。在某些情况下，故障发生的可能性相对未知（用星号表示），这是由于拟利用培养物所导致的。对在太空飞行中的藻类培养物尚未进行广泛的实验。文献报道中也没有提供多少关于估计故障之间的平均时间或环境变化的程度等看法。图 15.12 表示细胞活力的丧失可能是最灾难性的故障，主要是由于培养物的重建时间较长。根据所需要的培养密度，这可能需要数周以上的时间。由于尚未掌握评估故障发生的可能性和严重程度的方法，因此人类使用的藻类存在不确定性。这样，就需要对人类可接受的数量开展更多的研究（表 15.3）。

表 15.3　藻类光生物反应器的故障模式及其原因方法

(Matula 和 Nabity，2019)

类别	藻类光生物反应器的故障模式	藻类光生物反应器的故障模式原因	缓解措施或应急处置方法
F	膜不能在要求的速率范围内传递气体	- 膜表面生物量的堆积； - 流体/气体通过膜的运动受到阻碍	- 制定清洁计划以清除生物量堆积； - 采用"紧急"体外净化技术（高速培养基快速爆发）
G	膜或介质的传热速率不符合要求	- 膜上生物量的堆积； - 泵故障	- 制定清洁计划以清除生物量堆积； - 制定泵的更换时间表
H	藻类没有得到足够的光照	- 在光传递表面上有生物量堆积； - 灯泡老化； - 泵故障	- 制定清洁计划以清除生物量堆积； - 制定泵的更换时间表； - 确定"警告"信号（氧气产量减少，可见生物量增加等），以表明需要清洁
I	藻类不美味或不适合人类食用	- 细菌污染	- 维持保留原种； - 不同的制备技术； - 供以后食用的干藻
J	活细胞的百分比低于最低阈值	- 泵送损害细胞； - 利用率使生长环境超出最佳范围； - 暴露在辐射环境中	- 确定"警告"信号（随着时间的推移，氧气产生减少，活力比下降等），以指示应该采取的行动； - 如果需要"再生"期，则应当包括冗余系统（藻类或其他生物）

续表

类别	藻类光生物反应器的故障模式	藻类光生物反应器的故障模式原因	缓解措施或应急处置方法
K	生物量的生产速率超过使用/消耗率	– ECLSS 的使用使增长环境超出了最佳范围； – 系统消耗或利用生物量经历失败	– 供以后食用的干藻； – 确定"警告"信号，以指示应采取的行动； – 应建立多余生物量的第三种用途（用于屏蔽辐射的堆壁、饲料水培等）

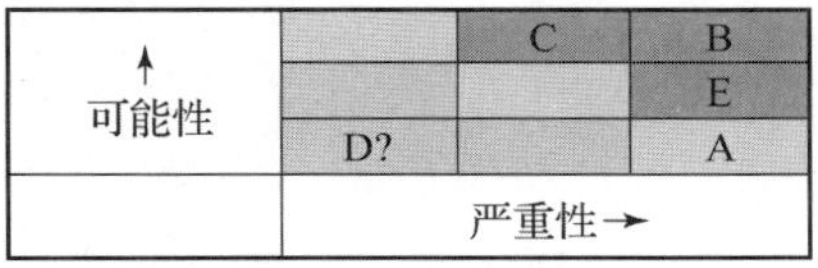

图 15.12　故障模式的可能性和严重性矩阵（Matula 和 Nabity，2019）

问号表示需要更多研究才能确定严重程度和可能性的领域

15.5　太空飞行对微藻生物学特性的影响

人们关于太空飞行对微藻生物学特性的影响已经进行过很多探讨，也有很多种说法，不一而论。研究已经证明，太空飞行有时会在细胞、生理生化和染色体及基因等分子水平上影响藻类的种群、群体、个体、组织、细胞和分子等各个方面的生长与发育。早先，中国科学院水生生物研究所的胡章立和刘永定两位研究人员在这方面进行过较为全面系统的综述（胡章立和刘永定，1997）。

15.5.1　太空环境对微藻生长和生理特性的影响

1996 年，中国科学院水生生物研究所的 Wang 等人（2008）利用返回式卫星进行了暹罗鱼腥藻 15 d 的太空飞行搭载实验。通过安装在卫星上的遥感设备，他们实时获得了太空中微藻种群每天的增长曲线。该曲线表明，微藻在太空中的生长速度慢于在地面上的对照组。然而，对回收后的微藻进行培养的结果表明，所回收微藻的生长速率要明显高于地面对照组（图 15.13），但再经过几代培养后，两种培养物呈现出相似的增长率。这些数据表明，藻类可以很容易地适应太空环境，这对未来实验中设计更复杂的光生物反应器和 CELSS 可能会很有价值。

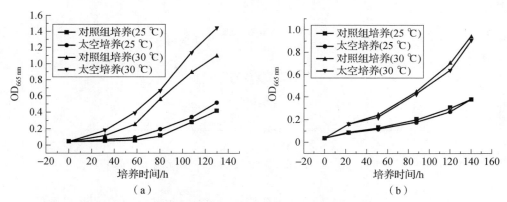

图 15.13 暹罗鱼腥藻在太空飞行后经历第一次和第二次继代培养后的生长曲线
（Wang 等，2008）

(a) 第一次继代培养后的生长曲线；(b) 第二次继代培养后的生长曲线

15.5.2 太空环境对微藻光合特性的影响

中国科学院水生生物研究所的陈浩峰等人（1997a，1997b）对 1996 年经返回式卫星搭载 15 d 的暹罗鱼腥藻（*Anabaena siamensis*）进行了单克隆培养，分离到一株具有稳定性状的特殊突变体。它与对照株相比表现为藻丝加长、细胞壁变厚、生长速率提高及固氮酶活性增加等。

后来，中国科学院水生生物所的王高鸿等人（1999）对经上述空间飞行搭载而获得的暹罗鱼腥藻突变株进行了分析。研究结果发现，与对照藻株相比，突变藻株在生长速率和光合效率方面明显较高。进一步分析其光合色素的组成、叶绿素荧光及 PSⅡ/PSⅠ比值，则发现突变藻株的 PC/Chl 比值要明显低于对照藻株，而叶绿素荧光高于对照藻株，且 PSⅡ/PSⅠ 比值是对照藻株的 1.7 倍。另外，在其他光合色素的比例上也具有差异。这些分析结果表明，暹罗鱼腥藻的突变株与对照株在光合特性上存在差异，这可能是突变株色素系统的改变引起光能捕捉效率和光能利用效率更为高效的原因。

15.5.3　太空环境对微藻光合系统结构与功能的影响

2003 年 10 月，中国科学院水生生物研究所的王高鸿等人（2005）利用我国的返回式卫星进行了为期 15 d 的拟球状念珠藻（*Nostoc sphaeroides* Kütz）（俗称葛仙米）太空飞行搭载实验研究。研究结果表明，经受太空飞行处理后的拟球状念珠藻的存活率和光合活性均发生显著降低、捕光色素明显降解、光合片层结构出现异常，同时太空飞行后在该微藻的细胞外诱导出较厚的胶被层。由此说明，太空飞行会对该拟球状念珠藻的光合系统产生损伤，但微藻可以通过结构上的改变而对损伤进行适应。

15.6　微藻-动物水生共培养研究

在空间环境条件下，除了单独进行微藻的培养外，还进行了微藻与小型水生动物的二元或多元生态系统的培养实验研究。下面就几个主要实验的研究情况进行简要介绍。

15.6.1　Aquacell

在前期基于 Aquarack 装置地面实验研究的基础上（Häder 和 Kreuzberg，1990；Porst 等，1997），德国科学家研制成几种密闭环境生命保障系统，并在俄罗斯 Foton 卫星上进行了太空搭载实验研究。将纤细裸藻的悬浮液培养在容积为 1.45 L 的圆柱形罐中，并用红色 LED 灯进行光照，以促进其进行光合作用（图 15.14）。

首先，将鱼缸中的水（容积为 1.26 L，其中有 35 条莫桑比克罗非鱼（*Oreochromis mossambicus*）（又称慈鲷）的幼鱼）泵送通过带有细菌生物膜的过滤器，该细菌生物膜将鱼排泄的铵转化为硝酸盐。其次，水通过 12 根穿过纤细裸藻培养箱的膜管进行转移，以交换氧气、二氧化碳和硝酸盐。在开展实验期间，每隔一段时间就会通过录像带记录藻类和鱼类细胞的运动状态和方向。最后，将该硬件安装在俄罗斯的 Foton 卫星上，并由"联盟"号火箭发射，执行了为期 11 d 的太空飞行任务（Häder，Braun 和 Hemmersbach，2018）。

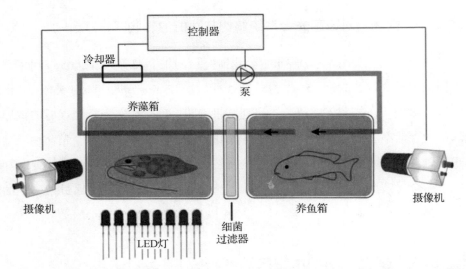

图 15.14 Aquacell 装置运行原理图（Häder，Braun 和 Hemmersbach，2018）（附彩插）

正如预期的那样，在太空飞行过程中，纤细裸藻的细胞随机游动（r 值为 0.03），其速度高于地面上 $1g$ 条件下相同实验硬件中的速度（Häder 等，2006）。在太空中停留了很长一段时间返回地面后，细胞花了几个小时才再次显示出正常的趋重性（gravitaxis），这与短暂的 Texus 任务形成了鲜明对比。因为在 Texus 飞行任务中，当细胞返回地面时，可以立即观察到正常的趋重性。在微重力条件下，细胞比地面对照组要更圆，这表明它们经历了明显的应激状态。另外，用 OXY-4 mini 系统（由德国 Precision Sensing 公司生产）监测氧气产量，并证明该系统足以维持鱼类的生存。

15.6.3 OmegaHab

在俄罗斯 Foton-M3 任务期间，启动了一项名为 OmegaHab（Oreochromis mossambicus euglena gracilis aquatic Habitat）的后续实验（Strauch 等，2008）。纤细裸藻是氧气的生产者，26 只莫桑比克罗非鱼幼鱼（约 12 mm 长）是氧气的消费者。利用一台硬件设备来定期给鱼喂食。光合作用由 3 对高功率红色 LED 灯维持。在为期 12 d 的轨道飞行中，每天记录 10 min 的纤细裸藻和莫桑比克罗非鱼幼鱼的行为。在飞行过程中，温度等测量数据被下传，以便能够及时调整地面对照组实验。温度由冷却器保持恒定。所有系统都能很好地工作，但由于实验接近尾声时氧气浓度不足，因此只有 11 条鱼存活了下来。与 1g 对照组相比，莫桑比克罗非鱼幼鱼产生的椭圆囊耳石明显更大（Anken 等，2016）。这一结果证实了早期的发现，即莫桑比克罗非鱼幼鱼被保存在快速旋转的水下回转器中的情形（Anken 等，2010）。壁管旋转不会损害莫桑比克罗非鱼耳石的生长（Brungs 等，2011），但会促进斑马鱼耳石的生长（Li 等，2011，2017a）。这种差异可能是由于这两个物种的不同行为造成的，即莫桑比克罗非鱼是在嘴中繁殖，而斑马鱼则是产卵（Hilbig 和 Anken，2017）。图 15.15 为第一代 OmegaHab 外观图。

图 15.15　第一代 OmegaHab 外观图（附彩插）

后来，在 2013 年春季，在俄罗斯的 Bion – M1 任务中，利用升级后的 OmegaHab（OmegaHab B – 1）进行了为期 4 周并搭载更多生物的太空飞行实验（Hilbig 和 Anken，2017）。OmegaHab 是一个由 3 个腔室（约 5 L）组成的人工微型生态系统。其中，一个腔室中培养有 55 只莫桑比克罗非鱼幼鱼、墨西哥淡水端足类甲壳动物（*Hyalella azteca*）、一些光滑双脐螺（*Biophalaria glabrata*）和金鱼藻（*Ceratophyllum depermum*）（属于金鱼藻科金鱼藻属的多年生沉水草本植物，而并非藻类植物），而在第二个光生物反应器内含有一群纤细裸藻，以作为主要的氧气生产者。在上述两个腔室之间，有一个由硝化细菌组成的微生物过滤器，用来分解鱼的排泄物，并将其转化为金鱼藻和纤细裸藻的肥料。图 15.16 为 OmegaHab B – 1 的内部基本构成图。

该小型生命周期闭合的生态系统，在地球上空 575 km 的微重力环境中运行良好。然而，后来不知何故 LED 灯出现了故障，因此切断了"动物乘员"的氧气补

图 15.16　OmegaHab B-1 的内部基本构成图

给。尽管这些大多数物种没有存活下来，但纤细裸藻通过从光自养模式转换为异养模式，从而以发生分解的生物体释放的营养物质为食，因此继续产生了生物量。

15.6.4　我国的藻类-动物水生生态系统

中国科学院水生生物研究所于 1996 年、2001 年、2011 年，先后分别利用返回式卫星、"神舟二号"载人飞船和"神舟八号"载人飞船，进行了包含二元或多元的微藻-动物水生生态系统的太空搭载实验研究。

1. 返回式卫星搭载实验

1996 年 10 月，中国科学院水生生物研究所与日本国立环境研究所合作，利用我国的第 17 颗返回式科学实验卫星搭载的"空间通用生物培养箱"进行了"藻-螺"或"藻-藻"二元或多元微生态系统共 3 个组合的空间结构与功能的实验研究。具体组合构成：蛋白核小球藻 + 澳洲水泡螺（*Bulibus australianus*）（简称自养型藻-异养型螺二元微生态系统）；小球藻（自养型）+ 金藻（*Poterioochromonas*）（混合营养型）（简称自养型藻 + 异养型藻二元微生态系统）；铜绿微囊藻（*Microcystic*）、聚球藻、四鞭藻（*Carteria*）、颤藻（4 种均为自养型）+ 无色鞭毛藻（*Collodictyon*）（异养型）（简称 4 个自养型藻 + 1 个异养型藻五元微生态系统）。搭载时间共 15 d（刘永定等，1997）。

研究结果表明，在第一种组合中，因生保条件不足而导致澳洲水泡螺未能存活；在第二种组合中，藻类全都存活且生长良好，其中的气体组份与大气中的组份相接近；在第三种组合中，5 种藻类中四鞭藻和颤藻出现死亡，而其余 3 种均保持存活。另外，混合营养型的金藻和异养型的无色鞭毛藻细胞数量均有提高，而且其返地后仍具有捕食性（刘永定等，1997）。

2. "神舟二号"载人飞船搭载实验

2001年1月，中国科学院水生生物研究所与上海技术物理研究所合作，在"神舟二号"载人飞船上进行了159 h（约6.6 d）的二元小型密闭水生生态系统（closed aquatic ecosystem，CAES）的搭载实验。该二元小型密闭水生生态系统由蛋白核小球藻和澳洲水泡螺组成。该蛋白核小球藻为中国科学院水生生物研究所藻类实验室的长期纯系培养物。首先，取处于对数生长期生长良好的该藻种，收集后用1/2 BBM液体培养基将收集物稀释至$OD_{665\ nm}=0.558$。其次，分别量取4份85 mL的藻液，并分别装入4个相同的透明培养盒（容积为120 mL）。再次，在每个培养盒中装有2个质量为25~30 mg且生长良好的澳洲水泡螺。最后，将培养盒进行封闭。为了区分太空微重力等各种因素对系统的影响，在飞船座舱内专门配备了一台重力补偿离心机，这样将一份样品置于离心机上处理以作为空间$1g$对照组。

研究结果表明，在太空微重力条件下，生产者小球藻的生物量日变化较大，而且每天的生物量平均值呈递减趋势，而地面和太空$1g$对照组的小球藻生物量日变化较小，且其每天的生物量平均值表现为先增长后趋于平衡的趋势（图15.17）。以上研究人员认为，微重力实验组与$1g$对照组的区别有可能是由于在重力发生改变的环境下消耗者澳洲水泡螺的代谢活动出现增强以及生产者小球藻自身的代谢活动变化所引起的（王高鸿等，2004；Wang等，2004；Wang等，2008）。

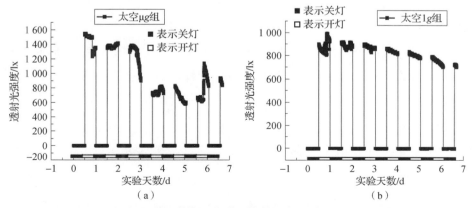

图15.17 在空间小球藻细胞的数量变化情况（Wang等，2004）

(a) 代表在太空的微重力处理组；(b) 代表在太空的$1g$对照组

3. "神舟八号"载人飞船搭载实验

2011 年 11 月,中国科学院水生生物研究所与埃尔朗根-纽伦堡大学合作,在"神舟八号"载人飞船内搭载了一个总体积 60 mL 的极小型化封闭水生生态系统(简称 Simbox),如图 15.18 所示。该系统通过透气膜被隔离成两个室,下层室培养纤细裸藻细胞,而上层室培养小球藻细胞和 3 只蜗牛。"神舟八号"载人飞船在轨道上飞行了 17.5 d。

图 15.18　Simbox 未组装和组装后的外观图(Li 等,2017b)(附彩插)

(a) 未被组装的 Simbox;(b) 已被组装的 Simbox

研究结果表明,在地面对照室(GM)中的所有蜗牛都还活着,而在太空飞行室(FM)中只有一只蜗牛活了下来。FM 中的藻类细胞总数、氮和磷等营养物质的被同化率、可溶性蛋白质和碳水化合物含量均低于 GM。相关分析表明,FM 和 GM 的上室具有相同的正相关因子和负相关因子,而下室则存在差异相关。这些结果表明,在微重力条件下,封闭系统中的初级生产速率随着营养物质的被同化率降低而降低。在 FM 室内缺乏维持系统发展的优势藻种,而在 GM 室内藻种的细胞数量很多。这些结果意味着应该降低光合作用强度以保持系统健康。研究人员认为,增加小球藻而减少纤细裸藻的数量可能是维持系统稳定性的有效措施。

另外,在同一批任务中,纤细裸藻细胞被送往太空,并在微重力条件下用 RNA 裂解缓冲液固定 40 min。同时,将保存在 $1g$ 对照组离心机上的细胞进行混合(Nasir 等,2014)。在将样品返回地面后,利用定量 PCR 方法分析参与信号转导、氧化应激防御、细胞周期调节和热休克反应基因的转录水平。分析结果表明,纤细裸藻在短期暴露于微重力条件下就会遭受应激,因为在 32 个被测基因中，有 18 个应激诱导的基因参与了信号转导、氧化应激防御、细胞周期调节和热休克反应，如定量 PCR 所示，这些基因被上调了。另外，有一个基因被下调了，而其余基因保持不变。这些结果证实，长期太空飞行是研究运动微生物的行为、生理和遗传学的有力工具，有望进一步深入了解重力感知、信号转导和运动控制的复杂分子机制（Nasir 等，2014）。

15.7 空间站舱外搭载实验

由于空间站飞行时间长，因此给在舱外开展长期生物材料的暴露实验提供了机会，也取得了很多重要成果。先前的研究报道了使用光合生物（如聚球藻）进行太空暴露实验，并取得了有希望的研究结果（Mancinelli 等，1998；Olsson-Francis 等，2009，2010；Baqué 等，2017；Billi 等，2019；de Vera 等，2019）。

2008 年，英国开放大学与德国 DLR 航空航天医学研究所合作，在国际空间站外对小球藻等几种微藻进行了共 548 d 的舱外暴露实验。主要结果表明，在增强的天然光营养生物膜中，仅两种藻类（小球藻和 *Rosenvingiella spp.*）和单细胞蓝藻粘球藻（*Gloeocapsa sp.*）在太空真空中存活下来，这意味着当被带回地球时，蓝藻和藻类在液体培养基中进行了繁殖。在增强的生物膜中，柱胞鱼腥藻（*Anabaena cylindrica*）和拟色球藻的细胞存活，但普通念珠藻（*Nostoc commune*）的细胞没有存活。太空或火星紫外线对增强的生物膜样本的影响更为严重：只有在返回地面后从这些样本中培养了拟色球藻的细胞，它们的表皮细胞被漂白，且类胡萝卜素遭到破坏（Cockell 等，2011）。

下面，分别以日本和意大利新近开展的两种微藻舱外暴露实验研究为例，详细介绍舱外暴露实验的基本方法及取得的重要成果等。

15.7.1 念珠藻 HK-01 的舱外暴露实验

前期已经证明，念珠藻 HK-01 对高/低温、真空、氦离子束辐射、紫外线（172 nm）辐射、紫外线（254 nm）辐射和伽马射线等具有高耐受性（Tomita-Yokotani 等，2020）。由于念珠藻 HK-01 对几种环境因素的高耐受性，因此就被选择在低地球轨道做进一步的空间暴露实验，以进一步评价其耐受空间极端环境的能力。

作为"蒲公英"计划（tanpopo mission）的一部分，2015 年 5 月 26 日日本筑波大学等单位在国际空间站（ISS）启动了念珠藻 HK-01 的舱内外搭载实验研究，以研究其存活情况。该实验在 ISS 的舱内外同步进行，为期 3 年，每年采集一次样品（Tomita-Yokotani 等，2021）。图 15.19 为"蒲公英"计划暴露单元（tanpopo exposure unit）。其中，每个单元包含两块铝样品板，一块用于曝光，另一块用于黑暗控制，且所有刻度均以 mm 表示。

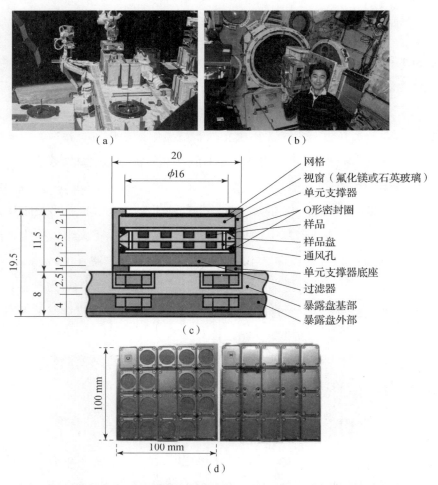

图 15.19　"蒲公英"计划暴露单元（Tomita-Yokotani 等，2021）（附彩插）

(a) 日本实验舱外曝光装置；(b) 日本实验舱内实验装置；(c) 安装基座；(d) 安装板（长 100×宽 100 mm×厚 20 mm），其左侧为外部曝光板，右侧为内部面板，蓝藻细胞被置于绿色方块内实验结束后,用荧光素二乙酸酯(FDA)检测细胞活力。检测结果表明,在没有阳光(背光)的情况下,3年期的细胞生长能力与国际空间站和地面对照组的细胞在黑暗中的生长能力没有显著差异。图 15.20 为念珠藻 HK-01 在国际空间站舱外的 3 年暴露实验后外观图及存活率比较。

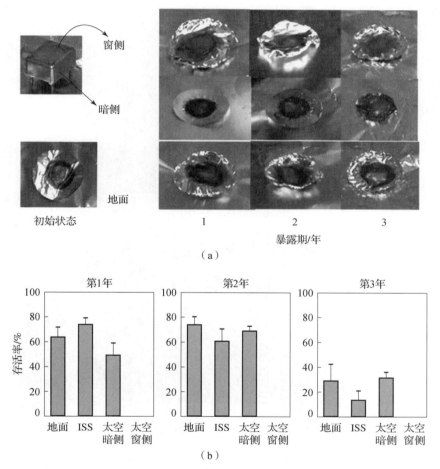

图 15.20　念珠藻 HK-01 在国际空间站舱外的 3 年暴露实验后外观图及存活率比较(Tomita-Yokotani 等,2021)(附彩插)

(a) 外观图;(b) 存活率

所有数据均等于平均数±标准差。太空窗侧无柱状图,表明在太空窗侧上几乎所有的活细胞在第一年末就凋亡了。

另外,Tomita-Yokotani 等(2021)证实,3 年后少量的细胞确实在实验单元的窗口阳光暴露的一侧存活了下来，这表明可能是由于细胞层厚度的变化所致，因为在地面上已经证明了保护上细胞层所需要的精确层数（Kawaguchi 等，2020）。因此，他们计划将在下一个空间暴露实验中研究这种潜在的保护作用。图 15.21 为不同条件下念珠藻 HK-01 细胞的显微图像。在图 15.21 中，对照组样本包括地面和 ISS；暴露在空间中的细胞包括暴露单元窗口侧的暗侧和窗侧；右下角外伸的盒子表示带有荧光细胞的区域。

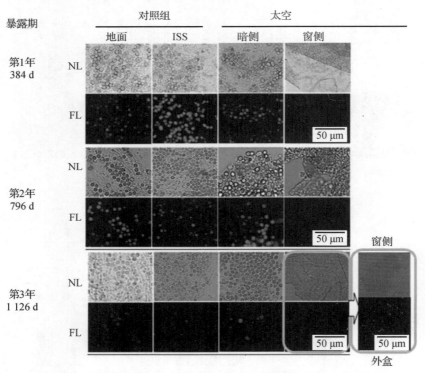

图 15.21　不同条件下念珠藻 HK-01 细胞的显微图像（附彩插）

NL—正常光照；FL—荧光灯

另外，虽然根据 FDA 染色实验判断，少数在空间真空中暴露于光照下的细胞在 ISS 外存活了 3 年，但由于细胞数量不足，因此无法通过测试生长能力来验证其是否存活。

15.7.2　拟色球藻的舱外暴露实验

在欧洲航天局的太空实验 BIOMEX（Biology and Mars Experiment，生物学与

火星实验）中，国际空间站的 EXPOSE – R2 暴露任务将干燥的拟色球藻细胞暴露在类似火星的条件下。这些样本暴露在紫外线辐射下 469 d，在类似火星的大气中 722 d，接近火星表面可能面临的条件。一经回到地球，对细胞通过生长依赖的方法检测其存活率，而利用共聚焦激光扫描显微镜和基于 PCR 的方法分别分析光合色素（叶绿素 a 和藻胆蛋白）和基因组 DNA 的累积损伤情况（Billi 等，2019）。

研究结果表明，只有与火星土壤模拟物 P – MRS（层状硅酸盐火星表土模拟物）和 S – MRS（硫酸盐火星表土模拟物）混合的干燥细胞（4~5 个细胞层厚）才能存活，而在空间暴露于 492 MJ·m^{-2} 的总紫外线辐射剂量（波长 200~400 nm，通过 0.1% 的中性密度过滤器衰减）和 0.5 Gy 的电离辐射后，其生存能力仅维持了几个小时。这些结果暗示了这样一种假设，即在火星的气候历史上，耐干燥和耐辐射的生命形式可能在宜居的生态位和受保护的生态位中存活下来（Billi 等，2019）。

2014 年 7 月 23 日，包含样本的暴露硬件搭乘"进步 56 号"货运飞船飞往国际空间站（ISS）。在国际空间站上飞行 26 d 后，它被安装在俄罗斯的兹维兹达太空舱上，并在黑暗中停留 9 周，然后被暴露在太阳紫外线下 469 d。样品被带回国际空间站，在那里停留了 136 d，然后于 2016 年 6 月 18 日被联盟 45S 太空舱送回地球。样品舱在着陆第 5 d 后被打开，并在 722 d 后结束暴露在类似火星的大气中。在任务启动后约 900 d 后，将拟色球藻样本送回意大利罗马托尔维加塔大学进行分析。图 15.22 为装有拟色球藻 CCMEE 029 样品的 EXPOSE – R2 飞行硬件外观图。在图 15.22 的盘 2 中，具有模拟类火星的环境。

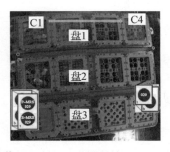

图 15.22　装有拟色球藻 CCMEE 029 样品的 EXPOSE – R2 飞行硬件外观图
（Billi 等，2019）（附彩插）

另外，意大利罗马大学的 Napoli 等人（2022）报道称，在 BIOMEX 太空实验中，利用 ESA EXPOSE-R2 装置将拟色球藻 CCMEE 029 在地球低轨道上国际空间站舱外的类火星和宇宙电离辐射条件下，进行了一年半的暴露实验，并设置地面对照组实验。之后，对天基处理和地基对照组样品进行了全基因组序列分析。BIOMEX 实验流程如图 15.23 所示。在图 15.23 所示的 BIOMEX 空间实验中，通过利用被安装在 ISS 外面的 ESA EXPOSE-R2 装置，将拟色球藻 CCMEE 029 的干燥细胞暴露在宇宙电离辐射和在地球低轨道上模拟的类火星环境（紫外线辐射和大气）中；对返回地球的暴露样品进行复水而得到太空衍生物；对地面对照组藻株和空间衍生藻株的液体进行了全基因组比较分析。

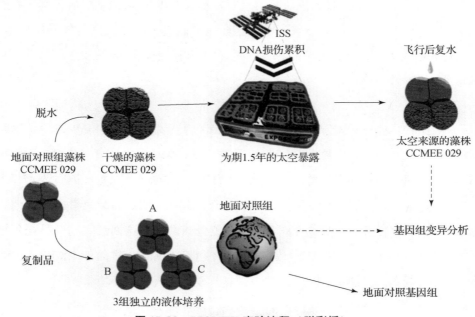

图 15.23　BIOMEX 实验流程（附彩插）

分析结果表明，与地面对照组相比，天基舱外拟色球藻 CCMEE 029 暴露样品和模拟火星条件处理样品的基因组均未增加突变。

他们的研究还证明，干燥的拟色球藻具有在复水化过程中修复在 EXPOSE-R2 太空任务中积累损伤的能力。这些发现支持了在未来的天体生物学实验中使用这种蓝藻，该实验将在暴露于太空条件后在轨道上重新水合的细胞上进行。这一努力将有助于评估蓝藻对地外环境的适应，并更好地了解我们（现在）所知道的生命的极限和适应潜力（Billi 等，2019）。

另外，他们报道了可呼吸的塑料组织培养袋可以支持莱茵衣藻在蔬菜植物生长室内的强劲生长，这被国际空间站（ISS）用于生长陆生植物。活培养物可以在室温下放在袋子中保存至少 1 个月。在实验开始时，使用野生型（CC-5082）或 CC-585 突变株（CC-1883）的竞争性生长实验来检测这些光生物反应器中生长所需的基因集。基因组测序确定了短波紫外线诱导的突变，相对于实验室菌株中的自然变异，其转位和非同义突变被富集。突变表明有阳性选择的基因在与 DNA 修复、RNA 加工、翻译、细胞骨架马达、激酶和 ABA 转运体相关的信息处理基因中表达丰富。这些数据表明，可能需要对 DNA 修复、信号转导和代谢物转运的修饰，以提高这种太空飞行生产系统的生长速率。

15.8 微藻太空搭载取得的潜在应用成果

除了上述在太空藻类实验研究中取得的各类成果外，我国的研究人员通过太空飞行搭载实验还取得了一些具有潜在应用前景的成果。

已有实践证明，与淡水养殖螺旋藻相比，用海水养殖螺旋藻不仅能节约大量的淡水资源，还能显著提高其品质（Wu，Xiang 和 Zeng，1998）。目前螺旋藻的室外养殖存在因藻种退化导致减产、采收困难、活性物质含量低等系列问题（陈必链等，2000），成为限制螺旋藻产业发展的重要因素之一。另外，螺旋藻室外养殖的季节性受很多自然条件的制约，其中低温是最主要的决定性因素（巩东辉等，2013；王妮等，2008）。因此，选育出适宜在气温较低的秋冬季生长并富含某种或某些特殊功能成分的海水螺旋藻优良藻种，对更好地发展螺旋藻产业具有重要意义。

鉴于此，中国科学院南海海洋研究所与中国科学院大学合作，于 2016 年 4 月 6 日~18 日期间，利用我国的"实践十号"返回式科学实验卫星进行了海洋螺旋藻 12 d 的太空搭载实验研究。藻种为海水钝顶螺旋藻 SCSIO 44012 株系。待返回地面后，经过为期 1 年多的筛选和评估，获得了一株多糖产率显著提高且性状稳定遗传的海水钝顶螺旋藻诱变株。实验所用钝顶螺旋藻野生株（藻种保藏号：SCSIO 44012）及诱变株（藻种保藏号：SCSIO 44012-H11），由中国科学院南海海洋研究所藻类资源与生物技术学科组藻种库保存。然后，在此基础上开展了一系列的藻种产量和品质等的评估实验研究（谭丽等，2018）。

在我国南方秋季室外平均温度为 27 ℃下，诱变株的生物量生产速率、总糖干质量含量、总多糖干质量含量和水溶性多糖干质量含量分别为 (19.09 ± 0.03) mg·L^{-1}·d^{-1}、$(27.89 \pm 1.28)\%$、$(20.95 \pm 0.87)\%$ 和 $(19.74 \pm 0.93)\%$。与野生株相比，该诱变株的生物量、总糖、总多糖和水溶性多糖的生产速率分别提高了 15.39%、148.93%、176.50% 和 187.70%。另外，在我国南方的冬季室外平均培养温度为 17 ℃的条件下，诱变株和野生株的生长速率及多糖生产速率均有所降低，但诱变株在产多糖能力上仍显著高于野生株（$P < 0.05$）。

在本研究中，在室外适宜温度（27 ℃）培养下，诱变株的总糖占干质量含量为 $(27.89 \pm 1.28)\%$，比野生株高出 42.30%，但诱变株的蛋白质含量较野生株明显降低，而总脂含量维持不变，且在室外低温条件下也有类似的变化。因此，推测该诱变株的总糖和蛋白质之间的合成有可能实现了转化，或者是光合作用初级产物合成及其在次级代谢碳流分配中形成了有利于多糖积累并导致蛋白质降低的调节机制（谭丽等，2018）。

以上综合研究结果表明，通过室外培养，对太空搭载诱变株的产多糖能力进行了评估。结果显示，在我国南方日平均温度为 27 ℃的秋季培养批次中，与野生株相比，诱变株的生长速率和多糖生产速率均得以大幅度提高；海水钝顶螺旋藻诱变株是一株室外培养条件下高产多糖而具有产业开发价值的优质藻株。因此，这项研究为产业化开发螺旋藻多糖开辟了一条技术更合理且经济性更高的新路，对提高螺旋藻的品质，以及更好地开发利用螺旋藻多糖具有重要的应用推广价值（谭丽等，2018）。

另外，据报道上述中国科学院南海海洋研究所通过太空搭载所选育的海水钝顶螺旋藻诱变株，已被开发成为一种"太空藻"品牌。由于该太空藻所含有的活性物质具有良好的保湿和修护等功效，因此其已被应用于商业化的化妆品生产。

结 束 语

从 1960 年至今，国际上藻类的太空飞行实验研究已经历了六十余年的发展历史，各航天大国和组织先后利用各种航天器共进行过五十多次的搭载实验，所用藻种主要是小球藻（约占到68%），其次是螺旋藻和莱茵衣藻等。目前，在以下4个方面均取得了突破性进展：①微重力环境条件下的微藻培养技术；②太空环境条件对微藻的基础生物学效应（包括形态、细胞、光合等生理生化、遗传与变异等）；③微藻舱外类火星环境下的暴露实验及耐极端环境的优良藻种筛选（为在火星大气和土壤环境中应用做准备）；④筛选获得具有高品质（生物活性物质含量高）的藻种及其品系。同时证明，国际空间站座舱内的二氧化碳分压（0.707 kPa）有利于小球藻的生长（高出大气CO_2分压约20倍），且不会对其产生有害作用（Niederwieser，Kociolek 和 Klaus，2018b）。

然而，在太空藻类培养方面，以后还需要做大量的实验研究工作。例如，前期每次在太空培养藻类的最长时间并不长，目前只是掌握了微藻的基本在轨培养技术，但由于受制于藻液气体交换方面所存在的低效率问题，因此目前的培养效率还不高，还更谈不上长期运行条件下的安全可靠性等问题。另外，总的来说，由于实验的机会较少，因此目前对藻类在太空环境条件下的遗传变异等各种生物学现象及其机理等尚未充分认识和掌握，这在以后都是需要重点解决的问题。相信随着人们对微藻的日益重视和太空搭载机会的逐渐增多（如我国的国家太空实验室已正式开始运行），太空藻类生物学必将会迎来新的发展与应用机遇。

参 考 文 献

陈浩峰，傅缨，宋立荣，等. 返回式卫星搭载暹罗鱼腥藻返地后的细胞学观察 [J]. 空间科学学报，1997a，17（增刊）：102 – 106.

陈浩峰，宋立荣，刘永定，等. 空间环境对微藻种群增长及其生理特征的影响 [J]. 空间科学学报，1997b，17（增刊）：67 – 70.

陈必链，施巧琴. 螺旋藻藻种选育研究进展 [J]. 食品与发酵工业，2000，26（3）：78 – 81.

巩东辉，王志忠，张少英. 低温、强光胁迫对螺旋藻光合速率的影响 [J]. 广东农业科学，2013，40（17）：18 – 20.

胡章立，刘永定. 藻类空间生物学效应机制研究 [J]. 空间科学学报，1997，17

（增刊）：24-34.

胡章立，刘永定，宋立荣. 微藻在空间飞行环境中的生存与适应 [J]. 空间科学学报，1997，17（增刊）：95-101.

李根保，王高鸿，李敦海，等. 微藻对变重力的生物学响应 [J]. 自然科学进展，2005，15（2）：134-141.

刘永定，张晓明，陈浩峰，等. 空间环境中水生生物二元生命封闭系统结构与功能的研究 [J]. 空间科学学报，1997，17（增刊）：73-77.

谭丽，李涛，吴华莲，等. 太空搭载海水钝顶螺旋藻诱变株 H11 的室外产多糖特性研究 [J]. 海洋通报，2018，37（3）：328-334.

王高鸿，陈浩峰，刘永定，等. 暹罗鱼腥藻空间飞行突变株的光合特性分析 [J]. 水生生物学报，1999，23（5）：397-401.

王高鸿，李根保，刘永定，等. 空间微重力条件下小型水生闭合生态系统的研究 [J]. 航天医学与医学工程，2004，17（4）：282-286.

王高鸿，陈兰洲，胡春香，等. 空间飞行和辐射对微藻光合系统影响的观察 [J]. 航天医学与医学工程，2005，18（6）：437-441.

王妮，王素英，师德强. 耐低温螺旋藻新品系的诱变选育 [J]. 安徽农业科学，2008，36（29）：12552-12553.

ANIKEEVA I D, VAULINA E N. Influence of space-flight factors aboard Soyuz-5 satellite on *Chlorella* cells [J]. Cosmic Res., 1971, 9: 870-872.

ANKEN R H, BAUR U, HILBIG R. Clinorotation increases the growth of utricular otoliths of developing cichlid fish [J]. Microgravity Science and Technology, 2010, 22: 151-154.

ANKEN R, BRUNGS S, GRIMM D, et al. Fish inner ear otolith growth under real microgravity (spaceflight) and clinorotation [J]. Microgravity Science and Technology, 2016, 28: 351-356.

ANTIPOV V, DELONE N, NIKITIN M, et al. Some results of radiobiological studies performed on Cosmos-110 biosatellite [J]. Life Science in Space Research, 1969, 7: 207-208.

BAQUÉ M, BÖTTGER U, LEYA T, et al. Experiment on the ISS: Algae survive heat, cold and cosmic radiation [EB/OL]. (2017) [2021]. https://www. fraunhofer. de/en/press/research – news/2017/february/algae – survive – heat – cold – and – cosmic – radiation. html.

BELZ S, HELISCH H, KEPPLER J, et al. Microalgae cultivation in space for future exploration missions: Results of the breadboard activities for a long - term photobioreactor spaceflight experiment on the International Space Station [C]. 68th International Astronautical Congress, 25 – 29 September 2017, Adelaide, Australia. IAC – 17 – A1. 7. 6, 2017.

BERTALAN I, ESPOSITO D, TORZILLO G, et al. Photosystem II stress tolerance in the unicellular green alga *Chlamydomonas reinhardtii* under space conditions [J/OL]. Microgravity Science and Technology, 2007, 19: 122 – 127, http: //dx. doi. org/10. 1007/BF02919466.

BILLI D, VERSEUX C, FAGLIARONE C, et al. A desert cyanobacterium under simulated Mars – like conditions in low Earth orbit: implications of the habitability of Mars [J/OL]. Astrobiology, 2019, 19: 158 – 159. DOI: 10. 1089/ast. 2017. 1807.

BRETSCHNEIDER J, BELZ S, HELISCH H, et al. Functionality and setup of the algae based ISS experiment PBR@LSR [C]. 46th International Conferences on Environmental Systems, 10 – 14 July 2016, Vienna, Austria, ICES – 2016 – 203, 2016.

BRUNGS S, HAUSLAGE J, HILBIG R, et al. Effects of simulated weight lessness on fish otolith growth: Clinostat versus rotating – wall vessel [J]. Advances in Space Research, 2011, 48: 792 – 798.

COCKELL C S, RETTBERG P, RABBOW E, et al. Exposure of phototrophs to 548 days in low Earth orbit: microbial selection pressures in outer space and on early Earth [J]. International Society for Microbial Ecology Journal Journal, 2011, 5: 1671 – 1682.

COGNE G, CORNET J – F, GROS J – B. Design, operation, and modeling of a membrane photobioreactor to study the growth of the cyanobacterium *Arthrospira* latensis in space conditions [J/OL]. Biotechnology Progress, 2005, 21: 741 – 750. https://doi.org/10.1021/bp0495926.

COGNE G, GROS J – B, DUSSAP C – G. Identification of a metabolic network structure representative of *Arthrospira* (*Spirulina*) *platensis* metabolism [J/OL]. Biotechnology and Bioengineering, 2003a, 84: 667 – 676. https://doi.org/10.1002/bit.10808.

COGNE G, GROS J – B, DUSSAP C – G, et al. A simple reliable bioreactor for studying the growth and metabolism of photosynthetic micro – organisms in space [C/OL]. SAE Technical Paper Series No. 2003 – 01 – 2419. SAE International, Warrendale, 2003b. https://doi.org/10.4271/2003 – 01 – 2419.

COGNE G, LEHMANN B, DUSSAP C – G, et al. Uptake of macrominerals and trace elements by the cyanobacterium *Spirulina platensis* (*Arthrospira platensis* PCC 8005) under photoautotrophic conditions: Culture medium optimization [J/OL]. Biotechnology and Bioengineering, 2003c, 81: 588 – 593. https://doi.org/10.1002/bit.10504.

CONNOLLY J P, GRINDELAND R E, BALLARD R W. Final reports of the U. S. experiments flown on the Soviet Biosatellite Cosmos 2044 [R]. Moffett Field, CA., USA, 1994.

COTTIN H, KOTLER J M, BILLI D, et al. Space as a tool for astrobiology: Review and recommendations for experimentations in Earth orbit and beyond [J/OL]. Space Science Review, 2017, 209: 83 – 181. DOI: 10.1007/s11214 – 017 – 0365 – 5.

DETRELL G, HELISCH H, KEPPLER J, et al. PBR@LSR: The algae – based photobioreactor experiment at the ISS – Configuration and operations [C]. 49th International Conference on Environmental Systems, 7 – 11 July 2019, Boston, Massachusetts, USA. ICES – 2019 – 95, 2019.

DETRELL G, HELISCH H, KEPPLER J, et al. PBR@LSR: The Algae – based photobioreactor experiment at the ISS – Operations and results [C]. 50th International Conference on Environmental Systems, ICES – 2020 – 25, 2020.

DETRELL G. Microalgae – based hybrid life support system from simulations to flight experiment [C]. 50th International Conference on Environmental Systems, 12 – 15 July 2021, ICES – 2021 – 185, 2021.

DUBERTRET G, LEFORT – TRAN M, CHIPAUX C. Ecological algal system in microgravity conditions. Preliminary results [J]. European Symposium on Life Science Research in Space, 1987, 3: 113 – 115.

FAHRION J, MASTROLEO F, DUSSAP C – G, et al. Use of photobioreactors in regenerative life support systems for human space exploration [J/OL]. Frontiers in Microbiology, 2021, 12: 699525. DOI: 10. 3389/fmicb. 2021. 699525.

GALKINA T B, ALEKSANDROVA I. Effect of spaceflight conditions on a Chlorella culture [J]. Space Biology and Medicine, 1971, 5: 39 – 41.

GIARDI M T, REA G, LAMBREVA M D, et al. Mutations of Photosystem II D1 protein that empower efficient phenotypes of *Chlamydomonas reinhardtii* under extreme environment in space [J]. PLoS One, 2013, 8: 18 – 20. http://dx. doi. org/10. 1371/journal. pone. 0064352.

HABERKORN I, WALSER J C, HELISCH H, et al. Characterization of *Chlorella vulgaris* (*Trebouxiophyceae*) associated microbial communities [J]. Journal of Phycology, 2020, 56: 1308 – 1322.

HÄDER D – P, KREUZBERG K. Algal bioreactor concept and experiment design [C]. Proceedings of the Workshop (DARA/CNES) on Artificial Ecological Systems, 24 – 26 October 1990, Marseille, 1990.

HÄDER D – P, RICHTER P R, STRAUCH S M, et al. Aquacells – flagellates under long – term microgravity and potential usage for life support systems [J]. Microgravity Science and Technology, 2006, 18: 210 – 214.

HÄDER D – P, BRAUN M, HEMMERSBACH R. Chapter 8: Bioregenerative life support systems in space research [M/OL]. In Gravitational Biology I, Gravity Sensing and Graviorientation in Microorganisms and Plants, edited by Braun M, Böhmer M, Häder D – P, et al. Heidelberg: Springer, 2018. https://doi. org/ 10. 1007/978 – 3 – 319 – 93894 – 3_8. 2018.

HALSTEAD W, DUFOUR A. Biological and medical experiments on the Space Shuttle 1981 – 1985 [R]. Life Sciences Division, Office of Space Science and Applications, NASA Headquarters. Washington, D. C, 1986.

HELISCH H, KEPPLER J, BRETSCHNEIDER J, et al. Preparatory ground – based experiments on cultivation of *Chlorella vulgaris* for the ISS experiment PBR@LSR [C]. 46th International Conference on Environmental Systems, Vienna, Austria. ICES – 2016 – 205, 2016.

HELISCH H, KEPPLER J, DETRELL G, et al. High density long – term cultivation of *Chlorella vulgaris* SAG 211 – 12 in a novel microgravity – capable membrane raceway photobioreactor for future bioregenerative life support in space [J/OL]. Life Sciences in Space Research, 2020, 24: 91 – 107. https://doi.org/10.1016/j.lssr.2019.08.001.

HILBIG R, ANKEN R. Impact of micro – and hypergravity on neurovestibular issues of fish [M]. In: Hilbig R, Gollhofer A, Bock O, Manzey D (eds). Sensory Motor and Behavioral Research in Space. Heidelberg: Springer, 2017: 59 – 86.

ILGRANDE C, DEFOIRDT T, VLAEMINCK S E, et al. Media optimization, strain compatibility, and low – shear modeled microgravity exposure of synthetic microbial communities for urine nitrification in regenerative life – support systems [J/OL]. Astrobiology, 2019, 19: 1353 – 1362. DOI: 10.1089/ast.2018.1981.

KAWAGUCHI Y, SHIBUYA M, KINOSHITA I, et al. DNA Damage and survival time course of *Deinococcal* cell pellets during 3 years of exposure to outer space [J/OL]. Frontiers in Microbiology, 2020, 11: 2050, DOI: 10.3389/fmicb.2020.02050.

KEPPLER J, HELISCH H, BELZ S, et al. From breadboard to protoflight model – the ongoing development of the algae – based ISS experiment PBR@LSR [C]. 47th International Conference on Environmental Systems, 16 – 20 July 2017, Charleston, South Carolina, USA. ICES – 2017 – 180, 2017.

KORDYUM E L, MASHINSKY A L, POPOVA A F, et al. Cell ultrastructure of the *Chlorella vulgaris* (strain Larg – 1) growing for five days under space flight conditions [J]. Dopovidi Akad. Nauk Ukrayins' koyi RSR, 1979: 474-477.

KORDYUM V A, SHEPELEV E, MELESHKO G I, et al. Biological studies of *Chlorella pyrenoidosa* (strain LARG-1) cultures grown under space flight conditions [J]. Life Science in Space Research, 1980, 18: 199-204.

LASSEUR C, BRUNET J, DE WEEVER H, et al. MELiSSA: The European project of closed life support system [J]. Gravitational and Space Research, 2010, 23 (2): 3-12.

LASSEUR C, MERGEAY M. Current and future ways to closed life support systems: Virtual MELiSSA conference [J/OL]. Ecological Engineering and Environment Protection, 2021, 1: 75-85. DOI: 10.1007/978-3-030-52859-1_3.

LI X, ANKEN R H, WANG G, et al. Effects of wall vessel rotation on the growth of larval zebrafish inner ear otoliths [J]. Microgravity Science and Technology, 2011, 23: 13-18.

LI X, ANKEN R, LIU L, et al. Effects of simulated microgravity on otolith growth of larval zebrafish using a rotating-wall vessel: Appropriate rotation speed and fish developmental stage [J]. Microgravity Science and Technology, 2017a, 29: 1-8.

LI X, RICHTER P R, HAO Z, et al. Operation of an enclosed aquatic ecosystem in the Shenzhou-8 mission [J]. Acta Astronautica, 2017b, 134: 17-22.

MANCINELLI R L, WHITE M R, ROTHSCHILD L J. Biopansurvival I: Exposure of the osmophiles *Synechococcus sp.* (Nageli) and *Haloarcula sp.* to the space environment [J]. Advances in Space Research, 1998, 22: 327-334.

MATULA E E, NABITY J A. Failure modes, causes, and effects of algal photobioreactors used to control a spacecraft environment [J]. Life Sciences in Space Research, 2019, 20: 35-52.

MERGENHAGEN D, MERGENHAGEN E. The biological clock of *Chlamydomonas reinhardii* in space [J]. European Journal of Cell Biology, 1987, 43: 203-207.

MOSKVITIN E V, VAULINA E N. Experiment with a physiologically active *Chlorella* culture on the "Soyuz-9" spaceship [J]. Space Biology and Aerospace, 1975, 9: 8-13.

NAPOLI A, MICHELETTI D, PINDO M, et al. Absence of increased genomic variants in the cyanobacterium *Chroococcidiopsis* exposed to Marslike conditions outside the space station [J/OL]. Scientifc Reports, 2022, 12: 8437. https://doi.org/10.1038/s41598-022-12631-5.

NASIR A, STRAUCH S, BECKER I, et al. The influence of microgravity on *Euglena gracilis* as studied on Shenzhou 8 [J]. Plant Biology, 2014, 16: 113-119.

NASA. USSR Space Life Sciences Digest [R]. Washington, D. C, 1988.

NIEDERWIESER T, KOCIOLEK P, KLAUS D. A review of algal research in space [J/OL]. Acta Astronautica, 2018a, 146: 359-367. DOI: 10.1016/j.actaastro.2018.03.026.

NIEDERWIESER T, KOCIOLEK P, KLAUS D. Spacecraft cabin environment effects on the growth and behavior of Chlorella vulgaris for life support applications [J]. Life Sciences in Space Research, 2018b, 16: 8-17.

OLSSON-FRANCIS K, DE LA TORRE R, TOWNER M C, et al. Survival of akinetes (resting-state cells of cyanobacteria) in low Earth orbit and simulated extraterrestrial conditions [J]. Origins of Life and Evolution of Biospheres, 2009, 39: 565-579.

OLSSON-FRANCIS K, DE LA TORRE R, COCKELL C S. Isolation of novel extreme-tolerant cyanobacteria from a rock dwelling microbial community by using exposure to low Earth orbit [J]. Applied & Environmental Microbiology, 2010, 76: 2115-2121.

PEZZOTTI G, CANO J B, BUONASERA K, et al. Biosensing technologies for space applications [J]. Revista Politcnica, 2011, 7 (13): 133-143.

PHILLIPS J N. Experiments with photosynthetic microorganisms [J]. Radiobiol Exp. Discov Satell, 1962, XVII: 47-50.

POPOVA A F, SYTNIK K M, KORDYUM E L, et al. Ultrastructural and growth indices of *Chlorella* culture in multi-component aquatic systems under space flight conditions [J/OL]. Advances in Space Research, 1989, 9: 79-82. http://dx.doi.org/10.1016/0273-1177(89)90059-8.

POPOVA A, SYTNIK K. Peculiarities of ultrastructure of *Chlorella* cells growing aboard the Bion – 10 during 12 days [J/OL]. Advances in Space Research, 1996, 17: 99 – 102. http://dx.doi.org/10.1016/0273 – 1177(95)00619 – P.

PORST M, LEBERT M, HÄDER D – P. Long – term cultivation of the flagellate Euglena gracilis [J]. Microgravity Science and Technology, 1997, 10: 166 – 169.

POUGHON L, LAROCHE CÉLINE, CREULY C, et al. Limnospira indica PCC 8005 growth in photobioreactor: Model and simulation of the ISS and ground experiments [J/OL]. Life Sciences in Space Research, 2020, 25: 53 – 65. https://doi.org/10.1016/j.lssr.2020.03.002.

PREU P, BRAUN M. German SIMBOX on Chinese mission Shenzhou – 8: Europe's first bilateral cooperation utilizing China's Shenzhou programme [J/OL]. Acta Astronautica, 2014, 94: 584 – 591. http://dx.doi.org/10.1016/j.actaastro.2013.08.022.

SEMENENKO V Y, VLADIMIROVA M G. Effect of cosmic flight conditions in the Sputnik ship on the viability of Chlorella [J]. Physiol. Plants, 1961, 8: 743 – 749.

SEMENENKO V Y, VLADIMIROVA M G. Effect of space – flight conditions in the satellite on the preservation of the viability of Chlorella cultures [R]. NASA Technical Translation No. 19640001769, 1963.

SETLIK I, KORDYUM V A, MELESHKO G I, et al. Experiment Chlorella 1 on board of Salyut 6 [C] //International Astronautical Congress. Dubrovnki, Yugoslavia, 1978: 1 – 11.

SHEVCHENKO V A, SAKOVICHIS, MESHCHERYAKOVA L K, et al. Study of the development of Chlorella during space flight [J]. Environ. Space Sci., 1967, 1: 25 – 28.

SISAKYAN N M, GAZENKO O G, ANTIPOV V V. Satellite biological experiments – major results and problems [J]. Life Science in Space Research, 1965, 3: 185 – 205.

STRAUCH S, SCHUSTER M, LEBERT M, et (2008) A closed ecological system in a space experiment [C]. ELGRA Symposium: Life in Space for Life on Earth. December 2008, ESA, Angers, France, 2008.

SYCHEV V N, LEVINSKIKH M A, LIVNASKAYA O G. Study of the growth and development of Chlorella flown on the biosatellite "Kosmos – 1887," USSR report [J]. Space Biology and Aerospace, 1989, 23: 35.

SYTNIK K, POPOVA A, NECHITAILO G, et al. Peculiarities of the submicroscopic organization of Chlorella cells cultivated on a solid medium in microgravity [J/OL]. Advances in Space Research, 1992, 12 (1): 103 – 107. http://dx.doi.org/10.1016/0273 – 1177(92)90270 – 8.

TOMITA – YOKOTANI K, KIMURA S, ONG M, et al. Tolerance of dried cells of a terrestrial cyanobacterium, Nostoc sp. HK – 01 to temperature cycles, helium – ion beams, ultraviolet radiation (172 and 254 nm), and gamma rays: Primitive analysis for space experiments [J]. Eco – Engineering, 2020, 20: 47 – 53.

TOMITA – YOKOTANI K, KIMURA S, ONG M, et al. Investigation of *Nostoc sp*. HK – 01, cell survival over three years during the Tanpopo mission [J/OL]. Astrobiology, 2021, 21 (12): 1505 – 1514. DOI: 10.1089/ast.2021.0152.

VAULINA E, ANIKEEVA I, GUBAREVA I, et al. Influence of space – flight factors aboard "Zond" automatic stations on survival and mitability of *Chlorella* cells [J]. Cosmic Research, 1971, 9: 940 – 944.

VAULINA E N, MOSKVITIN E V. Experiment with *Chlorella* aboard the "Zond – 8" automatic station [J]. Space Biology and Aerospace, 1975, 9: 124 – 128.

VUKICH M, GANGA P L, CAVALIERI D, et al. BIOKIS: A model payload for multidisciplinary experiments in microgravity [J/OL]. Microgravity Science and Technology, 2012, 24: 397 – 409. https://doi.org/10.1007/s12217 – 012 – 9309 – 6.

WANG G H, LI G B, HU C H, et al. Performance of a simple closed aquatic ecosystem (CAES) in space [J]. Advances in Space Research, 2004, 34 (6): 1455 – 1460.

WANG G, LI G, LI D, et al. Real – time studies on microalgae under microgravity [J/

OL]. Acta Astronautica, 2004, 55: 131 – 137. http://dx.doi.org/10.1016/j. actaastro.2004.02.005.

WANG G, CHEN H, LI G, et al. Population growth and physiological characteristics of microalgae in a miniaturized bioreactor during space flight [J/OL]. Acta Astronautica, 2006, 58: 264 – 269. http://dx.doi.org/10.1016/j. actaastro. 2005.11.001.

WANG G H, LIU Y D, LI G B, et al. A simple closed aquatic ecosystem (CAES) for space [J]. Advances in Space Research, 2008, 41: 684 – 690.

WARD C, PHILLIPS J. Stability of *Chlorella* following high – altitude and orbital space flight [J]. Developments in Industrial Microbiology, 1968, 9: 345 – 354.

WARD C H, WILKS S S, CRAFT H L. Effects of prolonged near weightlessness on growth and gas exchange of photosynthetic plants [J]. Development in Industrial Microbiology, 1970, 11: 276 – 295.

WU B T, XIANG W Z, ZENG C K. *Spirulina* cultivation in China [J]. Chinese Journal of Oceanology and Limnology, 1998. 16 (1): 152 – 157.

ZHANG J, MÜLLER B S F, TYRE K N, et al. Competitive growth assay of mutagenized Chlamydomonas reinhardtii compatible with the International Space Station Veggie Plant Growth Chamber [J/OL]. Frontier in Plant Science, 2020, 11: 631. DOI: 10.3389/fpls.2020.00631.

ZHEN – CHANG L. Space activities in China [J]. Biological Science in Space, 1988, 2: 148 – 157.

第 16 章
问题及展望

16.1 前言

对近地太空、月球乃至火星等星球的探索是我们人类在这个时代的主要科学和技术事业追求之一。目前，人们正在开展这方面的研究，以满足保障宇航员在包括火星在内的长期太空探索飞行和地外星球居住与开发期间的食物和氧气等需求。该研究的结果强调了对先进的 CELSS 在长期太空飞行和长期行星表面探险中保障人类生命的迫切要求（郭双生等，2016；刘红，姚智恺和付玉明，2020；郭双生，2022；Monje 等，2003；Massa 等，2017；Revellame 等，2021；Kugic 等，2022）。

如前所述，科学家十分看好藻类在太空长期载人飞行中的生保作用。藻类被认为是宇航员的绝佳食物来源，因为它们含有所有必需氨基酸，比传统植物蛋白更易消化，而且比传统作物（如小麦、水稻和玉米）生长会更快（Bleakley 和 Hayes，2017；Koyande 等，2019；Yang 等，2019）。藻油（algal oil）还含有大量的多不饱和脂肪酸（poly-unsaturated fatty acid，PUFA）和藻类特异性超级抗氧化剂（algal-specific super-antioxidants），这两种物质都可能对暴露在恶劣太空环境中的宇航员发挥有益作用（Harwood，2019；Yang 等，2019）。另外，最近的研究结果还表明，一种由藻类产生的色素——虾青素（astaxanthin）（一种酮式类胡萝卜素）具有预防某些癌症、衰老、黄斑变性和炎症方面的生物医学作用（Grimmig 等，2017）。所有这些报道均表明，在长期太空探索任务中，藻类可成为一种有竞争力的 CELSS 生物部件的选择，以用于食物和氧气等生产（Yang 等，2019）。

到目前为止，围绕太空站微重力环境条件、月球和火星等低重力、高真空、高辐射和高温差等极端环境以及原位资源利用技术等，国内外科学家已经开展了大量研究，并取得了长足进步，但距离实际应用和其他科学问题的深刻认识与解决等要求还有较大距离，甚至要落后于在太空高等植物研究与应用方面所取得的成就。因此，将来在太空藻类学的研究与应用方面还需要面对和克服许多挑战。

16.2　目前存在的主要问题与拟解决措施

目前来看，在太空藻类学研究方面，尤其在微藻光生物反应器研制与应用方面，主要面临以下三方面的挑战。

16.2.1　外太空环境条件

在地外环境中，最有影响力的是重力。在地球低轨道上航天器内是微重力环境，而在月球或火星表面上是低重力环境。无论是微重力还是低重力，都会影响反应器中的气液传质、传热和气液分离等难题。至今，还没有人在月球或火星上进行过微藻培养实验，因此之前没有关于其环境对藻类和光生物反应器性能影响的任何经验。针对外太空，主要考虑两个方面：空间辐射和部分重力或低重力（partial gravity 或 reduced gravity）（Detrell，2021）。

1. 空间辐射

迄今为止，在太空中进行的微藻实验都是在低地球引力下进行的，即在地球磁层的保护下完成的（Niederwieser 等，2018）。这些实验表明，空间条件在细胞水平上具有不同的影响结果，但仍然表明在空间条件下培养是可能的。一系列实验表明，小球藻可以在持续暴露于电离辐射的情况下存活下来，同时保持 90% 以上的原始光合能力，且高于其他物种（Rea 等人，2008）。然而，月球上的太空辐射水平要高得多。可以部分测试某些辐射对地球的影响，但太空辐射的长期影响需要在月球表面上原地进行测试。用于微藻培养的光生物反应器，在月球或火星基地内的位置将对接收到的辐射量起到重要作用。另外，如果将光生物反应器集成在空间站的可居住结构内，那么该系统的辐射防护水平将与乘组人员所接收到的相同。

2. 低重力

对于小球藻等不运动的单细胞或多细胞生物，重力会导致其在反应器内进行沉降，而通过使藻类悬浮液进行连续运动才能够使之得以避免。月球引力是地球引力的 1/6，这将对细胞和液相中气体的运动产生影响，并最终可能在细胞水平上产生影响。针对后者，可以在实验室中使用回旋仪进行研究。由于缺乏重力，因此目前微重力实验并未表明藻类性能受到影响。因此，预计不会产生低重力效应。低重力的主要影响将是对系统的设计，要求反应器和其他子系统在低重力下按预期进行工作。在月球环境中原位测试系统之前，可以通过计算流体动力学（computational fluid dynamics，CFD）模拟（Detrell 等，2019b）和月球重力抛物线飞行活动实验（Pletser 等，2012）来实现低重力下的硬件设计和测试。

16.2.2 技术挑战

上述微重力或低重力环境条件将对该技术产生影响。例如，重力水平的降低将对反应器内流体的运动产生影响。除此之外，技术本身和长期性能所固有的其他挑战也需要解决。主要挑战与反应器设计、光照单元、收获和处理单元以及整个过程/系统的规模扩大和自动化等有关。

1. 面向空间站的光生物反应器结构设计及光照

1）结构设计

目前，在地面上正在使用几种类型的反应器几何结构，从开放式水池到高度复杂的几何结构反应器（Płaczek 等，2019）。然而，对于空间应用，则需要将系统进行封闭，以便避免系统污染。因此，在太空诸如开放式池塘之类的系统需要被放弃。

例如，Subitec© 公司的平板气升式反应器（flat panel airlift reactor，FPA）可以通过高度复杂的反应器几何形状获得高生产速率（小球藻生产速率高达 4 $g \cdot L^{-1} \cdot d^{-1}$）。空气被引入反应器的底部，并在重力环境中起泡。复杂的几何形状在反应器的子腔室中产生漩涡，以确保藻类能够得到适当混合，并提供均匀的营养物质、CO_2 和光。然而，高度复杂的几何形状需要更复杂的维护。Subitec©反应器的几何形状针对地球重力环境被进行了优化，但它可以适应月球条件，因此它提供了与地球上 1/6 重力相同的运动（Detrell 等，2019b）。其他类型的反应器（如管式反应器）更容易建造和维护，但在生产速率低于 $0.1\ g\cdot L^{-1}\cdot d^{-1}$ 时效率较低（Martin 等，2020）。

德国斯图加特大学的研究人员设计了一个适用于微重力的跑道式反应器（raceway reactor）。该反应器具有用于气体交换的 FEP 膜和确保藻类悬浮液循环的泵，并被用于 PBR@LSR 实验（Detrell 等，2020a）。然而，通过这种设计所获得的生产速率（$0.42\ g\cdot L^{-1}\cdot d^{-1}$）要低得多，（Helisch 等，2020）。这种类型反应器面临的一个重要限制因素是膜的气体传输速率。然而，由于微重力条件，该实验不可能使用气升式的反应器，但在月球或火星的低重力条件下，这则可能是有利的。

另外，需要在效率和复杂性之间进行权衡。如果整个系统质量（包括反应器和填充反应器所需的水）需要从地球上带来，那么体积效率在选择过程中起着重要作用。使用月球资源的可能性，如来自月球表面的水或现场建造反应器的材料，可能会使考虑使用更简单的几何形状成为可能。在这种情况下，在几何形状选择中还应考虑能量要求和维护工作。

在月球基地，可以使用几种几何形状的反应器，而与任务相关的参数，如原位资源利用（ISRU），将在反应器的几何形状选择中发挥重要作用。如上所述，所选几何形状的设计首先需要考虑月球的重力水平。

2）气体运输

对于地面应用，向藻类培养基中喷射富含 CO_2 的小气泡可以有效地混合和饲喂藻细胞，并将产生的 O_2 从培养基中排出。然而，在微重力条件下，将气体喷射到液体中会导致形成无效的大气泡。光生物反应器中用到的接触膜（contactor membranes），能够按照亨利定律（Henry's Law）的原理利用 CO_2 富集液体，并在不形成气泡的情况下对 O_2 进行脱除。例如，在光生物反应器系统中可采用两种接触膜，一种专门用于将 CO_2 引入培养基，而另一种用于分离产生的 O_2。最好利用水平管作为光生物反应器的培养部分，以尽量减少重力对培养物的影响，从而可以更好地模拟微重力系统。另外,为了最大限度地利用光,管的直径将应该等于穿过藻体的最大光穿透长度。

3)光/能源可用性

在月球或火星基地,利用直射阳光在很大程度上取决于基地所在的位置。例如,月球赤道上的基地将经历长达 14 d 的夜晚,在这种情况下需要人工光照。尽管可以将基地建在光照率较高的区域,如在两极某些陨石坑的边缘,在这里 90% 以上的时间都可以获得阳光,但人工光照系统仍然可能更有利,因为这将允许更好地控制和适应生长阶段的光照,并且可被用作非侵入性控制工具。

然而,电力可用性通常是空间系统的约束因素,因此光照系统需要在能源利用方面实现高效。在地面上,所进行的几项实验都集中在特定波长的影响及其对培养的影响上(Blair 等,2014;Lysenko 等,2021)。例如,蓝色和红色 LED 光代表小球藻光吸收光谱的两个主峰,已在实验中得到令人满意的应用(Bretschneider 等,2016;Keppler 等,2017)。光照系统,包括更多不同波长的 LED,可被用来更精确地再现小球藻的吸收光谱,并需要进行非侵入性控制(Martin 等,2020)。为了节能,小球藻实验通常使用 200~300 μmol 光子·m^{-2}·s^{-1} 的光子通量密度即可(Helisch 等,2020)。

对于不同光照方法的影响以及非侵入性控制的潜力,仍有待进一步研究。有必要评估对藻类细胞及其性能的长期影响,同时减少光照所需的能量。非侵入性控制需要深入了解培养物及其对不同光谱的反应(Detrell,2021)。

2. 面向月球/火星基地的光生物反应器结构设计及光照

在大规模培养微藻时,一种困难是需要光线透过整个培养物。培养物越密集,阻挡的光线就越多,生长速率就会降低。因此,微藻的生长通常使用与细菌生长不同的容器。有两种主要设计,即开放式和封闭式光生物反应器,这两种设计已经由 Gupta 等人(2015)进行了详细比较。制造高效光生物反应器的设计关键是最大限度地提高面向光源的表面积,然而大面积所导致的一种结果是热量的快速散失。一般微藻的生长温度范围有限,通常为 15~30 ℃。虽然有一些透明的绝缘材料(对可见光透明,但可阻挡紫外线),如 2~3 cm 厚的二氧化硅气凝胶(Wordsworth 等,2019),其被提议潜在用于覆盖光生物反应器的外表面,但由于其覆盖的面积大而无法承受较大升压。

有人提议，在月球上使用镜子将阳光引入地下洞穴进行照明和加热（Woolf 和 Angel，2021），然而在火星上，由于持续时间较长的尘暴会阻挡大量阳光，因此不能依赖它作为光生物反应器的主要光源（Forget 和 Montabone，2017；美国 NASA 戈达德航天中心，2016）。

因此，最佳的火星光生物反应器设计可能是由 LED 灯组光照的管式类型。LED 灯组可以在地下洞穴或熔岩管道中进行维护（Bugbee 等，2020）。LED 灯已经被优化为对蓝藻等微藻的光合生长更加能源高效的方式。首先，可以改变光线以匹配不同物种的首选光谱，如有些物种偏好红光或蓝光和红光的混合物（Glemser 等，2016）。其次，LED 灯可以以高强度闪烁或闪光的方式进行光照，以使更多光线穿透到密集培养物中，同时与光合作用的光和暗反应同步（Schulze 等，2017）。明亮的闪光使电子载体链中含有足够的电子来驱动光反应，而黑暗期则通过给电子载体一段时间来转移所有过剩的电子，从而防止光抑制产生反应性氧化物（Schulze 等，2017）。闪光实验已经显示可以增加克氏小球藻（Park 和 Lee，2000）和盐藻（Abu–Ghosh 等，2015）最终培养物中的细胞浓度，并且在优化大规模培养方面具有巨大的潜力。闪光的工作周期还有额外节省能量的好处（即在关闭期间）（Mapstone 等，2022）。当然，以上光照方式也可以用于空间站上的光生物反应器。

3. 藻体收获与加工

在太空微重力或低重力条件下，对微藻光生物反应器中产生的生物量，需要从系统中提取并加工成可食用的生物量，包括小球藻等有些藻体的细胞壁破解过程。

收获过程需要从培养基中分离藻类生物量，而培养基可被进一步用于光生物反应器。将固/液分离技术广泛用于地球微藻系统中的生物量收获，其中沉降、离心和过滤是所采用的主要工艺（Singh 和 Patidar，2018）。空间应用的一个关键要素是要具备高效的收获系统，即该系统需要能耗低，并且不会损害用作食物来源的生物量。人们预计，沉降会在月球引力条件下发生（在火星上推测不成问题），但这是一个缓慢的过程。相反，离心的回收率高，速度快，但能耗很大，并且可能由于高剪切力而导致细胞损伤。过滤在没有高剪切力的情况下也可实现高回收率，但是由于会出现污垢或堵塞而需要清洁或更换膜或过滤器。其他技术，如微流体系统（microfluidic system）（Hønsvall 等，2016）或电泳（Pearsall 等，2011），也应被考虑用于月球基地，但目前仅在实验室对它们进行了小规模测试。因此，对它们仍需进一步研究，并扩大该系统的规模。

在地面上，已知有几种潜在的加工工艺，包括高压均质化（Halim 等，2013）、冷冻干燥（Grima 等，1994）、微波辐射和超声波（McMillan 等，2013年），但目前尚未开发或评估作为太空应用的工艺。所有这些方法中的一个主要问题是能耗高。

4. 系统扩展和自动化

迄今为止，利用微藻进行的太空应用实验都是小型实验，只有几升，而在 ECLSS 中每人需要大约 100 L 的光生物反应器。模块化光生物反应器系统可以避免放大效应，同时提供冗余（Xu 等，2009）。这样，如果一个模块发生污染，而其他模块还可以继续工作。可以提供备用模式反应器，以便随时可以替换故障反应器。需要一种扩大规模的策略，并定义模块化系统，以确保资源的有效利用（如采用通用传感器单元）。

例如，光生物反应器实验通常由科学家进行良好的监测和跟踪，在某些情况下，当出现异常情况时，需要他们相互配合。然而，在 CELSS 中的光生物反应器应能够全自动工作，以减少占用乘组人员的时间，同时也减少与乘员互动而带来的污染风险。该系统将需要长时间可靠的传感器，或者可以用最少的精力轻松更换和重新校准。为了使系统在非标称情况下做出反应，需要充分了解这些情况，并通过系统中的传感器容易识别这些情况。

16.2.3 生物学挑战

除了技术挑战外，还需要应对生物学挑战。从培养成分（无菌或非无菌）和长期培养效果来看，这些主要与藻类的长期稳定性能有关。

1. 藻类生长特性

尽管藻类的短期生长似乎没有问题，但长期暴露在空间环境可能会影响培养物的稳定性或通透性。例如，报道称航天飞机的机舱环境包含许多天鹅绒般的大气，这是从航天飞机结构材料中排出的有机化合物。藻类培养物不断暴露于此类化合物可能会使其积累直至达到毒性水平。其他问题可能仅在藻类长期暴露在航天器环境后才表现出来，包括电离辐射的诱变效应、藻类培养物的微生物污染以及热和质量转移技术在流体和颗粒行为方面的应用。可能会受到影响的生物参数包括生长速率、光合作用和呼吸作用、藻类成分以及有机和无机化合物的排泄物。这些因素可能会对藻类产生负面影响。为了正确评估藻类培养的长期行为，可能需要持续数百代藻类的航天飞行研究。

2. 非无菌式培养

微藻与地球上的其他生物处于共生状态。然而，对于空间应用，使用封闭型光生物反应器比使用开放系统要更可取，因为这样便于控制光生物反应器内的种群。这种情况下可以做到无菌培养，但这将需要复杂的硬件来确保在生物量提取和养分加入所需要的相互作用过程中没有其他生物进入系统。方法之一是采用优势藻种。例如，利用小球藻或螺旋藻的高耐碱性，这样则有可能防止其他物种入侵或抑制它们在培养过程中进行繁殖（Zhang 等，2018）。有的实验证明，非无菌培养能够促进藻类生长（Cho 等，2015；Ramanan 等，2016），而另外一些实验则证明会导致污染（Wang 等，2013）。

目前，并未发现能够进行多年长期稳定无菌培养的证据（Detrell 等，2020a）。确保长时间无菌培养需要高度复杂的系统和程序。为了确保光生物反应器的无菌性，必须能够确保没有其他生物体进入系统，或者可以进行处理（如使用抗生素）来选择性地消除这些生物（Mustapa 等，2016）。然而，非无菌培养的做法也会带来挑战。至关重要的是，不仅要保证微藻在一段时间内具有优势，而且要保证相关群落具有优势。如果将生物量用作食物来源，则需要确保其可食用，并且没有对人有害的生物体进入系统。微生物群落分析表明，小球藻是非无菌培养实验中的主要物种（Haberkorn 等，2020）。模块化方法和适当的分析将有助于识别和拒绝任何可能不满足人食用要求的反应器进行运行。另外，基于表型检测的具有高级数据分析的自动化流式细胞术（flow cytometry）可有助于对微生物群落进行持续监测（Haberkorn 等，2021）。在已知的非无菌培养中使用流式细胞术，可有助于了解群体动力学及其对外部异常情况的反应（Detrell，2021）。

3. 高密度生物量培养（提高生产能力）

藻类研究的未来工作应该集中在创造更密集的培养物上。藻类系统体积和质量的减少可以通过增加培养物的生物量输出来实现。由于空气再生率、废物管理和食物生产都会随着生物量的增加而增加，因此密度更大的培养物将以更低的质量和体积成本提供这些功能。需要研究密集培养物对功耗的影响，因为密集培养物需要增加代谢支持的光照。密度更大的生物量还可以提供额外的辐射屏蔽。如果生物量的热传递特性与水不同，则随着其数量的增加，热管理可能会变得更加困难，不过可以对培养物实施电阻加热来进行测试。需要对如何提高培养密度开展进一步的研究。

4. 长期稳定性培养

在 ECLSS 中，光生物反应器需要长时间连续工作，因为它将要负责为乘组人员提供其所需的部分食物和氧气。然而，迄今为止为空间应用进行的大多数实验只持续了几天或几周（Niederwiser 等，2018；Helisch 等，2020）。目前已经报道了 3 项用于太空应用的非无菌培养的长期培养实验室实验：一项持续 6 年以上的 Subitec© FPA 反应器实验（Buchert 等，2012；Helisch 等，2016；Heliscch 等，2020），以及两项 180 d 以上的适应微重力的反应器实验（Keppler 等，2018；Helesch 等，2020）。

这些实验证明了光生物反应器长期培养的可行性和性能。除了培养的长期性能外，与已经提到的非无菌培养有关，即细胞水平随时间的变化、组成的影响以及生物膜的形成是长期培养的主要问题。如上所述，光照系统对培养有很大影响，这可以影响生物量的组成。同样，营养供应，包括成分和供应间隔等也会对培养物产生影响。

长时间培养会增加生物膜形成的可能性，这可能是由细胞、生物沉积物（如细胞外多糖 – EPS）或细胞碎片的直接黏附引起的。生物膜的形成会导致营养物质的不均匀可用性和光能流入的分散，从而影响光生物反应器的性能。对生物膜形成影响较大的一些参数，包括光照强度和温度、碳、氮和磷的可用性，以及对细菌和机械力的应激反应（Wang 等，2013；Helisch 等，2016）。在将光生物反应器长期应用于 ECLSS 之前，需要进一步开展长期实验，以深入了解、预防或最大限度地减少生物膜形成所带来的影响。

5. 微藻的遗传稳定性问题

暴露于太空辐射引起的遗传突变是微藻在太空探索中用于制氧或生产食物的另一个障碍（Jan，Parween 和 Siddiqi，2012）。微藻细胞中发生的随机遗传突变可能会降低光合作用效率或限制生物量的积累。在某些情况下，随机突变产生的意外基因甚至可能导致微藻生长失败。迄今为止，大多数与藻类相关的研究都是在地面上进行的，而避免微藻在太空环境中随机突变的策略尚未得到充分研究。

6. 微藻食品的健康与安全问题

为宇航员提供增值的微藻食品是一种好的想法，但健康和安全问题应该得到解决。首先，由于基于微藻的 CELSS 与航天器其他区域通过气流进行物质交换，人所传播的病原体可能会污染微藻食物。不幸的是，到目前为止，还没有进行任何研究来评估航天器中生产的微藻类食物的可食用性（在这一点上比不上植物）。其次，大多数微藻生物量中蛋白质、脂肪和碳水化合物的百分比分别为 30%~70%、15%~40% 和 10%~30%，这无法提供充足的碳水化合物。这是因为人对碳水化合物的营养需求很高，在 45%~65%（Yang 等，2019）。因此，如果将微藻作为常规的主要食物来源，那么宇航员可能会患上与健康相关的疾病。再次，目前先进的水回收系统与航天器相结合，为宇航员生产食用水。由于要求一个人的平均用水量每天小于 2.0 L，因此水回收成本在可接受的范围内。然而，微藻培养产生的大量废水将超过航天器中正常水回收系统的处理能力，从而造成严重的污染和安全问题。

7. 废物再生利用效率

航天器中的废物主要包括食物垃圾、人体粪便和尿液。尽管先前的研究已经广泛记录了微藻用于废物再生利用的情况，但营养物质回收效率低的问题仍然存在（Bing 等，2012；Chatterjee 等，2019）。例如，Chatterjee 等人（2019）在人的尿液中培养了尖状栅藻（*Scenedesmus acuminatus*）以进行营养回收，并发现即使在优化的条件下，也不能去除所有的氮和磷。因此，低处理效率是在载人航天器中使用基于微藻的 CELSS 进行废物回收利用的另一个挑战。藻类-细菌协同回收垃圾是一项很有前途的技术，但对其性能从未在空间环境或模拟空间环境中进行过测试。

8. 火星大气环境条件下优化培养

藻类的光合作用机制可能会受到各种环境因素的影响，包括光照、压力、活性氧（ROS）活性、pH值波动等。因此，尽管目前的实验数据表明有些藻种可以作为火星上的食物和氧气生产者，然而还需要进一步研究来直接优化和量化在低压及高 CO_2 浓度等条件下的 CO_2 固定和 O_2 生成等措施（Cycil 等，2021）。需要进一步分析低压适应的分子基础，以了解不同藻类在低压条件下的不同生长动态，并可能揭示参与低压生长的关键基因或数量性状基因位点。这些关键基因或数量性状基因位点可能被选择用于育种研究，从而产生更有用的藻种。此外，在地球上低压下的长期生长应该会导致在低压下高产藻种的开发。总之，这些研究将加速火星基于藻类的 BLSS 的开发。

9. 废物回收利用

在未来基于藻类的 CELSS 中，必须实现系统中废物的再生循环利用。此前，利用藻类进行过人体尿液的处理和吸收利用，但目前仍处于探索阶段，而且处理范围也较窄。因此，今后还需要在这方面加强研究。可采取的措施之一是将化学和物理处理方法与微藻生物技术相结合，以实现废物的高效回收利用。

10. 原位资源利用（ISRU）

目前，利用模拟月壤和模拟火壤已开展了几种微藻（主要是沙漠微藻的培养）的初步培养研究，并证明有的微藻能够存活。然而，现在存在的主要问题是，大部分微藻在这样的条件中生长较慢。鉴于此，下一步需要深入开展研究，尤其是需要评价火星土壤中高氯酸盐这种有毒物质对藻类生长、繁殖、品质等的影响，并采取积极的应对措施。

16.3 未来前景分析

16.3.1 在空间站上的生保应用潜力

对低地球轨道空间站上的环境控制与生命保障系统（ECLSS）通常需要不断升级。这些升级涉及提高系统的效率或可靠性，或减少体积或功耗。尽管如此，ECLSS 通常是单一功能的，而包括具有多功能能力的 ECLSS 可以为载人航天闭环 ECLSS 提供诸多好处。就其本质而言，藻类光生物反应器是多功能的，它们可以再生大气、提供食物、处理废水、提供辐射屏蔽，并成为热控系统的一部分。例如，与国际空间站上目前的 ECLSS 技术相比，这可以提高可靠性，同时节省耗材和电力。另外，它还可以通过层流和毛细管作用来促使流体运动，从而减少系统中最有可能发生故障的致动部件的数量。

光合作用系统可实时对以下不断变化的环境因素做出代谢反应，如温度、光照、混合、CO_2、O_2 含量和 pH 值。这可以为乘组人员提供系统控制，并在某些座舱环境中提高效率。由于藻类对动态环境的反应，可以预期一定程度的自主性。例如，CO_2 呼吸量增加（因此表明 O_2 消耗量增加）将导致藻类 O_2 产量的增加（Matula 和 Nabity，2016）。研究表明，针对 8 人空间站，使用藻类光生物反应器来支持或取代载人航天所需的 ECLSS 在其体积、质量和功耗方面可分别节省 2.17 m^3、2 830 kg 和 1.35 kW。这些节省是根据当前 ISS ECLSS 和藻类参与而增加的系统规格之间的差异计算得出的。藻类参与还可将效益扩大到其他功能，如食物供应、废物管理和辐射屏蔽。在空间站上，整合有微藻光生物反应器的混合式环境控制与生命保障系统物质流程如图 16.1 所示。在图 16.1 中，物理子部件（P/C）包括 CO_2 去除/浓缩装置、Sabatier 反应器和电解槽；废物甲烷（CH_4）可被运送到光生物反应器进行还原处理。

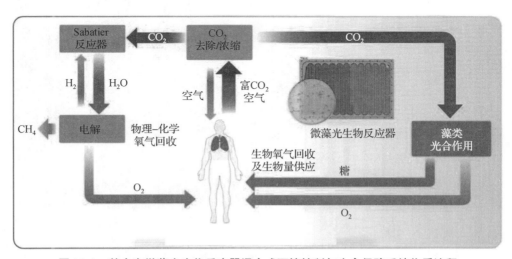

图 16.1　整合有微藻光生物反应器混合式环境控制与生命保障系统物质流程

（Helisch 等，2020）（附彩插）

16.3.2 在月球/火星基地上的生保应用潜力

在未来的月球/火星基地上,将可能逐渐以模块化的形式增加微藻光生物反应器的数量,并与 CELSS 中的高等植物等功能部件相整合,从而达到能够发挥实质性作用的目标(图 16.2)。在未来,有人估计微藻在整个 CELSS 系统中可以发挥 20% 的蛋白质、脂肪和碳水化合物等食品供应功能。另外,可以为乘员生产一定量的生物活性物质等高附加值营养品(Detrell 等,2021b)。图 16.2 为一种基于微藻光生物反应器的月球/火星 CELSS 概念图。

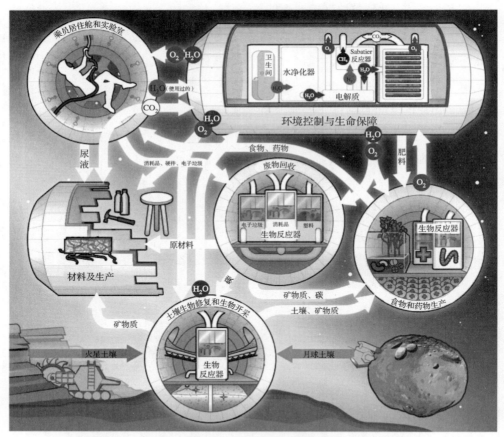

图 16.2　一种基于微藻光生物反应器的月球/火星 CELSS 概念图
(Santomartino 等,2023)(附彩插)

16.3.3 在月球/火星基地上的生物燃料、肥料及塑料等生产潜力

如前所述，在未来的月球/火星基地上可选择富含油脂的微藻藻种，或对微藻进行遗传工程化改造而使微藻富含油脂，或采用人工调控方法，而使微藻能够高效生产一定量的食用油以及 CELSS 运行所需要的生物能源燃料，如生物柴油、生物乙醇、生物甲烷、生物氢和生物电。另外，可利用微藻生产所需要的生物肥料（biofertilizer）、生物塑料（bioplastic）、胞外多糖（exopolysaccharide）和重要化工品原料（如异戊二烯）等（Chaves 和 Melis，2018；Arora 等，2021）。

16.3.4 在月球/火星基地上的火箭推进剂原料生产潜力

月球/火星殖民需要技术进步才能让人类重返地球。可以说，运送推进剂和氧气用于从火星返回是不可行的。考虑到火星和地球之间的引力和大气差异，美国佐治亚理工学院（Georgia Institute of Technology）的研究人员提出，可以通过基于生物技术的原位资源利用（bio-ISRU）方式，从火星上的二氧化碳、阳光和水中生物生产火星专用火箭推进剂 2,3-丁二醇（2,3-Butanediol，2,3-BDO）。

光合作用的蓝藻将火星上的二氧化碳转化为糖原（glycogen），并通过工程化的大肠杆菌将其进一步转化为 2,3-丁二醇。经分析，这样可以使用于 2,3-丁二醇生产的最先进的生物-ISRU 所需要的功率减少 32%，而所需要的有效载荷质量是所提出的化学-ISRU 方式的 2.8 倍，并产生 44 t 过量氧气来支持居住。可实现的模型引导的生物和材料优化，能够使得生物-ISRU 得到优化，其功耗可降低 59%，且有效载荷质量可降低 13%，同时仍能产生 20 t 过量氧气。如果解决了这一已明确的挑战，则相信将会推动载人火星飞行与定居开发的发展前景（Kruyer 等，2021）。图 16.3 为火星上 2,3-丁二醇的连续生物-ISRU 生产过程。在图 16.3（a）中，2,3-BDO 的生物 ISRU 生产由 4 个模块组成：一是在光生物反应器中的蓝藻培养或生物膜生长（绿色阴影）；二是蓝藻生物量预处理，包括在搅拌槽中通过膜过滤和酶消化进行生物量浓缩（蓝色阴影）；三是蓝藻葡萄糖的微生物发酵生产 2,3-丁二醇（灰色阴影）；四是通过液-液萃取和膜分离的顺序进行 2,3-丁二醇萃取和分离，以达到 95% 的纯度（紫色阴影）。化学式中的红色代表火星资源，而蓝色代表火星上制造的化学物质。在图 16.3（b）中，

2,3-丁二醇生产过程的生物-ISRU在火星上的效果图包括了一个火星上升飞行器；蓝藻培养模块占材料和土地面积的大部分。

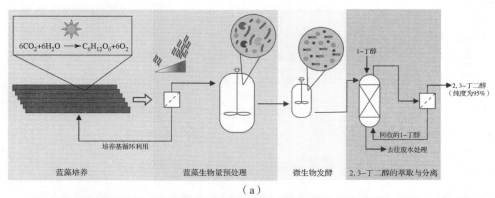

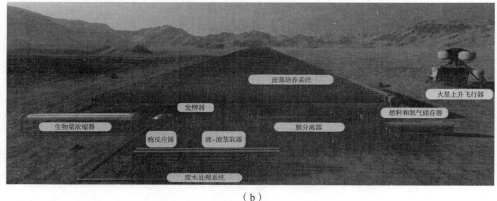

图16.3　火星上2,3-丁二醇的连续生物-ISRU生产过程（Kruyer等，2021）（附彩插）
(a) 2,3-BDO的生物-ISRU生产；
(b) 2,3-丁二醇生产过程的生物-ISRU在火星上的效果图

16.3.5　在地面的推广应用潜力

通过太空搭载实验研究，有可能会通过筛选或诱变等途径获得具有生长速率快、高产、高营养品质、抗辐射、抗高低温或耐低压等特性的藻种或其品系。另外，针对太空微藻培养所开发的新技术，可在地面上得到推广应用。例如，德国斯图加特大学空间系统研究所已经将CELSS废水净化技术应用到了农业污水的处理（Martin等，2020）。

结 束 语

的确，基于微藻的 CELSS 是延长太空任务持续时间的一种很有前途的方法，但还需要付出更多的努力来支持其在载人航天器中的关键功能。以往的研究在基础研究和应用研究方面都取得了很大进展，如藻类细胞在光合作用中的代谢机制、增殖藻类物种的筛选、新型微藻培养系统的设计、微藻生长参数的优化、微藻废弃物的修复等。预计随着藻类生物技术的成熟，基于微藻的 CELSS 可以支持长期太空任务，在可预见的未来能够帮助人类将足迹扩展到月球和火星等遥远的地外星球。

参 考 文 献

郭双生. 空间受控生态生命保障技术 [M]. 北京：科学出版社，2022.

郭双生，吴志强，高峰，等. 中国受控生态生保技术研究进展与展望 [J]. 载人航天，2016，22（3）：269－280.

刘红，姚智恺，付玉明. 深空探测生物再生生命保障系统研究进展和发展趋势 [J]. 深空探测学报（中英文），2020，7（5）：489－499.

ABU－GHOSH S, FIXLER D, DUBINSKY Z, et al. Flashing light enhancement of photosynthesis and growth occurs when photochemistry and photoprotection are balanced in *Dunaliella salina* [J/OL]. European Journal of Phycology，2015，50：469－480. https：//doi. org/10. 1080/09670262. 2015. 1069404.

ARORA K, KAUR P, KUMAR P, et al. Valorization of wastewater resources into biofuel and value－added products using microalgal system [J/OL]. Frontier in Energy Research，2021，9：646571. DOI：10. 3389/fenrg. 2021. 646571.

AVERESCH N J H. Choice of microbial system for in－situ resource utilization on Mars [J/OL]. Frontiers in Astronomy and Space Sciences，2021，8：700370. DOI：10. 3389/fspas. 2021. 700370.

BING H, MIN M, ZHOU W, et al. Enhanced mixotrophic growth of microalga Chlorella sp. on pretreated swine manure for simultaneous biofuel feedstock production and nutrient removal [J]. Bioresource Technology, 2012, 126: 71 – 79.

BLAIR M F, KOKABIAN B, GUDE V G. Light and growth medium effect on *Chlorella vulgaris* biomass production [J/OL]. Journal of Environmental Chemical Engineering, 2014, 2 (1): 665 – 674. DOI: 10. 1016/j. jece. 2013. 11. 005.

BLEAKLEY S, HAYES M. Algal proteins: extraction, application, and challenges concerning production [J/OL]. Foods, 2017, 6: 1 – 34. DOI: 10. 3390/foods6050033.

BRETSCHNEIDER J, HENN N, BELZ S, et al. Functionality and setup of the algae based ISS experiment PBR @ LSR [C]. 46th International Conference on Environmental Systems, 10 – 14 July 2016, Vienna, Austria. ICES – 2016 – 203, 2016.

BUCHERT M, BELZ S, Messerschmid E, et al. Cultivating Chlorella Vulgaris for Nutrition and Oxygen Production during Long – Term Manned Space Missions [C]. 63rd Int. Astronautical Congress., IAC12 – A16. 4, 2012.

BUGBEE B, HARDY M, WHEELER R, et al. Providing photons for food in regenerative life support: A comparative analysis of solar fiber optic and electric light systems [C]. 50th International Conference on Environmental Systems. July 12 – 16, 2020, Lisbon, Portugal. ICES – 2020 – 523, 2020.

CHATTERJEE P, GRANATIER M, RAMASAMY P, et al. Microalgae grow on source separated human urine in Nordic climate: Outdoor pilot – scale cultivation [J]. Journal of Environmental Management, 2019, 237: 119 – 127.

CHAVES J E, MELIS A. Engineering isoprene synthesis in cyanobacteria [J]. FEBS Letters, 2018, 592: 2059 – 2069.

CHO D – H, RAMANAN R, HEO J, et al. Enhancing microalgal biomass productivity by engineering a microalgal bacterial community [J/OL]. Bioresource Technology: 2015, 175: 578 – 585. DOI: 10. 1016/j. biortech. 2014. 10. 159.

CYCIL L M, HAUSRATH E M, MING D W, et al. Investigating algae growth under low atmospheric pressures for potential food and oxygen production on Mars [J/OL]. Frontier in Microbiology, 2021, 12: 733244. DOI: 10. 3389/fmicb. 2021. 733244.

DETRELL G. *Chlorella vulgaris* photobioreactor for oxygen and food production on a moon base—Potential and challenges [J/OL]. Frontiers in Astronomy and Space Sciences, 2021a, 8: 700579. DOI: 10. 3389/fspas. 2021a. 700579.

DETRELL G, MUÑOZ A, BANCHS – PIQUÉ M. *Nüwa*, a self – sustainable city state on Mars – development concept, urban design and life support [C]. 51th International Conference on Environmental Systems, 12 – 15 July 2021, ICES – 2021 – 225, 2021b.

DETRELL G. Microalgae – based hybrid life support system from simulations to flight experiment [C]. 51th International Conference on Environmental Systems, ICES – 2021 – 185, 2021c.

DETRELL G, HELISCH H, KEPPLER J, et al. Microalgae for combined air revitalization and biomass production for space applications [M/OL]. In Chapter 20: From Biofiltration to Promising Options in Gaseous Fluxes Biotreatment. Edited by Soreanu G and Dumont É. Amsterdam: Elsevier, 2020: 419 – 445. DOI: 10. 1016/B978 – 0 – 12 – 819064 – 7. 00020 – 0.

DETRELL G, KEPPLER J, HELISCH H, et al. PBR@LSR: The algae – based photobioreactor experiment at the ISS – Operations and result [C/OL]. 49th International Conference on Environmental Systems, ICES – 2020 – 25, 2019a. https://ttu – ir. tdl. org/handle/2346/86331.

DETRELL G, HELISCH H, KEPPLER J, et al. PBR@LSR: The algae – based photobioreactor experiment at the ISS – Configuration and operations [C/OL]. 49th International Conference on Environmental Systems, ICES19 – 95, 2019b. https://ttu – ir. tdl. org/handle/2346/84416.

DETRELL G, MARTIN J, KEPPLER J, et al. Algae on moon and Mars ensure astronaut survival [R]. Final Report MBR Space Settlement Challenge Grant No: MBR012. Stuttgart, Germany: University of Stuttgart. IRS – 18 – P5, 2019c.

FORGET F, MONTABONE L. Atmospheric dust on Mars: A review [C]. 47th International Conference on Environmental Systems. Charleston, South Carolina, 2017: 1-13.

GLEMSER M, HEINING M, SCHMIDT J, et al. Application of light-emitting diodes (LEDs) in cultivation of phototrophic microalgae: Current state and perspectives [J/OL]. Applied Microbiology and Biotechnology, 2016, 100 (3): 1077-1088. https://doi.org/10.1007/s00253-015-7144-6.

GRIMA E M, MEDINA A R, GIMÉNEZ A G, et al. Comparison between Extraction of Lipids and fatty acids from microalgal biomass [J]. Journal of the American Oil Chemists' Society, 1994, 71: 955-959.

GRIMMIG B, KIM S-H, NASH K, et al. Neuroprotective mechanisms of astaxanthin: a potential therapeutic role in preserving cognitive function in age and neurodegeneration [J/OL]. Geroscience, 2017, 39: 19-32. DOI: 10.1007/s11357-017-9958-x.

GUPTA P L, LEE S M, CHOI H J. A mini review: photobioreactors for large scale algal cultivation [J/OL]. World Journal of Microbiology & Biotechnology, 2015, 31: 1409-1417. https://doi.org/10.1007/s11274-015-1892-4.

HABERKORN I, OFF C L, BESMER M D, et al. Automated online flow cytometry advances microalgal ecosystem management as in situ, high-temporal resolution monitoring tool [J/OL]. Frontier in Bioengineering and Biotechnology, 2021, 9: 642-671. DOI: 10.3389/fbioe.2021.642671.

HABERKORN I, WALSER J C, HELISCH H, et al. Characterization of *Chlorella vulgaris* (*Trebouxiophyceae*) associated microbial communities (1) [J/OL]. Journal of Phycology, 2020, 56 (5): 1308-1322. DOI: 10.1111/jpy.13026.

HALIM R, RUPASINGHE T W T, TULL D L, et al. Mechanical Cell Disruption for Lipid Extraction from Microalgal Biomass [J/OL]. Bioresource. Technology, 2013, 140: 53-63. DOI: 10.1016/j.biortech.2013.04.067.

HARWOOD J L. Algae: Critical sources of very long-chain polyunsaturated fatty acids [J/OL]. Biomolecules, 2019, 9: 708. DOI: 10. 3390/biom9110708.

HELISCH H, KEPPLER J, DETRELL G, et al. High density long – term cultivation of *Chlorella vulgaris* SAG 211 – 12 in a novel microgravity – capable membrane raceway photobioreactor for future bioregenerative life support in SPACE [J]. Life Sciences in Space Research, 2020, 24: 91 – 107.

HELISCH H, KEPPLER J, BRETSCHNEIDER J, et al. Preparatory ground – based experiments on cultivation of *Chlorella vulgaris* for the ISS Experiment PBR@ LSR [C/OL]. 46th International Conference on Environmental Systems, ICES16 – 205, 2016. https://ttu – ir. tdl. org/handle/2346/67595.

HØNSVALL B K, ALTIN D, ROBERTSON L J. Continuous Harvesting of Microalgae by New Microflfluidic Technology for Particle Separation. Bioresour [J/OL]. Technology, 2016, 200: 360 – 365. DOI: 10. 1016/j. biortech. 2015. 10. 046.

JAN S, PARWEEN T, Siddiqi T. Effect of gamma radiation on morphological, biochemical, and physiological aspects of plants and plant products [J]. Environmental Reviews, 2012, 20: 17 – 39.

KEPPLER J, HELISCH H, BELZ S, et al. From breadboard to protoflight model – the ongoing development of the algae based ISS experiment PBR@ LSR [C/OL]. 47th International Conference on Environmental Systems, ICES – 2017 – 180, 2017. DOI: 10. 1051/jtsfen/2017nuc08.

KEPPLER J, HELISCH H, DETRELL G, et al. Microalgae cultivation in space for future exploration missions: A summary of the development progress of the spaceflight experiment PBR @ LSR on the International Space Station ISS [C]. 69th International Astronautical Congress, IAC18 – A. 1. 7. 4, 2018.

KIM N – J, LEE C – G. A theoretical consideration on oxygen production rate in microalgal cultures [J]. Biotechnology and Bioprocess Engineering, 2001, 6: 352 – 358.

KOYANDE K A, SHOW P – L, GUO R, et al. Bio – processing of algal bio – refinery: A review on current advances and future perspectives [J/OL]. Bioengineered, 2019,

10 (1): 574-592. DOI: 10. 1080/21655979. 2019. 1679697.

KRUYER N S, REALFF M J, SUN W, et al. Designing the bioproduction of Martian rocket propellant via a biotechnology – enabled in situ resource utilization strategy [J/OL]. Nature Communications, 2021, 12: 6166. https://doi.org/10.1038/s41467-021-26393-7.

KUGIC A, DIAMOND M, GUTIERREZ E, et al. Lunar base design concept of DIANA Dedicated Infrastructure and Architecture for Near – Earth Astronautics [C]. 51st International Conference on Environmental Systems, 10 – 14 July 2022, St. Paul, Minnesota, USA. ICES – 2022 – 298, 2022.

LYSENKO V, KOSOLAPOV A, USOVA E, et al. Chlorophyll fluorescence kinetics and oxygen evolution in *Chlorella vulgaris* cells: blue vs. red light [J/OL]. Journal of Plant Physiology, 2021, 258/259: 153392. DOI: 10.1016/j.jplph.2021.153392.

MAPSTONE L J, LEITE M N, PURTON S, et al. Cyanobacteria and microalgae in supporting human habitation on Mars [J/OL]. Biotechnology Advances, 2022, 59: 107946. https://doi.org/10.1016/j.biotechadv.2022.107946.

MARTIN J, DANNENBERG A, DETRELL G, et al. Noninvasive process control of a microalgae – based system for automated treatment of polluted agricultural ground water transferred from the development of a bioloigcal life support system [C]. 50th International Conference on Environmental Systems, ICES – 2020 – 21, 2020.

MASSA G D, NEWSHAM G, HUMMERICK M E, et al. Plant pillow preparation for the veggie plant growth system on the international space station [J/OL]. Gravitational and Space Research, 2007, 5: 24 – 34. DOI: 10.2478/gsr – 2017 – 0002.

MATULA E E, NABITY J A. Feasibility of photobioreactor systems for use in multifunctional environmental control and life support system for spacecraft and habitat environments [J]. 46th International Conference on Environmental Systems, 10 – 14 July 2016, Vienna, Austria. ICES – 2016 – 147, 2016.

MCMILLAN J R, WATSON I A, ALI M, et al. Evaluation and comparison of algal cell disruption methods: microwave, waterbath, blender, ultrasonic and laser Treatment [J/OL]. Applied Energy, 2013, 103: 128 – 134. DOI: 10. 1016/j. apenergy. 2012. 09. 020.

MONJE O, STUTTE G W, GOINS G D, et al. Farming in space: environmental and biophysical concerns [J/OL]. Advances in Space Research, 2003, 31: 151 – 167. DOI: 10. 1016/S0273 – 1177 (02) 00751 – 2.

MUSTAPA M, SALLEHUDIN N J, MOHAMED M S, et al. Decontamination of *Chlorella sp.* culture using antibiotics and antifungal cocktail treatment [J]. ARPN Journal of Engineering and Applied Sciences, 2016, 11: 104 – 109.

NIEDERWIESER T, KOCIOLEK P, KLAUS D. Spacecraft cabin environment effects on the growth and behavior of *Chlorella vulgaris* for life support applications [J]. Life Science in Space Research, 2018, 16: 8 – 17.

PARK K H, LEE C G. Optimization of algal photobioreactors using flashing lights [J/OL]. Biotechnol. Bioprocess Eng., 2000, 5: 186 – 190. https://doi. org/10. 1007/BF02936592.

PEARSALL R, CONNELLY R, FOUNTAIN M, et al. Electrically Dewatering Microalgae [J/OL]. IEEE Trans. Dielect. Electr. Insul., 2011, 18 (5), 1578 – 1583. DOI: 10. 1109/TDEI. 2011. 6032827.

PŁACZEK M, PATYNA A, WITCZAK S. Technical evaluation of photobioreactors for microalgae cultivation [C/OL]. E3S Web of Conferences, 2019, 19: 2032. DOI: 10. 1051/e3sconf/20171902032.

PLETSER V, WINTER J, DUCLOS F, et al. The first joint European Partial – G Parabolic Flight Campaign at Moon and Mars Gravity Levels for Science and Exploration [J/OL]. Microgravity Science and Technology, 2012, 24 (6): 383 – 395. DOI: 10. 1007/s12217 – 012 – 9304 – y.

PODOLA B, LI T, MELKONIAN M. Porous substrate bioreactors: A paradigm shift in microalgal biotechnology? [J]. Trends in Biotechnology, 2017, 35: 121 – 132.

RAMANAN R, KIM B – H, CHO D – H, et al. Algae bacteria interactions:

evolution, ecology and emerging applications [J/OL]. Biotechnology Advances, 2016, 34 (1): 14-29. DOI: 10. 1016/j. biotechadv. 2015. 12. 003.

REA G, ESPOSITO D, DAMASSO M, et al. Ionizing radiation impacts photochemical quantum yield and oxygen evolution activity of photosystem II in photosynthetic microorganisms [J/OL]. International Journal of Radiation Biology, 2008, 84 (11): 867-877. DOI: 10. 1080/09553000802460149.

REVELLAME E D, AGUDA R, CHISTOSERDOV A, et al. Microalgae cultivation for space exploration: Assessing the potential for a new generation of waste to human life-support system for long duration space travel and planetary human habitation [J/OL]. Algal Research, 2021, 55: 102258. DOI: 10. 1016/j. algal. 2021. 102258.

SAFI C, ZEBIB B, MERAH O, et al. Morphology, composition, production, processing and applications of *Chlorella vulgaris*: A review [J]. Renewable & Sustainable Energy Reviews, 2014: 35265-35278.

SCHULZE P S C, GUERRA R, PEREIRA H, et al. Flashing LEDs for microalgal production [J/OL]. Trends in Biotechnology, 2017, 35 (11): 1088-1101. https://doi. org/10. 1016/j. tibtech. 2017 07. 011.

SINGH G, PATIDAR S K. Microalgae harvesting techniques: A review [J/OL]. Journal of Environmental Management, 2018, 217: 499-508. DOI: 10. 1016/j. jenvman. 2018. 04. 010.

VARDAKA E, KORMAS K A, KATSIAPI M, et al. Molecular diversity of bacteria in commercially available "Spirulina" food supplements [J]. PeerJ, 2016, 4: e1610.

VERSEUX C, BAQUÉ M, LEHTO K, et al. Sustainable life support on Mars-the potential roles of cyanobacteria [J/OL]. International Journal of Astrobiology, 2016, 15 (1): 65-92. DOI: 10. 1017/S147355041500021X.

WANG H, ZHANG W, CHEN L, et al. The contamination and control of Bbiological pollutants in mass cultivation of microalgae [J/OL]. Bioresource Technology, 2013, 128: 745-750. DOI: 10. 1016/j. biortech. 2012. 10. 158.

WANG J, LIU W, LIU T. Biofilm based attached cultivation technology for microalgal biorefineries—a review [J]. Bioresource Technology, 2017, 244: 1245 – 1253.

WOOLF N, ANGEL R. Pantheon habitat made from regolith, with a focusing solar reflector [C/OL]. Philos. Trans. Soc. A Math. Phys. Eng. Sci., 2021, 379: 20200142. https://doi.org/10.1098/rsta.2020.0142.

WORDSWORTH R, KERBER L, COCKELL C. Enabling Martian habitability with silica aerogel via the solid – state greenhouse effect [J/OL]. Nature Astronomy, 2019, 3: 898 – 903. https://doi.org/10.1038/s41550 – 019 – 0813 – 0.

XU L, WEATHERS P J, XIONG X – R, et al. Microalgal bioreactors: challenges and opportunities [J/OL]. Engineering in Life Science, 2009, 9 (3): 178 – 189. DOI: 10.1002/elsc.200800111.

YANG L, LI H, LIU T, et al. Microalgae biotechnology as an attempt for bioregenerative life support systems: problems and prospects [J/OL]. Journal of Chemical Technology and Biotechnology, 2019, 94: 3039 – 3048. DOI: 10.1002/jctb.6159.

ZHANG S, MERINO N, OKAMOTO A, et al. Interkingdom microbial consortia mechanisms to guide biotechnological applications [J/OL]. Microbial Biotechnology, 2018, 11 (5): 833 –847. DOI: 10.1111/1751 –7915.13300.

索　引

A～Z、μ、Δ

A1—ISS 微藻光生物反应器中的大气压力和生物量测量值之间的关系（图）　516

Algalcultivator　10

Aquacell　527

　　运行原理（图）　528

Aquarack 二元水生态系统结构构成示意（图）　102

ArtEMISS—B 液体管理系统（图）　515

Arthrospira—B 装置在轨搭载实验　511～516

　　PBR 基本情况　513

　　基本背景　511

　　基本实验流程　514

　　目标　511

　　主要实验结果　516

Atmos 低压光生物反应器　425～428

　　反应器主体结构　425

　　光照单元　427

　　加热单元　427

　　监控单元　428

　　搅拌单元　427

　　压力控制单元　427

　　整体结构布局　425

BG-11 培养基　120

BIOMEX 实验流程（图）　538

BIOS—1 装置中二元集成实验　402

BIOS—2 装置中三元集成实验　402

BIOS—2 装置中四元集成实验　403

BIOS—3 装置内部结构模型（图）　400

BIOS—3 装置中三元集成实验　403

CAS—1 模拟月壤　468

4 种蓝藻培养　468

对蓝藻生长特性的影响　468

CO_2 固定原理　147

CO_2 介导的 pH 控制系统实验装置（图）　224

CO_2 与空气混合气体调节法　223

COD、TN 二氧化碳和 TP 去除率的变化趋势（图）　368

COD、TN 和 TP 去除率的变化趋势（图）　369

DNA 修复基因 uvrA、uvrB 和 uvrC 在干燥—紫外线照射—复水生物膜中的表达情况（图）　48

索引

ESA 微藻—动物集成技术实验研究　407

Ettlia sp. YC001 附着培养中脂质表面生产速率的响应面（图）　181

EXPOSE—R2 飞行硬件外观（图）　537

JSC Mars–1　453

JSC—RN 模拟火壤（图）　461

JSC 系列模拟月壤　458

LED 灯　97、191

　　光谱组成及光子照度（表）　191

LED 光子照度和光质下螺旋藻的比生长速率比较（图）　198

LED 光子照度和光质下螺旋藻的能源效率比较（图）　198

LSR 小球藻在轨培养操作程序（图）　519

LSR 与国际空间站上的 ECLSS 集成原理（图）　517

LSR 装置　517、518

　　外部和内部结构及主要部件示意（图）　518

　　在轨搭载实验　517

MELISSA 计划　11

MELISSA 项目概况　407

MELISSA 中试装置　408～412

　　各功能单元的基本工作原理及之间的接口关系（图）　408

　　微生物硝化舱、光生物反应器和动物舱之间的运行原理（图）　412

　　微藻舱与动物舱外观（图）　409

MGS–1　454、460、473

　　标准矿物质配方（表）　460

　　模拟火壤浓度对鱼腥藻 PCC7938 生物量产量的影响（图）　473

MRS　461

MRS 模拟火壤的念珠藻培养　469

　　基本方法　469

　　受试藻种　469

　　主要研究结果与机理分析　470

NP1 和 NP2 系统中培养液相关参数测量情况（图）　415

OmegaHab　528

OmegaHab B—1 的内部基本构成（图）　530

PBR 中 O_2 产量和光辐照度以及动物舱 CO_2 产量结果比较（图）　413

PE 型二氧化碳供应和 PTFE 型氧气脱除组件　103

pH 值对钝顶螺旋藻氨吸收量影响（图）　228

pH 值调控措施　222

PTFE 型氧气脱除组件　103

SHU 培养基配方组分（表）　124

Simbox 未组装和组装后的外观（图）　532

Zarrouk 培养基　120

Zarrouk 培养基和改性培养基配方组分（表）　122

μgPBR 光生物反应器的结构平面布局（图）　110

μgPBR 微藻光生物反应器组件的 FEP 膜及安装位置示意（图）　102

ΔpH 值对钝顶螺旋藻吸收氨影响（图）　228

A～B

氨基酸　162

暗反应　148

胺类 CO_2 吸收剂对钝顶螺旋藻生长及固碳速率的影响（表）　165

螯合铁作用　137

半连续收获期间的生物量产量的动态柔化情况
　　（图）　230

饱和脂肪酸　243

被固定在玻璃片上的小球藻细胞外部形态
　　（图）　29

被荧光染色后螺旋藻丝体外部形态（图）　32

苯酚盐胁迫诱导　261

标准 Zarrouk 培养基与改性培养基的配方组分比
　　较（表）　127

标准矿质元素培养基 BG—11 组成（表）　36

补充不同 CO_2 浓度的 WSE 培养基中生物量产
　　量、脂质含量、生物量生产速率或脂质生产
　　速率以及 CO_2 固定速率比较（图）　152

不同 pH 值对钝顶螺旋藻生物量生产影响比较
　　（表）　219

不同 pH 值对钝顶螺旋藻生物量生产影响立体直
　　观比较（图）　220

不同 pH 值控制策略对钝顶螺旋藻培养物的生物
　　量生产速率、最大 C—PC 含量和最大 C—PC
　　生产速率的影响（图）　225、226

不同 pH 值条件对钝顶螺旋藻生长影响（图）
　　220

不同 pH 值条件对小球藻生物量产量和油脂含量
　　的影响比较（表）　222

不同 pH 值条件对小球藻生长的影响（图）
　　221

不同类型念珠藻细胞外形（图）　35

不同浓度 NaCl 对小球藻苯酚浓度影响　261
　　（表）、262（图）
　　　直观图（图）　262

不同浓度 NaCl 溶液对小球藻类黄酮浓度影响
　　260（表）、261（图）
　　　直观图（图）　261

不同浓度 NaCl 溶液对小球藻生物碱浓度影响
　　262（表）、263（图）
　　　直观图（图）　263

布朗葡萄藻 357 的 OD_{680} 和生物量产量（图）
　　187

C

参考文献　17、65、114、142、169、207、233、
　　265、297、342、380、417、442、485、541、
　　567

常规预处理细胞破坏方法和提取方法（表）
　　333

常压不同 CO_2 分压及不同压力纯 CO_2 对 3 种蓝藻
　　生长的影响　429

长期稳定性培养　560

超临界流体　340

超声波辅助提取法　337

传统方法　336

纯二氧化碳调节法　224

纯水浸泡法　336

存在主要问题与拟解决措施　553

错流过滤法　315
　　工作原理（图）　315

D

大肠杆菌 W 的细胞浓度（图）　54

代谢途径调节法　246

带有中空纤维气体交换组件并基于 LED 灯的光
　　生物反应器（图）　103

单色光质作用　184

氮代谢 354

氮浓度对螺旋藻生物量产量、总类胡萝卜素产量和脂质含量的影响（图） 161

氮平衡试验平均值（表） 398

氮源 158

蛋白胨和肉提取物 165

蛋白质 308、309

  提取技术 308

  消化率 309

当前方法 337

导致选择鱼腥藻 PCC7938 作为模式藻株的试验结果比较（表） 56

德国斯图加特大学微藻废水处理装置 375

低地球轨道 7

低光强条件 179

低温 + 低光强诱导法 247

低压光生物反应器结构外形及整体结构布局示意（图） 426

低压微藻培养舱 428

  结构外观（图） 428

  结构原理（图） 428

低重力 376、554

  影响 376

地基实验研究 9

地面推广应用潜力 566

地球火山岩与地外月球土壤之间的化学成分比较（表） 457

地衣 60

第一代 OmegaHab 外观（图） 529

典型模拟火壤配方的化学组成及制备方法 458

  基本制备方法 459

  配方基本组成 458

典型模拟月壤配方的化学组成及制备方法 455

  基本制备方法 457

  配方基本组成 455

典型"微藻生物精炼厂"运行示意（图） 277

电收集法 312

钝螺旋藻藻体内的总叶绿素、总类胡萝卜素、藻蓝蛋白、别藻蓝蛋白和藻红蛋白浓度比较（图） 255

动态过滤法 316

  工作原理（图） 316

钝顶螺旋藻 121、125、136、192、193、218、223、227、254、264、265

  低成本培养基配方筛选研究 121

  生物量中的内源植物激素浓度比较（图） 264、265

  生物量组分（表） 136

  相对生长速率与温度关系（图） 218

  在 4 种培养基中的干质量产量曲线（图） 125

  在 4 种培养基中的藻丝密度变化曲线（图） 125

  在 pH 值为 10 的条件下吸收氨的动力学（图） 227

  在不同光质处理下的生物量产量干质量和生物量生产速率（图） 192

  在红、蓝、绿、黄四色光质条件下的生物量产量干质量、蛋白质含量及放氧效率比较（图） 193

  藻体内的总叶绿素、总类胡萝卜素、藻蓝蛋白、别藻蓝蛋白和藻红蛋白浓度比较（图） 254

最大生物量产量和比生长速率比较（图）
136

钝顶螺旋藻 ARM730 在标准 Zarrouk 培养基和改性培养基中的生产速率比较（表） 123

多不饱和脂肪酸合成调节 243

多糖生产调节 258、259

多因子协同调节法 226

E～F

二氧化碳 147、223、370
  浓度影响 370
  调节法 223

返回式卫星搭载实验 530

范例一 121

范例二 124

范例三 125

范例四 127

非无菌式培养 559

废气处理技术 14

废水处理 356、376
  试验平台（图） 376
  优良藻种筛选 356

废水和废气处理技术 14

废物回收利用 562

废物再生利用效率 561

分子育种 63

氟乙烯丙烯膜组件 101

浮萍 54

浮萍在 5 种鱼腥藻藻株的过滤裂解物、蒸馏水和双蒸水或 Hoagland 溶液中的生长情况（图） 55

浮选法 311

富氮+贫氮二步诱导法 245

富含不同 CO_2 浓度的空气对小球藻生长及脂质含量的影响比较（表） 151

富集膜过滤方法 341

附着培养系统 179

G

改性 Zarrouk 培养基上培养的钝顶螺旋藻的生物量产量比较（图） 129

改性 Zarrouk 培养基上培养的螺旋藻的比生长速率比较（图） 128

改性 ZM、HM 和 JM 培养基的组成（表） 126

改性培养基中螺旋藻光密度值比较（图） 127

干燥、类火星紫外线照射和复水等整个实验方案流程（图） 47

高 CO_2 浓度条件下的微藻生长实验 149

高 CO_2 浓度驯化 156

高附加值营养品和生物燃料生产技术 13

高光强条件 179

高氯酸盐浓度对蓝藻生长影响 473

高氯酸盐浓度对鱼腥藻 PCC7938 藻株生长影响（图） 474

高密度生物量培养 560

高温+低温两级调节法 247

高盐诱导法 246

供气/脱气膜组件详细结构及工作原理（图） 104

固氮浸岩蓝藻培养系统示意（图） 448

固氮蓝藻对 CAS—1 模拟月壤肥力的影响 469

故障模式的可能性和严重性矩阵（图） 525

故障影响因素 520

管道式带膜光生物反应器主体结构示意图及其

索 引

实物（图） 92

管道式光生物反应器 91、92、107

    微重力兼容曝气与培养液循环原理（图） 107

    主体结构示意（图） 92

光波长对不同微藻细胞生长速率影响的优先级比较（表） 184

光波长对生物量浓度和藻蓝蛋白浓度影响（图） 185

光传输影响 377

光导纤维将人工光源光线引入反应器内的情况（图） 97

光合色素合成调节 248

光合有效辐射及微藻色素吸收光谱情况 176

光合作用系统 563

光活性复合物 147

光密度与生物量初始产量之间的关系（图） 230

光强 178、197、199、367

    影响 367

    与光质耦合作用 197

    与微藻光合作用效率和细胞生长速率之间的一般关系 178

    与温度耦合作用 199

光强+光质+光周期+脉冲光耦合作用 199

光强、光质与进料 C/N 比对微藻废水处理效率耦合作用 369

光强对紫球藻和铜绿紫球藻中多糖合成水平影响（表） 259

光强对紫球藻和铜绿紫球藻中色素含量影响（表） 249

光生物反应器 10~13、85~88、100、106、110、111、514、520、554、556

不同结构设计形式（图） 88

工作原理 86

光学测量单元 514

硅橡胶中空纤维膜管气体交换组件结构示意（图） 100

机械螺旋形搅拌片结构示意（图） 106

基本材质种类及性能指标（表） 87

搅拌器基本结构及工作原理（图） 106

结构设计及光照 85、554、556

设计原则 86

太阳能发电装置（图） 13

系统 86

性能比较 111

与空间站 ECLSS 接口关系设计 110

总体结构构成 86

光生物反应器各个单元部件构成 87~110

材质 87

二氧化碳供应方式 105

分体式结构 103

供配电单元 110

供气/脱气单元 99

观察窗口 108

观察窗口、接口及密封单元 108

管道式结构 91

罐体密封材料 109

光照控制单元 94

混合式结构 93

搅拌方式 105

结构形式 88

螺旋管式结构 91

平板式结构 89

气/液/泵接口 109

人工光源　96

　　数据监测与控制及图像监视单元　109

　　水/气分离单元　108

　　温度/压力控制单元　99

　　温度控制　99

　　循环方式　106

　　压力控制　99

　　一体式结构　100

　　圆筒式结构　90

　　藻液搅拌/循环单元　105

　　主体结构单元　87

　　自然光源　94

光源照射顺序影响　203

光源总结　98

光照　290

光照强度　178、179、249

　　条件优化　178

　　调节作用　249

　　与微藻光合效率和细胞生长速率之间的关系（图）　179

光照条件　175、361

　　优化措施及与 C/N 比的协同关系　361

光质　183、184、200、201、251、290、293

　　对藻类细胞生长的基本影响程度比较　184

　　诱导作用　251

　　与温度耦合作用　200、293

　　与温度组合下莱茵衣藻最大比生长速率、最大生物量浓度和最大生物量生产速率比较（图）　200、201

　　作用　290

光质+氯化钠+葡萄糖耦合作用　202

光质+养分诱导作用　257

光质条件优化　183、361

　　与进料 C/N 比的协同影响　361

光周期　194

　　条件优化　194

　　与光强耦合作用　194

　　与光源耦合作用　194

硅橡胶中空纤维膜管组件　100

国际上主要光生物反应器性能比较　111

国际上主要模拟火壤研制情况（表）　454

H

含氧光合作用　353

航天环境、机舱/栖息地条件、支持设备和系统的可扩展性造成的故障原因　523

好奇号火星探测器所分析的火壤（图）　461

合成生物学在开发基于蓝藻的火星特异性 CELSS 中的部分潜在作用简述（图）　65

红光　184

红色+蓝色组合光质的 LED 照射的钝顶螺旋藻培养物实现的生物量生产速率比较（图）　191

候选藻类在不同压力下的滞后期、生长速率、倍增时间和关联系数估值（表）　437

化合物协同作用　140

化学絮凝法　318

化学絮凝剂对微藻收获率的影响比较（表）　320

化学诱变　62

环状反应器　90

黄光　188

混合生物再生生命支持系统体系结构（图）　356

混合式光生物反应器　93
　　主体结构示意（图）　93
活性氧诱导法　246
火箭推进剂原料生产潜力　565
火壤　8
火山岩/双蒸水比和火山岩尺寸对蓝藻比生长速率的影响　464
火山岩种类　464～467
　　对蓝藻比生长速率的影响（表）　465
　　对蓝藻最终的干质量生物量产量的影响（表）　466
　　对蓝藻最终干生物量积累的影响　464
　　对藻种体内最终元素含量的影响　467
火星表层土壤　450
火星大气环境条件下优化培养　562
火星大气组分基本特点及启示　423
火星和地球表面上的平均大气条件比较（表）　423
火星模拟土壤　461、462
　　组成（表）　462
火星上 2,3—丁二醇的连续生物—ISRU 生产过程（图）　566

J

基本筛选标准和原则　26
基于 CAS—1 模拟月壤的 4 种蓝藻培养　468
基于 CO_2 的 pH 值控制系统具体控制模式　224
基于 MRS 模拟火壤的念珠藻培养　469
基于光强的多糖生产调节　258
基于光生物反应器的微藻培养优化技术　13
基于合成生物学育种　64
基于火星上可获取材料的固氮浸岩蓝藻培养系统示意（图）　448
基于基因表达的多糖生产调节　259
基于基因表达的蔗糖生产调节　257
基于模拟火壤的微藻培养实验研究　469
基于模拟月壤的微藻培养实验研究　462
基于微藻光生物反应器的月球/火星 CELSS 概念（图）　564
基于玄武岩、流纹岩和斜长岩 3 种模拟月壤的蓝藻培养　462～467
　　基于火山岩培养实验　463
　　模拟月壤　462
　　培养条件　463
　　所用藻种　462
　　研究发现及其机理分析　464
　　研究结果机理分析　467
极大螺旋藻　131
极大螺旋藻　129、133
低成本培养基配方筛选研究　129
养分吸收平均值比较（表）　133
集胞藻 PCC6803 细胞在常压不同 CO_2 浓度下及不同纯 CO_2 压力下的相对生长速率（图）　433
技术挑战　554
加压流体萃取法　341
钾的作用　135
结束语　141、168、206、232、265、297、342、379、416、441、484、540、567
经典微藻培养基配方（表）　120
聚球藻等 4 种蓝藻　154
聚四氟乙烯多孔膜分离组件　100
决定适合各种用途收获方法标准的排序（表）　331

K

开展太空藻类生物学研究的目的与意义　3

科学成就时间表（图）　16

可回收絮凝剂的藻细胞絮凝收获工艺示意（图）　318

空间辐射　553

空间微藻光生物反应器装置　15

空间小球藻细胞的数量变化情况（图）　531

空间站舱外搭载实验　533

L

莱茵衣藻和小球藻脂质含量的相对荧光强度比较（图）　290

莱茵衣藻生物量生产速率和生物量浓度比较（图）　190

蓝光　186

蓝藻　154、155、431、478

　两种培养方法比较（表）　431

　在空气中的生长与在 CO_2 中的生长比较（图）　154、155

　在空气中生长与在 5% CO_2/95% N_2 中生长的比较（图）　155

　藻株在 BG—11$_0$ 培养基、双蒸水或添加有 200 kg·m^{-3} 的 5 种月球/火星模拟土壤之一的双蒸水中培养 28 d 后的生物量产量比较（图）　478

类黄酮、苯酚和生物碱生产调节　259

类黄酮盐胁迫诱导　259

离心法　313

利用 FDA 染色法对念珠藻 HK—01 细胞进行的显微镜观察（图）　37

连续单色光照或波长偏移获得的生物量产量比较（图）　204

连续和间歇光照模式对藻类生物量产量影响（图）　195

连续培养式微藻光生物反应器（图）　12

两步光质诱导作用　252

两阶段培养法对钝顶螺旋藻藻体内藻蓝蛋白浓度和纯度影响（图）　253

裂壶藻 HX—308 在两级温度条件下的 DHA 合成情况（表）　247

临近空间环境条件对小球藻生长影响　438、439

　近太空搭载实验方法　438

　受试藻株、培养条件和样品制备　438

　主要研究结果与机理分析　439

磷代谢　355

磷的作用　135

陆生蓝藻　8

陆生藻类　2

螺旋管式光生物反应器系统　91

　两种操作系统示意（图）　91

螺旋藻　2、5、32、120、132、133、138、141、217、218、225～231

　培养实验的铁质量平衡情况比较（表）　138

　培养物中的生物量产量及 pH 值—时间曲线（图）　225

　培养物中所收获的物质质量与光密度（图）　229

　三因素三水平正交影响实验设计（表）　141

　生物量产量和光照强度之间典型的相对对应关系（图）　229

　生长最适温度　217

适宜细胞密度 228
丝体外部形态（图） 32
外观（图） 2
营养组成（表） 5
在高 pH 值下的耐氨性 226
藻丝 OD_{880} 值比较（图） 132
藻丝的干质量产量比较（图） 133
最大光密度值与温度和光照之间的关系（图） 231
最适酸碱度范围 218
螺旋藻—白鼠二元整合系统 405、406
  外观（图） 405
  运行流程（图） 406
氯化钠作用 139
绿光 188

M

脉冲电场 339
脉冲电场法 339
酶水解 336
美国 NASA 艾姆斯研究中心主持研制的 3 种连续培养式微藻光生物反应器（图） 12
美国 NASA 肯尼迪航天中心藻—菌废水处理装置 376
美国空军航空航天医学院研制的藻类光合气体交换装置（图） 11
美国鱼—蔬菜—微藻共生系统中微藻的污水净化作用 414
美国藻类—白鼠集成技术实验研究 390~399
  氮平衡情况 397
  基本概况 390
  基本实验方法 392
  结论与启示 398
  气体平衡情况 394
  所需条件 394
  微量有害气体积累情况 398
  系统最小化措施 396
  延长运行时间 395
  营养元素闭合问题 399
  营养元素吸收与补充情况 399
  重要示例剖析 391
密闭生态循环水产养殖系统 11
面向空间应用的先进 PBR 系统比较（表） 112
面向空间站的光生物反应器结构设计及光照 554~556
  光/能源可用性 556
  结构设计 554
  气体运输 555
面向太空站的微藻废水处理装置工作原理（图） 378
面向太空站的藻类废水处理装置研制与试验 374
面向月球/火星基地的光生物反应器 13、556
结构设计及光照 556
太阳能发电装置（图） 13
模拟火壤 453、454、469、473、477
  成品外观（图） 477
  发展概况 453
  浓度对蓝藻生长的影响 473
  微藻培养实验研究 469
  研制情况（表） 454
  主要元素组成以及与火壤样品测量值比较（表） 459

模拟火壤+高氯酸钙对鱼腥藻生长速率影响程度　475
模拟火星大气条件　422、435、440
　　对微藻不利影响　435
　　　　对雪藻、杜氏盐藻和小球藻生长的影响　435
　　对微藻不造成影响　440
　　　　微藻培养研究　422
模拟火星大气条件对微藻的有利影响　429~431
　　基本实验条件与方法　430
　　基本实验藻种　430
　　主要实验结果与机理分析　431
模拟月壤　451、455~458、477
　　成品和模拟火壤成品外观（图）　477
　　发展概况　451
　　加工过程（图）　458
　　配方化学组成及制备方法　455
　　主要元素组成以及与月壤样品的比较（表）　456
模拟月壤/火壤与藻体细胞非直接接触式培养方法　482
模拟月壤和模拟火壤对蓝藻生长影响的比较研究　476、477
　　基本培养方法　477
　　主要研究结果与机理分析　477
膜材料种类　313
膜导入质谱法在光/暗周期下连续测量 CH_4 和 O_2 浓度（图）　281
膜过滤法　313
膜孔径大小与藻类产物被过滤的范围情况（图）　317

膜孔径大小与作用范围比较　317
膜类型及其结构外形（图）　314
莫哈韦模拟火壤　454
莫斯科国立化学工程研究院为生物物理研究所研制的微型光生物反应器（图）　10
莫斯科国立化学工程研究院为生物物理研究所研制的小型光生物反应器（图）　10
目前存在的主要问题与拟解决措施　553
目前国际上主要模拟月壤的研制情况（表）　451

N

纳米材料促进作用　296
耐氨性　226
耐高 CO_2 浓度的微藻生长及其 CO_2 固定能力比较（表）　156
耐极高 CO_2 浓度的微藻　148、149
　　藻种（表）　149
　　藻种筛选　148
内置光源　97
拟甲色球藻　42~49
　　基本特性　42
　　可作为其他生物饲料适用性　49
　　耐干燥及紫外线辐射特性　44
　　耐高氯酸盐藻种选择　48
　　耐外太空环境特性　49
拟甲色球藻 CCMEE 057 外部形态（图）　43
拟色球藻　536、537
舱外暴露实验　536
样品的 EXPOSE—R2 飞行硬件外观（图）　537
拟微球藻　150

念珠藻 34~42、471、472
  基本特性 34
  良好的固氮和共生能力 42
耐 γ 射线 41
  耐超低温特性 42
  耐干燥性 34
  耐高低温交替循环特性 38
  耐高氯酸盐特性 42
  耐高能电离辐射特性 40
  耐高温特性 34
  耐高盐性 34
  耐氦离子束 40
  耐真空性 34
  耐紫外线特性 40
  细胞外形（图） 35
  显微放大外部形态（图） 34
  在含有不同浓度 MDM 培养基的 MRS 中培养 75d 后的生长状态（图） 471
在小规模的 A'MED 中寡营养的 MRS 培养基上生长 140 d 后的状态（图） 472
念珠藻 HK—01 37~41、472、533~536
被暴露于不同剂量氦离子束后的细胞存活率比较（图） 41
舱外暴露实验 533
藻体群落在 MRS 上生长 8 年后的状态（图） 472
生命周期及其运输到火星的可能性（图） 39
细胞显微图像（图） 536
细胞显微镜观察（图） 37
在潮湿、干燥和加热细胞群落中的存活率（图） 38
在国际空间站舱外的 3 年暴露实验后外观图及存活率比较（图） 535
尿素 162
  含量对混合营养条件下小球藻生物量生产、脂质积累和叶绿素生物合成的影响（表） 162
尿液稀释度影响 372

P

跑道式光生物反应器 91
培养基 119、120、129、130、131、135、411
  对小球藻的吸光度、细胞密度、生物量生产速率和比生长速率的影响（图） 135
  极大螺旋藻的生物量产量评价结果比较（表） 130
  加铵和尿素对 Limnospira indica 产氧影响（图） 411
  筛选研究 129
  生物量产量的直观评价结果比较（图） 131
培养基＋高氯酸钙对鱼腥藻生长速率影响程度 474
培养基类型 255~257
  对别藻蓝蛋白浓度影响 256
  对藻红蛋白浓度影响 257
  对藻蓝蛋白浓度影响 256
  对总类胡萝卜素浓度影响 256
  对总叶绿素浓度影响 255
培养开始时和在盐水溶液、LB 培养基或 PCC7120、PCC7122、PCC7524、PCC7937 和 PCC7938 的过滤裂解物中培养过夜后的大肠杆菌 W 的细胞浓度（图） 54
培养瓶中的真空管线设置（图） 431
培养室 513、514

内部结构示意（图） 514
培养物体积与藻类浓度和产氧量之间的关系
　　（表） 397
培养引起的故障原因 521
培养装置基本结构构成 425
批次培养中小球藻的混合营养生长状态（表）
　　167
贫氮（氮饥饿）诱导法 244
贫硅诱导法 246
贫磷诱导法 246
平板式反应器 89
　　结构示意图和实物外观（图） 89
平行实验移动液相中反映生物量产量的 OD 值
　　测量数据（图） 520
葡萄糖等其他碳源 157
蒲公英计划暴露单元 534
普通小球藻在不同波长光照下出现不同形态的
　　假设模型示意（图） 204

Q

其他方法 339
其他培养基 121
其他碳源 157
其他藻种 60
气动泵循环 107
气液分离候选膜特性（表） 101
前言 26、85、119、146、175、214、239、
　　274、308、351、390、422、448、496、552
强酸/强碱调节法 222
青绿球藻 153
　　在纯 CO_2 气体和普通空气中的生长速率和
　　光合效率比较（图） 153

R～S

人/藻类 ECLSS 相互作用以及直接来自生物
　　ECLSS 故障模式的故障原因（图） 521
人工光源种类 96
人体尿液稀释度对钝顶螺旋藻最大生物量产量
　　生成影响（图） 372
肉提取物 165
蠕动泵循环 108
三色光质作用 192
闪光效应 202
闪光效应及不同光源照射顺序影响 202
神舟二号载人飞船搭载实验 531
神舟八号载人飞船搭载实验 532
渗透应激法 336
生保应用潜力 562、564
生理活性物质 239
生物柴油 276～279
　　基本生产步骤 277
生产 276、277
生产的微管反应器运行原理（图） 279
生物电生产 284、285
研究进展 285
生物活性物质 239
生物甲烷生产 280
生物碱盐胁迫诱导 262
生物膜光生物反应器主体结构示意（图） 94
生物氢生产 282、283
途径原理（图） 282
影响因素（图） 283
生物燃料 13、274、275、288
范畴 274

基本概念 274

生产的收获与处理工艺示意（图） 275

生产的微藻遗传工程改良株系研究总结（表） 288

生产技术 13

生物絮凝法 324

生物学挑战 558

生物乙醇 280

生物乙醇生产 279、280

 产量提高措施 280

 发酵处理工艺 279

 发酵工艺类型 279

 浓度测定 280

 预处理工艺 279

生长条件影响因素 290

实验用共生系统平面布局（图） 414

使微藻成为改造月球/火星土壤的先驱植物 8

适应太空微重力环境条件的微藻废水处理装置（图） 375

收获方法比较 329、330

 分析（表） 330

 收获方法适宜性排序（表） 330~332

 标准（表） 330

收获技术 308

受控生态生命保障系统 3、4

受试极大螺旋藻培养基的种类及其组分（表） 129

双色光质 190

 作用 190

双室微生物燃料电池中微藻生物发电基本原理（图） 285

水/气分离器样机整机及其转子结构外观（图） 109

死端过滤法 316

四色光质作用 193

苏联利用 BIOS 系列装置开展藻类—人集成实验的时间表及所取得的主要成果（表） 401

苏联藻类—人集成技术实验研究 400~404

 基本结论与启示 404

 基本设备条件 400

 基本实验结果 401

T

太空飞行对微藻生物学特性影响 525

太空飞行实验的念珠藻/纤细裸藻的培养容器（图） 497

太空飞行中所进行过的藻类培养实验概况（表） 498

太空光生物反应器完整结构部件（图） 513

太空环境 525~527

 对微藻光合特性影响 526

 对微藻光合系统结构与功能影响 527

 对微藻生长和生理特性影响 525

太空微重力条件下微藻 PBR 技术验证研究 511

太空藻 8

太空藻类生物学 1~9

 基本概念 1

 研究范畴 1

 研究目的 3

 研究意义 3

 主要任务 9

太空藻类生物学基本发展历史与现状分析 9~16
    地基实验研究 9
    国内情况 15
    国外情况 9
    天基实验研究 16
    总体概况 9
太空藻类学 2
太空站可持续废水流集成系统工作流程示意（图）378、379
太阳光 94
间接照射 94
直接照射 94
太阳能发电装置（图）13
碳 146
碳代谢 353
碳固定反应 148
碳和氮的相互作用 166
碳酸氢盐 157
碳酸氢盐调节法 222
碳源 146、157
    对小球藻生物量产量的影响（图）157
提高光利用效率策略 205
天基光生物反应器系统基本结构构成（图）87
天基实验研究 16
添加 CO_2 与空气的混合气体来控制光生物反应器中的 pH 值（图）223
椭圆小球藻 149

W

外太空环境条件 553

外置光源 96
外置中空纤维气体交换组件 103
微波辅助提取法 339
微量元素 140
   作用 140
微生物燃料电池室 284
微生物硝化舱和微藻舱之间的液体连接以及微藻舱和动物舱之间的气体连接期间硝化舱和微藻舱之间的氮平衡情况（表）412
微型光生物反应器 10、10（图）
微藻 2、3、13、352
微藻 PBR 技术验证研究 511
微藻—白鼠大气交换实验研究时间表及研究方案（图）411
微藻—动物二元气体交换实验 407、409
微藻—动物三元气体交换实验 412
微藻—动物水生共培养研究 527
微藻—微生物燃料电池 284
微藻成为改造月球/火星土壤的先驱植物 8
微藻蛋白超临界流体提取技术原理（图）340
微藻蛋白超声波辅助提取技术原理（图）338
微藻发挥的作用 4
微藻废水处理 359、373
   不利影响因素 373
   体系及营养模式 359
微藻废水处理技术 351~356
   工作原理 353
   基本发展历史 352
   在太空站上拟发挥的作用 356
   总体概况 353
微藻废水处理系统 353
   示意图及实物（图）180

物质输入及产出原理（图）　353
微藻废水处理装置　375、375（图）、378
　　工作原理（图）　378
微藻光生物反应器　95、96、98、104、111
　　供气/脱气膜组件基本运行原理（图）
　　　104
　　系统直接利用太阳能进行内置光照基本原
　　　理（图）　95、96
　　应用过的各种光源总结（表）　98
　　与空间站 ECLSS 具体集成关系（图）
　　　111
微藻混合营养模式　361
微藻基本筛选标准和原则　26
微藻可耐受的高 CO_2 浓度范围总结　156
微藻培养　13、119、135、146、175、214、422、
　　　448、462
　　方法　448
　　光照条件优化方法　175
　　实验研究　462
　　碳源和氮源供应优化措施　146
　　温度、酸碱度和密度条件优化方法　214
　　研究　422
　　养分供应基本方法　119
　　优化技术　13
微藻培养装置和动物饲养装置之间的运行关系
　　　（图）　410
微藻筛选标准和原则　27
微藻生物活性物质高效生产技术　239
微藻生物精炼厂运行示意（图）　277
微藻生物量进行生物燃料生产方式种类（图）
　　　276
微藻生物量收获　309、310

　　技术分类（图）　310
微藻生物燃料生产技术　274
微藻生物絮凝法原理（图）　326
微藻生长　146、149、362
　　实验　149
　　速率和养分去除率的平均值 ± 标准差（表）
　　　362
　　影响因素　146
微藻食品健康与安全问题　561
微藻收获　308、327、329
　　方法优缺点比较（表）　329
　　絮凝剂作用机理（表）　327
　　与蛋白质提取技术　308
微藻所含有的各种营养物质和高附加值产品及
　　可被加工成的各种重要产品（图）　14
微藻所能产生的主要生物活性物质　240
　　类型及其作为高附加值产品的可能应用领域
　　　（图）　240
　　种类及其主要功能（表）　240
微藻太空搭载取得的潜在应用成果　539
微藻细胞　147、231
　　密度调控措施　231
　　光合作用　147
　　基于光合作用的 CO_2 固定过程（图）　147
微藻絮凝收获技术比较（表）　328
微藻遗传稳定性问题　561
微藻优种选育研究　26
微藻油脂含量比较（表）　287
微藻在 CELSS 中发挥的作用（图）　4
微藻在轨培养实验研究　496
　　总体发展概况　496
微藻藻种　148、149（表）

筛选 148

微藻种类适宜光周期及相应的适宜光强（表） 196

微藻自动絮凝收获比较（表） 325

微藻最适光强范围 181

微藻最适宜光子照度与温度之间的关系（图） 199

为地面应用选育优良品种 8

未来前景分析 562

温度+光照强度诱导作用 250

温度和光照强度对钝顶螺旋藻色素 250、251

 积累的影响（图） 251

 组成的影响（表） 250

温度调控措施 218

温度循环试验装置外观图及其内部结构和原理（图） 39

温度与4种微藻的最大生长速率之间的关系（图） 216

温度与4种微藻的最适光子照度之间的关系（图） 216

稳态下生物量产量随PBR稀释率的关系（图） 373

问题 552

无机+有机氮源 165

无机氮源 159

物理诱变 61

X

稀释培养基 132、134

 对螺旋藻生长的影响 132

 对小球藻生长的影响 134

 系统扩展和自动化 558

细胞内活性氧及代谢途径调节法 246

细胞融合与杂交育种 64

先进PBR系统比较（表） 112

先驱植物 8

暹罗鱼腥藻在太空飞行后经历第一次和第二次继代培养后的生长曲线（图） 526

纤细裸藻在不同氨基酸作为氮源时的生长比较（表） 163

限制性养分及其浓度变化对生长速率影响 478

项圈藻属 49

硝酸钾 159

 对小球藻生物量产量的影响（图） 159

硝酸钠 159、160

 浓度对螺旋藻生长和物质合成的影响（表） 160

小球藻 2、5、29~31、150、215、220、230、439、519

 富含脂肪特性 31

 高生长速率特性 31

 和螺旋藻外观（图） 2

 和螺旋藻营养组成（表） 5

 和拟微球藻培养物中的平均二氧化碳吸收速率比较（图） 150

 基本特性 29

 耐低压特性 30

 耐高氨特性 30

 培养基加注以及收获的小球藻样品（图） 519

 培养物生产生物柴油的脂肪酸前体质量（表） 291

 生物量生产速率比较（图） 215

 生长最适温度 215

适宜细胞密度 230
适应太空环境能力 29
细胞外部形态（图） 29
样品培养箱光照组和黑暗组结构示意
（图） 439
在经受近太空环境处理后的死亡率比较
（图） 439
小球藻 042 野生型及其突变体 31、32
生长速率比较（图） 31
脂质含量、生物量生产速率和脂质生产速率比较（表） 32
小球藻等其他微藻最适酸碱度范围 220
小型光生物反应器（图） 10
小针藻 151
絮凝法 317
絮凝机理 324
絮凝技术比较 327
絮凝作用机理示意（图） 326
绪论 1
悬浮 MGS—1 480~482
遮荫效果（图） 481、482
模拟火壤的遮荫问题及解决措施 480
雪藻和盐藻 57~59
基本实验方法 57
基本特性 57
实验结果与机理分析 59
藻种及其培养方法 57

Y

10 kPa 总压对鱼腥藻生长的影响 434
受试藻种及培养条件 434
主要实验结果及机理分析 434

亚临界和超临界流体提取法 340
亚硝酸钠 161
盐度对培养 20d 的钝顶螺旋藻 140
生长速率的影响（图） 140
总抗氧化剂含量的影响（图） 140
盐藻 57
阳离子聚电解质的微藻化学絮凝法收获原理
（图） 319
养分 244、253、290
调节法 244
诱导作用 253
遗传工程育种 61
用于构建包含藻类的受控生态生命保障系统 3
优良藻种 29、286
筛选 29
选择 286
油脂提取方法及预处理 277
有机胺 164
有机氮源 162
诱变育种 61
诱变育种和遗传工程育种 61
鱼腥藻 49~52、434、483
基本特性 49
利用 MGS—1 并在是否存在细胞—颗粒直接接触下的生长情况（图） 483
耐高氯酸盐特性 50
培养条件（表） 434
培养物同质性 52
藻体外部形态（图） 49
藻株在不同浓度高氯酸盐存在下的生长比较情况（图） 51
作为其他生物营养源适宜性 52

鱼腥藻 PCC7938　56、475、479

利用 MGS—1 作为营养源时限制性元素的确定
　　（图）　479

在加有模拟火壤和高氯酸盐条件下的生长情况
　　（图）　475

作为模式藻株的试验结果比较（表）　56

鱼腥藻属　49、50

原核蓝藻　26

原核藻种　29

原位资源利用　15、562

圆筒式光生物反应器　90

主体结构示意（图）　90

月球/火星 CELSS 概念（图）　564

月球/火星表面原位资源利用技术　15

月球/火星基地　564、565

火箭推进剂原料生产潜力　565

生保应用潜力　564

生物燃料、肥料及塑料等生产潜力　565

月球/火星模拟土壤　448、451、455

典型配方及其制备方法　455

微藻培养方法　448

研制　451

月球土壤　449

Z

杂交育种　64

在地面的推广应用潜力　566

在复水 30 min 和 60 min 后，DNA 修复基因
　　uvrA、uvrB 和 uvrC 在干燥—紫外线照射—复
　　水生物膜中的表达情况（图）　48

在空间站上的生保应用潜力　562

藻—菌废水处理装置　376

藻—鼠气体交换实验流程（图）　394

藻蛋白提取技术　332

藻菌共生处理体系　360

藻类　1、2、7

藻类—动物水生生态系统　530

藻类—微生物—哺乳动物生态系统　392

外观（图）　392

藻类处理体系　359

藻类发电　284

藻类废水处理装置研制与试验　374

藻类分类学　2

藻类光合气体交换装置（图）　11

藻类光合作用　14

藻类光生物反应器　520、524

故障模式及其原因方法（表）　524

故障模式及应对措施　520

藻类光系统主要色素和光波最大吸收值（表）
　　177

藻类空间研究以及在空间和火星探测方面取得
　　主要科学成就时间表（图）　16

藻类培养的故障模式及其原因分析（表）　522

藻类培养基　119、120、134、252

不同组成成分（表）　134

不同颜色的过滤 LED 灯下第 15d 时的微藻
　　分离株的色素浓度比较（图）　252

基本组成　119

种类　119

作用　119

藻类培养及其放氧能力评价等实验研究　11

藻类培养装置　11

藻类生态学　2

藻类生物量生产　119

藻类生长　59、558
　　特性　558
藻类碳生物固定速率和生物量生产速率与入口
　　二氧化碳浓度之间的关系（图）　371
藻类系统集成技术研究　390
藻类形态学　2
藻类学　1、2
　　研究　2
藻类在4种不同低压条件下的生长速率比较
　　（图）　436
藻体收获技术　309、557
　　收获与加工　557
藻体油脂含量提高方法　286
藻液搅拌/循环必要性　105
藻液酸碱度条件优化　218
藻液温度条件优化　214
藻液细胞密度条件优化　228
藻种　8、58、61、181、239、287、357
　　达到最大比生长速率的最佳光子照度（表）
　　　181
　　工程化改良技术　61
　　可产生生物活性物质及其作用　239
　　培养条件（表）　58
　　去除不同废水中总氮和总磷有效性比较
　　　（表）　357
　　遗传工程改良　287
展望　552
掌握藻类在太空极端环境条件下的生物学规律　7
蔗糖和多糖生产调节　257
蔗糖生产调节　257
真核藻类　26

真核藻种　29
整合实验期间白鼠培养室内 O_2 含量和 CO_2 含量
　　变化情况（图）　407
整合实验前白鼠培养室内 O_2 含量和 CO_2 含量变
　　化情况（图）　406
整合有微藻光生物反应器混合式环境控制与生
　　命保障系统物质流程（图）　563
正渗透法　316
脂肪酸　243
植物激素生产调节　263
酯交换反应化学方程式　278
　　所需醇和催化剂类型　278
酯交换反应所需醇类型　278
酯交换反应所需催化剂类型　278
酯交换反应所用反应器类型　278
中国微藻—白鼠二元系统气体交换实验
　　405、406
　　基本实验方法　405
　　基本实验结果与结论　406
中国藻类—动物水生生态系统　530
中性脂质分数和脂质浓度比较（图）　294
中性脂质含量分数和脂质含量比较（图）
　　201、202
重金属吸收　355
重力沉降法　310
重要的培养条件对微藻油脂含量影响结果分析
　　（表）　294
紫球藻生长曲线比较（图）　189
自动处理合成废水作为硝酸盐来源的实际曲线
　　（图）　376
自动絮凝　323

（王彦祥、张若舒　编制）

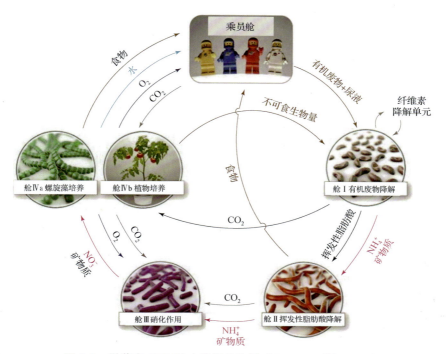

图 1.2 微藻在 CELSS 中发挥的作用（Sachdeva 等，2021）

图 1.8 微藻所含有的各种营养物质和高附加值产品及
可被加工成的各种重要产品（Hoang 等，2022）

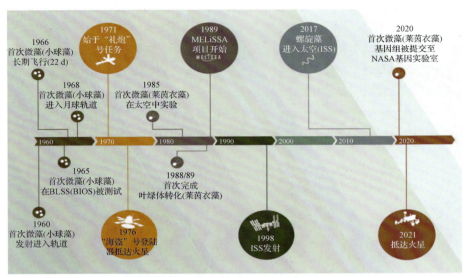

图 1.9　藻类空间研究以及在空间和火星探测方面取得
主要科学成就的时间表（Mapstone 等，2022）

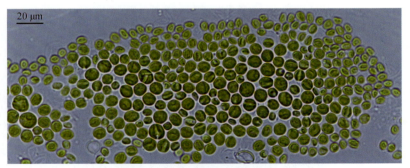

图 2.1　被固定在玻璃片上的小球藻细胞外部形态
（Detrell 等，2020）

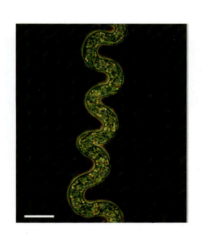

图 2.3 被荧光染色后螺旋藻丝体的外部形态
（Mapstone 等，2022）

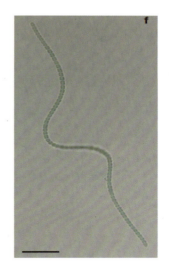

图 2.4 念珠藻的显微放大
外部形态（Kimura 等，2017）

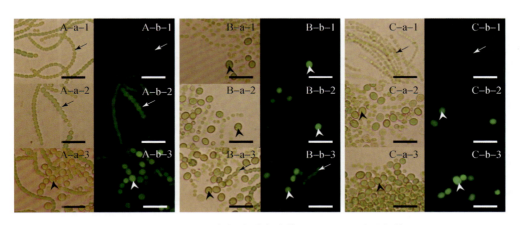

图 2.6 利用 FDA 染色法对念珠藻 HK-01 细胞进行的
显微镜观察图（Kimura 等，2016）

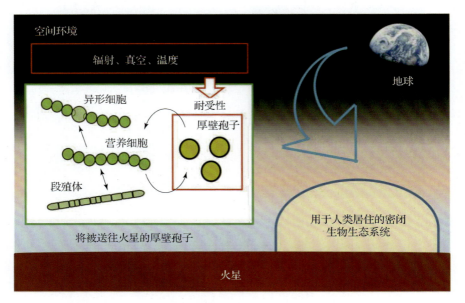

图 2.8　念珠藻 HK–01 的生命周期及其运输到火星的可能性（Kimura 等，2016）

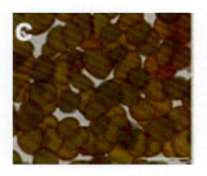

图 2.11　拟甲色球藻 CCMEE 057 的外部形态（Baqué 等，2014）

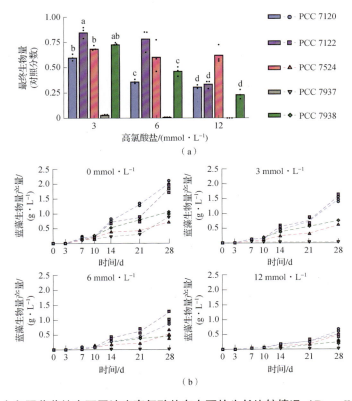

图 2.15 5 个鱼腥藻藻株在不同浓度高氯酸盐存在下的生长比较情况（Ramalho 等，2022）

（a）不同浓度高氯酸盐离子条件下的生物量；（b）不同浓度高氯酸盐离子和不同时间条件下的生物量产量

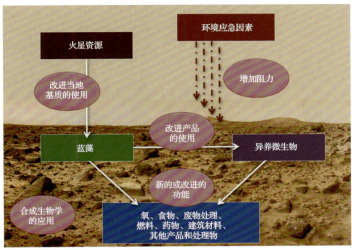

图 2.18 合成生物学在开发基于蓝藻的火星特异性 CELSS 中的部分潜在作用简述

（Verseux 等，2016a）

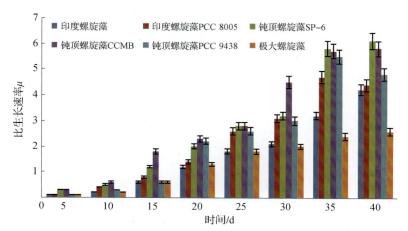

图 4.4　在改性 Zarrouk 培养基上培养的螺旋藻的比生长速率比较

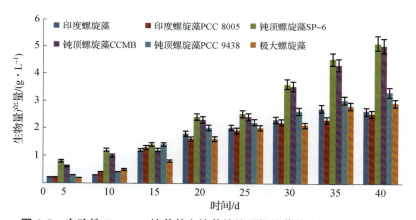

图 4.5　在改性 Zarrouk 培养基上培养的钝顶螺旋藻的生物量产量比较

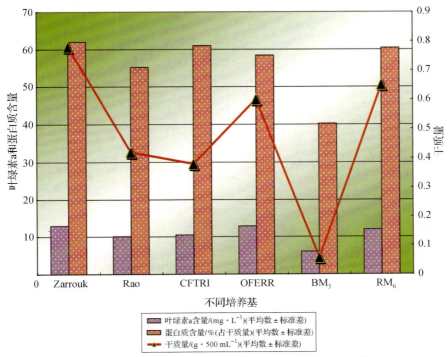

图 4.6 不同培养基中生物量产量的直观评价结果比较

(Pandey, Tiwari 和 Mishra, 2010)

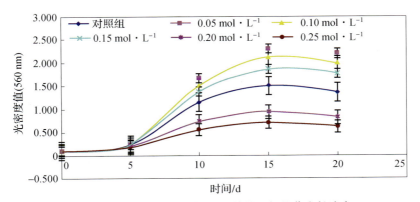

图 4.11 不同盐度对培养 20 d 的钝顶螺旋藻生长速率

(通过光密度值表示) 的影响 (Mutawie, 2015)

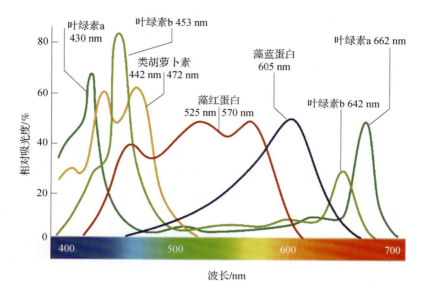

图 6.2 微藻体内不同色素的相对吸光度

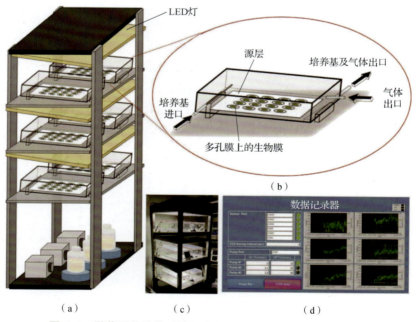

图 6.4 微藻附着培养系统示意图及实物图（Kim 等，2018）

(a) 整个附着培养系统示意图；(b) 每个光生物反应器详解图；(c) 系统真实图；
(d) 每个光生物反应器内的温度、湿度和 CO_2 浓度的实时数据记录程序

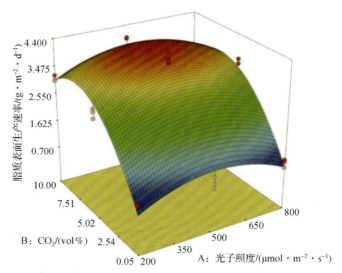

图 6.5　*Ettlia sp.* YC001 附着培养中脂质表面生产速率的响应面（Kim 等，2018）

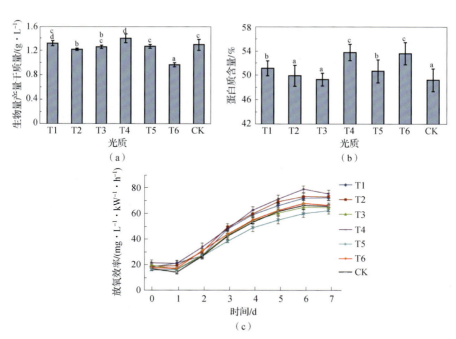

图 6.12　钝顶螺旋藻在红、蓝、绿、黄四色光质条件下的生物量产量干质量、
蛋白质含量及放氧效率比较（毛瑞鑫等，2018）

（a）生物量产量干质量；（b）蛋白质含量；（c）放氧效率
T1—8R1B0.5G0.5Y；T2—8R0.5B1G0.5Y；T3—8R0.5B0.5G1Y；
T4—7R2B0.5G0.5Y；T5—7R1B1G1Y；T6—6R2B1G1Y；CK—10R

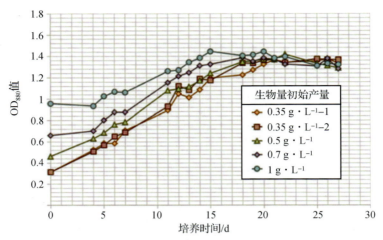

图 7.17 光密度与生物量初始产量之间的关系

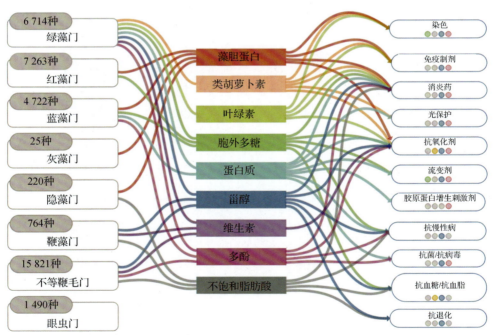

图 8.1 不同门类微藻所能产生的主要生物活性物质类型及其作为高附加值产品的
可能应用领域（Guiry，2012；Levasseur，Perré 和 Pozzobon，2020）

蓝色圆圈—药品；粉红色圆圈—化妆品；黄色圆圈—营养品，绿色圆圈—食品

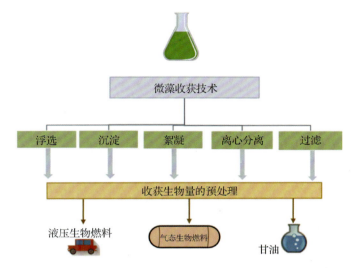

图 9.1 用于生物燃料生产的收获与处理工艺示意图（Laraib 等，2022）

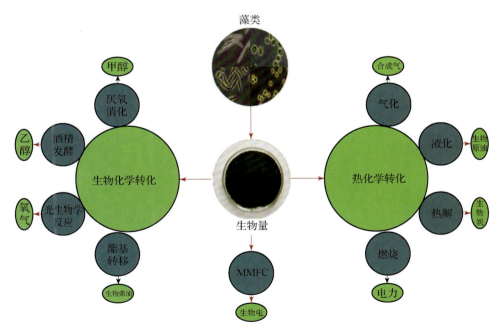

图 9.2 利用微藻生物量进行生物燃料生产方式种类
（Javed 等，2019；Kumar，2021）

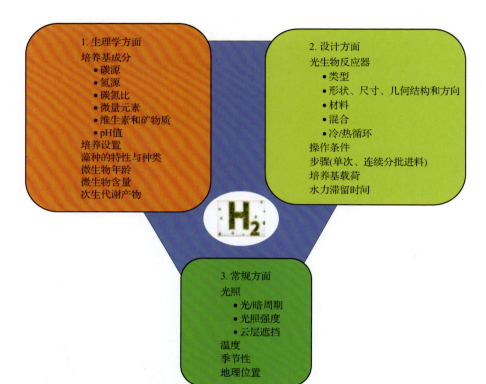

图 9.7　生物氢生产的影响因素（Prabakar 等，2018）

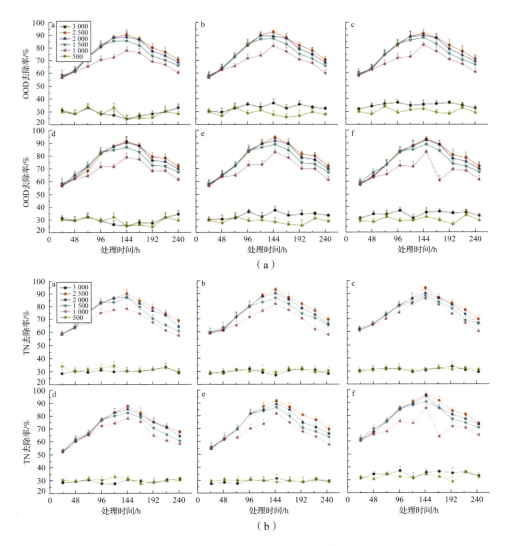

图 11.3 在不同光子照度和不同进料 C/N 比的红色波长下,COD、TN 和 TP
去除率的变化趋势(Yan 等,2013)

(a)COD 去除率;(b)TN 去除率

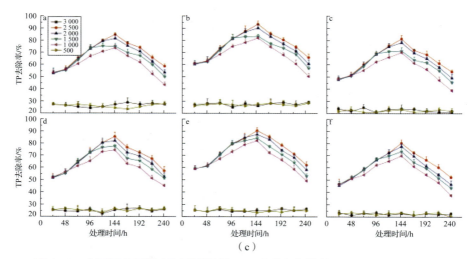

(c)

图11.3 在不同光子照度和不同进料 C/N 比的红色波长下，COD、TN 和 TP 去除率的变化趋势（Yan 等，2013）（续）

(c) TP 去除率

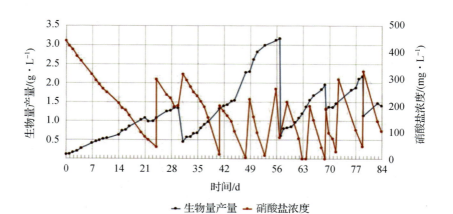

图11.9 84 d 内自动处理合成废水作为硝酸盐来源的实际曲线

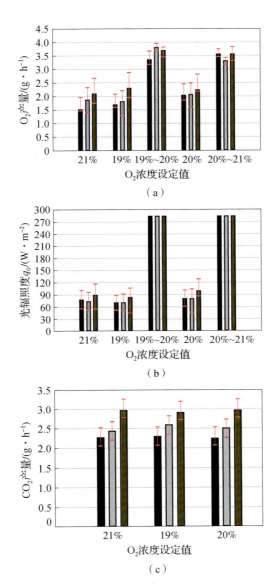

图12.14 在与动物舱集成期间，在不同 O_2 浓度设定值下 PBR 中 O_2 产量和光辐照度 q_0 以及动物舱 CO_2 产量的结果比较（Garcia - Gragera 等，2021）

(a) O_2 产量；(b) 光辐照度 q_0；(c) CO_2 产量

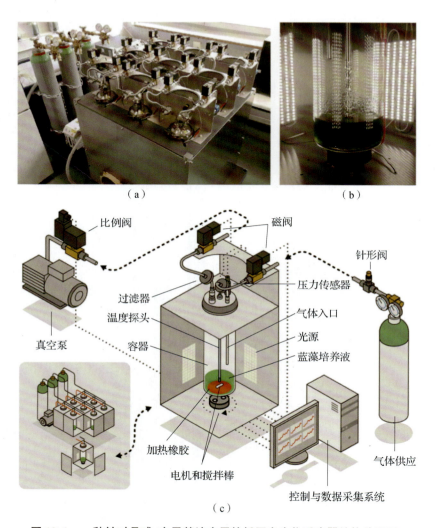

图 13.1 一种针对月球/火星基地应用的低压光生物反应器结构外形及整体结构布局示意图（Verseux 等，2021）

（a）结构外形；（b）光照系统外形；（c）整体结构布局示意图

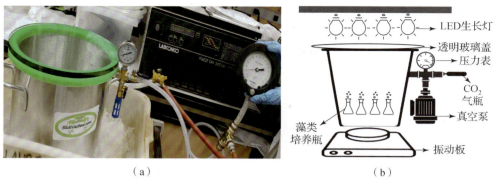

图 13.2 低压微藻培养舱的结构外观图和结构原理图（Cycil 等，2021）

（a）结构外观图；（b）结构原理图

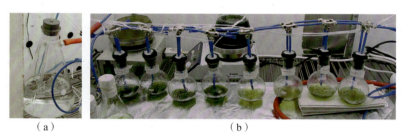

图 13.3 培养瓶中的真空管线设置

（a）单个培养瓶；（b）整个封闭系统

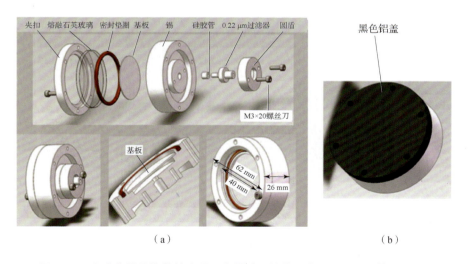

图 13.6 小球藻样品培养箱光照组和黑暗组结构示意图（Wang 等，2021）

（a）光照组；（b）黑暗组

图 14.1　基于火星上可获取材料的固氮浸岩蓝藻培养系统示意图（Ramalho 等，2022b）

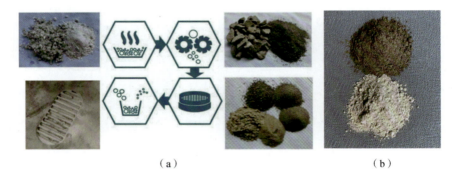

图 14.2　模拟月壤的一种加工过程（Windisch 等，2022）

（a）月壤加工过程；（b）完成混合后形成的两种模拟月壤 TUBS – M（上部）和 TUBS – T（下部）

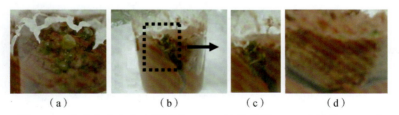

图 14.4　念珠藻在含有不同浓度 MDM 培养基的 MRS 中培养 75 d 后的生长状态（Arai 等，2008）

（a）培养基中不含 MDM；（b）培养基中含 60% MDM；
（c）为（b）藻体群落的放大图像；（d）培养基中含 80% MDM

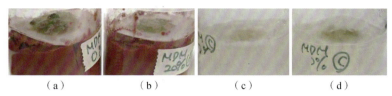

图 14.5 念珠藻在小规模的 A'MED 中寡营养的 MRS 培养基上生长 140 d 后的状态（Arai 等，2008）

(a) 在不含 MDM 的 MRS 培养基上；(b) 在含有 20% MDM 的 MRS 培养基上；
(c) 在不含 MDM 的培养基上；(d) 在含有 20% MDM 的培养基上

图 14.6 念珠藻 HK-01 的藻体群落在 MRS 上生长 8 年后的状态（Kimura 等，2015）

(a)，(b) 整个玻璃培养杯；(c) 俯视图；(d) 念珠藻 HK-01 藻体群落

图 14.10 2 种模拟月壤成品（LMS-1 和 LHS-1）和
1 种模拟火壤成品（MGS-1）的外观

（a）LMS-1；（b）LHS-1；（c）MGS-1

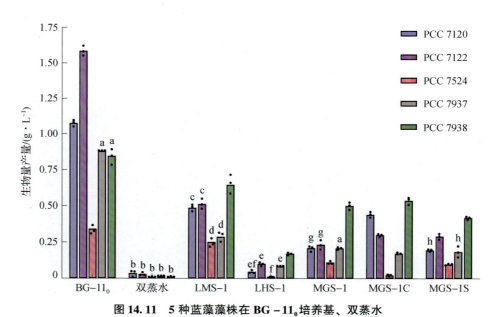

图 14.11 5 种蓝藻藻株在 BG-11$_0$ 培养基、双蒸水
或添加有 200 kg·m^{-3} 的 5 种月球/火星模拟土壤之一的双蒸水
中培养 28 d 后的生物量产量比较（Ramalho 等，2022a）

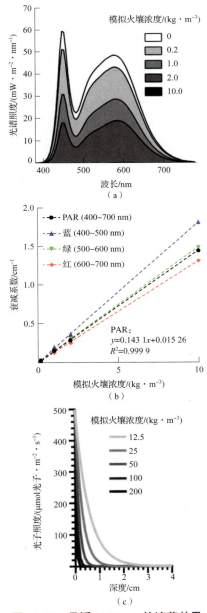

图 14.13　悬浮 MGS–1 的遮荫效果

(a) 在 3.3 cm 水下或含有 MGS–1（粒径 <100 μm）的水下所测得的光谱照度；(b) MGS–1 悬浮液在水中的衰减系数，作为模拟火壤浓度和不同光谱范围（根据光谱照度测量计算）的函数；(c) 对于不同浓度的悬浮模拟火壤，假设表面的光子照度为 500 μmol 光子·m^{-2}·s^{-1}（根据 PAR 的衰减系数计算），光子照度随深度而变化

图 15.1　与 MELiSSA 相关的第一个太空飞行实验的念珠藻/纤细裸藻的培养容器
（Dubertret 等，1987）

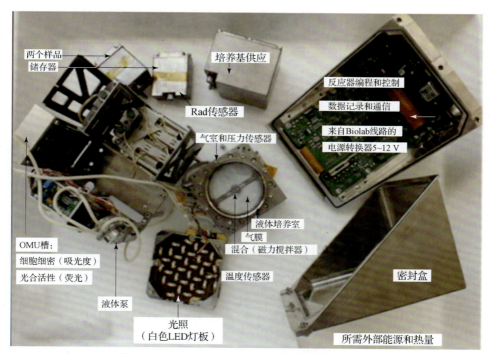

图 15.2　一台太空光生物反应器的完整结构部件

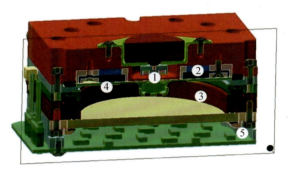

图15.3 培养室内部结构示意图（Poughon 等，2020）

1—磁力搅拌器；2—气体室；3—液体室；4—PTFE 膜；5—LED 灯板

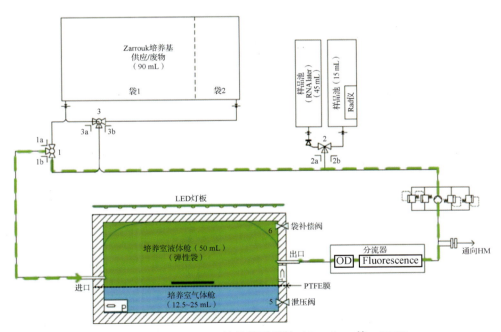

图15.4 ArtEMISS – B 液体管理系统（Poughon 等，2020）

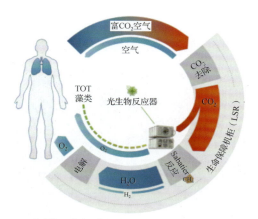

图 15.6 PBR@LSR 与国际空间站上的 ECLSS 的集成原理图（Belz 等，2017）

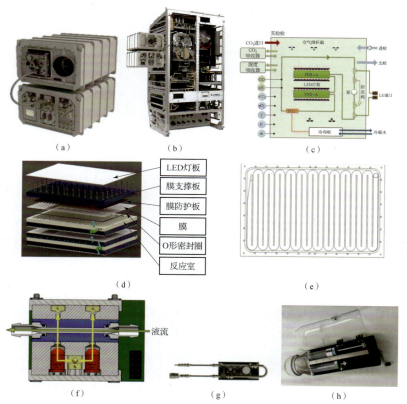

图15.7 PBR@LSR 装置的外部和内部结构及主要部件示意图

（a）装置外形图；（b）装置安装图；（c）装置平面布局图；（d）微藻光反应室立体分解图；
（e）管状跑道式反应器主体结构图；（f）OD 测量仪工作原理图；
（g）与 LSR 的 CO_2 供气接口；（h）液体交换装置外形

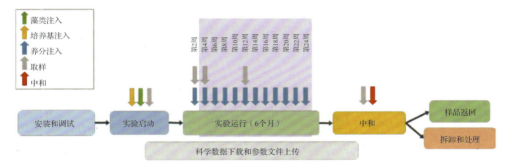

图 15.8　PBR@LSR 小球藻在轨培养操作程序

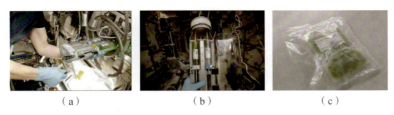

图 15.9　在轨进行小球藻培养基加注以及收获的小球藻样品
（Detrell 等，2020；Detrell，2021）

（a）实验启动后首次加培养基；（b）实验启动后第二周加培养基；（c）实验两周后收获的小球藻藻液

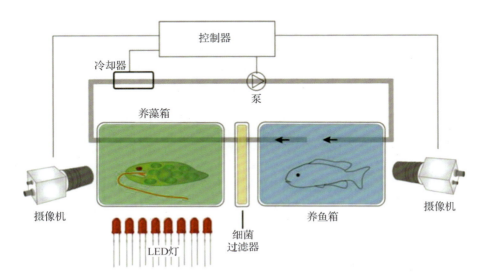

图 15.14　Aquacell 装置运行原理图（Häder，Braun 和 Hemmersbach，2018）

图 15.15　第一代 OmegaHab 外观图

(a)　　　　　　　　　　　　(b)

图 15.18　Simbox 未组装和组装后的外观图（Li 等，2017b）

(a) 未被组装的 Simbox；(b) 已被组装的 Simbox

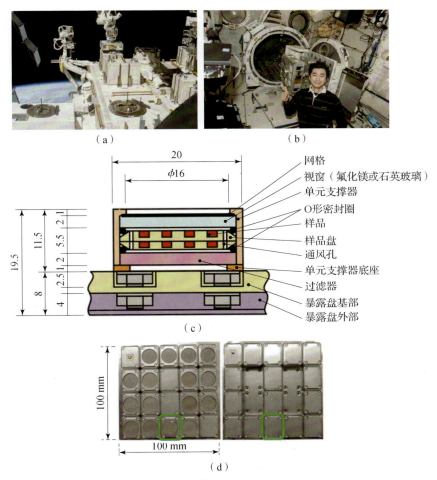

图 15.19　"蒲公英"计划暴露单元（Tomita – Yokotani 等，2021）

（a）日本实验舱外曝光装置；（b）日本实验舱内实验装置；（c）安装基座；（d）安装板（长 100 × 宽 100 × 厚 20 mm），其左侧为外部曝光板，右侧为内部面板，蓝藻细胞被置于绿色方块内

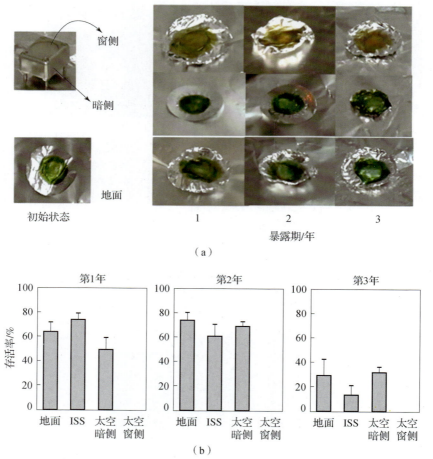

图 15.20 念珠藻 HK-01 在国际空间站舱外的 3 年暴露实验后外观图
及存活率比较（Tomita-Yokotani 等，2021）

(a) 外观图；(b) 存活率

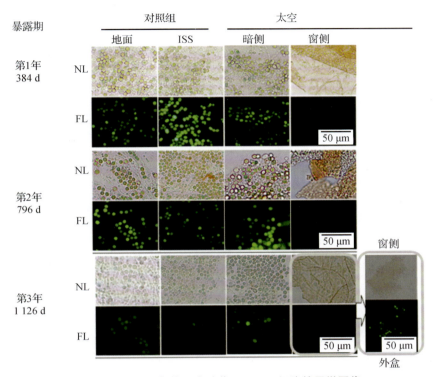

图 15.21 不同条件下念珠藻 HK-01 细胞的显微图像

NL—正常光照；FL—荧光灯

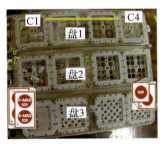

图 15.22 装有拟色球藻 CCMEE 029 样品的 EXPOSE-R2 飞行硬件外观图

(Billi 等，2019)

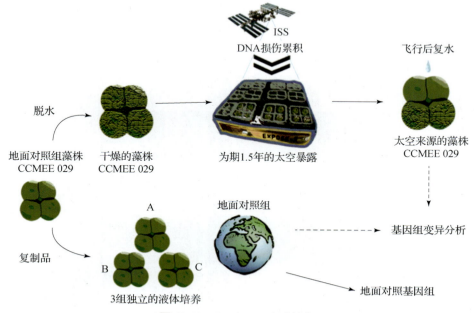

图 15.23 BIOMEX 实验流程

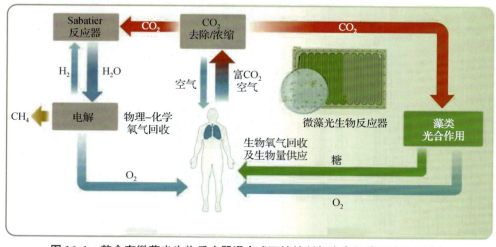

图 16.1 整合有微藻光生物反应器混合式环境控制与生命保障系统物质流程

(Helisch 等,2020)

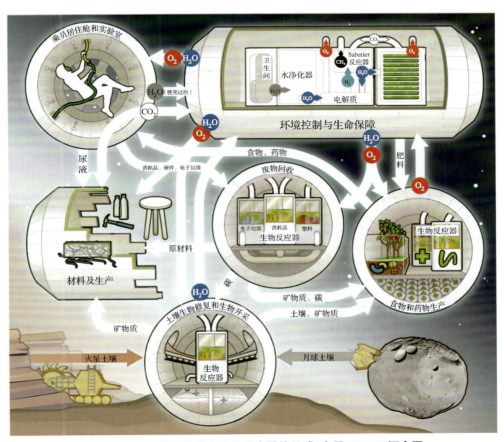

图 16.2　一种基于微藻光生物反应器的月球/火星 CELSS 概念图（Santomartino 等，2023）

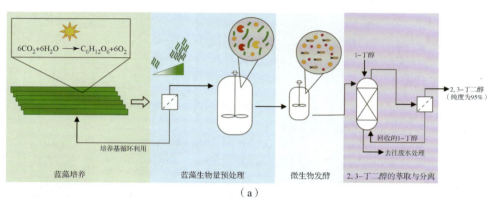

(a)

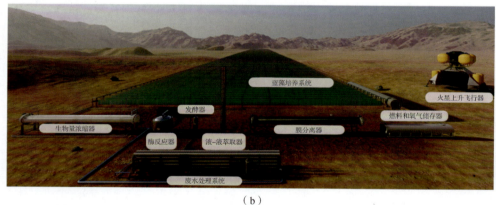

(b)

图 16.3　火星上 2,3 - 丁二醇的连续生物 - ISRU 生产过程（Kruyer 等，2021）

(a) 2,3 - BDO 的生物 - ISRU 生产；

(b) 2,3 - 丁二醇生产过程的生物 - ISRU 在火星上的效果图